그린 어바니즘
유럽의 도시에서 배운다

**Green Urbanism:
Learning from European Cities**

by Timothy Beatley

Copyright ⓒ 2000 by Island Press
All rights reserved.

Korean translation edition ⓒ 2013 by The National Research Foundation of Korea
Published by arrangement with Island Press, Washington D. C., U.S.A.
Through Bestun Korea Agency, Seoul, Korea.
All rights reserved.

이 책의 한국어 판권은 베스툰 코리아 에이전시를 통하여 저작권자인 Island Press와 독점으로 계약한
(재)한국연구재단에 있습니다.
저작권법에 의해 한국 내에서 보호를 받는 저작물이므로 어떠한 형태로든 무단 전재와 무단 복제를 금합니다.

그린 어바니즘
유럽의 도시에서 배운다

Green Urbanism: Learning from European Cities

티머시 비틀리 지음 | 이시철 옮김

추천의 말 1

"유럽의 올바른 가치, 풍부한 사례"

김윤상(경북대학교 석좌교수)

같은 말이라도 누가 어떤 태도로 얘기하는가에 따라 진정성이 다르게 느껴진다. 지난 몇 년간 우리 정부가 제시해온 '녹색성장'에 대해서도 여러 가지 말이 많았다. 대운하, 4대강 사업, 기타 많은 국책사업을 녹색산업과 녹색기술로 포장한, 중앙정부 주도의 정책을 차분히 돌아볼 때다.

이 책 『그린 어바니즘』은 유럽에서 잘나가는 네덜란드, 독일, 스웨덴, 덴마크 등의 풍부한 사례를 통해 우리와 다른 유럽의 모습을 보여준다. 이들 나라는 지난 몇 년간의 세계 경제위기에 거의 타격을 받지 않았거나 영향이 있었더라도 빠르게 회복해왔다는 공통점을 지닌다. 소개된 사례를 보면 지속가능 발전이라는 큰 목표 아래 많은 도시가 자발적으로 아이디어를 개발하고, 실험하고, 구체화했음을 알 수 있다. 또한 중앙이 일방적으로 주도하기보다는 지역이 중심이 되어야 하며, 시민사회의 적극적인 참여도 중요하다는 메시지를 준다.

저자인 티머시 비틀리(Timothy Beatley) 교수는 학문과 저술 활동을 넘어 '친생명도시(biophilic cities)' 캠페인 같은 현실 이슈에도 깊숙이 관여하는 저명한 도시계획학자로 널리 알려져 있다. 옮긴이 이시철 교수 역시 지방과 도시 정책 분야의 학문과 실무 두 영역을 두루 경험한 분으로서 번역자에 적임이다.

저자는 미국의 도시 전문가, 공무원, 일반 시민을 대상으로 하여 미국의 가치와 현실에만 매이지 말고 열린 마음으로 대안적인 사례를 보도록 하기 위해 이 책을 집필하였다. 미국인 스스로 느끼는 한계를 극복하려는 뜻이 매우 크다는 것이다. 그런 의미에서 지금까지 미국의 영향을 지나치게 많이 받아온 우리에게도 이 책이 시사하는 점이 많다. 유럽의 공동체 의식이라든지 삶의 질, 지속가능 발전, 자연을 존중하는 태도 등 그네들의 가치가 이 땅의 우리들에게 오히려 더 친근하게 느껴진다.

이 번역서의 주요 독자층은 크게 두 그룹일 것이다. 우선 도시계획, 주택, 교통, 환경, 재생 에너지 등을 공부하는 사람들이다. 이들은 '그린'이라는 키워드를 일관되게 유지하면서 책장을 넘길 수 있다. 다음은 지방정부의 선출직·임명직 공무원 그리고 도시의 미래를 걱정하는 일반 시민이다. 이런 독자를 위해 책에서는 유럽 도시의 정부 사례를 소개하면서 풍부한 사진과 그림을 곁들였으며, 전문용어 사용을 자제하고 부득이 한 경우에는 각주 등에서 친절하게 설명하고 있다. 관계자의 일독을 적극 권한다.

추천의 말 2

"우리 도시의 미래상에 좋은 본보기"

오덕성(충남대학교 총장, 건축학과)

　도시의 부산물, 환경오염, 기후변화는 우리들 삶의 근본적인 변화를 요구한다. 에너지를 소비만 하는 일방 메커니즘에서 생산과 소비의 균형을 맞추고 순환 체계를 개선하는 방식으로 바꾸어야 한다는 것이다. 이러한 변화는 단순히 도시의 녹지 공간을 늘리고 에너지를 절약하는 것만으로 가능한 일이 아니라, 도시의 경제·산업·교통·건축물과 도시 공간·커뮤니티에 이르기까지 전 분야에서 구조적으로 이루어져야 한다. 다시 말해, 자원을 공급받고 일방적으로 소비하여 온실가스를 배출하는 구조에서 화석연료의 의존도를 줄이고 압축·복합적인 공간, 보행친화의 도시환경으로 재편함으로써 근본적으로 에너지 소비를 줄이는 스마트 그린시티(smart green city)로 전환되어야 한다는 것이다.

　'그린'은 이제 도시계획만이 아니라 21세기 지역개발과 국가발전을 위한 중요한 키워드이다. 지금까지 이어온 효율성과 경제성 중심의 근대 도시 개념이 아니라, 지구환경에 영향을 줄이면서도 사람들이 살아가기 쾌적한 도시환경을 구현하도록 변화해가야 한다. 무분별한 도시 개발과 확산이 아닌, 토지 이용의 효율성을 높이고 복합 및 압축 개발을 통해 교통수단 중심의 도시를 보행 중심의 공간구조로 바꿀 필요가 있다. 기후변화에 대응하고 환경에 대한 영향을 줄이기 위해 에너지 총소비와 화석연료의 사용을 줄이자는 것이 현대 문명의 이기를 모두 버리라고 요구하는 것은 아니다. 우리가 가진 녹색기술을 활용하여 환경에 대한 영향을 줄이면서도 쾌적한 도시환경을 구현하는 것이 실제로 가능하며, 이것이 앞으로의 도시계획 및 개발에 주어진 과제라는 것이다.

저자와 옮긴이는 이러한 과제에 대한 해법과 지속가능도시를 구현하기 위해 끊임없는 관심과 탐구를 통해 이 분야의 많은 연구를 수행해온 것으로 알고 있다. 본 역서 또한 이러한 지속적인 관심과 연구의 결과이며 훌륭한 책을 이해하기 쉽게 번역하신 수고에 치하를 보낸다.

이 책에서는 그린 어바니즘(Green Urbanism)의 개념을 바탕으로 압축도시계획, 창조적인 주택과 거주환경, 대중교통 중심의 교통혁신, 도시환경의 녹색화, 순환형 도시 구현 방안과 생태적 건축 실현 등을 명확히 이해할 수 있도록 돕고 있다. 또한 계획의 실제적인 내용을 유럽과 미국 도시의 심층 사례를 들어 설명한다.

『그린 어바니즘』은 도시 계획 및 건축을 공부하는 많은 이들뿐만 아니라 관련 분야의 공무원, 학계, 시민단체 등 도시의 미래상과 지속가능한 모습을 찾고자 노력하는 이들에게 좋은 본보기로 활용될 수 있을 것이며, 우리 도시가 앞으로 어디로 나아가야 할지에 대한 방향을 제시해주는 이정표 역할을 할 것으로 기대한다.

차례

추천의 말 | 005
서문 | 015

제1부　맥락과 배경

제1장　도입: 그린 어바니즘과 유럽 도시의 교훈 | 021

지구적 지속가능성을 위한 도시의 중요한 역할 | 021
그린 어바니즘의 비전 | 025
연구 방법과 관찰 대상 도시들 | 031
적용 가능성: 왜 유럽 도시인가? | 037
유럽 도시의 지속가능성, 적실성과 역할 | 041
이 책의 전개 | 055

제2부　토지 이용과 지역사회

제2장　토지 이용과 도시 형태: 압축도시 계획 | 061

압축도시 개발 전략 | 066
'그린'에 초점을 둔 압축 성장지구 | 079
어반 빌리지와 도심의 중요성 | 082
신도시와 성장중심 | 088
광역 및 국가 단위의 공간계획 | 095
시골, 농촌, 미개발 토지의 가치 | 104
문화적 영향과 기타 요인 | 105
경제적 신호와 정책수단 | 107
지속가능한 토지 이용의 경향? | 109
메시지: 더 많은 압축도시 형태를 향하여 | 111

제3장 　창조적인 주택과 거주환경 | 131
　　　　살기 좋은 환경 계획하기 | 131
　　　　어반 빌리지의 삶 | 133
　　　　부속주택과 복합 주거환경 | 137
　　　　상가주택 | 139
　　　　허피여, 코하우징, 생태마을 | 142
　　　　보전과 적응적 재사용 | 152
　　　　거리, 도시 디자인, 공공 영역 | 155
　　　　도심의 보행자 공간화 | 158
　　　　메시지: 함께 누리는 삶 | 170

제3부　　그린 어바니즘 도시의 교통과 통행

제4장　　대중교통 도시: 대중교통의 혁신과 우선순위 | 179
　　　　높은 이동성을 지닌 대중교통 도시 | 179
　　　　대중교통 전략 및 해결책 | 183
　　　　대중교통과 토지 이용의 조화 | 185
　　　　다중·통합 교통 시스템 | 187
　　　　체계적인 대중교통 우선 시스템 | 192
　　　　명확한 이익 | 195
　　　　트램 도시 | 197
　　　　트램에 대한 특별한 느낌 | 202
　　　　고속철도, 녹색 대중교통 및 그 밖의 창의적 통행 전략 | 205
　　　　메시지: 대중교통의 가치 재발견 | 213

제5장　　자동차 길들이기: 차 없는 도시의 기약 | 225
　　　　승용차 없는 도시의 약속 | 225
　　　　교통 정온화와 자동차 제한 전략 | 229
　　　　승용차 없는 개발 및 주거단지 | 238
　　　　카셰어링 | 246
　　　　승용차 맞춤이용과 수요관리 | 252
　　　　도로통행료 부과 | 256
　　　　메시지: 미국에서도 가능한 선택 | 264

제6장   자전거: 낮은 기술, 우수한 생태적 이동성 | 273

　　　　당당한 통행수단, 자전거 | 273
　　　　자전거 친화 도시 | 275
　　　　공공 자전거 프로그램 | 291
　　　　자전거 타기 문화의 구축 | 298
　　　　메시지: 도시의 건강한 자전거 실험 | 301

제4부   녹색 도시, 유기체 도시

제7장   도시생태와 도시환경의 녹색화 전략 | 317

　　　　숲 같은 도시 | 317
　　　　도시의 자연 자산 | 318
　　　　국가 및 도시 단위의 생태 네트워크 | 321
　　　　건조환경의 이미지 변신: 생동하는 유기체 건물과 도시경관 | 326
　　　　그린루프: 하늘의 목장 만들기 | 330
　　　　녹색 담장과 녹색거리 | 337
　　　　녹색중정(green courtyards)과 생태 거주 공간 | 339
　　　　에코브릿지 | 341
　　　　도시농장과 생태공원 | 343
　　　　그린 스쿨 | 345
　　　　복개하천의 복원과 자연배수 전략 | 346
　　　　지역 기후 계획하기 | 349
　　　　생태적 재생 | 350
　　　　생태적 도시 재구조화 | 352
　　　　도시 정원 | 354
　　　　도시 야생동물 및 서식지 보전 | 355
　　　　메시지: 도시 안의 자연, 환경·경제 양면의 이익 | 357

제8장   도시 생태 사이클의 균형: 폐쇄 고리형 도시를 향하여 | 371

　　　　도시형 생태 사이클과 도시 신진대사 | 371
　　　　도시와 배후지의 연결 | 380
　　　　폐쇄 고리형 경제: 도시의 산업 공생 | 387
　　　　생태 사이클 균형을 이룬 마을과 도시 개발 | 393
　　　　생태 사이클의 균형 촉진: 녹색세의 역할 | 401
　　　　메시지: 순환형 생태 사이클, 조세 구조의 개혁 가능성 | 404

제9장　재생 에너지 도시: 태양이 주는 혜택으로 살기 | 411
　　　　저에너지, 재생 에너지 도시 | 411
　　　　도시의 에너지 계획과 보전 | 412
　　　　분산형 에너지 생산 | 416
　　　　에너지 효율성의 진전 | 420
　　　　신개발을 위한 에너지 기준 | 425
　　　　재생 에너지 촉진을 위한 도시 정책 | 427
　　　　솔라 시티의 부상 | 430
　　　　태양 친화의 도시 개발 | 438
　　　　'제로 에너지' 빌딩과 균형 에너지 주택 | 443
　　　　이산화탄소 감축 전략 | 450
　　　　메시지: 지역 자립형 에너지 순환의 가능성 | 453

제10장　생태 건축: 자연을 품은 건축과 마을 디자인 | 461
　　　　생태 건축의 혁명 | 461
　　　　다양한 생태 건축물의 모범: 네덜란드의 선구적 사례 | 462
　　　　스칸디나비아 반도의 사례 | 476
　　　　생태 건물과 대규모 기관의 구조물 | 478
　　　　생태적 도시 재생 | 483
　　　　그린 빌딩 촉진 전략 | 487
　　　　그린 모기지 | 491
　　　　녹색 주택번호 | 492
　　　　기타 주요 전략 | 494
　　　　메시지: 생태 주택의 가능성 | 496

제5부　거버넌스와 경제

제11장　그린 어바니즘 도시의 생태 거버넌스 | 517
　　　　검사, 지표, 목표치 | 518
　　　　지속가능성 매트릭스와 평가 | 523
　　　　환경 예산과 헌장 | 523
　　　　조달과 투자 정책 | 529
　　　　근로자 통근 전략 | 532
　　　　공공 청사와 재산의 관리 | 533

　　　　녹색 에너지 | 539
　　　　친환경 차량 | 540
　　　　생태 자매결연(ecological twinning), 도시 경계를 넘어서 | 541
　　　　대중 교육 및 참여: 지방의제 21과 지역사회 기반의 활동 | 544
　　　　대중 홍보 캠페인 | 549
　　　　NGO 부문의 역할 | 554
　　　　소비자와의 만남: 에코팀과 녹색 코드 | 557
　　　　생태 공동체에 대한 지원과 격려 | 563
　　　　메시지: 녹색 내일을 향한 생태 거버넌스 | 565

제12장　지속가능한 경제: 재생형 비즈니스 혁신 | 577
　　　　지속가능한 지역 경제 조성 | 577
　　　　지속가능한 지역 비즈니스 지원 | 578
　　　　산업 공생과 생태 산업단지 | 584
　　　　지속가능한 공장 상상하기 | 591
　　　　지속가능한 산업단지 | 596
　　　　경제적·생태적 재생: 경관 재사용을 통한 경제개발 | 600
　　　　그린 오피스: 생태적 방식으로 일하기 | 605
　　　　생태 비즈니스와 녹색 소비문화 | 609
　　　　지속가능한 비즈니스와 기술의 마케팅 | 624
　　　　메시지: 생태 비즈니스를 위한 지역사회의 역할 | 626

제6부　유럽 도시에서 배우기

제13장　그린 어바니즘의 약속 | 633
　　　　그린 어바니즘의 도전 | 633
　　　　지속가능한 녹색 도시 창조하기: 유럽의 교훈 | 644
　　　　마무리: 올보르(Åalborg)에서 오스틴(Austin) 까지 | 666

부록　　유럽 도시 헌장(올보르 헌장) | 669

　　　　참고문헌 | 683
　　　　옮긴이 참고문헌 | 716
　　　　옮긴이 해제 | 719
　　　　찾아보기 | 731

일러두기

1. 이 책은 Beatley, Timothy, *Green Urbanism: Learning from European Cities*(Washington D.C.: Island Press, 2000)를 완역한 것이다.
2. 본문이나 주석에서 괄호에 묶인 설명은 지은이가 쓴 내용을 옮긴 것이며, 몇몇 예외를 제외하고는 대부분 그대로 번역했다.
3. 원서에서 각 장 끝머리의 미주는 각주로 옮겨 편집했으며, 역주와 구분하여 말머리를 달아놓았다.
4. 인명이나 지명이 반복되는 경우, 처음에 한하여 괄호 속에 원어를 밝혀두었다.
5. 번역 및 옮긴이 주 작성 과정에서 옮긴이가 참고한 문헌은 권말에 따로 정리하였다.

서문

이 책이 나오기까지 도움을 주신 분들이 많은데, 그들의 배려와 성원이 없었다면 책이 출간되지 못했을 것이다. 책을 쓰기 위한 초기 연구와 해외 방문은 내가 네덜란드에서 안식년을 보낼 때 이루어졌는데, 바헤닝언 농업대학(Wageningen Agricultural University)의 공간농촌계획학과에서 나를 흔쾌히 받아주었다. 먼저 후베르트 판 리어(Hubert van Lier) 교수께 감사드린다. 그는 쾌적한 시설과 숙소를 제공해주었으며 연구가 진행되는 과정에서 다양한 도움을 주었다. 이 대학의 많은 교수들이 저술에 중요한 도움을 주었다. 특히 아드리 판 덴 브링크(Adri van den Brink)의 친절과 후의에 감사드린다. 물론 버지니아대 건축대학(University of Virginia School of Architecture)의 친구 및 동료 교수들에게도, 내가 일상적인 업무에서 벗어나 이 작업을 할 수 있도록 시간을 준 데 대하여 감사드린다.

방문과 조사가 이루어진 유럽 여러 도시의 많은 이들이 자신의 소중한 시간과 에너지를 내게 할애해주었다. 인터뷰 대상자들의 명단은 모두 이 책 부록에 실려 있지만,* 그중에서도 크게 도와주신 분들을 여기서 언급한다. 이들 중 다수가 인터뷰와 현장 방문에 도움을 주었으며 직접 시간을

* 한국어판에는 싣지 않았다.

내어 나를 데리고 다니면서 자신들의 지역사회를 보여주었다. 불프 다제킹(Wulf Daseking, 프라이부르크), 카를 니더(Karl Niederl) 박사(그라츠), 에리크 스코엔(Eric Skoven, 코펜하겐 DIS), 빌리 슈미트(Willy Schmid) 교수(취리히 ETH), A.W. 오스캄(암스테르담), 카리 실프베르스베리(Kari Silfversberg, 헬싱키), 티모 페르마넨테(Timo Permanente, 라티), 미카엘 하그만(Micael Hagman, 스톡홀름), 코 페르다스(Co Verdaas, 즈볼러), 마르호트 스탈크(Margot Stalk, 위트레흐트), 유르겐 로터모저(Jurgen Lottermoser, 자르브뤼켄), 시모네타 투네시(Simonetta Tunesi, 볼로냐), 포울 로렌센(Poul Lorenzen, 오덴세), 핀 아베르(Finn Aaberg) 시장(앨버스룬), 아네테 베스데르고르(Annette Vestergaard, 헤르닝), 그리고 피터 뉴먼(Peter Newman, 머독대학) 등이 많은 도움을 주었다.

 이 책을 집필하는 과정에서 다양한 이야기와 사례가 수집되었는데, 그중에는 기술적 연구나 신문기사와 같은 다수의 2차 자료와 문서도 포함된다. 이들의 연구나 기여에 감사드리며, 그 연구 결과를 해석하는 과정에서 인용이 잘못되었거나 실수가 발생하였다면 그것은 전적으로 내 책임이다.

 이 프로젝트 초기 단계의 중요한 재정 지원은 링컨 토지연구소(Lincoln Institute for Land Policy)에 의해 이루어졌다. 특히 이 연구소의 로즈 그린스타인(Roz Greenstein)과 제임스 브라운(James Brown)의 도움에 감사드리는 바이다. 아울러 이 책의 출판과 홍보에 추가적인 도움을 준 독일마셜재단(German Marshall Fund)에도 감사드린다. 아일랜드 프레스(Island Press) 출판사에도 고마움을 표해야겠는데, 헤더 보이어(Heather Boyer)가 이 책의 편집에 많은 도움을 주었다.

 끝으로 이 책을 쓰는 동안 전폭적으로 이해하고 지지해준 아내 아네크(Anneke)에게 가장 감사한다. 그녀는 내가 유럽에 머무르는 오랜 기간 홀로 지내야 했으며, 네덜란드어로 된 엄청난 분량의 자료를 영어로 번역하는 데도 큰 도움을 주었다. 아내의 사랑과 도움이 없었다면 이 책은 완성되지 못했을 것이다.

또한 네덜란드에서 1년간 머물렀던 개인적 경험이 내 사고에 끼친 영향에 대해 언급해두어야겠다. 이 경험이 연구 과정뿐만 아니라 나 개인에게 준 영향을 간과할 수 없을 것이다. 나는 네덜란드의 서부 란트슈타트(Randstad) 지역의 아름답고 유서 깊은 레이던(Leiden)에서 살았다. 레이던은 네덜란드 대부분의 도시처럼 매우 압축적인 도시로 토지의 활용과 내부 활동이 풍요롭고 역동성 있게 어우러지고 있었다. 보통 나는 지역 내부를 이동할 때 자전거를 이용하거나 걸어다녔다. (네덜란드는 자전거 이용률이 가장 높은 나라 중 하나로 인구수보다 자전거 수가 더 많다. 도시는 자전거 이용을 촉진하고 자동차 사용을 낮추도록 설계되어 있다.) 녹지 공간과 개활지는 자전거로 접근하기 쉽게끔 되어 있다. 장거리 여행 시에는 기차가 주로 이용되며(내가 묵던 집에서 1.5킬로미터만 가면 기차역이 있었다), 모든 수준에서 대중교통 시스템을 개선·강화하는 데 최우선을 두고 있다. 도시는 운하, 광장, 보행자전용 쇼핑거리와 영감을 주는 공공 건물 및 건축 등이 어우러져 대단히 살기 좋은 환경을 제공하고 있다. (최근 자동차 사용량이 증가하고 있다는 점에서) 네덜란드식 접근 방식이 완벽하지 않다는 비판이 있을지라도, 압축도시를 지향하는 국가적 전략—공간계획의 주요 요소이며 앞으로 이 책에서 상세하게 논의할—은 대체로 잘 작동하고 있다. 이론적 측면에서 이 전략을 이해하는 것도 중요하지만, 나는 일상생활 속에서 이론이 아닌 경험을 통해 더 깊은 교육적 영향을 받았다.

네덜란드에서 보낸 1년은 내게 대단히 좋은 경험이었으며 주변 환경에서 많은 것을 배울 수 있는 기회였다. 사실 이로 인해 1997년 여름 미국으로 다시 돌아와서는 한동안 적응하는 데 어려움을 겪을 정도였다(물론 이듬해 네덜란드로 몇 번 더 여행을 하긴 했지만). 네덜란드를 떠나 미국으로 돌아왔다는 것은, 기차역을 거쳐 암스테르담 공항까지 자전거와 기차만으로 가더라도 아무 어려움 없는 보행자 천국을 내가 떠났다는 것을 의미한다. 나는 네덜란드에서 미국으로 돌아올 때 워싱턴 D.C.의 덜레스 공항을 이용했는데, 여기에는 대중교통이라 할 만한 게 없어서 바로 자동차를 잡아 타야 했고, 엄청난 교통난을 뚫고 도착한 목적지는 걸어다니는 것조차 어려운 곳이었다. 물론 내 가족과 친구들을 다시 만나게 된 것은 기뻤지만, 예전과는 다른 거친 현실과 마주하게 된 것이다. 나는 네덜란드의 압축도시에서 체류하며, 거기 머무르는 동안 지속가능한 삶의 방식으로 살고자 노력할 수 있었던 기회에 감사한다. 이후 이 책에서 내가 열의를 가지고 다루는 내용들은 상당 부분 이러한 개인적 경험에서 비롯한 것이다.

미국 버지니아 샬러츠빌에서
티머시 비틀리

제1부

맥락과 배경

제1장
도입: 그린 어바니즘과 유럽 도시의 교훈

지구적 지속가능성을 위한 도시의 중요한 역할

전 세계가 소비 증가, 인구문제, 환경 파괴 등으로 인해 큰 어려움에 직면해 있다. 지구온난화 문제부터 생물 다양성 상실, 스프롤(sprawl)형 토지 과소비 등에 이르기까지 환경문제가 몹시 심각하다.[1]

도시는 다음과 같은 다양한 이유 때문에 세계적으로 중요성을 갖는 지속가능성(sustainability) 문제에서 중심 역할을 해야 한다.[2] 우선, 도시의

∴

1) 스프롤은 도시의 무분별하고 무계획적인 평면 확산을 일컬으며, 보통 교통 및 통신의 발달과 함께 도시의 교외지역으로 단독주택과 상업시설이 계속 건설되는 현상을 말한다. 특히 미국의 맥락에서는 넓은 집, 푸른 잔디와 나무, 큰 승용차 등으로 상징되는 아메리칸드림(American Dream) 즉 미국적 생활방식이 실현되는 모습으로 보기도 한다. 반면에 환경 피해, 출퇴근 거리 증가, 도심 황폐화, 기반시설 비용 증대, 도시 재정 악화 등의 폐해도 심각한 것으로 평가된다. 주로 미국, 캐나다 등에서 나타나는 도시 확산 현상이지만 우리나라에도 교외 농림지역의 난개발과 관련하여 이와 유사한 현상이 나타나고 있다.
2) 지속가능성은 보통 특정한 과정이나 상태를 유지할 수 있는 능력을 뜻한다. 아울러 생태계가 생태의 작용·기능·생물 다양성, 생산을 미래에 유지할 수 있는 능력으로 보기도 한다. 지속가능한 개발(sustainable development)이라는 구체적 개념으로 널리 사용되기 시작한 것은 1986년 세계환경개발위원회(WCED)의 일명 「브룬틀란트 보고서(Our Common Future)」 이후부터 알려져 있다. 즉 "미래 세대가 그들 스스로의 필요를 충족시킬 수 있도록 하는 능력을 저해하지 않으면서 현재 세대의 필요를 충족시키는 개발"로 본다(하성규 외,

생태발자국 지수(ecological footprints)가 높다는 것인데, 이에 대한 인식이 커지면서 상당히 많은 연구와 조사가 이루어졌다.[3] 윌리엄 리스(William Rees)를 비롯한 몇몇 연구자들은 도시인구 부양에 필요한 에너지, 물자, 음식, 기타 필수품의 양이 얼마인지를 밝혀낸 바 있다. 최근 한 논평가는 "도시와 관련된 가장 기본적이고 분명한 사실은, 도시란 유기체와 같아서 필요한 자원을 지속적으로 흡수하고 폐기물을 배출한다"라고 말했다(Tickell, 1998: 6).

특히 미국의 도시들은 생태적 제한과 환경적 제약에 대한 고려 없이 토지와 자원을 낭비해왔다. 미국의 중소 도시와 대도시권에서는 도시의 성장과 발전으로 인해 소비되는 토지 면적이 인구성장률을 훨씬 넘어서고 있다(Beatley and Manning, 1997). 이런 까닭에 환경적으로 민감한 서식지의 감소, 농지와 산림 파괴 그리고 높은 경제적 비용 및 기반시설 부담이 발생했다. 인구밀도가 낮고 자동차 의존도가 높은 미국의 생활양식은 걷기, 자전거, 대중교통 이용과 같은 지속가능형 삶을 더 어렵게 만든다. 결국 미국의 도시들은 에너지와 자원을 대량으로 사용하며 엄청난 양의 이산화탄소와 쓰레기를 배출하고 있는 것이다.

현재 환경 상황에 대한 대응은 복잡하고 어렵다. 매키번(McKibben,

2003; 위키피디아 참조).

3) 생태발자국 지수는 인간이 지구에서 삶을 영위하는 데 필수적인 의식주 등을 제공하기 위한 자원의 생산과 폐기에 드는 비용을 1인당 토지면적(ha)으로 환산한 것으로, 1996년 캐나다 경제학자 윌리엄 리스 등이 정립한 개념이다. 지구가 감당해낼 수 있는 생태발자국 지수는 1.8헥타르/1명이고 면적이 넓을수록 환경문제가 심각한 것을 의미한다. 생태발자국 지수가 높은 나라로는 아랍에미리트(15.99)와 미국(12.22)이 있다. 녹색연대 등의 자료를 보면 우리나라도 1995년을 기준으로 지구가 감당할 수 있는 수준을 넘어섰으며, 2004년 기준으로 한국의 생태발자국 지수는 4.05헥타르이다.

1998: 75)의 말을 인용하자면, 우리에겐 "우수한 기술과 겸손한 마음자세"가 필요한데, 여기서 도시가 중요한 역할을 한다(스마트 도시, 혁신 도시, 녹색 도시 등을 보라). 녹색 도시와 지속가능도시는 대중교통, 지역난방, 그린 빌딩 및 디자인 분야에서 신기술의 적용과 함께 걷기, 자전거 타기, 소비 감축 등을 통해 생활양식을 새롭게 바꾸는 실험의 장이 된다. 우리는 도시가 지속가능한 미래를 성취하는 데서 중요한 구실을 할 것으로 기대한다. 세계적인 기후변화와 생물 다양성 상실 및 기타 어떤 환경문제에서도 도시는 그 해결 과정에서 중추적 역할을 해야 할 것이다.

「의제 21(Agenda 21)」은 '리우 환경개발회의(Rio Conference on Environment and Development)'에서 나온 세부 행동강령으로 지방정부의 중요한 기능에 대한 합의를 반영한다.[4] 「의제 21」의 제28장은 지속가능성 문제에서 지방정부가 행해야 할 특별한 역할의 인식을 통해, 지역 차원에서 지속가능한 실행계획을 준비하도록 요구하고 있다. 또 "…… 수많은 문제와 해결책이 지역에 뿌리를 두고 있기 때문에…… 지방정부의 참여와 협력은 『의제 21』의 목적 달성에 결정적 요건이 될 것이다. 거버넌스에서 대민 접촉이 가장 활발하게 이루어지는 단위인 지방정부는 지속가능한 성장을 촉진하기 위하여 시민들에 대한 교육과 동원 및 대응에 매우 중요하다"라고 주장

---

4) 속칭 '리우 회의'라 불리는 리우 환경개발회의는 1992년 6월 3일부터 14일까지 브라질 리우데자네이루에서 개최된 지구정상회담이다. 회의에 참석한 172개국 가운데 108개국에서 국가원수가 직접 참석했다. 당시만 해도 커다란 주목을 받지 못했던 지구의 환경에 대한 관심을 본격적으로 불러일으키고 국제적인 원칙을 수립한 전 지구적 모임이라는 점에서 중요한 의미를 가진다. 2002년에는 남아프리카공화국의 요하네스버그에서 후속 회의가 열려 리우 회의의 원칙에 대한 실천사항을 논의했으나 기대에 못 미치는 결과를 보였다고 평가된다. 리우 회의 개최 후 꼭 20년 만에 속칭 'Rio+20'가 같은 장소에서 열렸다. 즉 2012년 6월 20일부터 22일까지 리우에서 다시 개최된 유엔 지속가능발전회의에는 130개국 이상의 국가수반과 5만 명 이상의 민간단체, 기업, 지방정부 대표자가 참석했다.

한다(United Nations, 1992: 233). 리우 회의에서는 지역 수준에서 달성되어야 할 구체적 목표가 설정되었고, 특히 지방정부가 (1996년까지) 의견 조율 과정을 거쳐 각각의 지속성장 프로그램에 대한 합의를 이루도록 권고했다. 앞으로 이 책에서 논의하겠지만 유럽의 많은 지방정부는 「의제 21」의 정신을 계승하여 믿을 수 없을 정도로 획기적인 진전을 이루어왔으며 도시, 마을, 지방정부의 잠재적 역할을 다양한 방식으로 보여주었다(Lafferty and Eckerberg eds., 1998).[5]

도시마다 환경 측면에서 이룬 성과의 차이가 있고, 그 차이는 선진국의 도시 사이에도 존재하며 생태발자국 지수도 다르게 나타난다. 예컨대, 인구 1명당 이산화탄소 배출량은 미국의 도시가 유럽 도시에 비해 두 배가량 많다. 이러한 비교는 도시가 공간 구성, 관리 방식 및 경제 기반 개발 등을 통하여 자원과 생태계에 끼치는 영향을 줄일 수 있음을 보여준다.

이 책은 도시의 설계, 조직, 운영을 달리함으로써 근본적 변화를 추구할 수 있다는 생각에 바탕을 둔다. 미국의 도시가 유럽의 도시에 비해 1인당 토지 소비량과 이산화탄소 배출량이 훨씬 더 많다는 점에 주목할 필요가 있다. 이 책의 전제는 유럽의 가장 선도적인 녹색 도시들(green cities)이 미국 도시로 하여금 지속가능하고 효율적으로 자원을 사용하도록 촉구하면서, 환경 손상을 더 줄이는 지침의 구실과 영감을 함께 제공한다는 점이다. 물론 거꾸로, 미국의 사례를 통해 유럽의 도시들이 문제 해결을 독려

---

5) 「의제 21」은 1992년 리우 환경회의에서 채택된 지속가능한 개발을 실현하기 위한 국제적 지침으로 지구 보전을 위한 규범을 각론에서 실현하려는 실행계획이다. 법적 구속력은 없지만 세계 각국의 환경 및 개발 계획에 반영되기를 기대하고 있으며, 특히 「의제 21」의 제3부 28장에서 각국 지방정부의 역할을 강조하면서 지역 차원의 환경 실천계획인 '지방의제 21'을 추진할 것을 권고하였다. 이에 따라 우리나라에서도 지역별로 '지방의제 21'이 설립되었고 전국 단위 협의체도 운영되어왔다.

받을 수도 있다. 그럼에도 여기서 소개되는 유럽의 프로그램과 정책, 혁신적인 설계 아이디어는 미국의 지역사회에 새로운 방향을 제시해줄 것이다.

그린 어바니즘의 비전

지구상에서 환경에 미치는 악영향을 줄이고 더 단출한 삶을 누리려는 노력에 대한 용어는 많다. 지속가능 개발(sustainable development), 지속가능 지역사회(sustainable communities), 지속가능도시(sustainable cities) 등을 그 예로 들 수 있는데, 이 책에서는 이에 대한 내용을 다룰 것이다. "그린 어바니즘(Green Urbanism)"이라는 용어는 앞으로 논의될 도시와 환경의 문제를 효과적으로 다룰 수 있게 해준다. 그린 어바니즘은 지속가능한 장소, 공동체, 생활양식을 형성하는 데서 도시의 중요한 역할과 적극적인 어바니즘을 강조한다. 아울러 어바니즘에 대한 낡은 접근—즉 도시, 마을, 지역사회에 대한 옛날식 관점—은 불완전할 뿐 아니라, 생태주의에 바탕을 두고 삶과 정주권에 대한 생태적 책임으로 대폭 확장되어야 함을 은연중 강조한다. 이런 접근 방식의 변화에 대한 필요성은 이른바 뉴어바니즘(New Urbanism)이라고 불리는 관점에서 지속적으로 관심이 증대되어온 것으로, 많은 건축가와 도시계획가들에게 열정적 지지를 받았다(이에 대한 자세한 내용과 한계는 Beatley and Manning, 1997 참조). 오늘날 우리에게 필요한 것은 생태적 제한을 핵심으로 하는 가운데 설계와 기능 면에서 획기적인 또 다른 뉴어바니즘이다.

그린 어바니즘은 계속해서 진화하고 있는 개념으로 정확히 무엇을 뜻하는지는 불분명하지만, 유럽 도시의 프로그램, 정책, 창조적인 디자인 기법에서 어느 정도 감을 잡을 수 있을 것이다.

그린 어바니즘의 비전이 무엇인지를 구체화하기 위해 다양한 의견을 모아보면, 그린 어바니즘을 구현하는 도시들에서는 다음과 같은 중요한 특성을 파악할 수 있다.

- 생태적 제한 안에서 살도록 최선을 다하면서, 근본적으로 생태발자국 지수를 줄이고 다른 도시 및 지역사회 그리고 전 지구 차원의 연결성과 영향을 인식하는 도시

  그린 어바니즘은 도시의 성장 방식, 교통 시스템의 유형, 도시민이 사용할 에너지와 식량의 생산·공급 방법에 대한 공공 및 민간의 의사결정이 환경에 엄청난 영향을 끼친다는 점을 인정한다. 또한 그린 어바니즘은 기본 목표로서 도시의 생태발자국을 대폭 줄이고, 도시민이 지역적·광역적 생태계의 제한을 인지하고 살아가며, 한 도시의 의사결정이 다른 장소의 환경과 삶은 물론 지구 전체의 건강에도 다양한 영향을 끼친다는 사실을 받아들인다. 예를 들어 이산화탄소 배출량을 줄이고 도시의 소비패턴을 변화시키려는 노력은 이러한 기본 목표를 반영한다.

  허버트 지라드(Herbert Girardet)가 분석했듯이, 런던 같은 도시는 많은 에너지와 자원을 소비하며 이 과정에서 엄청난 양의 폐기물을 배출한다. 런던 시민들은 매일 5만 5,000갤런의 연료와 6,600톤의 음식을 소비하며 16만 톤의 이산화탄소를 배출한다(Girardet, undated).[6] 또한 해외로부터 상당량의 식량이 점점 더 많이 수입되고 있다. "조

---

6) 5만 5,000갤런은 약 20만 8,000리터이다(1갤런 = 3.78리터).

생종 감자는 이집트와 키프로스에서 들여오고, 토마토·오이·아스파라거스는 스페인, 그리스, 네덜란드에서 수입된다. 콩은 6,400킬로미터나 떨어진 케냐로부터 점점 더 많은 양을 공급받고 있다(Girardet, undated: 52)." 런던 시민들을 부양하기 위해 사용되는 자원의 투입과 산출을 합하면 런던 시 면적의 125배나 되는 땅이 필요하다는 계산이 나온다.

- **녹색으로, 자연과 비슷하게 설계되고 기능하는 도시**

그린 어바니즘은 도시와 자연을 양분해서 생각하는 전통적 관점을 극복하도록 요구한다. 많은 사람들에게 도시는 자연과 가장 대비되는 존재로 콘크리트, 아스팔트, 빌딩, 자동차 그리고 인공적인 것들로 가득 찬 회색의 장소이다. 그러나 도시 내부에도 자연이 존재할 뿐만 아니라, 도시는 근본적으로 광대한 자연환경 속에 내장되어 있는 것이다.

생태 건축가인 윌리엄 맥도너(William McDonough)는 마을과 도시가 숲처럼 기능할 수 있을지에 대해 자주 고민한다. 자연은 도시에 매우 유용한 패러다임을 제공한다. 도시는 근본적으로 자원을 채취하고 훼손하는 곳이 아니라 자연의 장소가 되어야 하며, 쉼터로서 기능하는 가운데 공기·물·정신을 정화하는 역할을 맡아야 한다. 또한 도시는 지구의 기운을 회복하고 충전하는 장소가 되어야 한다.

더 나아가 도시 생태계의 회복, 보충, 영양 공급을 위한 수많은 방식이 존재하는데, 그 예로는 하천 복원(daylighting streams), 그린루프(green roofs) 설치, 도심 한복판에 숲과 녹지 공간 조성 등 다양한 창조적 계획기법이 있다.

- 선형(linear)이 아닌 순환형 신진대사(circular metabolism)를 이루기 위해 최선을 다하며, (지역적·국가적·국제적 어느 차원이든) 배후지역(hinterland)과 도시의 상호 공생관계를 발전시키는 곳

  자연에서는 그 어느 것도 헛되이 버려지지 않는다. 자연에서 발생한 쓰레기는 다른 자연적 과정에 생산적 투입요소로 사용된다. 이 같은 원리가 무수히 많은 방법으로 도시 기능에도 적용될 수 있다. 예컨대 폐수처리 과정에서 발생하는 바이오가스(biogas)는 지역난방 시스템의 동력으로 사용될 수 있고, 일반 가정에서 생겨나는 유기 쓰레기(organic household waste)는 비료가 되어 나중에 음식의 형태로 도시민에게 되돌아올 수 있다. 또한 어떤 공장에서 발생한 폐기물이 다른 공장의 생산 과정에서 유용한 원료가 될 수 있다는 점에서, 산업체 간의 상부상조도 가능하다.

  그린 어바니즘은 기존의 선형 접근이 아니라 도시 내의 순환형 신진대사를 요청한다. 또한 도시의 생태 사이클(ecocycles)이 균형을 이루도록 함으로써 투입과 산출이 조화롭고 보완적이며 근본적인 평형을 이루도록 요구한다.

- 지역과 광역권의 자족성을 추구하며, 역내 식량 생산, 경제, 에너지 생산, 그리고 기타 다양한 측면에서 지역 주민을 돕고 지지하는 여러 활동의 이점을 최대한 활용하고 촉진하는 도시

  그린 어바니즘은 생활양식과 소비에 관한 의사결정이 환경 및 다른 분야에 끼치는 영향에 대하여 우리 스스로 책임을 지도록 한다. 역사적으로 종래의 에너지 및 식량 생산 과정에서 발생하는 파괴적 영향은 간과되기가 더 쉬웠는데, 그 이유는 이러한 부정적 영향이 외부화

(externalized)되기 때문이다. 즉 외부화로 인하여 부정적 현상은 멀리 떨어진 곳에서 일어난다고 여기고, 그 나쁜 결과가 보이지 않아 이에 대한 관심도 기울이지 않게 된다. 따라서 도시의 많은 기능을 더 가까이 모아놓음으로써 훨씬 더 면밀한 관찰이 이루어지며, 이를 통해 책임 있는 행동과 선택이 뒤따를 가능성이 높아진다.

자족 도시화의 또 다른 결과는 훨씬 더 건강한 삶인데, 이는 화학제품의 소비와, 수백 킬로미터나 떨어진 곳에서 음식을 수송해야 하는 과정을 피함으로써 생기는 좋은 결과이다.

- **지속가능하고 건강한 생활양식의 정착을 촉진하고 장려하는 도시**

  지속가능도시의 중요한 척도이자 그린 어바니즘의 중요한 목표는 사람들이 더 풍요롭고 다양한 삶을 살 수 있도록 하는 데 있다. 예컨대 대부분의 미국인들에게 자동차는 거의 유일한 통행수단이다. 그린 어바니즘이 강조하는 바는 개인이 보행과 자전거를 선택할 수 있는 여건을 만드는 것이다. 즉 채소를 재배하고, 소비재 사용을 줄이며, 또 원한다면 자동차 없이도 살 수 있도록 선택할 수 있는 여건을 만들어주는 것이다. 이로 인한 혜택은 환경에만 국한되지 않는다. 이런 조건에서라면 개인과 가족은 더 넓은 집에 살려고 하거나 재산을 늘리는 데 신경 쓰기보다는, 삶을 의미 있는 방향으로 변화시키고 사람들 간의 유대를 돈독히 하는 데 더 노력하게 될 것이다.

- **높은 삶의 질을 강조하면서 살기 좋은 동네와 지역사회를 만드는 도시**

  그린 어바니즘은 사람들이 삶 자체를 즐기는 지역사회, 또 정서적으로 고양될 뿐만 아니라 도시의 미적 측면에서도 영감이 넘치는 장소를 만드는 데 중점을 두며, 지역사회 구성원 모두에 필요한 적정한 주택과 필요한 서비스를 제공하면서 사회적·경제적 포용성을 추구한다. 즉 그린 어바니즘은 거주하기에 좋은 도시를 만들려는 것뿐 아니라, 생태적으로도 바람직한 도시를 창조하려 한다(사실 이 둘은 서로의 목표를 강화시킨다). 도시의 자연은 거주 적합성 측면에서 중요하다. 그린 어바니즘은 자연과의 연결이 개인의 건강과 안녕에도 중요하다고 간주한다.

세계의 도시 가운데 이렇게 야심 찬 기준을 충족하는 곳이 실제로 있을까? 우리는 앞에서 "최선을 다한다(strive to)"는 말이 사용된 것에 주목한

많은 유럽 도시들은 인간의 정주지를 녹색으로, 또 생태적으로 변화시키면서 주거지와 일터 모두를 바람직하게 만들 수 있음을 보여준다. 사진은 네덜란드 드라흐턴(Drachten)의 생태공원인 모라 파크(Morra Park)이다.

다. 다음 장에서 소개될 유럽의 많은 도시들은 그린 어바니즘의 비전이 거의 달성되었다고 여겨지는 사례들이다. 다양한 기준에서 가장 모범적인 도시라고 해도 모자람이 없지 않을 것이다. 그럼에도 이 책에서는 도시 특히 미국의 도시가 이러한 비전을 어떻게 달성할 것인지에 대한 다양한 창의적 기법과 설계 개념, 실제 사례를 소개할 것이다.

연구 방법과 관찰 대상 도시들

이 연구의 목표는 첫째, 유럽의 지속가능도시들이 현재 어떤 상태인가를 종합적으로 인식하고 다뤄보는 데 있다. 지속가능성을 촉진하기 위해 현재 이 도시들이 하고 있는 일은 무엇이며, 구체적으로 어떤 사례가 세계 다른 도시에도 적용 가능할 정도로 중요성을 갖는가? 이 책에 상당수 소개되고 있는 유럽의 창조적이고 다양하며 독특한 접근 방식은 미국 도시에 적용할 때도 유용하리라 생각된다.

두 번째 목표는 지속가능도시의 전체론적(holistic) 속성과 관련된다. 지속가능성 또는 지속가능 개발에 관한 다양한 정의는 통합적이고 전체론적인 접근이 필요함을 강조한다. 뒤에서 살펴보겠지만, 혁신과 지속가능성을 볼 수 있는 사례가 여러 다른 분야에서 나타났는데 이 다양한 사례를 다루기 위하여 많은 도시를 조사해보았다. 이처럼 폭넓고 전체론적인 사례를 살펴보고 이해하는 것이 연구의 2차 목표이다. 여러 도시의 사례를 살펴보는 과정을 통해 실제 지속가능한 도시가 무엇으로 구성되며 중요한 속성 및 구체적 프로그램이 무엇인지에 대한 이해가 쉬워질 것이다. 이 연구를 통해 완벽하게 이상적인 도시를 찾아낸 것은 아니지만, 유럽 전역의 많은 도시에서 지속가능성이 무엇인가 보여주고 있는 모범 사례로부터 교훈을 얻을 수 있다.

이 책은 유럽 30여 개의 다양한 도시를 대상으로 현지 방문과 인터뷰를 통해 얻은 견해와 결론을 다룬다. [표 1.1]은 조사한 도시의 목록이다.

[표 1.1] 현장 연구와 인터뷰 대상 유럽 도시들(1996~98)

오스트리아
그라츠 Graz*
린츠 Linz
빈 Vienna

덴마크
앨버스룬 Albertslund*
코펜하겐 Copenhagen
헤르닝 Herning
칼룬보르 Kalundborg
콜링 Kolding
오덴세 Odense

핀란드
헬싱키 Helsinki
라티 Lahti

프랑스
됭케르크 Dunkerque*

독일
베를린 Berlin
프라이부르크 Freiburg
하이델베르크 Heidelberg*
뮌스터 Münster
자르브뤼켄 Saarbrücken

아일랜드
더블린 Dublin

이탈리아
볼로냐 Bologna

스위스
취리히 Zürich

스웨덴
스톡홀름 Stockholm*

네덜란드
알메르 Almere
아메르스포르트 Amersfoort
암스테르담 Amsterdam
덴하흐 Den Haag*
흐로닝언 Groningen
레이던 Leiden
위트레흐트 Utrecht
즈볼러 Zwolle
기타

영국
레스터 Leicester*
런던(광역권 포함) London

* 유럽 지속가능도시연합(European Sustainable Cities and Towns Campaign)이 수여하는 '지속가능도시상(European Sustainable City Award)' 수상 도시임.

200회 이상의 인터뷰가 1996년 9월부터 1998년 6월까지 행해졌고, 방문은 1997년 봄에 주로 이루어졌으며, 전화 인터뷰도 병행되었다.

대상 도시들은 몇 가지 기준에 의해 선정되었다. 특별한 경우를 제외하고 대부분은 유럽의 도시계획 및 환경 관련 학술문헌에 자주 소개되고, 다양하며 혁신적인 첨단기술이 적용된 지속가능 전략을 채택한 곳들이다. 수적으로 많은 시책이 이루어지고 있으며, 지속가능 전략을 폭넓은 범위에서 시행하는 지역을 우선 포함시켰다. (이 도시들은 단순히 한 가지 전략만 취하는 것이 아니라 포괄형 전략을 취하고 있었다.)

몇 가지 예외적인 사항을 언급해두어야겠다. 런던과 더블린은 첨단형 지속가능도시 프로그램을 시행한다고 보기는 어렵지만, 그럼에도 중요한 사회적·환경적 문제에서 초기 단계의 지역 단위 지속가능성 의제를 설정한 도시들이다. 특히 런던은 유럽 최대 도시로 지역 단위 지속가능성의 과제와 함께 지속가능도시로 전환 중인 유럽 도시가 직면한 다양한 문제와 장애물이 분명히 드러나는 곳이다. 이탈리아 볼로냐도 비슷하게 이해될 수 있는데, 이 지역은 지속가능성에 관한 이슈와 남유럽 도시의 문제들을 이해하기 위해서 포함시켰다.

독자들이 이미 알고 있을 테지만, 이 책은 북유럽과 서유럽의 경험에 많이 치중되어 있다. 네덜란드, 독일, 스칸디나비아 국가들은 지속가능성 정책 사례에서 가장 크게 주목받는 곳이다. 이 나라들은 다양한 측면과 관점에서 지속가능 신기술과 함께 도시 개발 패턴의 지속가능성을 가장 많이 실험하고 지지해왔다.[7] 한편으로는, 내가 네덜란드에서 보낸 오랜 시간을

---

7) [원주] 퍼셔와 르페브르(Pucher and Lefevre, 1996)에서는 북유럽과 남유럽 국가 사이에 도시계획의 접근 방식과 계획 및 개발통제의 수준 측면에서 상당한 차이가 있음을 밝히고 있다. 즉 "전통적으로 네덜란드, 독일, 스위스, 스칸디나비아 국가들은 토지 이용과 관련하여

고려하면 네덜란드의 사업, 프로그램 그리고 이 나라 도시들에 대한 이야기가 오히려 턱없이 부족할 정도이다.

이 책 여러 곳에서 지역 단위의 각종 혁신적 제안과 사업들을 살펴볼 수 있는데, 내용이 매우 새롭고 최근의 일을 다루고 있어서 일정한 추세를 파악한다든지 또는 사업의 효과나 성공 여부를 판단하기는 어렵다. 다만 나는 새로운 도시계획의 아이디어나 개념을 찾아내는 일이, 설령 그러한 아이디어가 형성 또는 개발 단계에 있더라도 대단히 가치 있다고 생각한다. 예를 들면, 생태 사이클 균형(ecocycle balance)에 관한 장에서는 폐쇄 고리형 순환을 발전시키려는 도시 정부 간 또는 기관 내에서 이루어지는 노력의 처음 단계 모습을 다루고 있다. 이는 신생이고 초기이지만, 그럼에도 대부분의 다른 도시보다 앞선 것으로 그 내용이 소개되고 토론될 만하다. 다른 사례로, 도시환경의 녹색화를 다룬 장에서는 독일 라이프치히에서 녹색 방사축(Green Radial)과 에코스테이션(ecostation, 생태적 커뮤니티 센터)을 창조하려는 제안을 소개한다.[8] 이러한 제안은 중요하고도 강력한 도시계획 및 설계 아이디어이며, 설령 아직 이 제안들이 실행 단계에 이르지는 않았더라도 토론될 필요가 있다. 나는 유럽에서 가장 유망해 보이는 아

매우 규제적인 법률과 규정을 갖추고 있었다. 이와 대조적으로 이탈리아, 스페인, 포르투갈은 사유 토지에 대한 강력한 정부 통제가 거의 없었다. 프랑스와 영국은 이 두 극단의 중간쯤에 위치한다(28쪽)." 남부 유럽 국가에서 도시계획이 전혀 존재하지 않는다고 하면 아마도 지나친 말이겠지만, (북유럽과는) 분명히 의미 있는 차이가 있음이 확실하다.

8) 녹색 방사축은 보통 도시 주변지역을 도심과 연결하여 만들게 된다. 라이프치히의 경우 도심의 철도부지를 시골지역과 연결한 사례가 있으며, 자전거 길과 보행자 녹지 공간 및 레크리에이션 시설을 포함하여 조성하였다. 이 그린 방사축의 중심부에 "에코스테이션"이라는 이름의 지역생태센터가 조성되었으며, 생태 교육과 워크숍이 열리고 장비 대여, 생태 제품에 관한 홍보 등을 맡고 있다. 상세한 내용은 제7장 「도시생태와 도시환경의 녹색화 전략」의 '생태적 도시 재구조화' 참조.

이디어, 제안, 디자인 개념 등을 포함하는 녹색 도시의 모습을 담으려 애썼고, 비록 그것이 소수의 지역에서만 적용되었거나 여전히 초기 개발 단계에 있는 경우일지라도 다루었다.

앞으로 서술할 내용에 대하여 몇 가지 일러둔다. 첫째, 앞서 말했듯이 이 책은 유럽 도시들에 대한 총괄 연구나 분석이기보다는 오히려 선별된 일부 도시들의 시책과 사업을 살펴봄으로써 얻은 관찰과 통찰의 묶음이라 할 수 있다. 여기서 소개되는 도시들이 다양한 측면에서 그 밖의 다른 유럽 도시를 대표하는 것은 틀림없다. 사례로 다루어지는 도시 대부분은 모범 사례이거나 특별한 도시계획 및 지속가능성 사업을 펼쳐왔기 때문에 선택된 것이다.

하나 더 분명히 해두어야 할 것은, 여기 소개되는 도시에 대해서도 종합적인 연구와 관찰이 정밀하게 이루어졌다고 할 수는 없다는 점이다. 오히려 각 도시는 특정한 한두 개 시책으로 유명한데, 이 책은 이런 특정 시책들만 집중적으로 논의하는 경향이 없지 않다. 인구통계 지표, 정부 구조, 정치 등을 모두 분석하는 전면적인 사례 연구가 각 도시에 대하여 행해진 것은 아니라는 점을 밝힌다.

이 유럽 도시들의 경험을 총괄적으로 관찰하고 이해하는 데서 어려움이 많았는데, 이에 대한 너그러운 이해를 부탁드리는 바이다. 우선 언어 문제가 여러 측면에서 심각한 장애가 되었다. 도시에 관한 계획, 보고서 그리고 다른 자료들은 (당연한 얘기지만) 대개 그 나라 고유 언어로 쓰여 있다. 영어로 된 자료를 최대한 이용하였지만 영문 자료의 양은 제한적이었다. 그래서 대면 면접이 가지는 중요성이 커지게 되었는데, 그 내용을 서면 자료와 비교하여 정리하는 데서 내 능력이 많이 부족했다. 주요 지방정부 관리가 영어를 못할 경우 (내 외국어 실력이 모자란 탓으로) 대면 면접조차 제한적일 수밖에 없었다. 다만 아일랜드나 영국은 물론 네덜란드와 스칸디나비아 반도의 도시에서는 언어가 거의 문제되지 않았음을 밝힌다. 이따금 용어에 대한 해석이나 의미가 서로 다르다는 것을 인지하였는데, 조사 과정에서 내가 아예 몰랐거나 뒤늦게라도 알아차리지 못한 문화적 차이가 틀림없이 많을 것이다. 따라서 독자들께 이 책 내용의 정확성이 이러한 언어적 제한에 영향을 받는다는 사실에 대하여 미리 알려두려는 것이다.

한 도시를 방문하는 데 하루나 이틀 혹은 일주일 이상이 소요되었다. 그리고 어떤 도시는 한 번 이상 방문했고(코펜하겐) 유난히 방문이 잦았던 곳(암스테르담)도 있었다. 면접은 보통 도시 정부의 공무원과, 토지 이용과 공간계획, 환경정책, 에너지와 이산화탄소 감축, 폐기물 관리, 교통 등 몇몇 핵심 분야에 전문지식이 있는 개인들을 대상으로 이루어졌다. 각 도시로부터 서면 자료를 받아 사용하기도 했지만, 적어도 주요 관심분야에 대해서는 최소한이라도 면접을 진행했으며 관련 정보도 따로 모았다. 다양한 보고서와 문서, 서면 자료들이 수집되어 각 도시에 대한 결론을 이끌어내는 데 폭넓게 이용되었다. 개별 면담은 전화 인터뷰를 추가로 실시함으로써 보완했다. 각 도시를 방문할 때마다 시간을 할애하여 지역의 개발 사업지와 주요 현장을 방문하는 일을 빼먹지 않았다. 그리고 많은 양의 사진과 개인 기록도 축적했다.

이러한 특정 사례 도시들뿐만 아니라 특정 사업지, 현장, 주택 개발지가 있는 다른 도시들도 방문했다. 이는 주로 혁신적인 시책 사례를 더 살펴보기 위한 것이었는데, 이 책을 읽다 보면 그런 내용도 다루어질 것이다.

적용 가능성: 왜 유럽 도시인가?

내가 유럽 도시들의 도시계획과 지속가능성 전략에 대하여 강연을 하거나 발표를 할 때, 청중이 미국인 동료·학생이라면 어떤 반응을 보일지 확실히 예상할 수 있다. 가끔은 열정과 흥분이 섞이기도 하지만, 보통 이들의 반응은 회의적인 경우가 많다. 이들의 주장은, 그런 일이 유럽에서야 일어날 수 있겠지만 유럽과 미국은 맥락을 달리하는 만큼 아무리 근사한 아이디어일지라도 미국에서는 불가능하거나 적용될 수 없으리라는 것이다. 이는 얼마간 적절한 반응이긴 하지만, 아래와 같은 이유로 나는 그에 동의하지 않는다.

가장 모범적인 유럽 도시들로부터 배울 게 많지 않다면 내가 유럽에서 그토록 많은 시간을 보내지 않았을 것이다. 물론 유럽과 미국 사이에는 사회적·문화적·정치적·지리적으로 차이가 존재함을 부인할 수 없다. 그러나 (이런 맥락의 차이를 염두에 두더라도) 유럽 도시의 사례는 장기적으로 볼 때 적용 가능성이 크다고 생각하는데, 그 이유를 살펴보자. 첫째, 미국의 환경, 도시계획, 지속가능성 아이디어는 유럽의 영향을 받아 만들어진 것으로 그 역사가 오래되었다. 많은 사례 중 하나로, 계약농업(subscription farming)은 유럽에서 처음 시작되었지만 현재 미국에서도 600여 개 이상의 ['지역사회 후원농업(community-supported agriculture)'이라는 이름으로 알려진] 계약농이 행해지고 있다.[9] 미국 도시 정책에서 중요한 요소로 여겨지는 기

----

9) 계약농업 혹은 출자참여 농업은 대안농업의 한 형태로서, "지역사회 후원농업"이라는 이름으로도 불린다. 이는 몇 가지 형태로 나타나는데, 가장 단순하게는 우리나라에서도 일반화된 직거래 장터(농업)의 모습으로 소비자들이 정기적으로 농산물을 산지에서 배달받는 경우를 들 수 있다. 그러나 1980년대 중반, 지역사회 후원농업이 처음 시작된 일본·미국에서는

업촉진지역(Enterprise Zone)의 개념도 실제로는 영국에서 처음 시작된 것이다. 코하우징(cohousing)은 덴마크에서 시작된 것이지만 현재 미국에서도 코하우징이 유행하고 있으며(뒤에서 상세히 다룬다) 미국 전역에 100여 개 이상의 코하우징 사업이 진행되고 있다(McCamant and Durrett, 1998).[10] 교통 정온화 기법(traffic-calming techniques)과 관련 정책수단도 미국 전역에서 인기를 얻고 있는데, 이 역시 유럽에서 먼저 시작된 것이다[예: 네덜란드의 보너르프(woonerf)]. 승용차 공동이용 또는 카셰어링(car-sharing)은 유럽에서 점점 더 중요해지고 있으며, 미국에서도 이 제도가 확대되고 있다. 이처럼 도시계획상의 많은 아이디어와 개념들이 유럽으로부터 성공적으로 도입되어왔다.

미국에서 스프롤 현상에 대한 심각한 우려가 늘고 있음을 고려할 때, 유럽의 경우 (자동차 사용 증가와 함께 도시의 기능을 분산해야 한다는 압력 등의 비판이 있긴 하지만) 역사적으로 압축도시 형태(compact urban form)를 강조한 사실이 미국의 도시계획에 좋은 지침이 될 것이다. 많은 사람들이 오랫동안 유럽 도시를 주목했다. 예를 들어 앨터만은 특히 영국과 네덜란드 등 유럽 국가들의 도시봉쇄(urban containment)와 농지보전정책이 "미국과 같은 나라에 본보기가 될 수 있다"고 주장한다(Alterman, 1997: 38). 논란의

∴ 농사철이 시작되기 전에 미리 소비자들이 일정액의 재정 부담을 통해 농업경영, 작물재배 등에까지 참여하기도 한다. 농민의 입장에서는 안정적 판매경로와 경제적 지원을 확보할 수 있다는 이점이 있고, 소비자 또한 믿을 만한 유기농산물을 공급받으면서 이익과 위험부담을 공유하는 것이다.

10) 코하우징은 덴마크·네덜란드 등 유럽 도시와 미국 일부 지역에서 볼 수 있는 공동 주거단지로서, 연립형 주택들이 연결되어 있는 형태로 지어진다. 겉모습보다 운영이 더 중요한데, 거주자들이 식사 당번을 돌아가면서 맡고 함께 저녁식사를 하며, 육아 등의 활동을 공동으로 하는 것이 보통이다. 코하우징에 대한 상세 내용은 제3장 「창조적인 주택과 거주환경」 참조.

여지가 있으나, 다양한 측면에서 유럽 도시들은 미국 도시들이 뭔가를 배우는 데 도움을 주고 있다. 유럽은 전 세계 어느 국가나 도시보다 역사, 문화, 경제 분야에서 미국과 유사점을 가지고 있다.

마서(Masser, 1992)는 다양한 사회적·인구통계학적 현상이 유럽과 북미에서 비슷하게 발생하고 있음을 정확히 관찰하고 있다. 예컨대 도시 분산화(urban deconcentration), 자동차 이용 증대, 규제 완화, 시장 지향적 해결책 등이 미국과 유럽 양쪽에서 공통적으로 제시되고 있다. 즉 유럽과 미국의 도시들은 점점 더 비슷해지고 있는 셈이다. 게다가 기본적으로 유럽은 다수의 중간 크기 도시들로 이루어져 있다는 점에서(거대도시들의 상황과 문제점은 이와 상당히 다를 것이라고 반론할 수 있다) 미국의 상황과 유사하다. 보통 이 정도 규모의 도시들이 가장 혁신적이고 창조적인 모습으로 지역의 지속가능성에 관한 제안과 전략을 형성해왔다(Mega, 1996; 1997). 다른 점도 있겠으나, 바로 앞서 살펴본 까닭으로 인해 미국은 유럽 도시의 사례에서 교훈을 얻어 지역사회에 적용할 수 있다. 물론 이러한 교훈의 이전과 적용이 항상 성공적으로 이루어지지는 않는다. 1970년대 미국 도심부에 보행자 전용가로(pedestrian mall)를 만들려던 일은 대부분 유럽 도시에서 영감을 얻은 것이었다. (버지니아의 샬러츠빌과 콜로라도의 볼더 등의 예외가 있지만) 대부분의 보행자 몰은 성공하지 못했고, 다수의 도시가 그 이후 이런 보행 공간을 아예 없애 버렸다. 그러나 이 경우조차 유럽과 미국의 교차수정(cross-fertilization) 과정에 긍정적 영향을 끼쳤다.

유럽과 미국의 지속가능성 정책 관계를 좀 더 정확하게 묘사한다면 공진화(coevolution)로 볼 수 있을 것이다.[11] 다양한 정책과 계획 과정에서 미국과 유럽의 도시들은 평행한 방향으로 움직인다. 예컨대 도로통행료 부과(road pricing) 실험이 양쪽 모두에서 이루어지고 있는데, 아이디어와 경험의 흐름이 단지 한 방향으로만 또는 유럽에서 미국으로만 간다고 규정짓는 것은 부적절하다(실제로 브라질의 쿠리치바와 싱가포르 같은 지역에서도 중요한 교훈을 얻을 수 있다). 또한 이어지는 장의 내용이 유럽의 시책에서 교훈을 끌어내는 데 주안점을 두고 있기는 하지만, 다양한 주제와 관점에서 유럽도 미국의 사례에서 교훈을 얻기를 기대하고 있음을 이해하는 것 역시 중요하다. 몇 가지 예로, 교통수요관리(transport demand management)나 자동차 배기가스 기준 분야에서 미국의 활동은 유럽보다 앞선 것으로 여겨지고 있다.[12]

하나 더 중요한 점은 미국이 넓고 다원적인 나라임을 인식하는 일인데, 따라서 어떤 아이디어나 정책이 (설령 미국 도시로부터 나온 것이라도) 미국의 다른 지역에서도 성공적으로 적용되리라고 생각하는 것은 옳지 않다. 기후, 지리, 정치문화 등 다양한 영역에서 커다란 차이가 존재하기 때문에 유럽에서 제시된 어떤 아이디어든 미국의 특정 도시나 지역에서만 특수하게 적용될 수도 있다. 예컨대, 자전거 이용을 적극적으로 권장해온 유럽 도시의 사례는 지형이나 기후로 인해 자전거 이용이 어려운 미국 도시들에서는

---

11) 공진화는 원래 생물학 용어로서 "어떤 생물의 변화로 인해 관련 있는 다른 생물의 변화가 일어나는" 현상을 말한다. 많은 생물학적 수준에서 발생할 수 있으며 서로 다른 종(種, species)의 진화를 촉진하게 된다. 기본적으로는 생물학적 개념이지만, 컴퓨터공학이나 천문학에서도 응용되어왔다(위키피디아 참조).
12) 교통수요관리는 도로 건설과 같은 공급 측면이 아닌 수요 측면의 요인을 줄이거나, 교통수단의 선택을 바꾸는 모습으로 나타난다. 예를 들어, 직장과 집의 거리를 줄여 통근수요를 줄이는 근본 대책에서부터 혼잡이 발생하는 교통시설에 대한 요금 및 자가용 사용에 대한 페널티 부과 ─ 도심 주차 공간 축소, 주차료 인상, 혼잡통행료 부과, 휘발유세 인상 등 ─ 를 통해 대중교통 이용을 늘리는 다양한 방법이 있다. 교통수요관리는 보통 대중교통 이용을 편리하게 하는 방법과 병행돼야 하며, 특히 버스중앙차로제, 지하철과의 무료 환승, 그 밖의 버스 및 지하철 서비스 개선이 효과적인 수단으로 알려져 있다.

적용 가능성이 낮다. 그러나 태평양 연안 북서부(그리고 유진, 포틀랜드, 시애틀, 밴쿠버 등의 도시)는 미국의 다른 지역에 비해 압축도시(compact city)의 교훈과 관련해 정치적·사회적으로 수용성이 더 높을 것이다.[13] 나아가 정치문화, 역사, 인구 구성 등의 이유로 (데이비스, 볼더, 벌링턴처럼) 유럽 도시의 혁신적 아이디어를 채택할 가능성이 높은 도시도 많다. 요컨대, 미국에 지역적·광역적 상황의 차이가 존재한다는 이유만으로 유럽 도시로부터 도출된 다양한 아이디어를 일축해버리는 것은 바람직하지 못하다.

그러나 이러한 유럽의 시책이 어떻게 미국 사회에서 작동될 수 있는지를 주의 깊게 생각해보는 일은 중요하다. 많은 경우, 사회적·법적 배경 등이 다른 만큼, 도시계획 시책 및 지속가능 프로그램이 미국에 적용되기 위해서는 적응과 수정이 필요하다. 앞으로 각 장마다 나는 유럽 사례의 적용가능성에 대해 알아보고 이를 어떻게 적용할지에 대한 제안("메시지")도 제시할 것이다.

유럽 도시의 지속가능성, 적실성과 역할

내가 방문 연구 한 도시들이 임의로 선택된 것은 아니었지만, 그럼에도 이 도시들이 도시계획 및 다른 정책 영역에서 지속가능성을 명시적으로 또 진지하게 고려하고 취급하는 점은 인상적이다. 지속가능성은 이 도시들에

---

13) 압축도시는 도시의 여러 기능을 기존 시가지 안으로 배치함으로써 높은 주거 밀도 및 토지의 복합 이용을 꾀하려는 도시계획 개념이다. 이런 도시에서는 대중교통의 효율화, 보행 권장, 가정 및 상업용 에너지 절감 등의 효과를 기대할 수 있는 반면, 인구 과밀로 인한 혼잡, 도심의 오염 증대 등 문제점이 함께 지적된다.

서 매우 중요하게 다루어지며, 주로 미국보다 유럽에서 훨씬 높은 우선순위를 차지하는 개념인데, 이 우선순위는 여러 가지 방법과 형태로 표현되어왔다.

지속가능성은 이미 유럽연합(EU)의 입법과 지침(directives)에 의하여 지지받고 있으며, 유럽 전역에서 기본 목표로 설정되었다. 유럽연합의 제5차 환경행동프로그램(Fifth Environmental Action Program)은 실제「지속가능성을 향하여(Towards Sustainability)」로 불리고 있다. 지속가능 발전이 유럽연합의 통합 목표가 될 수 있도록 마스트리흐트 조약(Treaty of Maastricht)도 (1997년 6월 암스테르담 조약을 거쳐) 개정되었다(Neild, 1998; O'Riordan and Voisey, eds., 1998). 다양하고 구체적인 유형의 유럽연합 지침들도 환경의 보호와 보전에 강한 주의를 기울일 것을 의무화한다(예: EU Habitats Directive and Biocide Directive). 서유럽 국가들 대부분은 국가 단위의 지속가능성 전략을 수립하였으며 정부 차원의 행동계획과 기준도 마련하였다. 즉 지속가능성이라는 말은 국가 입법 및 정책 영역에 더 깊이 스며들고 있는 것이다(OrRiodan and Voisey, eds., 1998).

지속가능도시라는 주제는 유럽연합 내에서도 상당한 관심을 받고 있다. 1990년 출간된「도시환경녹서(The Green Paper on the Urban Environment)」는 환경의 역할과 도시의 맥락에서 상당한 반향을 불러일으킨 기념비적 보고서라고 할 수 있다. 보고서는 도시계획에서 더욱 통합적이고 전체론적인 접근이 필요하며, 도시가 지구의 환경문제를 해결할 수 있는 중요한 부분으로 간주되어야 한다고 주장한다(Commission of the European Communities, 1990; European Commission, 1994). 녹서 출간 후 1991년 '도시환경 전문가 그룹'이 결성되었고, 이 모임에서 지속가능도시 프로젝트를 연구의 주된 초점으로 삼았다(Fudge, 1993; Williams, 1996 참조).

이 그룹이 발간한 「유럽의 지속가능 지역사회(European Sustainable Communities)」 보고서는 연구의 범위와 내용 면에서 큰 공을 세웠다. 보고서는 더 전체론적·통합적 접근을 옹호하는데, 도시를 생태계의 일부로 여긴다는 점에서 진일보한 것으로 평가된다. 도시는 자연환경에 영향을 주는 요소이기도 하지만 동식물의 서식지 역할을 하기도 한다. 곧 도시는 "복잡하고 상호 연결된 역동적인 시스템이다. 도시는 자연환경에 대한 위협 요소이면서 그 자체로 중요한 자원이기도 하다. 도시의 지속가능성을 위한 도전은 이 두 가지 즉 도시 내부에서 발생하는 자체 문제와 도시에 의하여 파생되는 문제를 해결하는 것이다(European Commission, 1996: 6~7)."

이 보고서는 도시의 지속가능 개발을 위한 중요한 4대 원칙을 [글상자 1.1]에서와 같이 파악하고 있다. 여기서 말하는 4대 원칙이란 도시 관리의 원칙, 정책 통합의 원칙, 생태 시스템 사고의 원칙, 협력과 동반의 원칙을 의미한다(European Commission, 1996; European Commission, 1994 참조). 보고서는 일련의 세부적인 권고 사항과 함께 이 원칙을 실행할 때 본보기로 삼을 수 있는 좋은 사례를 소개한다. 보고서는 실질적인 영향력을 발휘했으며 지금도 "녹색 도시와 지역을 어떻게 만들 수 있는지에 대하여 영감을 주는 사례, 혁신적 접근 그리고 실용적인 도움말로 가득 찬" 자료로 여겨진다(European Environmental Agency, 1997: 42). 이는 유럽의 훌륭한 정책 사례로 인터넷에서도 정보제공 서비스가 이루어지고 있다.

'도시환경 전문가 그룹' 활동의 중요한 결과물 중 하나는 1994년도에 시작된 유럽 도시들 간 비공식적 네트워크인 '지속가능한 유럽 도시 캠페인(Sustainable Cities and Towns Campaign)'이다.[14] 이는 지속가능 발전을 위한 유럽 도시 네트워크를 구성하려는 것인데, 이 캠페인은 1994년 덴마크 올보르(Åalborg)에서 처음 시작되었다. 올보르 회의에서 지속가능도시 헌장이 만들어졌고 캠페인에 참여하는 도시들이 이에 서명하였다. 헌장은 현재 「올보르 헌장」으로 더 잘 알려져 있다. 이 네트워크 참여 도시들은 지속가능 발전을 위해 노력할 것을 약속하는 의미에서 헌장에 서명한다. 지금까지 400여 개 지방정부가 헌장에 서명하였는데, 이는 약 1억 명의 유럽인을 대표하는 셈이다. 이 캠페인의 활동 가운데는 소식지 발행, 도시 간 네트워킹 그리고 전 유럽 회의 주기적 개최가 포함된다. 또 이 책의 뒷부분에서 서술되지만, '유럽 지속가능도시 상(European Sustainable City Award)'을 제정하여 1996년부터 시상하고 있다. (「올보르 헌장」의 전문은 이 책의 부록으로 실려 있다.)

[글상자 1.1] 도시 지속가능성의 원칙

1. 도시 관리의 원칙(the principle of urban management)
기본적으로 지속가능성의 관리는 정치적 과정으로서 사전 계획이 필요하며 도시 거버넌스에 영향을 끼친다. 지속가능한 도시 관리 과정에는 환경·사회·경제 문제를 해결할 수 있는 다양한 수단이 필요하며 이 수단들이 충족될 때 통합적 해결의 필수요건이 구비된다. 이러한 방법의 적용을 통해 지속가능성을 지향하는 도시 정책은 보통 인식되는 것보다 더 강력해질 수 있다.

2. 정책 통합의 원칙(the principle of policy integration)
조정과 통합은 보충성의 원칙(the subsidiarity principle)과 책임의 공유라는

---

14) 본문에서 도시(cities)와 타운(towns)을 특별히 구분해서 얻을 실익이 많지는 않다. 일반적으로 '타운'은 도시보다 조금 작은 규모로 소도시나 우리나라의 읍 정도로 이해할 수 있고 경우에 따라서는 자치권의 정도에서 차이가 나기도 하지만, 이 책의 맥락에서는 그냥 '도시'로 통칭하고 필요한 경우 '타운'을 함께 쓰기로 한다.

는 차원에서 이루어져야 한다.[15] 통합은 수평적으로는 사회적·환경적·경제적 차원의 지속가능성이 시너지 효과를 창출하도록 하고, 수직적으로는 유럽연합의 회원국, 광역 및 지방 정부 사이의 통합이 이루어져 각기 다른 차원의 정책이 서로 충돌 없이 통합성과 일관성을 유지해야 한다는 것이다.

3. 생태 시스템 사고의 원칙(the principle of ecosystems thinking)
생태적 사고는 도시를 변화와 발전의 지속적 과정으로 특징지어진 복잡한 시스템으로 강조한다. 즉 에너지, 자연자원 및 폐기물 생산 등을 관리·회복·자극·종결하는 데 필요한 일련의 연결 작용으로 통합하여 관찰함으로써 지속가능한 개발에 기여한다. 교통의 흐름과 수송에 관한 규제는 또 다른 요소이다. 이러한 이중 네트워크 접근은 광역권과 소단위 지역별 도시 발전의 기본 틀을 제공한다. 생태적 사고에는 또한 사회적 차원의 관점도 있는데, 도시를 하나의 사회적 단위로 간주하는 것이다.

4. 협력과 동반의 원칙(the principle of cooperation and partnerships)
지속가능성은 공유해야 할 책임이다. 따라서 서로 다른 계층, 조직, 이해관계자 사이의 협력과 파트너십이 필수적이다. 지속가능한 관리는 일종의 학습 과정으로, 그 핵심 요소는 "행동으로 배우는 것", 경험·전문 교육·훈련의 공유 그리고 여러 학문 분야에 걸친 연구와 파트너십, 네트워크와 지역사회의 자문과 참여, 혁신적인 교육 체계와 인식 제고 등이다.

출처: EC(1996). *European Sustainable Cities*.

---

15) 보충성의 원칙은 어떤 사무와 기능을 상위 자치단체보다 당해 지역의 최하위 자치단체가 잘 수행할 수 있을 경우, 그 사무 수행의 우선권이 해당 하위 자치단체에 먼저 주어져야 한다는 원칙으로 지방정부 기능 배분의 기본 원칙 중 하나이다.

올보르에 이어 1996년 제2차 유럽 지속가능도시 회의(Second Pan-European Sustainable Cities Conference)가 포르투갈 리스본에서 개최되었으며, 제3차 회의는 2000년 독일 하노버에서 열렸다. 리스본에서는 1,000여 명이 참가하여 "헌장에서 행동으로(From Charter to Action)"라는 구체적 행동강령을 수립하였다(Lisbon Action Plan, 1996). 일련의 지역별 회의도 개최되기 시작하였는데, 1998년에는 불가리아 소피아에서 "중·동부 유럽의 지속가능성을 위하여(Towards local sustainability in central and eastern Europe)"라는 회의가 개최되었다(Sofia Statement, 1998 참조. 다른 지역별 회의는 핀란드의 투르쿠와 스페인의 세비야에서 열렸다). 브뤼셀의 캠페인 사무소가 이러한 프로그램의 조정과 통합 네트워크 및 정보센터로서의 역할을 맡고 있다.

지속가능한 유럽 도시 캠페인 외에도 유럽의 수많은 단체와 조직이 도시의 지속가능성을 촉진하는 데 참여하고 있으며, 지방정부를 구성원으로 하는 수많은 네트워크 또한 이에 협력하고 있다. 대표적인 협력단체로는 자치단체국제환경협의회(International Council for Local Environmental Initiatives, ICLEI), 경제협력개발기구(Organization for Economic Cooperation and Development, OECD), 유로시티(Eurocities), 유럽지방정부협의회(Council of European Municipalities and Regions, CEMR), 연합도시기구(United Towns Organization, UTO), 도시위원회(Commission de Villes) 등이 있다.

지역 단위의 지속가능성 혁신을 위해 유럽연합은 다양한 재정 지원과 프로그램을 진행해오고 있다. 이러한 프로그램은 도시 간에 정보의 교환과 협력 그리고 시범 프로그램 개발 과정에 중요한 구실을 해왔다. 기술 분야에서 다양한 프로그램을 축적하는 것은 중요한 의미가 있다. 그 예로는 실험적 에너지 사업(예: JOULE, SAVE, THERMIE), 도시교통(예: JUPITER, DRIVE, ZEUS), 지속가능 경제발전 및 도시재생 사업(예: RECITE, PACTE)

등이 있다(이러한 프로그램을 개관하려면 Williams, 1996 참조).

　더 나아가 유럽연합의 지원을 받는 프로그램은 녹색 도시 기술의 선례가 될 뿐만 아니라, 유럽 지속가능도시들 간의 네트워크 구축과 협력 강화에 도움이 되길 목표로 한다. 이를 위한 사업 중 하나가 (EU THERMIE가 지원하는) 유럽 녹색 도시(European Green Cities) 프로그램으로 11개 도시에서 저에너지·생태 주택의 설계와 건설을 지원한다(Green City DenMark, 1997). 잦은 프로그램 조직화 과정에서 참여 도시들은 정기적으로 모여 정보와 경험을 교환한다. 그 결과로 나타난 주택 분야의 혁신은 결국 중요한 시범사업의 형태로 나타났고 여기서 도출된 "영감"이 유럽 다른 도시로 폭넓게 전파되었다.

　어떠한 도시들이 지속가능한 발전을 이룰 것인지에 대해 이해하고 평가하려는 노력도 활발하다. 유럽연합은 몇 가지 지속가능성 지표(sustainability indicator)를 만들었는데 이는 미국보다 훨씬 앞서 마련된 것이다. 지속가능성 지표 중에는 유럽의 12개 도시가 참여하여 개발한 공통지표인 지속가능 인덱스(Sustainable Index)가 들어 있는데, 최근에는 '유럽의 환경(Europe's Environment)' 지표라 불리는 도브리스 평가(Dobris Assessment)도 포함되었다(International Institute for the Urban Environment, 1994; Stanners and Bordeau, 1995; "Second Assessment of Europe's Environment" 개정판; European Environment Agency, 1998). 도브리스 평가는 55개의 각종 도시 지표가 16개 속성별로 분류되어 있으며, 3가지 대영역 즉 도시 유형(urban patterns), 도시의 흐름(urban flows), 도시의 환경품질(urban environmental quality)로 나뉜다.

　생태발자국 분석도 점차 유럽 도시 전체를 대상으로 시행되고 있는데, 이 분야는 초광역적 환경 영향(extra-local environmental effects)과 자원 수요를 이해하기 위한 강력한 수단으로 부상하고 있다. 예로 폴케 외(Folke et al., 1997)는 (이 책에서 다루는 헬싱키, 스톡홀름, 코펜하겐 등 몇몇 도시를 포함하여) 발트 해 연안 29개 대도시의 모든 생태발자국을 계산하였다. 계산 결과는 도시인구를 지탱하기 위해서는 실제 도시 면적보다 565배에서 1,130배나 더 많은 토지가 필요한 것으로 나타났다. 또 평범한 시민 1명이 생존하는 데 필요한 음식과 에너지를 생산하고 폐기물을 처리하기 위해서는 약 6만~11만 5,000제곱미터의 토지가 필요하다는 결과가 나왔다. 생태발자국 분석은 런던을 비롯한 다른 도시를 대상으로도 실시되었다(Sustainable London Trust, 1997).

유럽연합은 도시의 지속가능성을 위한 연구 조직과 프로젝트도 지원한다. 베를린에 소재한 '유럽 도시환경 아카데미(European Academy of Urban Environment)'는 유럽연합의 부분 지원으로 도시 지속가능성에 관한 연구, 훈련, 정보의 배분을 맡고 있다(Kennedy and Kennedy, eds., 1998 참조). 생활·직장환경개선 유럽재단(European Foundation for the Improvement of Living and Working Condition)은 더블린에 본부를 두며 중간 규모 도시를 중심으로 몇 가지 주요한 지속가능성 연구를 진행하고 있다(이에 관한 예는 Mega, 1977; 1996 참조). 유럽에서는 지역 단위의 지속가능성에 초점을 둔 엄청난 양의 학술 문헌과 글이 발간되었다(예: van der Vegt et al., eds., 1994; Municipality of Dordrecht, 1994. 그리고 자치단체국제환경협의회의 많은 발간물 참조). 이러한 문헌 중에는 도시계획 지침서와 매뉴얼도 많이 포함되어 있는데, 이는 자치단체국제환경협의회(ICLEI) 같은 기관에서 발행하며, 지방정부로 하여금 '지방의제 21'이나 기타 다른 지속가능성 대안을 창출하고자 만들어진 것이다(ICLEI, 1996 참조).[16]

지속가능성을 촉진하고 녹색 도시를 만들기 위한 노력은 대부분 유럽 국가의 중요한 관심사였다. 핀란드의 지방정부법(Local Government Act: 1995)은 각 지방정부가 지역주민들에게 더 나은 삶과 지속가능 발전을 제공할 것을 요구한다(Association of Finnish Local Authorities, 1996: 10). 그뿐만 아니라 핀란드의 건축법(Building Act)은 토지를 이용하는 데 지속가능 발전에 근거하도록 "토지 이용 계획이…… 자원과 환경의 개발 과정에서 지속가능한 발전에 도움이 되는 방식으로…… 추진되도록" 명시한다(Association of

독일 프라이부르크는 보행자 환경 개선과 자전거 및 대중교통 이용을 촉진하여 자동차를 길들이기 위한 많은 인상적 조치를 취했다.

16) 자치단체국제환경협의회는 1990년에 설립된 환경문제에 대한 이슈와 대응방안을 기반으로 1990년 설립된 국제기구이다. 설립 당시에는 전 세계 43개국, 200개의 지방정부가 회원으로 참여했는데, 2012년 현재는 1,200개 이상의 도시 및 지방정부와 관련 단체가 회원으로 참가하고 있다.

Finnish Local Authorities, 1996: 10). 중앙정부 차원에서 시작된 덴마크의 녹색도시 사업(Green Municipalities Project)은 (500여 개에 이르는) 환경 관련 예비 사업으로 확대되었다(Danish Ministry of Environment and Energy, 1995). 현재 이와 비슷한 사업들이 다른 유럽 도시에서도 진행되고 있다.

유럽 전역에 걸쳐 도시 계획과 개발의 녹색화(greening)가 진행 중이라는 증거는 많다. 특히 이러한 녹색화 움직임은 북부와 서부 유럽에서 활발히 이루어지고 있다. 지난 10년간, 녹색 도시 프로젝트는 공공 부문과 민간 부문의 협력에 의하여 진행된 경우가 많았다. 독일에서는 전국 단위 환경 단체인 독일환경연합(Deutsche Umwelthilfe, DU)이 도시별 환경정책을 평가하여 순위를 매기기 시작하면서, "자연환경의 독일연방수도(federal capital for nature and environment)" 지정이 처음으로 시도되었고 이후 매년 지정되고 있다(Deutsche Umwelthilfe, undated). 다수의 독일 도시에서 녹색 도시와 지속가능도시를 위한 여러 정책들이 채택되기 시작했으며, 독일환경연합의 지정을 받은 도시들은 이를 몹시 자랑스럽게 여긴다. 덴마크의 환경단체인 덴마크자연보호협회가 이와 비슷한 도시랭킹 시스템을 개발하였다(Danmarks Naturfredningsforening, 1997). 영국에서는 레스터 시가 최초의 환경 도시가 되었다. 왕립자연보존협회(Royal Society for Nature Conservation), 야생신탁협회(Wildlife Trust Partnership), 레스터 생태신탁(Leicester Ecology Trust) 등의 활동 덕분이다. 레스터는 환경 측면에서 대단한 포부를 가진 도시로 스스로를 자리매김해왔으며 녹색 도시를 이루고자 다양한 분야에 걸쳐 많은 사업을 활발히 벌여왔다. 이후 영국의 리즈(Leeds), 미들즈브러(Middlesborough), 피터버러(Peterbourough) 시도 환경 도시 지정을 받았다.

도시 지속가능성 형태는 유럽에서도 도시별로 다르게 나타나지만, 대체로 도시의 직접적인 실천은 지속가능 개념을 중심으로 나타나고 있다. 유럽 도시에서 지속가능성이 갖는 중요성이 커지고 있음은 명백하다. 지속가능성의 구상과 노력에 대한 증거는 지역 단위에서 살펴볼 수 있으며, 이 노력 가운데 많은 내용이 뒤이을 장에서 구체적으로 소개될 것이다. 이 책에서 소개되는 많은 유럽 도시들은 미래를 계획하기 위해 가장 먼저 고려해야 하는 구성 요소가 지속가능성이라 생각하고 있다. 즉 많은 구조계획(structure plans)과 종합계획 속에 내재하는 주제 또는 구성 요소가 지속가능성임을 알 수 있다는 것이다.

북유럽 및 서유럽의 각 도시에서 취해지고 있는 녹색화 구상(greening initiatives) 및 관련 조치의 다양성과 강도는 인상적이며, 앞으로 이 책에서 이 같은 노력에 관하여 설명할 것이다. 여기서 말하는 노력이란, 압축도시 형태를 촉진하는 것에서부터 쓰레기 처리 및 공간의 신진대사가 더 순환적으로 이루어지고, 도시와 인공적으로 조성된 환경이 유기체와 자연을 더 닮도록 건설하는 일 등에 이르기까지 다양하다. 실질적 진보와 혁신 또한 이 모든 부문에서 유럽 도시들이 월등히 앞서가는 모습을 보이는데, 예컨대 대중교통, 보행자 공간 설계, 자전거 그리고 많은 분야별 헌신적 노력이 그러하다.

유럽의 많은 도시들이 지속가능성 지표와 지속가능 목표치를 발전시켜왔는데, 많은 경우 지속가능성의 개념과 원칙을 창조적으로 수행하기 위해 노력하고 있다. 영국의 몇몇 도시에서는 신규 개발 제안을 평가하는 기준으로 지속가능성 기준을 개발해왔다(예: 런던 일링 자치구). 심지어 혁신적 환경정책으로는 유명하다고 할 수 없는 런던 같은 도시에서조차 지속가능성은 이제 대단한 의미와 중요성을 지니게 되었다. 런던 지역계획기구(London Local Planning Authority)의 지침에는 강력한 지속가능성의 주제가 담겨 있으며, 이는 진행 중인 런던 관련 연구에서도 마찬가

지이다.[17]

'지방의제 21'의 프로그램도 많은 유럽 도시에서 제도화되고 있으며 이를 위한 활동이 이미 진행 중이다. 1992년에 개최된 리우 환경개발회의의 후속조치라 할 이 사업들은 지역사회에 기반을 둔 참여 과정으로서 미래에 관한 시민의 아이디어와 목표를 찾아내고, 지역별 지속가능성의 행동계획을 촉진하는 데 목표를 둔다. 많은 수의 유럽, 특히 북유럽 국가들의 도시들이 이 프로그램에 참여하고 있다. 1996년에 '지방의제 21' 사업을 시작한 유럽 도시는 1,119개로 이는 전 세계 참여 도시의 62%를 차지하는 수치였다. 많은 유럽 도시가 어떤 형태로든 그 과정에 참여했거나, 참여 중이라고 볼 수 있는데(이중에서도 「올보르 헌장」에 서명한 도시들이 많다), 이는 지역 단위 지속가능성의 적실성에 대한 중요한 지표가 된다. 실제로 이 책의 연구 대상이 된 국가에서 지방정부의 참여율이 높다(스웨덴의 경우 지방정부의 100%가 참여하여 의제 추진의 상당한 단계에 도달해 있다). 흔히 이러한 프로그램은 지속가능성에 관한 담론에 지역사회를 참여시키기 위해 엄청난 노력을 기울인다. 그 결과로 지역 단위 지속가능성 포럼, 지속가능성 지표, 지역의 환경상황 보고서, 종합적인 지역 지속가능성 실행계획 수립 등이 나타나게 되었다.

유럽의 많은 도시에서 기후변화와 같은 전 지구적 환경문제에 대한 관심과 참여가 높게 나타난다. 많은 도시에서 기후변화 문제에 대응하기 위하여 필요한 조치들을 취해왔다. 독일에서 시작된 '유럽 도시 기후동맹(The Climate Alliance of European Cities)'에는 400여 개 이상의 도시가 참

---

17) [원주] 런던도시계획자문위원회(London Planning Advisory Committee, LPAC)에서 발표한 지침에 따르면, 런던은 '건강한 경제, 높은 삶의 질, 모두를 위한 기회, 지속가능한 미래'라는 네 가지 핵심 주제를 강조한다.

여하고 있다(Collier and Lofstedt, 1997). 참여 도시들은 2010년까지, 1987년과 대비하여 이산화탄소 배출을 50% 줄인다는 목표를 설정하였다. 자치단체국제환경협의회도 기후변화 방지를 위한 도시연합(Cities for Climate Protection) 캠페인을 후원해왔는데, 이 역시 유럽 도시들의 참여 정도가 상대적으로 높다. 그라츠(Graz)와 하이델베르크(Heidelberg) 같은 많은 유럽 도시들은 지역 단위의 기후변화 대응전략을 마련하여 온실가스 배출을 감축하기 위한 실질적 행동을 취해왔다.

유럽 도시들은 세계보건기구(WHO)의 건강도시(Healthy Cities) 활동에도 적극적인데, 실제로 이러한 프로그램의 창립멤버도 유럽 도시들이었다(EC Expert Group on the Urban Environment, 1994). 1997년, 세계보건기구의 이 네트워크에 참여한 유럽 도시는 39개였는데, 코펜하겐의 지역사무소가 이를 주도했다.[18] 참여 도시들은 건강도시 원칙을 적극적으로 실천할 것과 사업 관련 조직 및 운영위원회 설립, 도시 단위의 건강계획 개발 실천, 매년 도시건강보고서 발간을 약속하였다(WHO Regional Office for Europe, 1998). 이 프로그램의 세 번째 단계는 지속가능 유럽 도시 네트워크의 확대로, 최근 이 단계가 구체화되었다.[19]

유럽 전역에 걸쳐 많은 지역단체들이 지속가능성과 관련된 용어와 개념 틀을 채택하고 있다. 런던을 예로 들면, '지속가능 런던트러스트(Sustainable London Trust)'라는 풀뿌리 시민단체가 변화의 후원자로 등장했다. 네덜란드의 경우 '에코스타트(생태도시) 덴하흐(Ecostad Den Haag)'와

∙∙

18) [원주] 참여 도시 가운데 6개 도시 즉 볼로냐, 런던(캠던 자치구), 코펜하겐, 더블린, 스톡홀름(광역권), 빈이 이 책의 연구에 포함되어 있다.
19) [원주] 이 3단계의 공식 목표는 "80개 도시에 걸쳐 공간적으로 균형을 이룬 네트워크"를 창조하는 것이다(WHO Regional Office for Europe, 1998 참조).

같은 지역사회 환경단체가, 영국 레스터에선 엔비론(Environ) 같은 환경단체가 지역 혁신 및 도시 지속가능성을 선도하고 활성화하는 중요한 역할을 해왔다. 런던 퍼스트(London First, 비즈니스 그룹) 등 주류 단체들도 지속가능성의 개념을 사용하고 있는데, 예컨대 이들이 지역의 대중교통 정책이나 자전거 이용 촉진 정책을 제안하는 경우도 있다.

유럽 환경단체들은 지속가능 발전에 대한 유럽 사회의 관심을 높이는데 큰 구실을 하였다. 1992년, '지구의 벗 네덜란드(Friends of the Earth Netherlands)'라는 단체가 '지속가능 네덜란드를 위한 실행계획(Action Plan Sustainable Netherlands)'이라는 영향력 있는 보고서를 발간하였다. 이는 나중에 '지구의 벗 유럽(FOE-Europe)' 출범으로 이어졌다. 독일의 부퍼탈 연구소(Wuppertal Institute)는 「지속가능 유럽을 위하여(Toward a Sustainable Europe)」보고서를 발간하였다. 보고서는 앞으로 사용 가능한 '환경 공간(environmental space)'과 현재의 소비 수준을 측정하고, 2010년까지의 감축 목표 등을 계산하였다. 이 책자에서 '환경 공간'이 다음과 같이 정의된다.

환경 공간은 이 지구 전체의 환경 자원 총량이다. 이는 미래 세대가 사용할 수 있는 자원의 양에 영향을 주지 않는 범위 내에서 현 세대 인류가 사용할 수 있는 자원의 총량으로, 흡수 용량(absorption capacity), 에너지, 비재생 자원, 그리고 농업용지 및 산림자원이 포함된다. 환경 공간은 제한되어 있으며 (부분적으로) 계량화할 수 있다. 예컨대, 우리들이 지속가능하게 사용할 수 있는 농업용지는 한정되어 있으며, (온실효과 때문에) 이산화탄소 배출 가능량도 한계가 있다. 비재생 에너지 자원 또한 유한하다(Friends of Earth Europe, 1995: 5).

보고서의 핵심은 형평의 원칙인데, 이는 "전 세계의 사람 모두가 동일한 양의 지구 환경 공간을 사용할 (의무는 아니지만) 권리를 지니고 있다"는 것이다(1995: 5). 이 보고서는 환경 공간의 계산과 에너지, 비재생 자원, 토지, 목재 그리고 물에 대한 감축 목표가 제시되어 있다. 이러한 추정치는 30개 유럽 국가에서 국가의 지속가능성 전략을 세우는 데 필요한 공통의 방법론을 제공하였다. 이를 통해 지속가능성에 대한 광범한 논의가 이루어졌으며 자원 소비에 대한 계량적인 감축 목표치도 마련되었다(European Environment Agency, 1997). 그리고 이 감축 목표를 달성하기 위한 다양한 전략들이 제시되었으며, 중앙정부 차원에서 이들 대안에 대한 논의가 활발히 진행되어왔다.

요컨대 오늘날에는 지속가능도시, 지역의 지속가능 개발, 그린 어바니즘이 도시 및 국가 단위의 의제가 되었음이 분명하다. 유럽에서 지속가능성은 앞으로 나아가야 할 길을 제시하고, 비전의 실현을 위해 밟아야 할 경로를 알려주는 기본 틀로 간주된다. 앞으로 이 책에서는 가장 진보적인 유럽 도시들이 지속가능성의 실현을 위해 취하고 있는 실질적인 방책을 상세히 살펴볼 것이다.

이 책의 전개

이제부터 우리는 대표적인 지속가능도시에서 채택하고 있는 다양한 전략을 자세히 분석해볼 것이다. 이 책은 몇 개의 주요 영역으로 이루어져 있는데, 제2부의 제2장과 제3장에서는 압축도시 형태와 주택, 생활환경에 관한 창조적 아이디어에 대하여 살펴본다.

제3부는 유럽의 녹색 도시들이 채택하고 있는 독특한 통행 전략에 관한 것이며, 특히 자동차에 대한 효과적 대안에 대해 다룬다. 제3부 제4장은 창조적인 대중교통 프로그램에 대해서 설명하고 있으며, 제5장에서는 교통 정온화, 차 없는 주거단지(car-free housing) 전략 등을 관찰한다. 이어서 제6장에서는 통행 대안으로 중요성을 갖는 자전거에 대하여 살펴본다. 제3부의 전체적 결론은 환경에 덜 해로운 이동성(mobility)을 구현하고 지나친 자동차 사용으로부터 벗어날 수 있는 아이디어, 기술, 전략의 모범이 유럽 도시라는 것이다.

제4부에서는 도시를 하나의 살아있는 유기체로, 자연의 한 부분이자 신진대사, 투입-산출이 이루어지는 하나의 개체로 본다. 제7장에서는 도시가 진정 '숲'처럼 될 수 있는지를 고민하며 그에 긍정적으로 답한다. 그리고 유럽 도시의 그린루프(green roofs)부터 자연배수와 도시정원에 이르기까지 수많은 녹색 전략을 개관한다. 도시는 필연적으로 자연과 맥락을 같이하고 있으며, 도시 계획 및 정책과 정부 관여를 통하여 도시가 근본적으로 더 '그린'으로, 더 '자연'처럼 될 수 있다고 주장한다. 제8장은 이 논리를 연장하여 더 순환적이고 폐쇄적인(closed-loop) 도시의 신진대사가 바람직하다고 본다. 제9장에서는 엄청난 에너지 효율의 달성 사례와 태양에너지 등 재생가능 에너지를 사용하는 도시들의 본보기를 제시한다. 제10장은 유럽 도시들의 생태적 건축 경험을 폭넓게 살펴보면서 유럽 전역에서 나타나는 생태건축 프로젝트를 개관한다.

제5부 제11장에서는 생태적으로 복원성이 있는 경제와 그런 경제 기반을 가진 도시를 전망한다. 제12장은 도시가 자체 의사결정 과정에서 생태적 측면을 더욱더 고려할 수 있는지, 그리고 그런 과정을 거쳐 도시민들과 비즈니스에 관한 근본적이고 긍정적인 모범 기준을 세울 수 있는지를 고

려한다.

제6부는 이 책이 다룬 다양한 내용을 되짚어보면서 유럽의 사례를 관통하는 주요 교훈을 찾아낸다. 책의 끝 부분에는 참고문헌과 「올보르 지속가능도시 헌장(Åalborg Sustainable Cities Charter)」 같은 부록도 수록하였다.

각 장의 말미에는 유럽의 사례가 미국 도시에 줄 수 있는 시사점을 담으려 했다. 그리고 이토록 강력한 유럽의 녹색 도시 아이디어를 미국적 맥락에 적용할 특별한 기회를 찾아내고자 노력하였다.

제2부
토지 이용과 지역사회

제2장
토지 이용과 도시 형태: 압축도시 계획

    토지 분야의 전문가가 아닌 유럽을 방문한 미국인 관광객들조차, 미국 도시와 유럽 도시 간의 토지 이용 패턴과 공간 형태에 분명한 차이가 있음을 알아차린다. 역사적으로 유럽 도시들은 토지를 더 압축적으로 이용해왔으며, 도시와 시골 지역이 명확히 구분되었다. 도시는 보행에 용이하고 훌륭한 대중교통이 구비되어 있는 곳으로, 자동차 사용에 대한 의존도가 시골에 비하여 낮다. 따라서 도시 스프롤(sprawl) 현상으로 고민하고 있는 미국의 도시에 대하여 유럽 도시들은 실천적 도시계획과 정책방향, 순수한 영감의 원천을 제공해줄 수 있는 것이다.

    이 책에서 연구된 도시를 포함하여 많은 유럽 도시가 분산화의 압력 가운데도, 미국 도시보다 훨씬 더 압축적이고 고밀도의 상태를 유지해 온 것은 분명하다.[1] 이는 뉴먼과 켄워디 등(Newman & Kenworthy, 1991; Kenworthy, Laube, Newman, and Barter, 1996)이 세계의 여러 도시를 서로 비교한 연구에서 잘 드러난다. [표 2.1]은 이에 관한 몇 가지 자료를 제시하고 있는데, 이를테면 유럽과 미국의 몇몇 도시의 밀도를 비교하고 있다.

---

1) 여기서 '분산화'는 유럽 각국에서 수도 또는 종주 도시로부터 지방 도시로의 분산과, 한 도시 내에서 교외지역으로의 주거·상업 지역 분산을 모두 의미하는 것으로 볼 수 있다.

이에 따르면 유럽의 도시가 미국의 도시보다 훨씬 고밀도이며 자동차 의존도가 낮다.

미국의 도시에서는 토지 사용과 공간 확장이 인구 증가 속도보다 더 빠르게 나타나고 있다(Leinsberger, 1996). 이에 비하여 유럽 (특히 이 책에 소개된) 도시들은 기존의 시가지 재개발 및 토지 재사용을 통해 좀 더 압축적이며 고밀도로 성장하는 경향이 있다. 네덜란드는 전 세계에서 인구밀도가 가장 높은 나라 중 하나임에도 불구하고, 전체 국토 대비 도시 및 개발지의 면적은 13% 수준에 지나지 않는다(van den Brink, 1997). 인구밀도가 대체로 낮은 스웨덴과 같은 나라에서는 국토의 2%만이 도시 용도의 개발

[표 2.1] 유럽과 미국 도시의 토지 이용 및 교통 비교

	1인당 자동차 사용(km)	수송거리 기준 대중교통 이용 비율(%)	도시의 밀도 (명/ha)
유럽 도시			
암스테르담(네덜란드)	3,977	17.7	48.8
취리히(스위스)	5,197	24.2	47.1
스톡홀름(스웨덴)	4,638	27.3	53.1
빈(오스트리아)	3,964	31.6	68.3
코펜하겐(덴마크)	4,558	17.2	28.6
런던(영국)	3,892	29.9	42.3
미국 도시			
피닉스(애리조나)	11,608	0.8	10.5
보스턴(매사추세츠)	10,280	3.5	12.0
휴스턴(텍사스)	13,016	1.1	9.5
워싱턴 D.C.	12,013	4.6	13.7
LA(캘리포니아)	11,587	2.1	22.4
뉴욕(뉴욕)	8,317	10.8	19.2

출처: Kenworthy, Laube, Newman, and Barter(1996).

지이다. 스웨덴에서 도시지역의 확장은 인구 성장과 밀접한 상관관계가 있는데, 예를 들어 1960년에서 1990년 사이에 스웨덴의 도시인구가 31% 성장하는 동안 도시의 개발지 면적은 47% 늘어났는데, 이는 인구 증가보다는 높지만 별로 대단치 않은 증가세였다(Swedish Ministry of Environment, 1995). 즉 얼마간의 도시 확장에도 불구하고 유럽 도시들은 압축성과 밀도를 어느 정도 유지해올 수 있었던 것이다.

밀도와 압축성이 진정 바람직한 도시계획의 목표인가에 대해서는 논의가 계속되고 있지만(Jenks et al., 1996 참조), 도시계획가들과 정책담당자들은 이러한 흐름이 결국 유럽 도시가 나아갈 방향임을 상당히 공감한다. 「도시환경녹서」에서는 도시의 평면 확장 즉 스프롤을 피하고, 재개발이 필요한 경우 기존 도시지역이나 버려진 땅을 활용해야 함을 강력히 표명하고 있다(Commission of the European Communities, 1990).

이 책에서 관찰하는 도시의 사례를 보면 압축적 토지 이용의 장점들이 다양하게 나타난다. 아이러니하게도 이 도시들에서 나타나는 고밀도의 도시 구조는 일반적으로 도시가 소유한 방대한 양의 오픈 스페이스(open space) 및 미개발 자연토지(natural lands, 예: 빈과 베를린의 숲)와 발달된 대중교통 시스템 간의 조화를 통해서 유럽의 도시민이 자연환경에 비교적 쉽게 접근할 수 있게 해준다. 스톡홀름과 빈은 이에 대한 좋은 사례라고 할 수 있다.[2] 스톡홀름 도심에서 대중교통을 이용하면 30분 이내에 살트셰바덴(Saltsjöbaden) 같은 군도나 해안 휴양지에 갈 수 있다.[3] 빈도 이와 비

---

[2] 오픈 스페이스는 건물이 들어서지 않은 공원, 녹지, 하천변 등을 말하는 것이 보통이지만, 넓게는 인공으로 설치한 광장이나 산책로, 사적지, 명승지 등도 포함시킬 수 있다.
[3] 살트셰바덴(또는 잘츠요바덴)은 발트해 연안에 위치한 인구 약 9,000명(2005)의 지역으로, 지명에서도 나타나듯이 '소금바다 목욕지(the Salt Sea baths)'로 유명한 휴양 도시이다. 스

숫한데 도심에서 전철로 조금만 가면 광대한 보호림에 이를 수 있다. 이 숲의 면적은 자그마치 7,400헥타르로 빈 자치주(Vienna Province) 면적의 18%를 차지한다(City of Vienna, 1992).

유럽 도시의 사례는 밀도와 압축성이 경제활동에 방해가 되기보다는 오히려 경제를 활성화시킬 수 있음을 보여준다. 가장 밀도가 높고 압축적인 몇몇 도시들이 세계에서 가장 부유하고 경제적 생산성이 높은 지역이기도 하다. 그 구체적 증거는 전 세계 도시의 데이터베이스를 기준으로 1인당 지역총생산을 계산한 켄워디 외(Kenworthy, Laube, Newman, and Barter, 1996)의 연구에도 나타나 있는데, 도시의 밀도가 1인당 지역총생산에 부정적이 아니라 오히려 긍정적인 효과를 보였다.[4]

유럽의 도시와 정주 형태가 고밀도를 띠게 되는 것은 지속가능성의 관점에서 분명한 시사점을 제공한다. 그 예로 토리(Torrie, 1993)에 의하면 유럽의 1인당 에너지 사용량과 이산화탄소 배출량은 북미지역 도시에 비하여 현저히 낮은 상태를 유지하고 있다.[5]

∴

웨덴의 노사정 대타협이라고 할 1938년 살트셰바덴 협약으로도 유명한 곳이다.
4) 사실 이는 유럽에서만의 논의가 아닌데, 도시로의 집중과 고밀도화로 인해 상호연결성이 최고로 높아지며 이른바 '도시의 승리'가 이루어진다는 주장이 강력하다(Glaeser, 2011). 아울러 고밀도 도시에 사는 노동자들의 임금과 생산성이 저밀도 도시보다 일반적으로 높다는 주장도 있는데, 밀도를 2배로 높이면 생산성이 6~28%까지 향상되리라는 주장도 그런 맥락이다. 미국의 경우, 개별 노동자당 생산성의 변이 요인을 설명하는 데에서 도시 토지의 밀도 변수 하나로 50% 이상의 설명력이 있다고 하는데, 이는 교육수준, 산업 집중도, 조세정책 변수 각각보다 더 높은 수준이다(International Herald Tribune 2011. 9. 3).
5) [원주] 예컨대, 도시 CO_2 감축사업에 참여하고 있는 북미 도시의 1인당 이산화탄소 배출량은 1998년의 경우 12.7톤으로 보고되었으나 유럽 도시의 1인당 배출량은 8.4톤이었다. 코펜하겐, 헬싱키, 볼로냐의 경우(각각 7.5, 8.3, 5.7톤) 대부분의 미국 도시(미니애폴리스/세인트 폴 17.5, 마이애미/데이드 카운티 11.5, 덴버 22.3톤)에 비하여 현저히 낮은 수치를 기록하고 있다(Torrie, 1993).

유럽 도시들은 미국 도시에 비하여 높은 평균밀도를 유지하고 있으며, 사진 속 네덜란드 즈볼러(Zwolle)의 경우처럼 더 압축적인 도시 형태를 보이고 있다.

물론 이런 차이를 설명하는 데는 각 도시가 지닌 역사적 배경을 들 수 있다. 많은 유럽 도시는 방어용 성곽이 흔했던 시대부터 성안에 도심을 발전시켜왔다. 유럽에서는 상대적으로 땅이 귀했던 탓에, 농촌 및 자원용 토지를 보호하는 데 큰 관심을 가진 것도 분명히 한 원인일 것이다. 이와 더불어 희소한 토지 문제와 함께 등장한 급격한 인구 성장을 수용할 필요성이 있었다는 점도 네덜란드와 같은 나라에서 토지를 사려 깊게 이용토록 하는 원인으로 작용하였다. 의식 있는 공공정책의 선택과 계획의 전통 또한 매우 중요하다. 네덜란드를 예로 들자면, 이 나라는 400제곱킬로미터의 좁은 면적에 1,500만 명이 살고 있는데, 거듭 말하지만 토지의 극히 일부분만을 도시 개발에 사용하고 있다(van den Brink, 1997). 네덜란드는 압축적·자족적 도시성장 패턴을 오랫동안 유지해왔다. 이러한 유럽 도시의 정책과 경험은 매우 교훈적이며 미국 도시에 의미 있는 지침과 지혜를 제공해줄 것이다.

압축도시 개발 전략

오랜 기간 압축도시 형태가 중시되어왔지만, 많은 나라들 가운데 네덜란드만큼 현재의 국토 및 도시 계획에서 그 가치를 받아들인 곳은 없을 것이다. 네덜란드는 1980년대 중반 이후 명백히 압축형 도시를 위한 국가 정책을 실천해왔다. 대부분의 새로운 개발은 이른바 VINEX(대형 집합주거지 개발/제4차 공간계획 별전)에 바탕을 둔 특정 지역에서 허용되는데, 이는 주로 기존 도시의 내부 또는 도시 인접지에서 나타난다.[6] 이 개발지역은 헥타르당 최소 33주거단위라는 밀도 기준을 충족시켜야 한다. 최근 이 정책으로 인해 토지 투기 등 몇 가지 문제점이 드러나기도 했지만, 전반적으로 압축형 개발을 촉진하는 데 상당히 효과적이었으며 정책이 제시하는 밀도보다 기준을 훨씬 더 높여야 한다고 믿는 사람들도 나타났다. 압축 성장은 특히 란트슈타트(Randstadt) 지역에서 국가 차원의 교통 및 입지 정책을 통해 지지받고 있는데 이에 대하여는 뒤에서 더 살피기로 한다.

앨터만(Alterman, 1997: 231)은 네덜란드형 도시성장 제한의 주요 특징을

---

6) 1993년 이래 VINEX(*Vierde Norta over de Ruimtelijke Ordening Extra*) 정책의 핵심은 증가하는 인구를 효율적으로 수용하려는 데 있다. 이는 새로운 집합 주거 개발을 특정 지역에 한정시키되 기존의 도시지역 근처에서 개발이 이루어지도록 하는 것이다. 이 정책의 중요한 요건으로는 기존의 주거 및 상업 시설과의 조화, 기존 중소 도시 주변의 오픈 스페이스 보호, 집·직장·상업시설 사이의 교통량 최소화, 대중교통 및 도보와 자전거 이용 증대 등이 있다.

아래와 같이 설득력 있게 설명하고 있다.

> 압축도시는 모든 토지를 주의 깊게 사용함으로써 이루어진다. 압축도시의 도시 안 밀도는 미국이나 캐나다의 경우에 비해 몇 배 더 높다. 도심 내 주거지역은 보통 다세대 주택 또는 적정 밀도의 타운하우스(townhouse)형으로 계획되는데, 공간을 과시적으로 소비하는 경우는 드물다.[7] 최근 주택시장이 시장의 힘에 더 기대면서 주택을 대형화하려는 일부 정책에도 불구하고 네덜란드 정부의 계획당국은 계속 고밀도를 조심스레 유지하고 있다. 네덜란드에서 가장 두드러지는 특징은 계획가들이 성공적으로 대응해준 덕분에 교외지역에서 땅을 포식하는 쇼핑센터나 대형 오피스 개발 사업이 거의 이루어지지 않았으며 효율적인 주차 공간이 계획되었다는 것이다. 오늘날 네덜란드 방문객들은 그림 같은 외곽 녹지대(Green Heart)를 즐길 수 있는데 방목된 소들, 잘 정비된 운하와 둔치 등은 세심한 관리의 결과다. 이러한 네덜란드의 아름다운 환경은 전설 속의 어린이처럼 누군가가 만들어준 것이 아니라, 도시 스프롤을 막기 위해 사람들이 노력한 덕분이다.

유럽의 다른 지역에서도 비슷한 형태의 도시가 개발되어왔다. 내가 직접 방문한 대다수의 유럽 국가들과 특히 네덜란드, 독일, 덴마크의 경우, 농지와 도시 밖 시골지역의 땅은 계획을 통해 강력한 보호를 받는다. 이 용지들은 미국인이 생각하기에 임시방편적인 보호를 받는 것이라고 생각할 수 있겠지만, 이는 영구히 미개발지로 남을 것이다.

---

7) 타운하우스는 이를테면 연립주택으로, 미국에서는 중간 밀도의 주거지역에 입지하며 보통 옆집과 붙어 지어진다. 1층 또는 복층의 형태를 띤다.

연구 대상인 다수의 도시들은 도시구조나 종합개발계획에서 압축형 도시 개발이 주로 이루어지고 있었다. 스톡홀름의 예를 들자면, 신구조계획(new structure plan)은 지속가능성을 주요 테마로 삼고 압축형 지역 공간 패턴을 지지한다. 앞으로 도시 개발이 이루어질 장소로 다수의 옛 산업용지가 고려되고 있으며 하마비 쇼스타드(Hammarby Sjostad) 지역이 첫 번째 주요 개발지로 지정되었다. 일반적으로 이러한 계획개발 패턴에 의하면 새로운 성장은 기존 교통수단과의 연계를 통하여 일어나도록 한다(예로, 고속 트램의 신설로 하마비 프로젝트가 지지를 받았다). 이 지역은 새로운 교외 개발로서가 아니라 복합 어반 빌리지(urban villages)로서 쇼핑, 경공업, 주거 용도가 복합되어 개발되었으며 이 모든 시설이 스톡홀름 도심 가까운 곳에 위치한다(City of Stockholm, 1996).[8] 유사한 사례로 핀란드 헬싱키에서도 도시계획의 지속가능 개발 원칙이 마련되었고, 이 원칙은 1992년 종합계획에도 적용되어 지속가능성을 강력히 지향한다. 이 계획은 무엇보다도 장래 개발지가 "거의 예외 없이 기존의 도시구조 안에서 보조적·통합적이며 현재의 건물지역을 새롭게 꾸며 사용하도록" 하고 있다(City of Helsinki, 1996: 2).

덴마크의 사례를 보면, 중앙정부가 도시 외곽의 개발을 강력히 규제한 덕분에 오덴세(Odense) 시에서는 엄청난 규모의 새로운 성장과 개발이 기

---

8) '어반 빌리지'라는 용어는 미국과 유럽 양쪽에서 비슷한 의미로 쓰이고 있다. 영국의 경우 1999년 어반 빌리지 그룹(Urban Village Group)에 의해 제안되어 기성 시가지나 교외지역에 도시형 부락을 건설하여 전통적인 개발 패턴의 폐해를 방지하려는 목적에서 처음 시작되었다고 한다. 인구 규모 3,000~5,000명, 면적은 평균 40헥타르(약 12만 평) 정도로 하고 대중교통, 상업시설 및 녹지 등 공적 공간, 다양한 주거 형태 등을 기본 원리로 하였다(원제무, 2010).

존 도시의 내부에서 이루어지고 있다.[9] 소도시의 경우 외곽 개발이 허용되기는 하지만 실제적인 사례는 별로 발견되지 않는다. 흥미로운 사실로, 오덴세의 계획가들에 의하면, 시민들 다수가, 특히 젊은 세대 가정이 기존의 도심 지역에 사는 것을 선호한다는 것이다. 오덴세 시의 구조계획은 장래의 개발 또한 기존 도심이나 몇몇 인접지역에서 일어나도록 정하고 있다. 이는 어디까지나 도시 외부의 토지를 개발하기에 앞서 우선적으로 도시 내부 지역을 개발하는 충전 개발(充塡開發, infill development)을 의미한다. 이 우선개발지역은 현재의 도시계획에서 동그라미로 표시되어 있다.

네덜란드 흐로닝언(Groningen)에서도 신개발의 성격을 결정할 때 핵심 목표는 기존 도심부와 압축적 도시구조를 강화하는 일이다.[10] 기개발지 인근에 위치한 베이엄(Beijum) 등 주요 신개발지역은 자전거와 보행용 교량을 신설함으로써 도심과의 접근성을 강화하는 데 초점을 두었다. 최근의 주거 개발지인 드 헬던(De Helden)에는 주택 1,500여 채가 건립될 예정인데 이곳은 기개발지와 인접해 있다. 주요 공공건물이나 명소를 기존 도심 내부나 걸어서 갈 수 있을 정도의 거리에 위치하도록 하고 있다. 최근의 신규 시설 사례로는 시립 도서관, (중앙역과 연결된) 현대미술관, 시청사, 병원, 법원청사 등을 들 수 있다.

연구가 이루어진 도시 대다수에서 대규모의 오픈 스페이스나 녹지 공간

---

9) 오덴세는 덴마크 퓐 섬에 위치해 있는데 2008년 기준으로 인구가 15만인 항구도시이다. 80만 톤급 대형 유조선을 만들 수 있는 조선소가 있고, 기계·섬유·고무·맥주 등을 생산하는 공업도시이며, 특히 동화작가 안데르센의 출생지로도 유명하다.
10) 흐로닝언은 2007년도 기준으로 인구 18만 명이며 네덜란드 북부 최대의 문화 및 상업 중심지로서 섬유·제지·비료·인쇄 등 공업이 발달하였다. 무엇보다도 이 도시는 자전거 천국이라 불리는 곳으로, 2002년 'City of the Bicycle'로 선정될 만큼 자전거 수송 분담율이 60%를 넘고 있으며 자전거 관련 환경도 매우 뛰어나다.

을 도시 거주지 근처에 입지시키는 전략을 취하고 있었다. 핀란드 헬싱키의 경우, 대형 녹지축이 도심을 바로 관통하여 일종의 생태 회랑(ecological corridors)을 조성하고 있으며, 나아가 이웃 시골지역과의 연결망이 구축된다([그림 2.1] 참조). 케쿠스퓌스토 중앙공원(Keskuspuisto central park)은 가장 큰 녹지축의 하나로 총 길이가 11킬로미터이며 중간에 끊김 없이 도심을 뚫고 지나 도시 외곽까지 뻗어 나간다(Helsinki Urban Biodiversity Strategy, City of Helsinki, 1995 참조). 코펜하겐에서는 고밀도 개발이 대중교통망을 따라서 마치 진주목걸이처럼 클러스터 형태로 조성되어 있으며, 그 사이에 넓은 면적의 쐐기형 녹지 공간을 두고 있다.

암스테르담도 이와 비슷한 도시 형태를 취하는데, 이는 1935년에 만들어진 종합계획에 근거하고 있다. 당시에 만들어진 수많은 시민 공원이 오늘날까지 존재한다. 가장 유명한 곳으로는 암스테르담 보스(Amsterdamse Bos) 공원을 들 수 있는데, 이 공원은 네덜란드에서 가장 중요한 쐐기형 완충 녹지 중 하나이다(City of Amsterdam, 1994 참조). 이 쐐기형 녹지대는 새로운 도시 개발 대상지들을 서로 분리하면서 동시에 란트슈타트의 그린 하트(Green Heart)와 연결된다. 여기서 그린 하트란 도시군 한 가운데 위치한 농장 및 오픈 스페이스이다.

그린 하트 내 토지 보전은 네덜란드 국민들이 폭넓게 이해하고 지지해 왔다. 조사해보면 알겠지만, 국민들 중 다수가 란트슈타트의 계획 개념을 이해하고 있으며 이에 대해 설명할 수도 있을 것이다. 앨터만(Alterman, 1997: 230)이 말하듯이, "1950년대 이래 그린 하트에 대한 사람들의 노력과 믿음은 전문가 집단에만 한정된 것이 아니라 국가 전체 이미지의 중요한 측면으로까지 확대되었." 제4차 국가공간계획 별전(VINEX)에서 그린 하트의 물리적 경계선이 획정되면서 토지의 보호가 국가 차원에서 다시 강조

네덜란드 레이던 시 중심부는 복합 용도의 뛰어난 보행 환경을 자랑한다. 시 정부의 노력으로 보행도로가 다양한 도시 공간을 연결하고 있는데, 사진에서 보듯이 오랜 역사의 운하를 가로지르는 보행 및 자전거 전용 다리가 놓여 있다.

되었다(van der Valk, 1997). 이에 덧붙여 란트슈타트 내 주요 도시들을 분리하기 위하여 대규모 오픈 스페이스 완충지대와 쐐기지대가 따로 설정되었다(Louisse, 1998 참조).

네덜란드가 오랜 기간 유지해온 압축형 공간 형태는 그린 하트를 보호하려는 노력을 더 쉽게 만들었다. 물리적 성장을 관리하고 제어하려는 이런 노력은 적어도 1531년부터 시작되었는데, 찰스 5세는 당시 기존 도시의 방벽 바깥에서는 추가적인 산업 및 상업 활동을 금지하는 명령을 내린 바 있다(Gergrafie, 1996a).

독일의 많은 도시들도 이와 비슷한 개발 패턴을 추구해왔다. 예를 들어

[그림 2.1] 헬싱키 종합계획
다수의 스칸디나비아 도시들과 마찬가지로 헬싱키도 압축도시 형태와 함께 도심부를 관통하는 쐐기형 녹지대를 가지고 있다. 케쿠스퓌스토 중앙공원은 이런 쐐기녹지 가운데 가장 넓은 곳

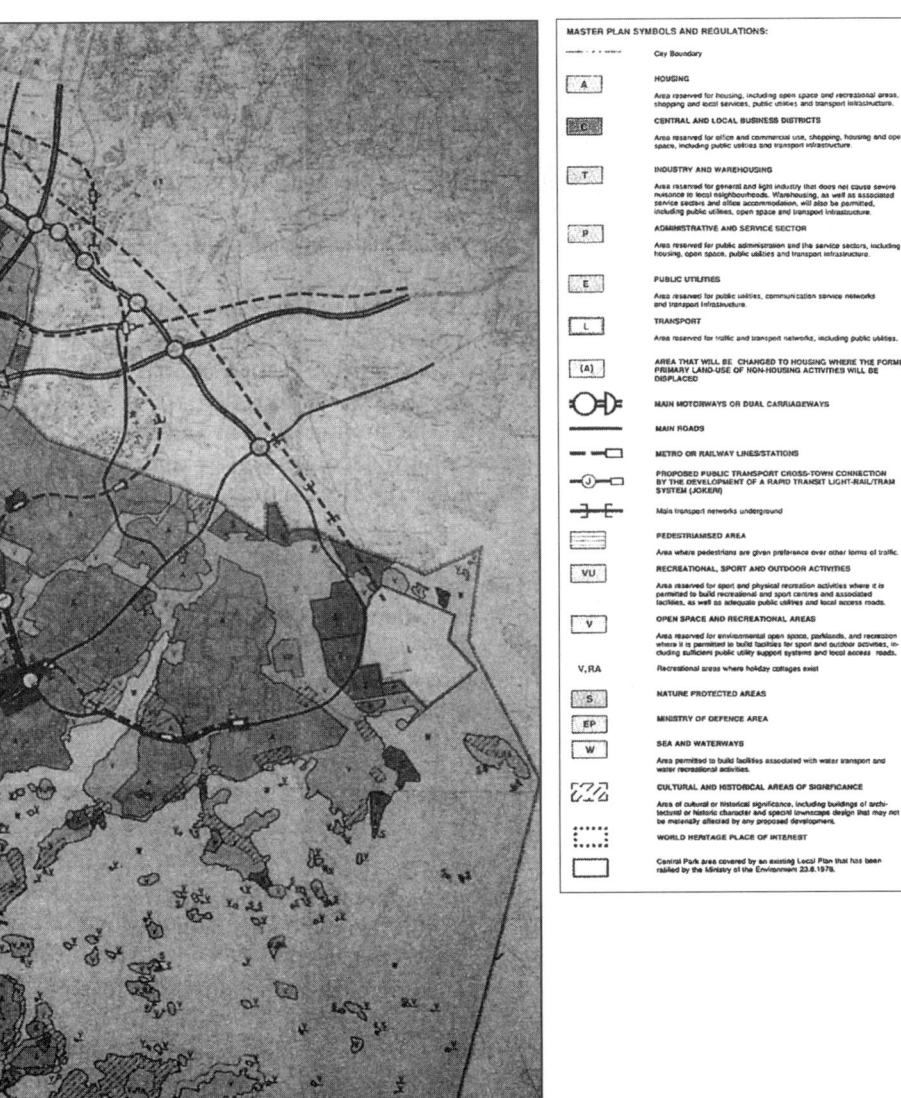

중 하나로서, 오래된 숲에서부터 도심 북쪽까지 11킬로미터 길이로 뻗어 있다.
출처: City of Helsinki.

프라이부르크(Freiburg im Breisgau)는 오픈 스페이스와 자연 녹지 등 5대 쐐기지역을 지정하고 보호하려는 계획을 갖고 있다.[11] 도시의 개발과 성장은 이 '그린 핑거(green fingers, 손가락형 녹지대)' 축 즉 쐐기지역 바깥에서 트램(tram, 노면전차)을 따라서 일어난다. 이 도시의 신개발지구인 리젤펠트(Rieselfeld)에서의 개발처럼 도시 확장이 일어나고 있는 모든 지역은 대중교통의 확장을 동반한다. 이를테면 도시철도가 장래 어떤 시점에 운행될 것이라는 식으로 건설되는 것이 아니라, 오히려 주택 및 다른 도시 개발과 동시에 이루어지는 것이다. 이는 대부분의 녹색 도시들에 일관되게 나타나는 흐름이다.

이 그린 핑거는 프라이부르크의 개발 패턴과 삶의 질 측면에서 중요한 요소이다. 이 녹색 축은 대부분 숲으로 이루어져 있고, 동쪽으로는 흑림(Black Forest)까지 연결될 만큼 넓다. 이 구역은 시 정부에서 "접근 금지" 구역으로 엄격히 지정·운영할 정도로 절대적인 보호를 받는다. 도시 내에서 오픈 스페이스와 숲으로 보존되는 곳의 대부분이 시 소유로 그 규모가 크며, 도시 개발이 이루어진 면적은 전체 면적의 32%에 불과하다.

영국에서는 일찍이 1930년대 후반부터 (그린벨트 회랑 관련 법률에 의하여) 광범위한 그린벨트(greenbelts)가 지정되었고, 이는 도시의 성장 봉쇄(growth containment) 전략으로 사용되었다. 런던의 그린벨트는 약 120만 에이커로 매우 넓은데, 도시 확대에 따라 용도의 침해와 전환이 종종 일어나긴 했지만 대체로 스프롤이 확산되는 것을 막는 데 긍정적 역할을 했다. 영국 전역에 모두 15군데의 그린벨트가 있는데, 1993년 기준으로 그린벨트 총 면적

---

11) 프라이부르크는 독일 남서쪽 끝자락에 위치한 인구 22만 5,000명(2010)의 중소 도시이다. 일반적인 토지 이용뿐 아니라, 이 책의 제4장 이하에 소개되는 대중교통 정책과 함께 다양하고 창조적인 환경 정책으로도 유명하다.

은 450만 에이커로서 전 국토의 14%를 차지한다. 엘슨(Elson, 1993)의 그린벨트에 관한 종합 연구에서, 그린벨트는 스프롤을 억제하고 이웃한 도시가 합쳐지는 것을 예방하며 도시 재생을 촉진하는 데 효과가 있다. 또한 엘슨(Elson, 1986)은 8년에 걸친 그린벨트 경계선의 변화 모습을 분석하였는데, 그 결과 전체 그린벨트 면적의 0.3%만이 변화한 것으로 나타났다.

이 도시들 중 많은 곳에서 기존 도시의 빈 곳을 채우는 충전 개발과 집약적 이용(intensification)의 촉진, 도심의 곳곳에 버려져 있거나 적게 이용되는(underutilized) 땅의 효율적 사용이 동시에 강조되고 있다. 예를 들어, 베를린의 토지이용계획(1994)은 2010년까지 일어날 전체 개발의 90%가 기존 도시지역 내에서, 가급적 충전 개발로 명명될 전략을 통하여 이루어지도록 규정하였다. (독일어로 된 원래의 자료를 개괄적으로 번역한) [표 2.2]를 보면, 이 종합계획에서 우리는 미래의 성장이 몇 가지 방식 가운데 하나로 나타날 것임을 추정할 수 있다. 이 추정 중 몇몇 흥미로운 것은 기존 건물 옥상을 아파트로 증축·전환하는 사례(실제로 도시 일부에서 이미 시행되었다)와 베를린의 동쪽 대형 단독주택 용지를 잘게 쪼개어 개발하는 방식 등이다(Berlin Senate, 1994).

기지 넘치고 창조적인 충전형 프로젝트의 사례는 유럽 도시에서 무수히 많이 발견되는데, 이 도시들은 압축도시 형태를 지향하며 가능한 한 어디에서든 도시 내의 개발을 우선시한다. 레이던 시는 도시 안의 마지막 미개발지 중 하나인 옛 철도부지 13헥타르를 개발하는 계획을 세우고 있다. 이 프로젝트의 목표는 이 지역에 300~400여 채의 새로운 주택을 건설하는 것이다. 시에서는 다양한 주택 디자인과 배치를 구상해왔으며, 주민들이 수용 가능한 대안을 만들기 위하여 이웃 동네 주민들과도 협력하였다. 시의 요청으로 주민들은 대상지에 대한 개발안을 직접 구상해보았는데,

[표 2.2] 베를린의 신개발 계획대상지

23%	=	옛 공장지대
24%	=	동쪽의 공한지, 제2차 세계대전으로 파괴된 지역
25%	=	넓은 단독주택용지의 분할지(도시의 동쪽)
7%	=	대형 주택용지
11%	=	옥상 증축 전환지역
10%	=	기존 미개발 (녹지) 지역

출처: Berlin Senate(1994).

이를 기반으로 집을 어떻게 지을지에 대한 13개의 개발 개념이 제시되었다. 이중에는 지하주택에 대한 재미있는 제안도 포함되어 있다(Gemeente Leiden, 1998 참조). 주민들은 개발지에 대한 초안을 내놓았고, 시청의 도시계획 전문가들은 주민들이 만든 초안에 대하여 지역사회에서 심도 있는 토론이 이루어지도록 보편적 형태의 디자인으로 바꾸어 책자로 발간하였다. 충전형 프로젝트의 설계에 주민의 직접 참여가 필요하다는 것은 우리에게 중요한 교훈을 준다. 그뿐만 아니라 시는 주민들의 요청에 따라 대상지의 생태에 대하여도 폭넓게 연구했는데, 그 결과 야생동물 서식 및 이동 통로로서 긴요한 지역이 발견되어 이를 개발에서 제외하도록 결정한 바 있다. 그 결과로 상당수 주택지역을 손대지 않고 남겨둔 채 다른 곳을 클러스터형으로 묶어 개발하게 된 것이다. 즉 이를 통해 도시 생태계의 범위 내에서 적절한 평가와 계획의 필요성이 발견된 것은 또 다른 중요한 교훈이 되었다.

네덜란드 정부는 '도시와 환경(Stad en Milieu)'(VROM, 1996) 등의 혁신적인 실험 프로그램을 통하여 레이던과 같은 도시에서 충전 개발이 쉽게 이루어지도록 지원했다. 이 프로젝트의 결과를 주민들이 수용하거나 또는

(사업지구에 추가적인 쾌적성 요소를 제공하거나, 소음 악영향을 최소화하는 특수 건축자재나 기술을 사용하는 등) 특별한 보강 조치가 설계에 포함될 경우, 소음과 기타 기준을 초과할 수 있도록 레이던 시는 규정을 탄력 적용할 수 있다(이런 예외가 실제 필요할지는 아직 명확하지 않다). 레이던을 비롯한 많은 도시가 쾌적한 도시 생활이 보장되는 가운데 동시에 토지 사용을 줄일 수 있는 위치를 중심으로 재개발·재사용이 이루어지도록 열심히 노력하고 있다.

지속가능성을 중심 주제로 하는 스톡홀름의 신구조계획은 토지 재사용의 강조와 함께 더 이상 도시 내부의 녹지를 개발하지 않는다는 데 중점을 둔다. 하마비 쇼스타드 지역을 첫 사례로 옛 산업 용지를 도시의 미래 개발대상지로 사용하려는 노력이 일고 있다(제8장 참조). 일반적으로 이런 계획개발 패턴은 새로운 도시 성장이 기존 교통망 중심의 인접지에서 일어나도록 배치하는데, 하마비 지구에는 고속 트램이 함께 신설될 것이다. 신개발지는 교외 주택지가 아니라 [후술하는] 어반 빌리지로서 쇼핑 단지, 경공업 단지, 주거 단지가 혼재되어 있으며, 스톡홀름의 도심과도 매우 가까운 곳에 위치한다. 또한 신구조계획은 현재 도시가 가진 특성을 보호·강화하는 것도 강조한다. 이를 위해 도시를 11개의 상이한 유형으로 분류하였다. 이 유형에는 구도심, 지하철 도시, 전원 도시 등이 있으며 각 지역은 각각의 건물과 개발에 관한 설계지침을 포함하고 있다. 계획에는 다양한 조사와 배경연구 결과가 반영되었는데, 이를테면 유적의 가치, 생태 민감 지역, 도시의 녹색 구조(the green structure), 에너지·하수·폐기물과 관련한 조사 등이다(예: 지역난방이 확대될 수 있는 곳을 도면화했다).

유럽 도시에는 도시 기능의 혼합과 통합이 높은 수준으로 나타난다. 유클리드형 분리 주거구역이 있는가 하면, 주택가 주변에 소매·잡화 상업시

코펜하겐의 대표적인 보행자 전용거리인 스트뢰에(Strøget)는 유쾌한 도시 공간으로서 상점, 사무실, 주택의 복합체이다. 이 도시의 핵심 보행 공간인 이 지역은 자동차가 점유하던 도로를 시민과 보행자를 위하여 30년 넘게 조금씩 변화시킨 사례이다.

설 및 공업지역까지 쉽게 볼 수 있다.[12] 일반적으로 도시가 제공하는 서비스와 상점 및 지역사회 기능은 도시 거주민의 보행거리 안에 있는 것이 보통이다. 이러한 특징은 압축도시 형태를 띤 도시에서는 주민들이 도보로 다양한 곳에 접근이 가능하다는 뜻이 된다. 네덜란드에서는 2.5킬로미터

∴

12) 유클리드형 조닝(Euclidean zoning)은 도시계획에서 도시의 모든 지역에 걸쳐 주거지역, 상업지역, 공업지역 등을 엄격히 구분하여 각각 다른 용도의 개발을 허용치 않는 전통적 용도지역제를 말한다. 1926년 미국 오하이오 주 유클리드 시(Euclid)에서 제기된 관련 소송에서 유래된 이름으로, 이는 지방정부에 의한 용도지역제의 법률적 정당성을 연방대법원이 공식적으로 인정한 판결로 유명하다.

반경 내에서는 전체 통행(trips)의 약 35%가 도보에 의한 것이며, 40%가 자전거로 이루어진다. 압축도시 형태는 광역권에서부터 소규모 구역의 설계에 이르기까지 보행이 편리한 생활양식을 가능하게 만든다.

'그린'에 초첨을 둔 압축 성장지구

신개발 주거지를 앞선 설명처럼 디자인하고 건설하려는 사례는 매우 많다. 실제로 이 책에 나오는 거의 모든 도시의 주요 신(新)성장지구가 기존 개발지 안 또는 부근에 있으며 높은 밀도를 자랑한다. 신성장지구의 좋은 사례는 위트레흐트의 레이드스허 레인(Leidsche Rijn), 프라이부르크의 리젤펠트, 암스테르담의 에이뷔르흐(Ijburg), 코펜하겐의 외레스타드(Ørestad), 헬싱키의 비키(Viikki), 스톡홀름의 하마비 쇼스타드를 들 수 있다. 예컨대 암스테르담의 에이뷔르흐는 헥타르당 100세대의 주거 밀도를 수용하도록 계획되었다.

특정한 개발 프로젝트와 신성장지구의 다양한 사례에서 압축도시 형태가 나타난다. 네덜란드 위트레흐트 지역의 개발(레이드스허 레인)은 압축 개발의 가장 모범적 사례이다. 현재 총괄적인 종합계획과 상세 건축계획이 마련되었는데, 계획의 1단계가 막 시작되었다([그림 2.2] 참조). 매우 야심찬 이 계획에 의하면, 가까운 미래에 해당 위트레흐트 지역 내에서 75%의 성장이 일어날 것이다. 전체적으로 이 지역은 주택 3만 세대와 일자리 3만 개를 창출하려 하는데, 전체 면적은 2,500헥타르로 개발 밀도가 37세대/헥타르에 이른다.

이 계획에서 가장 인상적인 것은 기존 도시지역을 연결하려는 노력이라고 할 수 있다. 레이드스허 레인은 위트레흐트 바로 서쪽에 붙어 있으며 플뢰턴(Vleuten), 드 메이른(De Meern)의 기존 주거지와도 이어지게 된다. 압축 개발과 기존 도심과의 연결을 위한 계획이 쉽지는 않았는데, 이를 위해 주요한 물리적 장애가 극복되어야 했다. 무엇보다도 A-2 고속도로, 1개의 대형 물류운하(the Amsterdam-Rhine Canal)라는 장애를 딛고 두 지구를 연결하기 위해서, 몇 군데에 걸쳐 총 길이 300미터의 고속도로에 지붕을 얹는 기발한 아이디어가 필요했다. 광대한 온실지역도 이 사업 때문에 옮겨야 했다.

기존 도시구조와의 연결을 위한 노력과 그에 따른 도시 형태가 인상적이다. 이를 위해 교량 3개가 설치되었는데, 이는 옛 도심과 신 개발지의 연계를 강화하려는 의도에서였다. 세 개의 다리 중 하나는 자전거 전용이며, 다른 하나는 대중교통(최소한 초기에는 버스를 의미하였다) 및 자전거 병용, 세 번째는 자전거·대중교통·자동차 혼용으로 만들어졌다.

이 사업은 또한 다양한 사람과 도시 활동이 어우러지도록 하는 전형적인 사례라고 할 수 있다. 주택 공급의 약 70%는 민간 부문에서 이루어지며 나머지 30%는 공공 부문이 맡는다. 이를 통해 아파트, 독립가구 일체형(single-family attached), 독립가구 분리형(single-family detached) 등 다양한 형태의 주택이 제공된다. 위트레흐트 중심부는 주민들의 가장 큰 쇼핑 지역이 되겠지만, 식료품점 및 잡화점도 이 부근에 입지하게 될 것이다. 게다가 이 지역은 상업지역과 산업지역이 포함되기 때문에 지역의 일자리 창출에도 도움이 되며, 몇몇 주택의 경우 재택 사무실(in-home office)을 위한 추가 공간도 제공된다.

이 지역에는 몇 가지 혁신적인 기술이 적용된다. 모든 주택은 지역난방 시스템(district heating system)을 사용한다(즉 근처의 발전설비에서 남은 열에

[그림 2.2] 레이드스허 레인 신도시 개발 마스터플랜
이곳은 네덜란드 위트레흐트에 위치한 압축형 도시 성장지구이다. 이 지역은 네덜란드의 전형적인 신성장지구와 마찬가지로 기존 도시지역에 붙어 있으며 도심과 보행로 및 자전거 길로 연결된다.

너지가 주거지역으로 유입되어 온수를 공급한다). 그리고 빗물도 다양하게 활용될 수 있는데, 즉 빗물을 개울이나 습지에 따로 모아 두었다가 이용하는 것이다. 모든 주택에는 두 개의 용수관이 설치된다. 하나는 음용수를 위한 관이고, 다른 하나는 이보다는 덜 깨끗한 물을 위한 것으로 (지역 순환 수도관을 통해) 이 두 종류 물을 따로 공급하여 덜 깨끗한 물은 세차, 정원수,

기타 비음용으로 사용토록 하는 것이다.

이 개발 사업이 당초부터 목표 삼은 것 중 하나는 자동차 사용을 억제하는 것인데, 이를 위해 기차와 버스 터미널 3개를 건설하였다. 그리고 열차 환승센터를 만들어 승용차 운전자들에게 버스 환승의 기회를 주게 된다. 이로 인해 더 많은 수의 주택과 일자리가 기차역을 중심으로 밀집될 것이다. (그러나 승용차 사용이 충분히 억제될지는 확실치 않다. 왜냐하면 이 계획은 1주택당 1.2대의 차량 공간을 의무화하고 있기 때문이다.) 또한 자전거 사용을 촉진하는 설계도 포함될 텐데, 예를 들어 전체 교통망에는 자전거 전용노선이 포함되어 있다. 이 사업의 설계자들은 대부분의 신개발이 도심부 반경 5킬로미터 내에서 일어날 수 있도록 했으며, 이 정도 거리라면 사람들로 하여금 자전거를 사용케 할 유인이 충분하다고 생각했던 것이다([그림 2.2] 참조).

이 사업은 또한 광대한 녹색 인프라를 구축하려고 한다. 개발지구 가운데 300헥타르 규모의 중앙공원이 사업지구와 그 주변을 생태적으로 연결하도록 했는데(란트슈타트 그린 하트가 바로 서쪽에 위치한다), 이 공원에는 주민을 위한 스포츠 시설과 정원이 있다.

어반 빌리지와 도심의 중요성

비록 유럽 도시에도 도심부 인구가 감소하고 전반적으로 쇠퇴하는 곳이 있긴 하지만, 대체적으로 (특히 이 책의 사례 도시들은) 도시의 활력을 유지·강화해 오고 있다. 그리고 이는 바로 압축성과 밀도를 유지하는 동시에 도시의 품질과 매력을 유지·향상시키려는 노력의 결과이다.

대부분의 사례 도시에서 도심은 다수의 주민이 거주하는 복합 용도 형태를 취한다. 일반적으로 도심의 주거 공간은 (대부분의 네덜란드 도시처럼) 소매점과 사무실 건물 위쪽에 자리한다. 뮌스터 시의 경우 1만 2,000명이 원도심에 거주하는데, 이는 전체 시 인구에서 꽤 높은 비율을 차지한다. 암스테르담에서는 8만 명이 유서 깊은 도심지역에 살고 있는 등 도심은 여전히 "모든 것이 모인 경제적 핵심지역이다(Oskam, 1995: 32)." 덴마크 코펜하겐에 6만 5,000명, 이탈리아 볼로냐에 5만 5,000명이 각각 역사적 중심지에 살고 있다. 덴마크 오덴세의 건강한 도심에도 약 7만 명의 시민이 거주한다. 광범위한 보행자 전용도로 시스템과 다양한 도시 편의시설 및 서비스로 인해 도심은 살기에 매력적인 장소가 된 것이다.

많은 유럽 도시가 도심부에 주요 투자재원을 집중하는 경향을 보이고 있다. 독일의 베를린과 네덜란드의 덴하흐는 도심부에 막대한 투자를 진행하고 있는 대표적 사례이다. 베를린에서는 사상 최대의 개발 프로젝트인 포츠다머 플라츠(Potsdamer Platz)가 110만 제곱미터 규모로 사무실 및 주거 공간 용도로 건설 중이다. 이 사업지는 주변의 교통수단 선택에서 자가용 비중이 20%이고, 나머지 80%는 대중교통이 되도록 교통체계에 대한 엄청난 투자가 새로 이루어지며 중앙 냉난방 시설도 갖출 예정이다.

덴하흐의 '니우 센트룸(Nieuw Centrum, 신중심)' 프로젝트는 도심부와 시의 중앙역 부근에 정부 청사 및 사무 공간을 건설하는 대형 사업이다. 이 40억 길더(200만 달러) 사업은 80만 제곱미터의 사무 공간 건설을 포함하며, 2000년 완공된다(City of Hague, 1996).[13] 포츠다머 플라츠와 니우 센트

---

13) 길더(guilder)는 네덜란드의 옛 화폐단위로서, 이 책이 출간된 이후인 2002년 1월에 유로(euro)화로 대체되었다. 당시의 환율로 1달러(US$)는 대략 2,000길더였음.

룸의 두 경우는 모두 주거시설이 부족하다는 비판이 있다. 그럼에도 이 사업들에서 주거용 개발은 핵심 요소 중 하나였으며, 니우 센트룸은 2,150세대 이상의 신규 주택이 건립될 예정으로 그중 절반이 상가주택이다.

다른 도시들도 도심부의 외관, 분위기, 기능을 개선하기 위해 적극적인 노력을 기울여왔다. 예컨대, 네덜란드 흐로닝언은 일련의 "더 나은 도심(binnenstad beter)" 프로그램을 수행했다. "중심부를 개선하기 위한 응집된 조치"로 설명되는 이 사업을 통해 보행자전용 쇼핑 지역이 설치되었고(보행자 공간을 연결하는 2개의 순환 고리가 마련되었다), 보행 구간에 대한 노란색 노면 처리, 새로운 거리 시설물(street furniture) 설치, 신형 대중교통 시스템 등이 채택되었다. 대중교통 시스템의 개선책으로 도심의 일정 지역을 차 없는 구간으로 지정했고, 무료 주차장 및 도심부 급행버스, 노면주차 공간의 지하 전환, 자전거 전용도로 확대 등의 다양한 프로그램이 시행되었다(Groningen Gemeente, 1993; 1996). 이 조치들은 모두 도시의 접근성과 매력을 높이기 위한 것이다.

이런 도시들은 훌륭하고 성공적인 재개발 사례로서, 도시 중심부의 쇠퇴했던 지역을 새롭게 탈바꿈시킨 경우도 있다. 암스테르담은 동쪽의 버려진 옛 항구지역에 8,000세대의 신규 주택단지를 건설하여 기존 도시지역을 재개발하였으며, 이탈리아 볼로냐에서는 옛 담배공장 부지를 재사용하는 등 수많은 개발 대상지를 찾아내고 있다. 아일랜드 더블린의 템플바(Temple Bar) 지구는 한때 버려졌던 도심지역이었으나 오늘날 문화·상업 중심지구로 재탄생하였다. 일련의 조세 혜택과 창조적인 디자인 아이디어(새로운 광장 조성, 노면 개선, 보행 환경 혁신 등)를 적용함으로써 활기차고 매력 넘치는 곳으로 바뀐 것이다(RECITE 참조).

몇몇 도시는 주거 공간을 도심부와 상업지구로 밀어 넣음으로써 주택

흐로닝언은 압축도시 형태를 강화하고 도심의 매력을 향상시키고자 수많은 조치를 취하였는데, 특히 "더 나은 도심" 구상이 대표적이다.

공급을 늘리고 도심의 활력을 되찾으려는 시도를 해왔다. 전통적으로 영국과 아일랜드는 다른 유럽 도시들에 비하여 도심 거주민의 수가 적었다(Bradshaw, 1996). 더블린과 레스터 시는 사람들이 도심으로 이주할 경우 금전적 인센티브를 주는 프로그램을 시행하였는데, 이는 단지 미미한 성공에 그쳤다. 이런 정책의 일환 중 하나로 "상점 위에 살기(Living Over The Shop, LOTS)" 프로그램이 있는데, 상가와 소매점 위층에 거주함으로써 전통적 이점을 끌어내려는 것이다. 사실 이런 주거 형태는 네덜란드와 독일에서는 비교적 흔하지만 더블린에서는 그렇지 않았다.[14] 상가주택은 상점 위에 집을 얹는 비용과 함께 소방 관련 건축법규의 규제, 세금공제 삭감에 대한 상점주들의 우려, 그리고 새 거주자를 자기 집 위에 살게 함으로써

---

14) 상가주택은 대부분 상점 바로 위에 집 또는 아파트(flat)가 있는 모양을 띤다. 특히 영국과 아일랜드에서는 상가 위 공간을 주거 용도로 활용하기 위하여 1980년대 이후 정부가 많은 시책을 지원해왔다.

느끼는 법적 책임 등이 문제가 된다. 그럼에도 상가주택은 서민주택 공급을 늘리려는 목적을 달성함과 동시에 도시 형태의 지속가능성을 촉진하는 유력한 전략으로 받아들여지고 있다(이 주제는 3장에서 상세하게 다룬다. 영국에서 이 시책이 가지는 의의에 대하여는 Petherick, 1998 참조).

도시의 충전형 개발 및 재개발 과정에서 나타나는 압축도시 형태는 다른 도시에서도 늘 발견된다. 암스테르담은 1978년 이래로 압축도시 정책을 지속해왔는데, 이는 시 외곽의 성장지역으로 인구가 빠져 나가는 현상에 대한 확실한 대응책이 되기도 했다. 그 결과 시는 도심지 가까운 지역에 대한 활발한 개발 및 재개발을 추진해왔다. 이 정책의 핵심 내용 중 하나가 동쪽 도클랜드 재개발이다. 이 지역은 19세기엔 활력이 넘치던 부두였으나, 주도권을 서쪽 부두에 뺏기면서 침체가 시작된 이후로 이번 재개발을 통해 새로이 발전하게 된 것이다(City of Amsterdam, 1994). 시의 도시계획담당 부서가 1헥타르당 100채의 주택 개발을 상정하는 마스터플랜을 수립하였는데, 이는 (신규 대형 쇼핑센터 계획을 포함하여) 기능과 용도가 복합된 장소로서 도심부 접근 때 자전거·보행·승용차 모두를 이용 가능하게끔 만들었다. 총 8,500세대를 수용할 수 있도록 설계되었으며, 이중 1,500세대 이상이 이미 완성되었다.

항구 재개발 지역 중 하나인 야바 에일란트(Java-eiland)는 눈여겨볼 만한 새로운 압축형 어반 빌리지 사례로 암스테르담 중심부와 매우 가까이 위치해 있다. 이는 이 도시의 압축 성장 전략을 상징적으로 보여주는 네덜란드식 신개발의 전형으로서, 다양한 스타일과 디자인의 건축을 강조하도록 권고된다. 도시설계가 슈르트 수테르스(Sjoerd Soeters)에 의해 만들어진 이 섬의 마스터플랜은 이 지역의 물리적 특성이 어떻게 나타날지에 대한 틀을 세웠다. 이곳은 도로, 자전거 도로, 보행자와 시민을 위한 공간 등이 구성되었고, 특정 빌딩이 들어설 자리에는 구획별 레이아웃도 마련되었다. 이 설계는 섬을 지나가는 몇 개의 운하를 창조적으로 재조성함으로써 예전의 암스테르담을 떠올리게끔 한다. 자전거 도로는 부두의 중심을 향해 구불구불하게 펼쳐진다. 건축물의 높이는 5층에서 10층까지로 다양한데, 섬의 북쪽 끝 지역에 가장 높은 빌딩이 배치된다. 다양한 유형의 주택 즉 넓은 가족형 아파트, 스튜디오, 노인 주택, 재택 사무실 등 삶의 방식에 따라 선택할 수 있도록 만든 것은 계획의 첫 단계에서부터 의도되었다. 주택의 갖가지 유형만큼이나 그 가격도 다양한데 값이 가장 비싼 곳은 섬의 남쪽 끝에 자리하고 있다.

수십 명의 건축가들이 야바 에일란트를 구성하는 각양각색의 건축물 설계에 참여했는데, 이러한 이유로 이곳은 독특한 모습과 분위기를 띤다. 운하를 가로지르는 다리를 설계하는 과정에서도 서로 다른 설계자가 참여했다. 그 결과로 외양과 미관의 다양성이 나타나게 되었는데, 이것은 신개발 지역에서 자주 보이는 단조로움을 극복한 성공 사례라고 할 수 있다. 디자인의 다양성과 실험정신의 강화야말로 신성장지역 계획을 추진하는 네덜란드식 특징 또는 교훈이라 하겠다.

스위스 취리히 주(Zürich Canton)의 압축 개발 전략은 토지 재사용의 사례이다. 과거 산업지역에 대한 다수의 재개발이 계획되었는데, 현재 취리히에서는 대부분의 도시 성장이 이 지역에서 이루어지고 있다. 취리히 주에서는 11개의 지역을 지정한 뒤, 미래의 재개발과 성장이 그 구역 내에서 일어나도록 하였다. 그 예로 첸트룸 노르트(Zentrum Nord) 지역은 욀리콘(Oerlikon)에 위치한 곳으로 한때 대포와 무기를 생산하던 공장지역이었다. 시는 이곳을 탈바꿈시켜 더 나은 장소로 만들고자 하였는데, 이 과정에서 계획 대상지의 35%가 주거 공간 개발에 사용되었다. 그 결과 현재 이 지역은 복합 용도 지역으로 자리매김하였다. 이 지역에 대한 디자인 공모에서 최종 채택된 설계는 모든 프로젝트가 한꺼번에 시행되지는 않을 것이라는 전제하에 기존의 거리망을 그대로 유지하며, 잘 정리된 오픈 스페이스를 확보했다(5만 제곱미터의 도시공원이 시에 의하여 의무화되었다). 개발지 중에서 인구 밀집도가 가장 높은 주거지역을 기차역에 가장 가까이 배치하고, 버스 노선을 새로 조정하여 버스가 곳곳으로 운행되게 하였다. 뿐만 아니라 보행자 산책길과 자전거 도로도 조밀하게 배치하였다.

위 도시들은 명시적으로 도시 중심부를 지원하고 강화하는 많은 입지 결정의 사례들이다. 취리히, 오덴세, 흐로닝언 등의 많은 도시 그리고 다른 지역에서도 도심의 강화가 계획 및 개발의 최고 기준이 되는 중요한 모범 사례를 찾을 수 있다.

신도시와 성장중심

신도시 건설이나 성장중심(growth centers)의 설정은 늘어가는 인구를 수용하는 전략으로 쓰일 수 있다. 유럽에서는 지속가능한 공동체의 이상적 특성을 잘 반영하는 신도시가 성공적으로 설계되고 시행된 다양한 모범 사례를 찾을 수 있는데, 특히 네덜란드와 스웨덴이 가장 대표적이다.

네덜란드의 성장중심 정책은 1960년대 중반에 시작되어 80년대 중반까지 계속되었다. 당시에는 도시 외곽지로 빠져나가는 인구가 많았으므로 이 정책이 등장하게 되었는데, 이것은 단순한 외곽 지향의 성장을 '압축 결절점(compact nodes)'으로 전환시키려는 의도에서 나온 것이다. 이른바 '집중화된 분산(concentrated deconcentration)' 또는 '클러스터형 분산(clustered deconcentration)'이라 불리는 전략에 따라 15개의 새로운 성장중심이 란트슈타트 지역을 중심으로 지정되었는데, 여기에는 중앙정부의 상당한 재정 지원이 뒤따랐다.[15] 각 성장중심은 5만 5,000~8만 명의 인구를 수용하는 것을 목표로 하였고, 각각의 성장중심에는 기존의 중소 규모의 마을과 뉴타운이 포함되었다. 주택건설비 증가와 같은 몇 가지 부정적인 측면에도 불구하고, 성장중심은 대부분 성공적이었으며 처음 의도대로 건설되었다. 이러한 도시는 공통적으로 압축 개발, 대중교통 지향, 복합형 주거라는 특징을 지닌다. 가장 극적인 사례로는 알메르(Almere)와 렐리스타트(Lelystad)가 있는데, 두 도시는 해안 간척지에 토대를 둔 신개발지이다. 두 지역의 가장 큰 한계는 경제적 자족에 실패했다는 것(예컨대 알메르에서는 많은 사람들이 지역 바깥으로 출근하는데 대부분 승용차를 이용한다), 다른 신도시들과 달리 암스테르담 같은 옛 도시로부터 인구를 흡수하는 기능을 제대로 수행하지 못했다는 것 등을 들 수 있다.

그럼에도 알메르는 인상적인 디자인과 이상적인 지속가능성을 추구하는 도시로 알려져 있다. 이 도시의 공간 형태는 다핵 구조로 세 개의 중심(알메르 하번, 알메르 스타트, 알메르 바위턴)으로 이루어져 있다. 기차역의 경우 알메르 스타트(Almere Stad)에 있는데, 이곳은 도시의 중심으로서 기능하며 오락, 문화, 쇼핑 공간이 집중되어 있다. 이 역에서 보행자 전용도로가 시작되며, 건물의 저층은 상점과 레스토랑으로, 고층은 아파트와 다가구 주택으로 구성된다. 시청은 보행자 전용도로 반대쪽 끝에 있는데, 스타

---

15) '집중화된 분산' 또는 '클러스터형 분산'은 도시 중심부에 더 많은 인구를 수용할 수 없으므로 이를 분산하되, 관리되지 않은 상태에서 또는 단순히 시장에 맡겨 도시 외곽으로 무분별하게 새로운 주거지가 들어서도록 허용하는 것이 아니라, 몇몇 지정된 입지를 정하여 각종 도시 기반시설이나 서비스가 모이도록 한다는 의미이다.

트 지역 설계의 핵심은 접근성이라 할 수 있다. 가장 눈여겨볼 것은 고정 노선의 시내버스 시스템이다. 버스는 전용차로로만 다니고 있어 시민들은 신속한 이동이 가능하다. 자전거 전용도로 또한 찻길 및 버스 노선과는 분리되어 있기 때문에 도시 내부를 자전거로 다니는 게 쉽고 편안하다. 주거지역 가운데 버스정류장이나 기차역으로부터 수백 미터 이상 떨어진 곳이 거의 없으며, 현재 3개의 기차역을 7개로 늘리려는 계획이 진행 중이다.

알메르 시의 전체 밀도는 주택 35채/헥타르 정도이고 스타트 중심부는 이보다 밀도가 더 높다. 도심부의 활력을 증진하려는 새로운 계획으로 '지구중심(Stadscentrum) 2005 계획'이 광역건축실(Office of Metropolitan Architecture) 렘 쿨하스(Rem Koolhaas) 실장에 의하여 제안되었다. 사실 지금도 알메르의 도시 형태는 상당히 압축적이며, 학교를 비롯한 각종 서비스와 소형 상점은 걷기나 자전거 이동이 편리하게끔 밀집되어 있다. 이 도시에서 가장 인상적인 요소 중 하나는 그린 네트워크(green network)이다. 주거지 대부분은 녹지 공간으로부터 500미터 이상 떨어져 있지 않으며, 몇 분만 자전거를 타면 넓은 숲과 녹지에 이를 수 있다. 또 다른 지속가능성 요소로는 천연가스 폐열발전소에서 공급하는 지역난방 시스템을 들 수 있는데, 이는 뒤에서 상세히 살펴볼 것이다.

또 하나의 놀라운 성장중심은 위트레흐트에서 남쪽으로 10킬로미터 떨어져 있는 하우턴(Houten)이다. 다른 성장중심과 마찬가지로, 이곳은 성장중심으로 지정되기 전에는 조그만 마을에 지나지 않았다. 최초 도시계획에서는 목표인구를 약 3만 명으로 잡았고(제2단계가 지금 진행 중이다), 도시 설계는 창조적인 "나비형" 구조로 설정되었다. 신설되는 기차역과 도심이 지역의 중심부를 이룬다. 도심지는 잡화상, 소매상, 시청, 도서관을 비롯해서 고밀도의 다가구 주택지역으로 이루어진다. 16개로 분리된 주거지역에는 각각 600여 가구를 수용할 수 있고, 모든 주거지는 기차역과 도심으로부터 1.6킬로미터 이상 떨어져 있지 않다(주택의 약 절반이 800미터 반경 안에 든다).

성장중심의 가장 창조적인 설계 요소는 통행에 대한 접근 방식일 것이다. 자동차는 성장중심 설계 과정에서 중요하게 고려되는 요소가 아니다. 자동차로 주거지역에 접근하는 일은 도심지를 한 바퀴 도는 외곽 순환선을 통해서 가능하며, 이로 인해 한 주거지에서 다른 주거지로 이동할 때 승용차 사용에 번거로움이 따른다. 하지만 광범위한 지역에 걸쳐 조성된 별 모양의 보행자 전용로와 자전거 도로망을 이용하면([그림 2.3]) 도심 간의 이동이 훨씬 수월해진다. 거대한 녹지축이 도시의 중심을 지나고 있으며 학교, 스포츠 시설, 도서관 등 주요 목적지가 모두 자전거 도로망에 있기 때문에 대부분의 주민들은 자전거를 이용하여 이동한다.

하우턴은 기능적이고 압축적인 녹색 신도시로서 훌륭한 대중교통 시스템이 도시의 중심 요소를 차지하며, 보행과 자전거의 이용을 장려하고 촉진한다. 비교적 높은 비율의 쇼핑 통행이 타운 내에서 이루어지며(약 50%는 비식료품 쇼핑 통행이다), 기차로 통근하는 사람들 대부분이 걸어서 또는 자전거를 이용하여 기차역까지 간다. 자전거 네트워크는 광역 교통망과 연결되어 북쪽의 위트레흐트와 자전거로 쉽게 이어지도록 해준다. 크레이(Kraay, 1996)의 보고에 따르면, 하우턴에서의 매장 판매는 타 지역보다 높고, 교통사고율이 네덜란드의 전국 평균에 비하여 현저히 낮은 수준이며(1,000명당 1.1명, 전국은 3.5명), 승용차 이용률은 비교대상 도시들보다 25% 낮게 나타나고 있다. 이 모두가 고무적인 신호이지만, 불행히도 하우턴에는 일자리가 많지 않아서 주민들 다수가 타 지역으로 통근하며 이때 보통 승용차를 이용한다는 점이 바로 이 도시의 계획가들에겐 아킬레스건으로 남아 있다.

[그림 2.3] 하우턴의 나비형 도시계획

네덜란드 하우턴 시는 나비처럼 생긴 압축도시 형태를 띤다. 두 개의 통행 결절점이 그림에 보인다. 만약 승용차로 이동하려면 도시 외곽의 환상도로(outer ring road)를 이용해야 하지만, 더 짧은 거리의 도시 내 이동은 자전거나 보행으로 가능하다.

출처: Ministry of Transport(1995), *Public Works and Water Management*.

    대중교통의 이용을 기반으로 하는 위성도시 건설의 모범 사례가 스톡홀름이다. 1950년대 이래 일련의 신도시 개발이 광역 지하철(tunnelbana)망을 통해 이루어졌다. 시스타(Kista), 스카르크나크(Skarpnäck), 벨링뷔(Vällingby) 등의 신도시들은 모두 고밀도 도시이면서 높은 접근성을 보이며 소매와 각종 커뮤니티 서비스(도서관, 탁아소, 극장 등)가 통합된 부도심을 거느리고 있다. 스톡홀름은 스벤 마르켈리우스(Sven Markelius)가 작성한 1942~1952년의 종합계획을 기반으로 고밀도와 우수한 접근성을 자랑하는데, 도심부와 고밀도 주거지 등이 모두 기차역으로부터 불과 몇 미터 떨어지지 않은 곳에 입지한다. 스톡홀름은 도심부에서 멀어질수록 인구밀도가 점차 낮아지는데 저밀도의 주택은 외곽으로 떨어진 곳에 지어진다. 이 도시 디자인의 핵심은 기차역까지 걸어서 접근 가능하게 만드는 것인데, 신도시 지역의 경우 "대형 아파트는 전철 역사에서 500미터, 일반 테라스, 빌라, 소규모 주택은 900미터 이내"로 한다는 전제하에 건물이 지어졌다. 고층 아파트에는 주로 핵가족이나 독신자들이 사는데, 이들은 널찍한 공간보다는 입지적 이점 즉 역, 상점, 식당, 극장 등과 가까운 거리에 있는지를 중요시 여긴다(Hall, 1995a: 20). 이 지역은 도시 외부로의 출근이나 교차 통근(cross-commuting)이 상당히 많지만(실제 이 지역은 처음부터 자족 기능을 갖추도록 건설된 것은 아니다), 대중교통에 대한 수요가 높고 승용차 이용을 되도록 지양하려는 분위기가 뚜렷하다. 대체로 이 지역 공동체는 잘 작동되고 있는 것으로 보인다. 주민들은 이곳에서 삶을 즐기고 있으며, 지역 공동체

네덜란드 하우턴의 시민들은 도시 형태와 공간계획 덕분에 학교, 쇼핑지역, 녹지로 갈 때 자동차를 이용하기보다는 걷거나 자전거를 타는 편이 더 낫다. 모든 주요 목적지가 자전거와 보행 네트워크로 매우 잘 연결되어 있다.

는 생활편의시설에 대한 높은 수준의 접근성과 이동성을 제공하고 있다.

벨링뷔는 1954년에 건설된 스톡홀름 최초의 위성도시로서 여전히 모범 사례이다. 인구 2만 5,000명의 이 도시는 중심부에 관청가와 시민 센터와 쇼핑단지를 두고 있으며, 주택의 형태와 용도가 혼합되어 있다. 광장은 대부분 자동차가 다닐 수 없는 곳으로 사람들이 앉아 쉴 수 있는 공간에서부터 분수대, 극장, 가게, 시청, 광역 지하철에 이르기까지 다양한 요소가 어우러진, 도시의 중심이다. 이 도시는 또한 드넓은 녹지 공간으로 둘러싸여 있는데, 도심부를 지나면 근린 중심지(neighborhood centers)가 있다[세베로(Cevero, 1995)는 이를 "중심의 계층제"라 부른다].

홀(Hall, 1995a)을 비롯한 몇몇의 사람들이 관찰한 것처럼 다수의 도시들이 승용차 소유가 보편화되기 이전 시대에 건설된 것이 사실이지만, 그럼에도 철도와 토지의 이용과 개발에 관련된 의사결정은 매우 인상 깊다. 세베로(Cervero, 1995), 베르닉과 세베로(Bernick & Cervero, 1997)는 스톡홀름의 성공을 설명하기 위해서 몇 가지 요인들을 제시하고 있다. 그 요인들로는 낮은 기차 요금, 높은 승용차 소유 및 운전 비용(예: 도심부의 높은 주차료, 고율의 자동차세 등), 높은 시유지 비율, 그리고 주택에 대한 높은 공공보조비율 등이 있다.

이와 비슷하게 코펜하겐 권역도 철도망을 따라 광역 개발이 이루어졌는데, 교외지역과 위성도시가 마치 목걸이에 달린 진주처럼 입지해 있다. 눈여겨볼 만한 곳으로 앨버스룬(Albertslund)이 있는데, 도심부(시청 부근)와 쇼핑 시설 및 사무 공간이 철로를 따라 위치하며, 대부분의 주거 지구가 기차역에서부터 도보로 이동하거나 또는 자전거로 불과 몇 분 거리에 있다. 이 밖에도 수많은 모범을 사례 도시들에서 찾아볼 수 있다. 베를린의 경우, 광역계획하에서는 제한된 의미의 '집중화된 분산'을 허용하고 있는데, 베를린

벨링뷔는 스톡홀름의 위성지역 중 하나로 대중교통 마을의 이점을 보여주는 사례이다. 시민광장, 주요 쇼핑지역, 그리고 고밀도 주거지역이 기차역 주변에 밀집해 있다. 저밀도 주택과 녹지대도 걷거나 자전거를 이용해서 쉽게 접근할 수 있다.

으로부터 50킬로미터 또는 그 이상 떨어진 10개의 소도시가 각각 인구 5~10만 명을 (도시의 경제적 기반과 함께) 수용하기 위해 설계되었다.

광역 및 국가 단위의 공간계획

유럽 도시의 사례를 통해 계획과 통제 과정에서 광역권 및 중앙정부 등 상층부 간의 조정과 통합이 성장과 개발에 미치는 영향력을 살펴볼 수 있다. 덴마크 코펜하겐은 오랜 전통의 광역계획이 존재하는데, 1947년의 '핑거 플랜(finger plan)'([그림 2.4] 참조)이 바로 그것이다. 기본적으로 덴마크에서는 광역계획을 카운티(덴마크에는 14개 카운티가 있다)가 관장하며, 도시별 계획은 이 광역계획과 일관성을 유지해야 한다. 도시계획은 거시적 관점에서 한 도시의 구조와 개발 패턴을 살펴보는데, 밀도와 고도의 제한 그리고 상이한 지역의 각종 개발지침을 제시한다. 상세지역계획은 보통 개별 도시가 수립하는 것으로 해당 지구에 대한 세부적인 개발계획이다.

네덜란드에서는 통합된 국가-광역-도시 계획의 틀 아래서 공간계획이 이루어진다. 전국에 걸친 11개의 도(province)가 각자 계획을 책임지고 수립해야 한다. "광역계획(streekplan)"으로 불리는 이 도 단위 구조계획이 법적 강제성을 띤 것은 아니지만, 도시별 계획을 수립할 때는 도의 광역계획을 충분히 고려해야 한다. 이는 도 정부가 각 도시의 "용도지역별 세부계획(bestemmingsplan)"에 대한 승인권을 가지기 때문인데 도시별 계획이 광

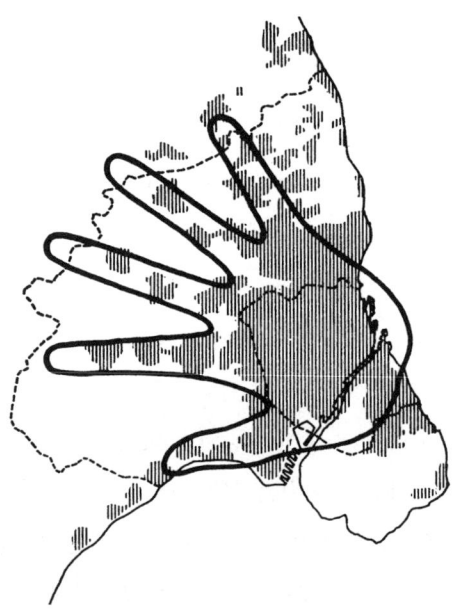

[그림 2.4]
코펜하겐의 광역계획(핑거 플랜)
코펜하겐의 도시 형태는 대부분 1947년 손가락형 광역계획의 소산인데, 이 계획은 신성장의 대부분이 철도 등 대중교통망을 따라 이루어지도록 하면서 손가락 사이사이에 대형 녹지대를 두도록 의무화했다.
출처: Greater Copenhagen Council.

역계획의 방향과 상충될 경우에는 승인을 받지 못할 수도 있다.

베를린은 시의 면적이 대단히 넓어 미래에 개발이 이루어질 수 있는 토지를 많이 보유하고 있다. 스톡홀름의 경우에는 토지의 공공 소유분이 많고 또 새로운 지역을 개발하는 과정에서 공공 부문의 힘이 크기 때문에 지역의 개발에 대해 효과적인 영향력을 행사할 수 있다.

스위스의 도시계획에서도 주(canton)가 각각의 지침계획(Guiding Plans)을 먼저 마련하고, 각 도시마다 주의 지침계획에 어긋나지 않는 계획을 만들고 있다. 예컨대 취리히 주의 경우, 압축형 개발과 철도(S-bahn)망에 따른 성장 등을 명확히 지향한다. 더 구체적으로 지침계획은 모든 계층의 도시계획에 영향을 끼치는 세 가지 원리를 아래와 같이 피력하고 있다.

1. 도시지역과 도시 구조의 미래 활력도를 명시하고 이를 향상시켜야 한다.
2. 미래의 도시 개발은 대중교통(철도, 버스) 서비스가 있는 지역에 집중한다.
3. 기존의 자연과 농촌 환경에 대한 보호와 관리가 잘 이루어져야 한다.

취리히 주의 도시계획가들은 위 세 가지 지침에만 초점을 맞추는 것이 중요하다고 주장한다. 지침이 적으면 적을수록 그 지침에 대한 인지도가 높아지고 중요성이 강조되어 정책 결정자와 시민 대중에게 각인되기 쉬울 것이기 때문이다.

취리히 주 지침계획의 기본 아이디어는 도시 성장이 대중교통망을 따라 중간 규모 도시와 주요 결절점에서 일어나야 한다는 것이다(그런 중간 규모의 지역으로는 빈터투어, 아라우, 바덴 등이 있다). 지침계획은 도시 개발이 이루어질 수 있는 장소를 특정하는데, 이 지역이 아닌 곳에서는 개발이 이루어질 수 없다. 현재의 계획에서 주 면적의 25%는 정주 용도의 도시지역(cities and towns)이며, 30%는 삼림, 45%는 농업지역이다. 지침계획은 또한 11개의 "주 차원에서 중요한 중심지"를 지정하고 있다(Ringli, 1995). 이 지역은 대중교통망을 따라가면서 도시 재활력화 및 재개발의 여지가 있는 장소라고 할 수 있다. 아울러 이 11개 지역은 주 정부의 투자가 우선적으로 이루어질 대상지이기도 하다(예: 신규 정부건물 등).

이처럼 다수의 도시에서 광역 단위 차원의 정부기관이 효과적으로 운영되는 사례가 발견된다. 헬싱키를 예로 보면, 광역기관인 YTV는 교통의 조직화, 쓰레기 처리, 대기질 관리 등의 분야에서 상당한 권한을 보유하고 있다.

그럼에도 많은 유럽 도시에서조차 공간적 분산화가 발생해왔는데, 이에 따라 광역 차원에서 합치된 조정 및 통제를 해야 할 중요성이 더욱 커지고 있다. 이탈리아의 새 법률은 이탈리아의 대도시들이 광역계획을 마련하도록 의무화하고 있으며, 볼로냐도 그런 계획을 준비하고 있다(예를 들어 광역 단위 목표치를 설정함으로써 강력한 지속가능성을 지향한다). 베를린에서는 개별 도시와 브란덴부르크 주가 합심하여 광역계획을 만들고 있는데, 광역 단위의 토지 이용 사업과 제안을 조정하기 위한 특별한 절차가 마련되어 있다. 런던은 대도시 및 광역 수준의 전략적 기관이 존재하지 않아서 심각한 어려움을 겪어왔다[대런던의회(the Greater London Council)가 1986년 폐지되었다].[16] 현재 대부분의 정책결정이 런던의 33개 기초자치단체인 버러

---

16) 대런던의회(GLC)는 런던광역권 전체를 관할하던 지역정부로서 1965년부터 1986년까지 존재했다. 1963년 런던 정부법(London Government Act)에 기반을 두면서, 그 이전부터 훨씬 더 작은 지역을 맡고 있던 런던 시의회(London County Council, LCC)를 대체하였다. GLC는 지방정부법(Local Government Act)에 의하여 1986년 해체되어 권역 내에서 자치구로 분리되었다.

(boroughs)로 넘어간 상태이지만, 토니 블레어 정부는 광역 단위 정부를 우선순위에 두어 창설하겠다고 약속한 바 있다.

유럽 도시 전체를 일반화할 수 있는 계획 시스템이 있다고는 할 수 없지만, 이 책의 사례지역 연구를 보면 공간계획과 정주정책 측면에서 국가 단위의 통제와 계획이 상당히 이루어짐을 알 수 있다. 통제의 형태는 다양하다. 네덜란드는 오랫동안 국가 공간계획을 시행해왔으며, 이 계획은 지역 개발에 커다란 영향력을 행사한다. 국가 계획은 행정적으로 하위 정부의 계획에 구속력을 지니는데, 중앙정부는 (비록 잘 행사되지는 않지만) 특정 지역의 결정을 무효화 또는 의무화할 수도 있다. 반면 영국에서는 국가 공간계획은 존재하지 않지만 다양한 계획지침을 통하여 중앙정부가 영향력을 행사한다.

도시계획 권한이 가장 광범위한 형태로 나타나는 것은 스위스의 주 정부 단위에서이다. 그러나 스위스 중앙정부 또한 주와 도시 정부의 계획과 개발에 대하여 커다란 영향력을 행사한다. 중앙정부의 계획 기능은 주로 조정 역할, 그리고 공간정책상의 광범한 지침 제정이라는 수단에 의한다. 1996년 5월, 스위스 의회는 창조적인 국가계획전략을 채택하였는데, 이 전략의 주된 초점은 취리히에서 나타난 것과 비슷한 형태의 압축 개발을 전국적으로 시행하려는 것이다. "다중심 도시 네트워크"로 불리는 이 전략은 스위스 공간 개발의 국가 지침에 포함되어 있다. 링글리(Ringli, 1996: 203)는 이 도시 네트워크를 다음과 같이 설명한다.

전략의 핵심은 스위스의 기존 도시 형태를 기반으로 하는 다중심(polycentric) 도시 네트워크이다. 이는 작지만 수많은 결절점을 가지고 잘 기능하는 '스위스 시(Swiss City)' 그 자체로서 300만 인구와 200만 일자리가 어우러진 곳이다. 이 네트워크는 고도로 전문화된 서비스와 최고 수준의 숙련된 전문가들에게 꼭 필요한 핵심인력군(critical mass)과 커다란 시장을 제공한다. 이렇게 함으로써 주변의 뮌헨, 프랑크푸르트, 리옹 등 대도시지역과 경쟁할 수 있는 것이다.

이 전략은 미래의 성장이 도심부와 기차역 주변에서 압축적으로 일어나야 한다는 것을 전제로 한다(Ringli, 1995). 재개발과 기존 도심의 강화가 전략의 핵심이며, 도시 주변에서의 스프롤형 개발은 억제된다. "일반적으로 큰 덩어리형 개발은 주로 대도시의 철도 축을 따라서, 또 개발축 사이에 녹지대를 두면서 압축적으로 이루어진다. 이러한 내부지향형 도시개발은 도시 변두리와 시골지역의 개발 압력을 감소시킬 것이다(Ringli, 1996: 204)." 대형 상업시설을 비롯한 몇 가지 유형의 성장은 인근의 중간 규모 도시와 기차역 근처에서 이루어진다(링글리는 "분산화 센터"라 부른다). 이 전략의 주요 요소는 중앙정부의 '철도 2000(Rail 2000)' 프로그램이다. 공간 전략보다 앞서 준비된 이 계획은 철도에 대한 투자를 핵심으로 한다. 이 계획의 기본 취지는 다중심 시스템에서 철도교통이 중요한 결절점을 연결하고 규칙적인 서비스를 제공한다는 것에 있다. 여기서 중요한 것은 빠른 철도가 아니라 도시와 결절점 간의 안정적인 연결이다.

유럽에서 지속가능한 토지 이용 패턴을 지지하는 정치적·행정적 기량은 1999년 초 노르웨이에서 극적인 모습으로 나타났다. 여기서 정부는 왕명을 통해 도시 외곽지역의 신규 쇼핑몰 개발을 5년간 금지하였다. 이 조치는 교통 혼잡과 도심의 경제적 침체를 방지하기 위한 것으로서 3,000제곱미터 이상의 쇼핑몰 사업에 적용되고 있다(Associated Press, 1999; World Media Foundation, 1999). 다른 유럽 국가에서도 교외지역 쇼핑단지에 대하여 비슷한 제한조치가 취해졌다.

심지어 영국에서조차 압축형 개발이 중앙정부에 의해 이루어지고 있다. 영국의 지속가능 발전을 위한 국가전략(U.K. Government, 1994)은 도시의 압축화를 촉진하기 위한 추가적 노력이 필요하다는 것을 강조한다. 이에 따라 몇 가지 중요한 지침이 하달되면서 압축 성장이 촉진되었다. 또한 영국 중앙정부는 최근의 정책문서에서 앞으로 발생할 주거지역 개발의 60%가 도시지역의 토지 재사용으로 이루어지도록 권고하고 있다(Breheny, 1997).[17] 1993년의 중앙정부 통계에 따르면, 주거 개발의 49%가 "재개발" 지역이나 옛 공장지대였고, 12%가 비어 있는 도시 용지에서 개발되었다. 단지 전체 주거개발의 39%만이 시골지역에서 나타났다(물론 이는 유럽 기준으로는 여전히 높은 비율이다)(Breheny, 1997: 212).[18]

비록 서유럽과 북유럽 국가에서 사용되는 상이한 계획 시스템을 이 책에서 모두 다루지는 않았지만 여러 중요한 연구들은 참고하였다(Newman and Thornley, 1996; Thomas et al., 1983; Hallett, 1989; and Grent, 1992 참조). 서유럽과 북유럽 시스템 사이에는 차이가 있지만(예: 네덜란드와 영국의 계획체계는 확실히 다르다. Alterman, 1997 참조), 이를 미국의 시스템과 비교하면 유럽 국가에 공통적인 중요한 특성과 규범이 발견된다(Pearce, 1992 참조). 대부분의 유럽 도시들은 개발 과정에서 훨씬 더 강력한 통제력을 행사

---

17) [원주] 브레니(Breheny, 1997)는 영국에서 재사용되는 도시 내 토지의 주거지 개발 촉진 과정과 관련한 최근의 통계치는 상당히 성공적인 결과를 반영한다고 보지만, 과연 이 목표치를 달성할 수 있을지에 대해서는 의문스러워 한다.
18) [원주] 브레니(Breheny, 1997)는 개발이 쉽게 이루어질 수 있거나 시장성이 높은 부지는 이미 개발이 이루어졌다는 점에서 앞으로 옛 공장지대 개발은 더 어려울 것이라고 생각한다. 아울러 정부가 추가적으로 필요한 보조금 또는 법적책임을 감당할 정치적 의지가 있는지에 대해서 의문을 던진다.

한다. 일반적으로 도시 정부는 주요 신규 지역에 대한 개발 과정을 주도하면서, 도시의 밀도와 형태, 기타 개발의 세부 사항을 구체화하는 개발계획을 마련한다. 흔히 유럽 도시는 토지를 직접 획득한 뒤에 세부 개발계획이 마련되면, 그 토지를 민간사업자 또는 공공 복지주택 사업체에 특정 조건을 붙여 판매한다. 민간 주도의 개발은 개발업자가 토지를 사들이고, 설계를 하고, 투자를 끌어들인 다음에 지역 도시계획기구의 승인을 얻게 되는데, 이런 유형은 그리 흔하지 않다. 공공재정이 투입되는 훨씬 높은 단계로는 정부가 관여하는 주택 개발 사업이 일반적인데, 사업 대부분이 공공 복지주택이나 보조금 지원을 받는 주택을 포함하게 된다.

나아가 암스테르담이나 스톡홀름 등 다수의 유럽 도시에는 광범위한 토지 공유의 역사가 있으며, 이러한 경험으로 인해 미국 도시에서는 찾아보기 힘들 만큼 토지 규제가 심하다. 암스테르담은 비교적 높은 비율로 도시의 토지를 시의 관할 아래 두고 (민간에 대한) 장기 토지임대 형식을 취한다. 네덜란드에서는 도시 정부가 장래에 개발 및 성장이 기대되는 지역의 사유지에 대해 우선적으로 구매할 수 있는 특별 우선 매수권을 지니는 것이 일반적이다.

프라이부르크와 같은 독일 도시의 계획은 몇 가지 층위로 나타난다. 두 가지 계획 유형이 핵심이라 할 수 있는데, 첫째는 시 전역을 대상으로 하는 도시평면계획(the Flächennutzungsplan)이고 둘째는 도시 내 특정 지구 개발을 위한 상세계획(the Bebauungsplan)이다. 후자는 사유지에 대하여 구속력을 가지며 도시 전체의 계획에 비추어 일관성을 지녀야 한다(Newman and Thornley, 1996). 시는 이를 통하여 개발에 대한 영향력을 행사할 수 있게 되는데, 지구별 상세계획은 극단적으로 구체화되기 때문이다. 상세계획은 허용되는 토지의 용도뿐만 아니라 건물이 들어설 부지와 건물의 유형, 층수까지 자세히 규정한다. 프라이부르크 도시계획국장의 인상적인 발언처럼, 미국의 지역지구제 또는 용도지역제(zoning)와 달리, 지구별 상세계획은 그저 건물의 높이나 용적률의 최대치만 설정하는 것이 아니라, 개발업자가 어느 정도 높이까지 건축해야 하는지를 표시하는 것이다.

  스프롤 현상은 프라이부르크 같은 도시에서는 거의 찾아보기 힘든데, 이는 1960년대 초기 제정된 독일의 도시계획 관련 법에 힘입은 것으로, 이 법은 이미 조성된 기개발지 바깥에서의 건축을 금지한다. 프라이부르크 등의 도시들은 주요 개발이 발생하는 지역의 토지를 소유함으로써 강력한 영향력을 행사할 수 있다. 예컨대, 이 도시는 리젤펠트 부지를 소유하고 있었는데, 그 덕분에 시는 나중에 개발업자와 개발 관련 합의를 이끌어내는 과정에서 이들에게 수많은 개발조건을 부과할 수 있었다. 시가 부과한 조건의 예로는 에너지 효율성 기준(제9장 참조)이 있는데, 이 조건은 이제 법률로 계약이 의무화되었다.

  네덜란드에서도 비슷한 수준의 상세계획이 도시 단위의 용도지역별 세부계획을 통하여 이루어진다. 이는 지역 단위에서 유일하게 법적 구속력을 가지는 계획으로, 어떠한 신성장이나 신개발 지역이든 시 정부가 수립하도록 하고 있다(Ministry of Housing, Spatial Planning and the Environment, 1996b; Davies, 1989 참조). 독일과 마찬가지로 네덜란드의 상세계획도 도로, 공공시설 그리고 개발지역의 밀도나 용도에 이르기까지 허가 내용을 아주 자세히 설정한다. 네덜란드의 건설업자와 건축가 및 주택회사들은 훨씬 더 상세한 개발의 틀에 따라 일을 꾸려가고 있는 것이다.

시골, 농촌, 미개발 토지의 가치

많은 유럽 국가에서 압축도시 형태가 꼭 필요한 이유 중 하나는 시골 및 미개발 토지의 가치에서 비롯된다. 미국에서 토지 이용에 대한 태도는 (그리고 그 결과로 나타난 토지 규제 시스템도) 농토와 미개발지를 임시 상태로 간주하지만 유럽의 경우에는 시골지역 및 농업용지가 임시 또는 잔여분의 토지가 아니라 사회의 근원적 활동에 필요한 중요 요소로 본다. 유럽공동체의 관대한 농업보조 정책 역시 이런 사고 형성에 도움이 되었을 것이다.

특히 시골지역에서 (스위스의 경우처럼) 농지는 귀하게 보호된다. 일반적으로 이런 토지는 농업용으로만 사용이 가능하다. 스위스의 한 도시계획학자는 스위스의 농지 보호를 이해하기 위해서는 먼저 이 나라의 역사를 알아야 한다고 했다. 이 학자에 따르면 스위스에서는 농업이 국가 안보와도 밀접하게 관련되는데 국가가 가능한 최대한으로 자족 기능을 갖추어야 한다는 것이다. 농지 보호는 이를 위한 하나의 방편으로 여겨지는 것이다(Ringli, 1989).

상이한 사회적 규범은 기존 도시지역 바깥의 사유지 소유와 같은 재산권 문제에도 적용된다. 미국에서는 토지 이용 정책이나 토지와 관련된 결정이 연방헌법상의 '규제적 간접수용(takings)' 조항(그리고 대부분의 주 헌법상의 비슷한 조항)을 위반하는지에 대한 우려가 크지만,[19] 유럽 국가에서는

∴

[19] 규제적 간접수용 이슈는 주로 미국에서 법률적으로 또는 도시계획 규제에서 복잡한 논란거리이다. 공용수용(公用收用, eminent domain)은 우리나라의 현행 법률에도 규정되어 있어서, 정부나 제한된 민간주체가 공익 목적의 사업을 위해 합법 절차를 거쳐 정당한 보상을 주면서 토지나 건물 등 개인 재산을 수용할 수 있다. 개인의 자유와 재산권에 대한 정부 통제에 전통적으로 민감한 미국에서는 아시아 및 유럽에 비하여 제도 남용에 대한 우려가 훨씬 크다. 즉 직접 공용수용 되지는 않았지만 간접수용에 따른 정부 규제로 인해 개인의 재산권 행사에 실질적으로 상당한 재산상 손실이 생겼다고 믿어질 경우 소송 등으로 이어지

전혀 문제가 되지 않는다. 사실상 유럽의 사회적 규범은 개발에 따른 재산 가치의 저하에 대해 보상해야 한다는 생각을 지지하지 않는다. 즉 유럽 도시의 도시계획 당국은 "이 규제적 간접수용 조항의 부정적 영향을 받지 않는 것이다. 영국에서 개발 허가를 받는 것은 시민의 권리가 아니며, 개발 허가를 정부가 거부하더라도 이에 대한 보상이 뒤따르지 않는다. 따라서 그린벨트나 농업보호 정책 역시 이에 대한 보상을 해달라는 요구에서 자유롭다(Alterman, 1997: 228; Brussard, 1991 참조)."

공공 부문에서 토지를 매수할 때 보통은 현재의 사용가치로 매수한다. 이는 제한된 개발 잠재력 때문인데, 도시와 비도시에 대한 용도 구분이 강력하고 명백할수록 시골지역의 땅이 개발 용도로 전환될 것이라는 기대가 보통 더 낮게 된다. 따라서 유럽의 도시나 다른 정부기관은 토지가 필요할 때, 높은 투기적 개발가치가 아니라 농토 및 시골 땅의 가격으로 토지를 사들이는 것이다.

문화적 영향과 기타 요인

유럽에서 압축도시가 더 많이 나타나는 이유는 문화적 차이와 사회적 규범에서 찾을 수 있다. 이 문화적 차이는 나라마다 약간씩 다른데, 이에 대한 구체적 결론을 내리면 추가 연구가 필요하다. 넓은 부지에 단독주택을 가지려는 욕구가 강한 미국과는 달리, 네덜란드에서는 평등주의 윤리

∴ 는 때가 많다. 미국의 수정헌법 제5조와 14조(적정 절차, 정당한 보상)는 연방·주 정부 모두의 경찰권(police power) 행사를 제한하고 있다.

의식이 강하게 나타난다(Vossestein, 1998 참조). 스칸디나비아 국가들의 강한 환경의식은 이곳에서 나타나는 보전과 지속가능 개발에 대한 지지를 설명한다(Newman and Kenworthy, 1989 참조).[20] 유럽의 도시가 지녀온 전통과 도시에서 누리는 삶의 중요성이 압축도시 정책 및 관련 사업의 집행을 쉽게 만드는 것임에 틀림없다[논란의 여지가 있는 비교이겠지만, 미국의 역사와 사고방식은 제퍼슨 대통령 시절부터 반도시적(anti-city) 경향이 강했다].

물론 미국 도시와 비교했을 때 유럽 도시가 발전해온 방식에는 명백한 차이가 있는데, 이는 유럽의 토지 이용 패턴이 지속가능성과 더 조화롭게 어우러진다는 것을 보여준다. 이 책에서 다루고 있는 사례 국가에서의 공공 부문은 개발 과정에서 훨씬 더 엄중한 통제권을 행사한다. 주요 신개발 지역이 대부분 공공기관의 주도로 설계되며, 개발 과정에서 필요한 자금 또한 공공 부문에서 훨씬 더 많이 염출된다. 앞서 살펴보았듯이 독일과 같은 계획체계에서는 지구(地區) 전체에 대한 건축계획이 정부의 도시계획가에 의해 마련되지 않으면 어떤 건물도 들어설 수 없다. 그런데 그 지구의 계획에는 나무 배치와 건물 입지는 물론 건물의 최소·최대 높이와 밀도 등에 관한 수많은 상세 기준까지 명시되어 있다.

충전 개발의 방식으로 도시의 환경을 더 압축적으로 만들고 사람들이

----

20) [원주] 뉴먼과 켄워디(Newman and Kenworthy, 1989: 82)는 국토가 넓은 스웨덴에서 도시가 압축 형태로 형성되는 몇 가지 요인 중 하나로 "평등하고 효율적인 방식으로 도시 서비스를 계획하려는 스웨덴의 오랜 전통"을 제시한다. 스웨덴에서 좋은 도시가 갖추어야 할 몇 가지 요소는 다음과 같다.
- 신속한 도시 접근성을 위해 대부분의 주택이 철도역에서 500~900미터 거리에 위치해야 한다(즉 걷거나 자전거로 이동할 수 있는 짧은 거리).
- 열차 서비스는 시간표가 필요 없을 정도, 즉 운행간격이 12분 이내여야 한다.
- 주민들이 도시 중심으로부터 30분 이상 떨어진 곳에 거주하면 안 된다.

이곳에 돌아와 살도록 장려하려면 사람들에게 장소에 대한 안전성을 보장해주어야 한다. 안전은 이 책에서 논의되는 다양한 디자인과 개발계획 아이디어에서 중요성을 갖는다. 보행자 위주의 도심과 보행-자전거 간의 네트워크 역시 중요하다. 특별히 총기 사건에서 유럽 도시들은 더욱 매력적인 도시로 평가받을 수 있다. 왜냐하면 유럽의 총기 살인사건 발생 건수는 미국에 비해 절대적으로 적기 때문이다.

유럽의 강력한 총기 소유에 대한 규제와 (개인이 소유하고 있는 총기가 6,000만 개나 되는) 미국의 자유로운 무기 유통 과정을 비교해보면, 유럽 도시의 중심부에서 치명적인 절도행위가 일어날 확률이 미국에 비해 훨씬 낮을 것임을 누구나 쉽게 이해할 수 있다. 예를 들어 미국에서는 1996년 한 해 동안 총기로 인한 사망사고가 9,390건 발생한 것으로 보고되었는데, 이와 달리 총기 규제가 가장 강한 나라들 중 하나인 영국에서는 겨우 30건의 총기사고가 발생했을 뿐이다(Overhosler, 1999). 의심할 바 없이 미국에는 사방에 총이 널려 있고 총기 사망사건이 흔히 발생한다는 점이 미국인들로 하여금 거주지와 삶의 방식을 선택하는 데 영향을 끼치고 있다. 도시계획 분야에서는 자주 논의되고 있지 않지만, 유럽의 사례에서 얻을 수 있는 중요한 교훈은 총기 규제가 지속가능한 도시 형태를 촉진하기 위한 필수 전략 중 하나일지도 모른다는 것이다.

경제적 신호와 정책수단

보다 압축적인 유럽식 토지 이용 패턴은 시민, 소비자, 공무원들의 다양한 경제적 신호에 영향을 크게 받는 것이 틀림없다. 한 가지 중요한 경제적 신호로는 비교적 높은 유럽의 휘발유 가격을 들 수 있다. 많은 지역에서 휘발유 가격이 갤런당 4달러를 넘는데, 이는 연료에 대하여 실질적으로 높은 세금을 부과하려는 의도에 기인한다. 유류세 수입은 도로 시스템을 건설하고 유지하는 데 필요한 비용보다 훨씬 많다. 대부분의 유럽 국가에서 승용차 1대를 구입하기 위해서는 미국보다 훨씬 더 많은 돈을 지불해야 하는데, 이 역시도 세금 때문이다.[21]

또한 유럽에는 미국에서 볼 수 있는 주택 소유에 대한 관대한 세금 혜택이 없다. 앞서 여러 차례 살펴본 것처럼 유럽인들은 대중교통에 대해서도 아주 많은 투자를 해왔다. 미국에서 스프롤 현상을 유발하는 도로 및 자동차 보조금 정책이 많았던 것과 달리, 대중교통 투자는 상대적으로 매우 적었다. 전기에 부과되는 높은 비용과 탄소세 등 다양한 유형의 녹색세금이 존재하는 것도 상품의 소비에 과세하는 유럽식 세금 제도만큼(예로, 부가가치세의 대량 부과) 중요하다(제8장 참조). 미국에서는 소비에 부과하는 세금이 그 정도로 많지 않은데, 사실 스프롤형 삶 자체가 소비의 궁극적 형태이기도 하다.

니볼라(Nivola, 1999: 3)에 의하면 그 결과로 나타나는 토지 이용 패턴을 이해하는 것은 어렵지 않다. "소비를 선호하는 세금 체계가 미국의 가족들을 교외로 끌어내고 있는데, 교외에서 널찍한 주택을 가질 수 있게 하면서 동시에 나라 전체의 개인 저축액 중 많은 부분을 빨아들이고 있는 셈이다."[22]

∴

21) [원주] 퍼셔(Pucher, 1997)의 보고에 의하면, 최소한 1980년대 후반에는 자동차 관련 세금 수입이 도로 건설 비용보다 훨씬 많았으며, 휘발유 세금은 그 이후에도 계속 인상되었다.
22) [원주] 니볼라(Nivola, 1999)는 예컨대 일반적으로 새 차에 대한 판매세를 미국과 비교했을 때, 네덜란드는 미국에 비해 9배, 덴마크에서는 38배 더 높다고 한다.

지속가능한 토지 이용의 경향?

유럽 도시의 높은 밀도와 압축적인 도시 구조는 다양한 측면에서 지속가능성을 결정하는 핵심 요소가 된다. 이러한 요소로 인해 앞서 논의된 많은 도시의 속성, 즉 높은 대중교통 이용률, 훌륭한 보행 환경, 시민을 위한 활기 넘치는 공간, 효율적인 지역난방 시스템, 접근성이 좋은 넓은 녹지대의 보호 등이 가능하거나 훨씬 쉽게 나타난다.

오랫동안 지속된 유럽 도시의 고밀도와 압축성에도 불구하고 도시들 대부분은 (일찍이 1950년대 이래로) 상당한 정도의 분산화를 경험했다. 이런 경향으로 인해 자동차 사용률과 도시 통근량이 크게 증가한 것도 사실이다. 그러나 이 분산화 경향의 본질과 함께 이들 도시가 입증해 보인 방식은 미국의 경우와 확연한 차이가 있다. 홀(Hall, 1995)이 말한 것처럼 공공 토지 이용계획과 개발 통제라는 강력한 시스템 덕분에 분산화 경향을 압축도시 형태로 유도할 수 있었던 것이다.

국가별로 세부 사항은 다르지만, 도시 분산화의 패턴은 강력한 토지이용계획 시스템에 의하여 제어되어왔는데 이는 중간 밀도의 연속적 확장 형태로 나타나거나 그린벨트에 의해 모도시로부터 분리된 채 독립적으로 생성되는 소도시의 모습으로 나타났다. 소수의 몇 나라에서는 계획된 신도시와 위성도시가 이런 분산화 패턴에서 중요한 역할을 해왔다. 영국과 같은 경우는 독립·자족적인 공동체가 계획되기도 하였는데, 1970년대 이후 그런 성격이 약화된 경향이 있다. 파리, 암스테르담, 스톡홀름 지역의 경우는 부분적으로 처음부터 통근 주거단지로 계획되었다(Hall, 1995: 68).

교외화 과정은 유럽에서도 발생했지만, 일반적으로 유럽 도시들은 훨씬 더 높은 고밀도를 보이며 형성됐다[퍼셔와 르페브르(Pucher and Lefvre, 1996)에 의하면 유럽의 교외는 미국의 교외보다 4배 더 높은 밀도를 보인다].

인구의 분산은 도시마다 다른 메커니즘을 통하여 일어났다. 스톡홀름에서는 약 10만 개로 추정되는 여름용 별장이 바다 연안 군도를 따라 입지하였으며, 사람들은 점차 이 별장으로 완전히 이사해버리는 경향도 나타나고 있다.[23] 위트레흐트 지역을 비롯한 네덜란드의 많은 지역에서 더 작은 외곽마을 및 소도시가 생성되는 모습으로 분산화가 진행 중이다.

미국에서뿐만 아니라 유럽에서도 개인의 자동차 소유와 사용이 증가 추세이다. 서부 유럽에서는 자동차 이용량이 지난 20년간 두 배로 늘었으며 자동차의 소유 및 사용도 증가했다(Kraay, 1996). 인터뷰에 응한 사람들 대부분이 자동차 사용의 증가를 중요한 환경문제로 받아들이고 있었다. 서유럽의 많은 도시와 국가에서는 이러한 추세를 긍정적으로 생각하지 않는다. 네덜란드의 교통 및 수송에 관한 제2차 구조계획에 의하면, 현재의 추세가 이어질 경우 1986년부터 2010년까지 차량 이용이 70% 증가할 것으로 예측된다.

유럽 도시들은 또 다른 형태의 사회적·환경적 문제도 함께 겪고 있다. 교통량의 증가로 인해 모든 유럽 도시에서 소음 증가는 물론 산화질소와 일산화탄소 발생량이 늘고 있는 것이다(Stanners and Bourdeau, 1995). 이 밖에도 도시인구가 소득과 인종별로 격리되는 현상이 심해지고 있다. 스톡홀름과 암스테르담 같은 도시에서는 특정 지구에 이민자 수가

---

23) [원주] 스웨덴의 여름 주택은 1960년대 이래 두 배 늘어났으며, 현재는 65만 채에 이르고 있다(Boverket, 1995).

급증하면서 소득과 사회집단 측면에서 심각한 공간적 차별화가 나타나고 있다.

메시지: 더 많은 압축도시 형태를 향하여

의심할 바 없이 더 압축적인 개발, 기존 도시지역의 이용, 훨씬 더 높은 밀도의 개발 등 미래형 개발 패턴이 적용되어야 하며, 이렇게 함으로써 많은 미국의 도시들이 생태적·사회적 측면에서 지속가능하게 될 것이다. 그런데 미국에서는 어느 정도 수준까지 이러한 유형의 개발이 이루어질 수 있을까? 그리고 과연 미국인들은 이러한 도시에서 살고 싶어 할 것인가? 교외화와 분산을 지향하는 인구학적·경제적 경향은 미국인들이 압축형·고밀도 도시환경에 살고 싶어 하지 않으며, 태도 조사에서도 미국인들이 여전히 (적어도 이미지로는) 단독주택, 정원, 차고가 딸린 널찍한 저밀도 주거를 선호하는 것으로 나타난다. 이른바 "아메리칸드림"으로 불리는 인식도 여전하며, 이는 유럽 도시가 성취할 수 있었던 압축형 개발과는 표면상 상반되는 모습이다.

그럼에도 미국의 도시들은 유럽의 도시계획 경험으로부터 많은 교훈을 얻을 수 있다. 미국에서도 스프롤 현상에 대한 우려가 커지고 있는데, 주민투표(그리고 높은 통과율) 등에서도 관련 이슈가 제기되어온 것이 그 증거이다. LA 북쪽 벤추라 카운티(Ventura County)에서 통과된 주민투표 법안들이 가장 강력한 사례에 속하는데, 이를 통해서 도시 스프롤 확대에 따른 대중의 우려가 커지고 있음을 알 수 있다. 선출직 공무원들은 시골과 농촌 지역에 대한 신개발을 허가할 수 있는 힘을 빼앗겼다. 즉 2020년까지 도시

성장경계(urban growth boundaries) 바깥에서 이루어지는 개발은 그것이 어떠한 형태이든 전체 주민투표에서 이를 허가받도록 하는 주민투표안이 가결된 것이다(Friends of the Earth, 1999). 이는 미국인들과 정치지도자들 사이에 스프롤형 성장과 자연환경 등의 피해에 대한 걱정이 커가고 있음을 보여주는 사례라고 할 수 있다.

이 책에서 다뤄진 유럽 도시들은 미래 미국의 도시 성장에 설득력 있는 모델을 제시하고 있다. 유럽의 전략은 기존의 도시 형태와 구조를 강화하는 방식으로 현재보다 훨씬 고밀도의 신개발, (승용차의 사용을 전적으로 배척하지는 않더라도) 처음 설계 단계부터 대중교통과 자전거, 보행자의 입장을 고려하면서 (가장 중요한 점으로) 기존 도시들 간의 긴밀한 연결성을 강조한다. 기존 도시 형태와의 연결 즉 신성장이 기개발지와 긴밀히 연계되어 잘 어울리도록 하는 데 우선적 가치를 두는 것이다.

이 책의 유럽 사례를 통해서 도시 내부와 주변 녹지를 보호함과 동시에 압축도시를 만들어내는 것이 가능함을 알 수 있다. 실제로 헬싱키 등 스칸디나비아 반도의 많은 도시에서 널찍한 쐐기형 녹지대와 자연이 도심까지 뻗어 있다. 다양한 측면에서 이 녹지 네트워크가 많은 인구와 가까이 붙어 있을 수 있도록 만드는 게 바로 압축성이다. 물론 도심 한가운데에서도 녹지에 쉽게 다다를 수 있도록 하는 훌륭한 대중교통 시스템 또한 중요한 요건이 될 것이다.

거시적 관점의 도시 디자인, 신주거지구 건설, 도시 및 광역 계획 측면 또한 유럽 도시로부터 교훈을 얻을 수 있다. 이 장 및 다른 곳에서 관찰된 신성장지구 사례 또한 눈여겨봐야 할 부분이다. 무엇보다도 고밀도 개발이 특별히 강조되는데, 기존 도시와 그 짜임새를 활용하여 연결하고 그 바탕에서 무언가를 만들어야만 효율적인 토지 이용은 물론 보행 및 승용차에 대한 대안적 통행수단이 현실에서 가능해진다. 신도시 설계, 다양한 주택 유형, 용도와 활동의 복합성 등도 마찬가지이다.

유럽 도시의 교훈을 새기다 보면 몇 가지 중요한 점이 눈에 띈다. 살고 싶은 곳에 대한 선호와 이에 대한 실제 결정은 진공 속에서 이루어지지 않으며(조사, 설문 등에서 가끔 그리 제시되기도 하지만), 그 결정에는 가격, 공동체의 쾌적성 그리고 다른 주요 고려 사항이 한데 어우러져 영향을 끼치게 된다. 파이보(Pivo, 1996) 교수가 내놓은 증거에 의하면 주택 구매자들은 최적의 주택 선택 과정에서, 필요하다면 다른 편의나 장점을 직장 근접성이나 짧은 통근거리 등과 기꺼이 바꿀 용의가 있다고 한다.

자족 공동체(complete communities)는 직장 및 다른 목적지까지 힘들게 출근해야 하는 사람들에게 매력적으로 보인다. 캘리포니아의 실리콘밸리는 일자리에 비해 주택이 모자라는데, 거기서 일하는 사람들을 최근 조사한 결과, 많은 사람들이 경제적으로 감당할 만한 집이 있다면 직장 가까이 살고 싶어 했다. 심지어 집이나 뒷마당이 더 작더라도 그곳에 거주하며 먼 곳으로 통근하지 않아도 된다면…… 다른 연구에서는 직장 근처 주택에 대한 수요가 충족되지 않는 현실을 보여준다. 시애틀 도심 임대주택의 공실률이 낮다는 사실은 또 하나의 증거가 된다. 집값이나 주택 유형을 바꾸지 않으면서 더 나은 '직주균형(jobs-housing balances)'이 이루어질 수 있다면,[24] 이는 시장에서도 잘 받아들여질 것이다(Pivo, 1996: 351).

∴

24) 특정 지역 내에 일자리 수와 주택 수가 비슷하게 어울릴 때 직주 균형을 이루었다고 한다. 예컨대, 대도시로 통근하는 사람들이 사는 주택도시나 베드타운(bed town)의 경우 직·주 비율이 현저히 낮다.

더 나아가 파이보(Pivo, 1996: 348)는 사람들이 세금을 낮게 유지하는 데 관심이 많다고 한다. "압축형 도시 개발로 인해 인프라 비용이 줄어 결국 시민이 내는 세금이 낮아진다면, 이 또한 압축 개발에 대한 대중의 지지를 높일 수 있는 근거가 될 것이다." 그는 최근 시장조사에서 소형주택과 연합주택에 대한 수요가 증가하고 있다고 말한다. 아울러 사람들은 주택의 유형보다는 다른 고려 사항("주택의 가격, 안전, 주차, 마당과 프라이버시 등")에 더 신경을 쓴다고도 주장한다. 즉 이들은 주택 가격이 적당하고 원하는 조건이 갖춰질 경우, 분리형 단독주택이 아닌 다른 형태의 주거지를 택할 용의가 있다는 것이다(Pivo, 1996: 352).

압축도시 형태를 미국에 적용할 때, 설령 단독주택 형태를 그대로 유지하더라도 밀도를 현재보다 더 높이는 것은 가능할 뿐만 아니라 바람직하다고 할 수 있다. 단독주택 분리형 또는 단독주택 연합형 등은, 프라이버시와 개인 소유의 마당을 중시하는 미국인의 선호를 저해하지 않으면서도 보행의 편리성과 유대감, 더 높은 밀도 등을 향상시킬 수 있다. 네덜란드의 신규 사업들처럼 이 책에 소개된 유럽의 많은 개발 프로젝트는 이러한 쾌적성의 가치를 중시한다. 예컨대 사업을 시행할 때, 개인 뒷마당과 정원이 딸린 저층의 단독주택 개발을 포함하는 경향이 있다. 즉 개발 과정은 밀도를 더욱 높이면서도 미국적 감성과 사람들 마음속 깊은 곳에 자리 잡은 이상적인 주택의 비전을 함께 고려하는 것이다.

미국인들의 시각적 선호에 관한 연구[특히 안톤 넬리슨(Anton Nelessen)의 연구 결과]에 따른 분명한 교훈 하나는 미적 감각과 디자인이 밀도 수용성을 결정하는 데 중요하다는 것이다. 가로수, 인도, 노상주차장, 지붕선에 대한 통합적 변화는 고밀도형 주택의 매력을 증대시킨다(상세한 내용은 Beatley & Manning, 1997 참조). 고밀도에 반대하는 이유는, 종종 다가구 및 고밀도 주택에 따라붙는 이미지인 메마른 콘크리트, 고층 덩어리 건물 등 시각적 측면에 대한 걱정 때문이다. 세심한 설계와 바람직한 쾌적성 조건이 갖추어진다면 진정 미국에서도 도시 공동체의 밀도 수용성을 높일 수 있을 것이다.

미국에서 뉴어바니즘(New Urbanism)에 관한 사람들의 관심과 인지도가 점차 높아가고 있는데, 이는 희망적인 소식이라 할 수 있다.[25] 뉴어바니즘형 설계는 메릴랜드 주 켄트랜즈(Kentlands)와 캘리포니아의 라구나 웨스트(Laguna West) 지역에서 나타나는 것처럼 고품질의 집적 공동체가 갖는 다양한 특색을 추구한다. 이 두 지역의 디자인은 고밀도에 더 압축적이며 걷기에 편리하도록 되어 있다. 그러나 여전히 고품질의 집적 공동체가 갖는 다양한 특색을 온전히 갖추고 있지는 못하다. 왜냐하면 이 지역의 밀도는 기존의 교외 개발과 비교하였을 때 그리 높지 않고, 주로 녹지대에 건설되며, 대중교통이나 복합 용도 개발과 그 밖의 지속가능 요소 측면에서도 별로 대단치 않은 경우가 많다. 불행하게도 어떤 이들은 뉴어바니즘과 지속가능 개발을 동의어로 생각하기도 하지만, 전자는 생태적 영향이나 지속가능한 생활양식의 촉진 등은 거의 반영하지 못하고 있다(Beatley & Manning, 1997 참조). 유럽형의 개발 방식을 더 발전시키기 위한 노력을 기울이고 있지만, 그 과정에서 훨씬 더 '녹색'을 강조할 필요가 있다는 것이다.

다수의 사람들이 뉴어바니즘을 관찰하면서 비슷한 비판을 최근까지도

---

[25] 뉴어바니즘을 글자 그대로 '신도시주의' 또는 '신도시계획'으로 번역할 수도 있겠으나, 이 용어가 특정 사회운동의 성격을 지니고 있으며, 도시계획의 중요한 원칙으로 발전되어온 만큼 원어 그대로 사용한다. 최근 우리나라의 관련 학술문헌에서도 '뉴어바니즘'을 글자 그대로 쓰고 있다. 뉴어바니즘은 보통 도시 스프롤의 악영향, 전통적 용도지역제의 한계, 교외지역의 무분별한 개발 등을 지양하는 가운데 고밀도, 복합 용도 개발, 대중교통 지향(Transit-oriented development) 설계 등의 특징을 지닌다(김홍순, 2006 참조).

제기한다. 하버드 대학의 알렉스 크라이거(Alex Kreiger)는 기본적인 목표에는 동의하면서, 지금까지 이 사조가 달성한 것과 달성치 못한 것을 다음과 같이 요약했다.

(물론 혁신적인 면도 있지만) 획지 분할이 도시의 경우보다 더 많고 공동체 관리에서 민간 영역에 대한 의존도가 늘어났는데, 이는 주민 직선에 바탕을 둔 지역 거버넌스의 혁신형이라고 할 수 없다. 밀도가 너무 낮아 복합 용도 개발을 충분히 지원할 수 없고, 대중교통에 대한 지원도 불가능하다. 이는 인구통계학적으로 비교적 동질적인 집단 거주지이지 '무지개 연합(rainbow coalition)'이 아니며, '계획단위개발(planned unit development)'로 새로이 지어진 매력적이고 이상적인 형태를 갖추고 있지만 실질적인 충전 개발과 이상적인 신·구 개발 간의 연결이 바람직하게 이루어지지 않고 있다.[26] 뉴어바니즘의 마케팅 전략은 공무원들보다는 부동산업자들에게 더 잘 어울린다. 형태가 기능을 따른다는(form-follows-function) 결정론으로서(근대주의를 그토록 열렬히 비판하는 사람들치고는 희한하게도 근대주의적이라고 할 수 있는데), 설계를 잘함으로써 좋은 지역사회를 만들 수 있음을 암시한다. 뿐만 아니라 전원의 분위기를 유지하면서도 도시환경을 창조하고 유지할 수 있다는 신화를 영속화한다. 뉴어바니즘은 세심히 편집되어 소도시형 어바니즘에 대한 장밋빛 전망을 불러일으켰는데, 이는 한 세기 전 많은 미국인

---

26) '무지개 연합'은 보통 소수정당의 연합체를 가리킨다. 즉 이질적인 소규모 집단이 어울려 있는 것을 의미하는데, 여기서는 같은 지역에서 다양한 인종 및 사회계층이 함께 사는 모습을 뜻한다. '계획단위개발'은 도시계획의 전통적 용도지역제가 정태적·경직적 특성을 띤다는 것을 고려하여 좀 더 유연한 방식으로 일정 지역 전체를 대상으로 계획 및 개발하는 기법이다. 우리나라 「국토의 계획 및 이용에 관한 법률」에 규정된 제1종 및 제2종 지구단위계획이 그 유사 사례이다.

들이 교외가 아니라 도시를 향해 떠나면서 가졌던 목표이다. 이러한 경험에 대한 기억은 저밀도, 주변부 입지, 주택 위주의 개발 등을 (설령 의도하지는 않았더라도) 새롭게 정당화시키는 구실이 된다(Kreiger, 1998: 74).

다른 이들과 마찬가지로 크라이거는 뉴어바니즘이 당대의 개발 방식에 대한 비판적 토론과 담론을 유발하게는 하지만, 우리가 직면한 가장 중요한 도전에 대응하는 데는 실패했다고 한다. 여기서 도전이란, "토지를 분할하는 더 좋은 방법을 찾아내는" 것이 아니라 "이미 존재하는 장소에 생기와 활력을 불어넣고, 개혁을 하며, 사람들이 이곳에 정주하여 사랑하는 법을 배우는" 것이다(Kreiger, 1998: 75). 유럽인들은 이에 대한 대응 방안을 정책과 인센티브를 비롯하여 그들이 지지하는 규범에서 찾아냈다.

유럽 도시에 나타난 상이한 공간적·물리적 특성은 도시 계획과 개발에 대한 유럽인들의 독특한 접근 방식에서 기인하는데, 미국은 유럽의 이러한 접근 방식을 고려할 필요가 있다. 반론의 여지가 있긴 하지만, 미국 도시 대부분에서 진정한 의미의 공공 계획은 개발업자와 민간 부문으로 넘어가 버렸다. 도시계획가들과 이들을 고용한 민주적 도시계획위원회는 통제권의 행사 정도가 약한데, 이들은 주로 용도지역제나 획지분할조례와 같은 수동적인 정책 도구들을 사용하여 넓은 범위에서 토지 이용을 관리·규제한다. 이에 비해 유럽형 모델은 엄격한 공공 통제와 함께 미래 성장에 관한 지침을 만들고, 서로 다른 수준의 공간계획의 통합과 신개발 지역의 설계를 어떻게 할 것인가에서 대중의 역할을 강조한다. 결국 미국의 도시계획은 유럽의 이러한 점을 본받아야 한다. 토지 획득 과정에서 (그리고 성장 패턴을 결정하는 것과 투기 이익을 거둬들이는 두 측면 모두) 훨씬 더 적극적·

진보적 모습이 필요하다. 적어도 미국 도시들은 도로의 연결성, 교통수단과 내부 투자, 생태적 기반시설과 공동체의 공간적 윤곽에 대하여 지속가능성의 기초적 틀을 마련하는 데 더 신경을 써야 한다.

포틀랜드(Portland, OR)에서와 같은 모범적인 도시성장의 제어 사례들은 유럽 모델과 매우 흡사한데, 이를 통해 더 압축적인 도시성장이 가능함을 알 수 있다. 포틀랜드에서 채택된 도시계획 도구로는 광역 단위의 도시성장경계, 강력한 광역정부, 개별 지역의 종합계획에서 최소밀도 기준을 요구하는 광역 단위 주택 법규, 도심부와 대중교통(예: MAX 경전철 시스템)에 대한 전면적 투자 등이 포함된다(포틀랜드에 관한 상세 내용은 Beatley & Manning, 1997 참조). 이 지역의 장래를 이끌어갈 '2040 성장 개념(Growth Concept)' 구상은 이에 대한 더 많은 투자를 촉구하고 있다. 즉 엄격한 도시성장경계, 대중교통망과 함께하는 성장(유럽의 도시계획 전략과 같다), 일련의 압축형 지역중심이 핵심 요소이다. 종합적인 광역 녹지 공간계획과 토지 획득을 위해 마련된 새 공채 자금 등은 성장경계선 바깥의 오픈 스페이스와 토지의 보전이 얼마나 중요한가를 말해준다. 포틀랜드의 성장제어 정책은 대중들의 강력한 지지를 받고 있으며, 이를 통해서 유럽형 지속가능성의 개념과 도시 압축성 관념이 미국의 많은 지역에서 수용될 수 있거나(정치적으로도 실현 가능하며) 이미 상당 부분 수용되었음을 알 수 있다. 캘리포니아의 산 호세, 콜로라도의 볼더, 플로리다의 사라소타와 켄터키의 렉싱턴은 이와 비슷한 성장관리 프로그램이 이미 채택되었다(Porter, 1996).

연결성과 기존 도시의 짜임새를 강조하는 것은 수많은 미국 도시 및 교외지역의 독특한 형태에 적용될 수 있는 중요한 교훈이다. 진보 성향의 도시인 캘리포니아 데이비스 시에서 가장 두드러지는 신성장의 특색은 "막다른 길(cul-de-sac)"을 연결하는 개발을 강조하는 점이다.[27] 많은 미국 도시계획가들이 이 컬디색에 심한 비판을 가하지만, 데이비스에서는 이를 창조적이고 독특한 방식으로 이용해왔다(Loa & Wolcott, 1994). 이곳의 원형 컬디색은 대체로 평범한 모양이지만, 중요한 특성으로는 자전거와 보행자 전용도로가 도시의 광범위한 그린웨이 네트워크와 직접 연결되어 있다는 점이다. 이곳의 주거지는 고립되어 있지 않고, 주민 특히 어린이들에게 큰 연결성과 이동성을 제공한다. 이 그린 네트워크는 통행 시스템으로서뿐 아니라 공원과 휴식시설의 기능도 하며, 동네를 학교나 커뮤니티 센터 등 주요 공공 목적지와 연결한다(시는 또한 학교와 주요 공원을 같은 장소에 묶음으로써 다목적 활동의 결절점으로 만들고 있다). 부분적으로 이 네트워크는 모든 개발 사업에서 최소 10%의 땅을 오픈 스페이스로 확보하도록 의무화한 결과이기도 하다(대신 더 작은 필지로 분할하는 일이 개발업자들에게 허용되었다). 이 사례를 통해서 광범위한 연결성이 전형적인 교외지역에서도 이루어짐을 알 수 있다.

유럽의 방식과 비교하였을 때, 훨씬 더 강조되어야 하는 것은 미국의 도시와 광역권의 기개발 지역을 재도시화(reurbanize)하는 일이다. 의심할 여지없이 기존 도시지역에도 미래 성장을 수용할 만한 공간이 있다. 물론 이를 위해서는 상당히 많은 난관을 극복해야 할 것이다. 미국의 볼티모어에는 4만 필지 이상의 미사용 대지가 있는 것으로 추정되는데, 이중 대부분의 토지가 공유이며 이는 시 전체 토지의 11%를 차지한다(Baltimore Urban

---

27) 컬디색은 도시계획에서 '막다른 골목'의 형태를 띠는 가로망 설계방식이다. 보통 대형 필지나 부유층 주거 지역에서 많이 발견되는데, 거주자 외에는 이 구역에 대한 출입이 거의 불가능하고, 숲이나 녹지로 가구의 독립성과 프라이버시가 보장되는 것이 특징이다. 그러나 밀집 주거단지에 비해 도시 인프라의 총비용이 더 많이 들고, 이웃과의 교류나 상호작용이 어렵다는 단점을 지니고 있다.

Resources Institute, 1997). 이 공한지는 주로 건물 철거나 압류 과정에서 생겨나는 것인데, 그 면적이 시간이 지남에 따라 더 늘어날 것으로 예상된다.

이 장에서 논의된 유럽의 다양한 모범 사례에서처럼 압축적 도시생활이 미국에도 조금씩 자리 잡아간다는 좋은 징조가 눈에 띈다. 많은 도시에서 도심의 가치를 높이면서 압축·복합 용도의 도시공동체를 장려하려는 노력이 "어반 빌리지"라는 이름하에 이루어지고 있는데, 시애틀은 이에 대한 최고의 본보기 중 하나이다. 시애틀은 (지속가능성을 기본 원칙으로 삼는) 1994년도 도시종합계획에서 어반 빌리지의 개념을 계획의 중심으로 채택하였다. 구체적으로 몇 가지 유형의 어반 빌리지가 계획안에 포함되었는데, '어반 센터 빌리지(urban center villages)', '허브 어반 빌리지(hub urban villages)', '주거형 어반 빌리지(residential urban villages)' 등이 그 예이다. 시애틀 도시종합계획의 핵심 아이디어는 새로운 고용과 주거 성장이 이 복합 용도 마을을 향해 이루어진다는 것이다. 각 어반 빌리지는 효과적인 대중교통 서비스와 보행자 중심지역을 어반 빌리지 중심에 두게 될 것이다.

시애틀 종합계획 아래, 대략 7만 2,000명의 새 전입자들이 향후 20년 동안 이 도시에 거주하게 될 것이며, 특히 도심부 가구 수가 급증하게 될 것이다. 이 계획은 어반 빌리지 전략의 폭넓은 윤곽을 그리는 정도이지만, 37개의 '동네(neighborhoods)' 차원에서 훨씬 세부적인 계획이 준비되고 있다. 이런 작업을 돕기 위해 1995년에는 시청 조직의 하나로 동네계획실(Neighborhood Planning Office)이 설치되었고, 상당한 자금이 각 동네별 계획 마련을 돕기 위해 주어졌다. 현재까지 동네 계획 과정에 약 2만 명이 참여했으며, 대부분의 계획이 완료되었거나 완료 직전에 있다. 계획 실행의 핵심은 교통관련 투자와 각 지역 공원, 기반시설 및 기타 사업을 시기

시애틀은 최근의 '지속가능 시애틀 종합계획(Toward a Sustainable Seattle)'을 통하여 어반 빌리지형 개발을 추구하고 있다. 사진에 나온 프리몬트(Fremont)를 비롯하여 어반 빌리지로 지정된 몇몇 지구에서 신개발과 밀도 증가가 이미 나타나고 있다.

적절하게 펴나가는 것이다(Byrnes 1997; Stanford & Chirot 1999). 아직 성공을 단언하기엔 이른 감이 있지만, 몇몇 어반 빌리지에서는 벌써 인구와 신개발의 유입이 진행 중이다. 이런 결과의 중요한 원인은 1995년 워싱턴 주 성장관리법(Growth Management Act)이 제정된 이후, 시골 및 준교외 지역의 개발을 제한한 데 있다(Pivo, 1998 참조).[28] 미국에서 압축도시 형태를 성공적으로 정착시키기 위해서는 잘못된 장소에 대한 개발은 어렵게 만들고 올바른 곳은 더 매력적이고 바람직하게 만들어야 한다.

⁂

28) 준교외(exurbs)는 보통 교외(suburbs)지역보다 도시에서 더 떨어진 곳으로서 시골이나 농촌의 모습에 더 가까운 지역을 말한다.

다수의 유럽 도시와 비교했을 때 미국의 도시개발 형태는 오래된 1차 교외지역의 재도시화와 재단장(retrofit)을 위한 특별한 기회를 제공한다. 즉 미국의 도시도 엄청난 잠재력을 가지고 있는데, 상당한 규모의 새로운 인구를 수용하면서 유럽형의 압축도시, 걷기 좋은 어반 빌리지를 만드는 데 도움이 되는 방식으로 교외의 초기 경관을 새로 꾸밀 수 있다는 것이다. 수많은 최근 사례를 들 수 있다(Beatley & Manning, 1997에 여러 예가 있다). 예컨대 테네시 주 채터누가(Chattanooga) 시의 새로운 스마트 성장 제안은 바로 이런 영역에 초점을 둔다.[29] 구체적으로는, 35년 된 교외 상점가가 "옛 주차장을 바꾼 새 거리에 광장, 신규 사무실 공간, 주거 및 소매상들이 어울린 복합 용도의 타운센터"로 탈바꿈하고 있다(Chattanooga News Bureau, 1997, 2쪽). 미국의 대도시 지역 대부분은 초기 교외 개발 과정에서 남겨진 부산물들을 덜 이용하거나 전혀 활용하지 않고 있다.

　현재의 조세체계를 바꾸는 것도 압축도시화에 도움이 될 수 있다. 많은 유럽 국가와 비교할 때, 미국은 재산세에 대한 의존도가 크지만 세입 구조의 중앙 집중도는 낮은 것으로 나타난다(Netzer, 1998 참조). 학교, 기반시설, 기타 주요 공공서비스에 충당하기 위해 재산세에 지나치게 의존함으로써 미국의 지방정부끼리 조세 기반을 두고 경쟁이 이루어지고 있으며, 이로 인해 토지 투기와 저밀도 개발이 조장되어왔다. 따라서 압축도시 형태를 촉진하기 위한 미국의 전략에는 조세와 공공재정의 개혁을

∴

29) 채터누가는 미국 남부 테네시 주 해밀턴 카운티의 군청소재지로 2010년 기준 인구는 16만여 명이다. 아름다운 산과 역사적인 관광명소가 산재해 있는 휴양지로, 19세기 중엽 철도 부설 이후 급속히 성장하였다. 남북전쟁 때는 전략상 요지였고 1930년대 대공황기에는 테네시계곡개발공사(TVA) 본부가 설치되었다. 금속·기계·철강 등 제조업과 함께 관광·보험·유통업 등도 발전해 있다. 1886년 설립된 테네시 대학교도 이 도시에 소재한다.

반드시 포함해야 한다. 이러한 상황에 대응할 만한 잠재적인 조세 해결책으로는 전통적인 건물 및 토지 개량분에 대한 과세에서 투기적 토지의 가치에만 세금을 매기는 방식으로 전환하는 대안이 있다. 이른바 토지가치세[land value taxation, 헨리 조지(Henry George)가 본래 주장한 단일세]라 불리는 이 세금은 피츠버그와 미국의 조그마한 지역공동체에서 성공적으로 시행되었으며, 좀 더 압축적인 도시 형태를 촉진하는 데 엄청난 잠재력을 지닌다.[30] 이러한 조세개혁은 현재 지방정부가 재산세에 의존하고 있음을 받아들이지만, 기존 도시지역 내의 충전 개발과 투기 개발을 촉진하는 중요한 방식으로 이를 수정하려는 것이다. 다른 광역 조세기반공유제(regional tax-base sharing) 등의 조세개혁 또한 압축형 미국 도시를 성취하려 한다면 고려해볼 가치가 있다.

많은 유럽 국가들 또한 임금에 대한 세금 등에서 녹색 및 생태에 대한 세금으로 조세 부담을 옮기려 시도하고 있다(예로, 공해세, 에너지 소비세 등). 이후의 장에서 상세히 논의될 이런 개혁도 역시 미국식 재산세의 스프롤 유발 효과를 완화시키는 데 도움이 될 것이다. 예를 들어 최근 미네소타 주의 어떤 제안은 탄소 1톤당 50달러의 세금을 부과하면 재산세 수입을 25%나 감축하는 결과를 가져왔다.

토지이용계획에서 미국 식의 자유방임형(laissez-faire) 접근은 논쟁의 여지가 있을 뿐 아니라 압축도시 형태를 만드는 것을 더 어렵게 만든다. 미

---

30) 헨리 조지는 19세기 말 미국의 사회사상가이자 비주류 경제학자였다. 그는 미국과 유럽이 사회적·경제적으로 눈부신 발전을 이루었음에도 여전히 극심한 빈곤이 존재하는 이유가 인류사회의 오랜 관습인 토지사유제에 기인한 것으로 보았다. 이에 대한 해결책으로 토지 불로소득을 정부가 100% 징수하는 지대조세제를 제시하였다(김윤상·전강수, 2003). 그리고 더 나아가서 "토지가치 이외의 대상에 부과하는 모든 조세를 철폐하자"라고 주장하였다 (George, 1879. 김윤상 역 1996: 392~393).

국의 계획과 통제 시스템을 강화하는 것이 장기적으로는 바람직한 지향점이 되겠지만, 단기적으로는 기존의 제한적인 도시 계획 및 개발의 도구를 창의적으로 꾸려가며 이용하는 것이 다수의 미국 지역사회에 도움이 될 것이다. 예로 텍사스 주 오스틴(Austin)은 지역 단위의 스마트 성장 아이디어를 적용하려는 흥미로운 도시계획 시책을 시작한 바 있다. 오스틴은 오랜 도시계획 역사를 지니고 있지만 이를 성공적으로 집행한 경험은 그리 많지 않다. 오스틴의 공식 도시계획인 '내일의 오스틴(Austin Tomorrow)'은 1970년대 폭넓은 지역사회 기반의 계획 과정에서 도출된 것이다. 환경적으로 민감하거나 개발이 부적합한 토지를 찾아내고 이를 도면화하는 노력을 통하여 오스틴 지역의 바람직한 성장경로의 윤곽이 그려졌다. 최근 오스틴은 "오스틴플랜(Austinplan)"이라 불리는 시의 광범한 도시계획 제안이 성사되지 못한 이후(Beatley, Brower, and Lucy, 1995 참조), '내일의 오스틴'에 제시된 근원적 성장 개념을 다시금 강조해왔다.

기본적으로 오스틴의 스마트 성장 시스템은 특정의 바람직한 지역에서 성장이 일어나도록 하면서 더 자족적·압축적 도시 형태를 창조하기 위해 의미 있는 인센티브를 부여한다. 재정 지원을 비롯한 다른 인센티브가 주어지는 스마트 성장지역이 지정되고 이를 표시한 지도가 마련되었다([그림] 2.5 참조). '내일의 오스틴' 계획과 맥을 같이하는 또 다른 시책으로 도시의 서쪽과 환경민감지역 및 동식물 서식지, 오스틴의 지하수층(Edwards Aquifer)과 지하수 함양 지구(groundwater recharge zone)가 자리 잡은 북서쪽으로는 개발을 제한한다.[31] 그래도 괜찮다고 여겨지는 몇몇 제한된 지역

---

31) 지하수 함양(涵養)이란 지하수계에 더 많은 물이 흡수되도록 하거나 인공적으로 지하수 공급을 증가시키는 것을 말한다.

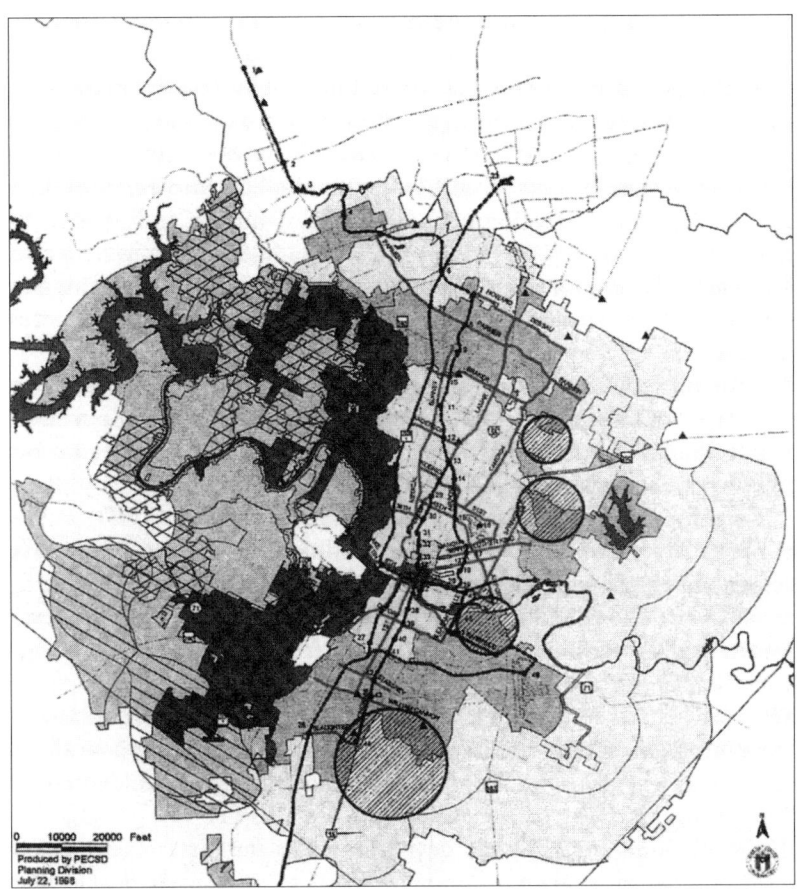

[그림 2.5] 오스틴의 스마트 성장지역(smart growth zones)
오스틴 시가 채택한 스마트 성장 구상은 지하수 함양 지구와 환경적으로 취약한 서쪽의 토지로부터 멀리 떨어진 곳처럼 더 바람직한 지역에서 미래의 개발이 이루어지도록 하고 있다. 즉 기존의 도시지역과 계획된 대중교통 노선을 따라 개발이 되도록 하는 것이다.

에서만 개발을 통한 성장이 용인되는데, 계획된 주요 대중교통 회랑지구와 시의 동쪽지역이 개발 가능 지역으로 지정되어 있다.

개발업자들에게는 몇 가지 인센티브가 제공된다. 가장 큰 재정 지원으로는 개발업자들에게 부과되는 개발부담금(development fees)의 전부 또는 일부를 면제해주는 것이다. 면제액의 크기는 점수제로 결정되는데 점수를 매기는 과정에 수많은 요인이 고려된다. 이 요인 가운데 가장 가중치가 큰 것은 도심지와 미래 경전철역 주변 신개발, 상업지구·사무 공간·주거지역을 포함하는 복합 용도 개발 등이다.[32] 스마트 성장지구에 대한 신속한 사업허가는 또 다른 인센티브로 작용한다(반대로 도시의 서부지역과 환경민감지역에 대한 심사 과정은 매우 까다롭게 이루어진다).

오스틴 시스템은 이 도시에 특히 적합한 것으로 여겨지는데, 그 이유는 규제보다는 인센티브에 의존하고 있고, 오스틴 시가 반성장(anti-growth) 또는 무성장(zero-growth)을 지향하지 않고 있으며, 시의 직접적 예산지출이 없다는 점 때문이다(오히려 유예된 세입의 성격이다). 오스틴 시는 또한 '전통근린지구(Traditional Neighborhood District)' 조례를 제정하였는데 이는 미국의 많은 지역공동체들이 뉴어바니즘형 프로젝트를 촉진하기 위하여 채택해온 방식이다. 이 조례는 개발업자들에게 고밀도, 좁은 거리, 통합 허가심의 등 용도지역규제상의 유연성을 더 부여한다. 흥미로운 점은 오스틴 시가 (뉴어바니즘 사업이 장려되는 대부분의 지역과 달리) 지역 내에서 '생태 건물 또는 그린 빌딩'에 대한 수요가 있다는 것이다.[33] 시 전체 면적

∴

32) [원주] 복합용도지구는 주거지역으로서 사업지구의 최소 20%가 다른 용도로 쓰인다. 스마트 성장 계산표(matrix)에서 어떤 사업이 200점 이상을 기록하면 50%의 개발부담금이, 270점 이상일 경우 부담금이 100% 면제된다(사업지구 내 재산세에 대하여 5년 한도 내에서 면제되는며, 350점 이상일 경우 그 한도가 10년까지 연장된다).
33) 생태 건물 또는 그린 빌딩(ecological/green buildings)은 다양한 지속가능 요소, 예컨대 태양에너지 난방, 단열 자재 등 에너지 절감수단 사용, 빗물 재활용 등이 구현된 건축물을 말한다. 상세한 설명은 이 책 제10장 참조.

의 20%가량의 녹지를 확보해야 한다는 전통근린지구 조례의 의무화로 모든 주택은 시의 (주거용) 그린 빌딩 프로그램(Green Building Program)에서 최소한 별 하나(One Star Standard) 이상의 기준을 충족시켜야 한다(City of Austin, 1998a: 제10장 참조).

오스틴 시는 도시 내 충전 개발과 더불어 동부지역에 대한 개발을 장려하면서, 이와 동시에 서쪽의 환경민감지역을 개발하지 못하도록 다양한 노력을 펼쳐왔다. 상당한 규모의 토지 획득(land acquisition)이 발콘 협곡 보존계획(Balcones Canyonlands Conservative Plan, 지금은 "Balcones Canyonlands Preserve"로 불린다) 아래 이루어졌으며, 최근 공채 법안이 통과되면서 바턴 스프링스 수역(Barton Springs Watershed)의 토지 약 6,000헥타르를 구입하기 위한 자금도 승인되었다. 또한 오랜 기간 시는 수역보호 조례를 통해 개발 제한을 강제해왔다.

토지 이용에서 수많은 도시계획 수단이 사용될 수 있으며(예: 오스틴 식 스마트 성장 인센티브와 토지 획득) 이들은 미국 전체 맥락에도 적용 가능하다. 그러나 여러 측면에서 이렇게 더 조심스럽고 보수적으로 토지를 이용하려는 것은, 절제된 도시성장과 꽉 짜인 도시 형태를 만들려는 실효적 규제와 그 밖의 메커니즘을 반영하는 만큼이나 "토지 개발에서 권리와 의무라는 국가적 공유 규범"의 소산이기도 하다(Alterman, 1997: 231). 토지 이용에 대한 지배적 규범을 변화시키는 데 오랜 시간이 들겠지만, 이는 장기적으로 보았을 때 미국에서 더 압축적이고 지속가능한 토지 이용 패턴을 증진시키기 위해서 꼭 필요하다. 규범과 윤리의 변화를 어떻게 가속화시키는가는 중요한 문제이다. 이에 대해 앨터만(Alterman, 1997)은 "도시봉쇄운동(Urban Containment Movement)"을 주창하는데, 이 운동은 1970년대 환경주의에 대한 시민 교육과 의식 향상 시기와 비슷한 모습을 보일 것이다.

"도시봉쇄운동은 높은 밀도, 충전 개발, 지하의 땅 이용과 복합 용도 등을 이용하여 도시와 교외의 땅을 개선하는 데 초점을 둔다. 이는 또한 미래 세대에 득이 되는 바람직한 토지관리의 중요성도 설명하게 될 것이다 (Alterman, 1997: 238)."

미래의 성장에 대해 새로운 목표를 설정하는 것은 규범 변화의 과정이라고 할 수 있으며 이 과정에서 수많은 목표가 제안되었다. 예를 들어, 비틀리와 매닝(Beatley & Manning, 1997)은 도시용 토지로의 전환이 인구성장보다 더 높은 비율로 이루어져서는 안 된다고 주장한다. 앨터만(Alterman, 1997: 238)은 "주거, 상업 및 산업 용도의 토지 밀도를 배로 늘리는 것을" 합리적인 목표치로 제안한다. 이 책의 연구에 나타난 유럽 도시의 모범 사례를 보았을 때, 도시의 평균 밀도가 더 높아지더라도 매우 매력적인 공동체와 근린지구가 창조될 수 있을 것으로 예상된다.

유럽의 사례가 주는 한 가지 중요한 교훈은, 더 높은 수준의 압축도시 형태를 경제체제와 가계가 지지하도록 하는 과정에서 조세체계가 중요한 기능을 할 수 있다는 것이다. 실제로 수년간 많은 이들이 주장하기를, 현재의 시스템은 소비적 삶의 방식을 조장하고 있으며, 이러한 시스템을 변화시키기 위해 (아마도 처음에는 조심스럽게) 유럽의 경우처럼 소비에 대한 과세를 늘리는 방향으로 가야 할 필요가 있다고 생각한다. 니볼라(Nivola, 1999)가 현재의 경제적 인센티브로부터 초래되는 결정의 역학을 아래와 같이 잘 묘사하고 있다.

차라리 우리가 하고 있는 저축을 모두 모아서 가능한 한 가장 넓은 집을 구하는 게 낫지 않을까? 어차피 그 담보이자는 소득공제가 된다. 다른 곳 말고 그냥 교외의 어느 지역을 찾아다니는 게 나을 것이다. 그곳에서 모기지를 통해 우리들은 더 많은 집을 구입할 수 있는데, 최신의 상업시설을 비롯한 편의 및 여가 시설이 거기에 들어설 것이다. 교외의 삶은 자동차 소유와 운행시간을 늘리는데, 이런 호사에 대한 과세는 너무 낮은 수준에서 이루어지기 때문에 어느 누구도 거의 신경을 쓰지 않는다(Nivola, 1999: 5).

니볼라(Nivola, 1999)는 토지 이용에 대한 수많은 잠재적 영향을 지적하고 있는데, 구체적으로 재정의 뒷받침 없는 의무적 공공서비스의 확산과 영향, 도시 학교에서 비교사 인력(non-teaching personnel)에 들어가는 과중한 비용, 공공 복지주택 전략의 실패, 도로와 고속도로에 대한 불균형적인 공공투자 등이 있다. 그는 이들 각 영역에서 개혁이 필요하다고 주장한다.

이 책에 나오는 유럽의 사례들은 지속가능한 도시 형태의 긍정적 모형을 제시하며 미국의 도시에 많은 교훈을 제공해준다. 유럽 도시의 사례는 토지와 자원을 보전하고 지속가능한 삶의 방식을 허용하면서도 지극히 살기 좋고 매력적인 (품질과 함께 영속의 가치를 지닌) 도시 공간의 창조가 가능하다는 것을 설득력 있게 보여준다. 녹색의 압축도시 형태는 실현 가능하며 프라이부르크, 코펜하겐, 헬싱키 등의 도시는 미국의 스프롤형 토지 소비 패턴에 대한 대안을 제시한다. 지속가능한 토지 이용 패턴과 도시 형태가 이 책의 뒷장에서도 논의될 도시의 지속가능성에 관한 다양한 전략의 기반이 되는 것이다. 한 국가로서, 우리는 어떤 유망한 시점에 와 있는 듯이 보인다. 즉 많은 지역사회가 삭막한 스프롤 현상에 대한 대안을 찾고 있다. 유럽 도시의 사례가 만병통치약이 될 수는 없겠지만, 우리가 도시의 미래를 새로 그려보는 데, 크든 작든 인상적인 아이디어를 제공한다.

제3장
창조적인 주택과 거주환경

살기 좋은 환경 계획하기

이 책에서 논의되는 도시의 사례들은 주택의 공급과 함께 활력 넘치는 생활환경을 제공하는 다양하고 창조적인 접근 방식을 보여준다. 이 도시들의 대표적 특징은 고밀도 근린 개발에 따른 넘치는 활력과 높은 삶의 질을 추구한다는 것이다. 사례에서는 도심부 주택, 고밀도 주거 형태, 걷기좋은 동네, 주상복합건물 등의 구체적인 주거 대안들이 제시된다. 조사했던 도시 대부분은 도심부 거주 시민의 비율이 높게 나타났다. 이러한 사례에서 도출 가능한 핵심은 다양한 유형의 주거와 삶의 환경을 제공함이 중요하다는 것인데 상세한 내용은 뒤에서 논의할 것이다.

내가 방문했던 도시마다 바람직한 모습의 '고밀도·저층' 마을과 주거 형태에 대한 논의가 반복된다. 다양한 유럽 사례가 보여주듯이 '인간 척도(human scale)'의 도시환경이 창조되면 집약성과 밀도가 함께 성취될 수 있다.[1] 즉 맨해튼(Manhattan)식 개발이 꼭 필요한 것이 아님을 유럽 사례를

---
1) '인간 척도'란 도시계획이나 건축학상의 용어로, 어떤 공간이나 건물 등의 크기를 사람의 크기를 기준으로 비교하여 나타내는 것을 말한다. 실내 공간, 주택이나 마당 등의 건축물은 물론 도로, 교량, 광장 등에 이르기까지 인간이 직접 이용하는 시설의 계획과 디자인에서

통해 알 수 있는 것이다. 사실 유럽에서는 고층 블록형 주거단지와 같은 고층 주거 형태에 대한 반발이 심하며, 이와 달리 고밀도의 토지절약형 주택에 대한 믿음이 크다. 얀 겔(Jan Gehl, 1995)은 덴마크에서 지배적으로 나타나는 새로운 건축 형태가 "정원을 공유하는 고밀도의 저층 주거군"이라고 묘사하였다. 그의 말처럼 이런 주택은 가족 구성원의 수가 줄고 있는 덴마크 및 다른 지역에서 잘 어울리는 형태이다.

오늘날 사례 도시에서 진행되는 다수의 고밀도 도시 프로젝트(예: 암스테르담의 새 GWL 지구 개발)도 뒷마당 및 개인적 공간 등을 포함하는 다양한 주택 유형과 건축 스타일을 수용하고 있다. 이런 요소는 교외 주택을 선호할지도 모르는 잠재적 주민들에게 매우 중요하다. 특히 네덜란드의 새 주택 사업은 1가구 독립·연립 주택 및 다가구 주택과 같은 다양한 유형을 동일한 단지 내에 함께 수용하였다는 점에서 인상적이다. 높은 수준의 공공 보조와 통제의 결과로 대부분의 새로운 대규모 주택 사업은 같은 단지 안에 저소득층을 위한 공공 복지주택과 순수 민간 또는 시장형 주택이 혼합되어 있다. 역사적으로 이러한 사회적 주택은 네덜란드에서 높은 비율로 나타났으나 최근 들어 정부 보조가 상당히 줄었다. 이에 따라 신국가개발부지(이른바 VINEX 지역)에서는 민간 주택과 공공 복지주택의 비율이 대략 70:30으로 이루어져 있다. 최근 후자의 숫자가 줄어들고 있긴 하지만, 미국과 비교할 때 여전히 높은 수치라고 할 수 있다.

다른 주택 유형으로 고밀도의 위성도시나 교외 지역공동체 같은 것이 있는데, 구체적인 예로는 "대중교통 마을(transit villages)"이라 불리는 형태이

∗∗ 매우 중요하게 여겨지고 있다(출처: 『토목용어사전』, 탐구원). 이를 가장 강조한 도시계획 사조 중 하나가 뉴어바니즘이다.

다(Bernick and Cervero, 1997). 앞서 말하였듯이, 스톡홀름이나 코펜하겐은 중심부와 교외의 철도망 주변에 자리한 고밀도 위성도시라는 매우 성공적인 모델을 발전시켰다. 이러한 (스톡홀름의 벨링뷔와 시스타 같은) 소도시들은 복합 용도로서 대부분의 주택이 지하철이나 철도 역에서 걸어갈 수 있는 거리에 있으며, 상점, 은행, 학교 및 다른 공공서비스에 대한 접근성이 높다. 예를 들어서 시스타에는 쇼핑몰이 주요 지하철역에 바로 붙어 있다.

어반 빌리지의 삶

많은 사례에서 보듯이, 지극히 매력적이고 여러모로 이상적인 마을은 도시의 밀도가 높은 곳임을 알 수 있다. 다수 미국인들의 생각과는 달리 유럽의 도시들은 조밀함이 결코 나쁘지 않음을 설득력 있게 보여준다. 이러한 밀도가 도시 디자인, '그린' 구성 요소, 대중교통 및 생활편의시설에 대한 접근성 등과 어떻게 조화를 이루며 설계되는지가 중요한 것이다. 어반 빌리지의 개념은 미국에서 지속가능성을 지지하는 이들이 항상 외우다시피 하는 주문과 같은데, 유럽의 도시 사례에서는 어반 빌리지의 특이한 현존 모형과 함께 새로운 것을 설계·창조하려는 노력도 엿볼 수 있다.

이 유럽 도시의 사례가 우리에게 제시하는 함의는, 밀도라는 것이 매력적이며 바람직한 주거 환경과 함께 성취될 수 있다는 점이다. 미국의 기준으로 볼 때 상당한 고밀도(예: 헥타르당 100주거단위 이상) 개발이 가능한데, 이는 '고밀도'라는 말이 자아내는 경직되고 획일적인 고층 이미지와는 거리가 멀다. 예를 들어, 덴하흐에 이웃한 스타텐크바르티르(Statenkwartier)가 이 정도의 밀도인데 녹지, 상점, 혼잡치 않은 거리 교통 그리고 계획가들이 추구하는 많은 다른 우수성과 함께 정말 살기 좋은 장소가 되었다. 고밀도, 높은 보행 비율, 대중교통 친화형 마을의 또 다른 인상적인 사례로는 하이델베르크의 베스트슈타트(Weststadt)와 암스테르담의 요르단(Jordaan)이 있다. 이 밖에도 다수의 긍정적 최근 사례를 찾아볼 수 있는데, 스톡홀름의 남부역 개발, 암스테르담의 니우 슬로턴(Nieuw Sloten) 구역, 헬싱키의 피쿠 휘팔라티(Pikku-Huopalahti) 등이 여기에 포함된다.

니우 슬로턴은 5,000채의 주택을 수용하며 헥타르당 56가구의 밀도를 보이는 신개발지구로 도시마을 개발의 잠재성을 보여주는 곳이다. 이 구역의 대표적인 특징은 높은 통행성과 거주자 접근성을 지녔다는 점이다(City of Amsterdam, 1994). 시는 주거단지가 완공되기 전에 트램을 확장하기로 했는데, 니우 슬로턴 시내에 위치한 정거장에서 이 열차로 암스테르담 중심부까지 이동하는 데 30분이 채 걸리지 않는다. 또한 전찻길과 개발 축을 따라 폭넓은 지역에 걸쳐 자전거 도로 네트워크가 마련되어 있다. 이러한 네트워크는 자전거 이동이 자동차보다 더 쉽고 빠르도록 해주는데, 실제로 자전거를 타고 암스테르담 도심까지 20분이면 도착할 수 있다. 중심부는 쇼핑지역으로 도심의 전차역과 매우 가까운 곳에 있다. 소매상, 커뮤니티 센터, 기타 서비스 상점들이 조그만 보행자 광장에 위치하는데 자전거 전용도로가 그 한가운데를 가로지르며 일종의 번화가를 형성한다. 상점 위에는 아파트가 자리 잡고 있는데 주거 형태와 소득 수준이 매우 다양하다. 가장 높은 밀도를 보이는 주거지는 16층 빌딩이지만 대부분의 주택은 단독가구 연립주택 및 저층 블록의 형태를 띤다.

니우 슬로턴은 전원도시 형태로 설계되었다. 설계의 핵심 요소 중 하나는 녹지로 된 외곽선과 경계라고 할 수 있다. 이 지구는 운하와 가로수 길로 구분되는 일련의 주거구역으로 나뉜다([그림 3.1]). 두 개의 45미터짜리 블록은 각각 작은 주택지구로 구성되며, 각 블록은 서로 다른 건축가의 건축물로 이루어져 있다. 동네를 이어주는 독특한 자전거 전용다리가 지구를 더욱 돋보이게 하며, 각각의 블록들이 서로 다른 느낌을 준다. 니우 슬로턴 지구의 중앙으로는 공원이 가로지르고 있으며, 이 지구 프로젝트의 핵심 목표는 널찍하고 열린 느낌을 주면서도, 조망 경관을 보호하는 것이었다. 또 다른 흥미로운 특징은 지구 전체적으로 주택과 직장이 혼합되어 있다는 것인데, 건물 1층에는 상가와 사무 공간이 자리 잡았으며 그 위로 주택이 놓여 있다. 근린상업시설도 전체적으로 골고루 포진되어 있다.

유럽 도시에는 많은 주거 전용지역이 있지만, 역사적으로 토지의 용도를 엄격히 구분·격리하는 미국의 방식을 취하지 않는다. 조금 극적인 사례로, 프라이부르크의 자동차 판매점 위에 사람이 사는 주택이 있거나 덴하흐에서 몇 개의 자동차 수리점 위에 아파트가 위치한 경우 등이 있다.

게다가 다수의 신개발 구역에서 강조되는 것은 (제2장에서 이미 논의된 다양한 사례에서 볼 수 있는 것처럼) 소매상, 식료품점, 일반 상점, 사무실 등 모두가 신개발 주택단지와 가까운 곳에 있다는 점이다. 네덜란드의 수많은 신성장지구에서는 복합형 주거 형태와 함께 보행 및 자전거를 이용한 쇼핑지역으로의 접근성이 가장 우선시된다. 예를 들어, 아메르스포르트(Amersfoort)의 니우란트(Nieuwland) 지구는 기본적으로 순환형 구조인데 쇼핑구역을 가운데 두고 주변에 4개의 뚜렷한 주거지역이 존재한다. 이 사업지구는 중심으로의 접근성을 바탕으로 자전거와 보행을 통한 아메르스포르트 도심과의 연결도 중요시하였다.

레이던에서 메렌베이크(Merenwijk)라 불리는 집적 지구는 약간의 창조적인 변형이 있긴 하지만 기본적으로 비슷한 순환형 구조를 보인다. 이 지구 안에 총 5,450가구가 지어졌는데, 여기에는 단독주택과 아파트도 포함

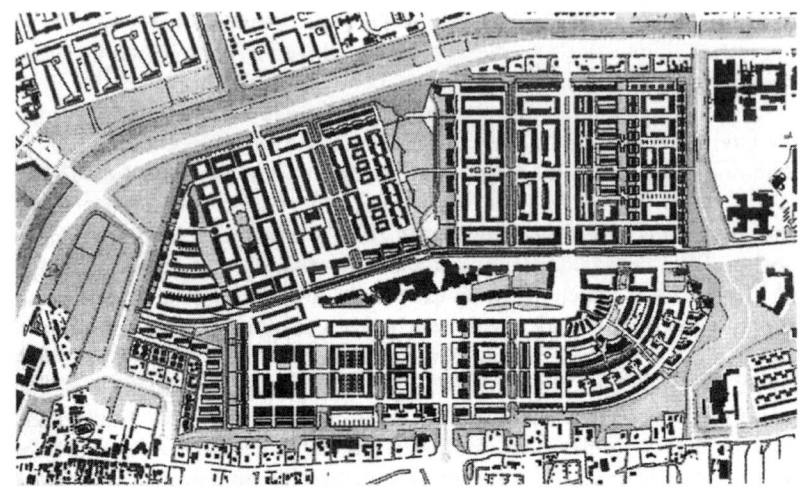

[그림 3.1] 암스테르담의 니우 슬로턴 지구계획
니우 슬로턴은 새로운 복합용도지구로서, 다양한 유형과 가격의 주택, 쇼핑 및 사무 공간을 섞어 놓은 압축형 도시성장 전략의 사례라고 할 수 있다. 이곳은 5,000채의 새 주택이 들어서 있는데 헥타르당 56가구가 들어선 고밀도 지역이다. 보행자와 자전거 이용자에게 쾌적한 환경을 제공하는 것은 물론이고, 주민들은 새로 건설된 트램 노선을 통해 빠르고 쉽게 도심부로 이동할 수 있다. 그리고 이 지역의 많은 대형 빌딩들은 지붕 위나 건물 입구에 태양열 전지판을 설치하도록 설계되고 있다.
출처: Plan of Nieuw-Sloten, Physical Planning Department, Amsterdam.

된다. 순환형 도로가 대규모의 자전거 및 보행자 전용도로와 조화를 이루며 지구 내 자동차 이용을 줄인다. 이 프로젝트 역시 핵심 디자인 요소로 근린상업 센터를 포함하고 있다. 메렌베이크 사례에서 흥미로운 점은 중심부에 자리한 도시 농원(city farm)인데, 이 농원은 마을 주민들이 쉽게 접근할 수 있는 곳에 있으며 마치 아담한 동물원이나 '녹색 농장'으로 기능하면서 이 지구 전체의 매력을 배가시킨다. 이 사업에는 한 지역에 서로 다른 유형의 주택이 혼합된 네덜란드식 디자인의 특징이 분명히 나타나 있다.

즉 이 고밀도의 걷기 좋은 마을에 단독주택, 연립주택, 고층 아파트와 함께 (정부 보조) 복지주택을 시장형 민간주택과 함께 통합한 것이다.

이러한 신개발 구역에서는 재택근무형 설계가 빈번히 나타난다. 드라흐턴의 모라 파크 생태 주거단지는 전체 주택의 약 3분의 1이 재택근무에 알맞은 형태로 설계되었다. 이러한 유형의 주택에는 전체 면적의 30%를 소유주의 경제활동을 위한 공간으로 설계하도록 하는데, 이미 건축가, 사진작가, 회계사들을 위한 홈오피스가 존재한다. 이와 유사한 설계 형태를 니우란트의 신성장지구에서도 찾아볼 수 있는데, 일정 수의 주택이 홈오피스용으로 설계되고 있으며, 이 경우 가정과 사무실의 출입구가 분리된다. 이렇게 새로운 형태의 부동산 개발 사례가 네덜란드에서 많이 나타나고 있다.

부속주택과 복합 주거환경

이 책에서 논의된 도시들과 거기서 행해진 개발 사업과 제안은 다양한 유형의 주거 형태를 촉진하고 장려하는데, 이는 주로 복합 용도 환경에서 나타난다. 복합 유형은 옥상 주거 전환(rooftop housing conversions), 상가 아파트(flats above shops), 부속주택(accessory units), 재택근무형 설계주택(live-work designs) 등 다양한 형태로 나타난다. 미국 도시들도 유럽과 같은 주택 유형의 다양성을 갖추기 위해 노력해야 하는데, 특히 노령 인구 증가와 같은 현재의 인구구조 변화 추세에 맞는 다양한 서민주택과 주거 옵션을 제공해야 한다. 여기에 소개된 많은 유럽 도시들은 창조적이고 다양한 주거 선택을 위한 건설적인 사례를 제공한다. 리브먼(Liebman, 1996)

은 부속주택에 대한 논의를 하면서 유럽의 그 기원에 대해 아래와 같이 지적하고 있다.

부속주택이 가지는 한 가지 장점으로는 어린아이를 둔 가정의 연세 많은 어른들에게 좋은 이웃이 생긴다는 것이다. 유럽의 함께 사는 바부슈카(babushka, 할머니)[2] 전통은 오늘날 가족관계에서 발생하는 다양한 종류의 문제를 상당 부분 완화시킬 수 있다. 실제로 잘못된 용도구역 규제로 인해 부속아파트 개발이 억제되었고 이에 따라 재택근무, 보행거리 내 소매점, 가정 내 이웃 아이 돌보기 등이 어려워짐으로써 탁아 부담이 생겼다고 볼 수 있다.

독일의 경우 부속주택 설립에 대하여 상당한 세금 공제 혜택을 제공한다(Liberman, 1996). 이 같은 주택 형태에 대한 재정 지원 등 적극적 도움이 필요하다는 것이 중요한 교훈이다.

다양한 예에서 알 수 있듯이, 네덜란드의 새 주택 사업은 주거 유형과 스타일, 소득수준의 혼합을 통해서 나타난다. 암스테르담의 GWL 지구 사업은 사람, 활동, 주거 형태를 통합하는 것에 대한 믿음을 잘 설명해준다. 첫째, 이 프로젝트는 임대주택과 소유주택을 의도적으로 섞는다. 일부 지상층의 경우는 장애인이나 환자들을 수용할 수 있도록 설계되었다. 몇몇 건물의 지상층과 모퉁이 공간에는 소매점이 배치된다. 프로젝트의 종합계획은 과거 취수 펌프장으로 쓰이던 건물들의 원형을 창조적인 방식으로 보존하고

⋮

[2] 러시아어인 바부슈카는 직역하면 여성들이 머리에 쓰는 스카프를 뜻하지만 보통 할머니를 의미한다.

통합한다. 오래된 저장 시설 지역은 약 10개의 아파트로 바뀌었다. 이 동네의 한가운데 있던 옛 펌프실은 사무 공간과 레스토랑으로 탈바꿈했다.

관련 사업을 기존의 도로망과 조화시키려는 노력도 있었다. 주택단지는 주변 동네의 도로와 거리에 대해 시각적 연결성을 가지는 형태로 건설되었다. 지구의 북쪽에는 이러한 시각적 연결성을 해치는 커다란 건물이 존재한다. 그러나 이는 혼잡한 도로 쪽의 소음과 북쪽에서 불어오는 강한 바람으로부터 사람들을 보호하기 위해 의도적으로 만들어진 것이다.

상가주택

제2장에서 논의하였듯이, 특히 유럽의 내륙에 위치한 도시는 상당수의 주택이 도심에 자리 잡고 있으며, 도심 거주 인구가 많다는 특징을 가지고 있다. 암스테르담, 볼로냐, 코펜하겐 등이 바로 그러하다. 이와 같은 도심 주거지는 다양한 형태를 취하는데, 공통으로 나타나는 유형은 상점 위의 집 또는 상가 위 아파트(flat)—상가주택 또는 상가아파트—이다. 영국과 아일랜드 지역의 도시의 경우에는 상가주택(housing over shops)의 형태가 많지 않은데, 이러한 주거 공간을 재건하기 위해 많은 사업과 정책이 추진되었다.

1980년대 후반 이래 영국은 상점 위 공간을 주택으로 바꾸는 캠페인을 홍보하기 위하여 상당한 노력을 기울였다. '상점 위의 삶(Living Over the Shops, LOTS)' 캠페인은 같은 이름의 비영리단체에 의해 주도되었는데, 이 단체는 관련 교육의 실시와 함께 상점 위 공간을 주택으로 개조하려는 용도로 건물을 구입하기까지 했다. 또한 영국 정부는 250만 파운드를 투자하여 초기의 공공 복지주택을 상가주택과 상가아파트로 전환하는 프로그램을 지원했다(현재는 중단되었다). 지금까지 1만 세대의 주택이 이 사업의 일환으로 만들어졌으며, 앞으로 50만 세대가 새로이 지어질 수 있을 것으로 보고되었다(Petherick, 1998; Forum for the Future, 1997a).

영국의 다른 도시들에서도 LOTS 사업이 일부 시행된 것으로 문헌에 등장한다. 영국 북부 요크(York)에서 LOTS 사업은 신규 주택을 수용하기 위해 4개의 건물을 용도 변경 하였다. 용도 변경의 사례로 자동차 부품상과 자그마한 잡화상 위에 새 아파트가 지어졌다. 요크 대학(University of York)은 이러한 방식으로 78명의 학생을 위한 신규 거주지를 도시의 역사적 중심지에 마련하기도 했다(Forum for the Future, 1997a).

LOTS 계획은 구조물 변경과 현대식 소방 및 위생 기준을 충족하는 과정에 많은 비용이 소요된다는 점에서 약간의 어려움에 처하기도 했다. 그리고 건물의 소유주들은 이러한 개조가 건물의 장래 사용 용도를 제한할 것이라고 생각하여 건물에 주거 공간을 새로 올리는 것을 망설였으며, 이 소유주들을 설득하는 데 시간이 소요되었다. 일반적으로 건물 및 상업용 부동산 소유주들은 혹시 필요할지 모르는 물품 보관 공간에 제약이 생기거나 건물의 시장가치가 떨어질지 모른다는 우려 때문에 건물 위층에 아파트를 두는 것을 꺼리는 것이다. LOTS 프로젝트의 한 감독자는 사업 과정에서 발생하는 어려움을 다음과 같이 말한다.

상업용 부동산의 소유자들은 다음과 같은 두 가지 이유로 거주용 임대를 가급적 허용하지 않으려 한다. 첫째, 그들은 거주용 임대와 관련한 관리상의 문제점을 우려한다. 둘째, 그들은 정권이 바뀌어 소급입법이 적용될 경우 임차인에게 더 많은 혜택을 주는 쪽으로 바뀌지 않을까 두려워한다. 이러한 이유로 부동산 소유자들은 상업용 건물과 주거 단위를 연계시키는 일에 직접 참여하길 꺼리게 되는 것이다(Petherick, 1998: 35).

　이러한 부정적 인식을 극복하기 위해, 통상 중개인 역할을 하는 주택협회 중개인들이 '관리상 책임'과 '건물 소유주 보호'라는 두 가지 문제를 해결하는 과정에 임대 주선자로 나선다. LOTS 계획과 관련된 연구는 일반적으로 이 주거 형태가 비용 대비 효율성이 있다고 주장하는데, 특히 아이나 가족이 없는 젊은 독신 가구에 적합하다고 한다(Goodchild, 1998). 상가주택에 사는 것이 모든 사람들에게 좋은 일은 아닐뿐더러, 장단점이 확실히 존재한다. 장점은 도시 생활편의시설 등의 어메니티(amenities), 상점과 오락시설에 대한 접근성이 좋다는 것이며, 단점으로는 집과 가까운 곳에 위치한 술집, 식당, 혼잡한 상가에서 나오는 소음 및 기타 불편사항 등이다(상세한 장단점은 Goodchild, 1998 참조).[3]

　이러한 주거 유형은 도심에 활기를 불어넣고 범죄 예방의 기능도 할 수 있다. 굿차일드(Goodchild, 1998)는 상가주택과 관련된 연구에서 의미 있는 결론을 도출하였는데, 이것을 통계적으로 검증하긴 좀 이르지만 실제로 상가주택은 범죄 감소를 가져오는 것으로 보인다.[4]

⋮

3) 어메니티는 보통 복수형으로 도시의 생활편의시설 즉 쇼핑센터, 문화 및 스포츠 시설 등을 가리키지만, 더 폭넓은 의미로 어떤 지역의 가치나 매력을 증대시키는 유·무형의 이익이나 자산 등을 일컫는 경우도 많다. 녹지, 아름다운 도심, 관광지, 레스토랑, 인간관계 등 종합적인 의미의 쾌적성이나 청결, 친근감 등을 총칭한다고 볼 수 있다. 요즘은 학술 및 실무에서 그냥 '어메니티'로 쓰는 경우가 많다.
4) 도시 또는 주거단지의 설계가 주민의 안전과 직접 관련될 수 있다는 논의는 최근 국내외에서 활발한 편이다. '환경설계를 통한 범죄예방(crime prevention through environmental design, CPTED)' 기법이 그 대표적 사례이다. 즉 거리나 아파트의 조명 개선, 덤불 정리 등 사각지대 해소, 일반 행인의 시야선 확보 등의 수단을 통해서 도시 및 주거 환경이 더 안전해진다는 것이다.

- 상가주택은 실제로 시내와 도심에 대한 공공의 감시 수준을 높이며, 상업용 부동산에 대한 범죄자의 접근을 어렵게 만든다.
- 보험회사들도 인정하는 것처럼 비어 있는 상점과 건물에 다시 사람들이 거주하게 되면, 화재·범죄·불법 거주의 잠재적 위험이 감소한다.
- 결과적으로 지역 경찰도 상가주택 계획에 찬성하는 입장인데, 이러한 주거 유형은 청소년 탈선을 막는 제어장치로 언급되기도 한다 (Goodchild, 1988: 88).

확실히 미국에서도 이러한 개발 아이디어가 낯설지 않은데, 이러한 주거 형태는 오래전부터 (그리고 현재까지도) 많은 도시에서 흔히 볼 수 있는 전형적인 시내 중심가의 모습이기 때문이다. 더 나아가 찰스턴(Charleston, SC)부터 포틀랜드(Portland, OR)에 이르기까지 복합 용도 도시 사업이 주택과 사무실, 상업적 사용을 통합시키는 방향으로 성공적으로 추진되어왔다. 이러한 사례만 보더라도 유럽형 주택 및 단지 디자인은 미국에 적용할 수 있을 것이다.

허피여, 코하우징, 생태마을

주택과 삶을 아우르는 또 다른 아이디어로 스칸디나비아 국가에서 나타나는 광범위한 코하우징(cohousing),[5] 네덜란드의 특이한 사례인 허피여(hofjes),[6] 그리고 다양한 지역에 분포하는 생태마을(ecovillages)이 있다. 허피여는 15세기부터 전해 내려오는 네덜란드의 독특한 주거 형태이다. 네덜란드어로 "hof"는 정원을 뜻하며 "hofjes"는 안뜰이나 정원을 둘러싸는 형태로 조성된 건물과 주택을 말한다. 보통 허피여는 8~10개 가구로 이루어지지만 많게는 25개 가구에 이르기도 한다. 허피여는 원래 대부분 저소득층에 제공하는 주택에서 비롯된 것으로, 지역 내 부유한 사람들의 기부를 통해 건설 자금이 조달되었다. 거주자들은 이곳에서 규칙에 따라 살아야 했으며, 이 규칙은 기증자들이 만들었다(거주자들이 시설 기증자의 영혼을 위해 기도해야 한다는 규칙 같은 것도 흔했다!). 죽음을 앞두고 유증으로서 이러한 장소를 만들어내는 것은 사람의 자선행위에 대한 의무감을 흥미로운 관점에서 이해할 수 있을 뿐 아니라, 오늘날에도 적용해볼 만한 방식일 것이다.

역사적으로도 의미가 있는 허피여는 오늘날에도 매우 바람직한 거주 공간으로 간주되며, 일반적으로 민간 재단이 소유와 관리를 맡는다. 허피여는 각각의 내부정원 공간이 서로 다른 모습을 취한다는 점이 인상적이다. 전형적인 형태의 내부정원은 잘 다듬어진 잔디와 정원으로 이루어져 있지만, 어떤 것은 진짜 야생의 오아시스 형태를 갖춘 것도 있다. 허피여는 인도쪽 출입구나 아치형 개방 공간을 통해 들어가게 된다. 이용자는 복도 또는 회랑을 따라 이동하며, 이 길 끝자락에는 멋진 녹지로 꾸며진 안뜰이 있고, 이것은 또 정문으로 연결된다. 안뜰의 사생활 보호 방식은 꽤 주목할 만한데, 허피여의 디자인은 공공 영역과 사적 영역 간의 조화를 추구한

---

5) 코하우징을 '공동 주거단지' 정도로 번역할 수는 있다. 하지만 이럴 경우 코하우징이 내포하고 있는 설계, 운영, 공간 구성상의 독특한 성격을 담기가 어려운 만큼 이 책에서는 '코하우징'으로 표기한다.
6) 허피여는 영어로 'almhouses(사설 구빈원)'로 번역되는 경우가 많은데, 사설 구빈원은 역사적으로 왕실이나 정부 부문이 아닌 종교단체나 민간에서 설립한 시설의 형태와 운영 사례에서 비롯된 것이다. 그러나 오늘날 허피여 가운데 용도나 운영 형태에서 이와 같은 사례는 찾기 어려우며, 대체할 만한 적절한 용어가 없어 이 책에서는 원어를 그대로 표기한다.

네덜란드의 허피여는 사진 속 레이던의 사례처럼 역사적으로 중요한 도시형 주거의 한 형태였다. 안뜰의 녹지 공간은 번잡한 도시의 거리에서 벗어나게 해주고, 각종 편의시설 이용과 개인의 사생활이 함께 보장되는 삶을 누릴 수 있도록 설계되었다.

다. 흥미롭게도 허피여의 설계 방식은 최근의 새로운 개발 사업에 이용되고 있다. 예를 들어 덴하흐 지역의 신규 충전 재개발 사업인 헷 하흐시 호프(Het Haagsche Hof)는 녹지의 안뜰을 둘러싼 형태로 거주단위가 건설되었다(Den Haag Nieuw Centrum, 1995).

코하우징은 허피여보다 좀 더 근래에 시작되었다. 최초의 코하우징 사업은 1970년대 초 덴마크에서 비롯되었는데(알려지기로는 bofœlesskaber), 현재는 네덜란드를 포함하여 많은 다른 유럽 도시에서도 코하우징의 형태를 찾아볼 수 있다. 코하우징의 전형적인 모습은, 보행자 전용거리 또는 안뜰 주변으로 연립형 주택들이 늘어선 것이다. (승용차는 보통 단지 가장자리의 주차 공간에만 세우도록 제한된다.) 일반적으로 코하우징에서는 거주자들이 함께 저녁식사를 하고(요리는 돌아가면서 한 번씩 한다), 육아 등이 공동으로 이루어지는 독특한 활동이 나타난다(McCamant and Durrett, 1988). 코하우징은 지속가능성의 관점에서 더 효율적인 토지의 이용, 어린이를 위한 차 없는 안전한 환경, 더 높은 사회적 상호작용, 자동차를 포함하여 공동체의 많은 것을 공유할 가능성이 높다는 점 등의 장점을 가진다. 거주자들은 또한 단지의 설계와 건축, 운영 및 관리 과정에 밀접하게 관여한다.

북부 코펜하겐의 바켄(Bakken) 코하우징 사례는 주택단지의 유형과 디자인으로 얻을 수 있는 사회적 이익과 공동체가 누리는 혜택이 무엇인지 보여준다. 토요일 오후 이곳 어린이들은 단지 내 보행자 전용공간에서 뛰어놀고, 몇몇 어른들은 벤치에서 일광욕을 즐기며, 어떤 사람은 즐거이 정원을 가꾼다. 더 늦게는 어른과 아이가 뒤섞인 주민들 한 무리가 자전거 피크닉을 가는 모습도 보였다. 같은 날 공동관(common house)에서는 한 주민의 생일 저녁상이 마련되었는데, 이런 일은 일상적으로 볼 수 있다. 바켄의 압축된 주거 형태는 공적 영역과 사적 영역을 모두 경험하도록 하고 있다. 보행자 공간이나 단지 중심부에서 이루어지는 공동 활동과 각자의 집 뒤뜰을 이용하는 일이 공존하는 것이다. 통행수단으로서 승용차가 물론 존재하지만 그 이용률은 높지 않은 편이다. 대다수 거주자들이 개인의 통행수단으로 자전거를 주로 사용한다. 이곳의 방문자들은 코하우징 스타일의 주택과 공간 운영이 가져다주는 다양한 이점과 공동체 강화 기능을 금세 알 수 있다.

코하우징 사업은 덴마크에서 시작되었지만 미국에서도 꽤 시도되어왔다. 캘리포니아 데이비스에 있는 뮤어 커먼스(Muir Commons)는 미국 최초의 코하우징이다. 1990년대 초반에 완공된 뮤어 커먼스는 덴마크 모델의 주요 요소를 갖추고 있다. 즉 공동관 및 차 없는 보행자 전용거리를 중심으로 2~3개의 방을 갖춘 주택 26채가 모여 있다. 3,670제곱피트의 공동관은 집단 활동을 보조하며, 공동 식당, 공작실, 어린이 놀이터, 기타 시설도 구비되어 있다(Norwood and Smith, 1995). 이 공동체의 설계와 관리는 스칸디나비아 모델에 따라 집단 참여와 의사결정을 통해 이루어졌다. 뮈어 커먼스를 시작으로 다수의 코하우징 사례가 미국에서도 나타났으며, 이웃과의 유대 및 공동체 의식을 갈망하는 사람들이 많아짐에 따라 그 사례가 더욱 늘어가는 추세이다.

생태마을은 스칸디나비아 국가에서 점차 확산되고 있는 또하나의 유사한 주거 형태이다. 일반적으로 생태마을은 지속가능형 건물과 에너지 시설(예: 태양에너지)을 포함하며 환경 이슈에 뚜렷한 관심을 가진다. 유럽 각지에서 인상적인 생태마을의 사례가 많이 발견된다.

스칸디나비아의 도시들이 구체적인 사례를 제공하는데, 스웨덴에서는 최근 20개가 넘는 생태마을이 새로 지어졌다. 생태마을은 보통 코하우징과 마찬가지로 밀집된 형태를 취하고, 연립형 주택과 공유 오픈 스페이스, 환경 시설, 회의장 등 집단 시설로 특징지어진다. 보통 이러한 사업은 현존하는 숲과 자연경관을 보호하기 위한 노력에서 출발한 것으로, 다양한 생태 요소와 환경관련 기술을 서로 연계시킨다(예로 빗물 저장 시스템과 퇴비 시설). 스톡홀름에서는 최근 건설된 생태마을의 최고 사례 중 하나를 찾을 수 있다. 비에르크하겐(*Björkhagen*)에 소재한 생태마을 운데르스텐회덴(*Understenshöjden*)은 스톡홀름 도심에서 남쪽으로 약 5킬로미터 떨어진 곳에 위치한다. 이곳은 비에르크하겐 지하철역에서 걸어서 10분, 도심에서는 지하철로 15분이 채 걸리지 않는 거리에 있다. 대개 2층짜리인 14개 건물에 44채의 주택이 나카 자연보호구역(Nacka nature reserve)에 인접하여 지어졌다.

스웨덴에서는 집적화된 주택, 공동 공간과 수많은 생태 요소들로 특징지어지는 생태마을이 점차 늘어나고 있다. 사진 속 운데르스텐회덴은 기차역에서 불과 몇 분 떨어진 곳으로, 스톡홀름 도심과도 가깝다.

사업지구의 자연환경은 매우 훌륭한데, 숲과 자연지역을 훼손하지 않으며 환경에 끼치는 악영향을 최소화하는 방식으로 건설되었다. 주택은 기둥 기반 위에 세워져 있으며 마치 "얇은 공기층을 뚫고 내려앉은 듯이" 보이도록 설계되었다(HSB Stockholm, undated). 이 주택의 환경적 요소로 눈에 띄는 것은 태양열 지향성을 들 수 있는데, 각 주택의 7.5제곱미터짜리 지붕에는 태양열 전지판이 설치되었다. 버려진 목재 펠릿 무더기를 이용한 중앙난방 시스템(몇몇 집에는 전기 난방과 수력을 이용한 방열관이 보조로 설치되어 있다), 고체와 액체가 분리 처리 되는 화장실, 생물학적 분뇨 처리 시설, 유기 쓰레기의 퇴비화 장치 등도 포함된다. 여기도 공동관이 있어서 공용 부엌과 나무 공작소로 이용된다.

이 사업지구의 거주자들은 자신의 주택뿐만 아니라 전반적인 단지 설계 과정에도 참여한다(각 주택의 크기가 58제곱미터에서 144제곱미터에 이르기까지 다양하기 때문에 선택의 여지가 매우 많다). 이 사업은 "강한 사회적 단위"를 지향하며 개발되어왔다. 스톡홀름 주택협동조합(HSB Stockholm)이 보고한 바에 따르면 "거주자들은 동네 전체와 각자의 주택을 함께 돌보고 관리한다.[7] 유기농 식품을 공동으로 구매하며, 한 어린이가 아프면 동네에 사는 의사가 먼저 들른다. 모두가 각자 자신이 할 수 있는 방식으로 서로를 돕는다(undated: 6)."

창조적이고 다양한 주택 형태를 이 책의 연구 대상 도시에서도 많이 찾아볼 수 있다. 예를 들어, 위트레흐트의 주택 프로젝트인 헷 그루네 닥(Het Groene Dak, '그린루프')은 공동 식사를 제외하고는 코하우징의 특징을 다수 포함한다(예컨대 공동관, 유기농 음식 창고, 단지 설계를 위한 민주적 과정). 이 프로젝트는 (공동관의 그린루프, 태양열 전지판, 태양열 온수 히터, 오수와 빗물을 정화하는 시스템 등) 다양한 생태 요소를 지니는데, 아마도 가장 뚜렷한 특징은 단지 가운데 위치한 안뜰로서 야생의 자연 공간으로 조성되었다.

헷 그루네 닥 사례는 도시 중심부에서 생태 코하우징의 잠재성을 잘 보여준다. 이 사업은 설계와 계획의 모든 단계에 장래 거주자들이 참여하였고, 공공 복지주택 건설 기관에 의해 주도되었다. 이 단지에는 66개의 연립형 주택이 있으며 그중 40개가 임대, 26개가 개인 소유로 모두 정부의 보조를 받는다. 1993년에 완성된 이 건설 사업은 설계 단계에서부터 명백하

⋮

7) 스톡홀름 주택협동조합은 1923년 설립되었으며 주택 건설 및 기타 관리 사업을 맡고 있다. 스톡홀름 권역에 15만 5,000명의 회원이 있으며, 전국적으로는 스웨덴 주택의 약 10%를 이 조합이 지어왔다.

고 효과적으로 생태적·사회적 측면을 혼합하였다. 설계에서 건물을 남향으로 배열한 것은 매우 중요한 결정으로, 이를 통해 태양의 잠재력을 최대화하고 동시에 녹지와 야생 공간의 조성이 가능해졌다. (단지를 가로지르는 남북 방향의 당초 도로 계획은 취소되어 도로 건설 예정지는 현재 단지 내 안마당으로 전환되었다.) 이 "마을 안마당"은 아이들에게는 놀이 공간이자 거주자들에게는 사회화를 위한 공간이다(Post, undated; Het Groene Dak, Roefels, 1996). 단지 내 주택 대부분에 정원이 있으며 이 정원들이 이어져 공동의 공간이 된다. 그린루프(개발지구의 명칭 "헷 그루네 닥"이 여기서 유래했다)로 유명한 공동관은 단지 한가운데 위치하며, 마을의 주요 모임은 물론 취미교실과 음악회 등의 행사도 여기서 열린다.

공동관은 거주자들이 자발적으로 만든 시설로, 이곳은 이웃 동네 사람들에게 임대될 수 있고 실제로도 임대가 자주 이루어진다. 공동 식사가 전체적으로 이루어지지는 않지만, 몇몇 아파트는 연합 가정(group home) 형태로 구성되어 밥도 같이 먹는다. 환경관련 상품을 구입할 수 있는 상점도 단지 내 건물에서 운영된다.

이 사업의 또 다른 생태 요소로는 단열재가 60% 추가된 건물들, 고효율 천연가스 난방로, 생태 건축자재[단열재로 열대목 대신 광물면(mineral wools)을 사용한다]가 있다. 아울러 콘크리트의 재사용, 절수 수도꼭지·샤워헤드·변기의 사용도 포함된다. 빗물 집수장치는 수많은 세대에 세탁기와 변기용 물을 공급한다. 많은 수의 주택이 태양열 온수를 공급받으며, 10개 가구는 시 정부의 하수 시스템과는 별도로 화장실을 중앙집중 식의 대형 퇴비화 시설로 연결하고 있다(유기물 쓰레기는 정기적으로 시의 중앙 처리 시설로 보낸다).

헷 그루네 닥 사업은 모든 점에서 커다란 성공이라고 할 수 있다. 개발의 세부 형식을 새로이 창조함으로써 거주자들 사이에 강력한 사회적 연대 관계를 형성했으며, 사업 설계와 계획 과정에서 합의에 바탕을 두어 접근한 것 또한 큰 도움이 되었다. 최초 설계 과정에 참여했던 많은 사람들이 여전히 이 단지 내 거주자로 남아 있다. 대부분의 주민들이 서로 잘 알며, 단지 가운데 자리 잡은 정원 공간은 상당히 많이 이용되고 있다. 다양한 생태 요소들이 거주자들의 생태발자국 지수를 엄청나게 감소시켰다. 예를 들어, 천연가스 소비는 절반으로 줄었고 태양열 발전이 감축분의 20%를 차지했다. 훌륭한 대중교통 체계와 자전거 도로도 그렇고(도심까지 자전거로 15분), 집 근처에 상점과 학교가 위치한 덕분에 이곳에는 자동차 보유 비율이 평균보다 낮으며(66가구 단지에 자동차가 27~28대), 필요한 주차 공간 및 주차 비용도 감소했다.

이 사업은 헥타르당 주택 66채의 밀도를 보이는데, 이는 고밀도의 도시 생활에서 강력한 공동체 의식 및 인상적인 녹색 의식과 녹지 공간이 함께 확보될 수 있다는 사실을 효과적으로 보여준다. 이 지역의 공원과 오픈 스페이스의 비율이 다른 곳보다 더 높을 것이라는 보통의 예상과는 달리 아이러니하게도 실제로는 그렇지 않으며, 단순히 더 효율적인 배치가 이루어졌을 뿐이다. 미국인의 기준에서는 이 역시도 상당한 밀도인 것처럼 여겨지겠지만, 단지 내에는 고층이 아닌 2~3층 정도의 건물이 있을 뿐이며 인간 척도의 관점에서는 그다지 높은 밀도가 아니다.

레이던에서도 생태마을의 전형적인 특징과 함께 흥미로운 생태 주택들이 새로이 개발 중에 있다. 이 사업지구는 기존 도시의 성장구역에 소재하고 있으며 여러모로 기존 도시와 연결되어 있다. "롬뷔르흐(Roomburg)"라 불리는 이 동네는 도시 환경에서 녹색 프로젝트에 대한 공약을 구체화하고 있다. 이 개발지구에는 1,000여 채의 주택이 24헥타르 단지에 건설될 예정이다. 이곳은 중요한 생태 요소들을 많이 갖추고 있는데, 대표적인 사례로는 폐쇄 고리형 운하 시스템을 통해 처리되는 빗물 자연배수 그리고 태양에너지의 집중 사용을 들 수 있다. 레이던에서는 태양에너지의 활용을 위해 방의 창문은 남향으로 배치하고, 광전지 패널(photovoltaic panels) 등을 활용한다. 현재 논의 중인 에너지 요소 중 가장 흥미로운 것 하나는 풍력발전용 터빈의 이용이다. 단지 내에 3개의 터빈이 통합 설치 될 입지는 충분할 것으로 예상된다. 주민들이 많이 이용하는 내부 도로에는 승용차 진입이 제한되며 자전거, 걷기, 대중교통에 우선순위가 주어진다(City of Groningen, 1997; Gemeente Leiden, 1998; Sep, 1998).

도시 내에 존재하는 생태 건물과 생태건축의 훌륭한 사례는 다양하다. 한 예가 아일랜드 더블린의 템플바 지구에 입지한 이른바 '그린 빌딩(Green Building)'이다. 이 4층짜리 아파트는 총 8개 동으로 구성되는데, 사무실 공간과 상점이 지상층에 있고 2층부터 주거 공간으로 활용된다. 이 아파트에서 소비하는 전력의 대부분은 아파트 지붕 위에 설치된 태양전지판과 풍력발전용 터빈을 통해 생산된다(Temple Bar Properties, undated). 이 건물은 다양한 환경적 특징을 지닌다. 낮 동안 햇빛과 여러 에너지 효율 장치를 폭넓게 사용하는 일, 태양열로 온수난방하는 것, 건물 내 채소 가꾸기 등이 그 예이다. 입주자를 위한 승용차 주차 공간은 없지만 자전거 보관소는 제공된다. 가끔 눈을 들어 올려다보면 아파트 지붕 위 풍력 터빈을 발견할 수 있는데, 이 역사적인 도시의 한가운데서 생태 회복의 주거단지를 볼 수 있다는 점이 경이롭기만 하다. 건물의 복합 용도 이용과 함께 혼합 토지 이용, 그리고 걷기에 아주 좋은 도시환경 또한 이 사업지구를 모범 사례로 만들고 있다.

보전과 적응적 재사용

이 책에서 다루고 있는 유럽 도시들의 넘치는 매력은 건물, 거리, 동네의 고색창연함이다. 대부분의 도시가 봉착한 난제는 어떻게 이러한 역사성을 보호하는 동시에 발전을 이룰 것인가, 그리고 어떻게 역사 보전의 가치와 현대적 지속가능성을 조화시킬 것인가이다.

많은 사례 도시들이 역사 보전 계획의 모범이 된다. 예컨대, 독일 뮌스터는 제2차 세계대전 중에 심한 폭격으로 파괴된 도심을 전쟁 이전의 모습과 분위기로 복원시킬 것을 결정했다. 이에 따라 역사적 중요성이 있는 곳에서는 상당히 강력한 기념지구법(monuments law)이 적용된다(조명, 외부설계, 창문 디자인까지 규제된다). 지금 옛 도심을 보면 세부 사항에 얼마나 신경을 썼고, 이렇게 조그만 부분들이 모여서 그토록 유쾌한 도시 감각을 창조해냈음을 알 수 있다. 가장 먼저 눈에 띄는 세부 사항 중 하나는 인상적인 타일 및 벽돌 작업이다. 도로 표면은 거친 조약돌과 섬세한 타일들이 흥미롭게 어우러져 있는데, 이 타일은 인도를 따라 가면서 멋스러운 디자인을 제공해줄 뿐만 아니라 경계선 구실도 한다. 이러한 구도심의 디자인은 버스, 택시, 자전거가 넘치는 거리조차 광장 및 공적 공간의 일부라는 느낌이 들게 한다. 더 나아가 구도심은 일상과 업무 공간이 어우러진 생활 구역으로 여전히 남아 있다. 약 1만 1,000명으로 추정되는 주민들이 구도심에 살고 있으며, 아파트 등 주택이 가게와 사무실 위층에 자리 잡은 상가주택의 강한 전통을 유지하고 있다.

뮌스터가 이룬 업적의 대부분은 강력한 보전 또는 기념지구법 덕분인데, 이 법은 역사가 긴 도시 구역에 엄격한 건축 규제를 가한다. 규제의 효력은 도시 중심에서 멀어질수록 줄어든다. 창문, 도로표지 등 건축의 많은 세부 사항이 규제되며(예: 상점 주인은 상가 정문에 발광 표지판을 설치할 수 없으며, 상점 표지판의 글자는 모두 금색이어야 한다), 대부분의 지역에서 약 20미터의 고도제한이 적용된다.

이 밖의 도시에서도 비슷한 노력을 기울이고 있다. 예를 들어, 빈의 온건한 도시 재생 프로그램은 건물 철거와 원주민 이주가 없는 방식으로 역사 구역의 재생을 강조해왔다(City of Vienna, 1993). 슈피텔베르크(Spittel-berg)를 포함한 다수의 인상적인 도시 구역은 이러한 노력의 결과이다. 볼로냐의 경우 아케이드가 설치된 중심부를 개조하기 위하여 전수조사, 분류 및 각종 행위 제한을 두는 프로그램을 만들었다.

프라이부르크도 뮌스터처럼 제2차 세계대전 중 연합군의 폭격을 심하게 받은 곳이다. 전후에 남겨진 것이라고는 건물의 뼈대 말고는 거의 없었다. 이 지역에서 가장 오래된 대성당이 폭격에도 기적적으로 살아남아 현재 이 도시에서 제일 눈에 띄는 건물이 되었다. 전쟁 후에 재건축이 세련되게 이루어지는 과정에서 옛 도시의 경관과 분위기를 유지하려는 노력이 끊임없이 이루어졌다. 고도제한과 전통적 타일 사용 등의 규제를 통해 도시가 원래 갖고 있던 경관과 분위기를 되살려낸 것이다. 알트슈타트(Altstadt, 구시가지)는 중세시대부터 전해 내려오던 좁고 꼬불꼬불한 길과 광장의 배열 등을 그대로 유지했다. 프라이부르크는 사실 믿을 수 없을 정도로 훌륭한 물리적 조건을 갖춘 축복받은 도시로서 산기슭에 자리 잡은 데다 흑림의 서쪽 끝에 위치함으로써 이 숲을 언제나 도시의 배경으로 삼는다. 즉 도시 어디서든 흑림을 볼 수 있으며, 알트슈타트는 흑림에서 겨우 수백 야드 떨어졌을 뿐이다.

프라이부르크, 그중에서도 알트슈타트는 시각적 즐거움을 선사한다. 인상적인 건축물, 보행자 우선권, 이곳저곳에 널린 상점, 레스토랑, 활기찬

거리가 한데 어울려 유쾌한 도시를 만들고 있다. 이 도시는 세심한 디자인으로도 유명한데 그중 가장 눈에 띄는 것은 구도심 지역의 대부분을 관통하며 흐르는 개방형 거리 배수 시스템이다. 이 배수 체계는 원래 길드에 의해 운영되었던 것으로 그 목적은 하천의 흐름을 바꿈으로써 깨끗한 물을 도시로 끌어오는 데 있다. 이 시스템이 재정비되어 오늘날 도시의 매력을 더하고 있으며, 배수로는 어린이들의 즐거운 놀이터로도 사용된다. 배수로는 도시의 독특함을 두드러지게 느끼도록 해주는 동시에 시민들에게 직접 물을 눈으로 보여준다는 점이 중요하다(어떤 교통계획가가 언급했듯이 배수로는 또한 보행자와 트램 사이의 중요한 경계 역할도 한다).[8] 도시의 이러한 전통적 특징은 다양한 신개발 사업과 건물들에 적용되어 나타난다(예: 이 도시의 운수회사 본부인, 신축된 프라이부르크 교통회사 빌딩이 앞서 언급한 배수로 시스템을 앞마당에 설치했다).

또 다른 특징은 구도심을 둘러싼 타일과 같은 디테일이다. 돌과 타일로 이루어진 거리 경계의 우아한 선 그리고 시는 가게의 고유한 상징을 상점 정면에 두는 전통을 이어왔다(상이한 상징물이 원래 그 건물에서 취급하는 상품이나 서비스를 상징하기 위해 사용되었다). 이런 "자갈 모자이크"는 레너드 부부(Lennard and Lennard, 1995)가 말하듯이 도시의 독특한 분위기와 매력을 향상시키는 데 크게 기여했다.

∴

8) [원주] 레너드 부부(Lennard and Lennard, 1995)에 따르면, "Bachle"라 불리는 이 열린 배수로는 도시 쪽으로 흐른다. 이 배수로의 유래는 14세기까지 거슬러 올라가며 자동차의 등장과 함께 대부분 복개되었다가 복원된 것이다. 더운 날, 조그마한 개울이라도 얼마나 절실히 원하게 되는가? 이곳에서 많은 이들이 뜨거워진 발을 담글 수 있기를 희망하고, 어린이들은 흐르는 물에서 온갖 장난을 치고 싶어 한다(190쪽).

프라이부르크의 노면은 도시의 '카펫'으로 취급되어왔다. 그것은 하나의 예술작품으로서 섬세한 장인정신을 엿볼 수 있다. 장인들이 가지각색의 돌과 자갈로 만들어내는 기하학적 문양이나 꽃 모양의 디자인, 역사·문화·비즈니스의 상징이 거리 각각의 독특한 성격을 강조하고 역사의식을 자극하며 환상과 상상력을 촉발한다(190쪽).

역사적 가치 여부와 무관하게, 가능한 한 기존 건물을 재사용하는 것은 중요한 지속가능성 전략 중 하나이다(도시의 특징과 짜임새를 보호할 뿐 아니라 내재된 에너지 보존의 목적으로도 그러하다). 적정한 건물 재사용의 중요한 사례는 거의 모든 유럽 도시에서 볼 수 있다. 베를린의 흥미로운 사례로는 사무실과 상점으로 바뀐 교회, 그리고 초등학교로 탈바꿈한 차고 같은 것이 있다.

새 빌딩과 건축물을 기존 도심이 지니고 있던 맥락 속으로 융합시키는 것은 또 다른 도전이다. 몇몇 사례 도시들은 이러한 과제를 잘 수행하였는데, 네덜란드 흐로닝언의 바흐스트라트(Waagstraat) 복합단지가 대표적인 최근 사례로 제시될 수 있다. 이 주상복합건물은 비교적 규모가 큰 복층 구조로 세심한 설계와 배치를 통하여 도시의 역사적 맥락을 손상시키기보다 오히려 향상시켰다. 상점과 사무실 그리고 그 위의 주거 단위 등이 복합 용도의 특징을 더 강화하고 있다.

거리, 도시 디자인, 공공 영역

유럽 도시들은 거리 경관과 공적 공간에 지대한 관심을 보인다는 것이 특징이다. 보행자 전용거리를 비롯하여 거리 정비에 많은 노력을 기울인다. 많은 도시가 광범위한 영역에 걸쳐 가로수를 심고, 앉을 자리를 더 만들며, 조각이나 다른 형태의 예술작품으로 거리와 공적 공간을 더 바람직하게 만들고자 많은 조치를 취해왔다.

도시에서는 자신이 어디쯤 위치해 있는지와 보행자로서 명확한 좌표와 방향성을 갖는 것이 중요하다. 이 점에서 유럽 도시들은 거대하고 유명한 공공건물과 건축물을 중심으로 배열이 이루어졌기 때문에 유리하다. 예를 들어, 레이던의 도심부를 걸을 때 시청 및 성 베드로 교회의 높은 첨탑과 육중한 외관의 건축물은 길을 찾는 과정에서 중요한 기준점으로 사용된다.

이 책에서 소개된 유럽 도시들은 공적 공간을 중요시하는데, 이는 즉 공적 모임이나 만남, 그저 산책이나 쇼핑을 위한, 또는 야외 축제 등 행사를 위한 장소이다. 이러한 공적 공간의 대표적 사례로는 볼로냐의 마조레 광장(Piazza Maggiore), 암스테르담의 신시장(Nieuw Market)과 담 광장(Dam Square), 뮌스터의 돔플라츠(Domplatz), 런던의 트라팔가 광장, 코펜하겐의 함멜토르브-니토르브(Gammeltorv-Nytorv)와 아마게토르브(Amagertov) 광장 등이 있다.

생기 넘치며 기능적으로도 우수한 거리의 사례가 이 책에서 많이 다루어지고 있다. [빈의 마리아힐프슈트라세(Mariahilfstrasse), 뮌스터의 프린지팔마켓(Prinzipalmarket), 바르셀로나의 라스 람블라스(Las Ramblas), 하이델베르크의 하웁트슈트라세(Hauptstrasse), 취리히의 반호프슈트라세(Bahnhofstrasse), 암스테르담의 담락스타라트(Damrakstreat) 등] 이들 모두가 "훌륭한 거리"의 예이며 거리의 겉모습이나 내실이 미국 거리보다 대개 우월하다는 평을 듣는다. 그 내실이란 거리의 개념, 인간 척도, 시각적 복잡성, 건물 정면의 세밀 표현, 다양한 용도, 거리마다의 강조점 및 눈에 띄는 목표지점, 그리고 앉거나 설 수 있는 공간이다(세부 내용은 Jacobs, 1994 참조). 레스터 도심부의 도로표지는 시각적으로 방해 요소가 거의 없다는 점에서 행인들에게 큰 도움이 되는데, 그 밖의 도시들도 이와 유사한 도로표지 체계를 따르고 있다. 만약 어떤 방문자가 익숙지 않은 도심에서 불편함 없이 다닐 수 있다면 그곳에서 더 많은 시간을 보내고 싶어 할 것이다. 볼로냐에는 도심부 대부분을 지나는 40킬로미터 길이의 상점가가 있는데, 이곳은 산책이나 쇼핑을 하거나, 어떠한 목적지로 이동하는 데 놀라우리만치 쾌적한 환경을 제공한다. 게다가 이 구역은 다양한 유형의 건축물로 가득 차 있고 수많은 종류의 타일 디자인을 볼 수 있다는 점에서, 거리를 걸으면서 풍부한 건축적·시각적 경험까지 누릴 수 있다. 볼로냐의 라스 람블라스(Las Ramblas) 역시 독특함을 지닌 거리이다. 이곳에서 나타나는 독창적인 모습으로, 자동차의 운행이 도로 양쪽 가장자리에서만 이루어지며 그 가운데는 보행자, 카페, 기타 거리의 삶이 차지하고 있다[제이콥스(Jane Jacobs)의 말대로, 이러한 디자인은 "거리의 사회적 지향성을 굳건히 확립하는 천재의 작품"이다].[9] 이 구역에는 앉을 자리와 노점, 극장뿐만 아니라 방문해볼 만한 곳도 많고 도심부를 따라 줄줄이 늘어선 가로수길도 볼거리를 제공한다.

이 책에 소개된 많은 도시의 촘촘히 짜인 거리 패턴은 겉모습과 내용에서 이점을 잘 보여준다. 흐로닝언, 레이던, 델프트 같은 네덜란드 도시의 조밀한 거리망은 다양한 루트를 제공하며, 보행자나 자전거 이용객이 도시를 이동하면서 다양한 경치와 분위기를 경험할 수 있다. 이를 '장소의

---

9) 제인 제이콥스(1916~2006)는 미국의 여성 작가이자 사회운동가로서 그의 1961년 작 『미국 대도시의 삶과 죽음(Death and Life of American Cities)』은 미국의 도시계획에 가장 큰 영향을 끼친 저작 중 하나로 평가된다. 펜실베이니아 태생으로 뉴욕에서 많은 활동을 하였지만, 말년에는 캐나다 토론토에서 지내며 활동하였다.

투과성(permeability of places)'이라 일컫는데(Bentley, 1995), 이런 식의 거리망은 사람들에게 즐거움을 늘려줄 뿐만 아니라 다른 길을 골라 갈 수 있다는 점에서 안전함을 제공해준다.

도심의 보행자 공간화

많은 유럽 도시는 1960년대부터 지금까지 도심의 일부를 보행자 전용거리로 조금씩 변화시키고 있다. 도심에서 자동차가 운행되는 장소와 주차구역을 보행자 공간으로 전환하고 있는데, 이는 승용차 이용의 통제를 용이하게 만들 뿐만 아니라 사람들로 하여금 도심과 시내지역의 방문을 촉진시켜왔다.

코펜하겐은 지속적으로 도심지역을 보행자 공간으로 변화시킨 가장 성공적인 사례로 1962년에 주요 쇼핑거리인 스트뢰에(Strøget)를 보행자 전용화하였다. 이후 매년 점진적으로 보행자 전용거리를 늘려왔는데, 1996년에는 (승용차가 허용되기는 하지만 느리게 운행해야 하는 '보행자 우선' 거리를 포함하여) 보행자 공간이 1962년에 비해 6배 확대되었다(Gehl and Gemzøe, 1996). 총 9만 6,000제곱미터 가량의 보행자 전용거리가 확보되었다([그림 3.2] 참조). 겔과 겜셰(Gehl and Gemzøe, 1996)는 북유럽 도시민들이 보행자 공간에 대하여 가지는 "여기는 이탈리아가 아니잖아" 식의 의구심에도 불구하고, 보행자 거리와 공간이 놀라울 만한 속도로 확대되었고, 그 이용도 점차 늘었다는 점을 지적한다. 여름날 스트뢰에의 통행자 수는 하루 5만 5,000명에 이르는데, 이는 1분당 약 145명이 이 거리를 이용한다는 말이며 심지어 겨울철에도 그 수는 최고 2만 5,000명에 달한다. 게다가 이 거리를

코펜하겐 스트뢰는 최초의 보행자 전용도로이다. 이는 매년 도심부 2~3%의 주차 면적을 시민과 보행자를 위한 공간으로 조금씩 바꾸어온 장기 정책의 결과이다.

방문하는 사람들의 대부분이 대중교통을 이용한다(승용차 이용자는 20%뿐이다).

 이 보행자 공간이 도시의 공공 생활에 끼치는 영향을 과소평가하기는 어렵다. 30년 전과 비교할 때 4배나 많은 사람들이 도심에 와서 시간을 보낸다. 도심 공간과 거리를 이용하는 사람을 끌어당기는 요소가 무엇인지에 대한 조사가 실시된 적이 있다. 그 결과 도심의 분위기, 사람과 활동의 존재, 많은 역사적 구조물 등이 주요한 이유로 나타났다. 많은 사람들이 말하는 스트뢰에의 중요한 특성으로는 좁은 노폭, 건물의 수직성(verticalities), 수많은 입구와 창문들, 그리고 도심 전체에서 느껴지는 "풍성한 시각적 자극" 등이 있다.

코펜하겐 스트뢰에 및 다른 보행지역은 밤중에도 이용된다는 점에서 네덜란드의 보행자 전용 쇼핑지역과 비교했을 때 차이가 있다. 코펜하겐의 상점은 쇼윈도를 덮거나 닫는 것을 허용치 않기 때문에 해가 진 뒤에도 돌아다니며 구경할 거리가 있는 셈이다. 이에 비해 대부분의 네덜란드 도시는 상점의 영업이 끝나면 셔터를 내리기 때문에, 비록 상점 위에 사람이 살기는 하더라도 저녁 이후 돌아다니는 사람은 극히 적은 편이다.

코펜하겐 도심부의 상점, 카페, 시민 행사, 사람들의 활동 또한 매우 중요하다. 약 7,000명의 사람들이 오랜 역사를 지닌 중심지에 위치한 상점이나 카페 위층에서 살고 있다[겔과 겜셰(Gehl and Gemzøe, 1996)에 의하면 상점에서 새어나오는 쇼윈도 불빛으로 인해 밤에도 안전한 느낌이 든다].

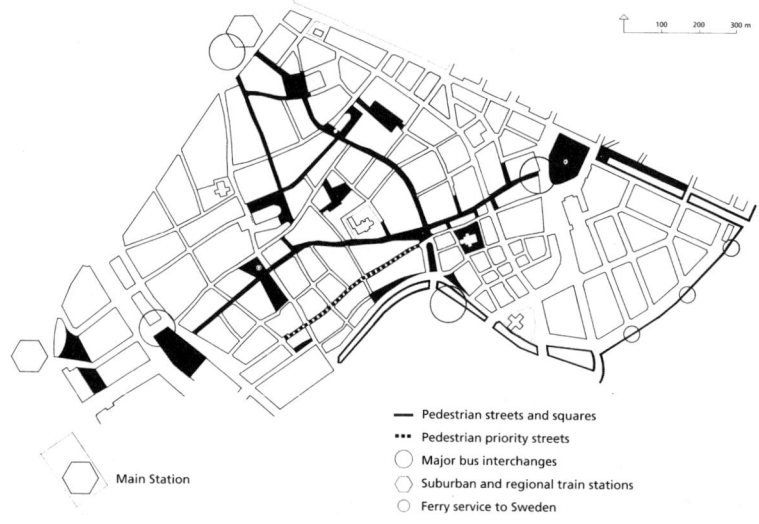

[그림 3.2] **코펜하겐 보행자 공간**
코펜하겐 시 보행거리 네트워크의 현재 상태.
출처: Gehl and Gemzøe(1996).

코펜하겐 사례가 주는 교훈은 점진주의, 즉 조금씩의 변화가 중요하다는 것이다. 1960년대 이래 이 도시는 (지난 10년간 600대 분의 주차 공간을 없애면서) 도심 주차 공간의 2~3%를 보행 공간으로 전환하는 정책을 펴왔다. 전체 도심을 차 없는 거리로 만드는 데 급속한 변화를 주기보다는 점진적인 변화를 추구한 것이다. 조금씩의 변화를 통해 잠재적 반대를 잠재우며 시민들이 변화로부터 얻는 혜택을 체감할 수 있도록 한 셈이다. 겔과 겜셰는 이러한 점진적 변화의 중요성을 다음과 같이 강력히 주장한다.

이렇게 도심의 변화를 성공적으로 이룰 수 있었던 핵심은 변화를 급속하게 이룬 것이 아니라 점진적인 속도로 진행했다는 것이다. 승용차를 몰아내고 보행자들이 거리와 공간을 되찾도록 하는 과정이 천천히 이루어졌다. 도시에서 사람들이 그들의 운전과 주차 습관을 바꾸어 자전거와 대중교통을 이용하는 패턴으로 나아가도록 충분한 시간이 주어졌다. 더 나아가 점진적 전환의 속도는 덴마크 사람들로 하여금 매력적인 공적 공간이 오늘날 사회에서 어떤 역할을 하는지를 이해할 수 있는 기회도 마련해주었다(Gehl and Gemzøe, 1996: 11).

보행 지구 방문자들이 주차 공간의 지속적인 부족에 불만을 가질 것이라는 우려가 있었으나, 연구 결과에 의하면 이런 우려는 불필요한 것이었다. 여전히 '승용차와 교통 문제'는 주민들이 도심에 대한 반발을 불러일으키는 가장 큰 이유이다. 위의 성공적 변화를 설명하는 또 다른 요인으로는 시의 교통전략이 있다. 자전거와 대중교통의 이용을 촉진하면서 동시에 도심 주차 비용을 올려왔던 것이다.

많은 유럽 도시에서 코펜하겐의 사례로부터 얻은 아이디어를 바탕으로 보행자 전용거리를 만드는 것이 유행하였다. 이 책의 모든 사례 도시들이 보행자 전용 또는 보행자 우선 거리를 만들었고, 이를 점차 확장하고 있다. 가장 인상적인 사례로는 빈, 프라이부르크, 하이델베르크, 뮌스터, 스톡홀름 그리고 사실상 네덜란드의 모든 도시들이 있다. 영국에서는 이런 경향이 아직 강하게 나타나지 않고 있으나, 몇몇 인상적인 보행자 공간이 형성되었다. 더블린에는 그래프턴(Grafton) 거리가 있고 레스터 시는 보행자 전용 및 보행자 우선 거리를 대폭 늘렸다. 최근 런던에서도 '런던 퍼스트(London First)'와 같은 단체가 보행자 공간의 확대를 요구하고 있으며, 이에 대한 종합적인 연구가 이루어지고 있다[리처드 로저스(Sir Richard George Rogers)10) 휘하의 건축가들이 이를 맡고 있다].

독일 프라이부르크는 1973년에 옛 도심 지역인 알트슈타트에 보행자 전용지구를 만들기로 결정하였다. 독일의 다른 도시들도 한두 개의 보행자 전용거리를 지정했지만 전체 지구를 보행 전용으로 만든 것은 프라이부르크가 처음이었다. 알트슈타트는 유럽에서도 가장 인상적인 보행자 시스템을 갖춘 곳으로 시간이 흐름에 따라 그 범위를 지속적으로 넓혀가는 중이다. 알트슈타트에는 세 개의 보행 지구가 있는데, 그중 한 곳은 모든 차량을 제한하고, 나머지 두 곳은 하루의 특정 시간에 화물 배달용 차량의 통행을 허용한다(한 개 지구에서는 아침과 저녁에 통행이 허용되고, 다른 하나는 낮 시간에만 통행이 가능하다). 알트슈타트 전역에 깔린 조약돌 때문에 7.5톤 이상 트럭은 진입이 제한된다. 그렇지만 전체적으로 화물 배달은 별로 문제가 되지 않는데, 적어도 한 회사가 물류창고를 운영하며 소형 트럭이

∴
10) 리처드 로저스는 1933년생으로 영국의 유명한 건축가이며 근대적이고 기능적인 설계로 유명하다. 대표적 작품으로 파리의 퐁피두 센터와 런던의 로이드 빌딩 및 밀레니엄 돔이 있으며 건축 분야의 많은 국제적 상을 받았다.

거기서 물건을 받아가고 있다. 또한 사전 허가가 있으면 특별한 예외가 허용된다.

프라이부르크 도심의 보행자 공간화 때문에 몇 가지 부작용이 나타났는데, 예컨대 보행 구간으로 못 들어가는 자동차가 이웃한 다른 거리로 몰리게 되는 파급효과(spill-over)가 발생하였다. 시는 이러한 현상을 완화시키기 위해 몇몇 거리를 좁히거나 (나무를 심어) 녹색화하고 주차 제한을 하는 등 많은 조치를 취했다.

네덜란드 레이던의 센트룸(*centrum*, 도심)은 특히 투과성의 관점에서 인상적인 보행 구역의 사례이다. 16세기 내내 역사적 중심지였던 이 지역은 기념비적 지위를 누려왔으며 대단히 많은 수의 역사적 건물과 거리를 직접 눈으로 확인할 수 있다. 게다가 한 곳에서 다른 곳으로 이동할 때 다양한 루트로 도보나 자전거를 이용할 수 있는데, 각각의 루트는 각기 독특한 경관과 멋을 지니고 있다.

레이던 시는 보행 환경을 개선하기 위해 오랜 기간에 걸쳐 각고의 노력을 기울였고, 도심지에 즉 '자동차 정온화(*auto-luw*)'의 목표를 공식 채택했다.[11] 할레머스트라트(*Haarlemmerstraat*)와 브레이스트라트(*Breestraat*)는 대표적인 보행자 전용거리로, 두 곳 모두 상당히 길다. 전자는 오전 9~11시에만 운반용 자동차의 통행이 허용되는, 오롯이 보행자만을 위한 거리이다. 실제로 시는 11시가 되면 이 거리로 승용차가 진입하지 못하도록 기둥 막이를 세운다. 브레이스트라트는 전면적인 보행자 전용거리는 아니며

---

11) 자동차 정온화(auto-calmed) 또는 길들이기(auto-taming)는 도시에서 자동차가 안전하고 편안하게 운행되도록 만드는 다양한 수단을 말한다. 예컨대, 과속 방지턱, 가로수 심기, 노면 곡선화, 보차 공유거리, 기타 인위적인 도로 장애물 배치 등이 있다. 상세한 내용은 제5장 참조.

자전거, 버스, 택시의 통행을 허용한다.

레이던 시는 셔틀버스의 운행과 함께 역사적 중심지 가장자리에 저렴한 주차장을 조성함으로써 중심지에 대한 접근성을 제공하는 혁신적인 접근법을 취해왔다. "주차버스(parkeerbus)"라 불리는 셔틀버스 시스템이 쇼핑을 할 수 있는 모든 날과 토요일에 운영된다. 11대의 버스가 고정된 경로를 따라 운행하는데, 버스는 사람들을 시내의 지정된 지점에서 픽업하여 목적지에 데려간다. 중심지 가장자리에 주차하는 데 드는 비용은 1일 기준으로 5길더(약 2.5달러)면 된다.

레이던은 최근 일련의 보행교통 향상 정책을 펴왔다. 주요 보행지역(the Beestenmarkt)이 새로이 만들어지면서 이와 함께 보행로가 확장되었다. 레인 강(Rijn River) 주변 또는 몇몇의 다른 거리에 새 블록이 깔리고 나무가 심어졌으며, 자전거 보관대, 보행자 도로가 신설되었다. 사람들로 하여금 이 거리에서 저 거리로 옮겨 다닐 수 있도록 두 보행자 거리를 연결시키는 과정에서 문제가 생겼다. 그러나 몇 개의 보행자 전용다리나 자전거 전용다리를 운하 위에 건설함으로써 두 거리 사이의 연결성이 크게 늘었다. 도심에 승용차를 제한하는 과정에도 어려움이 따랐는데, 예를 들어 브레이스트라트를 따라 보행자 공간을 확대한다는 얘기는 자전거와 버스가 제한된 공간을 서로 공유해야 함을 뜻한다. 비록 시의 도시계획가들은 이런 상황이 큰 문제가 되지 않는다고 여길지라도, 여기서 자전거를 타는 시민들은 종종 불편을 겪는다. 공무원들은 새로운 경전철이 이러한 문제에 대한 궁극적 해결책이 될 것이라고 믿고 있다. 버스의 운행 속도는 시간당 15킬로미터로 제한되지만 실제로는 그보다 더 빨리 달린다.

네덜란드가 당면한 두 번째 어려움은 모페드(moped, 모터 자전거)의 숫자가 많다는 것이다. 법률상 모페드는 자전거가 갈 수 있는 곳이면 어디든지 통행이 허용되지만, 할레머스트라트와 같은 보행자 전용거리에서는 여러모로 성가시고 위험한 존재로 여겨진다. 모페드는 엄청난 소음을 일으키며 보행자 환경의 질을 떨어뜨린다.

또한 레이던의 상황은 자동차 운행 제한에서 모순적인 면을 드러낸다. 레이던 시는 공식적인 자동차 제한 구역을 촉진하고 있지만, 현재 제안된 대규모 사업들은 도심지역에 새 공용 주차장을 더 지으려 한다. 특히 승용차 접근성의 유지와 확대에 대한 상인 및 사업가들의 정치적 압력은 그간 여러 면에서 보행자 전용지구에 있어 좋은 성과를 보인 레이던과 흐로닝언 같은 도시에서도 여전히 존재한다. 레이던의 도시계획가들은 도심지역에도 주차 시설이 필요하며, 제안된 사업에서와 같이 (중심부에서 차량은 대부분 우회로로 운행되기 때문에) 일정 부분의 주차 공간 입지가 그리 해롭지는 않을 것으로 생각한다.

보행자 전용구역 조성과 관리에 대한 다양한 전략이 존재한다. 예를 들어 레스터에서는 보행자 공간이 보행자 전용(pedestrian-only)과 보행자 우선(pedestrian-preference)의 두 가지로 조성되었다. 전자가 거의 모든 자동차를 제한하는 것과 달리(특정 시각의 운반 차량만 예외), 후자는 자전거, 버스, 택시, 장애인 운전자 차량의 이용이 허용된다. 대체로 이러한 보행자 전용지구는 성공적이며 잘 작동되고 있는 것으로 보인다. 운반 차량은 보통 이른 아침 또는 오후 늦은 시간에만 통행이 허용되며, 상인과 거주민들의 접근성도 적정한 것으로 보인다.

다수의 세세한 자동차 정온화 기법이 레스터 도심에서 적용되어왔는데, 대표적인 기법으로는 노폭 좁히기, 커브길 배치, 연석 높이기 등이 있다. 흥미롭게도 노폭을 좁힘으로써 인도의 폭이 확대되었으며, 시는 넓어진 면적을 창조적인 용도로 변화시켰다. 이 공간에는 자전거 보관대, 쓰레기통, 벤치, 화분 등을 배치했다. 한 가지 사례로 "미로(the maze)"라고 불리는 정교한 벽돌 디자인이 도시에 예술적 요소를 보탬으로써 공간의 변화를 유도하였다. 많은 지역에서 정온 장치가 인도의 넓이와 길이를 상당히 늘려왔다. 특히 다양한 활동이 행해지는 낮 시간대에 레스터 주변을 걸어보면, 정온화된 거리를 보행자들이 어떻게 활용하고 있는지를 잘 알 수 있다. 사람들은 거리를 걷거나 건널 때(어떤 때는 부부 한 쌍이 유모차를 끌고 길 한가운데를 건너기도 한다) 달리는 자동차를 불안해하지 않는 것이 보통이다.

레스터 도심은 걷기에 기분 좋은 환경을 조성하도록 만드는 디테일로 가득 차 있다. 대표적인 특징은 세공된 철제 꽂이에 놓인 화분이 도심 전체에 계획적으로 배치된 것과 거의 모든 거리의 코너마다 표지판이 놓여 있어서 시청 또는 몽포르 성(De Montfort Castle) 등 다양한 지점으로 가는 길을 표시하는 것을 들 수 있다. 길을 잃거나 방향감각을 상실하는 일이 거의 발생하지 않는 것은 바로 이 인상적인 표지판 체계 덕분이다.

오덴세는 1980년대 중반부터 매력적인 보행자 전용구역을 운영해오고 있다. 이 구역은 서로 연결된 보행 거리들로 구성되어 있다. 베스테르고르(Vestergaard)는 약 500미터 길이의 가장 긴 거리로 도시의 척추에 해당하는 장소이다. 이 지역의 특징 중 하나는 많은 수의 조각품과 예술 창작품이다. 이 도시는 매년 적어도 하나의 새로운 조각품을 더 세운다는 방침을 이어오고 있다. 거리는 창조적으로 설계되어 굽은 길, 지그재그 길 등으로 미관 측면에서 다양성을 제공한다. 또한 곳곳에 나무가 심어져 있는데, 식목이 가능하지 않은 곳은 철제 새장에 식물들을 매달아 놓았다. 보행자 전용거리의 교차로마다 돌로 만들어진 원형 돌출 표지를 두어 방향을 알려준다. 오덴세는 현재의 보행자 전용구역이 도시 규모에 전반적으로 적합하다고 생각하지만, 구역 확대에 대해서는 조심스런 입장을 취한다. 즉 "스위스 치즈에 수많은 구멍(holes in the Swiss cheese)"처럼 보행자나 사람들이 굳이 가려고 들지 않을 장소가 너무 많아진다는 것이다. 여러 갈래의 길 중 어떤 길은 괜찮은 레스토랑이나 상점으로 연결되지만 그렇지 않은 경우도 많다.

흥미로운 사실은 동서 방향의 자전거 도로가 지구 중심을 관통하고 있으며 그 결과 꾸준한 자전거 교통 흐름이 존재한다는 것이다. 또한 자동차를 도심 가장자리에 주차하도록 장려하면서 순환도로를 따라 주차 공간을 마련하는 일도 하나의 전략으로 사용되었다. (돌이켜보면 약간의 실수로) 도시 중심부에 주차 시설이 허가된 경우도 있긴 했지만, 대개의 경우 이 전략은 성공적 효과를 거두었다.

빈도 도시의 주요 거리를 매우 성공적으로 활성화하였다. 마리아힐프슈트라세(*Mariahilfstrasse*)가 주목할 만한데, 이 거리는 붐비는 상가이자 주요 쇼핑구역으로서 부분적인 보행자 전용구역이 되었다. 인도가 상당히 확대되었으며 자동차 통행은 감소했다. 거리 대부분의 자동차 차선은 각 방향 한 차로만이 일방통행으로 되어 있고, 일부 교차로는 좁히거나 의도적으로 약간 높여 교통 정온화와 속도 완화를 유도한다. 그리고 조약돌을 이용하여 주요 통행로와 노상주차 공간을 구분 짓는다. 전략적으로 배치된 화분과 수직의 푸른 막대들이 보행자로 하여금 자동차로부터 보호받는다는 느낌이 들게 한다. 거리의 건축물은 4~5층 규모로 그리 소규모는 아니지만 색, 높이, 디테일의 다양성을 통해 긍정적인 분위기를 더해준다. 거리에는 역동적인 기운이 흐르는데, 그 이유는 이 거리가 특정 시점에 한꺼번에 의도적으로 만들어진 것이 아니기 때문이다. 도로가 좁아지고 새로운 가로등이 설치된 교차로 등에 형형색색의 광고용 배너가 산재해 있다. 이

빈의 보행자 전용구역은 교회, 주요 공공 건축물, 조각품, 분수대 등 다양한 볼거리를 제공한다. 보행 중심의 상업지역을 만들 때 흔히 보이는 상인들의 우려에도 불구하고, 이 거리는 경제적 측면에서도 대단한 성공을 거두었다.

거리를 보면, 자동차의 배제가 꼭 필요하지만은 않다는 것을 알 수 있다. 즉 이 거리는 보행자뿐만 아니라 자동차의 통행도 허용되는, 실용적이면서도 유쾌한 환경이 마련된 곳이다.

빈의 또 다른 인상적인 거리로는 노이바우가세(Neubaugasse)가 있다. 이곳은 가로환경 개선과 함께 교통 정온화에 성공하였다. 이 거리는 마리아힐프슈트라세와 교차하며, 차도를 좁히고 버스 전용차선과 자전거 차선을 두었다. 인도가 넓어졌고 나무가 심긴 화분들이 거리를 따라 놓였다. 노상주차면을 없애면서 생긴 공간은 인도에 흡수되었다. 표지판만 봐도 노이바우가세로 진입 중임을 알 수 있다(나무가 심긴 화분은 "I love Neubaugasse" 스티커로 장식된다).

도심부나 특정 거리를 보행자 전용구역으로 하자는 제안이 나오면, 예외 없이 사업상 손실을 두려워하는 상인들의 반대에 부딪힌다. 이는 많은 연구 사례에서 중요한 이슈였고 지금도 그러하다. 그간의 경험으로 미루어 보았을 때 이는 막연한 두려움으로 별다른 근거가 없으며, 오히려 자동차 통행을 제한하면 사업 활동이나 수익이 전보다 나아지게 된다. 실제로 흐로닝언의 경우, 자동차 통행을 제한한 어시장(Fish Market) 구역의 사업이 호전된 것으로 나타났다. 이와 비슷한 결과는 빈과 레스터의 사례에서도 알 수 있다. 레스터의 환경단체인 엔비론의 연구를 보면, 보행자 전용도로 부근의 임대료가 29% 상승했고, 상점의 공실률이 낮아졌다고 한다. 많은 지역에 대한 실제적 연구를 봐도 높은 보행 수준을 확인할 수 있다. 스톡홀름의 경우, 보행자 전용도로인 드로틴가탄(Drottingatan)에 너무 많은 사람들이 몰리는 바람에 방문객들이 움직이는 데 불편을 겪고 있다. (이를 고려한다면, 보행자 전용구역화의 상업적 이익에는 어떤 실제적인 한계도 있음을 알 수 있다.)

(거리가 봉쇄되거나 주차 공간이 없어지는 등의) 제한을 부과할 경우에는 대중에게 이 공간의 매력을 향상시키기 위한 적극적인 프로그램이 동시에 마련되어야 한다. 즉 단순히 자동차 통행을 금지시키는 것만으로는 부족하다. 이를 가장 성공적으로 이룩한 도시들은 사람들로 하여금 자신들의 도시를 방문하고, 살고, 쇼핑하고 싶은 공간으로 만들어야 함을 이해하고 있다. 빈, 암스테르담, 코펜하겐 등에서 매우 성공적인 보행자 전용도로 정책이 행해졌는데, 그 결과 새 공적 공간의 창조와 도심의 매력 증대가 함께 성취되었다.

메시지: 함께 누리는 삶

유럽 도시들은 주거와 삶의 환경에서 상당한 정도의 실험 사례들로 대표된다. 이러한 다수의 긍정적 사례는 이미 대서양을 건너 미국에서도 엄청난 동기부여가 되고 있다. 1990년대 초반 만들어진 뮈어 커먼스 등의 코하우징 사업에서 도출 가능한 삶의 공유 방식은 미국에서도 꽤 진전을 이루었다. 맥카먼트와 듀럿(McCamant and Durrett, 1998)은 100여 개 이상의 코하우징 사업이 미국 전역에서 행해지고 있다고 보고했다. 그러나 미국에서 실시되는 프로젝트 중 일부는 이 책에서 다루고 있는 그린 어바니즘과 맥을 같이하지 않을 때도 있다. 그중 다수는 전원 녹지대에 위치해 있기는 하지만 극단적인 자동차 의존형의 모습을 보인다. 그리고 유럽과 달리 도시 밀도가 그리 높지도 않다. 콜로라도 주 라파예트(Lafayette) 근처의 공동주택 프로그램인 나일랜드(Nyland)가 바로 방금 지적한 내용을 안고 있는 사례이다. 나일랜드는 기존 도시 외곽의 시골 녹지대에 자리하여 언뜻 보아도 자동차 의존적이다. 주택은 에너지 절약형으로 긍정적이지만, 이 지역의 밀도는 겨우 1에이커당 1가구 정도로서 스프롤의 한 형태를 나타낼 뿐이다.

그러나 몇몇 미국의 코하우징 사업은 도시의 구조 형성에 일조하고 강화시키는 경우도 있다. 캘리포니아 주 데이비스(Davis)와 그 밖의 사례를 보면, 도시지역에도 이 모형이 적용될 수 있음을 보여준다. 데이비스의 엔(N) 스트리트 코하우징 사업은 미국 도시에서 나타난 최초의 코하우징 사례 중 하나이다. 이곳의 기존 도시지역 주민들은 담을 허물고 뒷마당에 공동 공간을 두어 정원, 닭장, 12개 주택과 한 개의 공동주택을 모두 연결하는 돌길을 만들었다. 다른 비슷한 도시형 코하우징 프로젝트나 '도시협동

조합 블록(urban cooperative blocks)'은 포틀랜드, 새크라멘토 등에서도 시도되었다(Norwood and Smith, 1995 참조). 이들 사례의 경우, 교외 및 준교외에 위치한 유사 사업들에 비하여 훨씬 우수한 유럽형 공동체 디자인을 반영하고 있다. 미국에서 생태마을에 대한 관심이 증대하는 것도 이와 비슷한 관점에서 볼 수 있을 것이다. 문제는 이러한 생태마을 아이디어가 좀 더 압축적인 도시환경에도 적용되도록 하는 것인데, 이 장에서 폭넓게 논의된 유럽형 생태마을의 사례를 보면 그것이 실제로 가능하다고 여겨진다.

코하우징 운동은 디자인 측면에서도 매력적이지만, 전통적으로 교외의 1가구 단독주택을 선호하던 미국인들의 주택과 거주 방식에 더 많은 선택의 여지를 준다는 점에서 중요성을 갖는다. 인구 통계학적으로 가족의 규모가 감소하고 1인 가구와 노령인구가 급증하는 현실 속에서, 그리 비싸지 않은 주택 가격에다 개인의 독립성, 프라이버시, 이동성 등을 모두 아우르는 다양하고 실용적인 주택 유형을 마련하는 것이 중요해졌다. 이러한 인구사회학적 경향을 고려할 때, 상가주택이나 부속주택과 같은 유럽의 많은 주택 유형은 충분히 고려해볼 만한 가치가 있다. 미국의 도시들은 (그리고 연방 및 주 정부도) 단지 이런 유형의 주거 단위를 허용하는 것뿐만 아니라, 유럽 도시처럼 재정적 지원 등을 통해 이러한 개발을 촉진·장려해야 한다. 이 책에서 논의된 유럽 도시들은 다양한 도시 활동이 근접해 있고 어떤 용도든 훨씬 쉽게 받아들이는 복합 용도 도시환경의 이점을 극적으로 보여주는데, (아마도 대부분의) 미국 도시에서라면 모든 게 서로 분리되도록 만들어졌을 것이다.

유럽의 사례가 주는 가장 기본적인 교훈은 도시 자체의 의미와 아름다움 그리고 기능성이라는 측면에서 얻을 수 있다. 이 책에서 관찰된 대부분의 도시는 방문과 거주 측면에서 매력을 유지하거나 더 높여왔다. 도심의 인구는 상당히 많고 경제는 대부분 건강하다. 주거와 삶의 환경을 발전시키려는 시의 강력한 신념은 본받을 만한 가치가 있다. 물론 활력이 넘치는 도심을 유지하기 위해서는 압축도시 형태를 강조하는 가운데 도시계획 및 토지 이용 시스템의 강력한 통제, 도시를 떠받드는 각종 도시기반시설 (특히 대중교통에 대한) 투자 능력과 의지가 있어야 가능하다. 살기 좋은 도시를 창조하기 위한 다양한 선행조건들이 여기서 논의되었는데, 이는 제2장의 토지 이용 정책과 기본적으로 연결되는 것이다.

미국의 많은 도시에서 이러한 긍정적인 변화의 신호가 나타나고 있는데, 예를 들어 도심지 거주에 대한 관심이 증대하고 있다. 그런 경향을 보이는 대표적인 곳으로는 덴버(Denver, CO)가 있는데, 이 도시에서는 인구의 유입과 개발이 도심부 남쪽(Lower Downtown, "LoDo")에서 급증해왔다(Brooke, 1998). 이는 폭넓게 더 확장되는 도심의 어메니티와 여가가 주는 매력 때문에 나타난 결과로, 극장과 발레공연장, 쇼핑과 레스토랑에 대한 근접성, 자식을 떠나보낸 노부부(empty nesters)의 증가, 자산매각소득세의 변동, 그리고 아마도 가장 중요한 것으로 도심 범죄율의 대폭 감소 등이 그 이유이다. 유럽의 경험에서도 알 수 있지만, 안전에 대한 보장만 뒤따른다면 많은 사람들이 도심 및 그 주변에서 기꺼이 살려고 하거나 오히려 이곳에 정착하는 것을 더욱 선호할 것이다. 미국에서도 걸어다닐 수 있는 주거지, 또 자동차 의존성을 줄이는 삶의 방식 등이 사람들에게 긍정적으로 받아들여지고 있다. 최근의 한 연구에 의하면, 덴버 도심의 직장인 70%가 도심 근처에서 사는 것을 선호하는 것으로 나타났다(Brooke, 1998에서 재인용). 최근 《뉴욕 타임스》에 보도된 대로 이른바 'LoDo 지역 주민들의 정서'는 시간이 갈수록 보편화하고 있는데, 즉 "승용차 하나를 그냥 없애 버렸고⋯⋯ 여기 사는 자체가 꼭 휴가를 온 것 같은 느낌"이라는 것이다(Brooke, 1998: 1에서 재인용).

유럽 도시에서 가장 인상적이었던 것 중 하나로 공적 공간과 보행 공간의 역할에 대하여 특별히 언급해 둘 것이 있다. 미국의 시민적·공적 공간은 보통 특정한 형태를 띠고 있는데, 즉 미국인들은 보행자 전용거리나 광장 대신에 쇼핑센터, 야구장 등 운동경기 시설과 골프장을 찾는다(South and Parthasarathy, 1997). 흔히 이야기되는 것처럼, 직장이 갖는 중요성과 TV(이제는 인터넷)가 지배적인 영향을 끼치는 문화 때문에 공적 공간의 이용이 방해된다. 분명히 미국에 이런 방해 요소들이 있기는 하지만, 이것이 비단 미국에만 존재하는 것은 아니지 않은가. 많은 미국 도시에서 활력 넘치는 대중적 보행 공간이 성공적으로 만들어진 것도 간과할 수 없다. 볼더(콜로라도 주), 샬럿츠빌(버지니아 주), 벌링턴(버몬트 주) 등에서 비교적 성공적인 사례가 발견되는 지역을 보면, 미국인들도 올바른 조건만 갖추어진다면 거주, 쇼핑, 방문을 위한 그러한 공간에 매력을 느낀다는 것이다. 도심 전체 또는 부분이 보행자 전용화된 성공적인 사례들로 미니애폴리스, 새크라멘토, 포틀랜드(도심 대중교통 전용지구)를 들 수 있다. 이 도시들은 유럽 도시와 마찬가지로 의도적인 토지 이용 결정을 통하여 중심지에 시민과 공동체 기능을 두는 데 성공하였는데, 그럼으로써 도심부 근처에 주택과 사람을 함께 배치하고 아주 매력적인 환경을 조성한 것이다. 즉 사람들로 하여금 방문하고 무언가를 경험하며 구경하고 싶은 곳으로 만든다.

워런(Warren, 1998)은 자신이 "도시 오아시스(urban oases)"라 부른 중심지가 고밀도의 보행자 전용공간이 창조될 수 있는 곳이자 자동화된 안내 시스템 및 사람의 통행이 주요 대중교통망과 연결되는 곳이어야 한다고 주장한다. 나무로 가득찬 녹색의, 승용차가 주변으로 밀려난 압축형 보행지역이 미국의 도시 및 교외 여기저기에 더 널리 창조될 수 있을 것이다. 그는

미국에서도 보행자 전용지구가 된 사례가 적게나마 존재한다. 콜로라도 주 볼더가 대표적인 예로, 도심지역 펄 스트리트 몰(Pearl Street Mall)은 상점, 레스토랑, 사무실 공간이 혼합된 지역으로 활력 넘치는 보행자 전용지구의 핵심이다.

이 아이디어를 아래와 같이 풀어냈다.

> 군집형 개발지는 이상적으로 하나 또는 그 이상의 핵심적인 인문적·사회적 서비스 기능이 지점마다 포진되도록 하는 것으로, 그 주요 요소로는 도서관, 교육기관, 공공기관, 의료시설, 박물관 지소 등이 될 것이다. ……
> 녹색의 압축형 보행지역을 문화·상업·교육의 중심 주변 각각에 배치하는 가운데, 신규 건설 사업의 상당한 부분이 기존 광역권의 도시 내부 및 교외 중심에 중점 배치된다. 이는 개별 사업 각각에 대하여도 가능한데, 점진적으로 이미 포장된 도시 공간의 상당 부분, 예컨대 버려진 동네, 수변 공간, 노후 시설로서 폐쇄된 산업 및 군사 기지, 그리고 분산화의 물결로 버

려진 수많은 상업지구 등을 최대한 활용하여 땅을 개간(reclaim), 재활용(recycle), 재조경(relandscape) 할 수 있는 것이다(1998: 71).[12]

미국인들이 진정 승용차에 대한 의존을 줄이고 보행자 전용공간의 가치를 받아들일 준비가 되었는지에 대한 의문이 생길 수 있다. '전미자전거·보행연구(The National Bicycling and Walking Study)'에 의하면, 이 의문에 대하여 잠재적이지만 긍정적인 분위기가 존재한다고 한다. 이 연구가 주장하는 바는 건강과 환경 측면에서 누릴 수 있는 엄청난 이익을 널리 알릴 수 있다면 보행 및 자전거 통행을 지금보다 배로 늘리려는 (현재 통행에 있어서 보행과 자전거의 비율은 7.9%인데 이를 15.8%로 확대한다는) 목표의 달성이 매우 현실성을 가진다는 것이다.[13]

즉 올바른 상황만 주어진다면 디자인과 도시계획이라는 한 묶음의 전략 아래 미국 도시에서도 보행자 중심도시의 조성이 가능하다는 것이다. 물론 이를 위한 핵심 요소로 훌륭한 대중교통 서비스, 고밀도의 복합 주택과 이와 관련한 활동, 사람들이 가고 싶어 하는 (코펜하겐 같은) 매력적인 장소 설계 등이 수반되어야 한다. 수십 년간 계속되었던 자동차 중심의 교외 주변도시(edge-city) 풍경이 창조적 방식으로 재정비되어온 것은 매

∵
12) [원주] 워런(Warren, 1998)은 보행자 구역이 미국보다 유럽에서 더 성공적이었던 이유를 다음과 같이 설명한다. "유럽은 이미 경제적으로 강력한 기초에다 기본적으로 구심력을 가진 도시 시스템을 보유하고 있었으며 보행자 구역은 이를 더 강화시켰다. 뿐만 아니라 유럽은 거의 모든 공동체에 통합된 대중교통 시스템을 제공하려는 의지를 각 정부 단위에서 보여 왔다. 왜냐하면 이들은 대중교통의 보급을 도시 외곽의 자연환경 보호는 물론 연료, 도시 공간, 대기를 함께 보전하는 합리적 수단으로 보기 때문이다. 반면 미국에서는 대중교통을 자동차 살 여력이 안 되는 사람들에 대한 사회적 서비스로 여긴다(64쪽)."
13) [원주] 1990년도에 행해진 '전미개인통행연구(Nationwide Personal Transportation, NPTS)'에 의하면, 모든 통행에서 보행이 차지하는 비중은 7.2%이며, 자전거의 비중은 0.7%였다.

우 유망한 징조이다. 극단적인 교외 주변도시인 (버지니아 주) 타이슨스 코너(Tyson's Cornor)에서는 대중교통의 확대는 물론 걷기 지향성이 강조되는 도심 계획이 진행 중이다. 이러한 도시 설계와 보행 공간의 교훈을 창조적으로 적용하려는 기회는 앞으로 더 늘어날 것이다.

제3부
그린 어바니즘 도시의 교통과 통행

제4장
대중교통 도시: 대중교통의 혁신과 우선순위

높은 이동성을 지닌 대중교통 도시

　미국 도시에 비하여 유럽 도시들이 지속가능성 측면에서 더 우수하다는 것은 대중교통 체계와 이동성에 대한 접근 방식만 봐도 알 수 있다. 유럽 도시의 경우 환경 및 그 밖의 다른 문제와 함께 지나친 자동차 의존의 한계를 확고하게 인식하고 있으며, 이동성을 향상시키기 위하여 환경 친화적인 다른 대안을 찾는 데 강력한 우선순위를 둔다. [그림 4.1]은 독일 뮌스터 시가 제공한 자료로, 다양한 이동수단 중 어떤 것을 택하느냐에 따라 환경과 공간에 끼치는 영향이 상이함을 보여준다.
　이 책의 사례 도시들은 빠르고, 편안하며, 믿을 만한 대중교통 시스템을 수립하고 유지하는 데 높은 우선순위를 둔다. 각 도시마다 대중교통 시스템의 세부 구성 요소는 다르지만 일반적으로 철도, 트램(tram, 노면전차), 지하철, 버스가 어우러진 통합체이다. 사례 도시의 대중교통 이용률은 높은 수준이며, 수송수단별 분담을 보면 유럽에서 대중교통이 갖는 중요성을 알 수 있다. 예컨대 스톡홀름 광역권에서는 출퇴근 시간대 약 70%의 통행이 대중교통으로 이루어지며, 전체 시간대에도 그 비중이 40%에 이른다. 위트레흐트에서는 도심 통행의 40%가 대중교통 수단이다(또 다른 40%

[그림 4.1] 자전거, 승용차, 버스의 비교
도시 내에서 이용 가능한 이동수단을 시각적으로 나타내어 비교한 모습이다. 독일 뮌스터 시가 제공한 이 사진은 동일한 수의 사람들이 각각 어떻게 자전거, 승용차, 버스에 수용되는지를 보여준다.

는 자전거). 베를린의 수송 분담에서도 대중교통이 40%를 담당한다. 그러나 베를린은 이에 만족하지 않고 도시구역 내에서는 80%, 교외지역을 포함할 경우 60%의 수송 분담이 대중교통을 통해 이루어지도록 할 계획이다. 헬싱키는 전체 통행의 55%가 친환경 교통수단(대중교통 30%, 보행 16%, 자전거 9%)으로 이루어진다. 취리히에서도 시내 방향 통행의 약 30%가 대중교통이며 도시구역 내에서는 40%이다. 코펜하겐의 경우 시내 통근자의 약 31%가 대중교통을 이용한다(34%는 자전거).[1]

대부분의 미국 도시에서는 (뉴욕과 시카고 등) 몇몇 특이한 예외가 있지

---

1) 미국의 대도시 가운데도 뉴욕, 시카고, 보스턴 등 압축 개발이 이루어져 있고 특히 지하철이 운행되는 예외적인 경우에는 대중교통의 분담률이 매우 높지만, LA나 휴스턴 등의 대도시는 여전히 승용차가 주류이며 거의 모든 중소 도시들도 비슷한 상황이다. 참고로, 서울의 2009년도 수송 분담률을 보면 버스 30%, 지하철 34%, 자가용 20%, 택시 9% 정도로 대중교통 이용 측면에서는 웬만한 유럽 도시에 뒤지지 않는다. 물론 지하철이 없는 지방 도시의 경우에는 서울과 사정이 많이 다르다.

만, 대중교통에 의한 통행이 매우 적은 편이다. 로스앤젤레스 광역권은 겨우 8% 정도의 통행만이 대중교통을 통해 이루어진다(Safdie, 1997). 미국 전체에서 통근 시 대중교통을 이용하는 비중은 단지 5%뿐이며, 전체 도시지역 통행의 경우에는 2%에 불과하다(Warren, 1998).[2]

미국 도시와 대조적으로 유럽 도시는 대중교통에 대단히 많은 투자를 해왔으며 통행수단 역시 더 환경 친화형으로 촉진하고 홍보하기 위해 수많은 조치를 취해왔다. 위트레흐트 같은 도시들은 도시 형태, 토지 이용의 결정 및 정책, 그리고 대중교통에 대한 투자 등의 복합적인 조치를 통하여 다수의 유럽 도시에 존재하는 높은 이동성 수준의 전형을 보여준다. 위트레흐트 중앙역은 글자 그대로 도시의 중심에 자리하여 수시로 통근 및 도시 간 이동 서비스를 제공하는데, 네덜란드 최대의 쇼핑몰이 역에 인접해 있으며 도심까지 걷거나 혹은 자전거를 이용하면 금방 닿는 거리에 위치한다.

영국의 도시계획가인 피터 홀(Peter Hall)은 최근 몇 십 년간 유럽 도시에서 엄청난 규모의 대중교통 투자가 행해졌다고 말한다. 그는 이러한 투자가 다섯 가지 "주요한 형태"로 이루어졌다고 하는데, (1) 기존의 중전철 연장(예: 파리 전철) (2) 신규 중전철 시스템(예: 브뤼셀, 암스테르담, 빈) (3) 옛

---

[2] 이 책이나 비슷한 문헌에서 '교통' 또는 '수송'의 의미로 traffic, transport, transportation 등이 혼용되고 있다. 일부 서구 국가, 예컨대 스웨덴의 경우는 '교통'의 의미로 communication을 사용하면서 사람과 물자의 '소통'을 강조하기도 한다. 교통 분야 학술문헌에서는 종종 비슷한 개념을 구분하여 쓰기도 하는데, 우선 '교통'은 사람과 물건이 공간적으로 이동하는 의미이다('국가교통DB'의 교통용어 참조). '통행(trip)'의 경우 엄밀히는 어느 한 지점에서 다른 지점으로 1회 이동하는 것을 뜻하는데, 즉 보행-승용차 등 서로 다른 통행수단을 구분하며, 보행 및 승용차를 각각 이용했을 경우 2개의 교통수단으로 2회의 통행이 이루어진 것으로 본다.

대중교통에 대한 의존은 유럽 도시에서 나타나는 핵심적 특성이다. 오스트리아 린츠에서는 전차가 보행자, 자전거, 승용차와 도시 공간을 공유하는 풍경을 흔히 볼 수 있다.

전철 시스템을 어엿한 경전철로 전환하는 형태로, 제3계층의 주요 지방도시에서 나타나는 방식(예: 하노버, 프랑크푸르트, 슈투트가르트, 낭트, 툴루즈, 그르노블) (4) 신규 고속철도(많은 독일 도시의 S-Bahn 열차) (5) 도시 간 고속철도(Hall, 1995: 69~70)를 말한다.[3] 모든 것을 종합해봤을 때, 대중교통에 대한 이 정도 규모의 투자는 매우 인상적이라고 할 수 있다.

⋮

3) 서울, 부산, 대구 등 우리나라 대도시에서 운행되는 지하철은 중전철(重電鐵)이다. 경전철 또는 경량전철(輕量電鐵)은 지하철과 시내버스 중간쯤의 수송 능력을 갖춘 것이 보통으로 유럽의 많은 도시에서 새로운 대중교통 수단으로 활용되고 있으며, 그 범주에는 소형전철, 모노레일, 자기부상열차 등이 포함된다. 경전철은 보통 15~20킬로미터의 단거리 도시구간에 운행되며, 중전철의 경우 건설비가 킬로미터당 1,000억 원 이상이지만 경전철은 그 40% 정도이며 관리비나 인건비도 훨씬 덜하다. 반면 수송 인원이 많지 않고, 특히 지상으로 운행하는 경우가 많아 소음이나 미관 측면의 단점도 지적된다.

대중교통 전략 및 해결책

앞서 언급한 도시에서 대중교통이 계획 및 집행되는 과정에는 놀라운 특성이 다수 존재한다. 대중교통은 필수 공공재(public goods)로 공공복지 영역에서 반드시 필요한 기본적 공공서비스로 인식된다. 이러한 관점에서 비롯한 것으로, 승객들이 현재의 버스·지하철 요금보다 더 많은 지불을 하여 대중교통을 보조해줄 용의가 있는지가 중요하다. 거의 모든 도시에서 신규 투자와 기존 대중교통망이 확장되고 있다[몇 가지 예외도 있는데, 런던 지하철(The London Underground)의 경우 오랜 기간 투자가 없었다. London First, 1997 참조].[4] 대중교통 투자의 사례로, 스톡홀름에서 계획된 새 경전철 시스템은 현재의 방사형 대중교통망의 측면 네트워크를 보강해줄 것이다. 이탈리아 볼로냐의 경우, 최근 야심 찬 새 교통계획을 통해 도시 안에서 기존의 광역철도망을 확장하는 신규 전철 시스템을 제안하고 있다(도시지역과 교외지역에 각각 6개, 7개의 역사를 새로 늘린다). 아일랜드의 더블린 또한 신형 경전철 도입을 추진 중이다.

현재 에스반(S-bahn)과 우반(U-bahn)을 새로 건설 중인 베를린도 대중교통 체계를 획기적으로 확장하고 있다. 중앙정부의 지원에 힘입어 함부르크를 기종점으로 하는 자기부상철도(maglev, magnetic levitation)까지 건설할 계획인데, 그리되면 이 도시 북쪽의 새 기차역(Lehrter Bahnhof)까지 열차가 다니게 된다. 그뿐만 아니라 트램을 도시의 서부 쪽으로 확장하려

---

4) 런던 지하철은 "The Tube"로 불리기도 하는데, 1863년에 세계 최초로 운행되기 시작했으며 1890년부터 전동 열차를 이용했다. 270개 역, 402킬로미터에 걸친 세계에서 두 번째로 큰 지하철 망으로 런던 대도시권에서 서비스가 제공된다. 유럽 대륙에서는 1896년 헝가리의 부다페스트에서 처음으로 지하철이 운행되었다.

는 계획도 있다.

취리히 같은 도시도 대중교통 개선에 우선순위를 두었으며 이를 확대하려 노력해왔다. 이러한 우선순위 방식에는 몇 가지가 있는데, 취리히의 경우 트램과 버스는 전용 보호차선을 따라 운행된다. 교차로의 교통신호 체계에서도 이들을 위한 신호등이 따로 마련되어 있다. 승용차가 대중교통 운행 과정을 방해하지 않도록 도로 체계의 변화와 개선을 위해 노력했다[예: 트램 노선에서 좌회전 금지, 특정 지역의 주정차 금지, 보행섬(pedestrian islands) 조성 등].[5] 티켓 한 장으로 (버스, 트램, 새로운 광역 지하철 시스템 등) 이 도시의 모든 대중교통 수단을 이용할 수 있다. 취리히 주 전체에서 기차역이나 버스 정류장이 수백 미터 밖에 있는 지역은 거의 없으며 대중교통 운행 빈도 또한 매우 높다.

이 도시들은 자동차 의존적 통행 방식을 낮추고 대중교통을 더 매력적이고 실용적으로 만들기 위해 많은 조치를 취하고 있다. 다음 번 트램, 기차, 버스가 언제 도착하는지를 실시간으로 알려주는 시스템은 점진적인 개선이 이루어진 많은 사례들 중 하나일 뿐이다. 이러한 실시간 도착정보 알림 서비스는 암스테르담, 린츠(Linz), 자르브뤼켄(Saarbrücken)의 전차역과 아메르스포르트, 됭케르크(Dunkurque) 등의 버스 정류장에서 볼 수 있다. 이런 개선 노력이 대중교통 이용자들에게 커다란 도움이 되는 것이다.

∴

5) 보행섬(pedestrian islands) 또는 교통섬(traffic islands)은 차량의 주행을 제어하거나 보행자를 보호하기 위해 차선 사이에 설정한 구역이다. 보통 연석 등으로 둘러 쌓여 높게 되어있으며, 그 기능에 따라 유도섬, 분리섬, 안전섬의 세 종류로 분류된다. 교차로 내 중앙분리대 또는 외측분리대도 교통섬으로 볼 수 있다. ('국가교통DB'의 교통용어 참조, www.ktdb.go.kr)

대중교통과 토지 이용의 조화

대중교통 투자가 주요 토지 이용 결정을 보완하면서 조화를 이룬다는 점이 중요하다. 실제로 이 책에서 다뤄지는 모든 신성장지역은 기본적이고 우선적인 설계를 통해 훌륭한 대중교통 서비스를 보유하고 있다. 아울러 대중교통 정류장과 인접한 곳에서 주요 도시 활동과 대형 개발 사업이 일어날 수 있도록 협력하고 있다. 이 책의 사례 도시들은 주택 건립이 끝난 뒤에 교통망을 정리하는 것이 아니라, 오히려 주택 사업 진행과 함께 교통망에 대한 투자가 동시에 이루어진다. 프라이부르크의 리젤펠트 신개발지역은 사업이 끝나기도 전에 이미 신규 트램 선로를 설치하였다. 암스테르담의 니우 슬로턴 성장지구에서도 첫 번째 주택단지가 지어진 직후에 전차 서비스가 개시되었다(Oskam, 1995). 에이뷔르흐 성장지구는 신형 고속전차(high-speed tram)의 혜택뿐만 아니라 장기 관점에서 암스테르담에서부터 연장되는 지하철 서비스의 혜택도 받게 될 것이다.

네덜란드 정부는 국가적 차원에서 대중교통의 이용을 증대시키고 자동차 이용을 줄이려는 정책을 수립해왔다. 이는 A-B-C 정책으로 불리는데 대규모의 공공·상업 활동이 대중교통 요지에서 이루어지도록 유도하려는 취지이다. 이 세 유형의 자세한 내용은 아래와 같다(Elsenaar and Fanoy, 1993: 10).[6]

---

6) 이 A-B-C 정책은 1988년도 네덜란드 국가공간계획 제4차 보고서에 처음으로 등장하였다. 이 정책은 대중교통 이용의 용이성, 승용차와 기타 교통수단 시설의 여건과 유형, 시설/업체 등의 고용 및 방문 상황, 기타 여건 등을 종합 고려하여 시설의 입지 및 주차 공간까지 규제한다.

A형 용지: 대중교통 요지로서 주요 기차역과 도심부 가까이 위치하며, 승용차를 이용한 접근이 쉽지 않고 주차 공간도 제한적이다.

B형 용지: 대중교통 요지로서 대중교통과 승용차 모두 접근하기 좋으며, 보통 교외의 기차역이나 우수한 대중교통 수단 가까이에 위치한다.

C형 용지: 도시의 가장자리에 위치하여 간선도로망과 직접 연결되고 대중교통으로는 접근하기 어렵다.

A형 용지에는 주로 병원이나 중앙정부 사무실 등 대형 시설이 들어서며 중앙정부가 이 정책을 강력히 시행해왔다. 또한 국가적 기준이 있어서 용지 유형에 따라 주차 공간이 제한되는데, 이는 승용차 의존을 줄이고 대중교통 이용을 촉진하기 위한 것이다. 비즈니스의 입지와 관련해서, 중앙정부는 어떤 특정 입지에서의 프로젝트가 진행되지 않도록 막을 수는 있지만, A-B-C 정책의 집행과 주차 제한은 대체로 지방정부가 한다. 어떤 민간 기업은 승용차 의존성이 지나치게 높은 곳에 위치하여 필요 이상의 주차 공간을 허용받기도 하지만, 전반적으로 이 입지 전략은 잘 작동되고 있는 것으로 보인다(특히 란트슈타트의 경우).

이 A-B-C 정책은 압축도시 전략을 수행하는 핵심 메커니즘이며, 또한 도시를 강하게 만들고 잘 짜인 고밀도 도시 형태로 구성하는 데도 분명 도움을 준다. 네덜란드 정부의 입지 정책에 대한 신념을 볼 수 있는 최근의 사례는 주택·공간계획·환경부(VROM)의 신청사 입지 및 건설 과정이다. 신청사는 과거 흩어져 있던 이 부처의 사무실을 한 군데로 모았는데, 위치가 덴하흐 중앙역 바로 건너편이었다.

다중 · 통합 교통 시스템

여기 소개한 유럽 도시에서 대중교통을 통합 운영 하고 있는 것은 인상적이다. 유럽의 각종 대중교통 수단들은 상호 보완적으로 작동하도록 투자되고, 노선 역시 잘 조정된다. 예컨대 다수의 연구 대상 도시에서 광역권 및 국가 철도 시스템은 지역 단위의 대중교통망과 전적으로 연계되어 있어서 환승이 쉽다.

대중교통을 매력적이고 편안한 수단으로 만들기 위하여 기울인 노력이 대단하다. 취리히나 프라이부르크 같은 도시들은 트램의 속도를 높이고 신뢰를 향상시키기 위하여 부단히 애써왔다. 최근 프라이부르크는 다른 도시와 마찬가지로 바닥이 낮은 트램을 구입하기 시작했는데, 이를 통해 유모차나 휠체어를 싣는 것이 용이해지며 승·하차 속도도 빨라진다. 이러한 개선은 장애인이나 노인의 접근성도 더 강화시킨다.

이 책에서 논의되는 대중교통 수단의 속도와 편리성 그리고 즐거움을 향상시키기 위해서 취해지는 많은 개별 조치 및 디자인 요소의 누적 효과는 놀라울 정도이다. 스톡홀름에서는 지하철 역사의 미적·예술적 요소를 강조한다. 스톡홀름 지역대중교통공사(SL)는 해마다 상당한 자금을 공공 예술 부문에 투입하여 신규 건축 및 재건축 비용의 일정 비율이 예술 쪽으로 쓰이도록 의무화하였는데 그 결과는 매우 놀랍다.[7] 예로 쿵스트레고르덴(Kungsträdgården) 역은 조각품, 벽면과 천장의 그림, 그리고 파격적으로 다채로운 환경이 전철 역사 자체를 하나의 관광 명소로 만들고 있다.

수많은 유럽 도시들은 미국 도시처럼 트램 또는 전차(streetcars)의 가치

---

7) SL(Storstockholms Lokaltrafik AB)은 스톡홀름의 대중교통을 관장하는 공영 기업이다.

를 재발견하고 있다. 독일의 자르브뤼켄은 트램을 도입한 좋은 사례로 이 도시는 1997년 중심부를 관통하는 새 트램망을 출범시켰는데 건설이 끝나기까지 3년이 걸렸다.[8] 자르브뤼켄은 1960년대 초까지 트램 서비스를 유지하다가 당시로서는 혁신적인 대안이었던 버스를 선호하면서 트램 서비스를 홀대하기 시작했다. 그러나 버스는 이 도시에서 지속적으로 문제를 일으켜왔다. 도심의 거리는 더 많은 버스 교통을 수용할 수 없음이 명백해졌고 중심부에서 (공기 중의 높은 질소산화물과 오존 농도 등) 대기질 문제가 심각해졌다. 버스의 대수를 더 늘린다면 (더 많은 운전사가 필요함과 동시에) 비용이 더 소요되었을 것이다. 이런 상황에서 트램은 명쾌한 해결책을 제시해주었다. 노선의 건설 기간 동안 인근 상인들이 불편을 겪긴 하였으나, 주민들 대부분이 현재 트램의 기능에 대하여 만족하고 있으며 매일 2만 5,000명이 전차를 이용한다.

자르브뤼켄 트램은 몇 가지 독특한 디자인 요소를 지닌다. 첫째, 정책 결정 당시 트램이 독일철도(Deutsche Bahn, DB)의 철로를 다닐 수 있도록 광궤 시스템으로 설치되었다.[9] 이는 비용 대비 효과의 측면에서 매우 좋은 전략이었고, 결과적으로 트램은 기존의 DB 철로에서 시속 40~50킬로미터 속도로 운행되며, 단지 3킬로미터만 추가 건설되었다. DB 철도망은 사람과 마을이 있는 곳으로 따라가는 경향이 있기 때문에, 이 또한 도심으로의

⋮

8) 자르브뤼켄은 독일 남서부 자를란트(Saarland) 주의 주도로서 인구는 약 17만 5,000명(2010)이다(출처: 위키피디아).
9) 세계적으로 철도의 표준 넓이는 1,435밀리미터로서 이보다 폭이 넓으면 광궤(broad gauge), 좁으면 협궤(narrow gauge)라고 한다. 광궤는 건축비가 많이 들지만 고속운전을 할 수 있으며 러시아, 핀란드, 스페인, 인도 등이 채택하고 있다. 협궤는 산악지형 또는 교통량이 한산한 곳에 주로 설치되는데 일본, 베트남, 타이 등 일부 지역에 사례가 있으며, 현재 우리나라의 철도는 표준 궤간이다(출처: 네이버 백과사전).

독일 자르브뤼켄은 독일철도의 철로와 노선을 활용하는 광궤 전차망을 새로 건설하여 운행을 시작하였다.

승용차 통행량을 줄일 수 있는 큰 잠재력을 지니고 있다. (매일 많은 승용차가 도시 안으로 출근하고 있으므로 이는 매우 심각한 문제이다.) 트램은 대형 차량을 이용하는데, 어떤 경우에는 3~4개의 차량을 운전사 혼자 운행한다. 또한 이는 전용차선에서 운행되며 교차로에서 신호우선권을 갖는다.

프랑스의 됭케르크 시는 새 트램 시스템의 건설 방안을 연구하고 있는데, 즉 지역 내 몇몇 중요한 곳을 동—서 방향으로 연결하고, 마찬가지로 기존의 철도 회랑 및 노선을 활용할 것이다. 현재의 구상은 트램 노선을 기존 철도망과 연결하여 벨기에 해안을 따라 네덜란드 국경까지 이으려는 것이다. 이론적으로는 이렇게 함으로써 됭케르크에 정차하는 테제베(Train à Grande Vitesse, TGV) 고속철도에 네덜란드 및 벨기에 주민들이 쉽게 접근할 수 있다(파리까지 빠르고 훌륭한 서비스를 제공할 수 있다). 그리고 됭케르크 주민들은 벨기에 기차를 타고 브뤼셀까지 직행으로 갈 수도 있다.

이탈리아 볼로냐에서는 새로운 교통 및 수송 계획이 지역 전체적으로 대중교통을 상당 부분 확장하고 개선시킬 것으로 내다본다. 이 계획에는 광역철도망 개발과 트램 노선 신설 등의 분야에서 신규 투자가 계획되어 있다. 버스는 현재 볼로냐에서 가장 많이 이용되는 대중교통 수단으로서 광역권에서 도시 중심으로 가는 전체 교통의 40%를 차지한다. 볼로냐 시는 도심으로의 주요 통근 패턴을 파악하여 이러한 특정 회랑을 따라 가는 광역철도 서비스를 확장하려는 계획을 마련해왔다. 이 확장 계획에는 도시 내에 6개, 도 지역에는 7개, 총 13개의 역을 신설하는 내용이 포함되어 있다. 열차의 운행 빈도 또한 충분히 늘어남으로써 출퇴근 시간대에는 기차가 10분마다 운행된다. 철도역 주변에 수많은 대중교통 환승주차장(park-and-ride)을 제공하는 것도 이 계획 중 하나이다.[10] 정교하지 못한 버스 노선 또한 좀 더 효과적으로 승객들을 역으로 실어 나를 수 있도록 새롭게 설계된다. 버스 노선의 통합 운영을 북쪽 노선에서 모의실험 해본 결과, 열차 승객이 40% 늘어난 것으로 나타났다.

볼로냐의 대중교통 전략에서 트램 시스템 건설은 핵심 요소이다. 이 시스템은 계획에 따라 시의 동쪽 및 북쪽 지역에서 도시 중심에 이르는 주요 노선으로 이루어질 것이며, 이 도시의 근교지역 가운데 하나인 산 라라고(San Larrago)로 운행될 예정이다. 이 노선은 또한 공항과 지역 내 최대 병원이 있는 서쪽으로도 확장되고, 북동쪽으로도 이어지게 된다. 이 트램망은 도시의 역사적 중심부인 피아치 마고네(Piazzi Maggone)로 집결된다.

볼로냐의 신설 트램망은 몇 가지 중요한 기능을 맡게 될 것으로 기대하

---

10) 환승주차장은 집에서 승용차를 일정 지역까지 몰고 와 주차한 뒤, 거기서 버스, 지하철 등으로 갈아타는 장소를 말한다. 보통 교외지역에 위치하며 이용자들은 자가용을 낮 시간 내내 주차해두게 된다. 이와 비슷한 개념으로 'kiss and ride'는 장시간 주차 대신 대중교통 승객을 내려주거나 태우는 단기 정차 용도로 만들어지는 공간이다.

는데, 비효율적이고 시끄러우며 오염을 발산하는 시내버스를 대체하는 것이 그 기능 중 하나이다. 트램은 버스보다 더 많은 승객을 실어 나를 수 있으므로 도시 내 주요 거리의 차량 운행을 실질적으로 줄일 수 있을 것이다. 현재 노선 대부분에서 운행되고 있는 디젤 버스와 대조적으로 트램은 전기로 운행되므로 중심지역의 공기 오염도 감소될 것이다.[11]

다른 유럽 도시도 이와 유사한 방식으로 새로운 트램 시스템에 투자해 왔다. 대표적으로 프랑스의 그르노블, 스트라스부르, 낭트와 영국의 맨체스터 등이 그 예이다. 독일의 칼스루에는 슈타트반(Stadtbahn)이라 불리는 창조적인 트램망을 발전시켰는데, (자르브뤼켄과 마찬가지로) 기존의 철로망을 활용하는 형태이다(European Commission, 1994).[12] 스톡홀름에서도 신규 트램 노선이 계획되고 있는데, 이는 기존의 방사형 대중교통 노선을 시의 남쪽과 서쪽으로 연결하며, 지선 하나가 신규 사업지인 하마비 쇼스타드로 운행될 것이다.

⁂

11) [원주] 볼로냐의 대중교통 시스템 계획에는 특정 노선에서 디젤 버스를 전기 버스로 전환하고, 기차역의 접근성을 향상시키기 위해 전기 미니버스를 운영, 역에 대한 접근성을 높이며, 버스에 자전거를 실을 수 있도록 해서 누구든 표 한장으로 모든 대중교통 수단을 이용할 수 있게 하는 것 등을 포함한다.

12) [원주] 도시환경에 관한 EU 전문가위원회(the EU Expert Committee on the Urban Environment)는 칼스루에의 교통 전략이 지닌 또 다른 측면에 대하여 이렇게 설명한다. "직접적인 연결, 열차 배차 간격 축소, 더 많은 정차, 단일 티켓의 편리성 등의 혜택을 승객이 누린다. 1일 승객 수가 2,000명에서 8,000명으로 늘어났는데, 이를 통해 서로 다른 교통 회사들이 투자비를 회수할 수 있도록 돕는 셈이다. 이러한 기법은 도심부 주차 관리 및 대중교통 우선차로를 포괄하는 종합적인 교통계획의 일환이다(European Commission, 1994: 143)."

체계적인 대중교통 우선 시스템

스위스 취리히만큼 대중교통 시스템을 확장하고 개선하려 애를 쓰는 곳도 드물다. 취리히 대중교통 시스템의 핵심은 전차와 버스의 광범한 네트워크로, 이 둘은 자동차 교통에 비하여 몇 가지 창의적인 방식으로 우선권을 갖는다.[13] 취리히는 점진적이며 장기적인 노력을 기울였는데, 중요한 개선 작업은 최근 20년에 걸쳐 이루어졌다. 광역철도망(S-bahn)이 1990년에 추가되면서 취리히 주 전역을 망라하는(1,728제곱킬로미터) 서비스 제공이 가능하게 되었다. 모든 광역철도가 취리히 도심의 중앙역을 지나가며, 전체 대중교통 시스템을 취리히 대중교통공사(Verkehrsbetriebe Zürich, Zürich Transit Authority)가 통제한다. 대중교통망은 도시 내 (117킬로미터의 전차망을 포함하여) 총 270킬로미터 구간에 깔려 있으며, 주 전체로는 262개 노선이 약 2,300킬로미터 규모로 설치되어 있다.

취리히의 전차 및 버스 시스템은 창조적인 접근 방식으로 여겨진다. 설계에서 중요시되는 요소로는 대중교통에 대한 명시적 우선권을 들 수 있다. 시민들은 직접투표를 통해 대중교통 정책의 구체적 사항을 승인했다. 우선권은 다음과 같은 몇 가지 방식으로 주어진다. 많은 장소에서 전차와 버스는 지정된 전용차선으로 다닌다. 개별 신호 발신장치를 이용하여 버스와 전차가 신호등에 이르게 될 때를 교통 통제 시스템이 감지함으로써, 전차와 버스가 즉시 녹색 신호를 받을 수 있게 되어 있다(시는 교차로 "대기시간 제로"를 목표로 한다). 중앙통제 시스템이 (10미터 범위까지) 전차와

---

[13] 취리히는 스위스 최대 도시로서 인구는 2011년 기준 약 37만 명으로, 취리히 주의 주도이며 스위스의 중심에 위치해 있다. 철도, 도로, 공항 등 광역권 교통의 요충지이기도 하다. 참고로 취리히 주의 인구는 139만 명이다(출처: 위키피디아).

버스의 위치를 추적·관찰하며, 운전기사들은 자기가 운행 스케줄을 얼마나 준수하고 있는지에 대한 정보를 자동으로 제공받는다. 통제 센터는 시스템에 문제가 생겼을 때 시정조치를 할 수 있으며, 고장과 같은 문제가 발생했을 때를 대비하여 2대의 전차와 5대의 버스를 항시 적절한 곳에 대기시킨다.

이와 같은 다양한 조치 덕분에 효율적이고 매끄러운 교통 체계의 운영이 가능해졌으며, 시민들은 대중교통을 신뢰할 수 있게 되었다. 취리히 주 전체에서 트램 역이나 버스 정류장을 수백 미터 안에서 찾지 못하는 곳은 거의 없으며 운행 빈도도 매 6~8분 정도로 매우 인상적이다. 게다가 티켓 한 장이면 모든 대중교통 수단의 이용이 가능하다.

취리히만큼 대중교통 시스템을 향상시키려 애쓰는 곳은 거의 없다. 이 도시가 취한 가장 중요한 전략 중 하나는 거리에서 트램이 공식적인 우선권을 갖게 하는 것이다. 사진은 취리히의 트램 전용거리이다.

제4장 대중교통 도시: 교통의 혁신과 우선순위

취리히 교통정책에서 똑같이 중요하게 다뤄지는 요소는 자동차 교통의 통제와 제한으로서 이 또한 몇 가지 수단을 통하여 점진적으로 이루어졌는데, 시는 그간 수많은 교통 정온화 수단을 시행해왔다. 교통 정온화를 위한 한 기법으로는 자동차가 도시를 통과해서 이동하는 것을 제어하고 이동 속도도 줄이는 것이 있다. 이는 지나친 자동차 혼잡이 대중교통의 움직임을 방해하지 않도록 하려는 취지에서 중앙통제 컴퓨터 시스템과 교통 신호의 통제에 의하여 이루어진다. 시는 또한 다수의 지역에서 제한속도를 낮추고 주차 조례를 통하여 시내 주차에 심각한 제한을 두었다. 구체적으로는 모든 신규 또는 재건축 건물의 의무 주차 공간을 절반으로 감축해버렸으며, 도시 중심의 역사지구에 대하여는 신규 주차 공간을 아예 허용치 않았다. 주차료 또한 상당히 인상되었는데, 이러한 인상안은 1994년 주민투표에서 통과된 것이다(City of Zürich, 1995). 자동차가 전차와 버스의 운행을 방해하지 않도록 하기 위해 (전차나 버스 앞에서 좌회전 금지 등) 도로교통 관련 조치도 다각적으로 취해왔다.

이러한 개선 조치에서 볼 수 있듯이, 취리히는 20년에 걸쳐 체계적인 프로그램을 시행해오면서 도로와 신호 체계에서 대중교통에 우선권을 주었다. 거의 모든 조치에서 취리히의 대중교통 시스템과 관련 정책은 성공했으며, 서비스가 점차 확대·개선되었다. 트램, 버스 또는 기차로 도시를 이동하는 것은 쉽고 즐거우며 일반적으로 자동차를 이용한 이동보다 빠르다. 취리히 같은 도시의 주민들은 버스나 트램을 하류층 시민의 교통수단으로 보는 것이 터무니없음을 말해줄 것이다. 내가 인터뷰한 누군가가 말했듯이, 이 지역의 가장 부유한 사람들조차 대중교통을 이용한다. 취리히는 대중교통 이용률이 다른 많은 도시와 비교할 때 높은 수치를 보이며 수송 분담의 형태도 인상적이다. 대중교통 당국은 이를 시민에게 홍보하는 일에도 적극적이며 창조적이었는데, 예컨대 스포츠 및 연예 행사를 공동으로 주관하면서 티켓 가격에 대중교통 이용료를 포함시키기도 했다.

명확한 이익

나는 이 연구를 진행하는 과정에서 대략 서른 가지의 대중교통을 이용해보았다. 대중교통으로 유럽의 도시를 다니는 것은 쉬웠으며 이동성의 수준도 인상적으로 높았다. 이런 경험에 비추어볼 때, 이 시스템은 전체 유럽 인구의 상당수에게 이동의 편익을 주는 것도 분명하다. 노인들이 여러 대중교통을 오르내리며 적극적으로 이용하는 모습도 보았다. 어린아이들 역시 마찬가지였는데, 이들은 나이가 너무 어려 차를 운전할 수 없었으므로 대중교통이 아니었더라면 이동 자체가 쉽지 않았을 것이다.

취리히 대중교통공사의 부책임자인 어네스트 주스(Ernest Joos)는 시와 광역권의 경제적 이익을 추구하는 관점에서 교통정책을 바라보는데, 대중교통에 대한 투자에서 비용과 편익을 따져본 결과, 편익이 더 크다고 주장하는 다양한 연구가 있음을 지적한다(Joos, 1992). 다른 지표로는, 국민총생산이 세계에서 가장 높은 스위스에서 취리히의 기여가 크다는 점, 그리고 취리히의 땅값이 매우 높다는 사실이 함께 지적된다. 대중교통 시스템의 모든 비용을 요금으로 메울 수는 없지만 66%가량은 충당할 수 있다.

더 나아가 주스는 이러한 접근 방식이야말로 도로의 건설, 더 심한 교통 혼잡 발생, 이 혼잡에 대처하고자 다시 도로를 건설하는 악순환을 끊는 길이라고 결론짓는다. 그는 이 악순환을 환경과 경제의 두 목표를 무지개처럼 조화시킴으로써 해결하고자 한다. "그 결과는 더 멋진 도시성(!),

더 나은 환경조건, 더 증가된 경제력(!), 그리고 안정된 개인 통행이다(Joos, 1992: 2)."

취리히가 공격적인 대중교통 정책을 밀어붙일 수 있었던 것을 어떻게 설명할 수 있을까? 취리히 교통 당국의 공무원들은 이러한 성공의 원인으로 많은 공적 결정, 특히 모든 주요 공공시설 사업에 대해 시행된 스위스 주민의 직접투표와 관련 있다고 주장한다(1,000만 스위스 프랑 또는 660만 달러 이상이 소요되는 사업에 대한 주민투표가 의무로 되어 있다). 설문조사 결과에 의하면, 정책 결정자와 선출직 공무원에 비해서 일반 대중이 대중교통에 대하여 훨씬 더 많은 지지를 보낸다. 이러한 의견 차이가 발생하는 이유는 정책 결정자들이 보통 20~60세의 남성으로, 이들은 대형 승용차를 이용하는 경향이 강하기 때문이라는 설명이 가능하다(Joos, 1992). 더 다양한 대중이 정책 결정 과정에 고려될 때는 그렇지 못할 때와는 또 다른 의견이 나오기 마련이다. "더 단순화시켜 말하면, 자동차를 평균적인 다른 사람에 비해 더 많이 사용하는 약 4분의 1의 사람들이 자기 기준에 맞추어 시민의 수요를 예측하기 때문에 승용차 위주의 정책이 추진된다"는 것이다(Joos, 1992: 30).[14]

대중교통에 대한 재정 부담을 해소하는 방법은 도시마다 상이하다. 스톡홀름의 경우 몇 가지 중요한 수입원을 갖고 있는데, 이 가운데 약 54%에 해당하는 가장 큰 재원은 스톡홀름 군 의회(Stockholm County Council) 즉

∴

14) [원주] 취리히 교통국 부국장 어네스트 주스가 설명한 몇 가지 기법은 다음과 같다. "……17개의 도로구간에서 주정차 금지, 트램 노선상의 41개 구간에서 좌회전 금지, 버스와 트램이 다니는 도로에 72개의 "양보" 신호 설치, 버스 전용차선 구간 21킬로미터와 버스와 전차 정차를 위한 교통섬 공사 등 약 40개의 건설 사업, 분리 노선, 전차와 버스를 이용할 수 있는 보행자 전용구역 사업, 각각 2킬로미터와 6.4킬로미터를 확장하는 별도 구간의 트램 노선 사업 등(Joos, 1992: 4)"

카운티의 일반 세금 수입이며, 약 44%는 요금으로 충당한다. 스톡홀름 지역대중교통공사 총무국장(Borje Lindvall)에 따르면, 스톡홀름의 교통 요금이 일반적인 다른 도시보다 낮은 이유는 대중교통이 (단지 매일의 출근자뿐 아니라) 모든 사람들에게 혜택이 돌아가는 것이므로 당연히 그리해야 한다는 대중의 생각을 반영하기 때문이다. 스웨덴의 많은 군 지역이 대중교통에 대한 공공 재정을 통한 재정 보조에 한도를 정했지만(웁살라의 경우 총 비용의 35% 이상을 지방정부에서 부담할 수 없다), 스톡홀름은 이와 다른 길을 택한 것이다.

트램 도시

프라이부르크는 혁신적인 교통 및 교통계획 측면에서 다른 지역과 비교했을 때 절대 우위를 갖는다. 이 도시가 이를 위해 기울인 노력을 이해하려면 1960년대 말~1970년대 초반으로 거슬러 올라가야 한다. 프라이부르크의 교통정책은 다른 분야와 마찬가지로 비교적 오랜 세월에 걸쳐 점진적으로 혁신이 이루어졌다. 1972년 시의회는 (1900년대 초반부터 있었던) 트램 중심의 대중교통 정책을 강화하고 확장하는 중요한 결정을 내렸다. 당시 어떤 이들은 전차는 뭔가 "구식"이고 시대에 뒤떨어진 것으로 생각된다는 점에서 버스 중심의 대중교통 정책을 펴자고 주장했다. 시의 교통계획 책임자인 뤼디거 후프바우어(Rüdiger Hufbauer)에 의하면, 아이러니하게도 트램을 강력히 지지한 사람들은 시의회 내 보수주의자들이었는데 이들은 트램이 비용 측면에서 더 낫다는 점에 주목했다고 한다.

프라이부르크의 현재 교통개발계획은 1989년에 시의회에서 채택되었다. 이 계획의 4대 목표는 아래와 같다(Hufbauer, undated).

1. 도심의 자동차 통행 감축
2. 자전거, 대중교통, 보행 등 환경 친화적 이동수단에 대한 우선권 부여
3. 소수 간선도로를 제외한 모든 도로에서 교통 정온화 촉진
4. 자동차 주차 제한

교통에 대한 프라이부르크식 접근 방법은 다른 많은 도시의 노력과 구별되는 통합적인 특성을 보인다(예컨대, 아마도 취리히가 트램 시스템을 향상시키기 위해 더 노력하였으나, 자전거나 보행 측면에서는 프라이부르크에 견줄 만큼 종합적인 고려를 하지 않았다).

프라이부르크의 트램 시스템은 이 지역 대중교통 시스템의 핵심으로 현재 도시의 대부분을 커버하고 있으며 동서 및 남북 방향의 주요 노선이 운행된다. 트램 노선은 약 27킬로미터밖에 되지 않지만, 이 도시의 절대 다수 시민이 애용한다. (이와 별도로 버스 노선이 약 170킬로미터가량 있다) 광범위한 버스 노선이 트램 노선과 연결되는데, 트램과 버스 시스템 모두 프라이부르크 교통회사(Freiburger Verkehrs AG, VAG)에 의해서 운영된다. 현재의 시스템은 1980년대 중반 9,000만 독일 마르크(약 5,000만 달러)의 비용을 들여 노선을 추가로 신설함에 따라 노선이 서쪽 방향(Landwasser)으로 확장되면서 갖춰진 것이다(Hildebrandt, 1995). 새로운 트램 노선의 확장이 진행 중이며, 신규 노선은 리젤펠트 신개발지구까지 연장 운행 되고 있다. (사람들 대부분이 신개발지구의 시장성과 매력을 향상시키는 데 트램이 기여했다는 것에 동의한다. 이 지역은 과거에 하수처리 지역이었다는 점에서 사람들에게 부정적인 이미지를 주었기 때문이다.) 시민들 대다수가 이러한 대중교통 개선

으로 트램 정류장에서 400~500미터 떨어진 곳에 살게 될 것이며, 이미 많은 사람들이 정류장과 인접한 곳에 거주하고 있다.

많은 지역에서 트램 옆길을 따라 잔디를 깔았으며(그리하여 "녹색 트램"이라는 이름이 붙었다), 이러한 잔디로 인해 트램에서 발생하는 소음이 줄어든 것으로 나타났다. 몇 개의 트램 노선을 따라 나무가 심어졌는데, 그러면서 이 노선들이 더욱 녹색화되었다. 종종 보행 전용거리와 자전거 전용도로가 트램 노선을 따라 함께 만들어지기도 한다.

트램은 모든 측면에서 대단한 성공을 거두었는데, 속도 면에서 버스에 비해 2배쯤 빠르며, 노선을 이해하기 쉽고, 운행 빈도도 잦다(출퇴근 시간에 트램은 3~5분 간격으로 운행되기 때문에 굳이 운행 시간을 묻거나 외울 필요가 없다). 트램의 속도가 빠른 이유는 대부분 지역에서 자동차와 분리된 전용노선으로 운행되기 때문이다. 취리히 시스템처럼 교차로의 교통신호는 전자적으로 작동하는데 트램이 교차로에 접근하면 신호등이 녹색으로 변한다. 시는 신형 트램으로 차츰 차체의 바닥이 낮은 모델을 구입하고 있는데, 이는 승객들의 승하차가 더 빨리 이루어지고 트램의 운행 속도도 더 빨라지기 때문이다. 또한 시가 차량의 청결 유지에 큰 정성을 기울이고 있어 트램은 매우 깨끗하다. 트램 차량은 매일 차고로 되돌아와 청소된다. 과거에 한 가지 문제로 나타났던 것 중 하나가 낙서였다. 시는 흥미로운 실험을 통하여 이 문제를 해결할 방법을 찾았다. 정류장 한 곳, 즉 신문 가판대와 트램 운전기사 휴게소가 있는 파두알레(Padualle) 정류장을 낙서 예술가들—그래피티 작가들(graffiti artists)—에게 공식적으로 "주어" 버린 것이다. 시가 이곳에 낙서를 하도록 공식 허가한 주된 목적은, 여기에 낙서를 허용함으로써 다른 곳의 낙서를 막기 위함이었다. 그 결과 해당 건물은 생기 넘치는 낙서 예술의 경연장이 되었고 다른 장소에서는 이러한 낙서가 줄어든 것으로 나타났다.

프라이부르크 시는 대중교통을 더 빠르게 만드는 일 외에도, 다른 관점에서 이를 더 이용하기 쉽고 매력적으로 만들기 위해 열심히 노력했다. 이 도시는 1985년 독일에서 '에코 정기권(eco-ticket)'을 처음으로 도입한 곳이다. 에코 정기권의 기본 아이디어는 이해하기 쉬운 단일 요금 체계를 만들어 시내 어느 곳에서든 대중교통을 이용할 수 있게 하는 것이었다. 초기에는 티켓 가격을 매우 낮게 책정하여 시민들의 이용을 촉진하였는데, 그 결과 대중교통 이용률이 23% 증가하고 3,000~4,000명의 승용차 운전자들이 대중교통 통행으로 전환한 것으로 추정되었다(Heller, undated: 8). 또한 이 정기권은 양도가 가능하여 다른 가족 구성원이 사용해도 괜찮으며, 일요일과 공휴일에는 정기권 한 장으로 가족 모두가 이용할 수도 있었다.

1991년에 폐지된 이 에코 정기권은 레기오카르테(Regiokarte) 티켓으로 대체되었는데, 이는 여전히 낮은 가격인 월 64마르크(약 35달러)로서 자가용 운전보다 비용이 적게 든다.[15] 전과 똑같은 조건이지만, 대중교통 이용객들은 약 2,900킬로미터의 거리를 누비고 다니는 대중교통 수단을 이용해 전체 광역교통망에 접근할 수 있게 된 것이다(광역권 16개의 대중교통 회사, 90개의 상이한 노선). 이 혁신적인 요금 체계는 다른 측면의 서비스 향상과 어우러져 대중교통 이용률의 극적인 증대를 가져왔다. 대중교통 이용이 1984년에 2,700만 통행(trips)이었던 것이, 현재 6,500만 통행으

---

15) 레기오카르테는 1984년 프라이부르크에 대중교통 요금을 저렴하게 하여 승용차 이용을 억제하려는 의도에서 도입·정착되었고 이 도시의 상징이 될 정도로 유명해졌으며, 뒤이어 스위스 등 다른 나라로 확산되었다. 이 카드는 승하차 때마다 따로 제시할 필요는 없지만, 만일 무임승차가 적발될 경우 1개월치 정도의 벌금을 물린다.

로 늘어났다.

더 흥미로운 대중교통 프로그램으로 이른바 "야간 버스(night bus)"라 불리는 것이 있다. 프라이부르크에서는 많은 버스 노선이 밤늦게까지 운행되고 있는데 프라이부르크 교통회사는 야간 버스 서비스의 안전을 향상시키기 위한 캠페인을 시작하였다. 상이한 버스 노선에 금성, 해왕성 등의 행성 이름을 붙였고, 버스 기사에게는 승객의 요청이 있을 경우 (어린이 이용객들의 안전을 위해서) 특정 개인 주택 앞에 정차할 수 있도록 허가해주었다. 시는 또한 적극적이고 혁신적인 자세로 대중교통 시스템을 알리기 위한 대중 홍보를 추진하였다. 이러한 홍보는 극장의 영화 예고편 시간에 캠페인 영상을 방영한다든지 홍보 내용이 담긴 맥주잔 받침대나 심지어 (AIDS 인식 주간과 병행하여) 콘돔을 제작하는 등 다양한 방식으로 이루어졌다.

이 도시의 교통 체계는 도시철도(S-bahn)망과도 통합되어 있다. 중앙역은 모든 트램 노선의 교차 지점으로 환승이 매우 쉽게 이루어진다. 열차와 트램 간 연결성을 높이기 위한 추가 계획이 진행 중에 있다. 프라이부르크에서는 다양한 휴양지로 여행 갈 경우에도 대중교통을 이용하는 사례가 늘고 있다. 흑림 내의 몇몇 장소는 매우 인기가 있어서, 일요일에는 대중교통에 대한 수요가 넘쳐나 운행 횟수를 대폭 늘려야 했다.

프라이부르크 시는 대중교통 시스템을 만들기 위하여 주 정부로부터 상당한 재정 지원을 받아왔다. 주 정부는 트램 노선 건설비용의 85%를 지원하는데, 재원은 대부분 자동차 휘발유 세금에서 나온다. 대개 운영비의 70%가량이 요금 및 버스나 전차 내 광고수입으로 충당되는데, 이는 대중교통 시스템이라는 것을 감안하였을 때 꽤 높은 수치라고 할 수 있다. 매년 발생하는 적자는 시의 에너지 및 상수도 회사가 벌어들이는 흑자로 보충된다. (그러나 2000년부터는 시에서 그 적자를 더 이상 보전해주지 않으므로 이

상황도 변하게 될 것이다.)

이 밖의 다른 정책수단으로는, 자동차를 타고 도시로 들어오는 것이 더 어렵고 비싸게 만드는 데 중점을 둔다. 옛 도심지역에 있던 무료 주차장을 거의 다 없애고 주차 미터기를 설치하였는데, 중심부의 경우 시간당 4 마르크(2달러) 정도의 주차비가 든다. 노변 무료 주차 공간은 1982년에 6,774면이던 것이 현재 409면으로 줄었는데(그나마 이 무료 공간은 특별한 방문객들을 위한 것이다), 이것은 엄청나게 줄어든 수치라고 할 수 있다. 하루 20~30마르크(11~16달러) 가격으로 공공 및 민영 차고를 이용할 수는 있다. (시의회에서는 여전히 논쟁이 되고 있지만) 시는 앞으로 이러한 차고지를 허용하거나 새로 지을 계획이 없다. 프라이부르크 시는 또한 주민용 주차 스티커를 발급하고 있으며 이를 더 확장할 예정이다.

시가 세운 또 다른 전략은 대중교통 환승주차장의 공급이다. 현재 트램 노선의 종점에 약 2,500개소의 대중교통 환승주차장이 마련되어 있는데, 앞으로 1,600개소를 더 늘리려 계획 중이다. 이 공간은 늘 승용차로 가득 차 있는데, 현재는 주차료가 없으나 시에서는 유료화를 검토하고 있다. 시는 또한 이런 공간이 눈에 잘 띌 수 있도록 독특한 상징물을 붙이기도 했다.

트램에 대한 특별한 느낌

프라이부르크 트램 시스템의 기능성과 일반적인 유용성을 완전히 이해하려면 며칠간 이를 직접 이용해보아야 할 것이다. 트램 시스템을 이해하고 활용하는 것은 매우 쉬운데, 나는 트램이 얼마나 잘 작동하는지를 직접 경험하였다. 방문 마지막 날에 전동 휠체어를 탄 시민이 아무런 도움 없이 쉽게 (새로 도입된 저상) 트램에 오르내리는 것을 봤다. 트램의 밑바닥과 정류장 플랫폼이 불과 몇 인치밖에 떨어져 있지 않아서, 그는 휠체어에 탄 채로 승차하는 데 큰 어려움을 겪지 않았다. 트램을 타고 다니다 보면 사람들이 가족 단위로 유모차를 끌면서 신속히 오르내리는 것도 볼 수 있다. 방문 이틀째 되던 날, 짐이 가득한 배낭을 멘 한 여성이 유모차를 끌며 알트슈타트 근처 정류장에서 승차한 뒤 중앙역에서 하차하였는데, 그녀는 상당한 짐을 지고도 트램 이용에 별 어려움을 느끼지 못하는 듯했다. 또한 연세 지긋한 분들이 트램을 매우 많이 이용한다는 사실에 놀랐다. 물론 노인들이 승하차하는 데 시간이 조금 더 걸렸지만, 대부분의 자동차 기반 수송수단이라면 불가능했을 수준의 이동성을 트램이 분명하게 제공하고 있었다(이 노인들은 분명히 자동차를 운전하기엔 나이가 너무 많았다).

어린이들이 다니는 것도 봤는데, 몇몇은 나이가 매우 어렸으며 이들은 혼자서 또는 몇 명이 어울려 다니는 식이었다. 10대 초반의 사내아이를 본 기억이 나는데, 신문광고지 묶음을 들고 뭔가 중요한 물품을 구입하기 위해 (부모도 없이!) 트램을 타고 혼자 다니는 것이었다. 이 트램이 (사실 대중교통 시스템 전체가) 믿을 수 없을 만큼의 이동성과 자유를 프라이부르크의 어린 주민들에게 부여한다는 사실을 높이 평가해야 할 것이다.

프라이부르크는 지하철을 운영하지 않기로 했으며 몇몇 인터뷰 대상자들은 내게 트램을 직접 눈으로 볼 수 있다는 게 얼마나 중요한지를 얘기해주었다. 직접 트램을 타고 (그 안팎을 모두) 경험해 본 뒤, 나도 이들의 의견에 동의하게 되었다. 프라이부르크의 옛 도시지역을 트램 없이 다닌다는 것은 상상하기 어렵다(1900년대 초에도 이 도시에 트램이 있었다). 트램의 존재로 인해 거리의 삶 자체가 대단한 활기를 띠게 되는데, 예를 들면 트램이 정류장에 들어서면서 쨍그랑거리며 울리는 종소리, 궤도를 따라가며 바퀴가 구르는 소리, 교차로를 건너는 트램이 주변의 다양한 색깔과 함께 어우러지는 모습 등에서 이를 실감한다. 분명히 트램은 매우 효과적이고 실용적인 통행수단일 뿐만 아니라, 이 도시를 둘러싼 에너지와 즐거움을 향상시키는 데도 크게 기여하고 있는 것이다.

교통 정온화를 위한 다양한 수단이 시도되었다. 주요 거리에서 양방향 교차주차(alternate-side parking), 보행섬, 기타 교통 장애물 등이 채택되었다.[16] 알트슈타트 순환도로를 비롯한 주요 도로에는 버스 전용차선을 따로 만들고 자동차 차선의 수를 (넷에서 둘로) 줄였으며, 보행자 전용구역을 더 확대하는 방안도 논의 중이다.

이러한 모든 수단이 가져온 결과는 사람들이 걸어다니기 매우 쉽게 되었다는 것이다. 자동차 이용은 억제되었지만 전반적인 통행성은 보다 더 높아진 셈이다. 수송 분담률을 보면 이런 정책의 일반적 성공을 알 수 있다. 1976년 프라이부르크 주민의 통행 중 자동차가 60%를 담당하였는데, 이 수치는 1996년에 46%로 감소하였다. 같은 기간 자전거는 18%에서 28%로 증가했고, 대중교통은 22%에서 26%로 늘었다. 더 나아가 이런 변화가 인구 1,000명당 자동차 소유가 350대에서 480대로 증가한 기간 동안에 일어났다는 것이 중요하다.

시 교통과의 후프바우어는 교통정책이 프라이부르크 도시계획의 전반적인 접근 방식을 대표한다고 생각한다. 뮌스터 등 다른 도시들이 자전거 지향성을 더 강력히 추구하는지도 모르지만, 독일 전체에서 프라이부르크

---

16) 양방향 교차주차 또는 시간대별 변동주차는 원래 교통 흐름의 효율화 및 거리 청소를 골고루 하기 위한 목적으로 뉴욕에서 처음 시도되었다고 한다. 예로, 동서 방향의 도로인 경우 주차는, 월·수·금요일 낮 시간은 남쪽 노면에만 할 수 있고 화·목·토 낮에는 북쪽에만 허용되는 것이다.

처럼 이 모든 것을 통합적으로 잘 꾸려가는 곳은 별로 없다는 것이다. 후프바우어 씨에 의하면, 프라이부르크는 "이 모든 개별 요소와 전체성이 조화를 이룬 시스템"을 가졌다는 점이 특징이다.

고속철도, 녹색 대중교통 및 그 밖의 창의적 통행 전략

몇몇 도시가 교통 스마트카드를 개발해오고 있는데, 이는 도시 내 다수의 교통수단에 공통적으로 이용될 수 있다. 헬싱키 같은 도시들이 이런 시스템을 개발하기 위해 노력 중이다. 특히 이런 카드는 단순히 대중교통에만 이용되는 것이 아니라 택시, 자동차 렌트, 자전거 렌트 등 사용자의 특수한 수요에 따라 언제든지 현금카드로서 기능할 수 있다는 점에서 유용하다.

유럽인들은 이미 전자 칩이 내장된 카드나 스마트카드를 이용하는 데 익숙하지만, 미국에서도 이런 기술의 이용과 실험이 증가하면서 시간이 흐름에 따라 더 많이 대중화될 것이다. 실제로 워싱턴 메트로(Washington Metro)와 시카고 대중교통공사(Chicago Transit Authority)는 스마트카드를 대중교통 시스템에 적용하려는 실험을 해왔다(Bigness, 1998; Reid, 1998). 하나의 현금 직불카드를 이용하여 몇 가지 다른 교통수단의 요금을 낸다는 것이 미국의 도시에서도 더 이상 먼 미래의 얘기가 아니다.

많은 유럽 도시에서 버스는 대중교통 통합의 핵심 요소 역할을 한다. 유럽은 버스에 대한 의존성이 몹시 큰 것으로 보이지만, 대중교통의 이동성 측면에서는 미약한 성공이라고 할 것이다(예: 레스터와 더블린). 이는 부분적으로 버스를 이용함에 어떤 결점이 있기 때문으로 보이는데(물론 미국보다는 훨씬 낫겠지만), 더 큰 문제는 편안함, 신뢰성, 노선의 영속성 등과 관련된 것이다. 그러나 이런 도시에서도 경전철 등 다른 교통수단의 이용 가능성을 찾고자 상당한 관심을 기울이고 있으며, 버스를 좀 더 창조적인 방식으로 이용하려 시도하기도 한다. 실제로 이 책에서 연구된 많은 도시에서 버스는 더 광범위한 교통수단 패키지에 속해 있는데, 이 도시들은 창의적이고 유망한 버스 이용전략을 개발했거나 개발 중이다. 버스가 전용노선에서만 운행되며 자동차보다 우선하는 통행권을 가지도록, 즉 기본적으로 고정 레일 시스템을 가진 것처럼 운행하는 알메르의 사례가 그러하다. 흐로닝언 중심부를 운행하는 버스는 속도제한기가 장착되어 있어 시속 15킬로미터 이상 달리지 못하도록 함으로써 자전거를 이용하는 사람들과 상인들의 안전에 대한 우려를 줄여준다. 위트레흐트, 흐로닝언, 더블린, 레스터 등 수많은 도시에서는 버스 전용차선을 다니는 직행노선(고속)을 활용하면서 대중교통 환승주차장 건립도 병행하고 있다[흐로닝언의 트란스페리움(transferium)]. 레스터의 경우 지역 버스회사들과 협력하여 "우등버스" 전략하에 운행 서비스를 향상시키는 다양한 조치를 취하고 있다(버스 전용차선은 물론 운행 횟수 증대, 서비스 향상 등).

미국과 유럽 도시들이 직면한 대중교통의 주요 문제 가운데 하나는 교외에서 교외로 통근하는 패턴이다(Hall, Sands, and Streeters, 1993 참조). 이 새로운 경향에 대응하려는 유럽의 몇몇 창의적인 계획들이 홀(Hall, 1995b)의 책에 묘사되어 있는데, 여기에는 ORBITALE(Organisation Regionale dans le Bassin Interieur des Transports Annulaires Liberes d'Encombrements)로 불리는 파리의 175킬로미터 대중교통 시스템도 포함되어 있다. 이 사업은 현재 건설 중이고 말 그대로 파리 광역권과 안쪽 교외지역을 연결하도록 설계되었다(수많은 방사형 루트와 연결된다). 그러나 이러한 신규 사업도 한계를 보이는데,

"ORBITALE을 완성하더라도, 여전히 바깥쪽 교외지역 특히 파리 도심으로부터 15마일(25킬로미터)쯤 떨어진 5개 신도시지역과의 연결성은 여전히 문제로 남을 것이다(Hall, 1995: 76~77)." 스톡홀름이나 헬싱키 등 많은 도시도 비슷한 통근 패턴 문제를 해결하기 위해 대중교통 개선에 힘쓰고 있다.

그린 어바니즘이 시사하는 바는 아마도 생태 지향적인 대중교통을 구축하는 다른 방도가 있으리라는 것이다. 많은 유럽 도시의 사례는 단순히 대중교통을 개선하고 향상시키는 정도를 넘어서 생태적 피해를 최소화하는 방식을 보여준다. 최근 몇몇 유럽 사례가 이를 더 분명히 보여준다. 많은 도시에서 전통적인 휘발유 및 디젤 대중교통 차량을 더 친환경형으로 바꾸라는 압력이 있었다. 스톡홀름 지역대중교통공사는 1996년에 130대의 에탄올 버스와 6대의 하이브리드 버스를 운행했다(Stockholm Environment and Health Protection Administration, 1996). 또 다른 사례로, 레이던 시는 최근에 도입된 전기-디젤 하이브리드 버스를 대중교통 운행수단에 포함시켰다. 이 버스들은 도심지 바깥에서는 디젤로 운행되다가 도심으로 들어오면서 전기 동력으로 전환된다. 레이던 도심의 중심거리인 브레이스트라트(Breestraat)에는 매 시간 60대의 버스가 다닌다. 시는 이 거리를 '배출 제로' 거리로 만들고자 한다. 이처럼 많은 도시가 천연가스나 전기로 운행되는 버스의 도입을 추진하고 있다.[17]

스톡홀름의 새로운 광역 전철망에서는 신형 아트란츠(Adtranz C2O) 열차가 운행될 예정인데, 이 열차는 "이전 모델보다 20% 절감된 에너지를 소

---

17) [원주] 버거(Berger, 1997)가 서술하듯이, 유럽에서는 전기 차량도 일찍 도입되었다. 약 2만 5,000대의 전기 자동차가 유럽을 누비고 있는 것으로 추정되는데(이것은 미국보다 8배 많은 수치), 그중 약 2,000대가 (비교적 작은 나라인) 스위스에서 운행된다. 상당한 공공 보조금이 (프랑스의 경우 차량 1대당 약 4,000달러) 전기 자동차에 지급되고 있다.

비하고 부품 중 94%가 재활용 가능하며 소음을 극히 적게 발생하는" 것이 장점으로 꼽힌다(Daimler-Benz, 1998). 여기에는 스톡홀름 지역대중교통공사가 부여하는 환경적 우선순위가 직접 반영된 것이다. 에너지 효율성을 촉진하는 방법 중 하나는 열차가 정지할 때 소모되는 에너지를 회복하고 저장하는 신형 브레이크 시스템이다. 열차 설계 과정에서 제품주기 평가가 이루어졌으며, 그 결과 재활용 부품과 소재를 우선적으로 선택하도록 강조된 것이다.

다른 혁신적인 대중교통 방식을 추구한 사례도 있다. 몇몇 유럽 도시의 경우 '마을 택시(community taxi)' 형태를 도입하고 있다(European Commission, 1996a 참조). 네덜란드에서는 '기차 택시(train taxi)'의 이용이 증대하면서 그 중요성이 커지고 있다. 이를테면, 기차 택시는 공유 택시로서 기차 티켓과 연계하여 최대 4명의 승객이 지정된 택시를 낮은 요금(5길더 또는 2.5달러)으로 이용하는 것이다.

화물과 상품의 수송은 또 다른 중요성을 띠는 영역으로 유럽에서 상당한 주목을 받고 있는데, 몇몇 도시가 규모에 맞추어 창조적 전략을 개발시켜왔다. 특히 도심에서 자동차와 트럭의 교통량을 최소화하는 문제가 눈길을 끈다. 이와 관련하여 레이던 시는 소형 전기트럭을 이용하는 흥미롭고 독특한 상품배송 시스템을 지원해왔다. 이 사업은 도심을 "자동차 최소화(auto-luw)" 지역으로 만들려는 6년 전 시의 결정에서 비롯한다. 민간 수송회사, 자문기관, 그리고 장애인 고용을 책임진 시 소유 회사 간의 협력으로 3개 기관 동등한 지분의 영리회사인 레이던 유통센터(Stadsdistributie Centrum Leiden, SdC)가 설립되었다. 이 상품배송 시스템은 유럽위원회(EC)로부터 트럭 구입과 기타 비용의 약 3분의 1을 보조받고 있는 1997년 6월에 출범하였다. 이 시스템의 개념 자체는 비교적 단순하다. 즉 대형 트럭

소형 전기트럭은 레이던의 집약형 도시 중심에서 독특한 상품배송 시스템을 통해 상품을 배달하고 있다. 이러한 방식이 기본적으로 의도하는 바는 대기오염, 소음, 그리고 큰 트럭과 관련된 여타 부정적 영향을 줄일 뿐 아니라 대형 트럭이 도심부로 진입하는 것을 제한하려는 것이다.

이 상품을 인근 레이더도르프(Leiderdorp)의 배송센터로 실어 나르면, 5개의 소형 전기트럭에 이를 나누어 담은 뒤에 가게와 상점으로 배달하는 것이다. 또한 이 소형 전기트럭은 시내 및 외곽 지역으로 가는 물건을 집배하기도 한다. SdC는 기본적으로 상품을 레이던 지역으로 보내는 대형 화물수송 회사의 2차 도급 계약자로서 활동한다. SdC의 활동 초기에는 그들이 하는 일을 전국의 수송업체에 알리는 데 어려움을 겪었으나, 최근에는 그 명성이 높아져 전국 화물수송 조직에도 가입할 정도가 되었으며, 이제는 회원이 약 4만 명에 이른다.[18]

⁚

18) [원주] 레이던 유통센터(SdC)는 다른 일반적인 도시들과는 달리 수많은 수송업체의 화물도 동시에 취급하고 있다. 따라서 경쟁자들이 어떤 종류의 물품을 어디로 보내는지를 알게 된다는 점에서 관련 업체들의 우려가 컸다. 그 결과 SdC는 가능한 한 화물을 센터까지 실어 오는 운전자와 기술자들의 접근을 창고 안으로 제한하게 되었다.

그러나 지금까지 SdC가 완전한 성공을 거두었다고 하기는 어렵다. 불과 운영 1년 뒤 회사는 (파산의 위협 아래) 시에 대부를 요청하였고, 운영자금으로 100만 길더를 대출받았다. 이 회사 책임자인 빌라드 브란드호르스트(Willard Brandhorst)는 재정의 수지타산을 맞추기 위해 필요한 최저 수준의 20% 선에서 간신히 운영하고 있다. 그간 수많은 어려움이 있었다. 당초 배송센터의 위치는 주요 남북 간 고속도로(A-4)에 훨씬 더 가까이 있었지만, 인근 주민들의 반대로 레이더도르프에 임시로 자리 잡았다. (현재 이를 A4/N206 교차지점 근처로 영구히 옮기려는 계획이 마련되어 있다)

이 회사는 7.5톤 이상의 모든 대형 트럭 진입을 제한하려는 시의 공식 의도에 따라 등장하였다. 그러나 시가 아직 이 계획을 집행한 것은 아니기 때문에 여전히 대형 트럭을 이용한 배송이 대부분의 지역에서 가능하다. 더 비싼 전기트럭을 구입하려는 결정은 친환경 배달차량에 한해서만 도심의 접근을 허용하려는 공식 입장에 따라 이루어지고 있다. 전기트럭은 전통적인 디젤트럭보다 훨씬 비싸며 시속 25킬로미터의 속도로만 운행되지만, 앞으로 전체 도심부를 시속 30킬로미터 제한지역으로 만들려는 시의 공식 방침에서 볼 때 용인될 만한 수준으로 보인다. 아이러니하게도 적극적으로 이러한 제한을 실시하는 데 방해 요소가 바로 이 소형 트럭 배송 시스템이 제대로 작동할 것인가에 대한 우려이다(이를테면 닭이 먼저냐 달걀이 먼저냐의 상황인데, 시가 이 회사를 재정 지원 하려는 이유가 무엇인지의 문제이다). 지역 정치인들은 이러한 대형 차량의 접근 제한을 시행하기 전에 SdC가 어떻게 운영되는지 주시하고 있다. 브란드호르스트는 "시가 우리를 기다리고 있고, 우리는 시의 행동을 기다리고 있다"고 말한다. 그럼에도 소형 트럭 배송 시스템은 자동차 제한, 집약형 도시에 대한 열망에서 비롯된 창조적인 대응이라고 할 수 있으며 장차 네덜란드와 다른 도시에서 중요한 이슈가 될 것이다.

유럽에서 교통 시스템의 가장 인상적인 특성 중 하나는 한 도시에서 다른 도시로 여행하는 것이 무척 쉽다는 점이다. 유럽 도시 간 이동성이 우수한 것은 (미국과 비교하여) 비교적 잘 발전되고 재정 지원을 안정적으로 받는 국가철도망 덕분이다. 가장 인상적인 것은 1980년대 초반 이래로 고속철도를 개발하려는 엄청난 투자와 노력이 행해졌다는 점이다. 현재 운행 중인 고속철도망으로는 프랑스의 TGV가 최초이며, 독일의 ICE(Inter City Express), 스페인의 AVE, 스웨덴의 X2000 등이 있다. 이러한 독립된 고속철도망을 유럽 단일망으로 연결하고 통합하려는 노력이 이어지고 있다(Ministry of Transport, Public Works and Water Management, undated). 많은 고속철도가 시속 250킬로미터를 넘나들며 자동차와 (1,000킬로미터 이내 거리의 여행에서) 항공 여행에 대한 경쟁력 있는 대안으로 부상하고 있다. 나아가 이들은 도시 교통 시스템의 통합된 잠재력을 강화해준다(자전거로 출발하여 자전거로 여행을 끝내는 것은 상상에서만 가능한 일이 아니다. 쉽고 빠르게, 다른 나라의 도시에서도 그렇게 여행할 수 있지 않겠는가!).

암스테르담의 스히폴 공항은 여러 측면에서 기차에 대한 투자 가치, 그리고 기차 서비스와 다른 교통수단의 통합이 주는 이점을 잘 보여준다. 비행기로 네덜란드에 도착한 승객이 에스컬레이터를 몇 번만 타고 내려가면 네덜란드 국영철도(Nederlandse Spoorwegen) 역까지 갈 수 있다. 이들은 이 역에서 지역 및 광역권 철도뿐만 아니라 브뤼셀이나 파리로 가는 고속철도로 갈아탈 수도 있다.

최첨단 기술이 적용된 자기부상열차는 고속 레일을 시속 300마일(480킬로미터) 이상의 속도로 달릴 수 있으며, 유럽에서도 대단한 관심을 받아왔다. 독일은 2005년경에 함부르크-베를린 구간에 최초의 상업용 자기부상

통합 고속철도망이 유럽에서 부상하고 있다. 사진은 스웨덴의 고속철도 X-2000이다.

열차를 운행하려는 준비를 하고 있는데, 이 열차가 운행되면 두 구간을 이동하는 데 1시간밖에 걸리지 않을 것이다. (비용이 비싸고 자기판이 건강에 미치는 악영향에 대한 우려 등) 논란이 없는 것은 아니지만, 이와 관련한 트란스라피드 사업(Transrapid Project)은 유럽인들의 기차 수송을 대폭 발전시킬지도 모른다. 자기부상열차는 유럽의 다른 지역에서도 활발히 고려되고 있는 수단이다. 네덜란드에서는 1999년에 란트슈타트 지역의 주요 도시까지 자기부상열차가 운행되도록 하는 트란스라피드 사업이 제안된 바 있다.[19]

∴

[19] 자기부상열차는 전자기력으로 열차를 선로 위에 띄워 움직이는 열차로서 소음 및 진동이 적고 고속으로 운행할 수 있다. 독일의 기술이 최고로 평가되지만 정작 예산, 안전성 등의 문제로 아직 유럽에서는 실용화하지 못했고 현재 중국 상하이의 국제공항-도심 연결선이 유일한 상용화 사례이다. 우리나라에서는 1993년 대전 엑스포에서 처음 선보인 이래 기계연구원에서 국내 기술로 개발이 진행되어오다가, 2012년 11월 인천공항-영종도 노선에서 시운전되고 있으며 2013년 정식 운행을 목표로 하고 있다.

메시지: 대중교통의 가치 재발견

한 아일랜드 평론가가 지적했듯이, 오늘날의 냉정한 현실은 미국 도시들이 이제는 "한 지역에서 다른 지역으로 이동하는 데 근본적으로 더 나은 방법"을 제안하기 시작해야 한다는 것이다. 아울러 자가용 이용이 훨씬 더 비싸지도록 함과 동시에 대중교통 이용을 극적으로 향상시킬 수 있는 방법을 강구하는 두 가지가 모두 이루어져야 한다. "더 빨라지고, 사람들에게 신뢰를 주어야만 대중교통이 매력적으로 될 것이다(Quinn, 1998: 18)." 이 책에 소개된 유럽 도시들이 미국 도시를 위한 긍정적 사례를 많이 제공하고 있다. 가장 중요한 사실은 유럽 사례가 매우 바람직한 동시에 통합된 대중교통과 우수한 이동성을 갖춘 생활환경에 대한 영감을 제공한다는 것이다. 많은 미국 도시들에서도 더 지속가능하고 균형 잡힌 교통 체계를 위해 자동차를 대체할 수 있는 대안이 필요하다는 데 공감이 형성되고 있다. 북미의 많은 도시에서 경전철의 (재)등장은 몇 가지 측면에서 논란과 비판이 있지만, 유럽 도시가 추구했던 많은 구체적 전략이 점차 미국에서도 적용될 수 있음을 보여준다. 취리히, 프라이부르크, 스톡홀름, 코펜하겐과 같은 도시가 제시하는 가장 중요한 교훈은 대중교통 시스템을 지속적으로 개선하고 향상시키며 매력적으로 만들어야 한다는 것이다. 서로 다른 수송수단의 통합과 연결이 중요하다는 점도 강조된다. 아울러 교통 투자와 주요 토지 이용 관련 결정이 잘 조정되어야 할 것이다(개발 사업 이전에 또는 적어도 사업과 동시에 자동차를 대체할 만한 의미있는 대안을 설계하여 정착시키는 일은 큰 도움이 될 것이다).

미국이 직면한 문제에 대한 해답은 유럽 도시에 존재하는 "대중교통 풍조(transit ethos)"에서 찾아볼 수 있을 것이다. 우리 사회에서 가난하고 나이가 적거나 많은 사람을 제2 혹은 제3의 '통행 하류층'으로 격하시키는 문제야말로 사회적으로 함의를 가지는 토론의 시발점이 된다. 대체로 이러한 계층의 도시인구가 정치적 힘이 가장 약하다는 사실을 고려한다면, 도로 혹은 승용차 중심 통행 전략이 왜 지배적으로 나타나는지를 이해할 수 있다. 현재의 승용차 의존형 교통 형태는 나라 전체적으로 보았을 때, 미국인들이 장차 당면할 환경적·사회적 문제에 대응하기에는 적절치 않다. 인구통계학적으로나 사회적으로, 특히 미국에서는 노령 인구가 증가함에 따라 현재의 교통 시스템은 재앙 일보 직전의 모습을 보이고 있다.[20] 노령 운전자의 숫자는 그저 놀라울 정도인데, 2020년까지 70세 이상의 운전자가 4,000만 명에 이를 것으로 추정된다(Rimer, 1997). 연로한 아버지가 위험한 운전을 하기 때문에 승용차를 빼앗아야만 했던 한 딸은 "자기 부모님이 그런 경우에 처한다면 정말 안타까운 일일 것이다. 자동차는 개인으로서 독립을 뜻하는 마지막 징표인데……"라고 말을 흐렸다(Rimer, 1997: A20). 기본적으로 이 책에 소개된 유럽 도시에서는 자유롭게 다니기를 희망하는 노인에게 훨씬 나은 조건이 주어진다.

여러 측면에서 대중교통 시스템은 형평성에 관한 이슈로도 등장하는데, '대중교통은 모든 시민이 누리도록 기대할 수 있는 권리'라는 뜻에서이다. 미국에서 강력한 노인 집단의 로비가 노인들에 대하여 더 잦은 운전시험을 의무화하려는 입법을 저지하긴 했지만, 형평선 증진을 위해 정치적으로 대

..
20) [원주] 《뉴욕 타임스》에 실린 다음 기사를 참고하라(Rimer, 1997: A20). "버지니아 주 리치먼드(Richmond)에서 노인 돌보미 간호사인 데버러 퍼킨스(Deborah Perkins)는 최근 심각한 기억상실을 겪고 있는 80대 여성과의 상담에서 이제 운전을 그만두도록 충고했다. '그 할머니는 눈물을 흘리며 차라리 나를 쏘아버리라고 말했지요.' 퍼킨스가 전화 인터뷰에서 한 말이다. '그건 마치 환자에게 불치병에 걸렸다고 말하는 것과 마찬가지예요.'"

중교통을 지원하는 경우가 드물다는 점은 아이러니하다. 아마도 이는 여전히 정치적 기회가 열려 있다는 뜻일지 모른다.

화석연료를 사용하는 수송수단에 대한 지나친 의존성을 보더라도 이동성 문제를 재고해봐야 한다. 이에 관한 상당히 설득력 있는 주장으로는 매장된 석유를 찾아내는 속도가 현존하는 석유를 채굴하는 속도를 따라잡지 못하고 있다는 것이다. 그뿐만 아니라 그리 머지않은 미래에 석유 생산량은 급감할 것이다. 1999년 2월, 아르코(Arco) 석유회사의 회장과 사장이 "석유 시대의 마지막 날들이 이제 막 시작되었다"고 선언한 것은 주목할 만하다(Bowlin, 1999: 2). 미국에서 발생하는 이산화탄소 배출의 3분의 1이 교통에서 비롯되는 것을 고려해보면, 재생 불가능 자원인 석유에 대한 의존도를 줄이는 녹색형 도시통행 전략은 환경적으로 (그리고 국가안보 측면에서도?) 시급한 과제가 되었다.

이를 위한 가장 명쾌한 해답 중 하나는 취리히, 스톡홀름, 프라이부르크와 같은 도시들의 성과를 본보기 삼아 대중교통의 선택지를 확대하고 개선해 나가는 것이다. 베르닉과 세베로(Bernick and Cervero, 1996)가 기록하는 것처럼 지난 10여 년간 미국의 대중교통도 가히 르네상스 시대를 겪었다고 할 수 있다. 예컨대 수많은 미국 도시가 새로운 경전철 시스템을 설치 및 확장하였고(Cervero, 1994 참조), 이 밖에도 수많은 창조적 접근 방식이 채택되기도 했다. 샌디에이고(San Diego, CA)에서는 신규 경전철 노선을 지방 재원으로 건설하여 더 빠르고 저렴한 비용으로 완성시켰는데, 이로 인해 중심 상업지구의 경제가 부흥되었다. 새크라멘토(Sacramento, CA) 경전철은 새로운 철도망을 신설한 것이 아니라 기존의 철도망을 활용하였고 역사를 화려하게 꾸미지 않았기 때문에 비교적 낮은 비용으로 이를 완성할 수 있었다. 샌프란시스코, 워싱턴 D.C. 같은 도시에서는 중량 지하철 시스템이 건설되어왔는데, 새로운 '대중교통 마을'의 출현이 전철망을 따라 나타나고 있다. 대표적인 사례는 버지니아 주 알링턴 카운티(Arlington County)의 오렌지 라인(Orange Line)이 지나는 볼스턴(Ballston) 및 다른 역 주변에서 관찰할 수 있다. 여기서는 창의적 계획과 규제적 인센티브(예: 최소 50%의 주택이 포함되도록 동의할 경우 밀도 보너스 지급 등)의 조합과 지방 정부의 재정 보증 등을 거쳐 활력 넘치는 대중교통과 보행자 중심의 도시를 형성하고 있다(Bernick and Cervero, 1996).

이러한 투자에 대한 논란이 존재하기는 하지만, 이는 대중교통 중심의 사회를 (다시) 만들어가는 중요한 단계라고 할 수 있다. 승용차에 대한 엄청난 경제적 보조와 비교하거나 또 그에 따르는 사회적·경제적 비용을 고려한다면, 대중교통에 대한 건설 및 운영 비용은 그리 많은 것이 아니다.

이 책에 기록된 (스톡홀름, 취리히 등) 유럽의 대중교통 도시가 주는 중요한 교훈은, 승용차와 비교하였을 때 대중교통의 이용이 쉽고 매력적이도록 끊임없이 노력해야 한다는 것이다. 퍼셔와 르페브르(Pucher and Lefevre, 1996: 208~209)는 "특히 독일, 네덜란드, 스위스는 대중교통의 요금 구조, 운행 시간표, 노선 및 대안적 수단 등 전체적인 조정 면에서 선도적 모범을 보여주었다. 교통 서비스를 더 효과적으로 통합함으로써 그들은 자동차에 대한 대중교통의 경쟁적 지위를 향상시킬 수 있었다"라고 주장한다. 미국인들의 높은 자동차 의존성을 낮추기 위해서는 대중교통에 대한 우선권 부여와 함께, 대중교통이 더 빠르고 더 즐겁게 운행될 수 있는 여건을 만들어주어야 한다.

미국의 도시들은 미래를 대비하는 과정에서 장기로 잘 작동할 유럽형 시스템의 기본 요소를 반드시 포함하도록 해야 한다. 이러한 요소에는 토지 이용 및 개발 관련 정책을 결정할 때 대중교통 투자를 꼭 우선적으로

오리건 주 포틀랜드[21]의 경전철 MAX는 최근 미국의 도시에서 대중교통에 많은 투자를 하고 있음을 보여주는 사례 중 하나이다. 미국에서의 또 다른 경전철 투자 사례로는 새크라멘토, 세인트루이스, 샌디에이고, 댈러스 등이 있다.

포함되어야 한다(유럽 도시는 이 점에서 특별히 뛰어났다). 자동차 신호를 통제하고 거리와 보행구역을 되찾을 수 있도록 하는 관련 프로그램의 운영도 중요하다. 도시지역에서 주차 공간을 제한하는 것도, 공짜 또는 저렴한 주차를 없애는 것도 필요하다. 회사나 기업의 고용주들이 보행 및 자전거 이용 때는 물론 승용차 아닌 대중교통 이용자에게 혜택을 주는 유인 구조를 받아들이도록 권장하는 등 수많은 교통수요관리 전략을 함께 펴야 할 것이다.

∴

21) 포틀랜드는 미국 태평양 북서부 오리건 주의 최대 도시로 2010년 기준 인구가 약 59만 명이다[오리건의 주도는 유진(Eugene)]. 광역행정의 영역에서 의미가 있는 포틀랜드 광역권(Portland metropolitan area)의 전체 인구는 226만 명이다. 포틀랜드는 본문에 언급된 경전철 MAX 외에도 도시성장관리, 광역교통, 녹지 보전, 쓰레기 처리 등의 영역에서 미국에

지역별 상황에 따라 상이한 대중교통 전략이 필요하다는 사실에 대해서는 의심의 여지가 없을 것이다. 미국의 대중교통 개선은 기존의 저밀도 주거환경과 교외-교외 간(suburb-to-suburb) 또는 준교외-준교외 간(exurb-to-exurb) 통근 교통 문제에 대한 대응이 필연적으로 수반되어야 한다. 창조적인 보조 대중교통(para-transit) 또는 미니버스 시스템(예: 볼더에서 큰 성공을 거두며 운행 빈도도 잦은 미니버스)이 많은 미국 도시에서 반드시 고려되어야 한다. 현재로서는 저밀도인 교외지역의 환경을 재도시화하여 밀도를 높이는 것도 미국에서 대중교통을 강화하는 데 필요한 요소이다.

상이한 대중교통 수단을 통합하면, 사람들이 대중교통의 이용을 더 쉽고 매력적으로 느낄 수 있다. 네덜란드의 대중교통 시스템에서 가장 인상적인 특성 중 하나는 전국적으로 통합된 전화 정보망의 구축이다. 전화 한 통이면 여행의 출발에서부터 목적지까지 기차-버스 간 또는 다른 교통수단과의 연계에 도움을 준다는 점이다. 만일 당신의 최종 목적지가 시골의 한 장소인데 정규 버스 노선이 없는 곳이라면, 준대중교통 차량(미니버스 또는 택시)을 사전에 예약할 수 있으며 당신이 그 근처에 도착하기 전에 차량이 먼저 대기하고 있을 것이다. 네덜란드는 면적이 비교적 작고 인구밀도가 높은 나라이긴 하지만, 네덜란드에서 이루어지고 있는 대중교통 수단 간의 계획적인 통합은 대중교통에 의한 통행, 특히 도시 간의 이동을 더욱 쉽고 매력적이게 만든다. 미국의 도시들과 대중교통 관련 기관들도 시민들에게 유럽과 같은 쉬운 이동성을 제공하기 위하여 부단히 노력해야 한다. 만일 그리된다면 더 많은 미국인들이 기꺼이, 최소한 전부는 아닐지

∴ 서 가장 모범이 되는 도시 중 하나로 꼽힌다. 미국 북동부 메인 주의 포틀랜드(Portland, ME)와 구별하여야 한다.

라도 상당한 시간 동안 자동차를 집에 두려 할 것이다.

　유럽의 주요 신개발지역은 그 개발에 앞서 통행 옵션에 대하여 체계적으로 생각한다는 점이 주목할 만하다. 예를 들어 암스테르담의 에이뷔르흐 신개발지구는 새 입주민들이 선택할 수 있는 통행 옵션 패키지를 제시해주어야 한다는 생각이 기본적으로 깔려 있다. 새로운 주민들로 하여금 어떠한 이동수단을 택할지에 대한 고민을 새 집의 벽이나 카펫을 무슨 색깔로 할지 고민하듯이 신중을 기하도록 만드는 것이 관례처럼 되어야 한다. 신규 주택 개발업자들은 지방정부와 대중교통 기관의 협조로 한 묶음의 선택지를 새 입주자들과 잠재적 입주민들에게 제시해주어야 할 것이다(예: 버스 및 지하철 할인 패스, 렌터카 할인 서비스, 카풀 회사의 회원권, 또는 동네를 다니기에 알맞은 자전거의 구입 시 할인 혜택 등). 개발업자들은 구입 또는 선택된 패키지에 따라 신설 도로나 주차장에 대해 의무적으로 부과하는 개발 부담금의 일부를 리베이트로 사용하도록 적절히 조정할 수도 있을 것이다.

　철도에 많은 관심을 기울이는 점이 유럽으로부터 얻을 수 있는 또 다른 교훈이다. 통합 고속철도 시스템은 미국의 도시 중 인구 밀집 회랑(corridor) 지대에서 가지는 함의가 크다.[22] (최근의 노스웨스트 항공사 사례에서 보듯이) 공항의 혼잡이 계속 심해지고 항공 서비스의 질 저하와 함께 항공기 연착도 잦아지면서, 철도와 고속철도라는 수단이 미국인들에게 훨씬 더 매력적으로 다가올 것이다. 고속철도 개발이 이루어지고 있는 수많은

---

[22] 회랑은 지형학적으로는 (폴란드 회랑 등) 큰 도로나 강을 따라 나 있는 좁고 긴 땅을 말하지만, 여기서는 미국 동부지역의 보스턴-뉴욕-볼티모어-워싱턴 D.C.의 대도시권 연결망(megalopolis), 또는 서부지역의 샌프란시스코-로스앤젤레스-샌디에이고를 잇는 길쭉한 인구집중 지역을 일컫는다.

지역에서 상당한 진전이 일어나고 있는데, 각종 자원이 계속 지원되어 이를 뒷받침해야 한다.

의심의 여지없이 미국에서 이러한 아이디어가 실현되려면 미국 상황에 맞는 창조와 적응이 필요할 것이다. 채터누가와 애틀랜타 공무원들의 협력으로 두 도시를 연결하는 고속철도 사업이 추진되고 있는데, 이 사업은 미국의 다른 도시에서 고속철도 사업이 어떻게 전략적으로 시행될 수 있을지를 보여주는 본보기가 될지 모른다. 구체적으로 이 사업은 115마일 회랑을 따라가면서 두 도시와 그 사이의 다른 소도시들을 연결하게 된다. 미국 의회에서 상세한 예비 타당성 조사를 위해 500만 달러를 편성한 이 제안은 몇 가지 목표를 한꺼번에 성취하게 되며, 미국적 맥락에서 중요한 교훈을 던지게 될 것이다. 도시철도는 두 도시와 인근 지역사회를 연결하는 동시에 애틀랜타 하츠필드 국제공항(Hartsfield International Airport)의 급증하는 승객 부담을 현재 이용객이 그리 많지 않은 채터누가 공항으로 일부 이전할 수 있다(애틀란타 공항은 2015년까지 항공 승객이 2배 늘 것으로 예상되는데, 이런 부담이 덜어지지 않을 경우 60~90억 달러의 공항 확장 비용이 필요할 것으로 보인다). 즉 고속철도 연결에 대한 투자를 늘리는 것은 애틀랜타 공항의 확장 필요성을 줄임으로써 공항 확장에 드는 비용을 상당 부분 감소시킬 수 있다. 그리고 두 도시 간의 사업은 점진적으로 확장되어 다른 도시에까지 철도가 연결될 수 있을 것이다. 덧붙이자면 이 사업의 지지자인 채터누가 시의회 데이비드 크로켓(David Crockett) 의원이 생각하는 것처럼, 이 시스템은 다른 대중교통 수단도 강화하게 될 것이다. 그는 "채터누가에서 애틀랜타까지 시속 185마일의 속도로 이동해 와서, 정작 애틀랜타에서는 렌터카로 꽉 막힌 고속도로를 시속 24마일로 운전한다는 것이 도대체 말이 되는가?"라고 되묻는다(Pierce, 1998에서 인용). 이 '채틀랜타(Chatlanta)' 고속철도 구상은 도시 간의 강력한 협력과 연합이 중요하다는 것, 이러한 프로젝트를 계획하면서 다양한 목표를 강조할 필요가 있다는 것, 고속철도 투자가 미국의 많은 회랑 지대 및 주요 지역에서 이미 타당하다는 사실을 보여주는데, 미래를 내다보는 올바른 정치와 이를 지원할 자원이 있다면 더욱 그러할 것이다.

대중교통 지향적인 유럽의 시스템으로부터 얻을 수 있는 몇 가지 교훈 가운데 하나는 도시 정부가 (그리고 주와 연방기관도) 자동차 이용과 대중교통 이용 간의 공평한 경쟁의 장을 만들도록 노력해야 한다는 것이다. 도시 정부는 자동차 사용자들에게 도로와 고속도로를 건설·유지하는 비용을 좀 더 부담하도록 요구해야 한다. 그뿐만 아니라 정치적으로는 인기를 끌지 못하더라도 오늘날 자동차 지배적인 우리 사회가 지불해야 하는 진정한 환경적·사회적 비용을 제대로 반영하기 위해서는 휘발유 가격을 올려야 한다. 퍼셔와 르페브르(Pucher and LeFevre, 1996)는 유럽 전체의 도로세 총액이 미국의 다섯 배쯤 된다고 지적한다. 이들은 그 차이를 아래와 같이 설명하고 있다.

전반적으로 미국의 도로 이용자들은 도로의 건설, 유지, 관리, 법집행 등에 소요되는 비용의 60%만을 세금이나 사용자 부담금으로 지불하고 있다. 이 60%를 제외한 나머지 40%는 정부의 세입 보조를 통해 메워진다. 미국과 대조적으로 모든 유럽 국가에서는 도로 사용 과정에 부과되는 세금이 정부의 도로 관련 지출액을 초과한다. 네덜란드에서는 정부 지출에 비해 도로세가 5.1배 많으며, 스위스에서는 1.3배 더 많다. 대부분의 유럽 국가들은 도로에 쓰는 비용의 최소 두 배 이상이 되는 높은 도로세금을 사용자에게 징수한다. 따라서 미국의 도로 사용자들은 유럽에 비해 엄청난 보조를 받는 셈이며, 유럽의 경우는 그 많은 도로세를 냄으로써 전반적인 정부 재정에 커다란 기여를 하고 있는 것이다(28쪽).

휘발유나 자동차에 대한 세금을 시간을 두고 조금씩 올리는 까닭은 정치적 이유에서 기인하는 것이지만, 이는 빠른 시일 내에 시작되어야 한다. 증세로 인한 추가 세입은 지역별 또는 지역을 넘어서는 대중교통의 실질적 향상을 위해 투입되어야 한다.

유럽의 대중교통 시스템 중 특히 철도의 경우는, 휴양지에 대한 접근을 용이하게 한다. 이런 유형의 대중교통망은 많은 미국 도시에도 유용하게 적용될 수 있을 것이다. 프라이부르크를 비롯한 독일 도시에서, 도시민들은 철도망을 통하여 흑림 등 주요 명승지로 이동할 수 있다. 네덜란드에서는 인기가 많은 해변 휴양지를 철도로 쉽게 방문할 수 있다. 실제로 네덜란드 국철은 여름 성수기가 되면 잔드보르트(Zandvoort) 해변과 같은 명승지로 떠나는 열차를 증편한다. 물론 이러한 지역은 승용차를 이용해서 갈 수도 있지만, 기차를 타는 편이 훨씬 빠르고 쉬우며 불편함도 적다.

아울러 국영철도 회사가 관광명소의 기차 운행뿐만 아니라 숙박 등의 상품을 추가적으로 연계하여 제공하기도 한다. 유럽의 철도회사들은 창조적 방식으로 교통-휴양 연계 상품을 마련해왔다. 예컨대 벨기에의 국영철도회사는 하루 동안의 모든 휴양 연계 상품을 묶어 1일권 티켓(B-dag-TIRP)으로 단일화한 상품을 내놓았다. 이 한 장의 티켓만 있으면 목적지까지 열차로 이동할 수 있을 뿐만 아니라 지역 내 버스, 기차, 지하철은 물론 박물관과 동물원 등 특정 목적지의 입장료까지 해결할 수 있다. 이 회사는 또한 '열차-자전거(trein en fiets)' 티켓까지 발매하는데, 이 역시 티켓 한 장으로 철도 여행은 물론 목적지에서 자전거 예약까지 가능하다. 이러한 프로그램을 통해서 역사적 도시를 방문하고, 시골길을 자전거로 여행하며, 비교적 저렴한 비용으로 다른 목적지까지 갈 수 있는데, 이때 승용차로 이동할 필요가 없다는 점이 중요하다.

  미국에서는 휴양지를 중심으로 한 교통량이 엄청나다는 점에서 주요 공원이나 자연지역과의 연계에 더 큰 관심을 기울여야 할 것이다. 이는 달리 말해 기존의 자연지역과 대중교통 간의 새로운 연계가 필요하다는 것이며(예: 워싱턴 D.C.에서 셰넌도어 국립공원까지 철도 연결), 이미 형성된 대중교통 노선과 인접한 곳에 새로운 공원 녹지와 자연 복원지를 개발해야 한다는 의미가 된다. 더 나아가, 암트랙(Amtrak) 열차도 유럽의 방식을 따라서 좀 더 창의적인 파트너십을 형성할 수 있을 것이다. 예컨대 국립공원국(National Park Service)과 협력하여 철도이용 방문객을 국립공원으로 수송한다든지 또는 렌터카 회사나 카셰어링 업체와 연계할 수도 있다. 암트랙 측의 노력으로 이러한 파트너십의 발전이 이미 시작되었다(White, 1999 참조).[23]

---

23) 암트랙은 글자 그대로 미국(America)과 철로(Track)의 합성어로 정식 명칭은 전미여객 철도공사(National Railroad Passenger Corporation)인 준공영기업이다. 미국 전역에 걸쳐 여객철도 운송 서비스를 제공하고 있으며 본사는 워싱턴 D.C.에 있다. 본디 미국에는 유럽이나 우리나라와 달리 국유 철도가 없었으며 여러 개의 민간 철도회사를 묶어 1971년 암트랙이 설립된 것이다. 암트랙은 비용, 안전성 등 여러 측면에서 많은 비판을 받고 있으며 여전히 항공교통에 밀리고 있다.

제5장
자동차 길들이기: 차 없는 도시의 기약

승용차 없는 도시의 약속

자동차 수와 사용의 증가는 유럽 도시의 지속가능성 이슈 중에서 가장 중요한 것이라고 할 수 있는데, 이는 유럽 전역에서 이루어진 면접조사에서도 확인되고 있으며 유럽의 상당수 지역에서 나타나는 경향을 봐도 그리 놀라운 사실이 아니다. 유럽연합(EU)에 속한 모든 국가를 통틀어, 1990~2010년 사이에 승용차의 통행 거리는 25%가량 증가할 것으로 추정된다(European Commission, 1996). 예컨대 만일 네덜란드에서 이런 경향이 계속된다면, 2010년까지 약 70%의 승용차 증가가 이루어질 것으로 예측된다(승용차 대수는 500만 대에서 800만 대로 증가). 이러한 교통량의 증가가 다수의 도시에서 이미 나타나고 있는데, 단적인 사례로 영국의 에든버러에서는 1981~1991년 사이에 교통량이 57%나 증가하였다(Johnstone, 1998).[1]

유럽에서는 교통량의 증가로 인해 많은 비용이 지출되고 있으며, 이러한 비용이 점차 증가하는 추세이다. 최근 유럽연합의 재정 지원을 받은 한

---

[1] 참고로 우리나라의 자동차 수도 최근 가파른 속도로 증가하고 있다. 등록된 차량의 수는 자가용을 기준으로 했을 때, 2001년 12월에 888만 9,327대이던 것이 10년 뒤인 2011년 8월에는 1,348만 9,555대로 늘어 51.7%의 증가율을 기록했다(국가교통DB센터, www.ktdb.go.kr).

연구는 승용차와 관련한 비용의 증가분을 계산한 결과 놀라운 사실을 밝혀냈다. 이 연구에 따르면 매년 3,000억 달러 이상의 비용이 승용차 사용으로 인해 발생하는데, 이는 유럽연합 전체 국내총생산(GDP)의 4%에 해당한다. 런던의 혼잡비용(congestion costs)은 연간(1989년 기준) 150억 파운드로 추정되었다.[2]

이러한 현실에도 불구하고 (실은 그 때문에), 유럽 도시들은 승용차를 더 잘 관리하기 위한 많은 인상적 조치를 취해왔다. 실제로 대부분의 연구 대상 도시에서 승용차 진입을 제한하고, 이용을 억제하기 위한 중요한 (그리고 이따금 극적인) 조치가 취해지면서 점차 놀랍고도 매력적인 걷기 환경이 조성되었다. 브뤼셀에 기반을 둔 '차 없는 도시(Car Free Cities)' 네트워크의 경우 현재 약 60개 회원도시에서 이 문제와 씨름하고 있다. 많은 참여도시가 이른바 〈코펜하겐 선언(Copenhagen Declaration)〉에 서명했으며 각각의 도시에서 승용차 이용을 줄이는 수단을 강구하기 위한 약속을 해왔다. 이 네트워크는 1994년 유럽위원회(EC)가 출범시켰는데, 유럽위원회는 회원도시들에 기술적 지원과 함께 일련의 회의와 세미나를 주최한 바 있다. 이 네트워크는 6개의 실무그룹으로 나뉘어 차 없는 도시를 지향하는 특정 주제에 대하여 논의해왔다(Car Free Cities Coordination Office, undated).[3] 앞

∴
2) 혼잡비용은 교통이 원활한 상태에서라면 발생하지 않았을 추가적 차량 운행비용이나 시간가치의 손실 등을 화폐가치로 환산한 액수를 말한다. 경제학적인 의미의 모든 기회비용이나 차량 정체로 인한 정신적 피해 등을 남김 없이 계산하지 않더라도, 일반적인 혼잡비용은 상당한 것으로 추정되고 있다. 교통개발연구원 자료에 따르면 이 책이 처음 발간된 2000년 한 해 전국의 고속도로 등에서 발생한 교통혼잡비용이 총 19조 4,482억 원으로 국내총생산(GDP)의 3.7%에 해당하였다(출처: 네이버 백과사전).
3) [원주] 이 6개 실무그룹은 자전거와 보행, 상업용 교통, 통근, 대중교통, 자동차에 대한 실용적 대안, 그리고 공해가 덜한 도시 차량 분야로 나뉜다. 각 그룹은 특정 유럽 도시가 위원장을 맡고 있다.

서 말했듯이 빈 같은 도시에서는 조각품, 분수, 예술작품, 장식용 타일 및 벽돌 쌓기, 그리고 인상적인 공공 구조물을 연결함으로써 유쾌한 보행환경을 창조하였다. 우리가 이미 관찰한 것처럼 독일의 많은 도시에서는 광범위한 지역에 걸쳐 보행자 전용지구를 구축하였다. 프라이부르크의 역사 중심지는 거의 모든 구역이 보행자 전용공간이다(Boyes, 1997; Leonard and Leonard, 1997; BUND, 1995). 네덜란드 도시의 거의 대부분은 중심 쇼핑지구를 보행자 전용화하였는데 특히 암스테르담, 위트레흐트, 흐로닝언 등이 훌륭한 모범 사례가 된다. 이제 승용차의 증대되는 영향력을 제어하려는 정치적·정책적 구상들이 확대·제시되는 것은 놀라운 일이 아니다.

'차 없는 도시'에 대한 요구는 유럽의 많은 공공·민간 조직에 의하여 더욱 늘어나고 있다. 유럽의 환경운동가들도 풀뿌리 수준에서 점차 승용차에 대한 관심을 계속 늘려가고 있다. 1997년 11월, 환경운동가들은 "차 없는 도시를 향하여(Towards Car-Free Cities)"라는 회의를 프랑스 리옹에서 개최했다. 회의 참석자들은 다양한 사안 중에서도 사람들로 하여금 승용차 사용을 줄이게 하기 위한 공공 캠페인을 어떻게 효과적으로 펼칠 것인지에 대한 전략과 기법을 찾는 데 많은 관심을 보였으며, 이에 대한 각자의 경험과 정보도 교환하였다. 이들은 앞으로 《승용차 버리기(Car Busters)》라는 새 잡지 발간, 제2차 회의 준비, 승용차 사용 반대 국제 기념일 제정 등을 계획하고 있다.

이 회의는 언론에서 큰 주목을 받았는데, 이는 승용차 이용에 대한 반대를 나타내는 다양한 창조적 전시 행사 덕분이라고도 할 수 있다. 이 행사에는 리옹 거리를 따라 행차하는 승용차 장례식, 승용차 밟기(car-walking, 인도에 주차된 승용차 위를 걸으면서, "당신의 차 밑으로 기어들어가기 싫었기에 그 위로 걸었습니다"라는 문구를 차창에 붙인다), 승용차 주위에 폴리스 라인

많은 유럽 도시가 도심지의 승용차 통행을 제한하려는 조치를 취해오고 있다. 사진에서 볼 수 있듯이 독일의 프라이부르크는 도심을 차 없는 지구로 전환하였는데, 이제 이 지역에서는 트램, 보행자, 자전거만 다닐 수 있다. 도심부를 제외한 프라이부르크 대부분의 지역도 시속 30킬로미터 미만의 교통 정온화 지구로 지정되었다.

설치하기, 자동차를 들어 거리 한가운데로 옮겨 놓음으로써 교통 흐름을 막는 일("car bouncing"이라고 한다), 그리고 운전자들에게 승용차를 포기하도록 권유하는 전단지 배부 등 다채로운 프로그램이 포함되었다. 폴리스라인에 싸인 차에는 왜 이 사회가 더 이상 자가용의 비용을 감당할 수 없는지를 차근차근 설명하는 시청의 '공식 서한(official letters)'이 부착되었다. "이 편지는 운전자들이 택할 수 있는 두 가지 선택지를 제시하고 있다. 선택지 중 하나는 승용차를 운전하는 대가로 10만 프랑(1만 6,000달러)이라는 막대한 벌금을 내는 것이고, 다른 하나는 승용차를 버리는 대신 공짜 자전거를 받는 것이다(Ghent, 1998: 13)."[4]

홀(Hall, 1995b: 70~71)은 지난 20여 년간 유럽 도시에서 자동차 이용을 억제하기 위해 적용한 세 가지 혁신적 기법을 설명한다. 즉 (1) 중심 상업지구의 보행자 전용구역화(pedestrianization), (2) 교통 정온화(traffic calming), 특히 (3) 1990년대의 도로통행료 부과(road pricing)가 그것이다. 이 목록에는 중요성을 갖는 몇몇 혁신적 수단인 차 없는 주택과 승용차 제한형 개발 디자인, 그리고 카셰어링의 등장 및 성장이 포함되어야 한다. 이에 대한 각각의 세부 내용을 지금부터 살펴보도록 하겠다.

교통 정온화와 자동차 제한 전략

완전한 보행자 전용구역화는 아닐지라도, 이와 관련된 수많은 혁신 사례가 있다. 승용차 교통을 제한하거나 억제하고 '조용하게(calm)' 만들기 위한 다양한 전략과 기법이 사례 도시에서 폭넓게 활용되어왔다. 이 전략에는 네덜란드에서 처음 시작된 '보차공유거리(woonerf)' 개념, 과속방지턱(drempels, speed hump), 보도 연석 설치 및 보도 확장, 주변보다 높인 벽돌노면, 차량진입 방지 말뚝(bollards) 및 모든 형태의 인위적 도로장애물 설치, 거리와 주차장에 창조적인 가로수 심기 등이 포함된다. 원형 교차로(traffic circles) 또는 로터리(roundabouts) 또한 일종의 교통 정온화 기법으로서 일반적인 신호등 교차로를 대신하여 설치되었는데, 이들은 교통사고를 줄이는 효과가 있는 것으로 알려져 있다. 네덜란드의 한 마을에선 자동차 속도를 줄이기 위한 방법으로 심지어 양(¥)을 활용하기까지 한다.

---

4) 물론 리옹 시의 '공식 서한'은 말만 그렇지 실제로는 시에서 작성한 것이 아니다. 벌금의 액수 역시 승용차 운전이 환경 및 사회에 끼치는 부정적 영향을 감안하여 추정된 것으로, 이를테면 부담금(impact fees)의 개념에서 상징적으로 부과한 것이다.

마을마다 다양한 개별 프로젝트를 이용하여 거리를 더 안전하고 평온한 보행자 환경으로 변화시키기 위해 크고 작은 노력을 기울이고 있다. (광범위한 체계적 정온화 기법의 한 부분이지만) 소규모 사례 중 가장 대표적인 것은 덴마크 오덴세에 있는 몇몇 거리이다(Skt. kundsgade, Alexandergade, Fredensgad). 이 거리들에는 어린이들이 놀기에 최적의 장소가 되도록 자동차 이용이 엄격하게 제한되었고 큰 나무와 벤치도 많이 배치되었다. 이 지역의 진입로는 좁은 데다 약간 솟은 돌길이어서 자동차의 진입이 매우 제한된다. 사람들이 앉아서 쉴 수 있는 장소로 향하는 길은 구불구불하게 되어 있고, 이 길을 따라 목재 펜스가 설치되어 있어 보행자와 어린이를 자동차로부터 보호한다.

많은 도시가 자동차 제한속도 30킬로미터인 구역을 설정하는 등 다양한 교통 정온화 장치를 만들어두었다. 프라이부르크를 예로 살피면, 이 도시 인구의 약 90%가 30킬로미터 속도제한 지구 안에 살고 있다. 이러한 장치로 인해 보행자들에게 더 쾌적한 환경이 만들어졌는데, 특히 이러한 장소는 어린이들이 뛰어놀거나 야외 활동을 하기에 훨씬 나은 공간이 되었다. 가장 성공적인 주거지의 교통 정온화 사업 중 하나로 하이델베르크의 베스트슈타트(Weststadt) 지구를 들 수 있다. 이 지구에서는 노폭을 좁히고, 교차로 주변에 석조물을 배치하며, 거리를 굴곡지게 하여 커브 모양으로 만드는 등 다양한 방법의 조합을 통해 훨씬 더 안전하고 살기 좋은, 바람직한 동네로 만들었다. 동시에 주민의 자동차 이용은 어느 정도 제한되었지만 그렇다고 완전히 금지된 것은 물론 아니다.

유럽에서 암스테르담만큼 승용차 의존도를 줄이는 데 엄청난 관심을 기울여온 곳은 거의 없다. 이곳 주민들은 1992년 주민투표에서 교통 혼잡과 승용차 이용을 줄이려는 야심 찬 프로그램을 통과시켰다. 프로그램의 구체적 내용에는 대중교통 시스템의 개선, 도심지의 주차 요금 인상, 도로 통행료 신설, 그리고 (제4장에서 설명된) A-B-C 용지 기준에 따라 토지 이용 결정을 하는 것이 포함되어 있다. 이 같은 다양한 조치들이 1992년 이래로 계속 시행되고 있다. 암스테르담식 방안은 단일 전략과 접근 방식만으로는 목표를 달성하기 어려우며, 뜻을 이루려면 여러 전략들이 상호 긴밀히 결합되어야 함을 보여준다. 지금까지 암스테르담은 주차료를 계속 인상해오고 있으며 중심부의 주차 공간도 줄이고 있다. 이런 내용은 정치적 지지를 받기 어려운 것은 물론이고 경제적 이해관계자들로부터도 저항을 받는다.[5]

A-B-C 정책을 집행하는 과정에서도 정치적인 개입이 늘 있었다. 대중교통 통행 횟수를 늘리기 위해 A형 용지 쪽으로 개발이 이루어지도록 하는 적극적인 시의 방침에도 불구하고, 때때로 소재지를 옮기는 업체나 상인들이 선호하는 대로 자동차 접근성을 좋게 하는 식의 타협이 이루어지기도 했다. 암스테르담의 교통 및 수송기관 책임자(Hugo Poelstra)가 말하는 최근의 예로는 ABN-Amro 은행의 신규 본부건물의 경우가 있다. 이 회사는 도시 남쪽 세계무역센터 근처에 입지하기로 되어 있었는데, 협상을 거쳐 대중교통 지구 또는 A형 지구에서 허용하는 규모보다 더 많은 숫자의 주차 공간을 확보할 수 있었다.

⋮

[5] 사방으로부터의 저항에도 불구하고 유럽의 많은 도시에서 승용차 운전자를 고의적으로 힘들고 피곤하게 만듦으로써 승용차를 제한하려는 전략은 지금도 계속 진행되고 있다. 최근의 외신 보도에서도 '칭송'되듯이 빈, 뮌헨, 코펜하겐 등에서는 자동차가 다니는 거리를 다수 폐쇄하였고, 바르셀로나와 파리는 차로의 자전거 차선을 확대하였으며, 런던과 스톡홀름의 경우 도심 혼잡세를 부과하기 시작했다. 독일의 10개 이상 도시는 탄소 배출이 일정량 이하의 차량에만 허용된 '환경구역(environmental zones)'을 신설하는 등 많은 조치가 계속 등장하고 있는 것이다(*International Herald Tribune* 2011. 6. 26).

삶의 질과 지역의 매력을 향상시키는 데 필요한 다양한 개선 사업이 무엇인지를 찾아내는 과정에서 공동체의 참여 또는 공동체 기반의 사업 진행이 이루어진 사례는 매우 많다. 한 가지 예로 레스터 시는 어떠한 장소에 교통 정온화 시설이 필요한지를 선정하는 과정에 시민들을 참여시켜왔다. '걷기 먼저(Feet First)' 구상에 따라 하이필드 지구(Highfields neighborhood) 주민들은 거리를 더 안전하게 만드는 데 수반되어야 하는 변화가 무엇인지에 대해 고민하였고, 그 결과로 몇몇 자전거 전용거리와 함께 정온화 시설물이 설치되었다. 이와 유사한 경우로는 안전한 통학 길 조성 과정에 어린이들을 참여시킨 결과로 몇 가지 정온화 조치가 취해졌다. 레스터에서 나타난 결과는 인상적이다. 하이필드의 경우 10킬로미터 구간에서 정온화 기법이 적용되어 긍정적 결과를 가져온 것으로 나타나고 있다(걸어서 통학하는 어린이 수가 20% 증가했고, 응답자의 다수는 전보다 더 많은 사람들이 걷고 있으며 공동체 의식이 향상되었다고 말한다; Leicester City Council, undated). 교통 정온화가 시행된 동네의 주민들을 조사한 결과, 주민들은 이러한 정책에 강력한 지지를 나타냈고 다른 지역에서도 정온화에 대한 수요가 많이 존재함을 보여주었다(Leicester City Council, undated).

다른 도시의 사례도 레이턴과 유사하다. 하이델베르크에서는 교통 정온화 기법이 적용된 뒤에 교통사고 발생이 31% 감소하였고, 교통사고로 인한 부상자 또한 44%나 줄어들었다. 유럽 도시의 연구 사례를 보면, 교통 정온화를 위해 노력한 도시에서는 사고 및 부상자 감소, 소음 수준의 경감, 보행자 및 야외 활동 증대 등과 같은 일관된 결과가 나타났다(관련 연구 결과를 잘 요약한 것으로 Newman and Kenworthy, 1992 참조). 더욱이 정온화 기법은 공회전, 기어 변속, 브레이크 사용 등을 줄이게 되므로 대기 오염 감소에도 긍정적 영향을 끼친다.

정온화 기법이 적용된 도시에서는 어린이와 주민이 더 안전하게 느끼는 가운데, 보행, 놀이, 야외활동이 훨씬 더 늘어난다는 것이 틀림없다. 자동차가 아닌 다른 용도의 공간을 새로 만들어낸 것도 교통 정온화를 통해 얻을 수 있는 추가 혜택이다. 예컨대 레스터 시는 도심의 인도 또는 인도의 연석 면적을 확장했으며, 이로 인해 화분, 벤치, 자전거 보관대 등을 더 둘 수 있게 되었다. 하이델베르크의 베스트슈타트 거리에는 야외 카페와 테라스가 조성될 수 있었다. 한 가지 확실한 사실은 교통 정온화가 성공적으로 이루어지기 위해서는 기법이 동네 단위 또는 지구 단위에서 시행되어야 한다는 점이며, 이것은 베스트슈타트의 사례를 통해서 잘 알 수 있다.

네덜란드는 보너르프(woonerf) 즉 보차공유거리의 개념을 처음 도입했는데, 이는 거리와 마을에서 교통 정온화를 정착시키기 위한 강력한 전략이다(네덜란드어로 woon은 '주거지역' 그리고 erf는 '마당'을 뜻한다). 구체적으로 보너르프는 차도의 굴곡과 커브, 나무 심기, 벽돌 및 석조 디자인을 통하여 차량 운행 속도를 보행 속도 이하로 줄이게 됨으로써, 결국 보행자, 자전거 이용자, 어린이가 도로를 공존하여 사용하는 결과가 된다. 차선은 승용차와 자전거가 간신히 지나갈 정도로 의도적으로 좁혀 있다(Ten Grotenhuis, 1979; Royal dutch Touring Club, 1978). 주차 공간 또한 전략적으로 배치되어 사용되지 않을 때는 보행자 공간의 한 부분으로 이용된다. 네덜란드에서 보너르프로 지정되기 위해서는 (그리고 해당 표지판을 붙이려면) 일정한 조건을 충족시켜야 한다. 국가 교통법에 의거하여 지정지역에서는 자동차-보행자-자전거 간의 법적 관계가 실질적으로 바뀌게 된다. 대부분의 거리에서 저속으로 움직이는 다른 교통수단에 비하여 자동차가 통행의 우선권을 지니고 있으나, 보너르프에서는 각각의 수단이 동등한 것으로 간주된다. 1970년대 중반, 네덜란드에서 처음 적용된 이후 1983년까지 총 2,700개의 보너르프가 지정되었다(Liebman, 1996). 1999년도에는 약 6,000개의 보차공유거리가 있는 것으로 추정된다(Quinn, 1999). 당초 보너르프였던 곳을 차도로 전환하려면 지역 주민의 (60% 이상 지지로) 승인을 얻어야 한다.[6)]

그러나 보너르프의 아이디어를 적용하는 데는 한계가 있는데, 그것은 주차된 차량이 너무 많으면 이동 공간이 축소된다는 점, 소방차량이나 쓰레기 수거차량, 기타 대형 트럭 등이 접근하기 어렵다는 점(델프트에서는 주정차 장애물을 교차로 모퉁이에 설치하거나 소형 트럭을 이용함으로써 이 문제를 해결하였다), 속도는 차량만큼이나 빠르지만 자전거처럼 취급받는 모페드의 처리, 보너르프 개념 자체의 대중 수용성 등을 말한다(Ten Grotenhuis, 1979). 또 보너르프를 조성할 때는 비용이 많이 들고 꽃이나 나무 식재 등 운영 관리에도 신경을 제대로 써야 한다.

델프트는 보너르프의 개념을 처음 도입한 도시 중 하나로, 지난 몇 년 동안 이 개념의 진화를 이해하기 위한 실험의 장으로 여겨지고 있다. 특히 탄트호프(Tanthoff) 지구가 보너르프에 대한 사람들의 인식 변화를 잘 보여준다. 탄트호프 동부지구는 1970년대에 조성된 곳으로 가장 넓은 보차공유거리 중 하나이다. 이 동네는 저층의 부속주택 지구로서 보너르프와 함께 좁은 길과 보행자 전용다리가 뒤얽힌 복잡하고 광범위한 네트워크로 구성되어 있다. 이 지구의 공간 구조는 여러 측면에서 모범적이라 할 수 있

[6)] 보너르프 개념은 명칭이나 응용 형태가 조금씩 다르지만 세계 각국에서 발견된다. 우리나라에서도 재래시장, 대학 캠퍼스 등에서 처음 계획 의도와 무관하게 보차혼용 공간으로 이용되는 경우가 있으며, 미국의 스마트 성장을 지향하는 시민단체(Smart Growth America) 등에서는 이를 "완전도로(complete street)"라 부르기도 한다. 최근 계획 단계부터 500미터 '완전도로'로 보도된(《한겨레》, 2013. 1. 24) 청주시의 사례는 차도를 자전거/보행로와 구분하면서 정온화 기법을 적용하는 데 초점을 두고 있는 듯하다.

지만, 그동안 델프트 주민의 보차 공존에 대한 태도는 변화해왔다. 이를테면 사람들은 보차공유거리를 "콜리플라워(꽃양배추)" 형태의 복잡한 미로로 여기면서 좀 더 직선형의 가로망에 대한 선호 그리고 전통적인 격자형 거리망에 더 의존하는 태도를 보인 것이다. 1980년대 조성된 탄트호프 서부 지구에서 이러한 인식 변화를 극적으로 볼 수 있다. 거리망은 격자형이지만 보통 보너르프 지구에서 볼 수 있는 전형적인 교통 정온화 기법들(다수의 과속방지턱과 급커브 등)이 이곳에서도 자주 발견된다. 델프트와 네덜란드의 몇몇 다른 지역에서는 보너르프가 넓어지면서 본래 의미가 조금 퇴색한 듯한데, 이것은 이웃한 동네와 지구, 도심과의 상호관계를 망각한 데서 오는 결과이다(물론 연결성은 네덜란드의 모든 개발 사업에서 꼭 필요한 설계 요소이다). 외지에서 온 관찰자나 방문객의 관점에서는 탄트호프 동·서부 지구의 보너르프가 모두 잘 운영되고 있으며 모범적인 삶의 환경을 대표하는 것처럼 보인다. 델프트의 경험에서 얻을 수 있는 가장 중요한 시사점은 무엇보다 거리 디자인 개념과 기법에서 폭넓은 선택지를 가지는 것이 중요하다는 점이다.

유럽의 다른 지역들도 비슷한 정온화 아이디어를 적용해왔다. 영국에서조차도 "홈존(Home Zones)"이라 불리는 보너르프와 거의 비슷한 제도를 만들어내려는 움직임이 있었다. 홈존에서는 통행 속도가 시속 10킬로미터로 제한될 정도로 높은 수준의 정온화를 시행하고 있다. 이는 어린이 놀이협회(Children's Play Council)의 지지를 받고 있는데, 홈존은 주거지 인근 거리에서 어린이들이 더 안전하게 놀 수 있도록 하는 전략으로 강력히 권장되는 사항이다(영국은 유럽 전체에서 어린이 보행사고 사망률이 가장 높은 나라다; Purves, 1998).

공격적인 주차 전략의 사례가 이 책의 연구 대상 도시에서 다수 나타나는데, 사례로부터 도출할 수 있는 결론은 승용차 사용을 억제하려는 노력에서 주차 제한과 주차 요금 정책이 필수라는 것이다. 예컨대 이탈리아의 볼로냐는 강력한 주차 정책을 시행해오고 있는데, 승용차 운전자들은 비교적 높은 시간당 주차 요금을 지불해야 한다. 또한 시의 주차 시스템상 어떤 거리는 동네 주민 전용으로 지정되어 있으며, 또 어떤 곳은 동네 주민들조차 시간당 주차 요금을 내야 한다. 다른 많은 도시들도 이와 비슷한 방식을 적용하고 있는데, 암스테르담은 주차 위반 차량에 대하여 "차꼬를 채우는(booting)" 정책으로 유명해졌다. 베를린 또한 승용차 이용을 억제하기 위하여 높은 주차 요금을 부과해왔다(시간당 약 4마르크).

암스테르담은 엄격한 주차 제한 정책을 시행하면서 (대략 중앙정부의 A-B-C 정책에 기초하여) 대중교통 정류장 인근에 주요 사무용 빌딩 신축 등 많은 도시 용도의 움직임이 일어나도록 권장한다. 구체적으로 시는 대중교통 친화형 입지에서 신규 사업체에 허용하는 주차 공간의 수 자체를 제한한다. 최고의 대중교통 요충지(기차역 부근의 A형 용지) 내 새 입주업체는 10명의 종업원당 1개 이상의 주차 공간을 부여받지 못하는 것이다.

다수의 유럽 도시들이 승용차 없는 또는 승용차 제한 지역을 만들기 위해 많은 노력을 기울여왔다. 차 없는 중심 지구를 창조하는 것은 흔히 시민 주도의 제안 및 투표에 의해서 이루어지는 예가 많은데, 암스테르담과 볼로냐가 그런 경우라 할 수 있다. 볼로냐에서 주민들은 역사적 중심지의 '자동차 제한 지구(zona a traffico limitato)' 지정에 관한 투표에서 압도적 찬성률로 이 안건을 통과시켰다. 이에 따라 아침 7시부터 저녁 8시까지는 동네 주민, 사업주, 택시, 배달차량, 그리고 특별히 허가받은 사람들만 이 지구에 대한 출입이 허용된다. 시는 독특한 원격 측정 시스템을 이용해 허가받지 못한 차량의 접근을 규제해왔다. 시 주변의 몇몇 출

이탈리아 볼로냐는 시 전체 주민을 대상으로 한 투표를 거쳐 도시의 중심지를 '자동차 제한 지구'로 지정했다. 일반 차량의 도심 진입은 아침 7시부터 저녁 8시까지 제한된다. 예외적인 경우 통행이 허용되기도 하는데, 이는 도시입구에 설치된 원격 감시장치 등을 통해 관리되고 있다.

입 지점에 설치된 원격 장치가 진입 차량의 번호판을 스캔하여 이들이 허가권을 가지고 있는지 판단한다(중앙정부의 두 관련 기관 간 행정 다툼으로 인해 이 원격 장치가 현재는 이용되지 않고 있으나 곧 사용이 재개될 것이다).

이러한 제한은 짧은 시행 기간 동안 도심에서 자동차 교통량을 두드러지게 감소시키는 효과를 가져왔다. 한 보고서는 매일 중심부로 운행되는 승용차의 숫자가 62%가량 줄었다고 평가한다(ICLEI, 1996). 그럼에도 볼로냐는 차량의 통행이 전적으로 금지된 도시가 아니며, 꽤 많은 약 8만 2,000대의 차량 진입이 허용된다. 아울러 이러한 규제는 저녁 8시 이후에는 모두 풀린다. "매일 저녁 '여가시간 교통량'이 거리로 나오며 원도심을 따라 발생하는 긴 자동차 행렬이 저녁 산책 시간을 망쳐놓는다(ICLEI, 1996: 3)." 이러한 문제를 해결할 수 있는 한 가지 방안이 바로 대중교통의 이용 촉진이며,

실제로 최근 들어 볼로냐 시는 이런 대안에 솔깃해하고 있다.

승용차 없는 개발 및 주거단지

새로운 주택 개발 사업에서는 승용차 이용을 최소화하거나 억제하는 방식으로 설계가 이루어지고 있다. 가급적 기존 개발지와 가까운 지역에 신규 사업을 배치하고 있으며, 복합 용도로의 통합 등을 통해 주민들로 하여금 자동차 소유나 사용의 필요성을 줄이도록 할 수 있다. 나아가 많은 신규 개발 사업의 물리적 설계가 자동차에 대한 의존성을 줄이는 쪽으로 이루어진다. 점차 일반화되고 있는 방식으로, 개발지의 바깥 경계선을 따라 모든 주차 구역을 묶어 배치하여 승용차 출입이 개발지 내부에서는 불가능하도록 한다. 즉 주민이 자동차를 자기 집 앞까지 운전해 오는 것을 허용하지 않는 것이다. 유럽에서 이러한 신개발지에 허용되는 주차 공간의 수 또한 기존의 개발 사업보다 적으며 대부분의 미국 도시보다는 엄청나게 낮은 수치를 보인다.

암스테르담의 베스터파크 지구(Westerpark district)에서 시행되는 GWL 지구 사업이 한 예가 될 수 있는데, 이 사업에서는 개발지구의 경계선에만 제한된 규모의 주차 공간을 허용하며, 주민들로 하여금 자동차를 소유하지 않도록 적극 장려한다. 단지 내에는 자동차 110대 분의 주차 공간 설치만 허가받았고, 방문객용 주차 공간으로 25대 분량이 추가됨으로써, 총 600세대의 자동차 중 135대만 주차가 가능하게 된 셈이다([그림 5.1] 참조). 이 주차 공간의 사용은 주차허가 시스템을 통해 관리된다. 차를 가진 주민 가운데 이러한 제한이 심한 주차장을 사용하려는 이는 반드시 허가증을 발부받아야 한다. 주차가 허용된 공간보다 이를 원하는 주민의 숫자가 (보통 2배가량) 많았으므로 추첨으로 이를 허가해주었다. 사업 책임자에 의하면 이 사업단지로 이사온 사람들 중 약 110명은 어쩔 수 없이 자동차를 처분했다고 한다. 이로 인해 발생하는 문제로는 가끔 어떤 주민이 허가 없이 자동차를 운전하면서 해당 단지 아닌 인근의 다른 동네에 주차를 할 수도 있다는 것이다. 그러나 이웃 동네의 경우도 어차피 허가 없이는 주차가 불가능하기 때문에, 베스터파크 단지의 주차허가 시스템은 이러한 행위를 금지하고 있다.

GWL 지구 사업은 명시적으로 카셰어링 서비스를 통합하여 시행한다. 구체적으로는 BAS(Buurt Auto Service) 회사가 상시 대기 차량을 운영하고 있다(언제든 이용할 수 있는 차량 4대를 대기시키고 있으며 필요에 따라 더 많은 차를 동원할 수 있다). 또한 단지로부터 300미터 떨어진 곳에서도 컴퓨터로 관리되는 카셰어링 서비스가 존재한다. 이에 덧붙여 모든 건물이 자전거를 보관할 수 있는 널찍한 시설을 갖추고 있다. GWL 사업의 또 다른 중요한 속성은 사업의 입지이다. 사업 지구 내 많은 목적지가 걸어서 갈 수 있을 만큼 가까이 있는데, 학교, 가게, 탁아시설, 대형 문화센터, 오래된 가스공장까지 그러하다. 또한 상점가는 겨우 150미터쯤 떨어져 있다.

GWL 지구 사업에서는 이곳 주민에 대한 교육이 중요했다. 주민들은 다양한 방식으로 자동차 이용이 인위적으로 제한되는 특별한 생태지역에 자신들이 살고 있음을 교육받았다. 입주민이 이 지구에 새로이 이사오면 그들은 생태적 주택관리 등에 관한 몇 가지 책자를 지급받는다. 또한 이 지구에는 '단지 관리인(housemaster)'이 상시 거주하면서 문제가 발생하면 이를 해결해주었다. 경우에 따라서 주민들은 이 지구가 자동차 제한 단지라는 사실을 이해하고 있다는 내용의 문서에 서명해야 한다. 이 문서는 모든 주택 판매 및 임대 계약서에 포함된다.

　이 개발 사업은 다른 중요한 생태적 특성도 포함한다. 즉 설계 측면에서 '에너지, 물, 녹색, 쓰레기'라는 네 가지 주제를 다루고 있다. 물의 주제와 관련해서는 빗물 수집 시스템을 이용하여 (지하) 수조에 모인 빗물이 화장실 변기 물에 쓰인다. 배수 장치가 따로 없어 빗물은 자연적으로 모여 여과 처리된다. 아울러 주요 고층건물의 그린루프(green roofs)는 그냥 흘려버리는 빗물을 줄이는 데 도움을 준다. 그린루프는 주민들에 개방되어 있으며 여기에는 작은 꽃들이 심어져 있다. 이 밖의 생태 특성으로는 절수 샤워헤드, 한 번 내릴 때마다 4리터만 필요한 수세식 변기, 쓰레기 종류별로 쓰레기통을 따로 만들어둔 부엌, 많은 건물을 남향으로 배치하여 태양열을 직접 활용하는 것, 벽과 창문의 훌륭한 단열처리 사례 등이 포함한다. 중앙 열병합발전(cogeneration) 시설은 전체 사업지구에 공급되는 (천연가스 연료의) 난방용 온수를 생산한다. 사업지구는 자동차 제한 구역으로서 소방 및 대형 차량을 수용하기 위해 단 하나의 포장도로만을 사업지구 내부로 연결하고 있다.

　GWL 지구의 내부는 대부분 녹색이다. 이곳에는 개인 정원뿐만 아니라 함께 가꾸는 채소 정원도 있다. 이 공동 정원의 경우 120개 단위가 배분되는데, 뒷마당이나 테라스 정원이 없는 사람들에게 우선권이 주어진다. 사업지구의 계획가들은 설계의 초기 단계에서 이 지역의 치안 문제를 경찰이 검토해 주도록 요청했는데, 이에 따라 경찰의 제안으로 덤불이나 관목보다는 나무와 잔디로 조경이 꾸며졌다. 또 조경을 할 때 과일나무와 이 지역 고유의 채소가 선호되었다.

　GWL 사업은 배울 점이 많다. 이 사업의 책임자는 장래에는 자동차 제한에 그치는 것이 아니라 주차 공간도 전혀 마련하지 말아야 한다고 권고

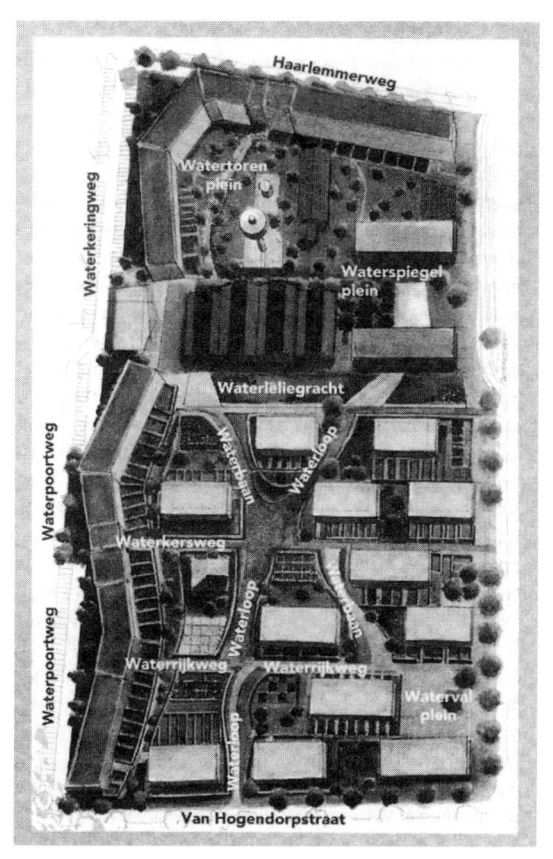

[그림 5.1] GWL 자동차 제한 개발지구 지도(암스테르담)
암스테르담 베스터파크 지구에 있는 자동차 제한형 생태 주택 사업지의 배치도이다.
출처: Westerpark Stadsdeel, Amsterdam.

한다. 이렇게 한다면 제한된 공간을 어떻게 공정히 배분할지에 대한 걱정도 없앨 수 있기 때문이다. 또 하나의 교훈은 선택의 중요성이다. GWL 사업이 계획되고 있던 시기에 베스터파크의 다른 사업은 자동차 이용을 허용하는 방식으로 진행되고 있었다. 이에 따라 새 집을 구하고 있던 사람들은 두 유형 중에서 선택이 가능했다. 주민들로 하여금 자동차를 제한하는 대신 뭔가를 얻을 수 있도록 하는 게 중요해졌고, 따라서 계획가들은 아이들이 뛰어놀 녹색 공간을 강조할 필요성에 주목했다. 사업 책임자에 의하면 단지의 내부 공간이 잘 활용되고 있고 이에 대한 평가도 좋다고 한다. GWL 지구에 살고 싶어 하는 사람들의 수는 점점 증가해왔는데, 실제로 약 6,000명의 사람들이 아파트 입주 신청을 했다는 사실은 자동차가 없거나 그 이용을 최소화한 설계가 커다란 잠재력을 가지고 있음을 분명히 보여준다.

자동차 이용에 제한을 가하는 지구의 설정이 유럽의 다양한 곳에서 제안되고 있는데, 현재 많은 도시가 급격한 승용차 증가로 인한 문제를 겪음에 따라 전술한 유형의 개발이 점차 도시계획의 매력적인 대안으로 고려되고 있다. 암스테르담의 GWL 지구가 현재로서는 가장 목표를 근접하게 달성한 사업일지 모르나, 몇몇 다른 지역에서도 진행 중인 것이 있다(실제로는 자동차 없는 사업이라기보다는 자동차 최소화 사업이다). 처음 제안된 것 중 하나는 독일 브레멘의 홀러란트 차 없는 주택단지(Hollerand car-free housing estate)였다. 좀 더 최근에는 급격한 자동차 수의 증가를 보이고 있는 스코틀랜드 에든버러에서 1,300만 파운드짜리 자동차 제한지구 사업이 승인되었다. 이 단지는 약 120세대로 구성되어 도시 중심부 근처의 옛 철도부지에 임대 목적으로 건설되었다(Arlidge, 1997).

이 단지에는 수많은 환경 친화적 요소가 적용될 예정인데(예: 태양열 전지판, 쓰레기 및 물 재사용 등), 그 가운데 가장 눈에 띄는 것은 자동차, 차도, 주차장이 없는 주택단지를 만들 계획이라는 점이다. 입주민들은 자동차를 소유하지 않는 대신 카셰어링 업체의 서비스 회원으로 등록하는 합의문에 서명하도록 요청받을 것이다. 이 업체는 (연간 320파운드에) 주민들이 언제든 차량을 이용할 수 있도록 단지에 승용차를 준비해둔다. 이 단지를 건립 중인 캔모어 주택조합(Canmore Housing Association) 측에 의하면, 이 사업에 대한 사람들의 관심이 높다고 한다. 또 다른 사례로 런던 시 캠던 구(Camden Borough)에서도 최근 몇몇 비슷한 사업에 대한 승인이 이루어졌는데, 틀림없이 유럽의 다른 도시들도 이러한 사업을 도입하여 시도하게 될 것이다.

설령 이러한 사업이 승용차의 사용을 전면적으로 금지하는 설계 형식은 아니더라도, 많은 사례에서 승용차의 위상을 최소화하는 개발 형태로 나타나고 있다. 네덜란드 즈베인드레흐트(Zwijndrecht)의 경우, 몇 가지 창조적 디자인 기법으로 보행을 강조하고 승용차를 억제하려 시도하고 있다. 드 아스(De As) 개발지구에서는, 500미터의 보행자 전용거리를 따라 주거단위가 배치되어 있다. 전용거리 끝에는 인상적인 녹지대가 운하 공원의 형태로 펼쳐져 있어 그 이름도 "꼬마 못(de Devel, the little water)"으로 불린다. 자동차는 단지 바깥 주변에 몇 군데로 나뉘어 밀려나 있으며 주차장 또한 단지 뒤쪽으로 있다. 길가를 따라 나무 및 채소 등을 심어 놓은 이 거리에 놀이터 몇 개가 통합되어 있다.

주택의 정문은 보행자 전용거리를 향해 있는데 이 보행로는 "차 없는, 사회적 만남의 장소"로 불리고 있다(Rabobank, 1995). 여기 살아본 주민들은 이 지역에 대해 매우 호의적인 반응을 보이는데, 보행자 전용거리는 아이들에게 안전한 놀이 공간, 어른들에겐 중요한 어울림의 장소를 제공해왔다. (이 책의 다른 장에서 소개된 코하우징과 생태마을 또한 비슷한 혜택을 주고 있다.) 이러한 차 없는 또는 차를 제한하는 디자인의 경험은 다양하지만, 설계 대부분이 창의적이고 자동차 사용의 최소화를 권장하는 명확한 노력을 반영하고 있다. 최근 드 아스(De As) 사업지구에 대한 홍보 기사에서는 이를 "어린이는 물론 어른들의 사회적 만남에 최적인 도시계획의 낙원"으로 묘사하고 있다(Rabobank, 1995: 6). 모든 면에서 이곳의 설계는 목적한 바대로 작동하고 있는 것처럼 보인다. 사업지구에 상점이 많이 포함된 것은 아니지만 주거 형태와 주민 구성을 복합화하려는 의도는 분명해 보인다. 이 지구에는 노인들을 위한 파티오 주택(patio homes), 사무실이 1층에 있는 집, 분리식 및 연합식 주택, 다가구 아파트 등을 모두 포함하고 있다. [7]또한 주택 소유자나 임대 가구가 사는 단위가 함께 모여 있다.

또 다른 자동차 억제 개발의 사례는 위트레흐트의 헷 그루네 닥(the green roof) 개발지구이다. 지구 내 건물이 최대한 남향을 한 결과로 아름다운 녹색의 '공동 마을공원'이 창조되었다. 이 공원은 어린이들이 뛰어놀고 주민들이 서로 어울리도록 조성된 야생의, 녹지의, 차 없는 지역이다. 개발 과정에서 주민들은 주차 공간 축소를 적극적으로 요구하였고 시청에서는 이를 허가해주었다. 꼭 필요한 주차 공간은 개발지구의 경계 바깥에 노상주차 형태로 확보되었다. 위트레흐트에서는 가구당 1.1대의 주차 공간이 일반적인 기준이지만, 시는 생태 마인드를 가진 지구 주민들이 실제로 이보다 승용차를 훨씬 덜 소유하고 있음을 알고 그 기준을 0.5대로 낮추어준 것이다(입주 희망자·예정자들을 조사한 결과, 시가 설정한 주차 공간 33대보다도 주민들이 실제 필요한 공간이 더 적은 것으로 나타났다). 재미있는 것은 이 지역의 이웃 동네 주민들이 주차장 기준을 낮추는 데 반대했다는 점인데, 이는 헷 그루네 닥 사업지구 주민들이 나중에는 자기 동네에 주차하지 않을까 하는 우려 때문이었다. 이 분쟁은 나중에 사업지구 주민대표들

7) 파티오는 본래 스페인식 주택의 안뜰을 뜻한다. 미국에서는 파티오 주택이 '집락 주택(cluster homes)'으로 불리기도 하는데, 보통 교외지역 주거 개발지에서 여러 채의 주택이 서로 벽이 붙어 있는 식의 조경, 외장이나 관리 측면에서 비용과 책임을 공유하는 형태이다.

'자동차 없는' 또는 '차량 제한형' 주택단지는 유럽의 도시에서 전도유망한 형태로 주목받고 있다. 사진은 네덜란드 즈베인드레흐트 시 '드 아스' 지구의 신개발단지이다. 자동차는 주변지로 밀려나고 주택은 보행자 전용 도로를 마주하고 있다.
출처: Gemeente Zwijndrecht.

이 인근 동네에 서한을 보내 절대 다른 동네에 주차를 하지 않으며, 외부에 주차를 해야 할 경우에도 조금 떨어진 스포츠 시설에 하겠다고 다짐함으로써 해결되었다. 그리고 주차 후보지 계획이 시에서 개정되었는데, 헷그루네 닥 지구의 경우 노상주차용 거리 공간을 녹지대로 전환할 수 있도록 허용하였다. 만약 주민들이 당초 예상보다 더 많은 차를 소유하게 될 경우 이 공간을 주차장으로 전환해야 했기 때문이다.

그 밖의 많은 녹색 도시 프로젝트도 자동차 이용을 억제 또는 제한하려 하고 있다. 독일 빌레펠트(Bielefeld)의 신규 생태형 개발지구인 발트크벨레(Waldquelle)의 경우 차 없는 또는 차를 제한하는 정주 형태를 창조하려는 점진적 접근의 가능성을 보여준다. 이곳 130여 세대의 주택은 일련의 공유

공간(뒷마당)을 따라 클러스터를 이루면서 보행로로 연결되어 있다. 자동차가 주택으로 접근하려면 돌길로 된 좁고 제한된 연결망을 통과해야 한다. 대부분의 주차 공간은 물이 빠지는 자갈길과 자연 녹지의 형태로 도로에 인접해 있다. 자동차가 지구 내에 수용되긴 하지만, 장기적으로는 (최소한 건축가 및 주민들 몇몇의 입장에서는) 현재 건설 중인 공동 주차장이 완성되어 근처 상가 및 시장에 가는 사람들이 쓸 공간이 만들어지면, 단지 내부를 모두 차 없는 공간으로 만들 계획이다. 주민들은 공동 주차장에만 차를 대고 단지 안에는 아예 주차하지 않으려는 것이다. 발트크벨레 지구의 좁은 거리를 만드는 데 쓰인 돌은 크게 매력적으로 보이며 도시 중심부의 보행지역에 사용된 것과 비슷하다. '자동차 없애기' 계획이 실현될 경우, 좁고 구불구불한 길의 형태가 이상적인 보행 환경임을 알려줄 터이다. 그 사이에 산책길과 공동 공간 그리고 채소와 꽃을 가꾸는 넓은 정원 등을 아우르는 상쾌한 보행자 친화형 마을이 등장한 것이다.

카셰어링

최근 몇 년간 승용차 함께 타기 프로그램은 물론 승용차 홀로 갖기에서 벗어나려는 수많은 창조적인 제안이 제시되어왔다. 건축가 모셰 사프디(Moshe Safdie)는 최근 도전적인 제목의 『자동차 이후의 도시(The City After the Automobile)』에서 유틸리티카(utility-car, u-car)의 개념을 제안한다. 유틸리티카 시스템에서는 특정 지점에 함께 대기 중인 승용차를 필요시에 가져가서 운전할 수 있으며 원래 빌려간 곳과는 다른 지점에 반환할 수도 있는데, 마치 공항에서 볼 수 있는 카트를 이용하는 것과 매우 비슷하다. 이 아이디어는 상당히 자극적이고 먼 미래의 이야기 같지만, 실제 일부 유럽 도시에서 '집단적 승용차 이용' 또는 '승용차 함께 타기'라는 개념 아래 많은 계획과 실험이 진행 중이다.[8]

현재 유럽에서는 이 아이디어를 실제에 적용하고 있는데 이를 위한 초기 실험 중 하나는 도시 자체가 루트 쉼멜페닝크(Luud Schimmelpennink)의 창작물이라 할 수 있는 암스테르담에서 이루어졌다. 쉼멜페닝크는 도시 내 '대중'교통 시스템을 오랫동안 지지하고 발전시켜온 사람이다. 주지하다시피, 그는 암스테르담에서 '흰색 자전거(witfietsen)'라는 아이디어를 개척했다.[9] 자전거에 이어 그는 실험적인 시스템으로 '흰색 자동차(witkarren)'를 고안했다.

쉼멜페닝크 식의 제한된 '흰색 자동차' 시스템은 암스테르담에서 1970년대 중반에서 1980년대 중반까지 약 10년에 걸쳐 이용되었다. 이 시스템은 잘 작동하였다. 암스테르담의 지점 네 곳에서 35대의 승용차가 운영되

---

8) 우리나라에서도 초기 단계로 카셰어링이 도입되는 움직임이 보인다. IT 인프라가 최고조로 발달된 이점을 잘 활용하려는 KT와 LG유플러스 등 이동통신 사업자들의 관심이 높다고 한다. 2011년 11월 KT와 경기도 수원시가 2012년부터 한국형 카셰어링 서비스인 '드라이브 플러스'를 선보인다는 내용의 업무제휴를 맺은 바 있다. 2012년 1월에는 LG유플러스도 동국대의 관련 전문 자회사인 한국카셰어링과 사업제휴를 맺었다(《주간동아》 2012. 4. 23). 서울시는 카셰어링 지원조례 제정과 함께 지방정부 최초로 2013년부터 사업을 본격적으로 실시할 예정이다. 전국적으로 최소 2개의 민간회사가 이 사업에 뛰어들었는데, 아직은 수도권과 대도시권에서만 시행되고 있다(그린카 www.greencar.co.kr, 쏘카 www.socar.kr 참조).

9) 흰색 자전거는 1965년에 네덜란드 암스테르담에서 루트 쉼멜페닝크가 처음으로 2만 5,000대의 무료 자전거를 시내 곳곳에 배치하기 시작한 데서 비롯된 것이다. 자전거 여러 대를 단순히 희게 칠한 후 시민들이 쓰도록 공공의 장소에 놓아둔 것인데, 그의 첫 시도는 경찰과의 협력이 잘되지 않는 등의 이유로 큰 성공을 거두지 못했으나 아이디어 자체는 네덜란드는 물론 덴마크 등의 인접국가로도 퍼져 나갔다. 이 책 제6장에 관련 내용이 상세히 설명된다.

었다(비록 당초 계획에는 이보다 더 많은 지점에 흰색 자동차를 두도록 되어 있었다). 쉼멜페닝크는 이 흰색 자동차 시스템이 성공적으로 이루어졌다고 조심스레 평가했지만, 차고지의 숫자가 적다는 것이 시스템의 효용성을 떨어뜨렸으며 그 당시에는 이 시스템을 더 확장하려는 움직임이나 관심이 별로 없었다.

그동안 카셰어링은 유럽에서 실용적인 대안으로 떠올랐으며, 많은 수의 업체가 설립되었다(회원들은 연간 회비를 내고 시간당 또는 킬로미터당 요금을 기반으로 승용차를 이용할 수 있다). 실제로 유럽 도시에서는 카셰어링이 폭발적으로 늘어났는데, 이 관련 업체들을 조정하고 대표하기 위하여 브레멘에 본부를 둔 별도의 조직인 유럽 카셰어링 기구(Europe Car Sharing)가 설립되었다. 현재 40개의 카셰어링 업체가 이 기구에 가입되어 있으며 이들은 약 300개의 유럽 도시에서 영업 중이다. 현재 카셰어링 조직의 회원은 3만 8,000명가량인데, 그 수가 매년 증가하고 있다(1991년도에는 회원 수가 단지 1,000명에 그쳤다). 의심의 여지 없이 유럽 도시의 상황이 카셰어링을 선호하게끔 만들었다. 이 협회의 책임자인 요아킴 슈워츠(Joachim Schwartz)에 의하면, 카셰어링은 주민들의 기본적인 통행을 위해 훌륭한 자전거 네트워크나 시설 또는 좋은 대중교통 등 현실적인 대안이 있을 때에만 성공할 것이라고 예상했다. 쇼핑, 탁아, 기타 기초적 서비스가 집과 가까운 거리에서 제공되는 것도 중요하다. 유럽에서 카셰어링 성장의 주요 장애물은 자동차 사용자들이 자가운전의 비용이 얼마인지를 제대로 평가하지 못한다는 사실이다. 만일 그 비용을 알게 된다면 카셰어링은 대단한 붐이 일 것이다. 비록 미국보다 유럽에서 자동차 유지 및 운행 비용이 훨씬 더 비싸기는 하지만, 오히려 그 점 때문에 유럽 도시에서 카셰어링이 정착하기 용이한 것이다.

어떤 도시들은 카셰어링을 의도적으로 촉진하기도 했다. 암스테르담은 카셰어링 업체들과 계약을 맺어 노상주차 공간을 이 업체들이 이용할 수 있도록 했다. 독일에서는 이렇게 하는 것이 법적으로 어려운데, 공공의 공간을 특정 개인 업체만이 사용할 수 있도록 지정할 수는 없기 때문이다. 그러나 브레멘을 포함한 몇몇 독일 도시의 경우, (공공 공간으로 여겨지지 않는) 학교 주차장과 같은 공적 소유 토지를 지정 주차지역으로 만들 수 있었다. 다른 도시들은 새로운 카셰어링 프로그램에 착수하거나, 이를 운영하려는 업체를 찾아내는 데 비용을 지출해왔다. 스코틀랜드 에든버러가 그런 사례이다. 암스테르담을 비롯한 다른 도시에서는 홍보 지원을 해주었다. 베를린의 경우 시 당국이 카셰어링 업체에 월간 대중교통 패스와 같은 비용으로 관련 부지를 임대해주는 데 동의했다. 이는 카셰어링 업체와 회원들이 거리의 자동차를 줄이려고 노력한 데 대한 일종의 보상이 될지도 모른다.

최근 위트레흐트 도심의 한 주민과 얘기를 해본 결과, 카셰어링이 많은 사람들에게 잘 통할 수 있다는 확신이 들었다. 그는 로테르담을 본거지로 하는 카셰어링 업체인 그린휠스(Greenwheels)의 회원으로 병환 중인 친구를 방문하기 위해 급히 차가 필요했다. 그는 (그린휠스의 위트레흐트 내 25개 차고지 중 하나인) 센트룸 주차장에서 차를 받아서 사용한 뒤 나중에 돌려주었는데, 카셰어링을 하는 데 어떠한 어려움도 없었다고 한다.

카셰어링에 관한 수많은 연구를 볼 때 이러한 서비스가 앞으로 계속 늘어날 것이며, 이를 통해 거리에서 자가용의 숫자를 줄일 수 있는 잠재력을 확인할 수 있다(Lightfoot, 1996 참조).[10] 보통 카셰어링 회사들은 가입비 또는 위탁금, 월정액, 거리당 또는 시간당 사용료를 받는 형식으로 운영된다. 예약은 전화로 이루어지는데, 관련 연구에 의하면 회원들이 제때 차를

네덜란드의 카셰어링 회사인 그린휠스는 사진에 보이는 위트레흐트 중앙역을 비롯하여 사람들의 접근이 쉬운 지점에 승용차를 비치해둔다.

확보하지 못하여 어려움을 겪는 경우는 거의 없다고 한다. 평균적으로 카셰어링 업체들은 회원 18명당 1대의 승용차를 확보해 둠으로써 좀 더 효율적이고 비용 절감이 가능한 모습으로 자동차 이동성을 유지한다. 흥미롭게도 카셰어링을 촉진하는 것은 지역의 대중교통 이용을 강화하는 결과를 가져왔는데, 즉 승용차의 운전거리가 줄어드는 대신 대중교통 이용이 늘어났다는 것이다(Lightfoot, 1996: 12).

가장 큰 규모를 자랑하는 카셰어링 업체 중 하나가 베를린에 있다. 1990년에 설립된 슈타트아우토(STATTAUTO)는 독일 최대의 카셰어링 업체이

∴

10) [원주] 라이트풋(Lightfoot, 1996)의 결론은 카셰어링의 잠재력이 높으며 대중교통이 유난히 발달된 인구 집중 지역에서 더욱 그러하다는 것이다(8쪽). 카셰어링 업체와의 근접성이 잠재적 회원을 끌어당기는 중요한 요인이 된다. 극복되어야 할 문제점으로는 자동차를 물리적으로 소유하려는 고정관념을 들 수 있다. 라이트풋이 지적하는 대로, "자동차를 소유하고자 하기보다는 이용 측면에 초점을 맞추는 쪽으로의 전환은 물질적 소유에 대해 의무감마저 느끼는 많은 사회에서 쉽지는 않을 것이다(16쪽)."

다. 약 3,100명의 회원을 거느리고 있으며 2000년 무렵에는 1만 명을 돌파할 것으로 예상된다(ICLEI, 1997). 이 회사는 (전기차 2대와 태양열 충전소 1개소를 포함하여) 140대의 차량을 운영하고 있으며, 시내 곳곳에 차고지를 두고 있다(보통 한 차고지당 승용차 2~7대 분의 공간). 대개의 경우 걸어서 10분 이내 거리에서 차를 가져갈 수 있고, 회원들은 스마트카드를 이용하여 차 열쇠함에 접근할 수 있으며 하루 중 언제든 반납이 가능하다. 슈타트아우토 회사가 계산한 바에 따르면 카셰어링의 환경적 이익 또한 대단하다. 연간 51만 킬로미터의 차량 운행 거리가 감축됨으로 인해 탄소 배출량이 80톤가량 줄어든다. 왜냐하면 카셰어링 업체의 차량 1대가 자가용 5대 분량의 운행을 대신 하는 셈이기 때문이다(ICLEI, 1997).

그린휠스 사례는 새롭게 등장하는 업체들의 잠재력과 카셰어링 촉진에서 혁신적인 마케팅의 역할을 잘 설명해준다. 설립한 지 2년 반 된 이 회사는 현재 500명 이상의 회원을 거느리고 있으며 위트레흐트와 암스테르담을 비롯한 5개 도시에서 운영되고 있다. 개별 회사나 기관들은 각자의 고객 및 종업원들이 카셰어링을 이용하고 싶어 할 경우 상황에 맞게끔 다양한 조건의 서비스를 그린휠스와 협력하여 창조적으로 개발해왔다. 예컨대, 그린휠스는 로테르담 시청과 별도의 협약을 맺어 몇몇 대형 부서에 카셰어링 서비스를 제공하고 있다. 부서별 고객카드가 발급되어 해당 부서원들은 필요할 때 카셰어링 서비스를 이용할 수 있다. 그뿐만 아니라 그린휠스는 네덜란드 국영철도와도 협약을 맺어, (특정 할인 카드를 지닌) 열차 승객들이 할인 가격에 카셰어링 서비스를 받을 수 있도록 한다. 덴하흐와 로테르담 시도 이와 유사한 서비스를 제공하고 있는데, 시는 지역 대중교통 업체와 협력함으로써 연간 대중교통 패스를 구입하는 회원들에게 할인된 가격으로 카셰어링 서비스를 제공한다. 그린휠스 사례에서 나타난 주된 어려움은 필요한 주차 공간을 확보하는 일이었는데, 지방정부가 이와 관련하여 도움을 주었다. 위트레흐트 시가 나서 중앙역에 있는 택시 승강장에 2면을 확보해준 것이다. (비록 그린휠스 전용으로 지정되어 있으나 엄밀히 이는 여전히 공용 주차장으로 사람들이 거기에 주차하더라도 경찰이 벌금을 물릴 수 없다!)

그린휠스의 대표들은 자신들이 개인의 자가용 이용과 경쟁하게 되므로 가장 중요한 성공 요건은 가능한 한 쉽고 힘들지 않게 차를 이용할 수 있도록 하는 것이라 본다. 이를 위해 실제로 고객이 승용차를 몰게 되기까지 서류작업 등의 과정을 줄였다. 회원들은 스마트카드를 발급받는데, 사진이 부착된 이 마그네틱 카드로 차량 집배소에 가서 열쇠함을 열 수 있다. 카드는 각 차량 내 컴퓨터와 연동되어 있어서 이용자가 차를 가져가거나 반환할 때 따로 해야 할 일은 거의 없다. 회원은 차가 필요할 때 손쉽게 이용 가능 하고, 한 달에 한 번씩 운전 거리와 시간 등에 따라 계산된 청구서를 받는다.

승용차 맞춤이용과 수요관리

네덜란드 교통부는 다른 몇몇 자동차 '맞춤이용(call-a-car)' 전략과 함께 카셰어링을 적극 홍보해왔다. 교통부에 따르면 이 맞춤이용 전략은 세 가지 유형으로 나뉘는데, 각각 계약이용 시스템(subscription system), 쿠폰 시스템, "가족-친구-이웃(Family, Friends and Neighbors, FFN)"으로 불리는 시스템이다(Bakker, 1996). 계약이용 시스템은 개인이 연간 특정 시점에만 차량을 이용하도록 하는 묶음형으로(예: 특정 날짜, 특정 거리), 매달 고정된 요금을 지불한다. 이는 미국의 전통적인 리스 제도와 비슷하지만, 사용할 때마다 예약과 차량 픽업을 해야 하는 것이 여전히 필수라는 점에서 차이가 난다. 미국자동차협회(AAA)에 준하는 네덜란드 자동차협회(Algemene Nederlandse Wielrijders Bond, ANWB)가 이 서비스를 시작했고 (Auto-op-Afroep) 몇몇 민간 렌터카 회사도 이 서비스를 제공한다.

쿠폰 시스템은 이용자들이 특정 가격에 산 쿠폰으로 자동차를 이용할 수 있게 해준다. 마지막 세 번째 유형은 "가족-친구-이웃" 시스템인데, 자동차 1대가 친구나 이웃 등 제한된 범위 내에서 공유되는 것이다. 보통은 차량을 한 사람이 소유하지만 계약의 형태로 비용이나 사용 조건을 명문화해 둔다. (네덜란드 정부가 설립을 지원한) 승용차 맞춤이용협회가 개발한 표준 계약이 유용하다. 바카(Bakker, 1996)는 네덜란드에서 약 5만 명이 이런 프로그램을 이용하는 것으로 추정한다. 한 가지 문제는 이 서비스를 이용하는 과정에서 자동차 보험 적용이 어렵다는 것인데, 협회에서는 이를 보완하기 위해 보험회사들과 함께 노력해오고 있다.

네덜란드 항공사인 KLM은 회사 나름의 창조적인 ("Wings and Wheels"라 불리는) 승용차 공동이용 시스템을 수립하여 암스테르담 스히폴 공항에서 일하는 약 1만 2,000명의 종업원들이 이용할 수 있도록 하고 있다. 종업원들은 할인된 가격으로 며칠간 승용차를 이용할 수 있는데, 차를 집으로 가져갔다가 (다음 번 탑승을 위해) 다시 공항에 올 때 반납할 수 있다. 이는 특히 항공사 승무원들에게 유용한 창조적 방식인데, 그렇지 않으면 각자의 승용차가 사용되지 않은 채로 며칠씩 공항 주차장에 방치될 수 있기 때문이다. KLM은 이 프로그램을 시행한 결과 약 300대 분의 공항 주차장 공간이 절약되었다고 한다(Bakker, 1996).

(1996년 6월 현재) 총 1만 5,000명 정도의 네덜란드인들이 다양한 자동차

맞춤이용 프로그램에 참여하고 있다. 프로그램에 대한 사람들의 높은 호응에 힘입어 자동차 5,000대 감소, 주행 거리 22차량주행마일(Vehicle Miles Travelled, VMT) 감소, 그리고 대중교통 이용 거리 1,100만 킬로미터 증가라는 결과를 낳았다고 추정되었다(Bakker, 1996).[11] 이는 성공적인 결과라고 할 터인데, 특히 지나치게 많은 수의 자동차가 좁은 공간을 함께 쓰고 있는 조그만 나라에서는 더욱 그러하다. 교통부는 2001년까지 5만 명이 다양한 맞춤이용 프로그램에 참여할 것이라는 긍정적 예측을 하고 있다. 비록 2010년까지 200만 명이 참여하리라는 목표가 얼마나 현실적일지는 명확치 않지만, 이 숫자의 의미는 적지 않다. 만일 목표가 성취된다면 이는 자동차 이동을 줄이는 데 대단한 도구가 될 것이다. 이것이 얼마나 대단한가를 숫자로 보면, 그리될 경우 자동차 이용은 모두 30억 킬로미터가 줄어들며 대중교통 이용 거리는 15억 킬로미터가 늘어나는 셈이다(물론 이렇게 되더라도 각 숫자는 전체 자동차 이용의 2.5%, 대중교통의 6%에 불과하다).

이 점에서 네덜란드 정부가 취한 가장 인상적인 조치 중 하나는 승용차 맞춤이용협회(Auto-date)를 설립한 것이다. 정부가 재정을 보증하는 이 협회는 수많은 주요 조직 및 조정 역할을 맡는데, 관련 기관 간의 정보 공유, 분기별 뉴스레터 발간, 승용차 맞춤이용 개념과 관련한 대민·대언론 업무 등을 포괄한다. 예컨대, 이 협회는 일반 대중에게 맞춤이용 아이디어를 알리는 대대적인 언론 홍보 작업을 실시하려 하고 있다.

⁝

11) 차량주행마일(VMT)은 교통 관련 통계에서 가장 중요한 지표 중 하나로서, 주어진 기간 동안 차량의 주행 거리를 합한 숫자이다. VMT는 각종 교통정책에서 중요한 의미를 가지는데, 최근 들어서 현 시점의 연료세를 VMT세로 대체하자는 주장도 나오고 있다. 즉 기름 소비에 대한 과세가 아니라, 도로를 소비하는 정도에 따라 세금을 부과하여 각종 교통 인프라를 신설·유지하는 비용으로 충당하자는 것이다. 2000년대 후반부터 미국의 일부 주에서 VMT세에 대한 타당성 논의가 이어지고 있으나 아직 실현된 사례는 없다.

이 모든 프로그램이 흥미로운 것은 불필요한 자동차 여행을 줄이는 데 큰 잠재력이 있다는 점이다. 자동차의 소유가 운전을 하도록 자극한다는 것은 익히 알려져 있다. 심리학적으로 이 현상은 차를 구입하고 유지하며 보험 처리 하는 데 드는 많은 돈 때문에 더 악화되기 마련이다. 만일 자동차, 걷기, 자전거 중 심부름 수단으로 한 가지를 선택해야 한다면, 흔히들 차를 선택할 것이다.

새 주택단지의 입주민들에게 (처음부터) 자동차 의존형이 아닌 다른 대안을 제시하는 것은 또 하나의 중요한 전략이 된다. 암스테르담에서 계획 중인 에이뷔르흐 개발 사업은 많은 도시가 취하고 있는 방식을 보여준다. 여기서 네덜란드 자동차협회(ANWB)는 시청과 협력하여 새 입주민들에게 '통행 패키지(mobility package)'를 제시하며 개인이 자동차를 소유하거나 운전하지 않는 것을 매력적으로 만들고 있다. 입주민들은 단일 가격에 교통 서비스 한 묶음을 살 수 있는데, 여기에는 카셰어링 회원권과 일정 기간의 대중교통 무료 이용권이 포함된다(앞으로 고속 트램, 그리고 연장되는 지하철 이용도 가능하게 될 것이다). 어느 지점에서 다른 지점으로 갈 때의 통행성과 패키지형 대안 교통수단을 강조하는 것은 지속가능한 유럽 도시들에서 중요한 일이다.

자동차 이용을 가장 성공적으로 줄였다고 평가되는 도시에서조차 자동차 사용이 증가하고 있다는 사실을 기억해야 한다. 이런 추세에 대응하기 위한 정책을 실행하는 것은 쉬운 일이 아니다. 다만 이런 현실에도 불구하고 대중교통 분담률과 자전거 사용을 늘리는 데 성공한 것은 괄목할 만하다. 많은 도시가 도로 증설에 대한 요구에 맞서 힘든 싸움을 계속해 왔고 지금도 그 노력이 이어지고 있다. 스톡홀름을 예로 들면, 도시 주변에 환상형 도로를 건설하려는 계획에 대한 사회적 논란이 일었다(이것은

"Dennis-Package"라 불리는 계획으로 적어도 당분간은 폐기되었다). 흐로닝언에서는 도시 중심부인 흐로테 마르크트(Grote Markt) 근처에 지하 주차장을 만들자는 제안이 있었는데, 이는 자동차 사용을 억제하려는 노력과 정면으로 배치되는 것이었다. 많은 도시들이 자동차를 더 많이 수용하자는 압력에 시달리고 있다.

도로통행료 부과

유럽의 많은 도시에서 승용차 운전자의 행태를 변화시키고 도시 공간이 자동차로 가득 차는 것을 완화시키기 위해서는 더 근본적인 경제적 조정 조치가 필요하다는 인식이 점차 커지고 있다. 하루 중 특정 시간대에 도시로 진입하는 차량에 대하여 할증료를 부과하는 도로통행료 또는 혼잡통행료 등은 일부 유럽 도시에서 상당 기간 시행되어왔다. 최근 몇몇 다른 지역에서도 이런 시책이 시행 중이거나 심각하게 고려되고 있다.

도로통행료 징수에 선두 역할을 하는 도시로는 노르웨이의 오슬로, 트론헤임(Trondheim), 베린(Bergin) 등을 들 수 있다. 오슬로에서는 도심 진입 직전에 환상도로를 통과하는 차량에 대하여 전자적으로 통행료를 물리는 시스템을 1990년대 초반부터 시행하고 있다. 1회 통행마다 1.7달러가 징수되고, 19개의 요금소에서 자동 방식(전자 태그)과 수동 방식으로 요금이 거둬진다. 전체 요금소에서 1일 평균 23만 대의 차량으로부터 요금을 징수하는데, 매년 6,500만 파운드가량이 거둬진다(Harper, 1998; Massie, 1998). 트론헤임의 시스템도 오슬로의 경우와 비슷하다. 요금은 12개의 요금소에서 징수하는데, 아침 시간대에 가장 많이 부과되고 시간이 지남에 따라 점차 줄다가 오후 5시 이후에는 무료로 바뀐다. 스마트카드로 요금을 지불하는 운전자들은 현금으로 내는 이들에 비하여 요금 할인을 받는다. 요금을 내지 않고 달아나는 차량은 번호가 촬영되어 청구서가 우편을 통해 배달된다. 요금소는 교통량이 다른 지역도로로 분산되지 않도록 전략적인 위치에 자리 잡고 있다. 트론헤임의 경우, 도로통행료 부과로 인해 교통제어지역(cordoned zone)에 진입하는 교통량이 8% 줄어들었으며, 대중교통 이용률이 7% 증가한 것으로 나타났다(Johnstone, 1998).

오슬로의 경우 2~5% 정도로서 트론헤임에 비해 교통량 감축 효과가 조금 낮은 것으로 보고되었지만, 이것도 "자동차 교통량의 전반적인 증가와 견줄 때 무시할 수 없는 수치"였다(Euronet, 1996). 도로통행료는 대중교통 이용에도 긍정적인 영향을 끼쳤는데, "시스템이 도입된 첫 달에 대중교통 이용량이 늘었으며 그 이용 수준은 이제 안정되었다. 통행료 제도 도입 이전에 대중교통 이용이 꾸준히 감소했던 것을 고려한다면, 이는 긍정적 결과로 봐야 할 것이다(Euronet, 1996)." 통행세로 거둔 수입의 대부분은 지하통행로를 포함한 도로와 고속도로 개선 사업에 쓰였는데(이 밖에 대중교통에 25%, 자전거 길 사업에 5%가 쓰였다), 이 제도의 지지자들은 통행세가 오염을 줄이고 도시 중심부의 활성화를 촉진시켰다고 믿는다.

도로통행료 징수는 영국에서 폭넓은 지지를 받고 있으며, 토니 블레어 행정부의 주요 정책 강령으로 나타났다. 1998년 12월, 정부 심의자료('혼잡 감축-환경 개선')의 내용이 공개되었다. 영국 정부의 제안은 지방정부가 도로통행료 징수권을 갖고 거기서 발생하는 수입을 대중교통 개선에 투자한다는 것이다. 특히 영국의 상황에서 혼잡통행료 제도가 효과를 거두기 위해서는 대중교통 이용의 향상이 반드시 수반되어야 한다는 데 대한 합의가 형성되어 있다. 제한된 범위 내에서 도로통행료 징수 실험이 이미 착수되었고, 정부의 다음 단계 전략은 이를 점차 확장하는 것이다. 2001년 또는 2002년이 되면 국가 전체적으로 도로통행료 징수제도가 자리 잡게 하려는 계획이 무르익는 참이다.

영국은 도로통행료 징수로 상당한 액수를 거둬들이고 있으며, 이를 통해 교통 시스템에 필요한 재원의 상당 부분을 충당한다. 에든버러 교통위원회를 이끌고 있는 데이비드 벡(David Begg)에 따르면, 연간 5억 파운드(약 8억 달러)의 수입이 창출되고 있으며 이는 "유럽 최고의 대중교통 시스템을 만들기에 충분하다"고 한다(Johnstone, 1998: 15). 매일 런던을 통과하는 400만 대의 차량에 도로 혼잡통행료를 부과하려는 주요 계획이 현재 진행 중인데, 이로부터 생기는 수입은 런던의 도시 교통 시스템 특히 지하철의 유지와 향상을 위한 재원이 될 것이다. '런던 퍼스트'와 같은 단체가 혼잡통행료 징수에 관한 그들 나름의 연구를 수행해오고 있으며, 이를 정착시키기 위해 정치적 지원을 해주고 있다.[12]

영국 정부의 또 다른 전략은 도심부에 위치한 기업체의 무료 주차장에 대한 과세와 관련된다. 런던에는 이 같은 보조를 받는 주차 공간이 60만 대 분이 있는 것으로 추정되는데, 약간의 연회비(연간 750파운드)만 부과하더라도 해마다 3억 파운드(약 5억 달러)의 수입이 발생할 것으로 추정된다(Williams, 1998).

∴

[12] 이 책이 처음 발간된 후인 2003년 2월부터 런던에서는 공식적으로 혼잡통행료(London congestion charge)가 부과되기 시작하였다. 원칙적으로 도심의 혼잡구역(Congestion Charge Zone, CCZ)을 지정된 시간에(07:00~18:00, 주중) 통과하는 차량은 하루 10파운드를 내야 하며 이를 위반할 경우 최대 180파운드 정도의 벌칙금을 지불해야 한다. 당시 시장으로 선출된 켄 리빙스턴(Ken Livingstone)은 정치적 저항과 위험을 무릅쓰고 혼잡통행료를 정착시켰는데, 여전히 이에 대한 논란의 여지가 있지만 전반적으로 긍정적 평가가 많은 것으로 보인다.

그럼에도 혼잡통행료는 상당한 정치적 반대에 부딪혀왔고, 이 제도의 장점과 기대되는 효과에 대한 치열한 논쟁이 계속되었다. 통행세 징수를 고려하는 도시 가운데 보수적 성향이 강한 에든버러의 시의원들은 이를 일종의 "숨겨진 세금(hidden tax)"으로 보고, 이로 인해 "도시의 경제가 황폐화될 것"이라며 반대하였다(Scotsman Publications Ltd., 1998: 9). 아울러 혼잡통행료 제도가 적용되는 지역이나 도시에서 기업체들이 빠져나갈 것이라는 우려도 있었다(The Economist, 1998).

1998년 여름, 레스터 시가 초기 형태의 도로 혼잡통행료 징수 실험을 끝마쳤는데, 실험은 혼잡통행료의 부과가 운전자의 결정에 실질적인 영향을 끼칠 수 있다는 희망적인 결과를 보여주었다. 12개월 동안 이러한 실험에 100개의 지역사회가 자발적으로 참여하였다. 이 연구 결과는 승용차를 이용해 통근하는 사람들의 행태를 바꾸기 위해 어느 정도의 요금이 부과되어야 하는지에 대한 기준을 제시해주었는데, 1회 통행당 혼잡세가 10파운드(약 16달러)까지 올라가야 이들의 행태가 바뀐다는 것이었다. 통행료가 이 정도 수준까지 부과되면 실험 참가자의 40%가량이 도심지 출퇴근 시에 (승용차를 버리고) 대중교통 환승주차장을 이용하거나 다른 대안을 찾았다. 도시교통 특별사업 담당자인 에디 타이러(Eddie Tyrer)에 따르면, 이 결과는 매우 고무적이라고 하며 "우리가 발견한 사실은 만약 대안이 있다면 통근 교통의 약 30%가 (이것이 우리의 목표 수치인데) 다른 효과적인 통근 수단으로 바뀔 것이다. 우리의 계획을 집행하는 데 2억 5,000만 파운드가 소요될 것이며, 이는 고속주행 전용차선 및 도심부로 운행하는 전차의 건설비용"이라고 주장하였다(Gill, 1998: 8).

네덜란드 교통부는 의회가 구체적 방향을 제시한 뒤인 1994년 이래로 도로 혼잡통행료 징수 프로그램을 개발해오고 있다. 계획에 대한 구체 사항들이 확정된 것은 아니지만 기본적인 골격은 마련되었다. 네덜란드식 접근 방식의 기본 아이디어는 아침 정체 시간에 란트슈타트의 4개 주요 도시인 암스테르담, 위트레흐트, 덴하흐, 로테르담으로 진입하는 차량은 요금을 내야 한다는 것이다. 현재 계획된 요금은 오전 7시에서 9시 사이에 적용되며 7길더(약 3.50달러) 또는 전자결제의 경우 5길더이다. 운전자는 대도시 지역으로 들어올 때마다 요금을 내야 하는데, 예를 들어 만약 개별 통행으로 이 3개의 도시를 통과하는 경우 3회 모두 요금이 부과되는 것이다([그림 5.3] 참조). 통행세는 정체가 가장 심한 주요 통행로에서만 적용된다. 시간대별로 차등 요금을 적용하는데, 예컨대 이른 아침인 오전 6시에서 7시 사이, 그리고 늦은 아침 시간인 오전 9시와 10시 사이에는 더 적은 요금이 부과될 테지만, 아직 그 금액이 구체적으로 정해지지는 않았다.

지불이 간편한 전자결제 방식은 네덜란드 시스템의 핵심 요소이다. 대부분의 자동차에 전자 박스를 설치하여 운전자가 칩 카드를 삽입하도록 계획하고 있다. 칩이 내장된 카드나 스마트카드는 네덜란드에서 (실제로는 유럽 전체적으로) 아주 일반화되어 있어서 사용자가 카드를 충전하여 전화를 걸거나 상품 결제를 하는 등 다양한 기능으로 사용하고 있다. 혼잡통행료 징수 시스템도 이와 비슷하게 작동한다. 운전자가 카드를 삽입하기만 하면 자동차가 전자 스캔 장치 아래를 통과할 때 카드에서 자동적으로 요금이 빠져 나간다. 이 기술은 분명히 매우 믿을 만하며 박스 구입 비용은 약 100길더(50달러)이기 때문에 대부분의 사용자들은 비용 대비 효과를 고려하여 이를 구입하게 될 것이다. 이 장비가 없는 사람들을 위해 요금소에서는 차량의 앞뒤 번호판을 촬영하여 자동차 소유자에게 통행료를 (매월 말) 청구하게 된다. 자동차가(시속 200킬로미터의) 빠른 속도로 달릴 때에도 이 시스템은 잘 작동한다.

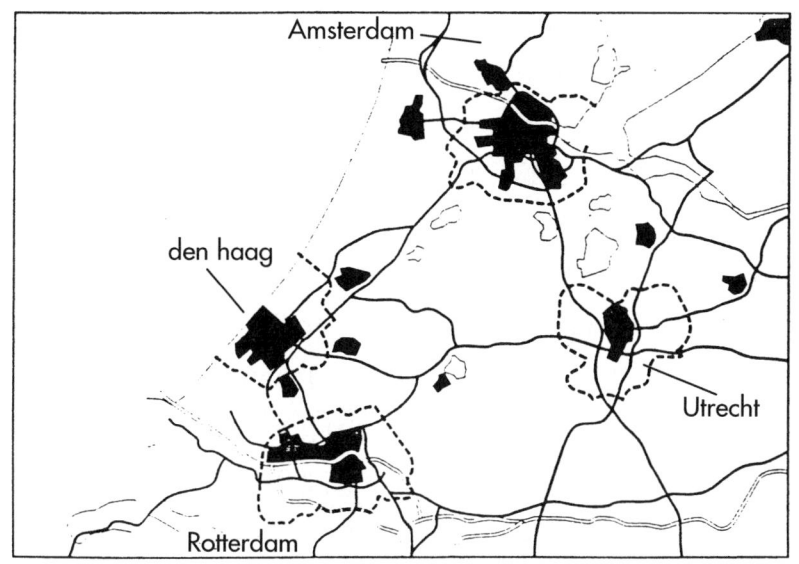

[그림 5.3] 네덜란드 란트슈타트 주요 도시의 도로통행료 계획
광범위한 도로통행료 시스템이 네덜란드에서 개발되고 있다. 란트슈타트 지역의 주요 도시인 암스테르담, 덴하흐, 로테르담, 위트레흐트 주변을 통과하는 운전자들에게 요금이 부과되며, 이는 전자 스캔 장치를 통해 자동으로 결제된다.

노르웨이와 대비되는 네덜란드 시스템만의 특징은 통행료 부과의 유일한 목적이 혼잡을 감소시키기 위한 것이지, 도로나 자동차 관련 기반시설에 충당하기 위하여 자금을 모으려는 게 아니라는 점이다. 실제로 이 시스템 아래서 발생한 수입을 어떻게 사용해야 하는지에 관한 논쟁이 많다. 많은 사람들이 이 혼잡통행료 수입을 위의 4개 도시 운전자들에게 자동차 세금 인하의 형태로 돌려주어야 한다고 생각한다(사실 이런 방법은 네덜란드 정부의 정책 방향과도 일치하는데, 이른바 '가변' 부과 개념으로서 자주 운전을 하지 않거나 짧은 거리만 운전하는 사람들을 우대하려는 것이다). 이와 달리 어떤 사람들은 요금 수입이 대중교통을 지원하거나 자동차 아닌 다른 교통수단

(non-automobile)의 이용을 촉진하는 데 쓰여야 한다고 주장한다. 도시 외곽에 살면서 매일 도시로 통근하는 사람들과 도시 안에 살면서 통행료를 내지 않는 사람들이 있음을 고려한다면, 통행료 수입을 주민에게 되돌려주는 방식은 문제가 있다. 즉 어떤 사람들에겐 불로소득이 돌아가는 셈이기 때문이다.

물론 이러한 시스템에 대하여 논쟁이 없지 않았다. 즉 사생활 침해에 대한 우려와 도로통행료를 특정 도로에서만 징수함으로써 통행료가 부과되지 않는 다른 도로에 교통량이 몰리는 문제점이 그것이다. 프로젝트 담당자는 첫 번째 우려에 대해 교통요금의 전자결제 과정에서 수집된 데이터를 제대로 모으려면 여러 개의 서로 다른 정부기관이 관여해야 한다는 점에서 사생활 침해가 이루어질 가능성이 매우 낮다고 한다. 차량 번호판을 판독하고 청구서를 우편으로 보내는 과정이 아마도 가장 심각하게 우려되는 부분이다. 하지만 이런 기술이 이미 네덜란드에서 오랜 기간 별 문제없이 사용되어왔다는 점도 고려해야 한다. 자동 과속단속장치, 즉 과속 차량을 인식하여 번호판 촬영 후 우편으로 범칙금을 통지하는 사례가 이미 많다는 것이다.

둘째로 운전자들이 통행료를 피해 다른 도로로 몰려들어 그쪽이 혼잡해질 것이라는 우려에 대하여, 시스템 계획가들은 주요 보조도로에도 다수의 요금소를 설치하기 위해 열심히 노력하고 있다. 현재 4개의 도시에 100개의 요금소를 설치할 계획이며, 그중에서 70%가 보조도로에 설치될 예정인데, 그렇게 되면 결국에는 통행료를 피해가는 일이 어렵게 될 것이다. 그러나 사업 책임자는 로테르담의 한 유료터널 사례를 들려주었는데, 많은 운전자들이 단지 요금 2길더(약 1달러)를 내지 않으려고 먼 길을 돌아서 운전했다는 것이다. 아이러니하게도 네덜란드인들의 이러한 검소한 자세야말로 도로통행료가 이 나라에 적정한 방식임을 반증한다고 할 수 있다.

또 다른 문제점은 네덜란드 국경 바깥에서 면허를 받은 차량에는 어떻게 대처하는가의 문제이다. 독일 자동차 번호판을 단 자동차에 어떻게 네덜란드 시스템을 적용할 수 있는가? 네덜란드의 계획가들은 다른 유럽 국가들과 협력을 통해 해당 차량에 대하여 요금 청구서를 보낼 수 있을 것으로 기대한다(물론 매달 보낼 수는 없겠고, 예컨대 1년에 한 번씩). 또 하나의 우려 사항은 그러한 도로통행료 제도가 도시 중심부의 비즈니스와 고용 활동을 억제할지 모른다는 것이다. 이러한 시스템이 도입된다고 해서 인구 및 주택은 물론 경제성장도 도시 바깥, 주변부 위치로 밀려날 것인가? 네덜란드 교통부가 행한 경제 분석에 따르면 그런 일은 일어나지 않을 것이라고 한다.

이러한 네덜란드의 대담한 계획은 2001년부터 전면적으로 실시될 계획이었다. 그러나 도로 사용 선호집단의 반대와 임박한 총선으로 인해 계획을 실천할 동력이 약해졌다. 현재로서는 전면적 시행보다는 란트슈타트 지역의 한 도시만을 선택하여 시범적으로 실시될 것으로 보인다.[13]

결국 많은 다른 도시, 또 중앙정부도 교통량 증가에 대처하기 위해 어떤 형태든 혼잡통행료 징수가 필요하다고 믿고 있다. 현재 베를린과 오슬로 등

---

13) 네덜란드는 혼잡도로에 대해서만이 아니라, 전체 도로에 대한 통행료 부과 시스템을 오랫동안 준비해왔으며, 이제는 더 큰 진도를 눈앞에 두고 있다. 비록 2012년 4월 현재 노동당 정부의 퇴진으로 말미암아 그 실행이 지연되고는 있지만, 인공위성을 기반으로 하여 도로상의 모든 차량에 대하여 운행 거리를 기준으로 도로사용료를 부과하려는 것이다. 처음에는 상업용 트럭에 대하여 시작하지만 2018년 이후 모든 차량으로 확대할 예정으로 있다. 요금은 운행 거리, 운행 장소, 차량의 연비에 따라 차이가 크게 날 예정이며, 정책의 취지가 재정 수입을 증대하려는 것이 아니기 때문에 도로통행료 수입의 증가와 함께 기존의 자동차세는 점진적으로 폐지하게 된다.

의 예외를 제외하면 유럽에서 이를 제대로 시행하는 도시는 거의 없으나, 레스터, 암스테르담 등 여러 도시가 이 기법을 실험 중이거나 예정에 있다. 도로통행료가 성공적으로 정착할 것인지는 아직 두고 봐야겠지만, 혼잡시간대의 자동차 교통을 줄이는 데는 확실히 도움이 될 것이다.

메시지: 미국에서도 가능한 선택

앞서 살펴본 유럽 도시는 자동차를 길들이기 위한 다양한 아이디어와 전략의 실험장이 되고 있다. 예컨대 유럽에서 시행되기 시작한 수많은 교통 정온화 기법은 이미 미국의 많은 지역사회에서도 폭넓게 적용되어왔으며 이러한 추세는 계속될 것 같다. 많은 미국인들이 네덜란드의 보너르프 즉 보차공유거리나 이와 유사한 덴마크, 독일, 영국의 방식을 기꺼이 받아들여왔다. 리브먼(Liebman, 1996: 72)은 이러한 기법을 "외국의 훌륭한 도시 건설 아이디어" 중 하나로 여기며 어떤 방식으로 미국 도시에 공유거리를 만들어야 할지에 대하여 몇 가지를 제안하였다(Masser, 1992; Southworth and Ben-Joseph, 1997). 즉 "미국에서 보너르프가 받아들여지려면, 부동산 소유자의 법적 권리를 확장하는 형태가 되어야 한다"는 것이다(Liebman, 1997: 72). 특히 지역 주민들의 청원에 의해 만들어진다면 사회적 응집성을 강화하는 데도 도움이 될 것이라고 주장하였다.[14]

벤-조지프(Ben-Joseph, 1995)는 보너르프 개념이 다수의 교외 개발에 적용될 수 있다고 주장하면서, 많은 미국 도시들이 이미 주거지 도로를 따라 교통 정온화 조치를 취해왔거나 그 과정에 있음을 지적한다. 그는 신전통주의(neo-traditional) 또는 뉴어바니스트(new urbanist)형 디자인에서 보차공유의 개념이 적용됨을 지적하고, 이것이 일반적으로 볼 수 있는 기존의 격자형 거리망을 변화시키는 데 일조할 것이라고 설명한다. "연결된 시스템에서 공유거리는 격자형의 결함을 없앨 수 있으며, 자동차 운행 속도가 줄어들고, 비거주자의 통과 교통이 억제될 것이다. 그러면서도 접근 지점이나 선택할 수 있는 경로 등의 연결 요소는 전형적인 계층형, 불연속적 거리 시스템에서보다 훨씬 더 많다. 그러므로 이런 유형의 디자인으로 인해, 더 넓은 사회로의 연결이 유지되며 주거지 도로에서 높은 거주 적합성과 안전이 결합되는 것이다(512쪽)." 따라서 보너르프가 창조적으로 이용됨으로써 더 다양한 장소에서 도시 공간이 더 효율적으로 사용되고(제2장에서 강조되었다), 자동차 교통의 위험이 감소되는 동시에 개발의 연결성이 더욱 촉진된다.

　게다가 많은 미국 지역사회에서 교통 정온화 조치에 대한 요구가 증대하였다는 것은 의심의 여지가 없으며, 이미 많은 도시에서 유럽식 정온화 전략이 시행 중이다. 미국의 도시와 마을마다 자동차로부터 사람을 보호해야 한다는 목소리가 높아져감에 따라 이러한 기법이 더욱더 잘 받아들여지고 시행될 것으로 보인다.

　예를 들어, 포틀랜드와 시애틀 같은 도시는 이미 제법 공격적인 교통 정온화 프로그램을 시행해오고 있다. 포틀랜드의 경우 교통관리국 산하에 교통 정온화 팀을 두고 있으며, 이 조직에서 지구별 교통관리 프로그램 등

---

14) [원주] 리브먼(Liebman, 1996)은 미국에서 적용될 만한 몇 가지 메커니즘을 제시한다. 주민 조직이 청원을 통해서 또는 거리 자체의 민영화를 통해서 보너르프를 창조할 수 있다. "단기적으로는 네덜란드식 청원 방식이 가장 단순하며 '주민들 스스로 그들이 사는 마을 환경을 계획하는 정교한 과정에 직접 참여함으로써 좀 더 강력한 사회적 응집성을 끌어낼 수 있다(72쪽).'"

수많은 정책을 맡고 있다. 포틀랜드는 또한 시 전역의 거리별 순위를 매겨 교통 정온화 사업과 투자의 참고자료로 삼고 있다. 이 도시는 이미 정온화 관련 투자가 많이 이루어졌는데, 60개 이상의 원형 교차로와 500개 이상의 과속방지턱이 마을마다 설치된 것이 그 사례이다(City of Portland, 1999). 시애틀도 이와 비슷한데, 200개 이상의 유럽형 원형 교차로 및 기타 정온화 장치를 설치하였다. 이 두 도시를 연구한 결과 이러한 투자가 실질적으로 차량의 속도와 교통사고를 줄이며 주거 지구를 더욱 살기 좋게 만듦을 알 수 있다(City of Portland, 1999).

한 가지 독특한 미국적 변용 사례는 포틀랜드의 주거지 과속방지턱 구매 프로그램이다. 시 차원의 교통 정온화 사업 목록에서 낮은 우선순위에 있는 지구의 경우 주민들 스스로 돈을 대어 정온화 조치를 하도록 하는 것이다. 이 프로그램에서 주민들은 과속방지턱 설치 비용을 부담하며, 시의 교통 정온화 담당부서 직원들은 사업 설계의 마련과 비용을 추산하고 일련의 지역별 오픈 하우스에 대한 디자인 설명 등의 논의 과정을 담당하게 된다. 시는 주민의 3분의 2 이상이 서명한 청원서가 접수되어야만 이 사업을 시작할 수 있으며, 사업에 수반되는 비용은 교통개선지구(local improvement district)를 조성하는 형태로 지불된다(또는 주민들이 수용할 만한 다른 형태로도 가능하며, 꼭 주민 모두가 비용을 분담해야 하는 것은 아니다). 지방정부의 재원이 충분하지 않을 때, 이러한 프로그램은 네덜란드의 보너르프 설치 과정에서처럼 주민의 직접행동으로 교통 정온화 기법을 채용하도록 선택권을 줄 수 있다.

다른 미국 도시도 교통 정온화의 긍정적인 사례를 보여주는데, 캘리포니아 주의 버클리, 팰로앨토와 오리건 주의 유진 등이 그러하다(미국의 수많은 정온화 기법을 개관하려면 National Bicycling and Walking Study, 1994 참조). 플로리다의 웨스트 팜비치(West Palm Beach)에서도 이 도시의 침체된 지구를 재활성화하기 위한 유력한 수단으로서 일련의 정온화 기법을 시행해왔다(Public Technology, Inc., undated). 뉴욕 시는 최근 4년에 걸쳐 8,000만 달러를 들여 학교 주변 거리에 교통 정온화 시설을 설치하는 사업을 시행하였다(Tri-State Transportation Campaign, 1998). 또한 새 연방교통법률(TEA 21—ISTEA의 개정)에 근거하여, 사상 처음으로 연방 예산이 지역의 교통 정온화 사업에 쓰일 수 있게 되었다. 이제 미국의 도시들이 자동차의 영향을 줄이기 위한 창조적 전략을 수행할 새로운 기회를 얻게 된 것이다.

이미 이 책에서 논의된 다양한 이유에서 예상할 수 있듯이, 미국의 상황에서 자동차 중심 마인드를 타파하기는 참 어렵다. 승용차나 다른 자동차를 사용하는 것만이 그럴듯해 보이는 교통 및 통행 행태라는 것은 아마도 미국에서만 나타나는 독특한 속성일 것이다. 교통계획과 관련하여 사용되는 언어를 관찰해보면 이를 잘 알 수 있다. 이러한 용어를 (그리고 태도와 관점도) 변화시키려는 노력 가운데 인상적인 최근의 사례가 웨스트 팜비치 시의 '도시교통 언어정책(City Transportation Language Policy)'이다. 이 정책의 취지는 더 지속가능한 지역사회를 이루기 위한 한 단계로서 관련 공식 용어를 바꾸려는 것이다. 이 정책은 자동차 친화적인(pro-automobile) 용어를 좀 더 "객관적"이고 "교통의 다양한 요소와 수단을 모두 포괄하는" 단어로 교체하려고 한다(City of West Palm Beach, 1996: 1). 예컨대, '개선(improvements)'이라는 단어는 흔히 도로 사업을 설명할 때 사용되는데, 이것이 더 중립적이고 사실적인 단어 즉 '변형(modification)'으로 바뀔 것이다. (도로 사업에서 사용되는) '승격(upgrading)'이라는 용어는 '확장(widening)'이나 '변화(changing)'로 교체될 것이다. '서비스 수준의 향상(enhanced level of service)'이라는 표현 또한 '서비스 수준의 변화(changed level of service)'로 바

꿔게 된다.[15] 뭔가 '긴박감'을 함축하는 용어인 '교통 수요(traffic demand)'는 '자동차 사용(motor vehicle use)'으로 대체될 것이다. 자전거와 걷기 등을 표현하는 '대안적 교통수단(alternative modes of transportation)' 같은 말은 뭔가 전통이나 관습에 어긋나는 것처럼 (그래서 중요성이나 가치가 덜한 것처럼) 들리므로 이 또한 더 이상 사용되지 않을 것이다. 이러한 변화는 매우 사려 깊은 분석의 관점으로서, 지속가능하지 않은 행동 및 정책이 종종 언어를 통해 더욱 전파된다는 점을 파악한 데 따른 것이다.

미국의 경우 직접 규제나 정부 간섭보다는 경제적 신호와 인센티브가 더 선호되므로 도로통행료 제도의 유럽식 전파와 혁신보다는 도시계획과 공공정책에서 미국식 시장 접근이 더 적절할지 모른다. 유럽보다 훨씬 제한적인 미국의 상황에서도 몇몇 도시는 이미 도로 혼잡통행료를 징수하고 있다[미국에서는 이를 혼잡세(congestion pricing)로 부르는 경향이 있다]. 실제로 도로통행료 또는 혼잡세는 ISTEA(the Intermodal Surface Transportation Act of 1991) 법률에 의하여 정착될 수 있었고, 이미 3,000만 달러 이상이 일련의 혼잡세 시범 사업에 쓰였다. 시범 계획은 미국 전역의 수많은 도시 즉 샌디에이고, 휴스턴, 미니애폴리스, 포틀랜드 및 볼더 등에서 진행 중이다. 대부분의 경우 이런 프로그램은 성공적으로 착수되고 있으며, 혼잡통행료 정책이 미국의 교통수요 관리도구로서 상당한 영향력을 행사할 수 있음을 보여준다(Wahrman, 1998). 많은 시범적 노력으로 인해 다인승차

---

15) 도로를 확장 또는 연장하는 경우 도로의 총량은 증가하나 실제로 시민들이 느끼는 복지수준이 향상되는지는 확실치 않고, 오히려 차도를 좁힘으로써 인도가 확장될 때 전체 시민의 만족도가 높아지는 경향도 있다. 따라서 질적인 진보를 시사하는 '개선'이나 '승격' 등의 용어 대신 양적 사실관계의 변화만 표현하도록 '변형'이나 '확장'을 쓰려는 것이다. 참고로, '브라이스의 역설(Braess' Paradox)' 즉 도로 용량이 늘어날수록 교통혼잡이 더 심해지는 현상이 국내외 현실에서도 발견된다.

량 우선차로("HOT" lanes, high occupancy/toll lanes)가 만들어졌는데, 이 차로는 여러 사람이 동승한 차량만 사용 가능 하고 동승자 없이 운전자 혼자 운행하는 승용차에 대하여 요금을 물린다. 캘리포니아의 오렌지 카운티(Orange County)에서는 1번 주도로(State Road 1)상의 고속주행차선에 요금을 부과한다. 주요 통근 경로에 만들어진 이 차선은 인기가 높을 뿐만 아니라 덕분에 통근 교통의 시간을 줄이면서 교통 흐름도 원활하게 만들었다.

샌디에이고도 15번 주간고속도로(Interstate 15)에 적용된 도로사용료로 인해 많은 주목을 받았는데, 여기서는 하루 중 교통량이 많은 특정 시간대(6분마다 조정) 운전자들이 특별 고속차선을 이용하려면 별도의 요금을 지불해야 한다(The Economist, 1998). 미국에서도 유럽의 시스템처럼 차량 장착 시스템을 통하여 요금이 자동으로 지불되는데 보통 이 비용은 50센트에서 4달러에까지 이른다. 또한 이 계획의 일환으로 고속주행버스 서비스가 신설되었다(Federal Highway Administration, 1998 참조).

미국의 일부 지역 및 도시들은 다른 곳에 비해 혼잡세를 받아들일 준비가 더 잘된 것 같다. 와먼(Wahrman, 1998)이 말하듯이, (휴스턴처럼) 교량이나 도로통행료가 이미 부과되고 있는 곳에서는 혼잡세에 대한 수용성이 더 높을 것 같다. 그럼에도 혼잡세는 추가적으로 납부하는 세금이므로 자동차 사용에서 제약을 받지 않을 개인적 자유에 대한 간섭으로 비칠 수 있을 것이다.

혼잡세는 미니애폴리스에서 정치적 반대의 벽에 부딪혔는데, 그 사례를 보면 혼잡세 제도가 직면한 장애물과 그런 장애를 극복하는 데 필요한 몇 가지 전략이 무엇인지를 알 수 있다. 미니애폴리스에서는 394번 주간고속도로에 유료 고속주행차선을 설치하려던 계획이 엄청난 부정적 여론 때문에 취소되었다. 지역에서 이 실험을 지지했던 한 연구자는 이에 반대한 쪽의 입장을 따져본 뒤 어떠한 교훈을 얻었다고 한다. 즉 정재계 인사들의 지지를 얻는 일, 유료화를 설득력 있게 만드는 일, 형평성 이슈 제기에 대처하는 일(이 제도가 부유층을 위한 것으로 비쳤다), 그 아이디어를 실현해 보일 적정한 도로나 고속도로를 선정하는 일(394번 주간 고속도로는 실제 운영상의 문제점을 드러냈다) 등이 중요했다는 것이다(Blake, 1998). 미니애폴리스에서는 처음부터 비교적 높은 요금을 부과하였던 것이 반대 여론을 들끓게 한 주된 요인이 되었다.

미국 각지에서 적용된 다른 도로 및 다리 통행세와 함께 미니애폴리스의 경험은 미국의 운전자들이 필수적인 요금이라면 기꺼이 지불하려는 용의가 있음을 보여준다. 그러나 샌디에이고와 다른 지역에서의 제한된 실험사례들은 그 자체로 전반적인 교통량과 자동차 사용을 실질적으로 감축할 것 같지는 않았다. 좀 더 종합적인 도시(및 광역) 계획이 필요한데, 도로 혼잡통행료 징수 역시 지속가능한 통행 전략의 다른 요소와 결합될 때만이 잠재적으로 중요한 교통관리 기법으로 거듭날 것이다. 대안적인 이동수단이 존재하고, 안전하고, 매력적이며, 빠르기까지 한 대중교통의 중요성이 함께 부각되어야 한다는 것이 핵심이다.

미국인들이 가져야 하는 또 하나의 중요한 통행 선택지는 카셰어링 업체나 클럽이다. 개인이 자동차를 소유하고 있을 때 그것을 이용하려는 경향이 있음을 우리는 알고 있다. 정말로 필요할 때 (도로와 고속도로를 차로 달리는 비용이 상승하고 있음에도) 언제든 자동차를 이용할 수 있는 선택지가 제공된다면, 도로상의 자동차가 더 줄어들 것이며 대중교통, 자전거 및 기타 교통수단의 이용이 강화될 것이다. 북미에서는 카셰어링 제도가 아직 정착되지 않았지만 거대한 잠재력을 지니고 있다. 와그너와 카체

브(Wagner and Katzev, 1996: 13)는 "지금은 미국에 스위스의 ATG 같은 카셰어링 업체를 만들 수 있는 적기"라고 주장한다. 카셰어링 사업은 여전히 제한적 형태이기는 하지만 미국에서보다 캐나다에서 좀 더 빨리 설립되기 시작했다. 2개의 업체가 퀘벡(Quebec)과 몬트리얼(Montreal)을 합쳐 약 200명의 회원을 두고 있다. 좀 더 최근의 카셰어링 실험은 포틀랜드(Portland Car Sharing), 시애틀(Seattle Car Sharing Project), 캐나다 브리티시 콜롬비아 주의 밴쿠버(Victoria Car Share Co-Op) 등 몇몇 북미 도시에서 시작되었다. 미국 상황에 알맞게 적용한 사례로는 운행 거리와 차량의 유형을 달리 한 경우가 있다. 앞서 살펴본 포틀랜드 업체의 경우, 최근 들어 큰 물건을 실어 나르는 미국인들의 특성에 맞추어 카셰어링 차량의 유형에 픽업트럭을 추가하였다. 스위스 업체의 조언에 따라 포틀랜드의 시범 프로그램은 유럽형 아이디어를 쫓아 만들어진 것으로 보인다. 즉 포틀랜드 시내에서 대중교통 서비스가 집중되고 요금도 무료인 이른바 "요금 없는 광장"이나 일반 경전철(MAX)역 근처에서 자동차를 픽업할 수 있도록 자리 잡은 것이다(Car Sharing Portland, Incl, undated).

제6장
자전거: 낮은 기술, 우수한 생태적 이동성

당당한 통행수단, 자전거

자전거보다 더 친환경적인 이동수단은 별로 없다. 자전거는 매연 배출이 없고, 공간도 별로 차지하지 않으며, 비싸지도 않고, 나이에 관계없이 이용할 수 있으며, 이용자의 건강도 챙길 수 있게 해준다. 미국과 많은 선진국에서는 자전거를 비교적 낮은 기술이 적용된 이동수단으로 생각했으며, 이를 무시해왔거나 그 가치를 잊고 있었다. 그러나 북유럽 및 서유럽 도시에서 자전거는 중요한 교통수단으로서 당당히 대접받는 이동수단이며 다른 교통수단과 어울려 중요한 위치를 점한다.

이 연구에서 관찰된 대부분의 도시 교통수단 분담 비율을 볼 때 자전거는 늘 다른 수단에 비해 더 높은 수치를 보이며, 친환경적일 뿐 아니라 이동성 면에서도 승용차에 견주어 (특히 짧은 거리에서는 더욱) 더 우수한 것으로 알려져 있다. 이 책의 사례 도시에서는 인상적인 자전거 네트워크를 광범위하게 구축해왔는데, 이 추세는 앞으로도 계속될 것이다. 베를린과 프라이부르크는 그 길이가 각각 800킬로미터, 410킬로미터인 자전거 전용도로가 있다. 빈은 1980년대 말 이후부터 자전거 도로망을 두 배 이상 늘려 지금은 500킬로미터 이상의 구간이 자전거 전용도로이다. 300킬로미터 이

네덜란드 델프트(Delft)에서는 망사처럼 세밀한 자전거 길과 노선을 창조하였는데, 이는 모든 동네와 주요 목적지를 연결한다. 이 시스템을 만들기 위해 교량과 굴다리를 체계적으로 개선하였다.

상의 자전거 도로를 지닌 코펜하겐의 경우, 모든 간선도로를 따라 자전거 전용차선을 설치하는 정책을 고려 중이다. 코펜하겐의 자전거 이용률은 1970년대 이래로 65%나 증가하였다. 이 도시들은 자전거 이용을 쉽고 안전하게 하려는 의지를 보여 왔는데 이들만 보더라도 자전거 친화 도시를 만드는 주요 요소가 무엇인지를 알 수 있다.

이 모범 도시에서는 계절과 무관하게 1년 내내 자전거가 이동수단으로 사용된다. 코펜하겐 같은 북쪽 도시에서는 여름에 자전거 이용률이 더 높은데, 약 40%의 통근자들이 자전거를 탄다(Bjornskov, 1995; Murphy, 1996). 그렇지만 여름 이용자들의 70% 정도는 겨울에도 마찬가지로 자전거를 이용한다. 핀란드 도시에서도 비슷한 현상이 나타나는데, 이것만 봐도 날씨가 좋아야 자전거 이용이 가능하다거나 이를 받아들일 수 있다는 생각이 잘못되었음을 알 수 있다. 북유럽의 높은 자전거 이용률을 생각하면 미국 도시에도 희망이 있다. 짧은 거리 이동에 자전거가 특별히 유용한 것이 사실이지만 많은 사람들이 상당히 먼 길을 갈 때에도 자전거를 이용할 준비가 되었음은 분명하다. 코펜하겐의 경우 평균적인 자전거 통근 거리가 7킬로미터 또는 약 20분인데, 관련 시설과 안전한 길이 보장될 때 더 많은 주거지가 자전거 통근 범위 내에 들 것이다.

자전거 친화 도시

이 책에 나온 도시들은 주목할 만한 자전거 이용률을 달성했다. 프라이부르크에서는 자전거가 전체 통행의 28%를 점하고 있고(1976년보다 18% 증가), 뮌스터의 경우 주민의 일상 통행 가운데 34%가 자전거로 행해진다. 네덜란드의 많은 도시에서 자전거 수송 분담률이 40%에 이르는 것은 놀라운 일이 아니며, 짧은 거리일 경우 이보다 더 높은 수치를 보인다. 네덜란드 북쪽의 대학 도시인 흐로닝언의 경우, 도심 교통량의 60%를 자전거가 차지하며 2.5~5킬로미터 구간에서는 50%쯤 된다(Ministry of Transport, Public Works, and Water Management, 1995; Welleman, 1996).

이 도시들이 이처럼 높은 자전거 이용률을 보이는 이유는 무엇일까? 첫째, 이들은 자전거를 수용할 만한 도로와 도시환경을 만들기 위해 필요한 기본적 투자를 할 용의가 있었다. 위트레흐트, 암스테르담, 레이던과 같은 많은 네덜란드 도시는 자전거 교통 의존도가 높은데 그 이용을 더욱 촉진하려는 다양한 조치를 취해왔다. 흔한 예로 광범위한 자전거 길(bicycle trails)과 분리된 자전거 차선(bicycle lanes) 같은 것을 들 수 있다.[1] 델프트

∴
1) 법적·학술적으로 완전히 합의된 것은 아니지만, 번역의 편의를 고려하여 이 책에서 대개 다음과 같이 구분할 수 있다.
   • 자전거 도로(bike/bicycle roads): 일반 차로와는 별도의 길로서 상당한 정도의 연속성이 확보되는 자전거 전용길의 네트워크이며, 보행과 혼용되지 않는 경우가 많다.

시의 경우 망사처럼 세밀한 자전거 길을 조성하기 위하여 종합적인 프로그램을 수행해왔는데 이 길은 도시 내 거의 모든 주요 목적지를 연결한다. 5년의 기간에 걸쳐 이 도시는 새로운 자전거 차선을 만들고 주요 노선을 연결하는 교량과 터널을 건설하는 등 일련의 투자를 계속해왔다(Municipality of Delft, 1984). 그 결과 자전거 이용도가 높아졌고(지금은 전체 통행의 43%를 차지한다), 통행 거리도 길어졌으며, 부상과 사망률은 낮아졌다(Ministry of Transport, Public Works and Water management, 1995 참조).

물론 네덜란드만큼 자전거 이용을 강조하는 선진국은 거의 없으며 많은 나라들이 네덜란드로부터 배울 점이 많다. 전국적으로 1,700만 대의 자전거가 있는데 이는 전체 인구보다 더 많은 숫자이다. 유럽 국가 가운데 네덜란드는 자전거 길 및 전용차선의 비율이 가장 높은데 (총 11만 킬로미터의 도로 중) 2만 킬로미터의 자전거 길과 차선이 존재한다(Welleman, 1996). 네덜란드에서는 모든 통행의 약 27%가 자전거로 이루어지고 2.5킬로미터 이하의 단거리에서는 그 비율이 40%에 이른다. 네덜란드 정부는 미래의 교통 문제를 해결하는 주요 대안으로 자전거를 포함시켰는데, 제2차 종합교통계획(The Second Structure Scheme for Traffic and Transport)에서는 2010년까지 자전거 이용을 30% 더 증가시키는 목표를 세웠다. 또 전국 단위의 자전거 계획이 마련되었고 주요 국고보조금이 자전거 시설과 이용자의 안전 증진을 위해 지출되었다.

∴
- 자전거 길(bike/bicycle trail): 자전거 도로와 비슷한데, 차로와는 노면 · 노폭이 구별되는 별도의 선형으로 이어지고 공간적 독립성이 보장되면서도 사람이 다니는 오솔길/산책길로 같이 사용된다.
- 자전거 차선(bike/bicycle lane): 자동차가 다니는 보통의 도로상에서 1개 차선을 별도로 떼어 자전거가 다니도록 표시한 차선이다.

사실상 거의 모든 네덜란드 도시에서 자전거를 통한 이동이 얼마나 쉬운지 누구나 금방 이해할 수 있다. 나는 레이던에서 스스로 움직이는 자유로움, 속도, 나들이의 용이성 등을 직접 경험했다. 대부분의 네덜란드 도시에서처럼 자전거 이용자들은 그들만을 위한 차선과 신호, 그리고 도시의 주요 목적지로 가는 직행 루트를 갖게 된다. 자전거를 이용하여 여행하는 것은 가장 빠르고도 쉬운 방식이며, 심지어 (도시와 주변 시골지역 간) 장거리 여행의 경우에조차 현실적으로 가능한 선택이 되었다.

레이던 같은 네덜란드 도시는 도심부와 바깥 교외지역의 공간적 연결성 또한 인상적이다. 예컨대, 이 도시의 교외 주거지역으로부터 도심의 역사 중심지에 이르기까지 자전거를 이용한 빠른 통행이 보장되는데, 이는 분리된 자전거 전용길, 별도의 자전거 신호등, 심지어 원형 교차로나 로터리에서도 별도의 자전거 차선이 제공되는 환경 때문에 가능하다. 거의 모든 주거지역이 이런 자전거 전용길로 비슷하게 연결되어 있다. 자기 집 앞에서 동네를 거쳐 자전거 도로에 이를 수 있고, 자전거를 타고 도심부의 사무실이나 가게에 가는 일이 쉽고 빠르다.

(미국의 교외지역보다 훨씬 고밀도인) 레이던 시 외곽 주거지역에는 광범위한 자전거 및 보행자 연결망이 초기 단계부터 전체 공간 구조에 맞게 설계되었다. 이런 곳에서 가장 중요한 공간계획의 요소는 보행로와 자전거 길을 최적으로 연결·통합하는 것이다. 주거지 블록 또는 동네 간의 보행자와 자전거 이동을 막거나 방해하는 것이 아니라 이를 도시계획의 일반적 규칙으로 허용하고 권장하는 의식적인 노력이 돋보인다.

네덜란드에서는 자전거 주차 시설을 철도역이나 공공건물 등 어디서나 볼 수 있는데, 적은 비용으로 자전거를 안전하게 주차할 수 있는 예컨대 자전거 발레 주차(valet parking) 등의 시설이 있다. 가장 창의적인 주차 시설 중 하나가 최근 틸뷔르흐(Tilburg)에 들어선 현대적인 지하 자전거 주차장이다. 하루 50센트 또는 1년에 40길더(약 20달러)만 내면 자전거를 안전하게 주차할 수 있는 공간이 생기며, 도심 바로 한가운데의 지하 시설로 가는 보행로까지 갖추고 있다. 각종 쇼핑 장소, 상점, 식당 등과 불과 몇 미터 떨어져 위치하는 것이다. 이 새 자전거 주차장은 3,000대의 자전거를 수용할 수 있으며 인근 주민들에게 일자리도 제공한다. 흐로닝언에도 많은 수의 실내 자전거 주차 시설이 있는데, 대체로 한 단체가 운영하는 약 20개 주차장에 연간 25길더 정도의 싼 값에 어느 주차장에든 자전거를 세워둘 수 있다. 많은 도시들이 승용차 주차 공간을 자전거용으로 조금씩 바꾸고 있다. 위트레흐트는 승용차 1대 공간에 자전거 6~10대를 주차할 수 있다는 것을 알고 이에 따라 승용차 공간을 새로운 자전거 주차 공간으로 바꾸기 시작했는데, 원도심 북쪽 지역에 이미 10개의 주차장이 설치되었다.

상당한 정도의 자전거 관련 투자와 혁신이 덴마크 도시에서도 행해지고 있다. 오덴세 시는 흥미로운 자전거 주차 전략을 실험해오고 있는데, 그 하나가 자전거 보관대(bike racks)이다. 예로 잘 달라붙는 식물류(clinging vegetation)를 이용하거나 유럽 자전거 대부분에 장착된 뒷바퀴 부착 자물쇠와 링 체인을 연결하는 보관대 등을 말한다.

자전거 이용을 촉진하기 위하여 전반적인 도시의 모습 자체를 혁신적으로 바꾼 도시의 사례가 있다. 오르후스(Århus)는 도시 중심부로 진입하는 교통 또는 도심 내의 교통 흐름을 재구성하여 자전거에 더 많은 공간을 주고 우선권을 부여하였다(Århus Kommune, 1997).[2] 이 도시는 승용차의 진

---

2) 오르후스는 덴마크 유틀란트(Jutland) 반도 동부에 위치하며 인구 32만 명(2012)의 항구 도시이자 덴마크에서 두 번째로 큰 도시이다.

안전하고 믿을 수 있는 자전거 주차 공간은 꼭 필요하다. 네덜란드 도시에서는 보통 어디서나 이와 같은 시설이 마련되어 있다. 위 사진은 틸뷔르흐 시의 지하 자전거 주차시설이다.

입은 일방통행으로 제한했지만 자전거는 통행 우선권을 가질 뿐만 아니라 양방향 운행이 허용되는 도로망을 창조하였다(Århus Kommune, 1998 참조). 이에 따라 일방통행 도로의 자동차 교통이 시간당 15킬로미터 속도로 상당히 '진정'되었다. 이 자전거 우선도로에 승용차의 진행 방향과 다른 자전거 통행을 보호하기 위해 특별한 차선이 설치되었다. 그 결과로 도심 주위에 자전거 통행 우선의 원형 교차로와 6개의 도심 진입 게이트웨이가 생겨났다. 자전거 전용길에는 이를 나타내는 새 로고가 교차로 표면에 그려져 우선도로의 시작 지점임을 표시하며 동시에 일정 간격마다 크로스밴드도 만들어졌다(이는 기본적으로 동그라미 한가운데 "X"가 그려진 콘크리트 평판이다). 새로운 도로 디자인 방식으로는 앞서 설명한 일방통행 도로에 몇몇 자동차 주차 공간을 없애고 그 자리에 만든 자전거 주차 시설이 있다. 새 자전거 루트를 표시하는 신호체계도 설치되었는데 여기서는 광역 자전거망으로의 연결도 알려준다.

많은 도시가 기존의 도시환경을 자전거 친화형으로 만들기 위해 최선을 다할 뿐 아니라, 매우 조심스럽게 신도시 및 주택 개발 과정에 자전거 이용을 초기 단계부터 염두에 둔다. 이는 특히 네덜란드에서 명백하게 이루어지고 있는데, 신국가개발부지(VINEX)에서는 내부 자전거 네트워크를 만듦과 동시에 기존 도시로 자전거가 직접 연결되도록 공간설계에 반영한다. 이 연결망의 중요성은 위트레흐트 레이드스허 레인(Leidsche Rijn) 개발 사례에서 명확히 드러난다. 이 프로젝트의 설계에는 신개발지구의 폭넓은 자전거 도로망과 위트레흐트 도심을 직접 연결하는 자전거 전용다리가 포함되어 있다. 이러한 모습은 네덜란드의 개발 사례에서 흔히 볼 수 있다. 다른 예로 아메르스포르트에 소재한 니우란트(Nieuwland) 신성장지구에서도 자전거 이용의 편의를 증대시키는 자전거/보행자 전용다리가 이 지구와 아메르스포르트 중심지를 바로 연결한다.

이 책에서 다루고 있는 네덜란드의 타 지역 사례에서도 도시설계 과정에 자전거가 중요 요소로 여겨지는데, 대표적인 예로 하우턴(Houten) 신도시, 암스테르담의 니우 슬로턴 지구 등이 포함된다. 거듭 말하지만 자전거 이용의 강조와 같은 다양한 지속가능성 요소들은 유럽처럼 더 압축적인 도시 형태를 창조함으로써 훨씬 더 쉽게 성취될 것이다.

네덜란드와 덴마크에서 철도역 등 대부분의 공공시설과 주요 목적지는 충분한 자전거 주차 시설을 제공하고 있다(물론 아무리 많아도 부족해 보이기는 하다). 다수의 도시에서 대중교통을 이용하는 상당수 사람들은 철도역까지 자전거를 타고 간다. 코펜하겐을 예로 들자면, 기차 통근자의 절반이 자전거로 역까지 간다. 네덜란드 도시들은 스웨덴보다 더 높은 비율의 자전거 이용을 보이고 있는데, 이를 위해서 안전하고 편리한 자전거 주차 시설이라는 조건이 필수적이다. 수많은 도시에서 주요 버스 정류장에 자전거

사진은 코펜하겐 철도역 주변에 자전거가 주차된 모습이다. 다중 교통수단의 통행이 유럽 도시에서는 흔히 나타나고 있는데, 이는 (아무리 많아도 충분해 보이지 않긴 하지만) 광범위하게 분포된 자전거 주차 시설이 기차 및 대중교통 정류장에서 제공됨으로써 가능한 것이다.

시설을 배치했다(여기에는 자전거 잠금장치도 포함되어 이용자들은 월간 일정액을 지불하고 자신만의 열쇠를 받는다). 이는 교통수단의 통합이 중요하며 한 교통수단에서 다른 교통수단으로 순조롭게 옮겨가도록 해주는 것이 필요함을 보여준다.

많은 독일 도시도 자전거 통행성 촉진에 큰 진전을 보이고 있다. 뮌스터(Münster) 시가 이 분야에서 선도적인 역할을 하는 대표 도시이다.[3] 이 도시는 가장 적극적이면서 성공적인 자전거 이용 확장 프로그램을 운영해왔다. 제2차 세계대전 후, 뮌스터에서는 자전거의 인기가 급격히 떨어지고 승용차 이용이 엄청나게 늘어났다. 재미있는 사실은 원활하고 효율적인

---

3) 뮌스터는 독일 북서쪽 노르트라인베스트팔렌(North Rhine Westfalia) 주에 위치한 인구 33만 명(2009)의 도시이자, 대학 도시로 유명하다. 1815년에는 프로이센 베스트팔렌(Westphalia)의 수도가 되었다.

교통 흐름에 자전거가 방해물로 여겨졌으며, 시의 정책 결정자들도 자전거에 대하여 별로 호의적이지 않았다는 것이다. 1970년대 후반과 1980년대 초반에 뮌스터에서 자전거가 부흥기를 맞이했는데, 이때부터 시 정부의 자전거 지지가 시작되었고 이를 도시 통행성의 주요 요소로 고려하기 시작했기 때문이다. 즉 1980년대 이후에야 시가 제대로 된 자전거 프로그램 개발에 착수했던 것이다.

시민들로 하여금 승용차가 아닌 자전거를 이용하게 하려고 시는 많은 노력을 기울였다. 시가 진행한 프로그램은 일회성에 그치는 것이 아니라, 상당 기간에 걸쳐 취해진 일련의 조치가 누적된 것으로 특징지어질 수 있다. 자전거 시스템을 위한 개선 사항이 축적됨에 따라 뮌스터는 진정한 자전거 친화 도시가 되었다.

뮌스터에서 시행된 창조적인 전략들은 자전거 이용을 강화하고 촉진하도록 만들었다. 오랜 시간에 걸쳐 서서히 자전거 관련 시설과 네트워크를 확장하는 데 커다란 중점이 주어졌다. 뮌스터에는 기개발지역 내 250킬로미터의 자전거 길이 있고, 도시지역 바깥에도 농업용으로 300킬로미터가 깔려 있다. 이 도시는 놀라우리만치 우수한 자전거/보행전용 순환도로를 보유하고 있는데, 이는 도시를 한 바퀴 돌 뿐 아니라 자전거를 탄 사람이 쉽사리 도심으로 진입하도록 도와준다. 더불어 이러한 개선 사항으로 인해 "통합 자전거 네트워크"가 형성된 것이다.[4] 이것은 교통 정온화를 위한

---

4) [원주] 퍼셔(Pucher, 1997)는 이 자전거 네트워크의 요소를 상세히 설명하고 있다. "…… 대부분의 자전거 길이 자동차 및 보행자 교통과 분리되어 있다. 뮌스터에는 길섶에 나무가 늘어선 (7미터 넓이, 6킬로미터 길이의) 자전거 고속도로가 도시의 중세 시절 벽을 따라 이어진다. 16개 노선으로 이루어진 이 자전거 도로망은 뮌스터 시 바깥의 시골지역을 방사형으로 돌고 있는데 이들 역시 조밀한 통합 자전거 길과 열십자형으로 교차한다. 똑같은 자전거 고속도로가 26개의 자전거 길을 연결하면서 도심부와 성당 광장(the Cathedral Square)까

노력에도 도움이 되었다. 다수의 뮌스터의 주거지역에는 통행속도가 시속 30킬로미터로 제한된 구역이 지정되어 있고, 앞으로 이런 속도제한 구역을 더 늘리려는 계획도 마련되어 있다.

이 도시는 몇 가지 유형의 자전거 길과 루트를 제공한다. 자전거 차선은 기본적으로 인도의 한 부분이지만 보행자가 지나는 길과는 명확히 구분되도록 표면을 처리해두었다. 이런 방식은 잘 작동하고 있고 보행자 교통량 처리에도 문제가 없어 보인다. 여러 장소에서 자전거 운전자들은 그들만의 신호등을 이용하게 되며, 어떤 지점에서는 이중 적색표지(double red emblems)가 나타나 효과와 안전을 강화한다. 어떤 교차로에서는 자전거 운전자가 녹색 신호를 먼저 받도록 우선권이 주어짐으로써 뒤쪽에서 따라오는 자동차를 걱정할 필요 없이 편안히 앞서 출발하게끔 한다. 게다가 어떤 교차로는 자동차가 자전거와 적정한 거리를 두고 정지하도록 함으로써 자전거가 앞에서 먼저 움직이게끔 한다.

뮌스터 자전거 계획가들은 장래에 주요 자전거 도로를 자전거 및 보행용 프롬나드(promenade)로 바로 연결함으로써 교통 흐름을 소화시킬 필요가 있다고 생각한다.[5] 이런 길은 이를테면 자전거가 원도심으로 빨리 진입하는 순환도로의 기능을 할 것이다. 자전거는 수많은 지선 길로부터 (도

∴

지 이어진다. 252킬로미터에 이르는 분리형 자전거 길에 더하여 자전거 이용자들은 지역 내 차량에만 허용되는 한산한 도로를 따라 조성된 300킬로미터 노선을 함께 이용할 수 있다. 마지막으로, 보행자와 자전거에 통행 우선권을 주면서 자동차의 속도를 30킬로미터로 제한하는 각종 정온화 기법 덕분에 뮌스터의 자전거 이용자들은 대부분의 도로를 안전하게 이용할 수 있다(26쪽).
5) 프롬나드는 보통 해변가 또는 공원에 놓인 산책길로 적당히 넓고 길게 뻗은 길을 말한다. 글자 그대로는 '산책'이라는 뜻도 가지고 있으며, 이와 관련 이른바 프롬나드 디자인(promenade design)으로 사용하면서 사람이 자연과 어울려 하나가 되도록 만든 자연 친화형의 설계라는 뜻도 포함한다.

심으로) 들어가게 되며 (그 전에) 도시 주변을 얼마간 순환하여 움직이게 될 것이다.

한 가지 이슈는 자전거와 버스의 운행을 같은 곳에서 허용할지 여부이다. 뮌스터에서는 버스에 별도의 전용차로를 허용할 만큼의 공간이 충분치 않다는 인식이 있었다. 그래서 뮌스터의 전통에 따라 1년간 주어진 실험 기간 동안 몇몇 거리에서 이에 대한 연구가 수행되었다. 이 연구에서는 결론적으로 둘을 함께 두어도 괜찮다는 판단이 내려졌고, 특정 지역에서 버스와 자전거의 혼용 통행을 허용한 지 이제 5년쯤 되었다. 이 경우 특정 왕복 4차선 도로에서 각 방향마다 자동차 차선, 그리고 버스/자전거 차선 각각 1개씩을 두게 된다(즉 버스는 기본적으로 버스/자전거 차선에서만 주행해야 한다).

뮌스터에서 자전거 사용을 늘리도록 한 것은 사람들을 승용차로부터 멀어지게 한 효과적인 전략으로 여겨진다. 즉 승용차 이용을 줄이기 위해서는 버스 이용률을 늘리거나 촉진하는 것보다 자전거 확대가 답인 것이다. 그 이유가 무엇일까? 이 도시의 한 자전가 계획가가 말하듯이, 자전거와 승용차는 둘 다 개인의 자유를 향상시키는, 즉 누구나 언제 어디든 원하는 곳으로 갈 수 있도록 해주는 운송수단인 만큼 서로 호환성이 높기 때문이다. 버스가 대중교통의 주요 수단이긴 하지만 위 둘과 비교할 수는 없는 것이다.

또 하나 중요한 전략은 승용차 운전자가 갖지 못한 유연성을 자전거에 부여했다는 것이다. 이에 대한 실제 사례로 자전거에 지름길을 만들어준 경우를 들 수 있는데, 이 사례의 기본적인 생각은 자전거 이용자에게 가능한 한 매력적이고 빠른 길을 제공한다는 것이다. 이를 위해 시에서는 많은 조치를 취했다. 예를 들면 일방통행 길이라도 자전거는 반대 방향으로 갈 수 있도록 해주고, 또 막다른 길(dead-end streets)을 넘어갈 수 있도록 허용하였다. 많은 거리에서 자동차 등 동력사용 수송수단에 대한 제한을 뜻하는 표지판과 함께 자전거를 상징하는 그림과 "frei(허용)"라는 말이 함께 붙어 있다. 그 뜻은 자동차에 대한 제한이 자전거에는 적용되지 않는다는 말이다. 예컨대 자전거는 보통 일방통행의 적용을 받지 않으며 반대 방향으로도 갈 수 있다(이를 일컫는 "Unechten Einbahnstrassen"은 '가상의 일방통행'이라는 의미이다).

뮌스터의 개발 규제는 다가구 주택의 신규 건축에서 자전거 보관 시설의 설치를 의무화한다. 신규 개발마다 일정 부분의 자전거 주차 공간을 필수적으로 마련토록 하는데, 구체적으로는 주택면적 30제곱미터당 1개의 자전거 공간을 요구했다. 또한 시는 어디서 어떻게 자전거 주차 시설을 지어야 하는지에 대한 지침을 발표한 바 있다.

자전거 주차는 뮌스터에서 중요한 이슈로 시는 공간을 늘리기 위하여 다양한 노력을 기울이고 있다. 현재 진행 중인 몇몇 대형 프로그램에는 중앙역에 3,000대 분량의 주차 시설을 짓는 곳도 있다. 아울러 신규 전입자들에게 자전거를 홍보하며 이를 교통수단으로 이용하도록 권장한다. 새로 이사오는 사람들 중에는 해마다 이 도시로 진학하는 약 6,000명의 학생들이 포함되어 있다. 시는 새 주민들에게 자전거의 우수성을 홍보하는 책자를 보낸다. 또 다른 자전거 이용 촉진 활동으로는 '자전거의 날' 지정이 있는데 이는 자전거 관련 회의 및 전시회로서 2년마다 열린다.

뮌스터는 다른 도시나 타운이 각자의 자전거 프로그램을 발전시키도록 지원하기도 한다. 뮌스터가 속한 노르트라인베스트팔렌 주는 '자전거 친화 마을' 시책을 펴고 있는데, 바로 여기서 뮌스터 시가 주도적으로 자전거 관련 경험을 공유하면서 다른 지역들이 관련 프로그램을 발전시키는 데 도움을 주도록 요청받았다. 여러 조치 가운데 자전거 친화 마을 프로그램은 자전거 차선을 조성하려는 지역에 보조금을 제공하기도 한다.

뮌스터의 노력에 견줄 수는 없을지라도 독일의 다른 도시들도 비슷한 발전을 해오고 있다. 자전거를 홍보하고 촉진하는 것은 프라이부르크의 교통 전략 중 중요한 요소이다. 프라이부르크는 스스로를 "솔라 시티(solar city)"라 일컫는데(제9장 참조), 자전거 또한 이러한 도시 이미지와 긴밀한 연관이 있어 보인다. 이 도시는 1970년 이래 자전거 도로망을 엄청나게 확대하였다. 특히 1980년대 중후반에 자전거 길과 관련된 시설이 종합적으로 발전하였다. 이 시스템은 분리된 자전거 길, 도로의 자전거 차선, 교통 정온화 지역을 포함한다(이 지역은 시속 30킬로미터로 차량 운행 속도에 제한을 두는데, 뮌스터 인구의 약 90%가 이러한 곳에 살고 있다). 프라이부르크에는 현재 410킬로미터에 이르는 자전거 도로망이 있다.

프라이부르크도 자전거 주차 시설이 모자라 어려움을 겪어왔다. 시간이 지나면서 이 도시는 자동차 주차장을 자전거 보관대 공간으로 전환해왔다. 1987년 2,200대 분량이던 자전거 주차 공간을 1996년에는 4,000대 분량으로 늘렸다. 또한 일부는 지붕 시설도 갖춘 자전거 보관대를 전철역에 설치하여 자전거 환승주차장 프로그램을 시작하였다(공간이 협소하여 자전거를 전철 안에 들여가는 것은 허용되지 않지만 한때 시도되기도 했다).

프라이부르크에서 흥미로운 프로젝트 중 하나는 도심과 주변부를 연결하는 드라이잠 강(Dreisam River)을 따라 자전거 길을 만든 것이다. 공학적으로도 중요성을 가지는 이 길은 가끔 침수되기도 한다. 하루 약 1만 5,000회의 자전거 통행이 이 길에서 이루어지고 있다. 이 밖의 다른 프로젝트로, 승용차가 다니던 교량을 자전거/보행 전용으로 바꾼 것과 시의 새로운 기차역을 설계하면서 자전거 발레 주차와 같은 자전거 친화적 디자

독일 뮌스터에서는 도시순환 자전거 고속도로로 인해 자전거의 통행성이 향상되고 있다.

인 요소를 가미한 사실 등이 있다(이 아이디어가 네덜란드에서 왔다는 것을 이곳 사람들도 인정한다!). 이 역에는 또한 자전거 수리소, 자전거 이용자를 위한 관광 안내소, 카페, 만남의 공간 등도 마련되어 있다.

프라이부르크는 자전거 특별기금을 조성하기도 했다. 이 기금으로 새로운 자전거 길과 시설을 만드는데, 기금의 약 50%는 주 정부에서 지원한다(3년 전에 이 지원이 끝났다). 이곳 공무원은 비교적 짧은 기간에 성취한 결과물에 대해 매우 자랑스러워한다(Heller, 1997).

프라이부르크 20년 교통계획에서 발견되는 주요 시사점은 도시지역의 개별 교통량을 줄이는 데 자전거의 역할이 여전히 과소평가되고 있다는 것이다. 잘 닦여진 자전거 길에서 5킬로미터 미만의 통행을 할 때, 자전거는 승용차의 강력한 라이벌이 된다. 프라이부르크에서 자전거 길 네트워크는 1970년대 이래 꾸준히 증가해왔으며, 3,000만 마르크가 투자되어 1992년 당시 30

킬로미터에 불과했던 자전거 포장길을 오늘날 150킬로미터로 늘렸다. 덧붙여 250킬로미터의 자갈길 자전거 루트가 있는데 이 길 또한 작은 마을에서 동서 방향의 일상적 통근에 이용되고 있다. 자전거 길의 유지와 확대에 배정된 기금은 매년 500만 마르크에 이른다. 자전거 주차장 같은 특별한 문제를 해결하기 위하여 대략 3,000개의 자전거 보관대를 만들었다. 또 특수한 자전거 적재항(cycle port)이 현재 철도역에 건립 중인데, 이로써 열차 이용자들이 역에서 바로 자전거를 이용할 수 있게 될 것이다. 시의 지역통근교통시스템(Local Commuter Transport System, LCTS) 프로젝트는 오랜 예비계획 기간과 상당한 투자비를 수반하지만, 자전거 길의 신규 건설과 향상은 훨씬 더 낮은 가격으로도 가능하다. 이러한 비용-편익 효과는 그냥 넘겨버릴 수 없는 것이다(Heller, 1997: 8).

미국의 교통계획학자인 존 퍼셔(John Pucher)는 많은 독일 도시에서 자전거 이용이 급증하고 있음을 알려주는데, 대표적으로 뮌스터나 프라이부르크는 물론 베를린, 브레멘, 뮌헨 등도 포함한다. 그가 내린 결론은 의도적인 공공정책의 시행이 이 도시들의 자전거 이용 증가를 설명한다는 것이다. 독일 도시들은 많은 일을 하고 있다. 예컨대 통합된 자전거 네트워크(많은 경우 승용차와 분리되어 있다), 자전거 길 신설, 광범위한 신규 자전거 주차 시설(도심과 기차역 양쪽에 있다), 자전거 관련 도로 표지판의 개선, 승용차보다 자전거 통행에 우선권을 주는 일 등이다. "독일의 교훈은 매우 나쁜 상황에서도 올바른 정책을 통해 자전거 이용을 늘릴 수 있다는 점이다(Pucher, 1997: 44)."

퍼셔는 자동차 교통을 정온화하고 승용차 사용을 줄이려는 노력 또한 자전거 친화적 환경을 만드는 것과 마찬가지로 중요하다고 주장한다. 교통 정온화 시책, 자동차에 부과되는 더 많은 비용(예: 주차료 및 휘발유세 인상 등. 독일의 경우 갤런당 세금이 4달러 이상이다), 신규 도로 건설 제한 등이 중요한 항목들이다. "이 모든 자동차 이용 제한 정책의 마지막 결과는 자동차를 더 비싸고, 더 어렵고, 덜 편리하고, 이전보다 더 느리게 만든 것이었다. 그 결과로 대안적 수송수단 즉 대중교통, 보행, 자전거의 경쟁력이 높아졌다(Pucher, 1997: 43~44)." 뮌스터나 프라이부르크는 다른 지역에 비하여 자전거 이용률을 높이기가 쉬웠다. 왜냐하면 이 지역은 대학생의 비율이 높은데 이들은 자전거 사용에 호의적인 태도를 갖고 있으며, 자전거와 관련한 투자를 늘리려는 정치 후보자들을 지지할 가능성이 높기 때문이다.

재미있는 사실은 자동차 의존도가 높은 연구 대상 도시들에서조차 점점 더 자전거를 미래의 통행수요에 중요한 수단이 될 것이라고 보고 있다는 것이다. 예컨대 영국 런던에서는 '런던 자전거 캠페인(London Cycling Campaign)'과 '런던 자전거 네트워크(London Cycle Network)'가 결성되었다. '런던 퍼스트'와 같은 비즈니스 그룹도 자전거 이용의 증대를 요청하고 있다. 이런 노력이 이어져 '런던 자전거 네트워크'가 만들어진 것인데, 사실 이 아이디어는 대런던의회(the Greater London Council) 시절에 나온 것이다. 원래 이 개념은 별 모양으로 연결된 1,000마일의 광역 자전거 도로를 포함한다. 그 취지가 최근에 다시 주목받으면서 1,500마일의 전략적 자전거 네트워크로 확대되었으며, 이를 위해서 1990년대 중반 자치구 정부들에 대하여 상당한 자금이 지원되었다. 현재 이 자전거망은 여러 측면에서 미완성, 미조정 상태로 남아 있지만, 자전거가 런던에서 타당한 교통수단으로서 상당한 관심을 받고 있다는 것은 매우 고무적이라고 할 수 있다.

최근 아일랜드의 더블린이 야심 찬 자전거 계획을 완성했는데, 이 계획은 130킬로미터에 이르는 자전거 도로망의 신설을 요구하고 있다. 주요 통근망이 도심 한가운데로 연결되며 자전거는 대략 10%의 수송 분담을 담당하는 것을 목표로 한다(현재는 5% 정도이다. Dublin Corporation, 1997 참조). 이미 더블린 시는 자동차 주차장 내 자전거 보관대 설치, 공공건물에 샤워 및 탈의실 설치 등 자전거 이용 촉진을 위하여 많은 조치를 취해왔다. 이런 사례를 봐도 자전거가 실제로 성취 가능 하고 중요한 교통수단으로 자리 잡을 수 있으며, 자전거 이용을 유도하기 위해 별로 어렵지 않은 수많은 행동을 실천할 수 있는 것이다.

영국 레스터 시는 현재 3% 수준인 집-직장 간 자전거 통행의 비율을 10%로 늘리려는 목표를 설정했다. 비록 현재의 자전거 수송 분담률은 저조하지만 자전거 이용이 1980년대 후반에 비해서는 50%쯤 늘어난 것으로 보고된다. 레스터 시는 또한 자전거 인프라도 늘리고 있는데, 최근의 한 사례로 시청사 내 자전거 이용 시설의 완성을 들 수 있다. 이 지하 시설은 자전거를 타고 시내로 들어오는 사람들을 위해 자전거의 보관뿐만 아니라 탈의실과 샤워실을 제공한다. 또한 시는 자전거 이용자에게 혁신적인 인센티브를 제공한다. 이제 자전거를 공공 목적에 사용케 하는 것이 시의 공식 정책이며, 이를 위해 승용차의 경우와 똑같이 자전거를 이용한 공무 수행 시 비용 보전을 해준다. 시는 자전거 친화 프로그램의 일환으로 자전거 이용 시설을 만드는 업체에 대하여 1,500파운드(약 2,400 달러)의 보조금을 지급하는데 이미 6개 업체가 이 혜택을 받았다(Leicester City Council, undated). 레스터 시의 환경단체인 엔비론(Environ)이 이 분야의 선두주자로 직원들에게 매년 50파운드를 자전거 보수비로 지급한다.

공공 자전거 프로그램

공공 자전거(public bikes)란 누구든 필요할 때 가져가 사용하고 다시 돌려주는 자전거 이용 개념으로 1960년대에 네덜란드 암스테르담에서 등장했다. 루트 쉼멜페닝크가 한 잡지 기사에서 2만 5,000대의 무료 자전거로 암스테르담을 승용차 없는 도시로 만들자고 한 제안은 당시로서는 획기적인 아이디어였다. 그는 이를 "흰색 자전거"라 명명한 뒤, 몇 대의 자전거에 흰색 칠을 하여 시민들이 사용할 수 있도록 공공장소에 놓아두었다. 흰색 자전거가 도입된 때는 1965년으로 이 시기에는 [이 운동을 시작한 사람들과] 지역 경찰과의 관계가 그리 좋지 않았다. 대부분의 자전거가 사람들이 사용하기 전에 경찰에 의해 압수되었으므로 이 실험은 제대로 시도될 기회조차 없었다. 그러나 쉼멜페닝크는 이 아이디어를 포기하지 않고 나중에 좀 더 정교한 형태로 발전시켰다.

흰색 자전거 아이디어가 유럽에서 다시 주목받으면서 수많은 도시가 이를 발전시켰는데, 덴마크의 코펜하겐, 노르웨이의 산네스(Sandnes) 등 스칸디나비아 반도 도시들과 만하임, 하노버, 베를린 등 독일 도시들이 대표적이다. 영국, 네덜란드, 오스트리아(빈은 3,000개의 자전거 프로그램을 발표했다), 프랑스[라로셸(La Rochelle)]의 도시에서가 그렇다.

암스테르담에서 흰색 자전거가 최초로 시도된 뒤에 코펜하겐에서는 몇 년에 걸쳐 "시티 바이크(City Bikes)"라는 이름으로 이를 운영 중이다. 2,000대 이상의 자전거를 도시 내 150개 장소에 비치하였는데, 20크로나(약 3달러)만 맡겨두면 도심 내에서 자전거를 이용할 수 있다. 이 자전거들은 밝게 색칠되어 있고, 다양한 기업이 자전거에 광고를 싣는 조건으로 관련 경비를 부담한다. 자전거의 도난 방지를 위해 페달 밟기가 적당히 어려운 기어를 달아놓았다. 이 프로그램은 성공적으로 정착되었고, 이 프로그램에 사용되는 자전거도 점차 늘어갔다. 어떤 날이든 남아 있는 자전거를 쉽게 찾기 어려울 정도로 많은 사람들이 이 자전거를 즐겨 사용했다. 덴마크의 한 신문에서 이 공공 자전거를 12시간 단위로 관찰했는데 자전거 1대당 겨우 8분쯤을 제외하고는 계속 사용되는 것으로 나타났다(O'Meara, 1998). 이러한 자전거 프로그램이 직면한 첫 번째 문제는 자전거 파손이었는데, 이는 시청 담당자들을 놀라게 했다. 담당자인 니콜라이 플레스너(Nicolae Plesner)는 "우리는 이용자들이 자전거를 조금 더 소중히 다뤄주길 기대했다"고 말한다. 시간이 지나면서 공공 자전거의 프레임은 더 강하게 만들어졌다(Knowlton, 1995; Murphy, 1996; City of Copenhagen, 1996).

나는 최근 코펜하겐식 접근의 장점과 한계를 이 도시를 방문하면서 알게 되었다. 어느 날 아침 중앙역에서 출발하는 기차 시간에 늦을 뻔했던 나는 호텔 근처에 비치되어 있던 공공 자전거에 20크로나 동전을 넣고, 자전거를 타고 달려 금세 역에 도착할 수 있었다. 이런 유형의 통행에서는 특별히 자전거가 효과적인데, 자전거는 다른 형태의 교통수단이 제공해줄 수 없는 즉각적인 이동성을 제공한다.

그러나 코펜하겐 프로그램이 갖고 있는 단점 또한 명백하다. 가장 심각한 문제는 정작 필요할 때 공공 자전거를 찾기 어려운 경우가 있다는 것이다. 특히 관광객이 많은 시즌에는 밝게 칠해진 자전거를 타거나 옆에 두면서 걷고 있는 광경을 어디서나 볼 수 있는데, 그리 흔하게 볼 수 있다고 해서 누구나 빈 자전거를 쉽게 찾을 수 있다는 뜻은 아니다. 둘째 문제는, 실제로 찾아낸 자전거가 많은 경우 수리가 필요한 상태라는 점이다. 특히 좌석 부분이 부러지기 쉽고 밤낮으로 매일 이용되다 보니 실제로 손상이 많이 된 것을 알 수 있었다.

코펜하겐의 공공 자전거 프로그램인 '시터 바이크'는 매우 성공적인 사례라고 할 수 있다. 최근의 조사에 따르면 이 자전거는 12시간 중 8분을 제외하고는 계속 누군가에 의해 사용되는 것으로 나타났다.

자전거를 가져가고 반환하는 예치 스탠드(deposit stand)에서도 몇 가지 문제점이 지적된다. 많은 스탠드에서 잠금 체인 끝부분이 파손되었는데, 이 부분이 자전거에 삽입되어야만 20크로나를 돌려받을 수 있기 때문이다. 또 많은 장소에서 자전거 교통량이 많다는 것은 곧 개인 자전거를 공용 자전거 보관대에 두어야 함을 의미했다. 이것은 부정적이면서도 긍정적인 측면인데, 이따금 공공자전거를 반환할 때 세워둘 공간이 거의 없는 경우도 발생하는 것이다.

이러한 문제점으로 인해 신뢰의 중요성이 지적된다. 시스템이 잘 작동하려면, 특히 승용차 운전자들이 차를 집에 두고 나오게 하려면, 공공 자전거의 이용이 쉬울 것이라는 믿음에 얼마간 확신이 있어야 할 것이다. 최근의 방문에서는 (고장 나지 않은) 공공 자전거를 찾기가 어려워 도시를 자전거로 다니려던 계획 자체를 어쩔 수 없이 바꾸어야 했다. 공공 자전거를 찾는 일이 어렵다면 사람들은 하는 수 없이 자동차 등 다른 교통수단을 택하게 된다. 이러한 단점에도 불구하고 코펜하겐의 사례는 공공 자전거로 인해 (그 숫자를 더 늘릴 경우) 개인의 통행성이 엄청나게 향상될 수 있음을 확실히 보여준다.

다른 인상적인 공공 자전거 운영 사례로, 네덜란드는 공원 안 통행을 위하여 비슷한 공공 자전거 전략을 사용해왔다. 눈에 띄는 사례는 아른헴(Arnhem) 근처의 호게 벨뤼베(Hoge Veluwe) 국립공원이다. 약 5,500헥타르에 이르는 공원의 내부를 승용차로는 들어갈 수가 없다. 그래서 흰색 자전거가 무료로 제공되는데 방문객들은 바닥의 충격이 적은 자전거 길을 따라 돌아다니게 된다. 일단 승용차로 공원 입구에 도착한 뒤, 아름다운

네덜란드의 호게 벨뤼베 국립공원을 제대로 구경하는 유일한 방법은 자전거를 타는 것이다. 방문객들은 자동차로 이곳에 오지만, 공원 안을 이동하기 위해서는 사진과 같은 무료 흰색 자전거로 옮겨 타야 한다.

호게 벨뤼베 국립공원에서 어린이와 어른이 조용하고 자동차 없는 환경을 즐기고 있다.

풍경의 국립공원 내부를 경험하려는 사람들은 달리 선택의 여지 없이 흰색 자전거로 옮겨 타야 하는 것이다. 흰색 자전거로 공원을 돌아다니는 것은 놀라운 경험이다. 이 공원의 멋진 조망, 야생화, 모래언덕과 고요함은 자전거 통행으로 인해 그 가치를 더한다. 자전거는 조용하게 주변 풍경을 즐길 수 있도록 해주며, 이동 중에 언제든 멈춰 쉬면서 야생동물을 구경할 수도 있다. 좁은 자전거 길이 연이어 있는데, 자연 생태계에 대한 해로움도 적고 공원 자체에 대한 영향도 최소화된다. 동시에 방문객들은 신체 운동을 하도록 부추김을 받는 셈이다.

암스테르담의 흰색 자전거 창시자인 루트 쉼멜페닝크는 공공 자전거 개념을 전파하려는 노력을 꾸준히 펼쳐왔다. 최근 개념이 대단히 흥미롭게 재생된 것으로, 쉼멜페닝크와 그의 회사(Y-tech)가 암스테르담에서 꾸리고 있는 자전거 데포(Depot) 개념이 있다. 이 아이디어는 일련의 자전거 보관소 또는 자전거 역을 도시 주변에 전략적으로 배치하고 각각의 장소에 평균 17대의 자전거를 두는 것이다. 사용자들은 도시의 자전거 데포 위치가 표시된 지도와 함께 전자 키오스크에 도착하여 각자 특정 지점까지 가는 데 사용할 자전거를 예약한다. 만일 목적지 데포에 자전거를 세워둘 공간이 있으면 그곳까지는 무료이다. 그렇지 않을 경우 2길더(약 1달러)를 내는데, 이 금액은 Y-tech 회사가 해당 자전거를 다른 데포로 실어 나르는 데 필요한 비용이다. 자전거를 데포에서 꺼내기 위해서 이용자는 칩 또는 스마트 카드를 사용하는데, 필요에 따라 현금을 낼 수도 있다. 어떤 자전거 통행도 30분 내이며, 이를 넘어설 경우 1분당 5더치 센트(Dutch cent)를 추가로 지불해야 한다.

지난 2년간의 암스테르담 데포 시스템은 매우 실험적인 시도였다. 이 데포에서 실제 사용되는 것은 약 12대 정도였다. 비록 몇 번의 자전거 도난 사건으로 데포 내 잠금장치를 개선하기도 했지만, 이 예비 실험은 성공이었다고 할 수 있다. 2000년 말까지 75개의 데포에 750대의 자전거가 설치되었다. 궁극적으로는 이러한 데포가 시 전역에 만들어질 것이며 이곳에는 총 5,000대쯤의 자전거가 배치될 예정이다.

자전거는 내구성이 강하며 페달 밟기도 쉽다. 쉽게 조정되는 안장에다, 전조등과 미등이 달려 있다(자전거 전조등은 자동으로 켜지며 미등은 키오스크 예약이 끝나면 이제 가져가라는 표시로 깜박거린다). 자전거의 가격은 대당 약 1,200길더(약 600달러)이며 아인트호벤의 한 회사에서 특수 제작 된다.

한 가지 흥미로운 점은 어떻게 이런 데포 자전거가 다른 교통수단과 어울릴 수 있을까 하는 것이다. 카셰어링 회사 하나를 연계하는 작업이 이미

새로운 흰색 자전거 정책이 암스테르담에서 실험 중이다. 사진에 보이는 데포 시스템은 이용자로 하여금 한 데포 또는 자전거 정류장에서 다른 데포로 이동하는 것을 허용한다. 사용에 드는 비용은 무료이거나 소액인데, 이용 시간과 목적지에 주차 공간이 있는지에 따라 금액이 다르다.

사진 속 인물은 암스테르담의 공공 자전거 프로그램의 창시자인 루트 쉼멜페닝크이다. 그는 암스테르담의 흰색 자전거 아이디어를 처음으로 제시하였는데, 데포 개념은 그 아이디어를 자연스레 확장시킨 것이다.

진행 중인데, (차량 공간은 시에서 제공하는 가운데) 업체는 데포 키오스크를 통하여 차량을 제공하게 된다. 즉 전자 키오스크에 일련의 회전형 열쇠 보관 장치를 설치하여 자동차 키를 내주도록 만든 것이다. 승용차들은 각 데포에 자리 잡는다. 시에서는 이미 12개의 데포에 2대 분의 카셰어링 공간 지정을 허가했다. 이 데포 아이디어는 중앙정부의 재정 지원을 받아왔으며 시로부터 강력한 정치적 지지도 받고 있다. 시의 교통부서 또한 자전거를 대중교통 서비스의 확장으로 여기고 있다.

자전거 타기 문화의 구축

자전거 타기를 장려하는 도시들은 여러 측면에서 자전거에 높은 가치를 부여하면서 이를 타당한 통행수단으로 보는 문화를 형성하는 데 기여해왔다. "쉬켈부스티아스(*Cykelbus'ters*)"라 불리는 실험적 프로그램이 덴마크 오르후스에서 시행되었는데, 이 프로그램은 덴마크 교통위원회(Danish Transport Council)와 환경청(Danish Environmental Protection Agency)의 재정 지원을 받았다. 시는 주민의 통행 습관을 승용차에서 자전거와 대중교통으로 전환시키는 노력의 일환으로 175명으로 이루어진 한 시민 집단에 일련의 인센티브를 제공했다. 특히 실험 프로그램에서 신형 자전거가 주어졌는데, 동네의 자전거 상점에서 각자가 원하는 것을 선택할 수 있도록 했고 나중에 이를 구입하는 것도 허용했다. 각 참여자는 1,000덴마크 크로네만 내면 4,000크로네 또는 약 570달러어치의 자전거를 받는 셈인데, 부수적으로 무제한의 수리 서비스, 우장(rain gear), 1년치의 대중교통 패스가 제공되었다. 최초의 예비 프로젝트가 1995년 4월부터 1996년 4월까지

1년간 지속되었다. 참여자들은 가능한 한 그들의 자전거를 타고, 버스 이용 횟수를 늘리기로 동의했으며, 이를 위한 계약서에 서명하기도 했다. 아울러 통행 일기(trip diaries)를 쓰면서 자신이 선택한 다양한 통행수단을 관찰·기록하기로 했다. 각 자전거에는 컴퓨터가 장착되어 참여자들은 승용차 이용 거리, 패스 사용 기록 등의 내용을 매주 보내야 했다(Bunde, 1997 참조).

모든 측면에서 이 실험은 성공이었다. 175명의 참여자들은 통행 일기에 관심 있는 1,700명 가운데 선발된 '습관적 승용차 운전자들'이었는데 이 프로그램은 그들의 통행 습관과 라이프 스타일을 확실히 바꾼 것이다. 실험 참가자 대부분이 이 프로그램을 완수하였다(단지 16명이 중도 하차 했는데, 그 이유는 이직 또는 이사 때문이었다). 연말 통계치를 보면, 자전거 이용률이 엄청나게 늘어났고(여름철 평균 자전거 이용률의 6배, 겨울철의 3배), 대중교통 이용 역시 급격히 증가한 반면, 승용차 이용은 절반으로 줄어든 것을 알 수 있었다(Arthus Kommune, 1997). 물론 여전히 의문은 남는다. 이러한 행동의 변화가 시간이 지나도 유지될 것인가, 그리고 소규모의 실험 대상자를 넘어 이런 아이디어를 보편화하기 위해 시가 취해야 할 조치는 무엇인가 등은 더 두고 볼 일이다.

쉬켈부스티아스 시책에서 얻을 수 있는 교훈은 많다. 우선 사람들로 하여금 생활 방식을 바꾸게 하려면 일정한 인센티브가 필요할 것이며, 이는 단순히 어떤 고상한 선언을 발표하는 정도의 문제가 아니라는 것이다. 사업담당 책임자는 "사람들에게 그냥 자전거를 사라고 말하는 것은 소용없었다. 우리 아이디어는 자전거로 통근하는 것이 가능한 한 매력적으로 보이게 만들고, 그럼으로써 어떤 본보기가 되도록 하는 것이었다"라고 말한다(Arthus Kommune, 1997: 5). 또 다른 교훈은 도시의 환경을 자전거 이용에 맞게 개선하는 일이 중요하며, 그리함으로써 앞서 말한 인상적인 변화가 이루어졌다는 것이다.

많은 도시와 지방자치단체가 고용주들 및 기업체와 직접 협력하는 프로그램을 발전시켜왔다. 예를 들면, "런던 자전거 캠페인"이라는 단체는 '고용주 캠페인(Employers Campaign)' 활동을 통해 몇몇 기업주들로부터 자전거 통근에 방해가 되는 요소가 무엇인지를 찾아내는 데 도움을 받았다.[6]

네덜란드의 많은 지역사회에서 '자전거 출근(Cycle to Work)' 캠페인을 벌이고 있는데, 각 지역의 캠페인은 세부 사항에서 많은 차이를 보인다. 남부의 제일란트 주(Province of Zeeland)에서는 약 100개의 회사(종업원 3,000명)가 이런 프로그램에 참여하고 있는데 승용차 교통량 및 이산화탄소 배출이 모두 감축된다는 점에서 커다란 효과를 보이고 있다. 이 프로그램으로 1997년 한 해 동안 이산화탄소 배출량이 800톤가량 줄어든 것으로 추정되었다. 또 다른 차이는 기업체의 3분의 1이 기후기금(Climate Fund)에 기부하고 있다는 점인데, 이는 회사 직원들이 자전거 통근을 얼마나 하느냐에 따라 금액이 책정된다. 이 기금은 "에코퍼라띠옹(Ecooperation)"이라는 환경단체가 관리하며 북반구 나라들이 지나치게 이산화탄소를 배출한 데 대한 보상으로 몇몇 제3세계 국가들을 지원하는 데 쓰인다. 1997년에는 6,000만 길더(약 3,000만 달러)가 모금 되었으며, 이 프로그램은 "환경 공간의 불평등한 배분을 보상하는" 중요한 메커니즘으로 여겨지고 있다(VROM, 1998: 8).

∴

6) [원주] 잠재적 자전거 이용자를 대상으로 한 설문조사 결과를 보면, 자전거 통근에 대한 찬반에서 뭔가 오해가 있다는 점을 알 수 있다. 조사에 의하면 날씨 조건이 자전거 통근을 저해하는 주요 요인으로 나타나고 있다. 어떤 지역의 기상 자료로는 통근자들이 비에 흠뻑 젖을 것으로 예측되는 날이 1년에 평균 12일 정도이지만, 설문 응답자들은 이보다 훨씬 더 잦을 것으로 추정했다. 그리고 지금까지 설문에서 나타난 자전거 이용의 가장 큰 장애물은 '위험한 도로'였다(응답자의 62%).

메시지: 도시의 건강한 자전거 실험

이 장에서 논의된 자전거 관련 아이디어 중 미국 도시에서 성공적으로 시행될 수 있는 것은 얼마나 될까? 그리고 그것이 미국 도시에서 자전거 통행량을 크게 늘리는 데 이바지할 수 있을까? 퍼셔(Pucher, 1997)는 독일 도시의 자전거 인구 증가에 대한 연구에서 결국 공공정책과 자전거 이용 개선에 관한 의식적인 헌신이 가장 중요하다고 결론짓는다. 또 자전거를 이용하지 않는 이유에 대한 판에 박힌 변명을 반박한다. 예를 들면, 날씨 때문에 자전거를 타지 않는다고 하지만, 자전거 이용이 최상인 도시들은 기후가 최악인 경우가 많으며, 미국의 웬만한 도시보다 훨씬 날씨가 궂다. 덴마크나 네덜란드처럼 지형이 평평한 경우 당연히 자전거 이용에 도움이 될 테지만, 스위스나 오스트리아 같은 유럽의 산악국가에서도 매우 높은 자전거 이용률을 보인다는 사실을 주목할 필요가 있다. 미국의 도시에서 이 같은 성취를 이루어내지 못할 결정적인 이유는 찾기 힘들 것이다. 퍼셔가 내린 결론은 한번 생각해볼 만하다.

자전거 이용률이 국가에 따라 차이가 나는 주요 요인은 공공정책이다. 미국에서는 자전거 이용을 촉진할 만한 무언가가 없었다. …… 이와 대조적으로 네덜란드, 덴마크, 독일, 스위스 등은 각급 정부 부문에서 자전거 도로와 자전거 길을 만들었으며 자전거에 대한 통행 우선권이 주어졌다. …… 간단히 말해서 자전거를 더 빠르고, 더 안전하며, 더 편하게 하는 정책을 시행한 나라에서 자전거 이용이 더 활성화된 것이다. …… 미국 도시에서는 자전거 이용자들을 마치 도로에서 승용차와 함께 다닐 법적 권리마저 없는 하류 여행자(second-class travelers)로 여긴다. 동시에 차도와 분리된 자전거 길이 없어서 자전거 이용자가 무분별한 승용차 운전자로부터 제대로 보호받지 못하고 있는 것이다(44쪽).

자전거 네트워크와 관련 시설의 개선이라는 측면과 함께, 유럽에서 얻을 수 있는 또 하나의 중요한 교훈은 승용차 이용에 더 많은 비용을 지불해야 하고, 이동도 불편하게 만듦으로써 승용차를 계속 타지 못하도록 제어하는 일도 똑같이 중요하다는 것이다. 휘발유 세금과 (다른 장에서 이미 논의된) 다른 형태의 승용차 억제 정책이 정치적으로는 인기가 없을지라도, 그렇게 하면 분명히 자전거를 더 매력적으로 만드는 데 도움이 된다. 독일 도시에 대한 연구에서 승용차 억제 정책의 중요성이 다음과 같이 강조된다.

승용차 이용을 제어하지 않는다면 보행, 자전거, 대중교통 이용 등을 권장하는 정책이 그리 효과적이지 않을 것이다. 반대로 단지 승용차만을 제한한다고 해서 모든 게 잘 풀리지도 않을 것인데, 시민들의 자동차 의존도를 낮추기 위해서는 분명히 어떤 대안적 통행수단이 필요하기 때문이다. 당근과 채찍을 적절히 이용한 방식은 독일 도시에서 매우 놀라운 결과를 가져왔다. 대중교통과 자전거를 선호하는 형태로 수송 분담률의 변화가 나타났을 뿐만 아니라, 승용차 이용자에 대한 세금의 증가로 대중교통, 자전거, 그리고 보행자 시설의 개선에 대한 이상적인 재정 수입원이 마련되었다(1997: 44).

자전거가 어떻게 일상생활과 라이프 스타일에서 더 중요한 부분이 될 수 있는지에 관한 문제는 복잡하다. 아마도 많은 미국의 도시, 특히 중소형 대학 도시들이 자전거 이용의 전통을 오랫동안 이어왔다는 것을 떠올리면 도움이 될 것이다. 이와 달리 데이비스, 유진, 볼더 같은 도시를 유별난 곳으로 쉽게 치부해버릴 수도 있겠으나, 이들은 나름대로 자전거 인프라와 시설 등의 환경을 올바르게 만들고 집중적으로 투자한다면 상당한 정도의 실용적인 자전거 타기가 미국 도시에서도 가능해질 것이다.

미국의 많은 대도시에서도 자전거 통행에 대한 새롭고 중요한 노력을 시작해왔다. 포틀랜드 같은 도시는 자전거 지지형(bicycle-supportive) 도시 창조에 커다란 진전을 보여주고 있다. 포틀랜드에는 현재 240킬로미터에 이르는 자전거 길이 있는데, 시에서는 모든 신규 상업 주차 시설에 최소한의 자전거 주차 공간을 만들도록 하는 조치를 취하였다(20개의 승용차 주차 공간마다 최소 1개의 자전거 주차 시설 구비; O'Meara, 1998).

1991년 제정된 통합육상수송효율화법(Intermodal Surface Transportation Efficiency Act, ISTEA)의 취지에 따라 전국적으로 엄청난 규모의 신규 자전거 관련 개선 사업과 제안이 이루어졌다.[7] 여러 측면에서 볼 때 미국 도시에서도 자전거 이용이 획기적인 전환기에 있다고 할 수 있을 것 같다. 형편없는 자전거 관련 시설과 자전거에 호의적이지 않은 문화에도 불구하고, 레저용 자전거 이용이 이미 미국 도시에서 많이 늘고 있다는 것은 주목할 만하다. 수도 워싱턴 D.C.에서의 최근 주민조사에 의하면 2만 명의 시민들이 매일 자전거로 출퇴근한다는 믿을 수 없는 결과가 나왔다.

더 놀라운 것은 텍사스 휴스턴 같은 도시에서도 자전거 도로망을 시 전

---

7) 1991년의 통합육상수송효율화법은 미국에서 1950년대에 건설된 주간고속도로(inter-state highway) 시스템 이후 전국 및 광역 차원의 통합적 육상 교통망을 촉진하는 데 가장 큰 변화를 가져온 연방 법률이다. 이 법으로 인해 광역 정부의 교통 관련 행정 권한과 재정 자원이 크게 늘어났으며, 부분적으로 이 장의 주제와 관련하여 자전거 등 비원동기 통근교통망(non-motorized commuter trails)에 대한 재정 지원도 가능해졌다. 나중에 두 번의 개정을 거쳐 2005년 Safe, Accountable, Flexible, Efficient Transportation Equity Act: A Legacy for Users(SAFETEA-LU)로 명칭이 바뀌어 현재에 이르고 있다.

체에 건설하기 위한 계획이 수립되고 시행되었다는 점이다. 휴스턴은 1997년 가을에 360마일의 자전거 네트워크 건설을 야심차게 시작했다. 《휴스턴 크로니클(The Houston Chronicle)》의 보도처럼, "자전거 이용자는, 최악의 사고 위험을 피해가면서 시 전역 어디에라도 갈 수 있게 될 것이다(Feldstein, 1997: A37)." 이 시스템은 버려진 철로와 늪지대, 분리 지정 된 자전거 차선, 별도의 자전거 길 등을 따라 만들어진 자전거/산책길의 혼합 구간(63마일)을 포함한다. 또 시카고에서도 대단한 변화가 있었는데, 시청은 자전거 전담 직원(bicycle coordinator)을 고용하였고 1996년 한 해 동안만 38마일의 신규 자전거 길을 추가하였다. 폐철로를 자전거 길로 연결하

몇몇 미국 도시가 더 자전거 친화적인 환경을 조성하기 위해 노력을 기울이고 있다. 콜로라도 볼더는 사진에서처럼 인상적인 자전거 지하통로(underpass)를 만들었다.

였으며, 650개의 신규 자전거 보관대를 매년 설치하여 이제 자전거 보관대 수가 총 5,240개소로 미국의 어느 도시보다도 많다(Gregory, 1996). 워싱턴 D.C. 또한 비록 초기 단계지만 자전거 옹호자들의 풀뿌리 네크워크를 통해 자전거 길과 루트를 계속 개발하고 있다.

연결성과 함께 도시 개발의 첫 단계부터 자전거를 수용하여 설계하는 자세가 중요하다는 유럽 사례의 교훈은 미국이 배워야 할 만큼 매우 중요하다. 워싱턴 광역권의 루던 카운티(Loudon County) 등 버지니아 교외의 신규 주택단지 개발의 경우, 이미 산책로가 있는데도 불구하고(!) 자전거를 직접 연결하는 데 실패한 사례이다. 그러한 연결은 해당 지역의 개발허가 심사 단계에서 의무사항이 될 수 있고 또 그리되어야 하며, 새로운 입주자들이 그 진가를 알아보고 인정했어야 할 것이다. 이상적으로는 지역 단위에서도 이러한 산책로/자전거 길 등이 연결될 수 있도록 하는 리더십이 필요하다.

미국 도시 가운데 몇몇 작은 규모의 도시들이 자전거 타기와 이동성 측면에서 이 책에서 소개된 유럽 도시 수준에 이르고 있다. 캘리포니아 주 데이비스 시의 경우 전체 통행량의 20~25%가 자전거로 이루어진다고 추정되는데, 이는 미국의 기준으로는 극단적이라고 할 만큼 높은 것이다. 데이비스는 도시 내 많은 대학생들 덕분에 상당히 유럽형 방식으로 자전거를 도시계획에 통합시켰다. 모든 신규 개발 사업이 서로 연결되고 통합되며, 도시의 많은 부분으로 뻗어나가는 그린웨이(greenway) 또는 자전거 길과 이어지도록 의무화한다.[8] 한 가지 중요한 목표는 초등학생이 집에서

---

8) 그린웨이는 시민의 휴식과 여유 있는 통행을 위해 조성된 길쭉한 녹지대형 길을 말한다. 특정 식물의 집중 식재를 위해 만들어지기도 하며, 차량이 다니는 보통의 도로를 일컫는 경우는 별로 없다.

학교나 공원까지 대로를 건널 필요 없이(또는 지나다니는 자동차를 걱정하지 않고) 자전거로 갈 수 있도록 하는 것이다. 연결된 자전거 길/루트를 건설하기 위해 시는 상당히 공격적인 조치를 취했는데, 초등학교에 이르는 노선에서 중요한 자전거망을 잇기 위하여 노상의 주택을 사거나 철거하기도 했다. 수많은 자전거 지하통로와 교차로, 자전거만을 위한 회전 차선과 조명까지 건설했다. 거의 모든 주요 건물과 거리 곳곳에 자전거 보관대가 설치되었으며, 이제 시는 어떤 신규 개발에도 최소의 자전거 보관대 설치를 의무화하고 있다. 몇몇 자전거 다리는 시의 주요 지점에서부터 이어지는 자전거 터널을 따라 만들어졌다. 한 가지 문제는 시의 남부지역을 가로지르는 6차선의 80번 주간고속도로(Interstate 80)였다. 이 고속도로를 넘는 구름다리가 만들어졌는데, 자전거 차선과 함께 차도와 분리된 보행전용 자전거 길이 확보되었다. 이 80번 고속도로 위 구름다리 건설이 추가로 계획되어 있는데, 그중 하나는 자전거 전용으로 200만 달러의 설치 비용이 든다.

문화적 차원도 간과하면 안 되는데, 일터까지 자전거로 간다는 것은 여전히 많은 미국 대중에게 어렵거나 뭔가 좀 유별난 환경주의자들의 행동으로 비치고 있다. 특히 미국에서 자전거 타기가 진정한 의미를 가지게 되려면 비즈니스 부문이 중요한 역할을 해야 할 것으로 보인다. 미국인의 삶 가운데 많은 부분이 직장의 환경에 초점이 맞춰짐으로써 고용주들이 보내는 신호가 중요함을 결코 무시할 수 없기 때문이다. 기업체가 선도하는 몇 가지 사례가 인용되기는 하지만, 기업의 자전거에 대한 열정과 참여를 적극적으로 끌어내기 위해서는 여전히 기업 차원의 커다란 계기와 행동이 제시되어야 할 것이다.

특히 사방으로 뻗은 미국의 도로상에서 시민들은 자전거 타기의 방해물과 어려움으로부터 위협받게 된다. 자전거 차선을 두고 자전거 길을 만든다고 해서 자전거 이용이 증대되지는 않으며, 이 책에서 논의된 많은 지속가능성 아이디어와 같이 시민들이 자전거라는 새로운 기능을 배우고 이에 익숙해져야 할 것이다. 결국 네덜란드와 같은 강력한 자전거 문화가 없는 상황에서, 시민들이 이렇게 지속가능한 라이프 스타일에 관한 새 기능을 배울 수 있도록 미국 도시들은 특히 많은 정성을 기울여 시민들을 도와야 한다. 한 가지 창의적인 생각이 워싱턴 D.C.에서 현실화되었다. 많은 주민들이 직장까지 자전거로 출근하고 싶어 하지만 실제 행동으로 옮기는 데 겁을 먹는다. '워싱턴 광역권 자전거협회(Washington Area Bicyclists Association)'에 전화를 하면 100명의 자전거 멘토와 연결이 되는데, 그들은 자동차가 지배적인 환경에서 자전거로 다니는 전략에 대하여 조언과 기술적 안내, 그리고 정신적 지지까지 제공한다. 이러한 지속가능한 라이프 스타일 멘토링을 통하여 사람들은 다르게 사는 법(그리고 흔히 그렇게 하고 싶어 하는 일)을 배우게 되며, 피할 수 없는 불확실·무기력·두려움의 감정까지 이겨낼 수 있게 된다. 물론 자전거 이용을 향상시키기 위해서는 많은 다른 변화도 동반되어야 할 것이다(자전거 관련 보조금, 주차 문제, 자전거 친화형 비즈니스 등).

그러나 미국인들과 미국 문화가 유럽 도시 수준의 자전거 이용을 보여줄 수 있을 것인지에 대해서는 의문이 생길 수도 있다. 나는 이에 대해 낙관하는데, 이는 자전거 사용을 저해하는 미국의 문화적 상황, 예를 들면 자동차에 대한 심한 의존, 높은 비율의 비만 인구(사실 이것 때문에라도 자전거를 더 타야 한다), 편리성에 대한 강조, 직장을 무척이나 강조하는 문화(그리고 직장-집을 가장 신속하게 출퇴근하는 것처럼 보여야 하는 문화) 등 나쁜 여건에도 불구하고 낙관적이라는 말이다.

자전거 이용에 대한 장애물은 종종 지나치게 과장되어 있다. 안전은 정책 결정자와 자전거 이용자 모두에게 확실히 중요한 우려 사항이며 지방정부가 실제적인 안전과 느낌상의 안전 모두를 계속 향상시켜야 한다. 관련 연구에도 나타나듯이, 자전거를 계속 탈 경우 얻게 되는 건강 증진과 기대수명 증가의 이점이 자전거로 인해 발생할 수 있는 위험보다 더 크다는 사실을 기억해야 한다(National Bicycling and Walking Study, 1994 참조).

아마도 미국의 상황에서는 자전거로 통행을 바꿈으로써 공공 비용이 절감되는 효과를 강조하는 것이 정치적으로 필요할지 모른다. 자전거 주차 시설을 새로 만드는 것은 승용차 주차 시설보다 비용이 훨씬 적게 든다(자전거 1대의 주차 공간을 만드는 데 50~500달러가 들지만, 자동차의 경우는 1만 2,000~1만 8,000달러가 필요한 것으로 추정된다; World Watch Institute, 1999). (통행 거리 기준으로 약 5%쯤만) 미약하게라도 승용차를 자전거로 전환할 경우 엄청난 규모의 공공 비용이 절약(1,000억 달러)되는 것으로 예측되었다 (World Watch Institute, 1999 참조).

특별히 단거리 통행에서 그리고 자전거를 대중교통 이용과 연결시킬 때, 승용차에서 자전거로 통행수단이 전환될 가능성이 높다. 《전미 자전거·보행 연구》에서는 다음과 같이 지적한다.

…… 전체 통행량의 4분의 1 이상이 1마일 이하의 통행이며, 40%는 2마일 이하, 거의 절반이 3마일 이하이다. 더구나 전체 국민의 53%가 가장 가까운 대중교통 노선으로부터 2마일 미만의 거리에 살고 있음을 고려한다면 자전거-대중교통이나 보행-대중교통이 조화를 이루는 다중통행(multimodal)은 매력적인 대안이 될 수 있다(National Bicycling and Walking Study, 1994—요약부분: ix).

흰색 자전거 또는 공공 자전거 아이디어도 눈여겨볼 만하다. 이미 미국의 많은 지역사회가 공공 자전거 프로그램을 시작했는데, 이는 상당한 매력을 지닌 것으로 보인다. 미국에서 공공 자전거 프로그램을 본격적으로 시행하기까지 고려해야 할 사항은 많다. 포틀랜드의 노란 자전거(yellow bikes) 정책은 여러 측면에서 볼 때 큰 실패라고 할 수 있다. 대부분의 무료 자전거가 파손되고 버려지거나 도난당했다(Mudd, 1998). 그러나 이 프로그램은 다시 시작되었는데, 이 과정에서 1,000대 이상의 자전거가 마련되었고 몇몇 중요한 변화가 있었다. 예컨대 공공 자전거에 여성용 자전거를 포함시킨 것은 "공공 자전거를 훔쳐간 사람 대부분을 남자로 보고, 그들이 사람들에게 여성용 자전거를 타는 모습을 보이고 싶어 하지 않으리라는 생각"에서 비롯한 것이다(Mudd, 1998: 52).

콜로라도 주 볼더가 가장 대규모로 이런 프로그램을 시행해왔는데, 여러 기준에 비추어봤을 때 이 프로그램은 대부분 성공이었다.[9] "대중을 위한 바퀴(Spokes for Folks)"라 불리는 공공 자전거 프로그램은 1994년에 시작되었는데, 자전거 앞부분에 실용적인 바구니와 이용규칙을 부착하여 매년 봄 125대의 연녹색 자전거를 거리에 풀어 놓는다. 관련 비용은 그리 많이 들지 않는다. 자전거가 대부분 기부된 것이고 지역의 고등학생들이 수리와 페인트칠 그리고 관리까지 하기 때문이다. 볼더의 추운 겨울 날씨 탓으로 자전거는 늦가을에 다시 수거되는데 분실 또는 도난되는 경우가 거

---

9) 미국 중부 콜로라도 주의 볼더는 인구 10만여 명의 도시이다. 로키 산맥 기슭, 해발 1,655미터의 고지대에 위치하며 광역권까지 합하면 약 30만 명이 거주한다. 콜로라도 주립대학(University of Colorado, Boulder)이 소재하는 등 이 주에서 가장 진보적인 도시로 유명하며, 교육은 물론 건강, 웰빙, 삶의 질, 대중교통 등 여러 측면에서 모범적인 곳으로 알려져 있다.

의 없다. 흥미로운 점은 시청에서도 필요로 하는 시민을 위해서 자전거를 마련해주는 비공식 정책을 유지해오고 있다는 것이다. 이 공공 자전거 정책의 담당 책임자인 잰 워드(Jan Ward)는 자전거를 수거하고 배분하는 데 필요한 보관 시설을 운영하고 있다.[10]

공공 자전거에 대한 접근 방식은 미국과 유럽이 서로 다르게 나타난다. 예컨대 코펜하겐과 미국 어느 지역의 자전거 프로그램을 단순 비교 하는 것은 불가능하다. 미국식 접근은 대개 상대적으로 적은 숫자의 구형 자전거를 단순히 지역 곳곳에 둠으로써 사람들로 하여금 예탁금 없이 가져가서 사용하도록 하는 것이다. 제대로 된 공공 자전거 보관소가 따로 없고 어디서 공공 자전거를 찾을 수 있는지에 대한 명확히 설정된 규칙 및 기준이 존재하지 않는다. 즉 잘 설계된 실험, 자전거의 특별한 디자인, 의미있는 이용 예탁금, 이용 가능한 자전거를 대폭 늘리는 일 등은 아직 미국에서 시도되지 않았다. 어쨌든 많은 도시들이 공공 자전거에 대한 관심을 보인다는 것은 이에 대한 정치적·대중적 지지가 있음을 뜻한다.

어떤 이들은 "신뢰 부족"이라는 미국적 맥락을 감안한 공공 자전거 프로그램이 필요하다고 주장한다. 누군가가 얘기하듯이, "아마도 우리는 미국판 공공 자전거 프로그램을 예탁금을 맡기고 자전거를 가져가도록 하는 통제된 시스템 형태로 개발해야 할 것이다(Mudd, 1998: 52)." 실제로 미네소타 주의 미니애폴리스와 세인트 폴 지역에서 이러한 프로그램을 출범시켰는데, 여기서는 공공 자전거를 은행이나 서점 등 통제된 장소에서만 가져갈 수 있도록 한다. 참여자들은 권리 포기 동의 또는 법적책임 면제(liability waiver) 서류와 10달러의 예탁금을 맡기고서 노란색의 자전거 카

⁙

10) [원주] '대중을 위한 바퀴' 담당자인 잰 워드와의 인터뷰(1998년 7월).

콜로라도 볼더에서 "대중을 위한 바퀴"라는 공공 자전거 프로그램이 몇 년째 성공적으로 운영되어왔다.
출처: City of Boulder.

드와 열쇠를 받는다(National Bicycling and Walking Study, 1994—요약 부분: ix). 이런 형태는 다수의 지역에서 고려 가능한 대안이라고 할 수 있겠다.

미국 도시의 독특한 이슈 한 가지는 법적책임(legal liability)과 관련된 것이다. 볼더 시의 변호사는 아주 소액의 예탁금이라도 시에서 받을 경우 만일 공공 자전거 이용자가 부상 또는 사망하게 되면 시 당국이 법적책임 공방에 휘말릴 가능성이 있다고 주장한다. 따라서 공공 자전거는 완전히 무료여야 한다는 것이다. 그러나 이러한 법적 논의는 설득력이 덜하며 관련 주제는 앞으로 더 연구할 만하다. 좀 더 제한된 형태의 자전거 대여 구상, 즉 기본적으로 도서관 및 기타 공공장소에 약간의 예탁금을 낸 상태에서 자전거를 '체크아웃' 하면, 앞서 말한 위험을 피할 수 있다. 동시에 대여자는 법적책임 면제 동의서에 서명하도록 요청받는다.

미국의 환경에서 자전거 교통을 활성화하기 위한 하나의 전략은 전기 자전거 이용을 효과적으로 촉진하는 것이다. 전기 자전거는 미국에서 자전거 사용과 관련된 많은 실제적 문제를 극복할 수 있게 하는 많은 장점을 지니고 있다. 전기 자전거는 사람들로 하여금 지형, 거리, 날씨에서 발생하는 문제를 극복하게 해줄 것이다. 이는 출근 시에 복장을 갖춰 입어야 하는 사람들의 문제에 대한 부분적 해답이 될 수 있다(물론 샤워 및 탈의 시설을 두는 것도 이 문제의 해결책이다). 전기 자전거에 대한 중대한 기술적 진전이 이루어졌으며 이제 몇몇 대형 자전거 제조업체가 이를 만들고 있다.

캘리포니아 팜스프링스 시는 전기 자전거 시범사업을 실시하였는데, 이는 주민들이 자전거를 대여하여 한 달간 타보도록 한 것이다. 여기에 보이는 것처럼, 일련의 태양-전기 충전소가 시의 주요 장소에 설치되었다. 사진 속 인물은 참여자인 앤절로 파파스(Angelo Pappas)와 마저리 코슬러(Marjorie Kossler)이다.
출처: City of Palm Springs, Electric Bicyble Demonstration Program.

가장 흥미로운 전기 자전거 지역 프로그램 중 하나가 캘리포니아 주 팜스프링스 시에서 발견된다. 전기 자전거 시범 프로그램(Electric Bicycle Demonstration Program)은 남부해안 대기관리특별구(South Coast Air Quality Management District)에서 보조금을 지원받는다. 시는 30대의 전기 자전거를 비치하고 주민들에게 대여하여 한 달간 시험적으로 사용하게 하였다. 자전거를 대여하려는 주민은 소액의 예탁금을 맡기고 간단한 교육을 받은 뒤 매일 통행 일지를 기록해야 한다. 또한 이들은 시험 사용이 끝나면 평가 설문에 답하도록 요청받는다. 이곳의 공공 자전거는 복수의 제조업체 제품이 사용된다. 독특한 점으로는 시가 지역 공항, 시청 옥상 등을 포함하여 태양에너지 충전소 4곳을 설치한 것이다. 이에 따라 이 자전거들은 "태양 자전거(solar bikes)"로 알려지게 되었다.[11]

이 시범 사업이 최근에 끝났으며 마지막 참가자 집단이 자전거 사용을 마쳤다. 시 관계자들은 이 프로그램이 성공적이었다고 평가하며, 실제 몇몇 다른 지역에서도 이를 시행하고 있다. 이 지역에서는 자전거에 대한 관심이 높고 참가자들의 연령은 18세에서 80세까지 다양했다(City of Palm Springs, 1998). 팜스프링스의 사례는 무더운 기후에서도 자전거를 탈 수 있으며, 전기 자전거의 사용은 이를 더 용이하게 만들어준다는 것을 보여준다. 한 참여자의 말처럼, "출근 거리가 매우 짧지만, 하루 중 가장 더운 시간대에는 그냥 전기를 쓰고 페달을 덜 밟게 된다(Harberman, 1997: B3)."

전기 자전거를 이용하면 땀에 흠뻑 젖어 일터에 도착하는 문제점을 해결할 수 있다. 그리고 이는 나이가 많거나 건강 문제가 있는 주민들이 선

---

11) [원주] 태양에너지 충전소는 Sun Utility Network, Inc.에서 자금을 지원하였다. 이와 연계하여 팜스프링스 시에서도 동전을 넣어 이용할 수 있는 24개의 자전거 잠금 시설을 설치하였다.

택할 수 있는 중요한 통행수단이 되기도 한다. 전기 자전거와 같은 대안은 아마도 미국의 문화적 맥락을 자전거에 적응시키는 중요한 역할을 할 것이다.

　이 장에서 살펴본 내용과 이 밖의 다른 사례에 비추어볼 때, 미국의 도시와 마을도 훨씬 더 자전거 친화형으로 만들어질 수 있고 또 그렇게 되어야 한다. 자전거 통행은 유럽의 도시에서 그랬던 것처럼 미국에서도 타당하고 중요한 통행수단이며 지속가능하고 건강한 라이프 스타일의 한 부분이 될 수 있을 것이다.

제4부
녹색 도시, 유기체 도시

제7장
도시생태와 도시환경의 녹색화 전략

숲 같은 도시

도시는 근본적으로 더 푸르고 더 자연에 가까워질 수 있다. 사실 오랫동안 '도시적인' 것과 '자연적인' 것이 정반대의 것으로 여겨졌지만, 도시는 근본적으로 자연환경 속에 융합되어 있다. 더 나아가 도시가 자연적인 방식으로 움직이도록 새로이 계획할 수도 있는데, 즉 자연을 복원하고 영양을 재공급하며 기운을 보충시킴으로써 자연 생태계처럼 기능하도록 할 수 있다. 다시 말해 도시가 숲, 대초원, 습지와 같이 될 수 있다는 것이다. 유럽의 많은 도시에서 도시녹화와 도시생태 계획으로 도시를 재구상하는 긍정적·창조적 사례가 관찰된다.

상대적으로 고밀도인 유럽 도시 안에 이미 많은 자연이 존재한다는 것은 아마도 놀라운 일일 것이다. 베를린과 하이델베르크와 같은 도시에서는 동식물의 다양성이 상당한 정도로 나타나고 있다. 버려지거나 이용되지 않는 많은 장소에서 복잡한 동식물 군집과 독특한 비오톱(biotop)이 생성되어왔다.[1] 건물 사이, 또 내부 공간과 옥상에서도 자연이 생성된다.

---

1) 비오톱은 생명을 뜻하는 '바이오스(bios)'와 땅 또는 영역이라는 의미의 '토포스(topos)'가

녹지를 보호하고 촉진하기 위한 많은 전략이 유럽의 사례 도시에서 시도되었는데, 그중 상당수는 미국에 적용할 만하다. 한 가지 접근 방식으로 신개발 또는 재개발 사업에서 수준 높은 녹지 및 자연환경 개선책을 포함시키도록 의무화하고 있다. 이런 사례는 신개발 사업에서 많이 볼 수 있는데, 인구와 개발의 밀도를 비교적 높게 유지하면서도 주거지 근처에 드넓은 자연지역을 포괄해왔거나 앞으로 그리하려는 것이다. 이는 부분적으로 공공 부문이 신개발 및 재개발 사업의 계획과 설계 과정에 강력한 통제를 행사할 수 있기 때문에 가능하기도 하다(심지어 건축계획에서 나무와 식물의 숫자 및 식재 위치까지도 특정할 수 있을 정도이다).

도시의 자연 자산

유럽에는 오랜 역사에 걸쳐 널찍한 오픈 스페이스, 삼림 및 자연 공간을 도시 가까이에 두고 보호해온 사례가 흔하다. 많은 경우 도시 중심부를 관통하는 길쭉한 손가락 또는 쐐기 모양의 오픈 스페이스가 조성되어 있다. 또 하나 중요한 점은, 도시의 고밀도 압축형 설계의 결과, 널찍한 오픈 스페이스와 자연에 대한 주민의 접근성이 놀라우리만큼 뛰어나다는 것이다. 이미 말한 대로 스톡홀름과 빈 같은 도시에서는 대중교통을 이용하여 주요 녹지 공간으로 비교적 쉽고 빠르게 갈 수 있다. 헬싱키도 드넓은 녹지 공간 시스템을 갖추고 있는데, 도심을 관통하는 케스쿠스퓌스토(kerkuspuisto) 중앙공원이 도시 중심을 따라 뻗어 있다. 이 공원은 도

∵ 결합된 그리스어로서, 인간 및 동식물 등 다양한 생물종의 공동 서식 장소를 의미한다.

유럽의 많은 도시들은 빈 숲(Vienna Woods)과 같은 넓은 숲과 녹지 공간을 가지고 있다. 이런 곳은 대중교통을 이용해서 쉽게 접근 가능하다(사진의 숲은 빈 전철역에서 걸어서 불과 몇 분 거리에 있다).

심으로부터 북쪽의 오래된 숲까지 거의 끊김 없이 이어져 있으며 그 넓이가 1,000헥타르, 길이는 11킬로미터에 이른다(Association of Finnish Land Authorities, 1996).

많은 도시에서 주민에게 개방된 녹지 공간의 비율은 상당히 높다. 빈의 경우 도시 면적의 약 50%가 녹지이며, 18%가 숲으로 이루어져 있다. 취리히는 전체 면적의 약 4분의 1이 숲이다. 그라츠(Graz)에서는 도시 면적의 53%가 숲이나 농업 용도로 사용된다. 하이델베르크는 총면적 108제곱킬로미터인데 이중 29제곱킬로미터만이 개발이 이루어진 상태이며 대부분의 나머지 영역은 개방된 숲과 농지이다(전체 면적의 대략 40%가 숲이다). 볼로냐는 도시 남부의 넓은 언덕 지역을 보전용 녹지로 남겨두었고, 북쪽에도 광범위한 그린벨트를 지정해두었다. 베를린의 경우, 개발된 지역은 전체 도시 면적인 890제곱킬로미터의 절반에 못 미친다. 약 1만 헥타르 즉 베를린 전체의 약 18%가 삼림지대인데, 이 지역은 베를린 삼림법(City of Berlin, 1996)에 의해 강력한 보호를 받는다. 레스터 시의 토지 이용 계획은 9개의 쐐기형 오픈 스페이스를 보호하고 있다(농지, 습지, 공공 휴식지를 포함한다; Leicester City Council, 1994).

확실히 이러한 도시들은 지역의 생태환경을 이해하고 그 안에서 살아가기 위해 특별한 노력을 기울여왔다. 스칸디나비아 반도의 스톡홀름 같은 도시는 물에 대한 의존도가 매우 높은데, 과거 심각할 정도의 수질 악화 현상을 겪은 바 있다. 이 도시의 주요 식수원인 멜라렌 호수(Lake Mälaren) 복원은 하수처리 시설의 처리 용량을 대폭 늘림으로써 성공을 거두었고, 특히 인의 유출을 줄였다. 또한 스톡홀름 시는 호수 복원과 관리를 위한 종합계획을 마련하였으며 지역개발을 결정하는 데 이를 활용하고 있다.

베를린의 생태적 맥락에서 중요한 점은 물 공급을 지역의 지하수에 전적으로 의존한다는 것이다. 이 도시는 지하수 보호와 오염 방지를 위해 중대한 조치를 취해왔는데, 철저한 지하수 모니터링과 보호조치(예: 포츠담 광장 공사 기간), 환경 보전과 빗물 이용 촉진은 물론 도시 내 불투수면(impervious areas)을 점차 줄여가는 프로그램 등이 포함된다.[2]

∴

[2] 불투수면은 도로 포장이나 빌딩 등으로 덮여 빗물이 침투할 수 없는 지표면을 말한다. 도시화의 진행에 따라 불투수면의 비율이 증가하여 도시 하천의 건조화, 도시 열섬 효과, 홍수 예방 능력 감소 등 여러 가지 나쁜 영향이 나타나게 된다.

국가 및 도시 단위의 생태 네트워크

많은 유럽 도시가 도심 안으로 자연을 가져옴으로써 시가지와 주변 자연지역 및 녹지 사이의 물리적·생태적 연결을 촉진하려 노력하고 있다. 녹색 회랑 및 생태 연결망이 다양한 모습으로 나타난다. 대표적인 그린 핑거(green finger) 중 하나인 헬싱키 중앙공원은 도심을 관통하고 있으며, 스톡홀름의 왕실 옛 사냥터인 로열 생태공원은 도심을 감아 도는 10킬로미터의 긴 그린벨트로서 도시민들에게 중요한 '야생성'을 제공한다(City of Stockholm, 1997). 이 생태공원은 1995년 천연자원법(Natural Resources Act) 개정을 통해 스웨덴 최초(아마도 세계 최초)의 국립 도시공원(national city park)으로 지정되었다.

한 가지 주목할 만한 것은 도심부 내 또는 도심 간의 생태 네트워크를 창조하고 강화하려는 경향이 나타나는 점이다. 이런 추세는 네덜란드에서 가장 명백한데, 국가와 지방 단위 수준에서 생태 네트워크에 폭넓은 관심을 보이고 있다. 중앙정부의 혁신적인 자연 정책 아래 국가 생태 네트워크가 만들어졌으며(Phillips, 1996), 이를 지방 수준에서 더 정교하게 구체화하도록 의무화하고 있다. 도시들은 이 국가 네트워크에 맞추어 계획과 개발에 관련된 결정을 내리고, 그 틀에서 정책을 집행하려 노력한다. 도시 단위에서 이 네트워크는 (운하 등) 생태 수로, 가로수 길, 공원과 오픈 스페이스 간 연결 등으로 구성된다. 흐로닝언, 암스테르담, 위트레흐트 등의 네덜란드 도시들은 도시생태 전담 직원을 두어 주요한 생태 연결망과 회랑을 만들거나 복원하기 위해 서로 협력하고 있다. 네덜란드의 신도시인 알메르가 생태 네트워크 구축에 매우 중요한 진전을 보여왔는데, 이 마을 입주민 대부분이 녹지 공간으로부터 겨우 수백 미터 떨어져 살고 있으며 복원 습지나 야생 지역까지의 짧은 거리를 자전거로 다닐 수 있다. 독일과 스칸디나비아 반도의 여러 도시에서도 이와 비슷한 도시 생태 네트워크가 개발되었거나 개발 중이다. 많은 도시가 더욱 통합되고 상호 연결된 관점에서 도시 공원과 자연을 바라볼 필요가 있음을 인식한다.

국가와 대륙 전체 차원에서, 유럽은 더 넓은 생태 네트워크의 구상과 창조를 위한 중요한 사례를 제공한다. 유럽에서 생물 다양성을 보호하고 회복하려는 수많은 노력이 행해지고 있다(Phillips, 1996 참조). 범유럽 생물·경관 다양성 전략(Pan-European Biological and Ecological Network)과 유럽 생태 네트워크 개발("EECONET"로 알려짐)이 이러한 노력의 일환이다. 게다가 유럽연합의 조류 지침 및 서식지 지침 아래서 회원국들은 유럽 'Natura 2000'(보호지역으로 이루어진 대표 네트워크; Phillips, 1996: 2)을 구성하는 보호구역을 따로 지정하고 보전해야 한다. 많은 유럽 국가가 스스로 생태 네트워크를 개발해왔거나 개발 중인데(Jongman, 1995 참조), 이는 유럽 대륙 전체의 '비전'과도 맞아 떨어지는 것이다.

이 가운데 가장 선도적인 네트워크가 네덜란드 자연정책계획(Nature Policy Plan; van Zadelhoff and Lammers, 1995 참조)의 주요 요소로 채택된 국가 생태 네트워크이다. 네덜란드는 인구 고밀도 국가로서 자연환경 및 토착 생물의 다양성과 관련하여 엄청난 어려움을 경험해왔다. 네덜란드는 이런 상황에 대응하기 위해 국가 차원의 자연정책계획을 입안한 것이다. 이 계획의 핵심이 국가 생태 네트워크인데, 미개발 자연토지와 광역적·국가적·국제적 중요성을 지닌 대표 생태 시스템을 보존하고 연결하는 것이 이 네트워크의 기본 목표이다([그림 7.1] 참조). 폭넓은 배경 연구에 기초하여 "일관되고 강력한" 생태 네트워크를 나타내는 설계 도면이 마련되었는데, 이것이 국가, 광역, 지역 단위에서 자연 보전 행동의 틀로서 기능하

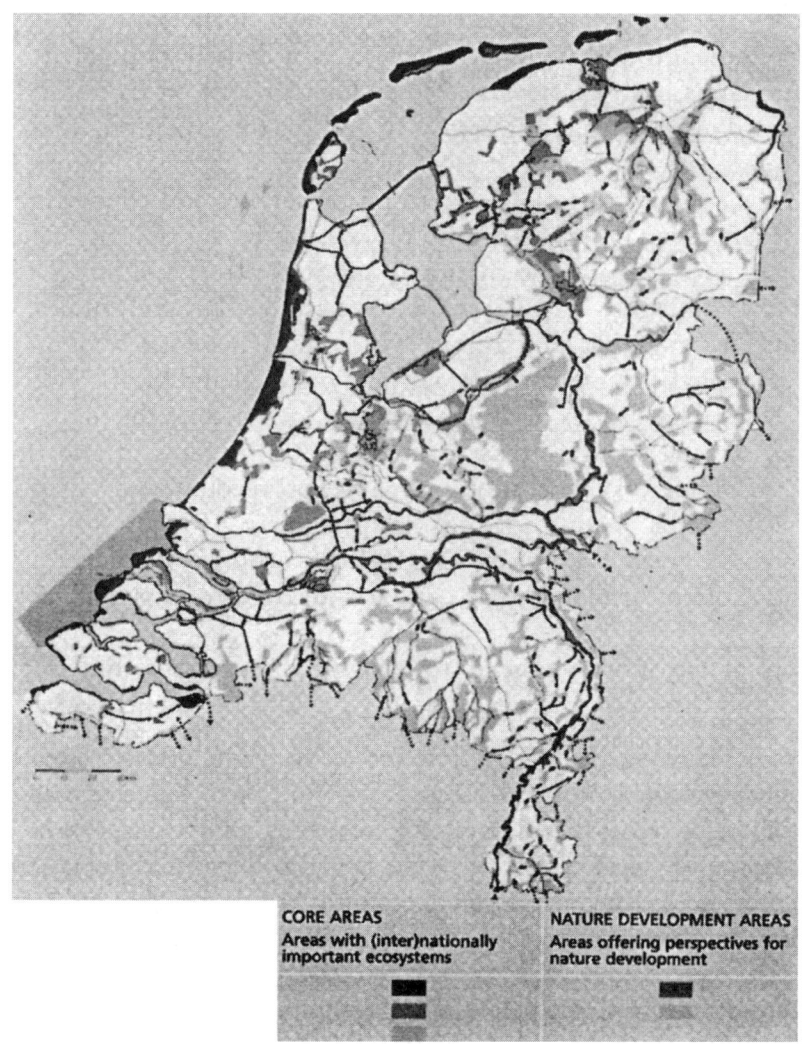

[그림 7.1] 네덜란드 국가 생태 네트워크
네덜란드의 국가 생태 네트워크 도면이다. 향후 개발될 생태 회랑이 나타나 있으며, 점선 부분은 국경을 넘는 자연지역이다.
출처: Moller M. S., 1995, *Nature Restoration in the European Union*, Ministry of Environment and Energy, Denmark

고 있다. 지도에는 지역별로 몇 가지 유형이 지정되었다. '핵심(core)' 지역은 최소 500헥타르가량의 현존 자연지대로 "주변의 소형 생태계를 재착생시킬 수 있는 생물학적 보고(寶庫)"로 여겨진다(van Zadelhoff and Lammers, 1995: 80). '자연 발전' 지역은 생태적 재생 또는 회복에 적합한 곳으로서 흔히 습지대나 삼림지대로 전환될 수 있는 농지를 말한다.

'핵심' 지역 간의 연결과 동물의 이동을 위해 의도적으로 마련된 생태 회랑(ecological corridors)도 네트워크 도면에 포함되어 있다. 현실에서는 이 회랑이 "생울타리, 둑길, 수로 및 도로 등"일 가능성이 높다(84쪽). 완충지대 또한 이 네트워크의 중요한 한 부분으로 보이지만 국가계획의 도면에는 표시되지 않는다. 계획 도면은 각 영역마다 최종 네트워크에서 확정될 면적보다는 더 넓게 선을 그어둔다. 이는 토지를 획득하거나 재개발할 때 얼마간 탄력성을 확보하기 위한 것이며, 도 단위 또는 지역 토지이용계획에서 상세히 작업하기를 기대하는 것이다. 실제로 이 네트워크는 도 및 시 단위 토지이용계획에 중요한 방향을 제시해주었다. 네덜란드 의회는 1990년 11월 (생태 네트워크가 포함된) 자연정책계획을 채택하였는데, 이를 실천하고자 상당한 예산을 증액 편성함으로써 매년 집행비를 몇 배로 늘리고 집행기간을 20년으로 단축하였다.

국가 생태 네트워크를 도면화하는 데, 최종적으로 확정되고 보호될 분량의 토지 면적보다 국가 단위의 계획 단계에서 더 많은 땅이 포함되는 것으로 이해된다. 자연 발전 지역에서는 목표 면적보다 3배쯤이 더 국가 생태 네트워크 도면에 포함되며, 핵심 지역에서는 약 2배의 토지 면적이 표시된다. 네덜란드의 제도하에서는 실제로 어떤 토지가 확보되고 특정 경계선이 어디로 그어질지에 대한 결정은 도 단위의 상세계획에서 이루어진다. 전체 네트워크의 약 10%가 기존 농업용 토지이다(van den Brink, 1994).

자연정책계획의 집행 및 국가 생태 네트워크의 실현을 위해서는 토지의 획득, 자연적 가치를 지지하는 농업인들의 동의, 기타 다양한 집행수단 등 다양한 공적 행위와 사업이 필요하다(van den Brink, 1994).

판 자델호프와 라머스(Van Zadelhoff and Lammers, 1995)는 지도에 생태 네트워크를 구체적으로 표시하는 것과 생태적 목표를 제대로 정의하여 제공하는 것이 대단한 정치적 이익이라고 주장한다. 그들이 파악한 정치적 이익은 다음과 같으며, 이러한 네트워크 아이디어는 유럽 전체 차원에서 개발되고 시행되는 중이다.

명쾌하고 매력적인 지도에 표시된 일관된 네트워크 개념은 여러 측면에서 통합적·고무적으로 여겨진다.

- 정치인에게는 문제점뿐 아니라 해결책도 제시해주는 분명하고 적극적인 전략
- 일반 대중에게도 분명한 메시지: 생태 네트워크, 자연에 적대적인 사회에 대한 사회적 피드백
- 과학자에게는 협력을 위한 자극제인 동시에 정치인의 의사 결정 과정에서 효과적으로 이용될 수 있는 과학적 정보를 제공하는 수단
- 지방 차원의 계획에 대해서는 국가 네트워크의 한 부분으로 지역 계획을 더 높은 수준으로 끌어올리는 방편(86쪽)

네덜란드 중앙정부 차원의 생태 네트워크는 하위 지역 단위의 계획과 개발에 대한 분명한 기준점을 제공한다. 각각의 도 정부는 관할 자연정책계획에서 더 정교한 세부 사항을 도출해야 하며, 지역 계획은 광역 단위의 특정 네트워크를 기반으로 수립되어야 한다. 국가의 자연정책계획 아래서

핵심 지역 또는 발전 지역 내에서는 대부분의 개발 및 토지의 형질 변경이 금지되고 있다.[3]

건조환경의 이미지 변신: 생동하는 유기체 건물과 도시경관

유럽의 도시들은 건조환경(built environment)의 설계에 환경적 요소와 자연을 통합시키려는 노력 측면에서 다양한 긍정적 사례를 보여준다. 옥상정원(rooftop gardens), 그린루프(green roofs), 안뜰 녹화 및 여타 도시 녹화 전략의 주된 취지 중 하나는 도시의 건축물과 개발이 초래한 녹지 공간의 손실을 메운다는 것이다. 유럽에서 그린루프와 그린 빌딩(green buildings)을 통한 생태 보상의 초기 옹호자 중 한 명은 오스트리아의 프리덴슈라이히 훈데르트바서(Friedensreich Hundertwasser)였다.[4] 생태 건축가이자 예술가인 그의 야생에 가까운 설계는, 보통의 경우라면 회색이나 갈색일 도시경관이 어떻게 근본적으로 바뀔 수 있는지를 보여주는 모범으로 남아 있다(Rand, 1993 참조). 그의 작품 가운데 가장 중요하고 널리 관찰되는 건축

∴

3) [원주] "신규 주택, 자동차 도로 및 다른 기반시설, 산업, 대형 빌딩단지는 이런 지역(핵심지역 또는 개발지역) 내 건립이 금지된다. 원칙적으로 토양의 구조를 회복 불가능하게 만드는 물 처리 시설 같은 것도 이 지역에서는 불허된다. (예: 흙을 깊이 갈아내는 등의) 토양 구조나 저수지, 물 침투 시스템에 영향을 끼치는 다른 행위들도 마찬가지로 회피해야 한다(van Zadelhoff and Lammers, 1995: 95)."
4) 그린 빌딩은 환경적으로 향상된 방식에 의해 설계·건설·운영되는 건축물을 말한다. 에너지 절약과 환경 보전을 목표로 에너지 부하를 줄이며, 고효율 에너지 설비 및 자원 재활용 등을 목표로 한다. 대표적인 기술로는 태양열 냉난방 및 조명, 폐자원 및 재생물자 사용, 빗물 수집 이용 등을 들 수 있으며, 우리나라에서도 2000년부터 환경부 주도로 아파트 등에 대한 '그린빌딩 인증제'를 적용하고 있다.

물은 빈에 소재한 훈데르트바서 하우스(Hundertwasser Haus)이다.[5] 빈 시 소유의 복지 아파트인 이 건물을 훈데르트바서는 도시성을 간직한 환경의 한 요소로 바꾸어 놓았다. 이 건물은 그의 기본적인 믿음을 반영하고 있는데, 즉 건축과 도시건설 과정에서 사라진 자연의 요소 모두를 남김 없이 보충해야 한다는 것이었다. 그 결과 나타난 것이 널찍한 옥상정원과 테라스, 그리고 나무와 식물이 넘쳐나는 창문 등의 묶음이다. 훈데르트바서는 "태양 아래, 열린 하늘 아래 모든 것이 자연에 속한다. 길과 지붕에 나무를 심어야 한다. 도시에서 다시금 숲의 공기를 호흡할 수 있어야 한다"고 말했다(Rand, 1993: 146).

그의 철학에서 다른 주요 개념으로는 '나무 세입자(tree tenants)'가 있다. 즉 모든 창문에서 나무가 자라 바깥으로 나오게 해야 한다는 생각이다.[6] 훈데르트바서 하우스의 설계에서 건물 내 모든 변기 물은 이 나무들에도 주어진다. 또 하나의 아이디어는 '창문권(window right)'인데, 각 세입자가 창문의 정면 모습을 (창문 주변으로 팔을 뻗어 닿을 수 있는 데까지) 바꿀 수 있는 권리이다. (시의 승인이 필요하긴 하지만, 이 창문권은 아파트 임대 계약서에 실제로 포함된다.) 훈데르트바서 하우스의 또 다른 특성에는 건물의 공유공간인 겨울정원(winter garden), 울퉁불퉁한 바닥의 어드벤처룸(어린이가

∴

5) 프리덴슈라이히 훈데르트바서(1928~2000)는 화가이자 건축가로서 자신의 독특한 작품세계를 펼치면서 특히 인간과 자연의 공존을 주장하며 환경운동에도 적극적으로 참여했다. 1983년 빈 시의회가 의뢰한 공공주택 리모델링 작업에 참여하여 1985년 10월에 훈데르트바서 하우스를 완공했다. 이 벽돌 구조의 건물은 대지면적이 1,543제곱미터이고 3층부터 9층에 이르기까지 층수가 다양하다. 가구 수는 총 52호이고 상점 수는 5호이며, 각 호의 넓이는 30~150제곱미터이다.
6) 앞서 도시개발로 인해 사라진 만큼의 녹지 공간을 보충해야 한다고 언급한 맥락인데, 초목이 자라야 할 토지를 빼앗아 건물을 지었으니 집안이나 옥상에라도 나무를 위한 공간을 따로 마련해야 한다는 것이다.

있는 세대에서 인기), 그리고 (철거 건물에서 나온 벽돌이나 타일 등) 재활용 자재의 광범위한 사용 등이 있다. 이 건물을 비롯하여 훈데르트바서 건축 작품의 외양은 형형색색의 타일을 폭넓게 사용하며 거꾸로 된 원추와 기둥, 서로 다른 모양과 크기의 많은 창문들을 포함한다. 훈데르트바서 작품의 결과는 자연성과 예술성의 독특하고 자극적인 혼합이라고 할 수 있다. 이 집은 건축물과 도시 구조물이 도시의 녹색성(greenness)을 빼앗기보다는 어떻게 기여할 수 있는지를 보여주는 초기 모범 사례로 남아 있다.

도시의 자연화를 위하여 취해지는 녹색성과 전략은 도시마다 다르고 또 다양하게 나타난다. 예컨대 이 책의 많은 사례 지역이 도시에 나무를 심기 위한 노력을 펼쳐왔다. 베를린 한 곳에만 약 40만 그루의 나무가 있다. 실제로 상공에서 내려다보면 지나치게 도시화된 모습이 아니라 (적어도 봄과 여름에는) 녹색 오아시스에 빠져드는 느낌이다. 프라이부르크도 지난 10년간 나무의 수를 대단히 많이 늘렸으며, 지금은 약 2만 5,000그루가 심어져 있다. 에를랑겐(Erlangen)은 1972년 이래로 약 3만 그루의 나무를 심었다(Deutsche Umwelthilfe, 1991). 또한 도시마다 다양한 조경과 녹화 기준을 적용하고 있다. 많은 도시가 구체적인 나무 심기의 기준을 가지고 있는데, 예를 들어 그라츠에서는 새로운 주차장의 경우 주차 공간 3면마다 1개의 나무를 심어야 한다.

신규 주택 사업에서 주요 설계 요소로 초목(草木)을 포함하는 적극적인 사례를 볼 수 있다. 그중 하나가 암스테르담의 GWL 지구 프로젝트이다. 이 사업지구는 중앙 안뜰에 나무를 심고 얇은 겹의 벽돌을 둘러싸 통풍과 물 공급을 위한 충분한 공간을 둔다. 또한 거리와 도로의 계획 및 설계는 나무와 녹색성을 통합하는 많은 기회를 제공한다. 특히 네덜란드는 거리에 나무를 심는 데 있어서 창조적인 모습을 보였다. 이렇게 함으로써 나무는 녹화와 교통 정온화 기능을 동시에 얻게 된다.

보너르프 또는 보차공유거리의 개념은 (제5장에서 논의된 대로) 초목 구역을 둠으로써 차량 속도의 감소뿐만 아니라 거리 녹화의 기법으로도 활용한다. 덴하흐 같은 도시의 많은 거리에서 차도 안쪽 몇 피트씩 또는 노면주차 공간 사이사이에 나무가 심어져 있다. 위트레흐트의 헷 그루네 닥 주택사업의 경우 노상주차 공간 사이에 초목을 심는 창조적 접근을 취했다. 주민들이 평균보다 더 적은 수의 자동차를 갖고 있음을 알고, 의무화된 주차공간을 줄이기 위해 지방정부를 설득함으로써, 이러한 불필요 공간이 녹지공간으로 대체되었다. 이러한 프로젝트는 포장노면을 최소화하고 사업지 안쪽의 공동 용지 내에 쾌적한 녹지 및 야생 공간을 창조하면서도 상당한 정도의 도시 밀도를 확보할 수 있음을 보여준다(이 경우 헥타르당 66가구).

많은 유럽 도시가 초목이 없는 포장도로나 딱딱한 표면의 넓은 공간을 최소화하려고 노력해왔다. 예컨대, 전형적인 미국의 주차 공간과 달리 유럽 도시의 주차장에는 상당한 정도의 나무와 그늘이 확보되었다는 차이가 있다. 나무가 촘촘히 심어진 도시 주차 공간의 눈에 띄는 사례는 오덴세와 자르브뤼켄에서도 볼 수 있다. 투과성 벽돌 또는 도로 포장 재질이 아주 흔히 강조된다. 레이던의 호흘란드세케르그라흐트(Hooglandsekerkgracht) 거리에서 이런 녹색 주차장 설계의 능동적 사례를 볼 수 있는데, 이 거리는 약 50개의 주차면이 차도 중앙에 확보되어 있다. 커다란 덮개, 전략적 공간 구성과 어울려 여름 내내 거의 모든 주차 공간이 18그루의 커다란 나무로 그늘지는데, 그냥 두었으면 그저 복잡한 도시환경뿐이었을 지역에 중요한 녹색 요소를 제공한다.

그린루프: 하늘의 목장 만들기

생태지붕(eco-roofs)이라 불리기도 하는 그린루프는 특히 독일과 네덜란드에서 점차 일반화되고 있으며 전통적인 기존의 지붕에 비해 많은 이점을 제공한다. 자외선 차단, 지붕의 내구성 증대, (도시열섬 효과에 대한 대응으로) 도시환경을 시원하게 하는 기능, 이산화탄소 감소, 폭우로 인한 빗물 통제, 식물·무척추동물 및 조류의 서식지 마련 등이 그러하다. 미국의 연구에서 나비는 20층 높이 꼭대기층 정원까지 올라갈 수 있는 것으로 나타났다. 독일의 경우에도 그린루프에서 상당한 생물 다양성이 나타난 것으로 연구되었다(Mann, 1996). 그린루프는 단기적으로 일반 지붕에 비하여 더 많은 비용이 들지만 이로부터 얻는 편익이 그 비용을 훌쩍 넘어선다.

그린루프는 또한 단열 효과를 증진시키는데, 존스턴과 뉴턴(Johnston & Newton, 1997)의 연구에 따르면 10%가 늘어난다고 한다. 아울러 대중에 대한 홍보 효과도 더해지는데, "그린루프는 분명히 흥미를 끌 수 있으며 이를 지지하는 단체에 대한 긍정적 이미지가 더해지는 결과를 낳는다(50쪽)." 영국에서 옥상정원은 10~30%의 건물 가격 상승 효과를 거둔 것으로 추정된다(Letts, 1998). 그린루프와 옥상정원의 장단점은 [표 7.1]에서 비교하고 있다.

전통적으로 그린루프는 두 가지 유형으로 구분되는데, 첫째가 집약형 또는 전통형 지붕정원이며, 둘째는 외연형 또는 생태형 옥상정원이다. 보통 "옥상정원(roof gardens)"이라 불리는 전자는 깊은 토양, 나무, 관목, 뿌리 깊은 식물을 담아낼 수 있는 구조를 가지고 있다. 집약형 옥상정원에 필요한 토양의 깊이 때문에, 더 적극적이고 철저한 관리와 함께 구조적으로도 추가적인 보강이 필요하다. 외연형 옥상정원 또는 생태형 지붕(ecological roofs)

[표 7.1] 옥상정원과 그린루프의 비교

옥상정원(roof garden)	그린루프(green roof)
집약형	외연형
전통형	생태형
깊은 토양, 관개 시스템 사용.	얇은 토양, 관개 시스템이 거의 없음.
식물에게는 더 좋은 조건	식물에게는 스트레스를 주는 조건
장점 • 식물/서식지가 훨씬 다양해 질 수 있음 • 좋은 단열 효과를 가짐 • 야생정원을 "땅위에" 모의설치 가능 • 시각적으로 매우 매력적 • 오픈 스페이스로서 지붕을 더 다양하게 이용할 수 있음(예: 식재료 재배 등) **단점** • 지붕에 대한 하중이 더해짐 • 관개와 배수시스템이 필요함(에너지, 물, 자재 등이 더 소요) • 더 비싼 비용 • 더 복잡한 시스템과 전문성 필요	**장점** • 가벼운 지붕은 보통 보강하지 않아도 됨 • 지붕이 넓은 곳에 적합 • 지붕 경사도 0°~30°에 적합 • 추가 관리의 필요성이 별로 없음 • 대개 관개/배수 시스템이 불필요 • 비교적 기술적 전문성이 덜해도 됨 • 건물의 재단장 작업에 적합 • 식물이 저절로 자라도록 놓아둘 수 있음 • 비교적 비용이 적게 듦 • 좀 더 자연스럽게 보임 • 도시계획 당국이 사업승인의 조건으로 요구하기가 쉬움 **단점** • 심을 수 있는 식물이 더 제한됨 • 여가활동 공간으로 이용하기는 어려움 • 일부 사람들에게 특히 겨울에는 매력적이지 않음

출처: Johnston and Newton(1997).

의 경우 비교적 얕은 흙과 초목으로 전체 옥상을 덮게 된다. 이런 종류의 옥상은 일반적으로 유지 관리 및 새로운 시설 비용이 거의 들지 않도록 설계되고, 심지어는 상당히 경사진 지붕에도 만들 수 있다(Thompson, 1998에 따르면 경사도 30%의 지붕에까지도 설치가 가능하다).

외관의 미적 요소도 과소평가될 수 없다. 내가 방문한 최근 독일의 몇몇 사례는 이러한 지붕이 만들어지는 시각적 차이를 보여준다. 자르브뤼켄의 코스모스(Cosmos) 빌딩에는 직선형 그린루프를 조금 높은 층의 사무실에서 관찰할 수 있는데, 마치 농장이나 목초지를 보는 것 같은 느낌이 든다. 그린루프는 시각적인 경관과 도시의 품질 측면에서 엄청난 차이를 만들어낼 잠재력을 지니고 있다. 한 영국의 관찰자가 기록한 것처럼 "도시를 둘러볼 때, 너무도 많은 회색 공간을 보는 것은 우울한 일이다. 사람들은 녹색에 굶주려 있다. 그린루프는 이러한 사람들의 욕구를 어느 정도 채워준다(Ambrey, 1994: 3)." "미래의 빌딩"으로 불리는 자르브뤼켄 에너지 회사 건물 또한 널찍한 꽃밭으로 꾸며진 그린루프를 갖고 있다.

실제로 많은 회사의 사무실에서 이렇게 아름답고 다채로운 녹색정원을 앞에 두고 볼 수 있다. 이렇게 싱싱하고 푸른 숲을 전망할 수 있는 것과 (최소한 미국에서) 전통적 지붕을 보는 차이는 엄청나다. 전자의 경우에서 얻는 혜택은 측정하기 어렵겠으나 아마도 후자에 비해 더 행복하고, 더 건강하고, 궁극적으로 더 생산적이라는 점에서 실질적 차이가 있을 것이다. (제10장에서 논의될 암스테르담의 ING 은행 본사건물 등) 환경적 요소를 지닌 생태 빌딩에서는 결근율이 낮고 생산성이 더 높다는 명백한 증거가 있으며, 그린루프의 경우도 비슷한 장점이 있을 것으로 충분히 예상할 수 있다.

네덜란드에서는 그린루프의 폭넓은 사용이 더욱 일반화되고 있으며, 수많은 창조적 응용 사례가 존재한다. 비교적 넓은 잔디지붕(grass roofs)의 사례로 암스테르담의 스히폴 공항 터미널, 델프트 기술대학(Technical University in Delft)의 새 중앙도서관, 암스테르담의 GWL 주택단지 등이 있다. 네덜란드 제베나르(Zevenaar) 시의 노인층 주거단지 수리 과정에서도 그린루프가 적용되고 있다[the Pelgrromhof; 네덜란드의 녹색 건축가 프란스

판 데르 베르프(Frans van der Werf)가 설계했다]. 여기에는 몇몇 매우 창조적인 기법이 사용되었는데, 예를 들면 뷔닉(Bunnik)에 있는 새 생태빌딩(eco-Kantoor)에 한 층을 추가하는 방식으로 잔디지붕이 만들어지기도 했다. 그리고 레이던에서는 중앙역이 그린루프로 덮여 있다.

암스테르담의 GWL 사업에 사용된 그린루프는 하나의 모범적인 설계 사례이다. 그린루프 사업의 조림 수종은 매우 주의 깊게 선택되었는데, 예를 들어 여름에 죽은 식물이 겨울에는 다른 식물에 영양분을 공급하도록 하는 방식이었다. 6월에 내가 이곳을 방문했을 때, 지붕은 굉장히 푸르고 생기가 넘쳤다. 물 관리 측면에서도 지붕은 중요한 디자인 요소이다. 건물은 끝으로 갈수록 폭이 좁아지는 형태인데 한쪽 끝이 7층에서 시작하여 다른 쪽 끝이 3층으로 끝난다. 경사진 지붕은 그린루프의 위층에서 넘치는 물을 저층으로 흘려보내기 위함이며, 마지막에 남은 물은 땅바닥의 빈 땅으로 흘러내린다. 층간의 넘치는 물은 길게 설치된 두 개의 파이프를 통해 처리된다. 또한 지붕의 외곽 보도를 빗물 수집 지점으로 하여 다음 낮은 단계의 그린루프로 물을 흘려보낸다. GWL 사업지구의 그린루프는 보통 사람이 일상적으로 접근하거나 주민들이 직접 사용할 수는 없게 되어 있다. 그러나 모든 주민들이 옥상에 오를 수 있고, 주민들이 의자를 가져와 앉을 작은 공간도 있다. 다만 그린루프 위로는 걸어 다닐 수 없다. 몇몇 아파트의 최고층에서 그린루프는 가장 직접적인 시각 효과를 선사하고 있는데, 이 집들에는 그린루프를 마주한 개인 정원이 있다. 잔디지붕은 10센티미터 깊이의 기판(substrate)으로 이루어져 있어 실제로는 꽤 얇다. 지붕을 덮고 있는 한 층의 물질은 화산암의 일종으로 물을 흡수하고 간직하여 건기에 식물의 생존을 돕는다. 그린루프 사업을 전문으로 하는 기업 에코흐라스(Ekogras)가 지붕을 설계하고 건립하였다.

그린루프 또는 생태지붕은 이제 유럽에서 대중화된 개념이며 특히 독일, 오스트리아, 네덜란드에서 그러하다. 사진은 암스테르담에 있는 GWL 주택지구의 다층 그린루프이다.

네덜란드에서 지속가능 건물의 초기 실험 프로젝트는 잔디지붕을 포함했는데, 특히 [알펀 안덴레인(Alphen a/d Rijn) 지역의] 에콜로니아(Ecolonia), 그리고 하를럼의 로몰렌폴더르(Romolenpolder in Haarlem) 지역에서 두드러진다.[7] 로몰렌폴더르 지구는 그린루프를 가장 흥미롭게 적용한 사례 중 하나이다. 이 지구 내 한 구역은 그린루프가 연이어진 35개의 2층 연립주

---

7) 에콜로니아는 1990년대에 네덜란드 에너지청(NOVEM) 주관으로 알펀 안덴레인 지역에 만들어진 친환경 주택단지이다. 약 300호의 전체 주거 단위에 대하여 9가지의 중요한 도시계획 요소가 구현되었는데, 여기에는 열손실 감축, 태양열 에너지 사용, 물 소비 통제, 재활용 자재, 유기체 건물, 주택 방음, 건강과 안전 등이 포함되었다(www.briangwilliams.com/—"green cities" 참조).

택으로 이루어져 있는데, 심지어 저층이나 교외 개발에서도 생태지붕이 어떤 차이를 만들어낼 수 있는지를 설득력 있게 보여준다. 그린루프는 지역 전체에 걸쳐 심어진 잔디와 가지각색의 초목과 어우러져 시각적으로 독특한 모습을 보여준다. 이곳 주민들은 옥상지붕을 매우 좋아하는데, 여름에 집이 시원하고 겨울에 따뜻하면서도 동네가 더욱 뚜렷한 외양을 가지게 된 것에 자랑스러워하는 듯하다. 1990년대 중반에 완공된 로몰렌폴더르는 대형 지구로서 환경을 중심 주제 삼아 설계·구상되었다(Ministry of Housing, Spatial Planning and the Environment, 1996 참조). 이 지구의 다른 요소로는 어린이 농장, 교육센터, 통합 폐기물 수집 시스템, 그리고 지구 전체에 걸친 생태 조경의 강조 등이 있다. 생태 조경을 강조함으로써 이 지구의 외관과 느낌이 더욱 뚜렷해지게 된다. 도로 사이의 좁고 긴 땅, 보도 부분, 주택가 옆의 녹지 공간은 흔히 다듬어지는 경우가 보통인데, 로몰렌폴더르에서는 이런 공간을 더 넓히고 야생 상태로 놓아두는 것이 허용되었다. 저층 주택의 많은 주민들이 자기 집의 뒤뜰 정원에 꽃과 관목을 한데 가꾸는 식으로 녹지 공간을 유지해왔다.

많은 도시가 신규 건물에 그린루프 설치를 촉진하거나 의무화하고 있다. 오스트리아의 린츠는 유럽에서 가장 광범위한 그린루프 프로그램을 가진 도시 중 하나이다. 이 프로그램에 따라 린츠 시는 건물의 신축 과정에서 발생하는 녹지 공간의 손실을 보충하기 위한 건축 계획을 요구한다. 그린루프를 만드는 것은 이런 손실에 대한 대응책으로 자주 등장했다. 또한 1980년대 말 이래, 린츠 시는 그린루프의 설치를 위해 보조금을 지원해왔는데, 그린루프 설치 비용의 35%를 시가 보조한다. 이 프로그램이 시작된 이후 시는 3,500만 실링(거의 300만 달러)을 보조해온 것으로 추정된다. 이러한 시의 보조 덕분에 그린루프가 매우 성공적으로 정착되었는데, 시

그린루프는 많은 교외 환경에서도 이익이 되는데, 네덜란드 하를럼의 로몰렌폴더 지구가 그 예이다.

전역에 걸쳐 대략 300개가 만들어졌다. 이 그린루프는 수많은 다른 형태의 빌딩 즉 병원, 유치원, 호텔(예: 라마다 인), 학교, 콘서트 홀, 심지어 주유소 지붕에 설치되었다. 린츠 시의 경험은 이러한 새 모습이 도시의 생물 다양성을 촉진하는 중요한 요소로 자리 잡을 수 있음을 시사한다. 린츠의 수많은 그린루프에 대한 최근의 한 연구에 의하면, 그린루프가 높은 수준의 생물 다양성을 보호하는 것으로 나타났다. 독일의 도시들도 이와 비슷한 옥상정원 프로그램을 보유하고 있으며 재정 보조와 함께 이를 강제하는 관련 규제도 함께 구사하고 있다.

영국에서는 그린루프가 빨리 도입된 건 아니지만 이제는 점차 대중화하고 있다. 최근 지어진 신규 건물에 그린루프가 설치된 사례로는 브라이턴(Brighton)의 주거단지, 런던 야생 트러스트(London Wildlife Trust)의 방문자 센터, 스코틀랜드 위도우즈 보험사(Scottish Widows Insurance), 이스트 앵글리아 대학교의 시각예술학부 세인스베리 센터(Sainsbury Center for the Visual Arts), 파이오니아 여성주택협회(Women's Pioneer Housing Association)의 신규 부속시설 등이 포함된다. 이제는 여러 건물 유형에 설치된 널찍한 그린루프를 볼 수 있는데, 학교, 커뮤니티 센터, 신규 극장과 예술회관, 그리고 신축 버스터미널에서도 그린루프를 찾아볼 수 있다. 영국의 몇몇 신생 기업체들이 그린루프의 설계와 설치 서비스를 제공한다. 한 회사는 분무파종(噴霧播種, hydroplanting) 또는 "분무 녹화(spray greening)"라 불리는 새로운 설치기법을 활용하고 있다. 이 시스템에서는 "씨앗, 영양분, 토양 대체물이 겔 형태로 함께 섞여 지붕 위로 직접 뿌려진다(Letts, 1998)."[8]

녹색 담장과 녹색거리

유럽의 도시에는 기존 건물 및 신축 빌딩의 녹화를 위한 적극적·창의적 노력을 기울이는 사례가 많다. 여기에는 그린루프를 비롯하여 발코니 정원, 녹색 담장(greenwalls), 둥지상자(nestboxes), 그밖의 서식지 개선 노력 등이 포함된다(이런 사례의 내용과 이익, 기술적 측면을 살펴보려면 Johnston and Newton, 1997 참조).[9] 유럽의 도시와 타운은 창조적인 도시 녹화의 다

---

8) [원주] "분무파종의 이점은 식물의 발아 과정이 촉진되는 것인데, 이는 파이프의 높은 압력으로 스프레이 물질이 강하게 분사되어 그 속에 들어 있는 씨와 묘목이 깊이 스며듦으로써 가능해진다. 또한 분무파종은 물의 수용력, 기판 활성화, 모세관 활동과 관련하여 기판의 속성을 향상시키는 경향이 있다(Building Design, 1998)."

양한 사례를 보여준다. 녹색 담장은 특히 독일의 도시에서 흔히 볼 수 있는데, 아파트 건물과 주차 빌딩의 외벽에 식물이 벽을 타고 자라도록 격자 울타리와 덩굴 지지대 등을 설계하려는 노력이 계속되고 있다. 일반적으로 녹색 담장에 사용되는 수종은 버지니아 등나무와 같은 덩굴식물이다. 흥미롭게도 녹색 담장은 그린루프와 유사한 혜택을 제공한다. 비록 미국에서는 담쟁이 잎과 여타 덩굴나무가 건물 외벽에 해로운 것으로 보는 시각이 있긴 하지만, 일반적으로 이들이 주는 혜택은 전혀 해롭지 않다. 담장에 자란 식물은 자외선을 막아주고, 여름에는 그늘과 시원함을 제공하며, 겨울에는 단열 효과와 함께 [Johnston and Newton(1997)에 따르면 많을 경우 30%까지] 화학적 풍화도 막아준다. 녹색 담장이 건강에 주는 이익으로는 공해를 걸러내고 소음을 줄여주며 가슴에도 긍정적인 효과가 있다.

그러나 스핏호버(Spitthover)가 언급하듯이(Kennedy and Kennedy, 1997에서 인용), "깊은 틈과 균열" 그리고 높은 습기로 인해 담장의 하부에 손상이 갈 수 있다. "따라서 담쟁이 및 버지니아 등나무 같은 덩굴식물을 식재하려면 전혀 손상되지 않은 표면이 절대적인 요건으로 갖춰져야 한다(49쪽)." 스핏호버의 말처럼, 실제로 식물의 종류를 신중히 선택하는 것이 중요하다. 버지니아 등나무 같은 낙엽수의 경우 여름에는 그늘, 겨울에는 보온 기능을 하기 때문에 남향 또는 남서향 벽에 적합하다. 그리고 북쪽으로는 응달에서 자라는 상록의 덩굴식물이 더 어울린다.

이러한 녹색 담장은 그린루프와 마찬가지로 미관상 아름다울 뿐만 아니라 (새와 곤충에게 서식지를 제공하는 등) 생태적 측면에서도 중요한 이점

---

9) '둥지상자'는 새의 번식을 도우려는 목적에서 인공적으로 설치하는 상자이며, 실제로 이용하게 될 새의 크기에 따라 출입구의 크기를 조정하게 된다(『생명과학 대사전』, 2008).

이 있다(Kohler, 1998; Johnston and Newton, 1997에서 재인용). 독일의 카셀(Kassel), 뮌헨, 베를린, 프랑크푸르트를 포함하는 수많은 유럽 도시의 정책이 녹색 담장 설치를 촉구하고 있다(Johnston and Newton, 1997). 녹색 담장의 사례는 이 책의 연구 대상 도시에서도 쉽게 찾아볼 수 있는데, 이중 몇몇은 의도된 계획에 따라서 만들어진 것이지만 대부분의 경우에는 오랜 세월에 걸쳐 자연적으로 형성된 것이다. 됭케르크에 있는 한 공장 건물은 벽 전체를 녹색화한 사례도 있다. 이제 담쟁이는 건물 공사의 초기 설계에서부터 고려된다. 최근의 사례로는 네덜란드 뢰스던(Leusden)에 새로이 지어지는 경찰서 건물이 있다. 담쟁이는 궂은 날씨로부터 중요한 보호막 역할을 해주며 새로운 비오톱을 생성시킬 뿐 아니라, 그라피티(graffiti, 낙서)를 예방하는 한 수단으로도 여겨진다(Government Buildings Agency, 1997).

녹색중정(green courtyards)과 생태 거주 공간

내가 방문하고 연구한 신규 개발 사업 사례를 보면, 녹지 공간 또는 때로는 전혀 길들여지지 않은 야생 공간을 창조하는 놀라운 능력을 관찰할 수 있는데, 그러면서도 동시에 상당한 고밀도를 달성하고 있다. 예컨대 덴마크 콜링에 있는 프레덴스가데(Fredensgade) 생태형 도시 재개발 사업지구의 안뜰에는 넓은 놀이 공간이 있고 도랑이 흐르며, 여기서 사업지구 내의 재활용 물을 끊임없이 퍼 올리고 순환시킨다. 네덜란드 에콜로니아의 호수 및 주변 환경도 이와 비슷한 이점을 제공한다. 위트레흐트 중심부에 위치한 헷 그루네 닥 사업지구는 주택지구를 재구성하여 야생형 실내 중정(中庭, 안뜰)을 만들었는데 여기에는 연못, 공용 주택, 기타 여가 시설이 포함되어 있다. 재미있는 사실은 주변에 사는 주민들이 자기네 동네보다 더 많은 녹지 공간이 이 사업지구에 허용되었다는 사실에 불만을 가지기도 했다는 것이다. 시 공무원에 따르면 이는 사실이 아니며, 다만 헷 그루네 닥 지구의 설계에서 효과적인 시설 배치와 공간 구성이 이루어진 덕분에 녹지 공간이 실제보다 더 많은 것처럼 보이는 것이라고 한다. 여기서 특히 주목해야 할 점은 이러한 사업의 개발 밀도가 상당히 높다는 것이다. 케네디 부부(Kennedy and Kennedy, 1997)는 유럽의 생태 거주 공간 연구에서, 이런 유형의 프로젝트가 어린이들에게 긍정적인 요소와 인상적인 자연형 놀이 공간을 제공하고 있다고 주장한다.

각양각색의 차 없는 개방 공간이 있는 생태형 정주 환경은 주택가 주변에서 오솔길, 좁은 길, 잔디밭 그리고 입주자 정원 및 공동 시설 주변 공간 등 다양한 유형의 놀이 환경을 제공하는 가운데 놀이터로 특별히 더 설계될 필요도 없이 일관된 놀이마당으로 구성할 수 있다. 개인별 활동과 창의성은 '에콜로니아'에 있는 빗물 수집 연못과 같은 생태적 방법으로 인해 더욱 향상된다. 기회만 된다면 어린이들은 물 속 또는 그 주변에서 놀게 될 것이다. 물웅덩이, 호스, 펌프 등등 모두가 놀거리이며 모래나 진흙을 보태면 더욱 신나는 곳이 된다.

이는 불필요할 정도로 심하게 포장된 노면과 "꼼꼼히 손질된" 녹지 공간으로 특징지워지는 전통적인 주거단지 사업과는 대조적인데, 그런 공간에서는 아이들이 자유롭게 놀 수 없는 것이다. 생태형 주거단지에는 놀이 구역이 마련되어 있지만 그곳은 최소한의 포장, 넉넉한 초목 식재, 그리고 "꼼꼼히 손질된" 인공 조경이 아니라 자연스레 자라난 풀과 자갈이 덮인 투과성 표면 등의 특색을 지닌 것이 보통이다(45~46쪽).

헷 그루네 닥 지구의 가장 인상적인 설계 요소 중 하나는 중수 처리 시스템이다.[10] 10개 가구에서 나온 중수(中水, greywater)는 먼저 침전 및 통기 과정을 거치고 마지막 여과 과정을 위해 갈대밭(reedbed) 표면으로 퍼 올려져 재활용된다(그후 안쪽의 연못으로 보내져 땅속으로 삼투된다). 여기서 주목할 만한 것은 갈대밭이 사업지구 내 건물의 한쪽 면 전체를 구성한다는 점인데, 잔디밭이나 다른 전형적인 조경이 자리할 곳에다 생태적 인프라의 요소를 창조하고자 공간을 활용하는 셈이다. 따라서 이 갈대밭은 이런 사업에서 주변의 인도를 걷는 사람들이 쉽사리 지나치기 어려운 뚜렷하고 중요한 요소가 되었다.

많은 도시가 이러한 그린 어바니즘 요소의 개발을 재정적으로 지원하고 있는데, 이에 대한 예로 빈 시는 오랜 기간 녹색중정 사업에 보조금을 지급해왔다. 1982년부터 1990년까지 빈에서는 2,400개 이상의 안뜰이 녹색 환경으로 개선되었다(City of Vienna, 1992).

에코브릿지

또 하나의 녹색 전략은 도시 서식지를 서로 이어주는 생태통로(ecoducts)나 에코브릿지(eco-bridges)를 건립하는 일이다. 네덜란드는 고속도로와 도로 간의 자연적 연결을 꾀하는 인상적인 에코브릿지를 만들어 온 역사를 지니고 있다. 네덜란드 수질관리청(Rijkswaterstaat)은 1998년 이

---

10) 중수는 글자 그대로 상수와 하수의 중간쯤으로 일반 가정의 보통 생활용수, 즉 세탁, 식기 세척, 목욕 등에 사용되고 남은 물을 재활용하여 도로 청소, 관개 및 조경용수 등으로 사용하는 물을 말한다.

래 벨뤼베(Veluwe) 지역에 '야생육교(wildviaducts)' 즉 야생동물을 위한 육교나 고속도로 육교 등을 건설해왔다. 관련 연구에 의하면 이러한 녹색육교는 야생동물이 이를 실제로 이용하는 등 잘 작동하고 있다[보스터 후버(Woeste Hoeve) 야생육교 사례; TROS video, 1998 참조].

네덜란드의 또 다른 야생육교 또는 생태통로의 사례로는 코트베이크(Kootwijk) 부근 A-1 고속도로를 횡단하는 (50미터 폭의) 야생연결로, 두 개의 자연 공원을 잇는 미던 브라반트(Midden-Brabant) 야생연결로, 아른험 근처 A-50 고속도로를 가로지르는 주요 야생육교를 들 수 있다. 이 교량 또는 생태통로에 대하여 논란이 없는 것은 아니다. 첫째, 이들의 건설 비용이 상당한데, 예컨대 A-1 도로는 약 600만 길더(300만 달러)의 건설비가 들었다. 환경 및 생명 공학 분야의 몇몇 학계 인사는 생태통로가 실제로 자연환경을 향상시키는 능력이 있는지에 대하여 의문을 제기하는데, 어떤 경우 야생육교가 그리 중요하지 않은 서식지로 연결되기도 하며, (생태통로를 건설하는 노력에도 불구하고) 일반적으로는 여전히 자연 상태가 나빠지는 경향이 있다는 것이다(Brabants Dagblad, 1997; Rigter, 1997 참조).

이 밖에 다른 도시의 사례도 존재한다. 네덜란드 레이드스허 레인(Leidsche Rijn)의 위트레흐트 신성장지구에서는 2킬로미터 거리의 A-1 고속도로에 "지붕을 씌우는" 획기적인 계획이 제안되었다. 이 고속도로 지붕화 전략은 3만여 명의 신도시 주민들이 보행 및 자전거를 이용하여 위트레흐트 도심으로 갈 수 있게 도와줄 것이다. 이는 새로운 땅을 생성해내는 것과 마찬가지로, 주요 도로와 고속도로라는 전형적 공간 장애물을 극복하는 대담한 계획이다(Gemeente Utrecht, undated; 1992). 장래에 더 많은 네덜란드와 유럽 도시들이 이를 따라 하게 될 것으로 보인다.

도시농장과 생태공원

자연을 도시로 옮겨오는 다른 창조적인 사례로 런던의 생태공원과 도시 농장(city farms, 주로 도시 외곽에 있는 교육 목적의 시 정부 소유 농장)을 들 수 있다(Goode, 1989 참조).

연구 대상이었던 많은 도시가 현재 도시농장을 소유 및 관리하고 있는데 이들은 오락, 교육, 기타 다양한 이점을 제공한다. 여러 측면에서 이는 유럽의 독특한 아이디어이다. 예를 들어, 스웨덴의 예테보리(Göteburg) 시는 약 2,700헥타르에 달하는 60개의 농장을 소유하고 있다. 미래의 도시 확장을 대비하여 취득한 이 토지는 현재 농업 및 오락 목적으로 다양하게 사용되고 있으며, 넓은 필지가 농부들에게 임대되기도 한다. 수많은 소규모 농장은 대중에게 개방되어 다양한 사회적 기능을 위해 활용되는데, 그 사례로 공공 마구간, (딸기나 채소를 손님이 직접 거두는) 체험 주말 농장, 방문 또는 사육 농장, 장애인용 승마장 등이 있다(City of Göteburg, undated). 또 다른 사례인 스웨덴 셰브데(Skövde)의 아스푀(Aspö) 도시농장은 몇몇 주거지역에 인접하여 설립되었다. 이 농장의 운영 방식은 「유럽 지속가능도시(European Sustainable Cities)」 보고서에 상세히 기록되어 있으며 그 일부 내용을 소개하면 아래와 같다(European Commission, 1996).

도시농장에는 소, 돼지, 닭 그리고 곡물 및 다른 농작물을 두는 조그만 마당이 있다. 주로 탁아 시설이나 학교에서 야외수업을 나온 학생들이 농장을 찾고 있으며 관심 있는 사람이면 누구나 참가할 수 있다. 어린이들은 가축 사육을 도울 수 있다. 일반적인 농장에서도 그러하듯이 이 동물들은 나중에는 도축장으로 보내진다. 이 농장을 꾸려가기 위해 농부가 고용되고, 동시에 레크리에이션 교사도 채용되어 학습관광 및 다른 활동을 이끌어간다. 농장 운영에서 약간의 수익도 생긴다.

영국과 같은 나라에는 잘 발전된 도시농장 네트워크가 있으며, 브리스톨(Bristol)에 본부를 둔 전국도시농장조합은 60명의 회원 농장을 거느린다. 보통 이러한 농장은 지방정부로부터 기본적인 재정 지원을 받긴 하지만, 농산물과 농업 관련 제품의 판매를 통해서도 운영자금을 보충하도록 의무화되어 있다. 도시농장은 흔히 개발이 한창 진행 중인 곳과 상당히 도시적인 환경 사이에 위치한다. 이즐링턴 자치구(Islington Burough)에 자리한 프라이트라인스 농장(Freightlines farm)은 이런 공원 같은 지역이 어떤 중요한 역할을 하는지를 보여준다. 해마다 4만여 명의 관광객들이 이곳을 찾는다. 다양한 워크숍, 관광, 교육 프로그램이 주로 학생들을 대상으로 제공된다. 이는 영리 목적으로도 운영되는데 달걀, 꿀, 기타 제품을 지역 주민들에게 판매한다. 아울러 농장에서 나오는 퇴비도 지역 주민들에게 판매된다(Farmers Weekly, 1998).

특히 네덜란드 도시들이 도시농장을 신개발지역에 통합시키는 일을 효과적으로 수행해왔다. 목초지, 가축 사육 공간, 농장 건물을 주택으로 둘러싸인 녹지대 중심부에서 종종 볼 수 있다. 레이던에 있는 스테번스호프(Stevenshof), 메렌베이크(Merenwijk) 지구에서 이에 관한 좋은 사례가 많이 발견된다.

생태공원은 과거에 산업용지였던 곳이나 이미 개발된 곳의 조그맣게 남겨진 지역을 대상으로 영국에서 처음 만들어졌다. 이런 공원의 경우, 도시의 학교나 학생들을 겨냥한 교육장으로서 환경 및 교육 프로그램을 만듦과 동시에 서식지 자체의 복원이 이루어진다. 최근 런던에서 살펴볼 수 있는 한 사례가 항구지역에 설치된 생태공원이다(Lucas, 1994 참조).

그린 스쿨

유럽 도시에서 발견한 또 하나의 눈여겨볼 만한 아이디어는 학교를 녹색화하려는 생각이다. 연구 대상 도시 가운데 몇 곳에서 그런 노력의 사례가 발견되는데, 이는 학교와 학교 운동장을 더 푸르게 만들며 환경교육 증진의 기회로 최대한 활용하려는 것이다. 예를 들어, 취리히는 '학교 주변의 자연(Nature Around The Schoolhouse)' 사업을 시행해오고 있는데, 학생들에게 도시 환경에 대하여 가르치고 학교 운동장 관리 방식을 바꾸며 특별한 경우 "학교 건물을 구조적으로 재설계"하기도 한다(Berger and Borer, 1994). 그리고 학교 주변의 불투과성 표면을 없애고 나무와 식물을 심기도 한다. 지금까지 9개의 학교 건물이 이러한 재구조화 과정을 거쳤으며, 다른 40개의 학교 건물에는 몇 가지 특별한 정책이 적용되고 있다. 이러한 변화를 수행하는 과정에 해당 학교 학생들도 직접 참여해왔다.

아메르스포르트의 니우란트 신개발지에 지어진 학교에서도 학생 교육과 참여에서 흥미로운 점이 관찰된다. 예컨대 본데르봄(Wonderboom) 초등학교에는 그린루프와 함께 수많은 광전지 패널이 있다. 널찍한 태양광 채집장치를 설계한 결과, 학생들은 흥미로운 거울 시스템을 통하여 그린루프를 직접 보고 관찰할 수 있다. 게다가 이 학교의 정문에는 에너지 전광판이 있어서, 학생 및 교사들로 하여금 매일·매월·매년의 광전지의 에너지 생산량과 소비량을 함께 눈으로 확인할 수 있도록 해준다.

복개하천의 복원과 자연배수 전략

많은 유럽 도시들이 기존의 콘크리트와 포장노면을 최소화하려는 노력을 기울이고 있다. 베를린은 도시 전체에 걸쳐 콘크리트와 포장도로를 벗기거나 철거하는 작업을 벌여왔다. 시 조경 계획에 따라 베를린 시는 포장도로를 뜯고 그곳에 초목을 심는 데 12년 동안 3,000만 마르크(약 1,600만 달러)를 투입했다. 이는 도시 내 1,400여 지점에서 시행된 것이다.

자르브뤼켄은 도시의 녹색개발을 장려하며 특히 빗물 관리에 초점을 둔 가장 흥미로운 프로그램 중 하나를 시행하고 있다. 빗물 수집 및 여과를 촉진하는 이 프로그램은 글자 그대로 "빗물은 운하를 위해 정말 소중하다(Regenwasser ist zu kostbar für den Kanal!)"로 번역된다(Landeshauptstadt Saarbrücken, 1997). 이는 실제로 독일 자를란트 주의 광범한 프로그램 중 일부이다. 자를란트 주는 지역사회가 이용할 수 있는 수백 만 마르크의 자금을 조성하였고, 50여 개의 지역사회 관련 프로그램을 발전시켰다. 기본적으로 자르브뤼켄의 프로그램은 물을 절약하고 땅 위의 빗물을 감소시키는 프로젝트 등을 시도하는 시민 또는 기업에 적으나마 재정을 지원한다.

구체적으로 어떤 제안이 다음 몇몇 유형에 해당되면 5천~1만 마르크(2,700~5,400달러)의 보조금을 받을 수 있다. 즉, (1) 주택 내외부에서 변기나 식물에 쓰기 위해 빗물을 저장·사용하는 사업, (2) 불투과성 포장노면을 뜯어내고 식물이나 투과성 벽돌로 교체하는 사업, (3) 그린루프의 설치이다. 실제 보조금 지급은 제곱미터 기준 면적에 따라 달라지는데, (옥상의 넓이에 따라) 빗물 사용 사업은 제곱미터당 15마르크(8달러), 포장면 복원 및 빗물 전환 사업은 30마르크(16달러), 그린루프 설치는 60마르크(32달러)가 된다. 복원 사업은 최대 5,000마르크(2,700달러)의 보조금, 그린루프의 경우 최대 액수인 1만 마르크(5,400달러)를 지급한다. 이 프로그램은 시행된 지 겨우 2년밖에 되지 않았지만 시민들에게 매우 인기가 높다.

지금까지 대략 40개 사업에 자금이 투입되었는데, 투자의 대부분이 빗물 사용과 포장면 복원에 사용되었고 일부만이 그린루프 설치에 지원되었다. 도시 정부의 환경 부서는 이 사업에 관한 정보를 널리 알리도록 많은 요청을 받아왔다. 첫해에 약 10만 마르크(약 5만 4,000달러)가 수많은 사업별로 조금씩 나눈다는 취지에서 배분되었다. 대부분의 경우 보조금은 제안된 조치나 사업의 전체 비용을 감당하지는 못하며, 아울러 주택 소유주가 보조금 없이도 어쨌든 착수하려고 계획한 사업에 보조를 했는지도 확실치 않다. 그러나 보조금이 비록 많지 않고 참여자 수가 현재는 적더라도 이 보조 프로그램은 도시 녹화와 생태적 투자를 장려하는 중요한 촉매 효과를 가진다는 점에서 긍정적 결과를 낳았다. 흥미롭게도 사업 책임자의 지적에 의하면, 이 프로그램에 대한 관심은 더 강력한 환경적 이념이 아니라 자신의 집을 더 멋지게 만들고 싶어 하는 소박한 관심으로부터 나온다고 한다. 이 담당자는 머지않아 슈타트베르케(*Stadtwerke*, 지방공기업)가 낭비되는 물뿐만 아니라 개인 땅에서 흘러나오는 빗물에 대해서도 요금을 부과하기 시작하면 그런 관심이 훨씬 더 커지게 될 것이라고 믿는다.

많은 프로젝트에서 빗물의 저장과 사용, 중수 재활용, 물 절약은 핵심 설계 요소이다. 예를 들어, 암스테르담의 GWL 지구 사업은 수세식 화장실에서 빗물 사용을 폭넓게 권장한다. 이것은 절수형 변기와 어울려 화장실에서 물을 내릴 때 상수도는 거의 사용되지 않을 정도이다(평균적인 네덜란드의 화장실에서 9~10리터의 물을 사용하는 반면, 이런 화장실은 한 번 내릴 때마다 단지 4리터만 사용된다). 빗물은 옥상에서 모여 물탱크에 저장되고 변기에서 물을 내리는 용도로 쓰인다. 물탱크 안의 수위가 너무 낮을 경우 부레 장치가 작동하여 모자라는 만큼을 수돗물로 채운다.

   이 도시들의 사업에는 자연배수를 핵심 설계 요소로 포함한 사례가 많이 있다. 네덜란드 사람들이 현재 많이 활용하는, 통칭 바디스(wadies) 또는 자연배수 도랑은 최근에 지어진 수많은 주거 프로젝트에서 핵심적인 생태 요소이다. 실례로 엔스헤더(Enschede)의 생태 프로젝트인 오이코스(Oikos) 사업에서 바디스는 중요한 요소이다. 여기서는 전통적인 빗물 하수관 대신에 보도나 지붕을 따라 흐르는 물이 녹색형 저습지로 흐르도록 되어 있다. 긴 선형의 자연 도랑 안에 구멍을 송송 뚫은 배수관이 있는데, 이를 진흙 덩어리의 직물덮개가 감싸고 있다. 이 흙덩어리는 박테리아가 자라나도록 도와주며 이로 인해 수집된 빗물이 정화 처리 되는 것이다. 엔스헤더 지역의 지하수 수위가 점차 낮아지면서 헤더(heather)꽃 군집에 심각한 악영향을 끼쳐왔다.[11] 그래서 이곳 네덜란드 서부지역에서는 되도록 많은 지하수가 스미도록 조치가 취해진 것이다.

   오이코스 사업에서 주차 공간의 많은 부분이 투과성 벽돌로 만들어졌는데, 이는 물이 땅속으로 스며들도록 하고 잔디가 벽돌 주변에서 자라나도록 해준다. 창조적인 방식으로, 지붕에서 흘러내리는 물이 보도 위를 따라 투과성 주차장과 차도 공간으로 흐르도록 한 것이다. 사업 계획가들은 주민들이 직접 바디스와 투과성 표면으로 무엇이 흘러 들어가는지 볼 수 있다는 점에서 긍정적 반응을 보인다. (과거에는 주민들이 별로 좋지 않은 물질을 빗물 배수관으로 흘려보내는 문제가 있었다.) 개발지 중심부에는 세차 지역이 만들어졌는데, 여기서 세차에 사용된 물은 바디스로 흘러들어가는 것이

---

11) 헤더는 히스 속(屬)의 상록 관목으로, 낮은 산 및 황야 지대에 나며. 보라색, 분홍색, 흰색의 꽃이 핀다.

아니라(따라서 지하수로 합류하지도 않는다), 시의 하수 처리 시스템으로 들어가 처리된다. 지하 물탱크에 수집 및 저장되는 빗물은 세차용으로 쓰이고, 세차용 펌프는 태양광 에너지를 사용한다.

지역 기후 계획하기

이 책의 연구 대상 도시들은 다른 곳에 비하여 지역의 기후학적·기상학적 맥락을 매우 잘 이해하고 있으며, 기후 조건을 보호하는 방향으로 개발과 성장을 관리할 필요가 있다는 것도 잘 알고 있다.

예를 들면, 상세한 기후 연구는 그라츠의 토지이용계획(Stadtklimaanalyse Graz)에 주요한 환경적 기초 자료로 기능한다. 이 도시는 특이한 지형 조건(도시 바로 서쪽에 700미터 높이의 산, 동쪽에는 언덕)이 복합된 결과로 대기오염의 문제를 안고 있는데, 이것은 연중 몇 개월간 발생하는 기온역전 현상의 결과이다. 연구에서는 기후와 바람의 순환 패턴을 광범위하게 도면화하고 문제가 되는 지역을 확인해왔다. 관련 정책은 이러한 조건으로부터 직접적인 영향을 받아 형성되는데, 도시의 특정 구역이 언제까지 도시의 지역난방으로 전환하도록 의무화한다든지, 새로운 조경 계획을 마련하여 도시 내부와 주변의 녹지 공간을 더 잘 보호하도록 하는 것 등이다.

베를린은 여름의 기온이 다른 지역의 평균보다 높은데, 이 상황을 해결하는 데 중요한 방편으로 지역 조경이 주목받고 있다(City of Berlin, 1996 참조). 베를린 면적의 18%를 이루는 삼림 지대는 중요한 '기후 통로(climate lanes)'로 여겨지며, 이는 뜨거운 날씨에 시원한 바람이 도시 안으로 들어갈 수 있도록 해준다. 도시의 조경 계획은 기후보호 우선지역(climate protection priority areas)으로 앞서 보호할 지역을 구분·지정하고, 이와 달리 문제지역(problem areas)은 녹색화와 함께 콘크리트 및 아스팔트로 포장된 노면의 철거가 이루어져야 할 곳이다. 이러한 기후 구역화(climate zonation)는 하이델베르크와 뮌스터의 계획에서도 사용되고 있다.

프라이부르크의 계획 또한 지역의 기후 조건을 보호하는 데 큰 관심을 보인다. 이 도시는 매일 저녁 흑림으로부터 불어오는 찬바람의 유입이 방해받지 않도록 노력한다. 시는 '투명한 건설(transparent construction)'이라는 개념을 도입하고 있는데, 이는 바람 영향권 지역의 건물은 (대학 통풍모델의 도움으로) 바람이 관통할 수 있게 설계되도록 의무화한 것이다. 그 예로서 도시의 신규 축구장이 바람의 방향을 고려하여 설계되었다.

자르브뤼켄은 1997년에 제1차 기후대 계획(climate zone plan)을 마련·발간하였다. 이 계획은 다수의 유사한 계획들과 마찬가지로 도시의 기후구역(자르브뤼켄을 포함하는 광역권에서도 비슷한 지도를 마련해왔다), 공기의 흐름을 방해하는 요소, 숲, 그 밖의 기후적으로 중요한 지역 등을 포함한다. 지도와 계획은 기후 친화형 토지 이용에 관한 정책 결정의 기초로 사용된다. 특히 (찬 공기의 중요한 흐름을 나타내는) 도시 방향으로 흐르는 하천 유역과 시 서부의 농업지역은 중요한 기후 규제 구역으로 여겨진다. 이 지역 대부분은 시 개발계획에서 개발 금지 구역으로 지정되어 있다.

생태적 재생

생태적 복원 및 재생을 시도해온 도시의 사례도 다수 존재한다. 예를 들어, 레스터 시는 도시를 가로질러 흐르는 하천 회랑을 복원하기 위해 폭넓은 활동을 벌여왔다. 넓이 2,400에이커(9.7제곱킬로미터), 폭 19킬로미터의 리버사이드 공원(Riverside Park)은 1970년대 초에 버려진 불모지를 기반으로 만들어진 것이다. 레스터 생태전략계획 아래, 토지 소유주들을 비롯한 영국수로공사(British Waterways), 국립하천공사(National Rivers Authority), 농촌위원회(Countryside Commission) 같은 기관 사이의 협력을 통해, 상당한 예산과 자원을 확보하여 하천 회랑을 복원하고 정화하기 위해 애썼다. 현재 리버사이드 공원은 이 도시에서 가장 중요한 생태적 자원이자 여가활동 공간 중 하나가 되었다(Environ, 1996 참조).

많은 도시에서 인공 조성된 물길이나 복개 처리된 개울 및 하천의 자연적 특성을 복원하기 위해 노력하고 있다. 예로 취리히와 하이델베르크에서 그런 조치가 취해졌는데, 원래 취리히에서는 약 100킬로미터의 하천이 지하화 또는 '운하화'되어 있었다. 이제 취리히는 이런 하천의 40킬로미터에 대하여 복개면을 철거하거나 지표면으로 올리려는 정책을 시작했으며, 이미 40킬로미터 중 25킬로미터가 완료되었다(Villiger, 1989). 본래의 하천이 있던 장소, 물길이 개방되고 끊이지 않고 흐를 수 있는 경로, 그리고 기존의 오솔길이나 오픈 스페이스와 어떻게 합쳐지고 연결되는지 등에 관한 역사적 기록에 근거하여 새롭게 '열린' 하천의 위치가 정해진다. 그 결과로 정비된 하천은 자생수목과 식물을 수용하면서 도시지역의 녹색화에 기여하는 것이다. 빌리거(Villiger, 1989)가 이와 같은 하천의 용도를 설명한다.

하천은 우거진 숲의 언덕길에서부터 계곡으로 흘러내려 가면서 연결 및 구조화의 기능을 갖는다. 하천 주변의 부속 식물군과 함께 물길이 기후에 뚜렷한 영향을 끼치는데, 물이 흘러내려 오면서 신선한 공기를 기개발지역으로 끌고 오는 것이다. 거의 자연에 가까운 하천 바닥이 있는 상태에서 물이 계단처럼 급격히 흘러내리지만 않는다면, 이 하천은 풍부한 동식물군도 함께 거느릴 수 있다(8쪽).

생태적 도시 재구조화

도시 환경을 녹색화하기 위한 가장 흥미로운 사업 중 하나가, 계획 단계이기는 하지만, 옛 동독 지역의 라이프치히 시에서 마련되었다. 이 시범 프로젝트는 '생태적 도시 재구조화'의 개념을 설명하고자 하는 노력의 일환이자, 에크하르트 한(Ekhart Hahn)의 아이디어로서 유럽연합의 사업인 'LIFE'를 통해 재정 지원을 받고 있다.[12] 이 사업은 라이프치히의 중요한 부분 또는 특정 지역(특히 동부지역) 전체에 대한 '녹색화'를 시도한다. 중심적인 설계 요소는 '녹색 방사축(Green Radial)'을 만드는 것이며, 이는 주변의 시골지역을 도심 한가운데 버려진 철도부지(the Eilenburger Bahnhof)와 연결하는 일이었다(Hahn and LaFond, 1997). (도심과 시골을 연결하는) 이 2킬로미터 반경 지역은 자전거 길과 보행자 녹지 공간 및 여가 시설을 갖추는 방향으로 새롭게 디자인될 것이다.

녹색 방사축을 중심으로 복합 용도의 새로운 지역이 조성되며 신규 마을정원, 재활용 및 퇴비화 시설과 함께 '생태적 재구조화'를 통해 녹색화가 추진될 것이다. 새로운 모습의 주거형 생태 지역사회가 구상되는데, 가장자리에는 생태적으로 생산된 농산품을 키우고 판매하는 유기농 농장과 도

---

[12] LIFE는 유럽연합의 환경지원 프로그램으로 1992~2006년 동안 2,750개의 프로젝트에 대하여 3단계로 13억 유로 이상이 투입되었다. 현재 2007~2013년 기간에는 'LIFE+' 프로그램이 진행되고 있으며 21억 유로 이상의 사업비가 계획되어 있다.

시농장이 만들어진다. 녹색 방사축의 중심부에 "에코스테이션(ecostation)"이라는 이름의 혁신적인 지역생태센터가 만들어질 것이다. 에코스테이션은 옛 철도기관차 보관창고에 들어서는데, 에너지와 각종 활동의 중심지로서, 생태 교육과 워크숍이 열리고 필요한 장비와 도구를 대여할 수 있으며 공적 모임과 회의도 할 수 있다. 동시에 생태 서비스와 제품에 관한 정보를 얻을 수 있으며 다양한 형태의 생태 관련 내용을 실증해 보일 수 있는 장소가 될 것이다. 한과 라폰트(Hahn and Lafond, 1997)는 에코스테이션의 몇몇 활동과 기능을 아래와 같이 제시한다(46쪽).

- 전시, 세미나, 행사 공간
- 독서실이 딸린 환경 도서관
- 생태 영양 카운슬링 센터와 교육용 부엌이 딸린 자연식 식당
- '지방의제 21' 담당 사무실
- 생태형 지역 재생을 위한 정보와 조언
- 지역기반 에너지 개념의 실행을 위한 에너지 사무실
- 물과 폐기물 담당기관
- 통행 서비스 부서[카셰어링, 카풀, 자전거 대여와 셀프 수리소를 갖춘 자전거 센터, 교통정기권(job tickets) 관리 협조, '차 없는' 지역사회 지원활동 등][13]
- 대기, 물, 토질에 관한 자료를 보관·분석하는 환경 측정소
- '도시농장' 및 시골지역 개발정보 관리
- 녹색 방사축을 실현하기 위한 그린 워크숍(Green Workshop)

---

13) 교통정기권은 월별 또는 1년 단위로 대중교통기관 등으로부터 기업체나 대형 조직이 종업원들에게 업무용으로 제공하기 위해 대량으로 할인 구입한 교통 티켓이다. 할인 혜택이 있는 만큼, 구입기관에서는 유자격자만이 이용하도록 통제와 관리가 필요하다.

라이프치히의 사업계획은 몇몇 어려움에 직면하였고 녹색 방사축 개념과 에코스테이션이 아직 실현되지는 않았지만, 이러한 아이디어는 도시와 시골 사이의 공간적 관계를 다시 생각하게 만드는 강력한 새 수단을 보여 준다.

도시 정원

이 책에서 다루고 있는 유럽 도시의 사례에서 주말농장형 분구농원(allotment gardens)이 광범위하게 존재하는데, 이는 소규모 농원으로 일반 시민에게 대여하거나 분양되어 여가 생활로 꽃과 식량을 기르는 데 사용된다. 많은 유럽 도시에서 주말농장은 오랜 전통이자 녹색화의 중요한 요소이다. 예로 코펜하겐, 암스테르담, 베를린에는 넓은 분구농원이 있고(특히 베를린에는 8만 개의 농원에 1만 6,000명이 대기자 명단에 올라 있다), 이 농원들이 녹지를 제공하면서 시민들의 삶의 질 개선에 추가로 기여한다(United Nations Development Programme, 1996). 몇몇 도시는 이런 농원의 숫자를 점차 더 늘려왔다. 프라이부르크에는 약 4,000개의 소농원(klein gartens)이 있는데 그 수가 해마다 300~400개씩 더 늘어나고 있다(여기에도 대기자 명단이 있을 정도이다).

유럽 도시의 많은 신개발 계획지에서 일관되게 나타나는 특징은 신규 분구농원 또는 지역사회 농원을 제공하려는 적극적인 자세다. 이것은 아마도 이러한 농원의 역사적인 중요성을 반영하는 것으로서, 심지어 매우 도시화된 지역에서도 이런 농원을 마련하려고 한다. 예컨대 헬싱키의 비키 생태 주거단지는 "주민에게 농원을 임대하고 정보를 제공하며 원예 도구를 빌려주거나 모형 용지를 관리하는" 원예센터의 건설을 꿈꾸고 있다(City of Helsinki, undated: 4). 네덜란드 엔스헤더의 생태 주거 사업인 오이코스 설계에서는 주거지역 전체에 걸쳐 산재한 일련의 지역사회 농원이 종합계획의 주요 특징이다. 이와 마찬가지로 암스테르담의 GWL 사업지구의 내부 공간 대부분이 분구농원으로 채워졌다.

도시 야생동물 및 서식지 보전

또한 이 책의 연구 대상 도시들은 도시 내부와 주변의 중요한 야생동물 서식지를 파악하여 이러한 지역을 보호·개선하는 데 힘쓰고 있다. 다수의 사례 도시에서 광범한 비오톱 및 서식지의 지도화가 이루어졌고, 관련 보호 프로그램도 만들어졌다. 런던의 많은 자치구에서 서식지 연구와 계획을 마련하여 중요한 자연 및 동식물 서식지를 보호하기 위해 상당한 노력을 기울여왔다. 개별 자치구는 1980년대 이래로 런던 생태기구(London Ecology Unit)로부터 생물학적·기술적 측면의 도움을 받아 자연보호 전략을 준비하였고, 이를 자치구 도시개발계획(UDP)에 포함시켰다. 오늘날 전체 32개 자치구 가운데 19개가 자연보호 전략을 마련했으며, 다른 여섯 개 자치구는 준비 중이다. 이 전략의 핵심은 지역의 자연 공간을 도면화하고 분류하는 시스템으로서 자연 결핍지역(areas of nature deficiency, 자연 공간에서 1킬로미터 이상 떨어져 있는 곳)도 지정한다(Yardham, Waite, Simpson, and Machin, 1994 참조).

이 지정 지역은 (자연보호 전략을 마련한) 지역의 자치구 계획에 포함되는데, 런던 생태기구의 책임자인 데이비드 구드(David Goode)에 따르면 이런 곳은 보통 개발 금지 구역으로 관리된다(비록 노후 산업용지 또는 버려진 땅의 일부가 재개발용으로 쓰이긴 했다). 가장 최근의 자연보호 노력은 런던 생물 다양성 파트너십(London Biodiversity Partnership)의 제안으로, 이는 런던 광역권의 서식지와 생물 품종을 보존하기 위한 전략적 행동계획을 개발하려는 다양한 집단과 활동가, 토지 이용자들을 한데 끌어 모으려는 것이다(영국의 많은 다른 지역정부도 생물 다양성 행동계획을 준비 중이거나 앞으로 펼 계획이다).

레스터는 영국에서 가장 먼저 종합적인 생태 전략을 발전시킨 도시 중 하나이다. 첫째, 이 도시는 광범위한 서식지 조사(Habitat Survey)를 예외적인 시기에 시행했다. 이 조사는 도시 내 모든 공지에 대하여(교회 경내, 분구 농원 포함) 서식지로서의 가치에 따라 각각 A-B-C 등으로 등급을 매겼다. 이에 따라 대략 1,800개 지점에 대한 조사와 분류가 행해졌다. 그 결과 도시 내 서식지의 규모와 실제 사정이 어떠한지를 포괄적으로 파악할 수 있었다(Leicester City Council, 1989). 조사 결과는 도시화된 지역에 상당수의 야생동물과 중요 자연 서식지, 즉 "운하, 강, 개울, 철로, 도로변 등에서 다양한 야생동물을 위한 집과 회랑을 제공하는 189마일의 선형 서식지"가 있는 것으로 나타났다(19쪽). 이 조사와 서식지 유형화 덕분에 레스터 생태 전략의 발전이 이루어졌다. 이 전략은 도시 생태가 보호되고 복원될 수 있는 방법을 보여주고, 레스터 시를 위한 일련의 생태 전략을 제시하면서 도시의 다양한 지역에 대하여 더욱 세부적인 보존 및 관리 방법을 제시한다. 예컨대 E2 정책(policy E2)은 쐐기지역, 회랑 및 그 밖의 식물 지구와 요소 등의 '녹색 네트워크'를 정의하고 보호함으로써 야생동물 서식지의 통합 시스템을 보전하고 이 지역의 개발을 저지해야 한다고 주장한다(Leicester City Council, 1989: 59).[14] 이 서식지 보호 목표와 대상이 레스터 토지이용

계획에 통합되었고 구체적인 제안들이 앞서 언급된 리버사이드 공원 등의 사업에도 반영되었다.

이탈리아 볼로냐에서는 도(province) 정부가 자연지역과 민감지역에 대한 모범적인 계획을 발전시켰다. 이 계획에서는 자연공원(도내에 5개소), 강(양안 150미터 구역까지), 언덕과 숲을 보호지역으로 설정한다. 이 지역의 대부분은 강력한 보호를 받고 있으며 대개 개발이 제한된다.

베를린과 하이델베르크 등 많은 독일 도시가 종합적인 비오톱 도면화 시책을 유지하고 있다(Sukopp, 1980 참조). 하이델베르크는 신규 서식지를 조성하기 위해 소규모의 수많은 조치를 취해왔다. 또한 이 도시는 농부들이 특정 유형의 서식지를 유지하고 복원할 수 있도록 보조금을 주고 있으며, '양 대여(rent-a-sheep)' 프로그램을 통해 도시 실업자들에게 일터를 제공하는 동시에 초원 서식지를 유지하는 데 도움이 되도록 했다. 이들은 유럽 도시를 녹색화·자연화하는 다양한 아이디어와 전략 중 일부일 뿐이다.

메시지: 도시 안의 자연, 환경·경제 양면의 이익

도시의 환경은 좀 더 녹색으로 또 자연에 가깝게 될 수 있을 뿐만 아니라, 또 그리되어야 한다. 앞에서 논의한 것처럼 도시는 숲과 같이 만들어져야 하는데, 그럼으로써 도시의 자연적 환경과 조건을 향상시키고, 개선

---

14) 서식지 보전 이슈는 당연히 도시의 생물권 의식, 도시의 야생성 회복과 함께 논의되며 찬반 양론이 있을 수 있다. 예컨대, 제레미 리프킨은 그의 최근 저서 『3차 산업혁명』에서 도시 내에 야생동물의 서식지를 허용하거나 재건·확대하는 실천사례가 세계의 도시 여러 곳에서 늘어나고 있는데, 일부 사람들에게는 두려운 조짐이기도 하다고 지적한다(Rifkin, 2011).

하며, 복원할 수 있다. 유럽의 도시와 국가는 도시환경을 녹색화하기 위해 다양한 방식의 창의적이고 영감 넘치는 아이디어를 제시해왔다. 이러한 아이디어는 전략적 나무 심기, 그린루프, 포장도로 철거를 비롯해서 신개발 사업과 도시 재개발에 생태적 특징을 광범위하게 통합·적용하는 것 등 다양하다. 거의 모든 아이디어들이 미국의 도시에도 적용될 가능성을 지니고 있다.

유럽 도시에서 배울 수 있는 한 가지 중요한 교훈은 우리가 도시에 관해 가지는 인식 그 자체이다. 최고의 녹색성을 지닌 많은 도시에서 그리고 일찍이 다양한 도시생태 정책이 시작되었던 베를린 같은 도시에서는, 도시가 곧 자연이라거나 또는 그 안에서 자연을 볼 수 있어야 한다는 인식이 강했다. 미국에서는 도시적인 것과 자연적인 것을 지나치게 극단적으로 구별하는 사고를 극복해야 하는 어려움이 존재한다. 아마도 미국의 생태 자원과 토지 기반의 규모가 너무 크기 때문에 대부분의 미국인은 거주지에서 수백 마일 떨어진 국립공원, 국립해안공원, 야생구역 등 자연을 주거환경으로부터 멀리 두려는 경향이 있다.

특히 네덜란드 같은 곳에서처럼 자연경관을 보호·복원하기 위한 통합적이며 일관된 전략을 강조하는 생태 네트워크의 개발은 미국의 도시에 시사하는 바가 크다. 네덜란드에서는 이런 전략이 국가 단위에서 시작되어 광역 및 도시 정부 단위로 내려오면서, 각 단위별 상위 정부가 보존 및 복원의 의사 결정을 위한 일관된 정책 틀을 제공한다. 미국에서는 국가 단위의 생태 네트워크가 (비록 매우 바람직할지라도) 가능하지 않을 테지만, 광역권·생태권·대도시권별 녹지 보존 전략이 필요하다는 것은 명백하다. 사실 그런 전략 없이는 지역별로 녹지 공간 보존 활동을 재량껏 하더라도 전체적으로 큰 효과가 있을지 확신할 수 없다. 몇몇 광역권 녹지 공간 전략은 모방하거나 확대 적용할 가치가 있는데, 포틀랜드 녹지공간계획(Portland Greenspaces Program)이 바로 그 예이다. 1992년에 채택된 이 계획에 의하면 "광역 단위의 공원, 자연지역, 그린웨이와 함께 물고기, 야생동물 및 사람을 위한 통로" 등을 만들도록 되어 있다. 이 시스템은 57개의 도시형 자연지역과 34개의 오솔길 및 녹색회랑을 포함한다. 1995년(1억 3,500만 달러의) 공채 발행이 주민투표에서 통과됨으로써 6,000에이커의 토지 획득이 가능하게 되었고, 이중 상당 부분에 대한 매수가 완료되었다(Howe, 1998). 미네소타의 트윈 시티(Twin Cites) 지역에서 광역 그린웨이 시스템을 발전시키려는 협력 프로그램이 1996년 이래로 계속되고 있으며, 광역 자연자원 지도가 최근에 마련되었다(Pfeifer and Balch, 1999).

　이와 같은 광역 수준의 전략이 필요하다는 것은 의심의 여지가 없다. 그러나 현재로서 가장 선도적이라 여겨지는 제안일지라도, 그 범위를 보면 그리 대단치 않은 수준이다. 예를 들어 트윈 시티 계획은 전체 200만 에이커(8,000제곱킬로미터)의 4%만을 녹지 공간으로 확보하게 될 것인데, 여전히 더 많은 공간 확보가 필요하며, 좀 더 과감한 광역 생태 네트워크를 위한 구상이 절실하다. 미국 도시에서는 토지 투기 문제와 토지 획득에 높은 비용이 수반된다는 점이 이러한 광역 녹지 시스템의 수립을 더 어렵게 만들고 있다. 이에 따라 꾸준하고 안정적인 수입원이 필수적인데, 예를 들면 오픈 스페이스 매입용 소비세를 도입한 볼더의 사례에서 이에 대한 답을 찾을 수 있다(이미 약 2만 7,000에이커의 녹지를 획득하였다).

　최근 미국에서는 녹색 인프라에 대한 필요성이 대두하고 있는데, 습지, 숲, 지하수 함양 지대와 같은 환경 요소 등이 일반적으로 돈을 들여 건설하는 도로, 하수관, 학교 등과 마찬가지로 필수적인 인프라 유형이라는 것이다. "녹색 인프라"라는 말에는 상당한 수사적 힘이 있으며, 환경이 제공하는 생태 서비스(예: 자연 습지가 물을 가두어둠으로써 얻어지는 홍수 예방 효과)에 대한 높은 인식과 연계되어 녹지 공간 보호를 옹호하는 효과적인 역할을 한다. 녹색 인프라가 어떤 식으로 작동하는지를 볼 수 있는 사례로 메릴랜드 주지사인 패리스 글렌데닝(Parris Glendening)이 1999년 취임사에서 이를 언급한 것은 유명하다(Glendening, 1999).

이 장에서 논의된 몇몇 아이디어는 여기서 다시 언급할 가치가 있다. 예를 들어, 미국에서 그린루프 또는 생태지붕이 지니는 잠재력이 엄청나다는 것은 의심의 여지가 없다. 그러나 지금까지 미국에서는 그린루프 디자인을 구현한 건물이 거의 없는데, 캘리포니아 샌 브루노(San Bruno)의 갭(Gap) 본사 건물이 최근의 사례이다. 윌리엄 맥도너(William McDonough and Partners) 회사가 설계한 이 빌딩은 "잔디와 야생화로 덮여 있고…… 주변의 녹색 언덕처럼 마치 물결이 파도치듯 하는" 모양의 그린루프를 가지고 있다(Templin, 1998: 8; Interiors, 1999). 맥도너는 이리로 날아오는 새들이 여기가 빌딩인지를 알아채지 못한다고 자주 말한다. 기존의 자연지역에 구조물을 통합시키는 것이 당초의 목표였다. 이 건물이 그린루프의 잠재적인 매력을 나타내는 긍정적인 신호이긴 하지만, 앞으로 더 많은 실험이 장려되어야 할 것이다.

미국의 맥락에서 그린루프를 촉진하기 위해서는 전략적 조정이 더 필요할 듯하다. 앞서 말한 대로 많은 유럽 도시에서는 (린츠나 빈 등에서처럼) 주민들에게 보조금을 주어 개인적인 녹색 투자를 돕는 것이 흔한 일이지만, 미국에서는 보통 지방정부가 이런 일을 하지는 않는다. 개발 규제 아래 환경에 끼치는 영향 등을 완화하는 의무 수단으로서 녹색화를 실시하는 것은 물론 가능한 일이며, 기술적인 도움 또한 필요하다. 미국에서는 인센티브와 밀도 보너스를 사용하는 것이 그린루프와 안뜰을 더 효과적으로 장려하는 방법일지 모른다. 실제로 포틀랜드와 시애틀은 이미 그러한 프로그램을 시행 중이며 다른 도시들도 이를 따를 수 있으리라고 생각된다. 그리고 톰슨(Thompson, 1998)이 말한 것처럼, 그린루프에 관한 더 많은 기술적인 연구가 필요하며 장기적으로는 그린루프 산업의 발전이 뒤따라야 할 것이다. 미국과 독일 기업 간의 협력사업이 이미 진행 중에 있다. 몇몇 미국 도시에서 그린루프의 가치를 인식한다는 신호가 나타나고 있으며, 일부 도시는 이미 이를 탐색하고 장려하기 위한 방안을 마련하였다. 포틀랜드 시 환경서비스국은 그린루프의 잠재력을 연구하기 위해 포틀랜드 전력공사(Portland General Electric)와 협조하고 있으며, 환경국이 자체적으로 생태지붕을 설계·건설하고 있다. 이러한 그린루프는 많은 양의 빗물을 저장할 수 있는데, 연구 결과에 의하면 75%까지 물을 가두어둘 수 있다고 한다(Johnston and Newton, 1997).

포틀랜드 주립대학교(Portland Statge University, PSU)의 대학원생들로 구성된 '그린루프 언리미티드(Green Roofs Unlimited)' 연구 모임은 포틀랜드에서 그린루프를 활용할 수 있는 잠재성에 대하여 흥미로운 분석을 시도했다.[15] 이 연구는 미국 도시 내에서 이용 가능하나 사용되지 않는 지붕 공간이 얼마나 되는지를 보여준다. 연구에 따르면, 포틀랜드 시내의 약 723

---

15) 그린루프 언리미티드 모임은 포틀랜드 주립대의 스테파니 베크먼(Stephanie Beckman 등 4명의 도시계획학과 대학원생으로 구성되었으며, 정식 타이틀 "Greening Our Cities: An Analysis of the Benefits and Barriers Associated with Green Roofs"라는 프로젝트로 1998년 미국 공인도시계획가협의회(American Institute of Certified Planners, AICP)로부터 학생프로젝트 상을 받았다. 영문 'limited'는 뭔가 제한적이라는 의미와 함께 약자 'Ltd.'로 유한회사의 의미로도 쓰이는데, 이 모임은 그 반대어 명칭을 씀으로써 그린루프의 가능성이 무한대임을 표현한다.

에이커(약 3제곱킬로미터) 지역에서 219에이커 면적의 지붕 공간이나 시내 지붕 면적 3분의 1가량을 그린루프로 바꿀 수 있는 것으로 나타났다. 또한 이들은 이 지역에서 빗물을 잡아두고 합류식 하수(combined sewer overflow) 문제를 해결할 수 있는 가능성도 살펴보았다(포틀랜드 시는 현재 7억 달러가량을 이 문제에 사용하고 있다).[16] 옥상 지역에 그린루프가 지어져 빗물의 60%를 지붕 내에 붙잡아둘 수 있으면, 매년 6,700만 갤런의 물을 저장할 수 있을 뿐만 아니라 합류식 하수관거의 범람도 11~15% 줄 것이다(Beckman et al., 1997: 25).

이는 결코 적은 양의 빗물이 아니며, 엄청난 경제적 가치를 도시에 안겨준다. 앞서 포틀랜드주립대 학생들의 계산을 보아도 알 수 있듯이 이런 유형의 녹색화 구상은 공공경제적 가치도 가진다. 경제적·비경제적 편익이 확실히 존재할 때 그린루프 설치를 위해 유럽식의 보조금을 제공하는 방식이 긍정적으로 작동할 것이다. 그리고 미국 도시들은 소규모 장려금이나 장기상환 보조금 등을 통하여 많은 녹색 도시 요소를 장려하고 지원할 수 있을 것이다.

몇몇 유럽 도시에서 그린루프는 쇼핑센터 지붕에 설치되어왔으며, 미국의 빌딩에도 이런 식의 개조가 이루어질 상당한 잠재력이 있다. 특히 미국의 저밀도 교외지역에서는 넓은 지붕을 가진 수많은 빌딩이 있는데, 현재의 지붕 형태는 불투과성 표면으로 인해 도시열섬 효과를 더하는 데만 기

---

16) 합류식 하수관거(combined sewer system)는 비가 내릴 때 하수와 빗물을 한 개의 관으로 모아 처리하면서 하수관에 유입되는 각종 오염물질이 하천으로 직접 방류되는 것을 방지하는 시스템이다. 합류식으로 처리하더라도 여전히 심각한 오염 문제가 발생하기 때문에 신규 개발 되는 도시는 이런 시스템을 쓰지 않지만, 오래된 옛 도시에서는 여전히 사용하고 있다. 반대로 분리식 하수관거를 설치하면 오폐수와 빗물을 차단할 수 있지만 건설 비용이 비싸다.

여할 뿐이다. 따라서 우선적인 과제는 여러 건물에서 시험 삼아 옥상을 개조해보는 일인데, 이를 더 연구하면서 향후 이 아이디어에 대한 관심과 열정을 자극할 수 있을 것이다(아마도 유기농 식품을 주로 다루는 체인점이 가장 유망한 스폰서일까?).

미국 도시 가운데 압축 고밀도의 개발 패턴에 우선권이 주어지는 곳에서는 그린루프, 녹색 담장, 녹색거리 등의 많은 도시 녹색화 프로그램이 점점 더 중요시될 것이다. 특히 포틀랜드, 산호세, 시애틀처럼 진지하게 물리적 도시 성장을 제한해왔거나 지금도 그리하고 있는 도시에서는 녹색 전략이 유용하다. 포틀랜드주립대 연구 모임도 이 점을 잘 지적한다.

> 포틀랜드 시는 전환점에 서 있다. 우리는 고밀도의 도시 형태를 지향함으로써 소중한 자연 자원과 도시 주변의 농지를 보호하며, 걷기 좋고, 효율적인 도시를 창조하려고 한다. 그러나 밀도를 추구하다 보면 우리 지역사회 내에서 자연적·사회적 환경의 건강에 부정적 영향을 끼치게 마련이다. 개발의 밀도가 증가하면 우리 삶의 질을 높이는 자연 공간이 더 줄어들 것이다. 그린루프는 도시 지역에 녹색 공간을 더함으로써 개발의 부정적 영향을 완화시켜주고, 우리 지역사회에 실질적인 혜택을 가져다줄 잠재력을 갖고 있다 (Beckman et al., 1997: 1).

또한 이 연구는 포틀랜드 북서쪽 여러 도시에서 재래식 옥상정원을 많이 볼 수 있으며 그린루프를 장려할 기존의 개발 규제도 존재함을 밝히고 있다. 예컨대 포틀랜드 시는 건물에 옥상정원을 포함할 경우 (1:1 비율로) 용적률 보너스(floor-area bonus)를 주고 있다.[17)18)] 이 보너스는 고밀도 지역, 즉 기본적으로 고층 구조물에만 해당하는 것이며 그리 자주 사용되지는 않았다. 시애틀에도 이와 유사한 용적률 보너스 제도가 있는데 건축 면적의 최대 30%까지 (내부 접근 가능한 정원에 대하여) 보너스를 준다. 시애틀의 규제하에서 보너스를 받으려면 옥상정원이 일반 대중의 접근을 허용해야 하는데 그럼으로써 공공 어메니티 또는 공적 편익으로 인정받는 것이다. 이런 조건은 용적률 보너스의 매력을 제한할지 모르며, 시민 대중의 접근 가능 여부를 떠나서 그린루프가 제공하는 많은 공적 이익이 제대로 인정받지 못하는 결과가 된다.

정원, 하천, 도시숲, 투과성 포장도로를 포함하는 고밀도 도시 지구들의 긍정적 사례들은 도시와 환경의 조화가 지니는 진정한 잠재력을 보여준다. 그리고 다른 장에서 논의된 대로, 미국적 맥락에서는 이러한 녹색화 전략과 연결된 명쾌한 경제적 이익과 비용 절약 측면을 강조해야 할지 모른다. 예컨대, 환경단체인 '미국의 숲(American Forests)'은 컴퓨터 모델링으로 나무 심기를 통한 빗물 관리 및 저장에 관한 이익을 추정하였다. 애틀랜타 시에서 나무를 통한 빗물 및 홍수 관리로부터 발생하는 이익은 약 20억 달러의 저수지에서 발생하는 이익과 같다고 한다.

자연배수를 도시 설계에 포함시키도록 강조하는 것은 네덜란드와 그 밖의 유럽 도시에서 두드러지게 나타나는 경향 중 하나이다. 여기서도 몇몇

∴
17) [원주] 더 구체적인 요건이 포틀랜드주립대 연구팀에 의해 요약되어 있다. "이 용적률 보너스를 받기 위해서는 옥상정원이 건물 지붕 면적의 최소 50%를 차지해야 하며, 정원 면적의 30% 이상에 조경이 되어야 한다. 정원 면적의 50%가 차지하는 지붕 면적에는 건축선 후퇴(setbacks)로 만들어진 테라스와 건물 꼭대기 부분이 포함된다(Beckman et. al., 1997: 61).
18) 용적률(floor area ratio)은 건축물의 연면적을 대지 면적으로 나눈 비율이다. 건축물 연면적은 건축물 각 층의 바닥 면적을 모두 합한 것인데 100평의 대지에 각층 바닥이 50평인 4층 건물을 지을 경우, 용적률은 200%가 된다[(50×4)/100×100]. 이 경우 도시계획 용도구역 규제로 용적률이 200%를 넘지 못할 때, 용적률 보너스를 50% 더 받으면 똑같은 바닥 면적의 1개 층을 더 지을 수 있게 된다.

긍정적인 미국의 사례가 제시될 수 있는데, 이는 환경과 경제 두 측면에서 모두 상당한 이익을 주고 그러한 디자인이 실현 가능하며 시장성도 있음을 보여준다. 미국의 사례 중 가장 성공적인 것으로는 데이비스(Davis, CA)의 빌리지 홈스(Village Homes) 사업일 것이다. 이곳은 마이클과 주디 코르벳 부부(Michael and Judy Corbett)의 영감에서 나온 200여 가구의 태양열 주택단지로서 일련의 그린 핑거 둘레에 서로 맞물려 건설되었다. 배수용 습지대가 빗물을 저장하며, 사방댐과 결합하여 전통적인 빗물 배수관 설치가 필요 없도록 만든다. 코르벳 부부는 자연배수 시스템이 제대로 작동하지 않을 것이라고 생각하는 공무원들의 반대에 맞닥뜨렸다(미국에서 전통적인 토목적 사고방식을 극복하는 것은 여전히 심각한 장애물임이 확실하다). 결국 보증채권이 발행된 이후에야 이 시스템이 허가되었다(Beatley and Manning, 1997). 빌리지 홈스 사업의 자연배수 시스템이 잘 작동되는 것은 물론이고, 가구당 약 800달러를 절약하는 효과도 거두었다(빗물 배수관을 설치할 경우 들어갔을 비용이다).

그렇지만 미국 상황에서 적용되는 자연배수 전략은 마당과 잔디밭에 대한 미국의 독특한 가치와 종종 어긋나기도 한다. 이안 맥하그(Ian McHarg)사가 설계한 휴스턴 북쪽의 신도시인 우드랜즈 지구(The Woodlands)에 적용된 자연배수 시스템의 파란만장한 역사를 통해 이를 확인할 수 있다. 이 마을의 집들은 원래 자연습지와 배수로를 끼고 지어졌으며, 재래식 빗물 배수관이 설치되어 있지 않았다(Girling and Helphand, 1994; Middleton, 1997 참조). 모든 점에서 이 자연배수 시스템이 잘 작동해왔지만, 회사는 이후 새로운 사업에서 자연배수 아이디어를 포기했는데, 이를 소비자가 원하거나 기대하지 않는다고 판단했기 때문이다. 물이 가득한 배수로와 질척거리는 잔디는 현대 주택 소비자의 요구와는 상반되는 것이다. 즉 자연

자연배수 시스템은 미국의 몇몇 생태 개발에서 핵심 설계 요소가 되었는데, 캘리포니아 데이비스의 빌리지 홈스 단지가 가장 대표적인 사례이다.

배수가 미국의 주류사회에서 받아들여지려면 미국의 잔디밭과 마당에 대한 전통적 심미 감각을 재개념화하는 등의 공동 노력이 필요함을 시사한다. 이 재개념화는 확실히 가능하다.

 미국의 도시에서 쉽게 시행될 수 있으면서 상당한 환경적·경제적 이익을 기대할 수 있는 또 하나의 중요한 녹색화 전략은 새로이 지어지는 모든 주차장에 일정 수 이상의 나무를 심도록 강제하는 것이다. 데이비스 시는 주차장 그늘의 최소 기준을 설정하였는데, 이에 따르면 앞으로 15년 이내 적어도 주차장 총면적의 50%가 그늘이 되도록 (계획의 제출을 통해서) 의무화하고 있다. 또한 시는 주차장 그늘 기준을 마련하는 과정에서 그 면적의 계산 방법, 나무 식재와 관개에 관한 최소 기준, 그리고 15년 자란 나무의 수관경(crown diameter) 정보를 담은 주차장 식재 종합 목록 등의 지침을 제시했다(City of Davis, undated).[19] 데이비스 시에서는 빗물 보관 웅덩이를 새로 구상·설계하여 습지로 만들려는 노력도 행해지고 있는데, 이것은 '태평양 철새이동로(The Pacific Flyway)'에 중요한 서식지를 하나 추가하는 일과 마찬가지이다.[20] 연못과 배수로가 철새들의 서식지가 되었으며, 동시에 주민을 위한 중요한 자연 및 오픈 스페이스이자 지역사회의 통합 자전거 길 및 통행 시스템의 한 부분으로 기능하게 되었다.

마을 내 공동정원의 설계 역시 주목할 만하다. 암스테르담의 GWL 사업지구(베스터파크), 엔스헤더의 오이코스 지구, 헬싱키의 비키 지구 등 신규 사업에서 이런 정원을 포함시키기 위해 많은 노력을 기울였다. 이러한 디자인은 밀도와 도시성이라는 가치가 식량 및 꽃 생산, 그리고 더 녹색화하는 환경과 동시에 성취될 수 있음을 설득력 있게 보여준다. 최근의 몇몇 미국 사례 또한 이런 아이디어가 가능함을 확실히 보여주고 있다. 일리노이 주 그레이스레이크(Grayslake)에 있는 교외 생태개발지구인 '프레이리 크로싱(Prairie Crossings)'이 상당한 주목을 받아왔다. 이 단지는 317가구로 이루어져 있는데 전체 면적의 3분의 2 정도를 자연 초원으로 떼어서 영구 미개발지로 남겨두었다. 이는 2,500에이커 규모의 리버티 대초원 유보지(Liberty Prairie Reserve)에 인접해 있으며 주택 매매 시 부과되는 수수료를 초원의 보호 및 복원에 사용한다(주택 매각 가격의 0.5%, Brown, 1998;

---

19) 수관은 나무의 몸통 위 나뭇가지나 잎이 무성한 부분을 이르는 말이다. 수관경(樹冠徑)은 수관의 지름으로서, 수관폭이라고도 불린다.
20) 태평양 철새이동로는 미주 대륙에서 철새가 이동하는 남북 방향의 중요한 이동 경로로서 북미 알래스카로부터 아르헨티나 남부 고원지대인 파타고니아 지역까지를 말한다. 매년 봄과 가을에 철새들은 이 경로의 전체 또는 일부 거리를 날아다니며 먹이를 찾고 번식한다.

Beatley and Manning, 1997). 개발의 내용에 유기농 농장을 포함하며, 주민들은 신청을 통해 신선한 농산물과 꽃 한 바구니를 선택하여 받을 수 있다. 자신의 먹거리를 직접 키우고 싶어 하는 주민들은 정원의 한 구역을 배정받는다. 이런 개발에 따르는 기본적 어려움은, 비록 제한된 기차 편이 있긴 하지만, 단지가 시카고에서 북쪽으로 40마일이나 멀리 떨어진 준교외에 위치하고 있다는 점이다. 자연 보전에 초점을 두었음에도 불구하고 개발은 여전히 시골지역의 무분별한 평면 확장을 가속화하고 있다. 효과적인 모범 사례가 되기 위해서는 이러한 미국형 녹색 개발이 (앞으로 내가 다른 데서 논의할 테지만) 현존하는 도시의 기본 구조에 기여하고 이를 더 강화할 수 있는 곳에서 이루어져야 한다. 미국의 새로운 개발 사례 중에서 좀 더 도시 가까이에 있는 개발의 경우에는 마을 공동정원을 사업 설계에 통합시키기도 한다. 유럽의 사례는 그것이 가능하며 새로운 도시마을의 삶의 질을 향상시키는 데 도움이 됨을 보여준다. 우리가 이미 살펴본 것처럼, 여러 창의적 방식을 통해 도시 개발은 단지 정원뿐 아니라 그린루프, 나무, 습지, 야생동물 서식지를 둘 수 있으며 이 모두가 자연과 인간의 삶을 풍부하게 만든다.

    미국의 상황에서 한 가지 중요한 조치이자 앞으로도 계속 바탕이 되어야 할 것은, 최근 도시의 자연 생태를 이해하기 위하여 과학적 연구와 재정이 투입되었다는 점이다. 구체적으로 국립과학재단(National Science Foundation, NSF)은 두 개의 도시지역을 장기생태연구(Long Term Ecological Research, LTER) 네트워크의 한 부분으로 지정했는데, 이 두 곳은 비교적 초기 자연 상태의 생태 시스템으로 이루어진 곳이다. 이 장기생태연구 프로그램에 따라 상당 기간 피닉스와 볼티모어 두 도시의 생태적 차원과 기능을 이해하기 위해 과학재단 연구자금이 투입되었다(Jensen, 1998). 이 연

유럽의 많은 신규 주택단지가 마을 공동정원을 설계에 반영하고 있다. 사진의 정원은 암스테르담의 GWL 사업지구 내 차 없는 지구의 중심에 있다.

구에서 도출된 지식은 여전히 초기 단계이지만(1997년에야 지정되었다), 미국의 도시가 더 자연적일 수 있으며 또 자연을 향상시킬 수 있도록 재개념화하고 계획 및 정책을 수립하는 데 결정적으로 유용할 것이다. 아울러 이러한 프로젝트의 학제적 특성도 유망하다. 비록 현재 상태로는 20개의 장기생태연구 지역 중 단지 2개만이 도시지역이지만, 시간이 지나면 다른 도시들이 추가됨에 따라 연구비가 추가로 투입되어야 할 것이다. 미국인들이 도시와 도시환경을 생태 시스템 및 자연의 장소로 보기 시작하려면 아직도 갈 길이 멀다.

제8장
도시 생태 사이클의 균형: 폐쇄 고리형 도시를 향하여

도시형 생태 사이클과 도시 신진대사

리처드 로저스는 『작은 행성을 위한 도시(Cities for a Small Planet)』에서 오염과 자원 소비로 귀결되는 도시의 선형 삶을 순환형 시스템을 강조하는 방식으로 바꿀 필요가 있다고 주장한다.[1] 그가 주장하는 바는 "새로운 형태의 전체론적(holistic) 통합 도시계획"이 필요하다는 것이다(Rogers, 1997: 30). 도시를 숲으로 보는 우리들의 시각을 조금 확장하면 도시는 궁극적으로 투입과 산출의 복잡한 흐름으로 구성되는데, 에너지와 자원이 투입되고 폐기물과 오염물질이 산출되는 형식이다. 많은 유럽 도시가 순환형 신진대사(metabolism)를 지지하는 실험과 경험을 계속 축적하고 있다. 이 장에서는 가장 대표적인 몇 가지를 살펴보도록 하겠다. 순환형을 전적으로 시행하는 도시는 유럽, 아니 세상 어느 곳에도 없지만, 비슷한 영감을 제공하는 초기 모범 사례는 많다.

유럽 도시 내에서 생태 사이클 아이디어와 함께 생산 및 소비 과정에 새

---

1) 리처드 로저스는 영국의 유명한 건축가로 자세한 설명은 제3장의 각주 10번 참조. 본문에 언급된 책 『작은 행성을 위한 도시』는 우리나라에서 2005년 『도시 르네상스』(이병연 옮김, 이후, 2005)라는 제목으로 번역 출간 되었다.

로운 방향을 제시하여 이 생태 사이클이 균형을 이룰 가능성에 대하여 폭발적인 관심이 주어지고 있다. (에너지와 음식물 등) 투입의 관점과 (물과 이산화탄소 등) 배출의 관점에서 생각하는 것이 지역 지속가능성의 유용한 개념적 틀이 되었다. 런던을 대상으로 대략 계산해보면 이 투입-배출 흐름의 규모를 알 수 있으며, 전체적인 처리량을 줄이고 투입과 배출량에 균형을 이룰 수 있는 기회가 있다는 점이 지적된다([표 8.1] 참조). 런던에서는 해마다 240만 톤이라는 엄청난 양의 식량이 필요하며 6,000만 톤가량의 이산화탄소가 생성된다(Sustainable London Trust, 1997). '지속가능 런던 트러스트'의 연구에서 지적한 대로, "런던은 원재료를 사용하면서 이를 다 쓰고 나서 버리는 식의 선형 자원 처리에 익숙해져버렸다. 지속가능성을 추구하기 위해서 런던은 지나친 에너지 소비를 줄일 필요가 있으며 선형의 자원 흐름을 따르면서 폐기물 방출도 감축해야 한다(Sustainable London Trust, 1997: 10)."

런던에서 이러한 생태 사이클이 균형을 이루려면 많은 시간이 걸릴 것으로 예상되지만, 유럽의 다른 도시들은 이미 이를 위한 노력을 기울여왔다. 가장 인상적인 사례는 스톡홀름인데, 실제로 생태 사이클 아이디어는 스웨덴에서 높은 관심과 평가를 받고 있다. 스톡홀름 사례의 핵심은 도시가 자연에서처럼 폐기물을 생산 쪽으로 투입하거나, 다른 과정에서 '식량화'하는 길을 찾기 시작해야 한다는 것이다. 스톡홀름은 유럽에서 가장 훌륭한 사례로 보이는데, [그림 8.1]처럼 시와 생태 사이클의 한 축을 맡은 다양한 기업들이 잘 조정된 틀과 방향으로 나아가고 있다. 생태 사이클 균형을 지지하는 수많은 행동이 이미 눈에 띈다. 이런 행동에는 하수 슬러지를 비료로 전환하여 식량 생산에 이용하거나 슬러지로부터 바이오가스

[표 8.1] 런던 광역권의 신진대사와 생태발자국

런던 광역권의 신진대사 (인구 700만 명)

이 표의 수치들은 런던의 자원 사용을 나타내며, 자원의 효율성을 높일 커다란 잠재력을 강조하기 위해 제시되었다. 런던의 배출 폐기물은 새로운 재활용 과정과 에너지 효율화 산업을 위한 중요 자원으로 활용될 수 있다.

1) 투입	연간/톤
연료, 기름 등의 합계	20,000,000
산소	40,000,000
물	1,002,000,000
식량	2,400,000
목재	1,200,000
종이	2,200,000
플라스틱	2,100,000
유리	360,000
시멘트	1,940,000
벽돌, 블록, 모래, 타맥(아스팔트)	6,000,000
금속(전체)	1,200,000
2) 폐기물	
산업 쓰레기 및 철거 쓰레기	11,400,000
가정, 공공 및 산업 쓰레기	3,900,000
젖거나 분해된 하수 슬러지	7,500,000
이산화탄소(CO_2)	60,000,000
이산화황(SO_2)	400,000
질소산화물(NO_X)	280,000

런던의 생태발자국

캐나다 경제학자 윌리엄 리스(William Rees)의 정의에 따라, 런던의 생태발자국은 식량, 섬유, 목재 생산품, 그리고 이산화탄소를 재흡수하기 위해 요구되는 식물 증가분을 필요한 토지 면적으로 환산한 것이다.

	에이커
런던의 표면적	390,000
사용되는 농지[(=3에이커/인)]	21,000,000
목재 생산에 필요한 숲의 면적(=0.27에이커/인)	1,900,000
탄소 흡수에 필요한 땅 면적[바이오매스로부터 연료 생산에 요구되는 면적 환산분(=3.7에이커/인)]	26,000,000
런던의 총 생태발자국 = 런던 면적의 125배	**48,900,000**
영국의 생산 가능 용지	52,000,000
영국의 총면적	60,000,000

출처: Herbert Girardet(1995 and 1996).

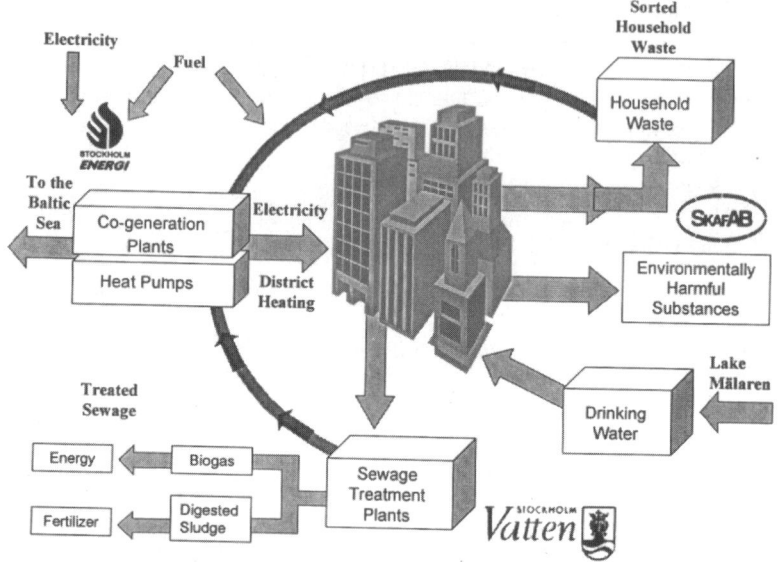

[그림 8.1] 스톡홀름의 생태 사이클 균형
스톡홀름 시는 종합적인 생태 사이클 균형 전략을 펴고 있는데, 이 과정에서는 어떠한 단계에서 폐기물로 간주되는 것이 다른 활동에서는 생산 요소로 투입된다. 위 그림은 스톡홀름 시의 에너지 회사, 폐기물 관리기구, 상수도 부서 사이에 나타나는 핵심적인 상호 연결 작용을 보여준다.
출처: City of Stockholm, Ecocycles Division.

(biogas)를 생산하는 것을 포함한다.[2] 바이오가스는 시의 공공 차량 및 열병합 발전소의 연료로 사용된다. 폐기물이 직접 난방의 형태로 주민들에게 되돌아가는 것이다.

∴

[2] 바이오가스는 보통 무산소 상태에서 유기물질의 생물학적 분해에 의해 생성되는 가스를 말하며 메탄과 수소 같은 것을 일컫는다. 동식물, 가정의 유기 쓰레기에서도 바이오가스가 생성될 수 있다. 모든 바이오가스가 지속가능한 것은 아닌데, 예컨대 메탄은 폐기물 처리로 얻을 수 있는 에너지원으로 유망하지만, 온실가스의 하나라는 측면에서 대기로 누출되지 않도록 하는 연구가 필요하다.

스톡홀름의 열과 에너지 생산은 생태 사이클에 대한 접근을 다른 방식으로 하고 있다. 몇몇 열병합 발전소는 스웨덴 북쪽의 한 제재소에서 나오는 폐기용 톱밥을 연료로 사용하는데, 먼저 (시 소유의) 압축 시설에서 그 가루를 작은 알갱이로 바꾼 뒤 이를 (역시 시 소유의) 배를 이용하여 공장으로 직접 수송한다. 그 결과로 재생가능 에너지원의 이용과 폐기물의 생산적 재화로의 전환이 가능해진다.

스톡홀름 시의 행정조직에 생태 사이클 부서(Ecocycles Division)가 설립되었고, 녹색당(Green Party) 출신의 크리스테르 스콘베리(Krister Skånberg) 부시장이 이를 이끌고 있다. 이 부서는 에너지, 물, 폐기물을 다루는 회사들을 담당하고 있다. 부시장은 "생태 사이클"이라는 부서 명칭이 그들의 업무와 얼마나 잘 어울리는지를 설명해주었다. 이는 보다 균형을 이룬 생태 사이클을 촉진하기 위해 시가 지대한 관심을 기울임으로써 많은 정책이 형성된다는 것을 잘 보여준다. 세계의 어느 도시도 스톡홀름만큼 생태 사이클에 관하여 노력한 곳은 없다.

또한 이 부서는 이른바 '내추럴 스텝(Natural Step)' 프로그램의 원리를 스톡홀름 지방정부에 통합시키려는 노력을 앞장서서 기울여왔다. 스웨덴의 한 암연구자 칼-헨리크 로베르트(Karl-Henrick Robèrt)가 창안한 내추럴 스텝은 네 가지 일련의 조건을 제시하는데, 이는 지속가능성에 관심 있는 모든 회사와 단체들이 존중해야 할 내용이다. 생태 사이클 균형을 보강하며 지원하는 이 조건은 다음과 같다. (1) 지구의 표면으로부터 생성되는 물질은 생태권에서 체계적으로 증가하도록 허용해서는 안 된다.[3] (2) 사회가

---

[3] 생태권(ecosphere)은 지구상에서 생물이 서식하는 곳, 즉 생물과 환경이 서로 작용하며 존재하는 생태계를 모두 일컫는다. 비슷한 용어인 생물권(biospher)이 학술적으로는 더 일반적으로 사용되고 있는데, 이는 수권의 최하부부터 기권의 약 10킬로미터(대류권)까지와 토

생산하는 물질이 생태권에서 체계적으로 증가하도록 허용해서는 안 된다. (3) 생산력의 물리적 기초와 자연의 다양성이 체계적으로 감소되도록 놓아두어서는 안 된다. (4) 인간의 필요를 충족시키는 것과 관련하여 자원을 공정하고 효율적으로 사용해야 한다(The Natural Step, 1996; 내추럴 스텝의 역사와 배경은 제11장에서도 상세히 다루고 있다). 생태 사이클 부서의 노력은 스톡홀름에서 큰 성과를 내었고, 내추럴 스텝의 규칙은 이 도시의 새 환경 정책에 포함되었다. 이 정책이 실제로 어떠한 위상을 차지할지는 분명치 않으나, 스콘베리는 이 정책이 앞으로 자주 언급될 것이며, 시의 의사 결정 과정에 도움이 될 것이라고 믿는다. 그는 사람들이 내추럴 스텝 프로그램에 대하여 회의적이었음을 인정하며 "어떤 사람들은 '이게 종교인가요?'라고 묻기도 한다"라고 말했다. 이 개념이 재계와 기업체에서 더 보편적으로 적용되어왔지만, 그렇다고 해서 정부 부문이 이를 포용하지 못할 이유가 없다고 그는 생각한다.

내추럴 스텝에 관한 의제가 실행되었다는 구체적 증거는 아직 부족하지만, 스톡홀름이 이 방향으로 나아가고 있음을 보여주는 최근의 몇 가지 사례가 있다고 스콘베리 씨는 지적한다. 하나는 이 도시에서 구매 정책 관행의 개혁 노력을 들 수 있다. 자신이 얼마간의 통제권을 지닌 기업체와 사무실의 총예산은 약 20억 스웨덴 크로나에 이르는데, 구매와 관련된 각종 결정이 다양한 방법을 통하여 생태 사이클의 취지에 맞추어 행해

∵ 양의 내부를 포함한다. 지구상의 생물 전체를 나타내고, 생태학적으로는 생물이 생활하고 있는 장소 전체를 의미한다(출처: 네이버 백과사전).
일찍이 1970년대에 등장한 가이아 가설(the Gaia Hypothesis)에 의하면, 지구는 생명체가 사는 부분 즉 생물권과 비생물권이 상호 작용하며 서로 복잡하게 얽혀 있는 단일의 유기체(single organism)로 볼 수 있다. 이 생물권은 온갖 화학적·물리적 환경을 스스로 통제함으로써 지구를 건강하게 유지하는 자체 규제 능력을 지닌 존재라고 한다(Lovelock, 2006).

질 수 있다. 구매 계약에 지침을 주려는 취지에서 일련의 환경 가이드라인이 마련되었는데 여기서 환경적으로 수용할 수 없는 악영향과 관행, 단념시켜야 할 것들을 제시한다. 이러한 가이드라인은 잠재적 계약 대상자들에게도 주어졌으며, 스콘베리가 느끼기로 시청을 상대로 비즈니스를 하는 사람들에게 높은 환경 기준이 적용될 것이라는 메시지가 전파되고 있다.[4] 이제 스톡홀름 지방정부 전체가 유럽연합의 생태 관리 및 감사 제도(Eco-Management and Audit Scheme, EMAS)의 인증을 받는다는 목표로 전체적인 환경 영향을 관찰하고 조사하고 있다.[5]

최근 생태 사이클 아이디어의 잠재성을 보여주는 "책상에서 땅으로(från bord till jord)"라는 스톡홀름의 흥미로운 실험 사례가 있다. 이 실험 프로그램에서는 참여 식당과 부엌에서 수거한 유기 폐기물이 침지기(digester)를 거쳐 처리되면서 바이오가스(비료)를 생산하고, 이 비료는 농장에서 작물을 생산하는 데 이용되었다. 이 프로그램이 시행되고 첫해의 평가 연구에서 대체로 긍정적인 결과가 나왔다. 이렇게 생산된 비료는 오염도가 낮으면서 바이오가스는 높은 수준으로 발생한 것으로 나타났다. 결과가 매우 긍정적이기에 이 사업은 전체 지역사회로 확대 실시 될 것으로 생각된다. 그리고 스톡홀름에서는 가정의 유기 폐기물에 대하여도 비슷한 과정

∴

4) [원주] 그는 이와 관련하여 휘발유 계약자를 선택하는 과정에서 쉘 석유회사(Shell Oil)와 문제가 생겼던 이야기를 해주었다. 최종적으로 쉘이 선정되긴 했지만, 그 과정에서 이 회사는 스톡홀름 시에서 대체 에너지 차량을 장려하는 많은 조치를 취하는 데 자발적으로 동의했다. 이러한 가이드라인과 새로운 기대로 인하여 쉘 회사가 새로운 태도와 행동을 취하게 되었다고 여겨진다.
5) 유럽연합(EU)의 생태 관리 및 감사 제도(EMAS)는 국제표준기구(ISO)와 비슷하게 기업의 환경 관리 시스템을 평가·인증하는 시스템이다. 1993년 7월, EU 위원회에서 지속가능 개발을 위한 환경정책의 일환으로 EMAS 도입을 선언했으며 이는 자발적 참여를 바탕으로 한다.

을 적용하려는 바람이 있다(비록 가정에서 나오는 폐기물은 보통 농장에서처럼 깨끗하지는 않다).

스콘베리 부시장은 이런 유형의 구상이 실제로, 또 근본적으로 스톡홀름의 생태 사이클을 균형 있게 만들 것이라고 믿는 걸까? 단기적으로는 아마 아닐 것이다. 그러나 장기적 관점에서 그는 좀 더 낙관적인 반응을 보인다. 그는 50년 이내에 상황이 극적으로 바뀔 것이라고 예상하는데, 현재 이 도시의 사이클 가운데 10%가 균형적이고 90%는 그렇지 못하지만 세월이 지나면 그 반대가 될지 모른다는 것이다.

스톡홀름의 경험은 상이한 기관, 기업, 지방정부 부서 간 협조가 얼마나 중요한가를 보여준다. 부시장은 적색-녹색 연합이 시 정부를 인수한 이래 눈에 띌 만큼의 대전환이 이루어졌음을 지적한다.[6] 모든 부서의 공무원들이 더 자유롭고, 그린 마인드로 생각하게 되었다는 것이다. 과거에는 공무원들이 뭔가를 제기하거나 상호 연결을 찾는 것을 두려워하는 보수주의가 장애물이 되었다. 특히 자신의 생각이 제대로 평가받지 못하거나 긍정적 반응을 이끌어내지 못할 것으로 여길 경우, 창조적인 아이디어를 제시하기를 꺼린다는 것이다. 이제 스톡홀름 지방정부는 보다 새롭고 긍정적인 분위기가 형성되었으며, 스콘베리 부시장은 각 부서들에서 새 아이디어를 토론하자는 요청을 항상 받는다.

스웨덴에서 스톡홀름만이 생태 사이클에 대한 접근을 추구하는 것은 아니며, 예테보리의 사례 또한 많은 관심을 받아왔다.[7] 이 항구도시는 1990

⁝

6) 유럽 각국에서 나타난 적색-녹색 연합은 대부분 사회주의 정당과 녹색당의 정치적 연합을 의미한다. 스웨덴의 적녹 연합은 1990년대 중반에 (적색의) 사회민주당과 (녹색의) 환경 정당들 사이에 맺어진 연합으로 1994년 스웨덴 칼 빌트(Carl Bildt) 총리가 이름 붙였다고 한다. 좀 더 최근인 2008년에도 스웨덴에서 적녹 연합이 형성되었다.

년대 초반에 도시 구조 (종합)계획을 수립할 때 생태 균형적 접근을 취했다. 구체적으로 시는 물과 질소, 나중에는 이산화탄소에 대한 "물리적 사이클"을 분석하였다(Berggrund, 1996). 이 분석은 지역사회의 각 부문과 활동의 상호 연결 및 연계 그리고 (질소의 경우) 주요 배출원이 무엇인지를 보여주었다. 이 사이클과 도시 신진대사의 요소에 대한 정보는 시민과 정치인이 구조 계획을 협의할 때 사용되었다. "생태 균형 연구들은…… 도시와 지역 환경에서 토지 개발과 물질의 흐름 및 사이클에 대한 인식을 더욱 증진시켜왔다. 도시의 신진대사 그리고 도시의 물질 유입 및 폐기물 배출 간의 불균형에 대하여 정책 형성자들과 주민들이 교육을 받은 셈이다. 이를 통해 지속가능성 사업에 대한 폭넓은 지지와 함께 도시계획에서 생태 사이클이 더 많이 고려되도록 하는 기회를 제공하기도 했다. 앞으로 과제는 구조 계획 과정에 좀 더 직접적으로 투입될 수 있는 생태 균형의 도구와 모형을 개발하는 것이다(Berggrund, 1996: 96)."

스웨덴의 위스타드(Ystad)에서는 시와 주변 시골지역 간에 더 지속가능한 관계를 창조하기 위하여, 또 시의 투입 및 배출을 다루는 분권화된 접근을 촉진하는 방법을 지역 단위에서 찾고자 나름의 생태 사이클 프로그램을 추진해오고 있다.[8] 생태 사이클 프로젝트에 의해 수많은 개별 사업, 아이디어, 지역 내 계획의 변화가 나타났는데, 그 가운데는 유기 폐기물 처리, 시유지의 생물 다양성 회복, 지역 내 식료품 생산(도시 내 식량 생산 및

---

7) 예테보리는 스웨덴 남서부의 주요 항구이자 제2 도시로서 자리매김해 있고 인구는 약 47만 명이다. 17세기 초반 네덜란드 사람들이 정착하여 도심부와 도시 운하를 건설하였으며, 주요 생산품으로는 볼보 자동차와 종이제품이 있다.
8) 위스타드는 인구 1만 8,000명의 스웨덴 남단의 해안도시로서 무역, 관광, 해양 관련 산업이 있다.

소비 패턴 연구를 포함한다), 바이오 에너지를 생산하는 지역 농토 조사 등이 있으며 이미 지역난방 시스템에 사용되는 연료 60%가 에너지 작물에서 나온다. 이 지역에서 기울인 초기 노력은 관련 이슈를 연구하면서 미래의 가능성에 관한 논의에 대중을 참여시키는 데 초점이 맞춰졌다(European Academy of the Urban Environment, 1996). 지금까지 이룬 성취 중 하나는 "공무원과 많은 시민들 사이에 새로운 사고방식"이 태동했다는 것이며, 이제는 "생태적·환경적 요소를 더 전체론적 관점에서 통합하는 것"이 중요해졌다(European Academy of the Urban Environment, 1996: 5).

다른 스칸디나비아 반도 도시에서도 생태 사이클의 균형을 추구하는 사례가 인용될 수 있지만, 이를 위해 가장 노력한 도시는 스톡홀름일 터이다. 스웨덴의 에슬뢰브(Eslöv) 시도 하수와 유기 폐기물로부터 바이오가스를 추출하고 있으며, 이를 지역난방 시스템의 연료로 내보낸다. 그 결과 이곳의 폐기물 처리 비용은 바이오가스 판매액으로 충당하며, 이 과정에서 생성되는 하수 침전물의 양도 급격히 줄어들었다(European Commission, 1996).

도시와 배후지의 연결

환경 공간(environmental space)과 생태발자국이라는 개념이 담당하는 중요한 역할은 도시와 그 배후지(지역적 또는 세계적 차원의 배후지) 사이에 본래부터 존재하는 상호 연결을 강조하는 데 도움이 된다는 것이다. 많은 도시가 스스로 지역적 또는 세계적 영향을 계산하고 이해하기 시작했다. 예컨대 환경단체인 '지속가능 런던 트러스트'는 「지속가능한 런던 창조」라는 최근 보고서에서 런던이 세계에 대하여 엄청난 자원을 요구한다는 것을 전제로 이 부담을 줄이기 위한 다양한 행동을 권고한다. 실제로 런던의 생태발자국은 5,000만 에이커로 계산되는데, 이는 도시 면적의 125배에 달하는 것이다. 지속가능 런던 트러스트는 자원 효율성의 증대, 순환적 자원 흐름의 촉진, 지역 및 광역 단위의 식량 생산을 지지하고 있다. "소비자와 주변 시골지역의 생산자들이 연결됨으로써 도시민이 신선하고 안전한 식량을 제공받을 수 있어야 한다. 농부들에게 안정된 지역시장을 마련해주면 식량 수송에 필요한 에너지가 줄어들고, 이는 또한 도시민에게 환경 교육의 장을 제공한다(Sustainable London Trust, 1997: 10~11)."

런던 면적 40만 에이커 중 10%만이 농업용지로 분류되는데, 그중 일부만이 실제 식량 재배에 이용된다. 지역의 식량 생산 능력을 향상시키는 것은 도시와 시골 사이의 긍정적인 상호 의존을 발전시키는 근간이며, 이에 따라 한쪽은 안정적인 지역시장을 제공하고 다른 쪽은 도시민들이 야외 활동을 즐길 수 있는 장소를 제공한다(Sustainable London Trust, 1997: 7~8).

유럽의 많은 사람들이 더 균형적인 생태와 순환적인 신진대사를 향한 움직임의 기본 요소로서 도시와 배후지를 새로 연결할 필요성이 있다고 주장해왔다. 최근 스웨덴에서 출간된 『생태 사이클이 적용된 산업사회의 도시개발(Urban Development in an Eco-Cycles Adapted Industrial Society)』 (Boplats, 1996)에서, 몇몇 필자들이 명쾌하고 환경적으로 지속가능한 연결을 지적했다. [그림 8.2]는 이런 작업의 산물로, 도시 주변 시골지역이 중요한 (식량과 에너지 연료 등의) 투입요소를 직접 제공하며, 도시민이 배출하는 폐기물과 오염물질을 어떻게 재활용하여 이를 다시 유용한 투입요소

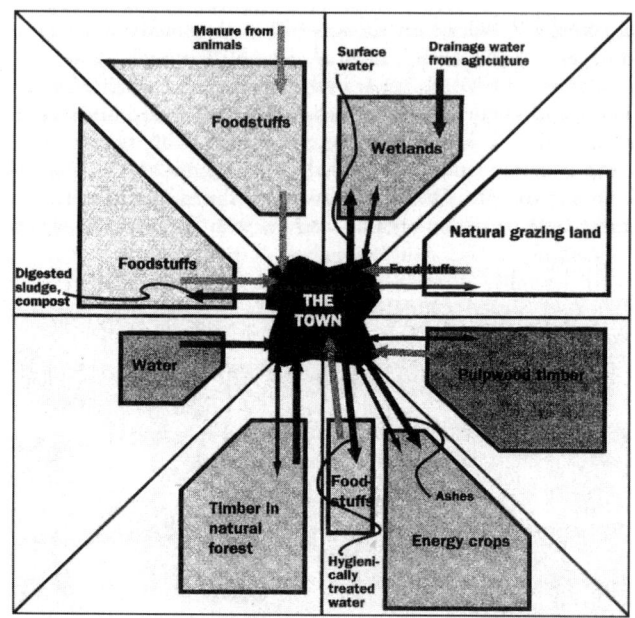

[그림 8.2] 도시와 시골 지역의 연결
이 그림은 스웨덴 계획·조정연구협의회(Swedish Council for Planning and Coordination Research)의 발간물에 있는 것인데, 도시와 시골의 상호 연결에 관한 새로운 생각을 나타낸다. 시골지역은 식량과 에너지를 도시에 공급하고, 도시 인구가 만들어내는 폐기물을 처리·재활용한다.
출처: Husberger(1996).

(예: 재를 숲에 사용하거나, 유기 쓰레기를 농토용 비료로 전환한다)로 바꾸는지를 보여준다. 후스베리에르(Husberger, 1996: 38)는 "도시와 시골은 상호 의존적이다. …… 이 상호 의존에 바탕을 두어 도시 주변 녹지대는 사람들의 웰빙, 도시의 건강, 생물 다양성의 증진이라는 삼중의 기능을 맡는다"라고 말한다.

배후지에 대한 도시의 의존성과 영향에 대한 비판이 이루어지는 가운데, 악영향의 최소화 및 상호 관계의 공식화를 위한 행동이 미래의 지속가능도시에서 주된 과제가 될 것이다. 이 책에서 관찰되는 많은 도시가 최소한 이러한 상호 의존을 탐색하여 더 조화롭고 지속가능한 관계를 발전시키려는 노력을 (비록 미약하지만) 시작하고 있다. 예를 들어, 독일의 뮌스터 시는 환경적으로 지속가능한 식량 생산과 지역 내 식량 시장의 발전을 위하여 주변 지역의 농민들과 대화를 시작했다. 위트레흐트도 계약농업 서비스를 통하여 지역의 유기농 농산물 생산을 강화하려는 아이디어를 추진 중이다. 이처럼 유럽의 수많은 지방정부가 다양한 방식으로 유기농 생산품을 촉진하고 장려하고 있다(Association of Finnish Local Authorities, 1996).

유럽 도시들은 유기 폐기물의 퇴비화와 재활용에도 선두 자리를 차지한다. 약 100개의 프랑스 도시와 다수의 스위스, 오스트리아, 독일 도시가 종합적인 퇴비화 프로그램과 시설을 개발해왔다. "독일의 마을과 도시에서 현재 17개의 비료화 처리 시설이 건설 중인데, 이 처리 시설은 연간 처리 용량이 총 60만 톤에 달한다(Girardet, undated: 44)." 보통 이러한 사업을 통하여 유기 폐기물은 (가정, 식당, 부엌 등) 배출원으로부터 분리되어 농장으로 되돌아가거나 정원에서 쓰인다.

그라츠 시는 20명의 농업인과 계약하여, 일반 가정에서 배출되는 원천 분리된 유기·잔디 폐기물을 퇴비화한다.[9] 그라츠(Graz) 시 60킬로미터 반경에 위치한 농장에서는 도시지역으로부터 사전 혼합된 유기 물질을 받아들여 보통 10~12주 사이에 이를 퇴비화한 뒤 농토에 사용한다. 농부들은

---

9) 그라츠 시는 오스트리아에서 빈에 이어 두 번째로 큰 인구 29만 명의 도시이다. 6개의 대학이 있는 교육 도시로 유명하며, 이 책의 주제와 관련하여 1991년에 시작된 에코프라핏(ECOPROFIT) 프로젝트로 알려져 있다. 이 "통합 환경기술을 위한 생태 프로젝트"는 지방정부 및 지역 기업이 쓰레기, 원자재, 물, 에너지 등에 소요되는 비용을 감축하려는 목표하에 만들어진 네트워크이다. 2002년도 통계에 따르면 약 10만 톤의 물, 2GWh의 전기, 0.5GWh의 열, 700톤의 쓰레기를 줄인 것으로 나타났다.

처리량에 따라 보수를 받는데, 이 프로그램은 도시의 퇴비화 비용을 크게 낮추는 수단일 뿐 아니라 농촌지역의 추가 소득원으로도 여겨진다. "전체적으로 이 사업은 도시와 농촌의 공생 사업으로 운영된다. 그라츠 주거지역의 폐기물이 퇴비화되고 농업에 재이용되는 것은…… 도시 주변의 농업용 토지에도 이익이 된다(Hayes, 1997: 35)."

1990년대 초부터 헬싱키는 유기 폐기물 분리와 재활용 사업을 적극적으로 추진해왔는데, 이는 이 광역도시를 '영양 순환 매듭(closing the nutrient circle)'의 방향으로 이끌기 위한 의도이다. 폐기물 관리규정에 의하여 9개 주택 단위 이상 모든 주거단지는 분리형 유기 폐기물 수거용기를 구비하거나 현장에서 직접 퇴비화하는 시설을 두어야 한다. 이 사업은 헬싱키 광역협의회(Helsinki Metropolitan Area Council)가 관리하는데, 이는 인구 100만인 도시 광역권의 쓰레기 수거관리를 책임지는 기관이다. 유기 폐기물을 장려하기 위하여 이 폐기물의 수거 수수료는 혼합 쓰레기에 절반으로 한다[Helsinki Metropolitan Area Council(YTV), 1993; European Commission DGXI, 1996b 참조]. 헬싱키는 2000년까지 유기 폐기물의 60%를 재활용하려는 목표를 세웠는데, 전반적인 재활용률은 이미 40%를 넘었다.

네덜란드의 도시에서 가정의 유기 폐기물은 따로 분리되며, 분리된 폐기물은 이른바 "GFT(groente, fruit, en tuinafval 즉 채소, 과일, 뒷마당 쓰레기)"로 처리되어 바이오가스를 생산하는 데 쓰인다. 관련 사례로는 틸뷔르흐(Tilburg)에 있는 바이오가스 공장이 있다. 이 시설은 1994년에 개관하였고 현재 매년 5만 2,000톤의 유기 폐기물을 (종이류 및 마분지 등과 함께) 처리하고 있다. 정화 후에 나오는 가스는 이 도시의 천연가스망으로 보내져 매년 1,200~1,500가구의 수요를 충족하는 (약 7.5세제곱미터의) 가스를 공급하며(Brouwers et al., 1998), 약 2만 8,000톤의 농업용 고품질 퇴비도 생산

유럽 도시에서는 도시 거주민과 지역 농업인의 연계를 도와주는 공공 시장을 흔히 볼 수 있다.

한다(NOVEM, 1999).

덴마크에서는 헤르닝 시가 비슷한 규모의 시설에서 가정 및 (소나 돼지 두엄 등) 농업 폐기물을 이용하여 바이오가스를 생산하고 있다. 이 시설은 헤르닝 시 전체의 음식물 쓰레기를 처리할 수 있는 용량을 갖추고 있으며, 매년 약 1,000톤의 이산화탄소 배출을 줄이고 있다(Herning Kommunale Vaerken, undated). 가정에서 나오는 유기 폐기물의 분리와 재사용은 유럽 도시가 자원의 순환 고리를 매듭짓는 중요한 사례라고 할 수 있다.

핀란드나 스웨덴처럼 광대한 숲이 있는 나라들은 전적으로 이러한 재생 바이오매스(biomass)를 연료로 사용하며, 지역 내 지속가능 생산으로 연결된 에너지 시스템을 발전시킬 대단한 잠재력을 지니고 있다.[10] 예를 들어, 핀란드의 쿠흐모(Kuhmo) 시가 (지역난방 시스템과 연계하여) 발전소 한 기를 건설했는데, 여기에는 나뭇조각 등 폐목재가 연료의 95%를 담당한다 (Association of Finnish Local Authorities, 1996). 스칸디나비아 반도의 수많은 도시에서 비슷한 재생 에너지 체계를 발전시켰다. 콜리에르와 뢰프스테트(Collier and Löfstedt, 1997)는 스웨덴 도시 에스킬스투나(Eskilstuna) 사례를 언급하고 있는데, 이곳의 에너지 회사는 버드나무를 키워 지역난방 시스템에 연료로 공급할 의향이 있는 지역 농부들과 장기 계약을 체결하였다. 벡셰(Växjö) 시도 바이오매스 에너지원을 강조하고 있으며 현재 이 도시의 난방에너지 80%가 바이오매스로 공급된다.

또한 많은 연구 대상 도시가 가정 폐기물의 재활용 및 재사용 사례를 제공한다. 예컨대 레스터 시는 '플래닛 웍스(Planet Works)'라는 물자 회복 시설을 옛 인쇄공장 터에 개장하였다. 이 시설의 특징 가운데 하나는 '녹색 계정(green accounts)'의 설치이다. 이 계획에 따라 지역사회 단체는 재활용품을 가져오면 현금 크레딧(cash credit)을 받을 수 있으며, 지금까지 약 1,000여 개의 녹색 계정이 만들어졌다. 시설 중에는 지역 자원센터도 포함되어 있는데, 여기서는 학교나 지역단체가 약간의 연회비를 내기만 하면 지역 공장들의 옷감이나 종이 등 기부물품을 가져갈 수 있으며, 현재 레스터 시에 약 400개의 회원단체가 있다.

핀란드의 미켈리 지역환경센터(Mikkeli Region Environment Center)는 5개 도시 연합체로 폐기물의 70%를 재활용한다는 목표를 세워두었으며, 최

---

10) 바이오매스는 "생명체(bio)"와 "덩어리(mass)"를 결합시킨 용어로 '양적 생물자원'으로 사용되는 경우가 많다. 원래는 일정 지역 내에 존재하는 모든 생물의 중량을 나타내는 생태학적 개념이었는데, 미국 에너지국의 대체 에너지 개발 프로젝트인 '바이오매스에서의 연료 생산(fuel from bio-mass)'에 의해 '양적 생물자원'이란 새 개념으로 정착됐다. 농산물이나 임산물 등의 식물체 외에 클로렐라나 스피룰리나 등의 미생물, 기름을 짜는 고래 등의 동물체도 포함된다(네이버 지식사전, 매경닷컴 참조)."

근에는 재활용 종이를 수집하는 독특한 시험용 프로젝트를 출범시켰다. 인구가 적은 지역의 주민들에게 포대를 나눠주어 거기에다 종이 쓰레기를 담도록 하고, 이를 우편집배원이 수거해가는 것이다(Association of Finnish Local Authorities, 1996). 이렇게 유럽의 도시와 지역마다 쓰레기 재활용과 재사용을 위한 수많은 창조적 접근 방법을 보여준다.

폐쇄 고리형 경제: 도시의 산업 공생

지역 경제도 산업 공생(industrial symbiosis) 즉 폐기물을 다른 사업과 산업의 투입물로 연결함으로써 도시가 순환형 신진대사를 성취하도록 상당한 기여를 할 수 있다. 이러한 계획 아래서는 어떤 산업 폐기물이 다른 산업에는 생산적인 원료가 될 수 있는 것이다. (세계에서) 가장 주목할 만한 산업 공생의 사례는 덴마크의 칼룬보르(Kalundborg) 산업단지이다.[11] 칼룬보르에서는 발전소(Asnæs Power Plant), 정유공장(Statoil), 제약회사(Novo Nordisk), 석고보드 제조사(GYPROC), 그리고 시 당국 사이의 진정한 공생 관계가 발전하였다. 발전소는 여유분의 열에너지를 시의 지역난방 시스템에 제공하거나 양어장의 난방열을 제공하며, 또 정유소에 증기열을 판매하고 이산화황 청정기에서 나온 석고를 석고보드 제조사에 공급한다. 아울러 석탄재(flyash)를 지역 건설회사에 판매한다. 정유사는 공장에서 발생하는 여분의 가스를 발전소와 석고보드 제조사에 연료로 팔며, 발전소에

---

[11] 칼룬보르는 코펜하겐 동쪽, 덴마크 최대의 섬인 질랜드 섬에 위치한 인구 1만 6,000명의 도시이다. 주로 산업, 무역 중심지로서 본문에 언급되는 석탄연료 발전시설은 이 나라 최대 규모이다.

는 냉각수를 제공한다. (정유사의 탈황 과정에서 나오는) 황은 황산 제조사에 판매된다. 제약회사는 발전소로부터 증기열을 공급받고, 처리된 침전물을 지역 농가로 보낸다([그림 8.3] 참조).

　이런 형태의 공생 관계를 발전시킴으로써 얻는 환경적·경제적 이득은 칼룬보르 사례에서 명백히 드러난다. 게르틀러와 에렌펠트는 "칼룬보르의 연결 관계는 참여 기업체의 생산이나 확장을 저해하지 않으면서 물자와 에너지 처리량을 줄였다"라고 말한다(Getler and Ehrenfeld, 1994: 2). 환경적 이익에는 상당한 양의 물·기름·석유 소비의 감소와 제조 공정에서 대폭 줄어든 원자재량(예로, 발전소 덕분에 석고보드 회사에서 필요한 석고량의 3분의 2가 감소), 유황과 석탄재 등의 재활용을 들 수 있다. 또한 이산화황이 거의 60% 줄어드는 등 공해 배출도 감축되었다. 칼룬보르에서 이러한 공생이 잘 이루어지는 구체적 이유로는 유연하고 협조적인 덴마크 규제 시스템, 환경에 대한 깊은 우려와 인식 등이 있으며, 아울러 이렇게 상호 연결된 공생의 구체적 필요조건 또는 촉진조건도 있다(예로, 산업 간의 연관성, 지리적 근접성, 상이한 당사자 간의 신뢰와 개방성 등). 그래도 이는 매우 강력한 모델로서 미국에서도 이와 유사한 폐쇄형 순환 시스템이 잘 작동하지 않을 이유가 없다.

　이러한 공생 관계의 발전은 점진적·혁명적으로 이루어졌다. 최초의 공생은 1960년대, 물의 재사용을 두고 태동했다. 칼룬보르에서 공생 관계를 성공으로 이끈 중요한 요인 중 하나는, 이 지역의 기업 및 다른 관계 집단 사이에 조정과 소통의 구조이다. 중요한 구조적 요인으로는, 환경 관련 단체의 장이었던 발데마르 크리스텐손(Valdemar Christenson)의 표현을 빌면, '환경 클럽(environmental club)'이 결성되었다는 것이다. 이 그룹은 1989년에 시작된 이래 1년에 4회씩 모여서 공생 확장 방안을 논의한다. 이 그룹

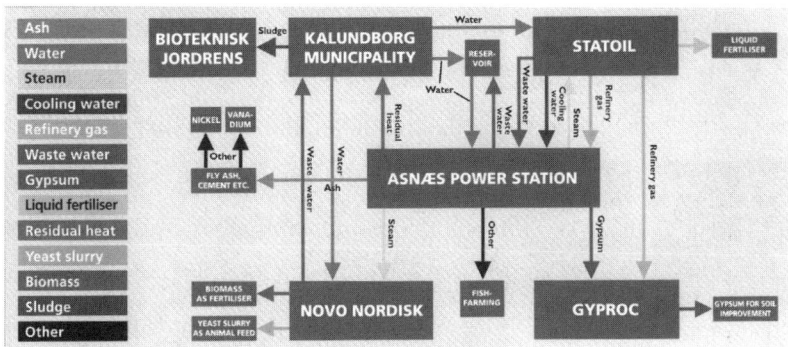

[그림 8.3] 칼룬보르 생태산업단지 (덴마크)

덴마크 칼룬보르의 산업단지는 산업 공생이 이루어지고 있는 대표적인 예이다. 그림에서 보는 것처럼 수많은 공생의 상호 연결 관계가 형성되어 있으며, 이러한 관계의 중심에는 발전소가 위치한다.

출처: Kalundborg Symbiosis Institute.

이 대표하는 것은 지역 기업체, 지방정부(정치인과 시 공무원), 지역 환경단체이다. 이 그룹에서는 참가자들의 토론과 브레인스토밍을 거쳐 공생을 확장하는 아이디어가 탄생한다. 최근의 사례로서 발전회사를 대표하는 크리스텐손은 자기 회사의 탈황 과정을 향상시키기 위해 새 종류의 오일을 사용할 계획임을 회의 자리에서 밝힌 적이 있다. 또 이를 듣고 다른 회사가 그 과정에서 배출되는 폐기물을 자신들의 공정에 사용할 수 있다며 관심을 나타냈다. 수많은 공생 아이디어들이 최근에 등장하기 시작했고 다각도에서 논의된다.

칼룬보르의 사례가 어떻게 발전되었고 왜 성공했는지를 설명하는 다른 요인도 많다. 1970년대와 1980년대의 에너지 위기로 에너지 효율화를 위한 노력이 촉진되었다. 아마도 대부분의 공생 협력이 아스네스 전력회사(Asnæs Power Company)의 지도력과 결단력에서 비롯한 결과라는 데 의문의 여지가 없다. 그들의 선견지명과 조정 역할이 아니었더라면 오늘날까지 존재하는 공생 사업은 거의 없었을 것이다. '환경 클럽'의 회장이 주장하듯이, 이러한 협력에 관여하는 것은 경제 및 사업 감각이 있는가의 문제인데, 결국은 그리함으로써 돈을 절약하고 이윤을 증대시키기 때문이다. 많은 회사들이 환경 이미지의 향상으로 이득을 보고 있다. 크리스텐손은 이윤 증대라는 관점에서 이것이 충분히 가치있다고 생각하며, 환경적 이타주의(environmental altruism)는 공생 관계와 아무 관련이 없다고 말한다. 덴마크의 폐기물에 대한 꾸준한 세금 인상과 공생 관계를 추구하는 분위기도 일종의 동기 부여로 작용하여 도움이 되었을 것으로 생각된다.

물리적인 근접성 또한 공생 관계를 부분적으로 설명하는 데 도움이 된다. 주요 기업들이 약 2~4킬로미터 반경 안에 위치한다. 크리스텐손은 "심리적으로 짧은 거리"가 칼룬보르의 성공에 대단히 중요한 영향을 끼쳤다고 믿는다. 도시가 작기 때문에 산업체 관리자들과 그의 가족들은 서로를 대체로 잘 알고, 아이들이 같은 학교에 다니며, 같은 테니스 클럽에 소속되어 있는 식이다. 이렇게 되면 당연히 협력이 강화되고 미래의 발전을 위해 생각을 공유하는 것이 용이하다.

공생 관계의 또 다른 사례로 약간의 범위 제한은 있지만, 네덜란드 로테르담(Rotterdam) 근교의 RoCa3 발전 플랜트를 들 수 있다.[12] 1996년부터 운영되어온 이 시설은 전기, 난방, 이산화탄소를 지역의 130개 온실(약 250헥타르 면적)에 공급한다. 이 열병합 발전소(CHP)는 앞서 논의된

∴
12) 로테르담은 네덜란드의 서부에 위치하는 이 나라 제2의 도시이며 인구는 61만 명이다. 2004년 중국 상하이에 추월당하기 전까지는 세계 최대의 물동량을 취급하였으며 지금도 유럽 최대의 항구도시이다. 유명한 에라스무스 대학(University of Erasmus Rotterdam)이 여기에 있다.

([그림 8.4] 참조) 주거지 지역난방 시스템과 비슷한 방식으로 난방용 온수를 공급한다. 한 가지 독특한 점은 이산화탄소를 별도의 관으로 배송한다는 것이다. 네덜란드 온실에서 높은 이산화탄소 수준을 유지하는 것은 (식물 생산을 촉진하기 위해) 흔한 사례인데, 이산화탄소는 보통 발전 현장에서 생성된다. RoCa3 플랜트에서는 천연가스를 태워 발생하는 배기 증기의 일부를 지역의 온실에 연결된 파이프로 압력을 가해 옮긴다(천연가스를 더 많이 태워 이 과정을 강화시킬 경우 최대한도로 증기가 집적되어 압축된다). 온실 지역으로의 배분은 세 개의 파이프를 통해 이루어지는데, 각각의 파이프는 이산화탄소, 온수 배출, 냉각수 유입을 위한 것이다(따라서 난방 시스템은 폐쇄형이다; [그림 8.4] 참조). 이러한 파이프의 총 길이는 10킬로미터에 달한다.

이 플랜트를 운영하는 회사(Electriciteitsbedrijf Zuid-Holland, EZH)는 상당한 환경적 이익을 얻고 있는 것으로 보고된다. 난방열과 전력의 통합생산과 더불어 중앙난방 시스템은 개별 온실보일러와 비교할 때 에너지 효율성이 훨씬 뛰어나다. EZH의 추정에 따르면 효율성이 20% 늘어났는데, 이는 4만 가구의 가스 소비와 맞먹는 분량이다(EZH, 날짜 미상). 이산화탄소 배출 감소도 천연가스를 덜 태움으로써 얻어지는 결과이다. EZH는 연간 13만 톤 또는 25%의 배출 감소가 있는 것으로 추정하며, 이는 매년 자동차 2만 대를 각각 3만 5,000킬로미터 운행하는 것과 비슷하다(3쪽).

RoCa3 발전 시설과 온실 난방/이산화탄소 프로젝트는 네덜란드 정부로부터 공식 지원을 받으면서 면세이자부 상환의 조건으로 제공되는 녹색기금(green funds)을 사용한다(제10장 참조). EZH는 상당히 낮은 이자율로 (사업에 필요한 1억 7,600만 길더 또는 약 9,000만 달러의) 융자금을 확보할 수 있었다. 적어도 네덜란드에서는 이런 유형의 협력이 더 많이 이루어질 수 있

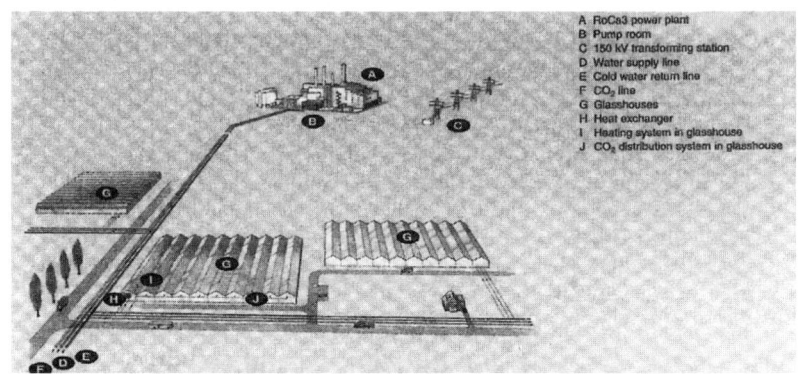

[그림 8.4] RoCa3 발전 시설 및 온실
로테르담 근처의 RoCa3 발전소는 (온수)난방열과 이산화탄소를 다수의 온실에 공급한다.
출처: Electriciteitsbedrijf Zuid-Holland.

는 잠재력이 있다고 EZH는 믿고 있다. 난방 및 이산화탄소를 온실에 공급하는 현재 방식으로는 더 이상의 고객을 받을 수 없을 정도로 포화 상태에 이르렀다. 그래서 또 다른 플랜트를 건설하려는 계획이 진행 중인데, 이는 이 지역의 250헥타르쯤 되는 온실로 확대 공급할 수 있는 규모이다. 이보다도 더 큰 온실지역 즉 5,000헥타르 면적의 온실이 있는 유명한 베스트파크(Westpark) 지구에도 이와 비슷한 아이디어가 적용될 수 있을 것으로 생각된다. 다른 협력사업도 가능한데 EZH는 아르코 화학(Arco Chemical)과 로테르담에 입지할 신규 플랜트에 열병합 발전소 서비스를 제공하는 계약을 체결하였다.

로테르담에 있는 RoCa3 플랜트는 광대한 온실지역에 난방열과 폐기물, 이산화탄소를 제공한다. 그림 속 두 개의 굵은 파이프는 온수용 파이프(하나는 열수 배급, 다른 것은 냉각수 유입용)이고, 작은 것은 이산화탄소 전송용 파이프이다.

생태 사이클 균형을 이룬 마을과 도시 개발

폐쇄형 고리 또는 순환형 신진대사는 지구별로 또는 개발 사업별로도 실행될 수 있는데, 유럽 도시에서 이에 관한 사례가 축적되고 있다. 폐쇄 고리형 해결책을 지지하는 스톡홀름의 새로운 협력정신은 스톡홀름의 도시 성장지구에서 현재 진행 중인 하마비 쇼스타드 사례에서도 적극적으로 구현되고 있다. 이 성장지구는 약 1만 5,000명의 주민을 수용할 예정인데, 초기 단계에서부터 "자연 순환의 원칙을 염두에 두고" 설계된다. 설계 과정 전반에서 폐기물 처리 방식부터 교통과 통행 문제, 그리고 주택과 사업체의 난방까지 순환형 신진대사를 따른다. 일련의 야심 찬 사업 목표가 설정되었는데 이 목표는 순환형 관계가 더 구체적으로 발전되도록 한다

(City of Stockholm, undated-a, -b). 예를 들어, 지구 내 건물 난방에 필요한 모든 에너지는 폐기물 또는 재생 에너지원으로부터 생성된다. 하수 및 유기 폐기물에서 추출된 바이오가스가 난방에 이용될 예정이다. 또한 농업용 비료도 생산한다. 폐기물 중의 질소와 물의 절반, 그리고 아인산 95%를 회수한다는 목표를 세웠는데, 이는 농업용으로 사용될 예정이다(City of Stockholm, undated-a, -b).

바이오 연료(biofuel) 또는 전기로 움직이는 자동차가 적어도 사업지구 내 교통량의 15%를 차지하게 된다. 다른 핵심 환경 요소로는 빗물과 폐수의 지구 내 처리, 옥상 태양광 발전 이용, 에너지 소비의 최대 허용기준 설정, 평균 물 소비의 절반 감축, 대중교통 출퇴근율 80% 달성 등이 있다. 이러한 목표는 5층에서 7층 정도 높이의 건물로 이루어지는 압축형 도시 공동체라는 맥락에서 달성될 것이다. 상점, 사무실, 경공업 용지도 지구 내에 포함될 예정이며, 고속열차의 지구 내 운행과 함께 보행자 및 자전거 친화적 환경이 조성될 것이다.

이러한 하마비 지구 내 공생 및 투입-배출의 순환 흐름을 계획하기 위해서는 시의 주요 기관 사이의 긴밀한 실무 관계가 필수적이었다. 에너지, 물, 폐기물 처리를 위한 합동 제안서는 주요 기관의 협력으로 작성되었다. 여기서 주요 기관이란 스톡홀름 에너지(Stockholm Energi), 스톡홀름 상수도(Stockholm Water), 폐기물 재활용회사(SKAFAB)이다. 하마비 지구 사업의 비전은 이 기관 및 사무실의 폐쇄 고리형 시스템에서 상이한 부문에 대하여 각각 책임을 맡은 조직 간의 협력과 통합적 사고를 강조한다(City of Stockholm, undated-a, -b).

하마비 지구는 폐쇄 고리형 도시 지구 개발을 비전으로 하고 있다. 우선 주민들이 사용하고 소비하는 에너지와 수자원 및 다른 자원의 총량이 최소한으로 유지될 것이다. 둘째로 지구 내에서 생성되는 폐기물은 다른 활동의 생산 과정 즉 난방, 에너지, 농업 생산에 투입된다.

네덜란드 도르드레흐트 근처에서 "열매 맺는 도시(City Fruitful)"라 불리는 혁신적 공생 개발이 1990년대 초반 이래로 논의되고 발전되었다. 이 아이디어는 주거단지와 온실을 통합하는 새로운 지구를 계획하는 것이었다. 계획대로라면 이 지구에는 56헥타르가량의 면적에 1,700개의 주택이 (22헥타르의 온실단지와 함께) 들어설 것이다. 주거 공간은 온실과 가깝게 연결되어 있다. 주택은 상업용 온실의 "위, 아래, 사이, 그리고 바로 옆에" 배치된다(Kuiper Campagnons, undated). 온실은 주민들에게 일자리를 제공하며, 폐쇄 고리형으로 관리 및 운영될 것이다. 온실에서 폐수와 유기 폐기물이 재활용되고, 과일과 채소가 더 생태적 방식으로 재배될 것이다. 이 지구는 압축형 설계를 바탕으로 일반적인 필요 면적보다 훨씬 적은 토지가 소요되고, 대부분의 지구를 차 없는 구역으로 지정하여 보행 및 자전거에 크게 의존하며, 온실과 겨울정원(winter garden)이 투과성 표면으로 만들어질 것이다.[13] 숲, 밭, 과수원 등도 지구 전체에 순환형으로 배치된다(Kuiper Compagnons, undated; Municipality of Dordrecht, 1994 참조).

공생하는 삶이라는 아이디어에 대한 긍정적 분위기에도 불구하고 '열매 맺는 도시'가 (적어도 곧바로) 만들어질 것 같지는 않다. 이 도시의 건설과 관련하여 입지를 찾는 것에 대한 논쟁, 투자자금의 부족, 온실산업계의 미지근한 반응 등의 문제가 발생하였다(Benjamin, 1997; De Dordtenaars, 1997

∴

[13] 겨울정원은 월동용으로 또는 겨울 및 초봄의 음식으로 사용될 식물을 재배하는 용도로 관리하는 정원이다. 고유명사로는 1626년 설립된 프랑스 파리 식물원(Jardin des Plantes)의 중앙 북쪽에 위치한 실내 정원을 지칭하기도 하며, 이 밖에 런던, 뉴욕 등에도 같거나 비슷한 이름 및 개념의 장소가 있다.

참조). 그럼에도 이 사업이 가지는 중요성은 일반적으로 오염산업으로 여겨져 거주지로부터 멀리 떨어진 곳에 배치되는 시설을 주거지 근처에 건설한다는 점에 있다. 열매 맺는 도시의 지지자들에 의하면, 사람과 온실을 함께 묶어냄으로써 더 생태적이고 안전한 형태의 온실 생산이 이루어질 것이며, 이 과정에서 필요한 기법 및 기술은 이미 존재한다고 한다. "안 보면 마음도 멀어진다(Out of sight, out of mind)"는 생각은 이러한 공생형 개발에서는 나타날 가능성이 낮다.

주거단지 내의 생태 사이클 균형에 관한 가장 흥미로운 사례 중 하나를 덴마크 콜링 시 프레덴스가데 단지의 생태 리노베이션 사업에서 엿볼 수 있다. 4~5층 규모의 아파트 140가구로 이루어진 이 단지는 내부에 안뜰을 갖고 있으며 1990년대 중반에 단지 전체가 새로이 꾸며졌다. 이 과정에서 수많은 생태 요소가 새롭게 통합되었는데 빗물 수집 장치, 수동 및 능동형 태양에너지 시스템의 채용 등이 포함된다. 그러나 그중에서도 가장 혁신적인 측면은 주거단지를 시의 폐수처리 시스템으로부터 분리하고 폐수를 자체 처리하기 시작한 것인데, 이에 따라 폐수는 매우 흥미로운 도시형 '리빙 머신(living machine)' 장치를 통해 순환되었다.[14] 이는 바이오웍스(bioworks)라 불리는 피라미드 구조물로서 모든 주민들이 볼 수 있도록 내부 안뜰에 자리한다.

바이오웍스에서 폐수가 처리되는 과정을 [그림 8.5]에서 단계별로 살펴볼 수 있다. 먼저 폐수가 지하탱크에 저장되면, 거기서 자외선과 오존 처리를 통해 유기 물질이 제거되고 박테리아가 죽는다(Kolding Kommune,

---

14) 리빙 머신은 폐수나 하수를 화학적으로 처리하는 대신 자연적으로 처리하는 장치로서, 이 장 후반부에서 상술한다.

덴마크 콜링의 프레덴스가데 개발단지에 위치한 "바이오웍스" 피라미드는 단지 내 폐수를 처리하고 재활용하며, 이 자연적인 과정이 단지 전체에서 명백히 눈에 띄는 요소가 되도록 만든다.

1995). 그 후 폐수는 바이오웍스 피라미드로 들어가서 지표면에 있는 바이오탱크를 통과하게 된다. (두 개의 독립적인 시스템으로 이루어진) 각 탱크는 상이한 계층의 생물학적 분해를 맡고 있는데[조류(藻類)-플랑크톤-물고기 및 홍합], 이는 이를테면 먹이사슬과 유사한 구조이다. (물고기 및 홍합이 있는) 마지막 방을 떠난 후, 물은 피라미드의 꼭대기로 펌프질되어 관개용수로 쓰이거나 화단을 비옥하게 하는 용도로 쓰인다. 피라미드를 따라가면서 마지막 단계에 이르면, 오수는 바깥쪽 갈대밭으로 펌프질되는데 이때 지하의 여과판까지 이르게 된다. 이제 물은 최종 단계에서 지하수 체수층(滯水層, aquifer)으로 다시 스며들도록 허용되는 것이다.

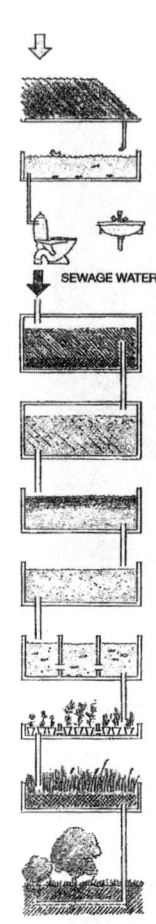
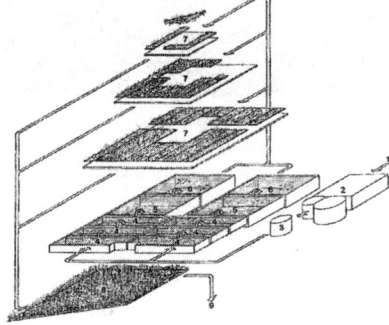

1: Sewage water from the flats
2: Sludge deposit and pre-treatment by means of bacteria.
3: Hygienizing (UV-rays/ozone).
4: Algae basin with algae feeding on the nutritive salts of the water
5: Animal plankton feeding on the algae.
6: Fishes and mussels feeding on algae and animal plankton.
7: Horticultural area with the plants being nourished by the nutritious matters of the water.
8: Root zone facility for final treatment of the water.
9: Filtration plant from where the water is filtered to the subsoil water.

[그림 8.5] 프레덴스가데의 바이오웍스 그림

그림에 나타난 것처럼 폐수는 프레덴스가데의 '바이오웍스'에서 몇 단계를 거쳐 처리된다. 폐수는 피라미드 내에서 먼저 바닥면을 지나면서 분해되고 조류(藻類), 플랑크톤, 물고기, 홍합이 박테리아를 먹어버린다. 그 후 물이 피라미드 꼭대기로 펌프질되고, 거기서부터 일련의 식물 생산 단계를 거치면서 여과되며, 나중에는 상업용 원예작물에 쓰이는 생산적 영양소가 된다. 이 최종 단계에서 폐수는 바깥의 갈대밭을 지나며 여과된 뒤에 다시 지면으로 스며든다.
출처: Municipality of Kolding.

이 피라미드는 단지 개발 과정에서 시각적으로 매우 큰 인상을 주는 생태 건축의 한 부분이다. 불행히도 피라미드의 안쪽은 동네 주민도 접근이 통제되는데, 그것은 이 시설이 산업 시설의 작업환경으로 여겨지기 때문이며, 만약 한번 들어가 본다면 왜 대중들의 접근이 통제되는지 쉽게 알 수 있을 것이다. 그러나 피라미드 주변에는 어린이 놀이터와 많은 녹지 공간 등을 비롯해서 상당한 규모의 공공용지가 있다. 또한 1층에 사는 주민들은 개별 정원도 가지고 있는데, 이 공간은 공동 공간과도 바로 연결된다. 현장에서 수집된 빗물의 일부는 펌프질되어 물길을 형성하고, 조그만 인공 개울물은 소형 연못으로 떨어지도록 되어 있다(빗물 저수지).[15]

바이오웍스는 약 5년간 운영되면서 어떠한 문제도 일으키지 않았다. 땅으로 스며드는 물은 매우 깨끗하며, 지역의 보건 당국은 시스템이 작동하는 데 대하여 만족해한다. 한 가지 떠오른 이슈는 주민들이 이 시설의 관리를 넘겨받으려 할 것인지이다. 어떤 이들은 폐기 시스템이 전혀 문제가 없음을 확실히 하고자 조금 더 기다리길 원한다. 실제 버려지는 폐수가 없으므로 주민들은 폐수처리 수수료를 전혀 내지 않고 있는 가운데, 이런 수수료는 계속 인상되고 있기 때문에 공공의 하수처리 시스템과 연결되지 않음으로써 얻는 이익을 더욱 실감하게 될지 모른다.

흥미롭게도 단 1명의 입주자만이 바이오웍스 피라미드에 상주하며 상업용 식물을 재배하고 있는데, 그 또한 시에 임대료를 지불한다. 구조물의 맨 밑바닥에 물고기가 살고 있지만 현재는 이를 잡거나 하지는 않는다. 보건 부서는 피라미드 안에서 인간이 소비할 용도로 채소와 물고기를 키우

---

15) [원주] 그러나 최근에는 냇물이나 개울이 흐르지 않고 있는데, 그 까닭은 펌프와 순환 시스템의 문제 때문이다.

는 것을 금지하고 있다. 시는 결국 이런 용도로 쓰이기를 원하지만 그리되기 전에 보건 당국자들을 설득시키는 게 필요할지 모른다. 또한 당초에는 폐수 정화의 마지막 단계에서 폐수가 빗물 연못(raindrop pond)으로 흘러가 건물에서 재사용되도록 계획되었다. 이 계획은 시민 건강에 대한 우려를 야기할 가능성 때문에 현실화 되지는 않았다.[16]

유럽의 주거단지 및 도시 지구 프로젝트에서는 폐쇄형 순환 전략을 취하는 수많은 사례가 있다. 예를 들면, 네덜란드 드라흐턴의 생태 주택단지인 모라 파크의 주된 설계 요소는 물을 순환하고 정화하는 폐쇄 고리형 운하 시스템이다. 빗물이 운하로 수집되고 따로 건설된 습지를 통하여 펌프로 순환된다. 다른 설계 요소로는 남향 건축, 유리온실 건설, 경성 표면의 최소화를 위한 노력, 무독성 건축자재 사용 등이 있다. 그 결과는 여러 측면에서 긍정적이었다. 주변 농촌지역의 전형적인 운하와 달리, 이 폐쇄형 시스템의 운하는 수질이 매우 좋아서 주민들은 이 운하에서 물놀이를 즐길 수도 있다. 또한 이 운하는 겉모습이 아름다우며 주민들에게 쾌적한 여가 수단이 되기도 한다. 언제든지 어린이들이 장난감 배를 띄우거나 카누에서 노 젓는 것을 볼 수 있다. 평가 연구에 의하면 주민들은 환경의 질이 좋아진 데 대하여 매우 만족스러워 한다.

또 다른 네덜란드 사례는 아른헴 시 폴데르드리프트(Polderdrift)에 있는 집중식 중수 재활용 시스템(centralized greywater recycling system)이다. 이는 집중화 시스템과 연결된 주거단지에서 처음으로 시도된 사례 중 하나이다. 싱크대와 샤워실에서 나오는 물은 단지 내 정중앙에 위치한 갈대밭

---

16) [원주] 흥미롭게도 오수의 5~10%만이 피라미드로 들어간다. 폐수 대부분은 땅속의 오수탱크와 갈대밭 시스템을 통하여 처리된다(Kennedy and Kennedy, 1997 참조).

여과장치를 통해 처리된 뒤 아파트로 재순환되고 나서 다시 변기 물로 사용된다. 프레덴스가데와 모라 파크 사례처럼, 이 처리 시스템 자체가 이 단지의 삶에서 시각적·미적 경험의 중심 요소로 자리 잡고 있다. 이 시스템은 주민들의 폐기 중수가 어떻게 어디로 가서 처리되는지를 매일 알려주고 보여주는 생태 인프라인 것이다. 이것들은 유럽 프로젝트들의 폐쇄 고리형 아이디어와 기술을 보여주는 다수의 사례 중 하나일 뿐이다.

생태 사이클의 균형 촉진: 녹색세의 역할

이 책에 소개된 많은 생태 사이클 균형 프로그램, 바이오매스 및 재생에너지원이 더욱 강조되고 촉진되는 것은, 부분적으로는 유럽 국가들의 녹색세(green tax) 또는 환경세(environmental taxes) 덕분임에 의문의 여지가 없다.[17]

폭넓은 범위의 녹색세가 유럽에서 징수되고 있으며, 특히 북유럽 국가에서 녹색세는 세원(稅源)이 점차 늘어나고 있음이 확인된다. 그 유형으로는 유황, 산화질소, 가정용 폐기물, 수질 오염, 이산화탄소 배출 등에 부

---

17) 녹색세는 오염세로도 불리는데 주로 환경오염 물질 및 관련 제품에 대하여 부과된다. 그 개념이 더 넓어져 생태세(ecotax)로 지칭되기도 하며, 환경 친화적이지 못한 활동에 부(-)의 경제적 인센티브를 주어 생태적으로 지속가능한 행위를 촉진하려는 취지로 이용된다. 1990년대 말 독일에서 처음 시작된 것으로 알려져 있으며, 우리나라에도 2008년 이후 교통에너지환경세 등의 명목으로 생태세가 부분 부과되고 있다. 생태세로 전력요금 등이 비싸지면 저소득층에 대한 소득분배가 악화될 수 있으므로 서민의 실질소득을 보장해주는 재분배 정책이 함께 실시되어야 한다는 주장도 있다. 예컨대, 강남훈(2012)은 생태세 부과를 확대하면서 동시에 '생태기본소득'을 지급하도록 제안한다. 즉 생태세 수입을 기본소득으로 모든 사람에게 일정 금액을 다시 재분배하자는 것이다.

과하는 세금 등이 있다. 최근 유럽환경기구에 의해 수행된 연구에서는 전반적으로 이러한 세금 제도가 경쟁력에 특별한 악영향을 끼치지 않으면서도 환경 목표를 달성하는 데 성공적이라는 결론을 내렸다(European Environment Agency, 1996 참조). 더 나아가 덴마크 같은 나라들은 노동이나 임금 관련 세금을 에너지 소비와 오염 관련 세금 부담으로 대체하고 있을 정도이다.[18]

스웨덴은 광범위한 녹색세 체계를 (유황, 산화질소, 탄소에 대하여) 유지하고 있는데, 최근의 한 보고서는 이러한 세금이 행정적 비용을 다소 줄이면서도 (산화질소세의 경우 1% 미만—Swedish Environmental Protection Agency, 1997) 공해를 어느 정도 줄인 것으로 결론짓고 있다. 이 나라에서 부과되는 탄소세는 도시 단위의 지역난방 시스템을 바이오연료 사용 방식으로 대폭 옮겨가는 결과를 낳았다.

네덜란드 또한 환경세 또는 생태세 분야에서 커다란 발전을 이루어왔다. 정부는 광범위한 에너지세, 지하수 채취세와 함께 폐기물에 대하여도 그 양(kg)에 따라 세금을 부과한다(네덜란드의 녹색세에 대한 상세한 논의는 Vermeend and van der Vaart, 1998 참조). 중앙정부의 세금 체계 또한 지속 가능한 이동성을 촉진하기 위한 방향으로 수정되어왔다. 예를 들면, 기업체는 대중교통을 이용하는 종업원에게 교통비 보조금을 면세로 지급할 수 있는데, 이는 승용차 이용자에게는 주어지지 않는 혜택이다. 기업은 종업원에게 3년마다 1,500길더(약 750달러)짜리 자전거 1대를 지급할 수 있는데, 이를 받는 종업원은 단지 150길더(약 75달러)에 대해서만 세금을 낸다. 우

---

18) [원주] 1994년부터 1998년까지, 덴마크는 소득세를 8~10% 줄이면서 휘발유, 물, 에너지 및 폐기물 관련 세금을 증가시킨 것으로 나타난다(Burke, 1997).

장(雨裝)과 자전거 보험에 대한 기업 지출분 또한 면세 혜택을 받는다. 네덜란드는 또한 지속가능 기술투자에 감가상각 가속화 프로그램을 도입해왔고, 녹색투자기금에 배정된 자금 또한 면세로 처리해준다.[19] 이러한 세제 정책과 우선순위 설정으로 인해 다양한 생태 프로젝트와 투자가 장려되며 나라 전체가 폐쇄형 순환사회로 옮겨가는 데도 확실히 도움이 되고 있다.

독일에서 1991년에 제정된 포장재 법령은 기업체가 그들의 포장용 폐기물을 직접 가져가든지 이를 수집 및 재사용하는 조치를 취하도록 의무화하고 있다. 지라드(Girardet, undated)는 이 법령의 긍정적인 효과를 다음과 같이 정리한다.

> 고객은 물건을 사서 계산대에서 포장을 뜯어 그 자리에 남기고 갈 권리를 지닌다. 이로 인해 슈퍼마켓들이 생산자에게 압력을 넣어 포장재를 줄이도록 만들었다. 기업은 점차 그들 스스로 폐기물 수집 및 재활용 시스템을 조직화하고 있다. 쓰레기를 버리는 데 높은 수수료를 부과함과 더불어 이 법령은 독일에서 쓰레기 재활용을 엄청나게 늘리는 결과를 낳았다. 폐기물이 넘쳐나던 초기 단계를 거친 후 독일의 재활용 규모는 대단히 커졌는데, 이로 인해 국가경제에 상당한 장기 이익이 발생하게 되었다. 오스트리아, 스위스, 덴마크 등 다른 유럽 국가도 비슷한 실정이다(26쪽).

독일은 또한 최근 사회보장세(social security taxes)를 줄이기 위한 노력

---

[19] 감가상각은 일반적으로 고정자산의 가치 감소를 계산하여 이를 최초 고정자산의 가치 및 가격에서 공제하면서 비용으로 계상하는 것을 말한다. 감가상각의 방법은 몇 가지가 있지만, 어느 경우든 이를 가속화할 경우 손실 또는 비용이 늘어나는 것으로 되어 기업의 입장에서 세금을 덜 내게 되므로 이익을 보게 된다.

의 일환으로 에너지 사용에 대해 세금을 부과하기로 했다. 의문의 여지없이 유럽에서 생태적 조세 개혁이 더욱 강조되는 경향은 생태 사이클 균형화를 지원하는 분위기를 만드는 데 도움이 될 것이다.

메시지: 순환형 생태 사이클, 조세 구조의 개혁 가능성

미국의 도시와 타운에서도 좀 더 순환형의 생태 사이클을 바탕으로 한 신진대사를 지원하는 방향으로 나아갈 수 있는 수단이 많다. 그러나 초기 단계에서 기본적인 정보와 지식이 없다면, 필요 자원의 투입과 지역사회가 생성하는 폐기물에 대한 관심을 높이면서 상황을 개선시킬 어떤 기회가 있을지 평가하기 어려울 것이다. 첫 단계로 미국 도시 각각의 신진대사와 관련 흐름을 우선 분석해야 한다. 이는 지라드(Girardet, undated)의 런던 연구를 모델로 하여 추진할 수도 있다. 이제 미국에서도 각 지방정부가 보편적으로 종합계획을 마련하듯이, 도시의 신진대사를 이 계획의 중요한 새 요소로 포함해야 한다. 더 나아가 광역정부(COGs)들이 넓은 지역 전체의 도시 신진대사를 기록하고 분석하면서 관련 논의를 촉진할 수 있다. 그럼으로써 한 발 더 그린 어바니즘의 방향으로 나아가게 될 것이다.

현재 미국 전역에 수많은 생태 산업공원 또는 산업공생단지가 얼마간 발전하고는 있다. 이 과정에서 미국연방환경청(United States Environmental Agancy, USEPA)이 상당한 영향력을 행사하고 있는데, 볼티모어, 브라운스빌(Brownsville), 케이프 찰스(버지니아), 채터누가 등지에 있는 개발이 사례로 제시될 수 있다. 그러나 지금까지는 이러한 발전이 제한적으로 이루어졌다. 그럼에도 이 아이디어가 (재정을 비롯한 여러 측면에서) 강한 지지를 받도록 계속 노력해야 한다. 채터누가 사업의 사례를 통해 이 아이디어가 도시 지속가능성 프로그램의 통합 요소로서 잠재력을 지닌다는 것을 알 수 있다. 도시의 남부 사업지구에 대한 재개발 계획의 한 부분으로서 "스마트 공원(SMART Park)"의 개념이 제시되었는데, 이는 산업 및 비산업 활동으로부터 발생하는 자원 및 물 흐름을 연결하게 될 것이다. 이 채터누가 "무공해(zero emission)" 공원의 핵심 요소는 중앙 에너지 시설, 가동 중인 주조공장, 음식물 처리 시설, 핀들리 경기장(Findley Stadium), 시의 무역센터이다. 폐기물의 흐름을 연결하는 한 예로는 에탄올을 재처리하여 이 도시의 하이브리드 전기버스를 작동하는 연료로 쓰게 한 사례를 들 수 있다 (Chattanooga Institute, undated).

도시의 생태 사이클 균형화와 관련하여 미국에서도 관련 사업이 시작되고 있다. 예컨대 많은 미국의 지역사회가 폐수를 처리하는 '리빙 머신' 기술을 어떤 형태로든 적용해왔는데, 이는 적어도 부분적으로는 이런 유형의 폐기물에 대한 생태 사이클 균형을 이룬 접근이라고 하겠다.[20] 캘리포니아의 아르카타(Arcata) 시가 일찌감치 도시의 폐수처리를 위해 자연 늪지를 개발하려는 혁신적 노력으로 상당한 주목을 받아왔다. 그 노력의 산물이 아르카타 습지 및 야생조수 보호구역(Arcata Marsh and Wildlife Sanctuary)으로, 이 구역은 중요한 야생동물과 조류의 서식지를 제공하며 일반적인 도시의 폐수처리장과 같은 대규모 시설이나 화학 처리 없이도 효과적으로

∴

20) '리빙 머신'은 정식으로 특허 등록된 상표로서, 습지의 정화 작용을 모방한 생태적 폐수처리 기술 및 시스템을 의미한다. 생물학자 존 토드(John Todd)가 발명하였고 미국 등 세계 여러 나라에서 사용되고 있는데, 주택 1채에서 1만 채까지 하수를 처리할 수 있다고 한다. 버지니아 샬럿츠빌(Charlottesville) 소재의 사회적 기업[Living Machine Systems(L3C)]이 이 기술을 보유하고 있다(Hawken, 1999. 김명남 옮김: 444~446; 위키피디아).

폐수를 처리한다(Curtius, 1998a). 좀 더 자연 지향적 설계를 이용함으로써, 이미 계획된 광역 폐기 시설에 대한 아르카타 시의 부담분보다 절반이나 비용을 줄였다. 그 결과 아르카타 지역의 하수처리 비용은 "전국 최저" 수준이다(Curtius, 1998a: A3). 커티우스(Curtius, 1998a)는 이 시스템이 작동하는 방식을 아래와 같이 설명한다.

하수가 수집지역으로 흐르면 거기서 폐수는 슬러지(쓰레기)와 분리된다. 슬러지는 거대한 탱크에 보관되고 건조통으로 배출되기 전까지 그 안에서 한 달 동안 '분해된다'. 건조된 슬러지는 잘게 쪼개진 뒤, 습지에서 걷어낸 초목과 퇴비 더미 속 나뭇조각과 혼합된다. 퇴비 더미 내부의 높은 온도 때문에 해로운 박테리아는 살지 못한다. 한 달 안에 퇴비가 도시 이곳저곳의 축구장, 숲, 꽃밭에 흩뿌려지는 것이다.
한편 물은 산화촉진 연못(oxidation pond)으로 옮겨지는데, 여기서 대부분의 미생물이 태양광에 의해 제거된다. 염소 처리가 끝난 뒤 세 개의 늪지와 못으로 보내지며 거기서 물은 만 지역의 염분이 섞인 물과 혼합된다. 물이 처음 처리 시설로 유입된 지 2주에서 한 달 사이에 물은 다시 염소 처리되고, 후에 염소 제거 과정을 거쳐 훔볼트 만(Humboldt Bay)으로 방류된다(A3쪽).

캘리포니아의 데이비스나 버몬트의 벌링턴 등 다른 도시들도 아르카타형 디자인을 부분적으로 도입하기 시작했다. 아르카타 지역의 숲에 대한 소유 및 지속가능한 관리 또한 독특한 방식으로 이루어진다. 생산적인 도시 어메니티(amenity)의 요소인 숲은 이 조그만 도시의 생태 균형 전략에서 중요한 부분을 차지한다. 하수 숲(sewage forest)의 개념, 즉 도시의 하수가 살아있고 자라나는 숲을 통하여 처리된다는 개념은 주목할 만하다. 그 밖의 미국의 지역사회에서도 이미 이런 숲이 소규모로 적용되고 있는데, 하수를 자연 처리하는 동시에 많은 양의 탄소를 격리시킨다는 측면에서 잠재력을 지닌다. 위컴(Wickham, 1999)은 전통적인 하수처리 과정에서 사용되는 탄소량을 고려할 때 이 기술의 연간 탄소저감 잠재력이 7억 4,000만 톤이라는 놀라운 규모에 이른다고 추정하였는데, 이는 미국 전체 탄소 배출량의 15%에 해당하는 것이다.

데이비스 습지 사업은 폐기물을 재활용하고 야생서식지를 복원·보충하려는 또 하나의 모범 사례이다.[21] 데이비스 시는 미 육군 공병대 및 다른 기관과 협력하여 400에이커의 습지와 연못을 계획하고 건설하였다. 건설된 작은 늪과 연못 시스템은 이 도시의 빗물과 (3단계 수준에서) 처리된 폐수를 받아내는데, 이 폐수가 욜로 강 유역(Yolo Basin), 그리고 궁극적으로는 새크라멘토 강(Sacramento River)으로 방류되기 전에 추가 처리 과정을 거치는 것이다. 이 프로젝트는 강변 삼림지대와 상당한 규모의 계절형 습지를 만들어냈고, 습지와 연못 건설 과정에서는 토착식물만이 심어졌다. 서식지의 잠재력을 최대화하도록 작은 연못의 수위는 계절에 따라 달리 관리된다. 겨울 동안에는 겨울 물새들을 위해 수위가 평소보다 더 높아지도록 한다. 봄에는 강변에서 노니는 새들을 위해 수위가 낮아진다.

데이비스 습지 프로젝트는 센트럴 밸리(Central Valley) 지역에서 농업 용도로 전환된 습지의 거의 95%가량을 대체하려는 노력의 산물이다. 과거에는 욜로 카운티의 넓은 지역에서 계절별 범람을 일부러 허용하였는데, 그

---

21) 데이비스 시는 캘리포니아 욜로 카운티(Yolo County)의 최대 도시로, 인구는 약 6만 5,000명이다. 데이비스는 캘리포니아 주립대학의 데이비스 캠퍼스(University of California at Davis)가 소재한 대학 도시로 진보적 분위기와 대중화된 자전거 이용 등이 유명한데, 2006년 CNN 조사에 의하면 미국 전체에서 교육수준이 두 번째로 높은 도시이기도 하다.

로 인해 태평양 철새이동로를 따라 이동하는 물새에게 중요한 서식지를 제공했던 것이다. 이런 종류의 사업이 중요한 이유는 주요 서식지 복원 과정에 도시가 의미있는 역할을 할 수 있다는 것과 이런 사업을 통해 생물다양성을 향상시키면서 도시의 물을 창조적으로 처리하고 재활용할 수 있기 때문이다. 이런 프로젝트들은 우리로 하여금 순환형 폐기물의 흐름과 균형 잡힌 도시 생태 사이클의 방향으로 움직일 수 있도록 도와준다. 또 하나의 산물은 지역사회를 위해 뜻있는 생태 공간을 창조하는 일인데, 이는 주민을 위한 중요한 여가 및 교육 자원이 된다. 예컨대 데이비스 사업은 이미 지역사회를 위한 중요한 교육 및 공적 프로젝트가 되었다.

유럽 도시의 사례로부터 교훈을 얻어 미국의 지역사회도 도시 주변의 배후지를 중요한 지역 생태자본으로 직접 확보하고 관리하는 데 더 적극적으로 나서야 한다. 생태 네트워크와 광역적 녹색 공간 전략의 필요성은 이미 제7장에서 논의된 대로이다. 이를 위한 네트워크 요소로는 우선 생산적 농지가 있는데, (농산물 시장, 계약농업, 식당 및 소매점을 농부와 연결하는 시스템 등을 통해) 지역 전체에 식량을 공급한다. 그리고 분산된 에너지 생산 시설을 위한 에너지 작물(energy crop)도 가능성이 높은 아이디어 중 하나이다.

마지막으로 미국에서 설령 단기적으로는 정치적 현실성이 의문시되더라도 녹색세 개혁의 필요성이 높다. 만일 (덴마크나 독일에서처럼) 그런 세금이 소득세 등 다른 세수 감축과 연결된다면, 그 수용성이 대단히 향상될 것이다(Burke, 1997). 이러한 세금이 예측 가능한 가까운 미래에 수용될 리는 없더라도 조세 구조 전환의 중요성이야말로 유럽에서 배울 수 있는 중요한 교훈이다.

사실상 몇 개 주에서는 환경세 개혁이 중대한 관심을 얻기 시작했다는 신호가 나타나고 있다. 버몬트, 오리건, 메인, 미시간, 미네소타 주에서 환경세로의 전환에 대한 제안이 제기되고 있거나 현재 논의 중이다.[22] 미네소타에서 1998년에 제안된 '경제 효율 및 오염 감소법(Economic Efficiency and Pollution Reduction Act)'이 환경세로의 전환에 관한 가장 야심 찬 결과물이다. 이 법안은 관련 전략으로 얻을 수 있는 재정 및 환경 측면의 이익을 통합적으로 보여준다. 제안된 법 아래에서는 탄소 1톤당 50달러의 세금이 부과되어 약 13억 달러의 조세 수입이 발생하는데, 이는 재산세를 25% 가량 낮추어도 괜찮을 정도의 추가적 세입 규모이다. 재생 에너지 자원은 세금이 면제되며, 새로 생성되는 자금은 에너지 효율화 그리고 대중교통 및 교량 보수를 위해 사용되도록 한다(Sustainable Minnesota, 1998). 이 제안이 현실화되었다면 에너지 사용과 오염을 줄임과 동시에 약 1만 2,000개의 새로운 일자리가 창출되었을 것으로 추정된다. 최근 한 여론조사에 의하면 실제로 미국인들이 이러한 세금 전환 제안을 선호하는 것으로 나타났다(예: Friends of the Earth, 1998; Vermont Fair Tax Coalition, 1999). 이 같은 조세 체계의 변화는 엄청난 일로서, 미국적 맥락에서는 그 역할을 주 정부가 맡는 것이 적절하며 그러한 때라야 지원의 연속성도 담보될 것으로 보인다.

---

22) 미국의 도시 단위로 환경세, 생태세의 가능성을 직접 실현하면서 환경 목표를 달성하려는 사례가 눈에 띈다. 콜로라도 주 볼더는 2006년 이 나라에서 처음으로 탄소세(carbon tax)를 법제화하였고 이를 더 확대하려는 움직임을 보이고 있다(City Approves 'Carbon Tax' in Effort to Reduce Gas Emissions — The New York Times, 2006. 11. 18).

제9장
재생 에너지 도시: 태양이 주는 혜택으로 살기

저에너지, 재생 에너지 도시

　도시와 주민, 그리고 도시 영역의 다양한 경제활동으로 인해 엄청난 양의 에너지가 사용된다. 이러한 에너지 수요를 충족시키는 방법이 새로 설계되고 변경되며 재구상됨으로써 에너지 낭비를 줄이고 에너지 효율성을 높일 수 있다. (특히 이산화탄소와 다른 온실가스 배출을 포함하여) 환경에 끼치는 영향을 대폭 줄일 수 있는 좋은 기회가 생기는 것이다. 그린 어바니즘 도시들은 몇 개의 에너지 정책을 동시에 적용한다. 즉 에너지 낭비를 줄이고, 에너지 효율성을 증대시키며, 재생 에너지원을 통하여 에너지 수요를 충족시키는 방향으로 나아가는 것이다.[1] 지역 차원의 의제 중 에너지에 우선순위를 높이 두는 사례를 유럽 도시에서 찾아볼 수 있다. 이중에서 주목해야 할 점은 많은 도시에서 태양에너지를 장려·촉진하려는 노력이다. 다음 절부터는 다양한 지역 에너지 프로그램과 시책을 소개하고 평가한다.[2]

---

1) 재생가능 에너지(renewable energy)는 자연 상태에서 만들어지며 거의 무한정 재공급될 수 있는 에너지를 말한다. 재생 에너지의 종류는 다양한데, 가장 일반적인 것이 태양에너지이고 그 밖에 풍력·수력·조력·생물 자원(바이오매스)·지열 에너지 등이 있다.
2) 이 장에서는 재생 에너지를 주제로 하되 지역 단위 또는 개별 도시 차원의 구상과 모범 사

도시의 에너지 계획과 보전

그린 어바니즘의 유럽 도시는 에너지 측면에서 몇 가지 특징을 지닌다. 일반적으로 이 도시들은 에너지 사용량이 훨씬 적고, 미국 도시의 평균 이산화탄소 배출량보다 낮은 수준을 보인다. 그뿐만 아니라 이들은 에너지 보전과 재생가능 에너지원을 촉진하는 데 더 많은 중요성을 부여한다. 이를 설명하는 다양한 이유로 인해 미국 도시에 대한 교훈과 아이디어가 제공될 수 있다. 한 가지 이유로 많은 유럽 도시에서 자리 잡은 더 효율적인 형태의 난방과 전력 생산 시스템을 들 수 있다. 많은 유럽 도시가 오랫동안 열병합 발전을 통한 지역난방 시스템으로 난방 수요를 넉넉히 충족해 왔다. 이러한 시스템은 중앙정부 수준에서 장려되고 재정적인 지원을 받아 왔다.[3]

열병합 발전(CHP)은 에너지와 환경 부문에서 엄청난 장점을 지니며, 이러한 발전 방식은 유럽형 환경기술의 대표 사례라고 할 수 있다. 연료 보전의 효율성은 (보통 40% 이하인) 전력과 열의 분리생산 때보다 (보통 90% 이상으로) 훨씬 더 높다. 게다가 이러한 유형의 전력 생산은 질소산화물

∴ 례를 다루며 특히 태양에너지에 대하여 강조하고 있다. 국가 또는 지구 차원에서 더 폭넓게 재생 에너지를 논의하는 분야별 연구도 매우 많다. 제레미 리프킨은 '3차 산업혁명(the third industrial revolution, TIR)'의 중심을 인터넷 기술과 재생 에너지의 융합이라고까지 갈파한다. 이 TIR의 핵심 요소로서, (1) 재생 에너지로의 전환 (2) 모든 대륙의 건물에서 재생 에너지를 생산하는 미니 발전소 (3) 모든 건물과 인프라 전체에 수소 저장 기술 및 여타 저장 기술 보급 (4) 모든 대륙의 동력 그리드를 인터넷과 동일한 원리로 작동하는 에너지 공유 인터그리드로 전환 (5) 교통수단의 전원 연결 및 연료전지 차량 교체 및 대륙별 스마트 동력 그리드상의 전기 판매 등으로 요약한다(Rifkin, 2011: 58~59. 안진환 옮김).

3) [원주] 예를 들면, Results Center(undated)는 독일 연방정부의 보조금 프로그램으로 자르브뤼켄의 지역난방 시스템 관련 건설 비용의 42%를 부담했다.

(NOX)과 다른 대기오염물, 전반적인 이산화탄소 발생량을 크게 줄일 수 있다. 가동 중인 열병합 발전 시설의 크기와 규모는 (대도시에 전력을 공급하는 대형 지역난방 시스템과 같은) 큰 규모에서부터 (블록형 및 미니 열병합 발전 시설을 포함하여) 지역난방 네트워크와 연결되지 않은 1MW 이하짜리 소규모 산업체와 도시 소비자용의 작은 규모까지 다양하다. 열병합 발전과 지역난방 기술을 활용하는 방법은 많이 있으며, 이들 유럽 도시들은 풍부하면서도 실질적인 사례를 제공한다.

헬싱키 시는 가장 광범위하고 성공적인 지역난방 시스템을 보유하고 있으며, 이 시스템은 유엔 환경상(United National Environmental Award)을 수상하기도 했다. 지역난방이 가동되기 시작한 것은 1950년 후반이지만, 현재 지역난방은 91% 이상의 헬싱키 건물에 제공된다([그림 9.1] 참조; Helsinki Energy, undated). 시 소유의 열병합 발전 시설에서 에너지를 공급한 결과, 연료 효율성이 대단히 높아졌으며(40%에서 80%까지), 지역 내 이산화황 및 산화질소 배출도 (탈황 과정 및 개별 주택의 굴뚝 교체로 인해) 상당히 줄어든 것으로 나타났다. 시는 소비자 교육, 건축물 단열, 새로운 열회수(heat recovery) 및 온도조절기 설치 등의 프로그램을 통해 평균적인 에너지 소비를 줄이기 위해 더 노력하였다(Helsinki Energy, undated). 헬싱키 같은 도시는 (비록 여전히 고탄소·비재생 에너지인 석탄에 대한 의존도가 높지만) 지역난방이 지닌 커다란 가능성을 보여준다.

다수의 사례 도시가 지역난방의 효율성을 높이고 그 사용을 늘리기 위해서 노력하고 있다. 스톡홀름 난방 수요의 64%가 지역난방을 통해 제공되고 있으며 시는 이 비율을 (80% 정도까지) 확대하기 위한 조치를 취하고 있다. 빈은 1990년대에 이르러서야 지역난방을 시작하였지만, 현재 10만 세대의 아파트와 병원을 비롯한 많은 시설의 건물에 지역난방 시스템이 도입되어 있다(시스템과의 연결 비용은 시가 보조한다). 재생가능 에너지 자원을 장려하려는 노력이 계속되고 있는데, 이미 지역난방을 위한 에너지 공급의 약 50%가 재생가능 자원에서 나오며 시의 열병합 발전 설비 중 하나는 바이오 연료만을 사용한다.

스톡홀름 에너지 회사(Stockholm Energi)는 시의 지역냉방 네트워크를 확장시켜왔다. 이 시스템에서 냉각수는 바닷물로부터 수집되었고[그중

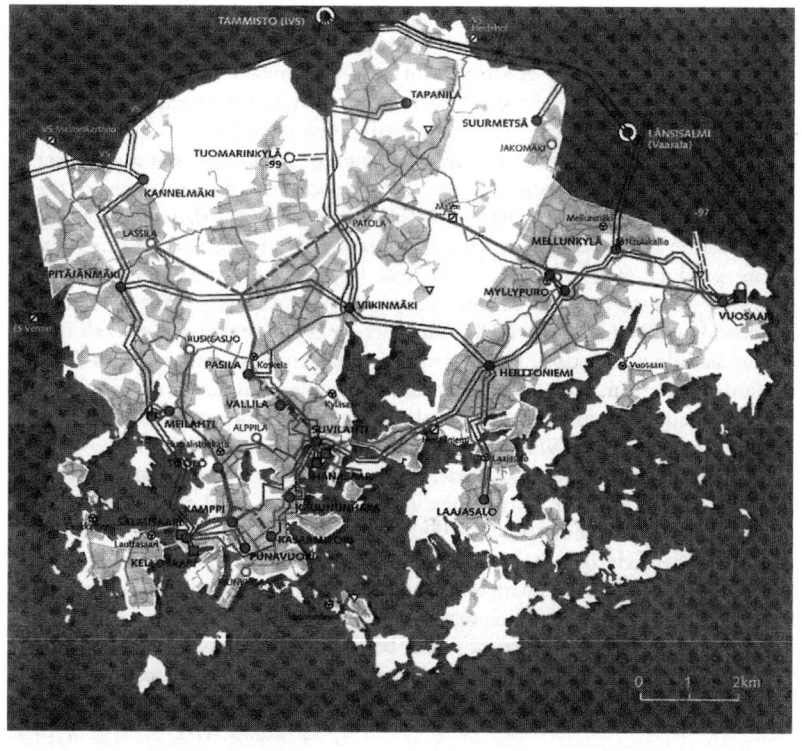

[그림 9.1] 헬싱키의 지역난방 도면
헬싱키의 전력 및 지역난방 전달 네트워크. 음영 부분이 지역난방 서비스가 제공되는 곳이다.
출처: Helsinki Energy.

80%는 릴라 베르탄(Lilla Värtan)에서 끌어왔다] 이는 여름철 냉방이 필요한 도심 건물의 35%에 공급된다. 이 지역냉방 시스템은 환경을 손상시키는 냉각제 사용을 상당히 감소시킬 것으로 평가된다(Stockholm Energi, 1997).

덴마크보다 지역난방이 대중화된 곳을 찾기는 어렵다. 덴마크에는 총 400개의 지역난방 회사가 있다.[4] 현재 덴마크 난방 수요의 50% 정도를 지역난방이 충당하고 있는데, 이는 1952년에 5%였던 것과 비교했을 때 엄청나게 증가한 수치이다(Danish Energy Agency, 1998). 이 비율은 코펜하겐과 같은 대도시에서는 훨씬 더 높은데 보통 난방 수요의 95~98%까지를 지역난방이 맡고 있다. 오르후스의 난방 시스템이 이를 잘 말해준다. 이 도시에서는 98%의 난방열이 일련의 네트워크를 통하여 생산되며 그 네트워크에는 (대형 발전소에서 배출되는 폐기물로 에너지를 생산하는) 중앙 열병합 발전 발전소, 쓰레기 소각 시설, (필요시 사용되는) 첨두부하(尖頭負荷, peak load) 보일러 3개 등이 포함된다.[5] 100킬로미터에 달하는 배분 시스템은 연간 4,000만 세제곱미터의 난방열을 순환시키는데 그 열손실은 겨우 1.5%에 불과한 것으로 알려져 있다(시골지역에서는 20%까지 올라갈지도 모른다)(Danish Energy Agency, 1998). 덴마크의 열병합 발전과 지역난방은 중앙정부의 재정 인센티브와 지원에 힘입어 이 같은 발전을 이룰 수 있었다. 중앙정부는 최근 몇 년간 일련의 투자성 보조금과 지원금을 녹색세 수입으로 충당하여 제공해왔다(이러한 인센티브의 연혁과 개관은 Danish Energy Agency, 1998 참조).

∴

4) [원주] 대부분의 지역난방 회사는 시 정부 또는 소비자 조합이 소유하고 있다.
5) 전력 생산 과정에서 첨두부하는 '피크 부하'로도 불리는데 최대 전력 수요가 발생했을 때를 가정하는 용어이다. 첨두부하가 발생하면 보일러 등 동원 가능한 모든 전력 생산 시설을 가동하여 발전하게 된다.

분산형 에너지 생산

좀 더 지역 중심의 소규모 열병합 발전 설비를 이용함으로써 전력 생산이 지역사회 내에서 직접 눈으로 확인할 수 있을 만큼 가까운 지리 단위로까지 다가왔으며, 이는 시각적으로도 중요한 존재감을 지니게 되었다. 이런 시설 가운데는 건축적으로도 놀라운 사례가 많으며, 전력 생산의 원천이 무엇인지를 인지·교육시키기 위한 기회를 제공할 뿐 아니라 지역 내 공적 인프라의 새로운 주요 요소를 만들어내는 기회가 되기도 한다. 덴마크 비보르(Viborg)에 있는 열병합 발전 시설이 그런 사례이다. 이 시설은 우선 시각적으로 뛰어나며, 최근 이 시설에 관한 연구에서 언급된 대로 "이 시설의 아름다운 디자인이 비보르 시민들로 하여금 자부심을 갖게 해준다(Danish Energy Agency, 1998: 29)." 또 다른 사례로는 빈 슈피텔라우(Spittelau)의 지역난방 설비를 들 수 있다. 건축가이자 예술가인 훈데르트바서가 설계한 획기적인 모습으로 개조된 이 시설은 기능적 건물인 동시에 공공 예술적 가치도 지닌 건물의 본보기라고 할 수 있다. 이 시설의 회색 외관은 형형색색의 모자이크 벽돌과 곡선, 황금색 구(球)로 바뀌었다. 화물차 선적 도크조차도 우아한 녹색 지붕으로 덮였다(Rand, 1993).

분산형 에너지 전략은 1980년 말에 암스테르담에서 시작되었다. 암스테르담의 도시 에너지 회사가 30개 이상의 분산형 열병합 발전소 시스템을 운영하고 있다. "지역에서 생산된 전력은 에너지 회사의 전력선을 통해 분배되며, 발생된 열은 현지의 시의회 건물, 병원, 호텔, 그 밖의 대형 건물에서 바로 사용된다(European Commission, 1996: 120)." 이 방식에 힘입어 상당한 에너지 절감 효과가 발생하는 것으로 알려졌다.

자르브뤼켄에서는 시유인 자르브뤼켄 에너지공사(Saarbrücken

분산된 열병합 발전 시설을 이용하여 지역난방에 열을 공급하는 것은 많은 유럽 도시에서 일반화된 시책이다. 사진은 빈의 열병합 발전 설비로, 프리덴스라이히 훈데르트바서가 예술적으로 재디자인함으로써 기능적으로 우수할 뿐만 아니라 중요성을 띤 공공 건축물이 되었다.

Stadtwerke)가 수도, 가스, 전력, 블록 난방을 맡고 있다. 자르브뤼켄의 경우 다른 도시들과 달리 약 97%의 전력이 지역 내에서 자체 생산되는데, 대부분의 발전은 석탄 찌꺼기를 연료로 이용한 재래식 전력 생산이다(자르브뤼켄은 주요 석탄 생산 지역에 자리한다). 기업은 이 방식이 환경적으로 더 책임성이 높은 방식이라고 여기는데, 그 이유는 이러한 방식이 폐기 분진을 이용하는 동시에 폐광산 지역을 청소하는 결과를 가져와 나중에 이 용지가 산업 재개발에 사용될 수 있기 때문이다. 또한 광범위한 지역난방이 이 과정에서 발생하며 도시 내 주택의 약 50%가 이 시스템과 연결되어 있다.

열병합 발전과 지역난방 시스템이 스칸디나비아 반도나 북유럽 도시에서 더 많이 사용되는 것은 사실이지만, 이 기술을 새로이 응용하는 사례가 다른 유럽 도시에서도 점점 더 많이 발견되고 있다. 영국의 경우 비록 지금은 소규모로만 열병합 발전을 통해 전력 수요를 채우고 있지만, 영국 정부는 이 기술을 장려하는 국가 전략을 발전시켜왔으며 최근에 이루어진 실질적인 성장은 주목할 만하다. 영국의 전략은 2000년까지 5,000MW 생산을 목표로 세웠고, 이미 1996년에 1,300개 지역에서 3,500MW의 생산이 이루어졌다(U.K. Department of the Environment, undated). 런던 화이트홀(Whitehall) 지역의 정부 건물에 열병합 발전/지역난방을 설치함으로써 그 기반을 닦고 있는데, 이로써 매년 5,000톤의 탄소 배출 감소와 함께 공공 에너지 지출에서 75만 파운드(120만 달러)가량의 예산을 절감하고 있다 (U.K. Department of the Environment, 1996).[6]

더블린에서는 새로운 열병합 발전 시스템이 더블린 공사(Dublin Corporation) 공공 사무실에 설치되었는데, 이로써 시청 사무실, 교회, 인근 5개 호텔, 53개 아파트의 난방 수요를 충족시키킨다(Conservation Engineering Limited, undated).[7] 앞으로는 템플바 지구의 신규 아파트도 이 시스템에 연결하는 것을 계획 중이다. 천연가스를 연료로 하는 발전기가 922kW의 전력을 생산하며, 겨울철 난방 및 에너지 수요 급증 기간에는 보조용 가스보

---

6) 화이트홀은 영국 런던의 트라팔가 광장과 팔러먼트 광장에 이르는 대로이다. 동쪽으로 템스 강이 있다. 웨스트민스터 대성당까지 연결되는 이 길에는 버킹엄 궁전, 총리 관저, 해군부, 재무부 등의 정부 건물이 들어서 있다.
7) [원주] Conservation Engineering Limited(undated)는 난방열이 추출되는 방법에 대하여 다음과 같이 설명하고 있다. "엔진 윤활유, 덥개 냉각수, 배기관으로부터 열을 뽑아내는 수많은 열교환기(heat exchangers)에 의해 엔진이 냉각된다. 이 열교환기들이 거의 모든 열을 지역난방 시스템을 통해 순환수로 보낸다. 지역난방 시스템과 연결된 각 건물에는 플레이트형 열교환기 케이블이 장착되어 있는데, 이로써 적재된 난방수와 온수가 만나게 된다. 추운 겨울철에는 공공 사무실의 기존 가스보일러에서 열을 내보냄으로써 지역난방으로의 유입량이 늘어난다(1쪽).

네덜란드 하우다(Gouda)에 소재한 신 생태 주거단지 주차장에 태양열 가로등이 설치되어 있다.

일러를 더 이용할 수 있다. 초과 전력 생산분은 전국적인 전력망을 통해 매매된다. 유럽연합 THERMIE 프로그램의 지원을 받은 이 사업은 상호 보완적인 난방 및 에너지의 시간대별 전력 수급을 최대한 이용한다(즉 주간과 평일의 사무실 에너지 수요, 야간과 주말의 호텔 및 아파트 에너지 수요).[8] 최근에는 이보다 소규모의 열병합 발전 시스템도 아일랜드에 설치되었다.

현재 유럽에서 가장 흥미로운 에너지 기술 발전의 조합 중 하나가 태양

---

8) THERMIE는 유럽연합이 대체에너지 사용 비중을 2010년 12%로 확대하는 목표를 수립하면서, 대체 청정 절약기술의 개발과 시범 사업을 위해 추진 중인 프로그램의 명칭이다. 아울러 thermie는 에너지 계측의 단위로서, 물 1,000킬로그램의 온도를 섭씨 1도 높이기 위해 필요한 에너지량을 일컫기도 한다.

에너지를 이용한 지역난방 네트워크이다. 이에 따라 광범위하게 설치된 태양전지판에서 전력을 생산하며, 여름철에는 가열된 물이 지역 네트워크를 따라 순환한다. 최근 사례로는 독일의 프리드리히스하펜(Friedrichshafen)과 덴마크 에리 섬(Aeroe)의 마르스탈(Marstal)에 대규모 시스템이 있다. 후자의 경우 "세계에서 가장 큰 평판형 태양열 시스템"으로 불리는데, 태양에너지 수집 장치가 지역난방 시스템의 난방 수요의 12.5%를 제공한다(5,000명의 주민과 1,250개의 연결된 주택에 해당한다).[9] 6~8월의 여름철에는 난방 수요의 100%를 이 태양열 수집 장치로 충족한다(Kunz, 1999). 가변인 물 흐름과 온도에 따라 규제되는 순환펌프로 인해 효율성이 증대되며, 640개의 태양열 집열기에서 나오는 물은 2,100제곱미터의 탱크에 저장된다. 이 시스템에 힘입어 연간 이산화탄소 배출량이 933톤이나 줄어드는 등 환경적 혜택이 크게 발생했으며, 이런 방식의 에너지 생산은 비용 측면에서도 재래식 발전에 비해 경쟁력을 가진다(CADDET, 1997; Brouwers, et al., 1998).

에너지 효율성의 진전

에너지 효율성과 수요 감축을 촉진하기 위해 훨씬 더 공격적인 입장을 취하는 지역사회의 사례가 많다. 종종 이런 사례는 공공건물의 에너지 효율성 향상 그리고 더 일반적인 자원의 효율성이라는 측면에서 시작한다. 예로 자르브뤼켄은 도시의 에너지 소비량 감축에서 엄청난 진전을 보였는

---

9) [원주] 태양열 수집 장치에 더하여, 이 시스템에는 7만 4,000세제곱피트짜리 물 보관 탱크가 있다.

데, 우선 시 소유 건물의 에너지 효율성을 높이면서 에너지 소비를 줄이기 위해 상당한 노력을 기울였다. 이는 시 정부가 직접 통제할 수 있는 부문이면서 시민에게는 긍정적인 본보기가 될 것이기 때문이다. 한 가지 중요한 단계로 주부와 건물 관리자들에게 시간대별로 조정이 이루어지도록 낮 시간대의 적절한 난방 수준이 무엇인지 즉 사무실, 학교 교실 난방은 20℃로, 계단은 12℃로 설정하는 식으로 명쾌한 방향을 제시하는 것이었다. 주부와 건물 관리자들은 소비 패턴의 관찰 내용과 난방, 나중에는 전기와 수도의 소비에 대하여 계량기 수치도 기록하도록 요청을 받았다. 한 건물 개선 프로그램의 경우 매년 100만 마르크(약 54만 달러)를 투입하여 단열재를 더 늘리고 에너지 효율이 뛰어난 창문을 설치하는 등 많은 다른 조치도 함께 취했다. 또한 시는 자치단체 소유의 대형 건물에서 기름과 석탄을 연소하는 방식의 난방 시스템을 지역난방 시스템에 연결하는 것으로 점차 바꾸었다.

자르브뤼켄 에너지공사에 의한 이러한 조치가 결합된 결과는 획기적이었다. 1981년과 1996년 사이에, 시 전체의 난방 소비가 53%나 줄었다. 이에 상응하여 이산화탄소 배출 또한 상당량 줄어들었는데 1981년 6만 5,000톤이었던 것이 1997년에 3만 5,000톤까지 감소하였다. 이 투자는 비용 대비 효과가 높은 것으로 증명되었는데, 연간 100만 마르크의 투자에서 전력 절감의 효과로 1,000만 마르크(540만 달러)가량 회수된 것이다. 프라이부르크도 1970년대 말 이래로 시유 건물의 에너지 효율성 향상을 적극 모색해 왔다. 이 도시는 1979년과 1991년 사이에 에너지 효율성 개선 작업에 630만 마르크(340만 달러)를 투자했는데, 그 결과 시는 2,500만 마르크 즉 340만 달러쯤을 절감한 것으로 추정된다(Von Ungern-Sternberg, 1996).[10] 또한

---

10) [원주] 하노버와 함부르크 등 몇몇 독일 도시에서는 이보다도 더 높은 절감 비율(50%)이 학

프라이부르크는 시가 부분적으로 소유하는 전기회사를 통하여 소비자에 부과되는 전기 요금 구조를 조정함으로써 에너지 절감을 장려하고 있다. 이 도시는 1992년에 "선형 시간별 가변 전기 요금제(linear time-variable electricity charges)"라는 혁신적 제도를 채택했는데, 소비자는 전력 소비가 발생한 시간대에 따라 다른 요금을 부과받는다(그 결과 전반적인 소비 감소와 비수 시간대로의 소비 이전이 일어났다; Heller, 1997). 덴마크의 오덴세와 벨기에 샤를루아(Charleroi) 등 다른 도시도 시 정부 건물의 에너지 소비를 대폭 줄이는 목표를 세우고 그에 따른 프로그램을 시행해왔다(European Commission, 1996).

하이델베르크도 시 소유의 공공건물에서 에너지 소비를 줄이기 위해 다양한 조치를 취해왔으며 이중 상당수가 매우 창조적이다. 가장 두드러진 것이 민간기업과 시가 함께 도입한 인센티브 기반의 계약이다. 이러한 방식 아래 기업체는 에너지 관리 및 개선 조치를 통해 높은 비율의 재정적 이익을 유지해왔는데, 다만 어떤 감축이든 그 이익의 20%는 시로 회수된다. 이 방식은 시 소유 건물의 절반에 적용되고 있으며, 동시에 시는 자치단체의 소유가 아닌 다른 건물에 대해서도 에너지 개선 프로그램이 시행되도록 노력하고 있다. 또한 시는 학교와 파트너십을 맺어, 그들로 하여금 에너지 관리를 위한 노력을 장려하고 에너지 절약분의 40%를 그들이 회수할 수 있도록 하는 경제적 인센티브도 제공하였다(절약분의 40%는 건물 개선 비용으로, 나머지 20%는 시의 일반회계 수입으로 들어간다).[11] 이를 위해 시는 학교에 검사 장비와 기술을 지원하고, 학교는 프로젝트를 이끌기 위한 'E-팀

교에서 유지되도록 하고 있다.
11) [원주] 추가적인 200만 마르크가 최근 몇 년간 "…… 에너지 절약형 버너와 보일러, 열회수 시설, 향상된 단열재, 온도조절기 밸브, 태양에너지 공장"에 투자되었다.

(에너지 팀)'을 만드는 데 동의하며 이를 통해 평가도 시행하게 된다. 시의 에너지 기관들은 자체적으로 'E-팀'을 만드는데 이들은 주택 소유자 및 재계가 에너지 소비를 줄이는 방법에 대하여 조언하며, 종종 이러한 조언에는 에너지 관련 감사 준비도 포함된다.

많은 도시에서 개인 주택과 기업에 에너지 효율성 향상을 위한 보조금을 지급하려 한다. 예를 들어, 자르브뤼켄 에너지공사는 주택 소유주에게 시장 가격보다 낮은 이자로 에너지 절약 개선자금을 대출해줌으로써 단열재나 지역난방과의 연결 등에 대한 투자가 이루어지도록 해왔다. 또한 에너지 효율이 높은 가전제품을 구입하거나 온수난방을 전기에서 가스로 전환할 경우에도 보상금을 제공한다(Results Center, undated).

각 도시는 지역사회 내 기업과 주택에 높은 에너지 효율성 기준을 장려하기 위해 노력하고 있다. 예를 들어, 레스터 시는 가정의 에너지 효율성을 평가하고 등급을 매기는 데 중점을 두어왔다. 국가 에너지 등급 시스템(National Energy Rating System) 아래, 각 건물은 1부터 10까지 등급을 부여받는다(10이 최고의 에너지 효율 등급이다). 시는 도시의 최저 에너지 기준을 설정하는 방법으로 이 등급 시스템을 사용하는데, 시 전체적으로는 6등급의 목표가 설정되었으나 시유 건물의 경우에는 최저 9등급으로 의무화된다.

레스터와 같은 몇몇 도시도 시 전체의 에너지 소비 문제를 이해하고 다루고자 노력해왔다. 이를 위해 서로 다른 상황에서 상업, 주택, 교통 등 도시 전 부문의 에너지 소비를 측정하고 예측하는 에너지 모델이 개발되었다.[12] 이 모델(Dynamic Regional Energy Analysis Model)은 밀턴 케인스

---

12) [원주] 더 구체적으로 에너지 사용은 다음과 같이 계산된다. "월별 에너지 수요는 월간 평균 대기 기온, 인구, 주택의 크기와 형태, 각 가구의 거주민 수, 승용차 소유 여부, 거주 및 비거주용 건물의 바닥면적, 가전기기나 설비의 효율성, 연료의 시장점유 현황, 경제활동지

(Milton Keynes)의 오픈 유니버시티(Open University) 연구원들이 개발하였고, 유럽연합이 재정 지원을 하였다. 이 모델은 날씨, 인구, 주택의 특징, 가전기기 및 난방설비의 효율성 등의 요소를 고려하여 총 에너지 소비와 이산화탄소 발생량을 측정한다(Titheridge, Boyle, and Fleming, 1996; Green, 1995). 그 핵심 목표는 시의 이산화탄소 감축 목표(2050년까지 50% 감소)를 달성하고자 지역 활동의 유형과 수준을 확인하기 시작하는 것이다. '녹색 시나리오(green scenario)'에 의하면 기술과 생활방식의 변화를 통해 65%의 에너지 이용 감축이 가능하다고 한다(Environ, 1996).

레이던에서도 시와 에너지 회사 간에 에너지 및 자원 보전을 촉진하기 위한 비슷한 협력 프로그램이 수행되었다. 최근에는 고객들에게 저수량 샤워꼭지, 저수량 수도꼭지, 물 절약형 화장실 등 일련의 패키지가 제공되었다. 고객들은 시와 에너지 회사 공동의 보조금으로 이를 지원받는 것이다. 절약 장비를 받아볼 수 있다는 내용은 지역 신문광고, 안내 책자, 지역의 특별행사 전시 등을 통해 홍보되었다. 레이던의 6개 지역이 연합하여 지속가능성 자문관(sustainability advisor)을 유급으로 고용했는데, 이 담당자가 (여름 축제 등) 지역 행사에 참여하며 지방정부에 지속가능성 이슈를 주택 사업 디자인 및 기타 다른 지역 문제와 통합하도록 조언한다. 수많은 다른 도시도 에너지 상담센터를 운영하거나 에너지 효율성 개선을 위해 소비자 지원 서비스를 제공한다.

자르브뤼켄 에너지공사는 광범위하고 인상적인 에너지 정보센터를 운영하고 있다. 이 정보센터 직원은 에너지 문제와 관련하여 다양한 방법으

∴
표, 평균 월간 온도, 태양열 복사, 바람의 속도, 그리고 다른 유관 변수를 이용하여 계산된다(Titteridge, Boyle, and Fleming, 1996)." 1990년 레스터의 총 에너지 사용량을 추정하면 36PJ(에너지 단위)이며 300만 톤의 이산화탄소를 배출하는 것으로 나온다.

로 주민들을 돕는다. 이들은 전력계량기를 무료로 나눠주고, 주민들이 가정에서 에너지 소비량을 계산하는 것을 도와준다. 정보센터에 들어서면 시의 실제 모습을 축소한 모형이 가장 먼저 눈에 띄는데, 이 모형은 다양한 재생가능 에너지 사례를 시각적으로 보여주며, 선택 가능한 대안이 실제 어떠한 식으로 발현될지를 가시적으로 제시한다. 여기서 말하는 대안이란, 태양전지판이 설치된 주택, 광전지(PV arrays)가 장착된 식품점, 풍력발전용 터빈, 바이오매스 숲 같은 것이다. 물론 지속가능한 장소를 만드는 데 필요한 모든 조건이 갖추어진 것은 아닐지라도, 이 도시 모델은 에너지 회사 건물의 현관 전시용으로 여러모로 제격인 좋은 장치이다.

신개발을 위한 에너지 기준

많은 도시에서 새로 건설되는 주거단지를 에너지 소비가 급감되는 방식으로 설계하도록 노력해왔다. 특히 독일과 네덜란드 도시의 경우, 최소 에너지 소비기준이 시 소유 토지에서 일어나는 개발 과정의 기본 조건으로 일반화되고 있다. 예를 들어, 하이델베르크는 시유 부동산에 건설되는 신규 주택에 대하여 최소 에너지 소비기준을 설정하되 단독주택은 연간 65kW/제곱미터, 아파트의 경우 50kW/제곱미터를 기준으로 두었다. 프라이브루크에서도 이와 비슷한 저에너지 개념이 적용되고 있는데, 신규 리젤펠트(Rieselfeld) 개발 등의 (시 소유 토지로서 이러한 조건을 부과할 수 있는) 프로젝트는 연간 65kW/제곱미터의 기준을 충족해야 한다. 뮌스터 역시 비슷한 시책을 채택해왔다. 빈은 건축조례를 통해 모든 신규 건물에 연간 60kW/제곱미터를 소비기준으로 정해두었다.

다수의 도시들이 에너지 효율성이 높은 주택의 타당성과 실용성을 보여주는 시범건물을 지음으로써 최소 에너지 소비기준에 적극적인 입장을 취해왔다. 예를 들어, 하이델베르크에서는 저에너지 사용이 가능하다는 것을 입증하기 위하여, 최근에 한 신규 저소득 복지주택을 아주 높은 에너지 기준에 맞추어 건설하였다. "암 도르프(Am Dorf)"로 불리는 프로젝트는 연간 47kW/제곱미터의 기준으로 건설된 복지아파트 사업이다. 이는 시유 복지주택 회사가 건설한 68가구의 사업으로, 양질의 단열 처리, 열교(thermal bridge) 부위의 감축, 태양에너지 지향(남향의 대형 창문, 북향의 작은 창문), 온수난방을 위한 태양전지판, 빗물을 이용한 수세식 변기(변기에 필요한 물의 3분의 1을 공급한다) 등을 포함하는 많은 설계상의 특성을 보여준다.[13]

네덜란드의 많은 신규 주택지구는 에너지 절감과 저에너지 사용을 디자인의 핵심 주제로 삼고 있다. 암스테르담 GWL 프로젝트의 에너지 절감 요소는 괄목할 만하다. GWL 지구에는 발전기가 사업지구 중심에 위치하는데, 이 발전기는 전력을 생산하는 동시에 집중화된 지역난방을 개발지구의 모든 가구에 제공한다. 그 결과 새로 지어진 주택은 독립된 난방 시스템을 가진 경우가 없다. 목욕과 같은 용도로 온수가 필요할 때는 깨끗한 온수가 공급될 수 있도록 별도의 배관이 각 주택으로 이어진다. 따라서 이 지구에서는 뜨거운 물로 세탁기를 사용할 수 있다. 이 모두를 합할 경우 주민들의 에너지 절약분은 매우 크다.

∴

13) 건물 구조상 서로 다른 부분이 만나는 접합부위, 예컨대 벽체 간 또는 벽체와 슬래브 간의 접합부위 등 재료가 달라지는 경우 열의 흐름이 정상과 달라짐으로써 결로 현상이 생기기 쉬운데 이를 열교 현상이라 한다. 이런 곳에는 단열재 설치가 쉽지 않고 벽체의 부식이나 얼룩 등 미관 및 위생이 악화되므로, 가급적 이런 부위를 줄이거나 보조 단열재를 부착하는 방식 등으로 대처한다.

재생 에너지 촉진을 위한 도시 정책

재생가능 에너지 자원은 유럽 도시에서 대단한 관심을 받고 있으며 다양한 수단을 통해 지방정부에 의해 장려되고 있다. 스톡홀름 에너지공사는 바이오 연료의 사용, 열펌프를 사용하여 폐수로부터 열에너지 추출, 펄프와 제지 공장에서 바이오 오일(bio-oil)의 추출 등 다양한 방식으로 지역난방 시스템을 가동하고 있다. 에너지공사는 이러한 유형의 바이오 연료 사용을 (재생 에너지 비율의 50%로) 증대시키려는 것이다. 시의 전력 생산에서 수력발전이 차지하는 비중도 비교적 높다.

몇몇 도시는 재생 에너지 중에서도 풍력 에너지에 대한 관심이 크다. 예컨대 볼로냐 시는 3.5MW 규모의 풍력발전 단지에 투자했다. 하이델베르크 시는 네카어 강(Neckar River) 주변의 수력발전소를 포함하여 몇 개의 재생 에너지 프로젝트를 개발해오고 있으며, 원도심에서 멀지 않은 고지대에 (600kW 용량의 전력을 공급하는) 세 개의 풍력발전용 터빈을 설치하려는 계획을 세웠다.

자르브뤼켄도 풍력 에너지에 대한 관심이 높은데, 이 시는 주의 남부 엔스하임(Ensheim)에 있는 풍력발전소에 (24% 지분으로) 투자했다. 자르브뤼켄은 시 경계 내의 풍력발전은 포기했는데, 이 도시가 계곡에 위치할 뿐 아니라 미관 침해와 터빈 소음에 대한 주민의 반발로 풍력발전이 수용될 가능성이 거의 없다고 생각했기 때문이다. 자르브뤼켄 에너지공사는 풍력 에너지를 제외한 다른 재생가능 에너지 자원도 탐색해왔다. 블리슈탈 (Bliestal)에서는 실험적인 바이오매스 프로젝트가 시작되었는데, 지역에서 연료로 사용될 바이오매스용 초목 10헥타르가 식재되었다.

유럽 도시에서 재생가능 자원이 보편화한 것은 막대한 중앙정부의 보조금과 개발비를 통해 설명될 수 있다. 더욱이 덴마크와 스웨덴 같은 국가들이 재생가능한 자원으로 전환을 촉진시키는 탄소세(carbon tax)를 채택해 왔다. 예컨대 스웨덴에서 바이오매스 에너지 사용이 획기적으로 증가한 것은 대체로 탄소세 부과의 결과이다(The Economist, 1998). 바람과 태양열 등 재생 에너지의 비용은 정부 보조금 덕분에 급격히 떨어졌다. 바람은 영국에선 화석연료 기반의 에너지와 경쟁할 만한 것으로 알려져 있고, 풍력 발전의 비용도 1990년대 이래로 급격히 감소했으며 독일 등지의 풍력 에너지 생산이 15배 증가한 것으로 알려졌다(The Economist, 1998).

덴마크는 1970년대 이래 국가 에너지 계획의 오랜 역사를 바탕으로 더욱 원대한 일련의 국가 에너지 계획을 채택했다. 가장 최근의 'Energy 21' 계획에서도 야심 찬 이산화탄소 감축 목표를 수립했는데, (1998년도 수준에 견주어) 2005년까지 이산화탄소 배출량의 20% 감소와 2030년까지 이산화탄소 배출을 절반으로 줄이는 것이 목표이다. Energy 21의 핵심 요소는 열병합 발전의 촉진 및 개발 증대, 그리고 풍력과 바이오매스 등 재생 에너지에 대한 강조이며, 아울러 이 둘의 에너지 점유율을 1%까지 늘리는 목표도 포함한다.

덴마크는 풍력 에너지를 촉진하고 이를 에너지원 구성의 중대한 요소로 다루기 위해 적극적인 조치를 취했다. 바람을 이용한 에너지는 특별한 관심과 함께 높은 우선순위를 부여받았는데, 2020년까지 전체 에너지의 30%를 풍력으로 공급한다는 국가적 목표가 수립되었다. 풍력 에너지 공급은 이미 덴마크 전체 에너지 공급의 8%를 차지하고 있다. 이 계획은 공간계획과 통합되어 있으며, 바람의 패턴, 전기통신 회랑으로부터의 분리, 보호가 필요한 환경민감지역의 위치 등에 기반을 둔 국가 지도가 개발되었다. 도시마다 이 지도를 스스로의 계획에 대한 근거 자료로 사용하며, 덴마크 계획 시스템 아래 모든 도시 정부는 그들의 구조계획에 미래 풍력발전 설비에 대한 적절한 입지를 지정해야 한다.

1997년 가을, 덴마크는 인상적인 해양풍차 사업계획을 발표했는데 이 계획은 500개의 해양풍차를 건설하여 향후 10년간 750MW의 전력, 그리고 2030년까지 4,000MW의 전력을 생산하고자 한다(Engelund, 1997). 이 사업으로 덴마크의 풍력 에너지 비율은 50% 가까이로 높아질 것이다. 해양 풍력발전 설비는 육지의 설비에 견주어 바람이 더 많이 부는 곳에 입지할 수 있다는 점과 경관에 대한 악영향을 감소시킨다는 점에서 커다란 이점을 가진다. 해양 풍력발전 설비를 설치하는 데 필요한 해양 공간의 면적은 육지에 비해 매우 작을 것이다(1%로 추정). 그러나 몇 가지 환경 이슈가 제기되는데, 조류 학계는 환경 변화가 새들에 끼칠 영향을 우려한다. 그리고 현재는 풍력발전 설비의 입지가 논란을 빚고 있는데, 환경론자들은 설비가 바다의 얕은 지역에 집중되어 있다고 지적한다(해양풍차는 바다 15미터 이상 깊이에까지 설치할 수 있다). 비록 풍력발전이 전통적인 석탄연료 전력 생산과 비교하여 다소 경쟁력이 있지만(풍력의 경우 5.0~5.5센트, 석탄 사용 시 3.2~4.0센트), 풍차 사업은 전기 요금 인상을 통해 재정적으로 지원될 것이다. 덴마크 정부는 이러한 구상을 자국의 기술을 발전시키고 경제적 이익을 늘리기 위한 기회로 보고 있다.

유럽의 시골지역에서 풍력발전 설비의 설치와 에너지 생산은 획기적으로 성장하였다. 1997년, 전 세계적으로 설치된 1,510MW 용량의 풍력발전 설비 중 매우 높은 비율이 유럽 국가, 특히 독일, 덴마크 그리고 최근에는 스페인의 차지였다(Rackstraw, 1998). 독일에서는 1997년 한 해 동안만 532MW의 용량이 설치되었다. 독일의 전기공급법은 에너지 회사로 하여금 일정분의 풍력 전기 구입을 의무화하면서 이에 대하여 평균 전력 요금에 바탕을 둔 최저 요금을 설정한다. 국가가 풍력 에너지에 대하여 상당한 재정 지원을 제공하는 가운데, 어떤 경우에는 주 단위에서도 자본 및 운영 보조금이 지원된다. 랙스트로(Rackstraw, 1998)가 말하듯이, 독일의 "정치적 역동성" 덕분에 이러한 수준의 지원이 가능해졌다. 재생가능 자원에 대한 강력한 정치적 로비와 대중의 지지는 중요한 요소이다. "독일에는 풍력 에너지(그리고 일반적인 환경적 대의)에 대한 폭넓은 지지가 존재하며, 그 때문에 독일의 풍력 정책이 공격받지 않는다(Rackstraw, 1998: 23~24)." 덴마크 국민들은 이보다 더 강력하게 풍력을 지지하고 있으며, 두 나라 모두 풍력 산업에 기반을 둔 일자리에 대해서 높이 평가하고 있다. 덴마크는 전 세계 풍력발전용 터빈의 75%를 공급할 정도이다.[14]

솔라 시티의 부상

태양에너지 정책은 독일, 네덜란드, 스칸디나비아 국가들에서 상당한 기반을 확보했으며 이제는 새로운 건설이나 재개발 프로젝트에 흔히 통합되고 있다. 몇몇 연구 대상 도시들은 스스로를 "솔라 시티(solar cities)"라 부르기 시작했는데, 특히 프라이부르크, 베를린, 자르브뤼켄 등이 대표적인 예이다.[15]

∴

14) 이 책 발간 당시에는 덴마크가 풍력발전 터빈 생산의 선두 주자였으나, 독일, 미국 등 많은 나라가 뒤따르면서 추월당하였다. 2010년 현재는 중국이 세계 최대의 풍력 터빈 생산국으로 자리 잡았다. 현재 중국은 국내 전력 수요의 4% 미만을 풍력·태양에너지 등으로 충당하고 있으나 2020년까지 이를 8% 수준으로 끌어올리려 노력하고 있다(China Leading Global Race to Make Clean Energy ― 《The New York Times》 2010. 1. 30).
15) 우리나라에도 스스로를 "솔라 시티"라 부르는 도시가 많다. 대구는 2004년 세계솔라시티 총

프라이부르크는 새 공공 건물이나 시설에 태양에너지 기술을 적용하기 위해 개인의 태양열 건물에 보조금을 지급하는 등 다양한 방법으로 태양에너지 사용을 장려하고 있다. 프라이부르크는 중간 규모의 도시임에도 태양에너지 기술을 적용한 건물과 개발 프로젝트가 놀랄 만큼 많은데, 민간 부문의 건물뿐만 아니라 공공건물에서도 그 사례를 찾아볼 수 있다. 태양에너지는 보방(Vauban) 및 리젤펠트 개발 사업에 포함되거나 포함될 예정이다. 1994년 지어진 프라이부르크 축구 스타디움의 새 부속건물은 지붕 전체가 광전지로 덮여 있다. 여기서 만들어지는 전력은 스타디움의 전력 수요량을 넘어서며, 여분의 전력은 전력망을 통해 다른 곳으로 보내진다. 인상적인 민간 디자인으로는 이 지역 건축가 롤프 디슈(Rolf Disch)가 설계한 "졸라하우스 헬레오트로페(Solarhaus Heleotrope)"와 이 도시의 가장 유명한 시범 사업으로 알려진 "졸라하우스 프라이부르크(Solarhaus Freiburg)"가 있다(후자는 태양에너지로 '자족'하는 주택으로 뒤에서 상세히 다룬다).

또한 이 도시는 경제발전 전략으로서 태양에너지와 태양에너지 기술을 적극 장려해왔다. 프라이부르크 시는 국제태양에너지협회(International Solar Energy Society, ISES)를 유치한 것을 자랑으로 여긴다. 시는 국제태양에너지협회의 사무실을 내어주면서 시 소유의 고풍스러운 탄하임 저택(Villa Tannheim)을 5년간 무료로 임대해주었다. 이 저택은 그 자체로 태양에너지 시범 사업의 사례라고 할 수 있다. 개조된 탄하임 저택은 수많은 에너지 관리 기술이 적용되고 있다. "개조의 목적은 고풍스러운 건물의

∴ 회를 개최한 데 이어 세계에너지총회(World Energy Congress Daegu 2013)라는 초대형 행사를 유치했으며 관련 사업도 진행 중이다. 빛고을 광주는 2009년 솔라시티센터를 준공하는 등 국내 태양에너지 사업의 선두 주자가 되려고 노력 중이다. 경남 창원, 전남 무안(남악 신도시) 등 수많은 지역에서 경쟁적으로 관심을 보이고 있다.

외양을 재생 에너지 자원을 이용하여 재건축하려는 것이었다(International Solar Energy Society, undated: 22)." 수많은 구체적 에너지 요소로 벽과 지붕의 새 단열재(재생종이를 스프레이로 분사하여 만든 재료), 건물의 서쪽 정면에 있는 투명 단열재(열 손실을 줄이고 태양 복사열을 더 보존한다), 삼중 코팅의 저방사 창문, 기름 연료의 난로를 천연가스용으로 대체, 7.5제곱미터의 태양에너지 수집기 설치 등이 개조 과정에 포함되었다(ISES, undated).[16] 탄하임 저택은 재생 에너지에 대한 이 도시와 ISES의 신념을 상징하는 동시에 또 하나의 중요한 시범 건물로도 기여하고 있다. 또한 프라이부르크는 이 분야의 주요 연구개발 기관인 프라운호퍼 태양에너지 시스템연구소(Fraunhofer Institute for Solar Energy Systems)의 근거지이기도 하다.

프라이부르크의 태양에너지 산업의 규모는 인상적이다. 이 분야에 약 450개의 회사가 있으며, 이들이 1만 명의 고용과 20억 마르크(약 100만 달러)의 수입을 창출하는 것으로 추정된다(Stuchlik and Heidler, 1998). 흥미롭게도 프라이부르크의 많은 태양에너지 시책과 함께 일종의 태양에너지 생태관광이 발전하고 있다. 매년 약 120개 그룹의 일본인들이 태양열 에너지 시책을 직접 보고 이해하기 위해 이 도시를 방문한다(Stuchlik and Heidler, 1998). 프라이부르크에서 최근 제시된 계획인 "프라이부르크 솔라 지역(Freiburg Solar Region)"은 일련의 태양에너지 프로젝트를 강조하게 될 것이다. 관련 활동을 조정하기 위해 프로젝트의 관리자 한 명을 고용하였고,

---

16) 방사율은 어떤 물체가 외부로부터 받은 빛에너지를 흡수한 뒤 일부를 재방사하거나 재복사하는 에너지의 비율을 말한다. 예컨대 주택 창문의 방사율이 낮을수록 보온 효과가 뛰어나다. 본문의 저방사 창문(low-emissivity windows)은 반사 유리나 컬러 유리 등의 표면에 은 등의 금속 또는 금속 산화물을 얇게 코팅한 것으로 방사율과 복사 에너지를 낮게 만든다. 흔히 "로이(Low-E)"라는 이름으로 불리는데, 건축물에 설치하면 단열 효과가 커서 에너지 절약에 도움이 된다(네이버 백과사전).

태양에너지를 촉진하고 교육하기 위해 도심에 솔라 전시관(solar pavilion)을 설치할 예정이다.[17]

많은 도시가 태양에너지를 장려하는 가운데 그 수단으로서 재정 지원에 우선순위를 두고 있다. 프라이부르크, 베를린, 빈 등의 도시는 보조금 제공을 통해 태양에너지 사용을 적극적으로 장려한다. 예를 들어, 프라이부르크는 개인 소유의 구조물에서 태양전지판으로 생산한 전력 1kW에 2마르크(1.10달러)를 보조금으로 제공하고 있다(Heller, 1997).

자르브뤼켄만큼 태양에너지 발전을 장려하거나 육성하고 있는 도시는 별로 없다. 주 정부 보조금과 함께 시에서 주는 재정적 장려책이 상당하다. 광전지 패널(PV) 설비의 설치 과정에 에너지공사가 kW당 1,000마르크(약 540달러)를 제공하는데, 이는 주 정부 보조금과는 별도로 제공되는 것이다. 50제곱미터의 옥상에 관련 설비를 마련하는 데 주어지는 보조금은 총 2만 8,000마르크(1만 5,000달러)에 이르는데, 이는 시장가격의 50%쯤 된다. 아울러 에너지공사는 kWh당 운영보조금 55페니히를 지원한다. 지금까지 39가구가 보조금 혜택을 받고 광전지 시스템을 설치하였는데, 이는 276kW 용량의 설비이다. 에너지공사와 시유 은행 간 협력을 통해 (5년간 2.9%의) 저금리 대출로 광전지 시스템 설치 비용의 잔여 부분을 감당할 수

---

17) [원주] 다음 주요 사업이 프라이부르크 솔라 지역 구상에 포함되어 있다.
- 미래의 일터: 솔라 공장(Solar Fabrik)
- 공적 제안: 공동 솔라 에너지 시설(Communal Solar Energy Facility)
- 관광과 여가: 솔라 케이블 철도(Solar Cable Railway)
- 미래의 삶: 솔라 정주지 슐리어베르크(Solar Settlement Schlierberg)
- 연구 개발: 솔라 모금 구상(Soar Funding Initiatives)
- 교육과 훈련: 솔라 타워와 솔라 교육센터(Solar Tower and Solar Education Centre-Euregio)

있도록 하고 있다. 이 옥상 사업의 일환으로 에너지공사는 엔스하임에 태양에너지 시범주택을 지원하기도 했다. 이 주택은 옥상의 광전지 시스템이 전형적인 구획형 토지 이용과 어떻게 어우러질 수 있는지를 보여준다 (Results Center, undated).

비록 태양에너지를 장려하기 위한 보조금 정책은 그런대로 성공적이었지만(공사 직원들은 단위 전력 생산량 측면에서 독일 도시 중 자르브뤼켄이 1위라고 생각한다), 이 도시의 경험은 태양에너지 관련 기술을 촉진하는 과정이 어렵고 천천히 이루어진다는 것을 보여준다. 에너지공사의 토마스 로르바크(Thomas Rohrback) 박사에 따르면, 이 지역은 경제적으로 가난하며 사람들이 너무 단기적인 관점에서만 생각한다고 한다. 모든 태양에너지 관련 투자를 "투자금의 회수(payback)"가 잘 되느냐의 기준만으로 정당화하려고 하는데, 이는 유달리 태양에너지 분야에만 적용되는 기준 같아 보인다.

자르브뤼켄에서 태양에너지를 장려하는 과정에서 중요한 요소 중 하나는 "ARGE Solar"라고 불리는 비영리 기관의 설립이었는데, 이 기관은 태양에너지 기술 지원 및 홍보를 목적으로 한다. 적지 않은 수의 직원을 보유한 이 회사는 1989년에 설립되었다. 회사 재정의 약 3분의 2를 주요 도시 정부와 광역 에너지 회사로부터 지원받는다. 자금 일부는 대학이나 자를란트(Saarland) 주 환경부 등 다른 기관들로부터 제공받는다. 이 회사는 태양광 소비자들에게 기술적 도움을 제공함은 물론이고 자르브뤼켄의 어느 곳에서든 태양에너지를 볼 수 있도록 하면서 홍보하는 두 가지 중요한 기능을 맡고 있다. 이 회사는 소비자들이 태양에너지 시스템의 유형과 이용 가능한 제품에 관한 기술적 문제를 잘 다루도록 돕고, 다양한 지방정부 수준에서 보조금을 이용할 수 있도록 돕는다. 이러한 공적 홍보 기능 때문에 이 회사는 자를란트 주위의 박람회나 전시회 같은 곳에도 참가한다.

자르브뤼켄에서 가장 인상적인 것은 수많은 민간 태양에너지 회사들이 지역에서 운영되며 발전하였다는 것인데, 대부분은 설치 관련 기업이지만 장비 생산업체도 많다. 초기에는 회사가 단지 3개뿐이었지만 지금은 주요 생산 및 판매 회사만도 약 50개가 성업 중이고, 자를란트 주에서 운영되는 태양에너지 설비 회사도 200개쯤 있다. 이는 제품의 다양성과 선택 측면의 경쟁을 의미했고, 아울러 주택 소유주들에게는 태양에너지 투자가 급진적이지도 실험적이지도 않다는 확신을 주는 것이었다. ARGE Solar 회사 대표인 알렉산더 도르(Alexander Dorr) 박사는 보조금 프로그램이 큰 차이를 이끌어냈으며, 태양에너지 시장의 확대에도 상당히 기여했다고 주장한다. 태양에너지 시스템의 성장 전망은 자를란트 주 전체를 고려했을 때 매우 긍정적이다. 보조금을 신청하는 응모자들과 설치되는 시스템의 수가 모두 꾸준히 증가해왔다. 자를란트 주에 500개의 태양열 온수 시스템이 설치되었고, 전력망에 연결된 350개의 광전지 시스템이 설치되었다.

유럽 도시에는 공공 건물이나 시설에 창조적으로 통합·설치된 광전지 패널의 사례가 수없이 존재한다. 앞서 얘기한 프라이부르크에서는 축구 스타디움의 양편 새 부속건물 지붕에 넓은 광전지를 설치하였다. 베를린과 하이델베르크 등 다른 도시들도 신규 공공건물에 태양에너지 설비를 포함시키기 위해 많은 노력을 기울이고 있다. 베를린 의회 신청사, 재정부, 주요 철도역의 설계에도 광전지 패널이 모두 포함되었다.

이와 유사한 프로젝트가 영국에서도 개발되고 있다. 세계 최대의 태양열 설비를 축구 경기장에 설치하려는 계획이 수립되었다. 브리티시 페트롤륨(British Petroleum)과 뉴캐슬 유나이티드(Newcastle United) 축구팀의 공동 프로젝트인 이 스타디움은 뉴캐슬 세인트 제임스(St. James) 설비에서 350kW 용량의 광전지를 포함하게 될 것이다. 전력망과 연결된 이 광전지 시스템은 스타디움의 전력 수요 중 10%를 공급할 것이고, 2010년까지 뉴캐슬 전체 전력 수요 중 태양에너지 비중 1%를 목표로 추진되고 있다 ("World's largest solar-powered sports stadium" 1998 참조). 또한 뉴캐슬 유나이티드 사장은 축구팬들이 경기장에 올 때 대중교통을 이용하도록 장려하고 있다.[18]

태양에너지는 점차 작은 규모에서 (물론 누적되었을 때의 영향력은 크지만) 다양한 방식으로 이용되고 있다. 수많은 연구 대상 도시에서 광전지를 주차장 계량기에 사용한다. 이런 모습은 예를 들어 프라이부르크와 같은 도시에서 널리 적용되고 있다. 레이던 시에서는 두 가지 방식으로 이를 이용했다. 즉 태양에너지로부터 발생한 전력을 이용한 35개의 중앙집중식 미터기(주차장 이용자가 중앙 미터기에서 티켓을 구입하여 창문 안쪽에 놓아 밖에서 보이도록 한다), 그리고 도시 전체에 산재한 200개의 개별 태양전력 미터기가 그것이다. 이런 식으로 광전지가 적용된 사례 중 시각적으로도 놀라운 사례는 네덜란드 하우다의 신주거지역(Achterwillens-nordoost)에서 볼 수 있다. 이곳에서는 널찍한 주차장의 전등이 남향의 광전지 패널에서 나오는 전력으로 가동되는데, 그 패널은 전등 꼭대기에 멋진 모양으로 장착되어 있다. 광전지는 이 새로운 주거지역에 내재하고 있는 생태적 원리를 시각적으로 표현한 사례이다.

---

[18] 공식 기록은 아니지만, 호주의 한 태양에너지 기업(Energy Matters)에 의하면 현재 세계 최대의 태양에너지 사용 스포츠 시설은 타이완의 카오슝 경기장이라고 한다. 5만 5,000명을 수용하는 이 시설은 2009년 월드게임 주경기장으로도 이용되었는데, 8,844개의 태양열 전지판에서 114만kWh의 전력을 생산하여 총 수요량의 75%를 충당하는 것으로 알려졌다 (www.energymatters.com 2009. 5. 14).

광전지가 창조적으로 사용된 또 다른 사례는 도로나 고속도로의 방음벽에 응용하는 것이다. "태양으로 난 고속도로(highways to the sun)"라 불리는 유럽연합 지원 프로그램에서, 네덜란드 정부는 위트레흐트 근처 (A-12를 포함하여) 몇 개의 주요 고속도로를 따라 방음벽에 광전지 패널을 설치하였다. 이 전지판은 전력 생산이 가능할 뿐만 아니라 미관도 뛰어나다는 점에서 겉모양이 아름답지 못한 방음벽의 문제를 줄이는 데도 기여하고 있다.[19]

최근 독일의 방음벽 제조사와 광전지 생산 업체 사이의 연합으로 설계 경쟁이 유발되었고 괄목할 만한 방음 디자인이 창조되었다(대부분은 독일의 경우이지만 스위스에서도 이런 사례를 찾아볼 수 있다). 이러한 프로젝트의 특징은 단순히 광전지를 방음벽 위에 얹어놓는 것을 넘어 벽 자체의 일부분이 되도록 구조물을 설계하였다는 점이다(Reich et al., 1998). 광전지가 통합된 방음벽이 지니는 장점으로는 무료광고 효과("고속도로는 최고의 광전지 쇼핑 윈도"), 제법 큰 새로운 시장, 관련 비용 절감 능력("하나 값으로 두 개를 얻는 효과"), 그리고 새로운 연기자 즉 고속도로 당국을 무대로 데려오는 이점이 있다. 또한 프라운호퍼 태양에너지 시스템 연구소의 최근 연구에 따르면 이는 상당한 에너지 생산의 잠재력도 갖추고 있다. 독일에서 향후 5년간의 도로 건설에 필요할 것으로 여겨지는 방음벽에 대한 분석만으로도 115MW라는 놀라운 전력 생산이 가능하다("1985~95년 기간 유럽에서 팔린 광전지 모듈이 두 배 증가")(Reich et al., 1998: 66).

---

19) 위트레흐트는 에너지로 인한 탄소 제거에 앞장서는, 네덜란드에서도 선도적인 곳이다. 2020년까지 온실가스를 30% 줄이고 2040년까지 탄소중립(carbon neutrality)을 실현하겠다는 계획을 가지고 있다(Rifkin, 2011: 150. 안진환 옮김).

태양 친화의 도시 개발

유럽에서는 태양에너지를 신도시 및 대형 도시 개발의 설계 과정에서 핵심으로 하는 다양한 사례가 존재한다. 실제로 이런 사례는 (그 숫자가 늘고 있는데) 태양에너지가 새로운 도시 개발의 중요한 설계 요소가 될 수 있음을 명백히 보여준다. 예를 들면, 네덜란드 아메르스포르트의 신성장지구인 니우란트는 태양에너지를 여러 방식으로 통합·구현한 설계와 건설이 이루어지고 있다. 여기서 가장 인상적인 부분은 개발지구 내 많은 건물이 수동형 또는 능동형 태양에너지 요소를 포함한다는 점이다. 니우란트 사업은 광역 전력회사인 REMU와의 협력을 통해 광전지가 광범위하게 사용되는데, 이 사업이 완성되면 유럽 최대의 광전지 주거지구가 될 것이다. 이 지구에서는 다수의 주택에 설치된 수동형 솔라 설비, 유리온실(serres)의 폭넓은 사용, 태양에너지를 이용한 온수난방 시스템 등 여러 모습으로 태양에너지를 강조한다.[20] 가장 인상적인 프로젝트 중 하나는 50개의 저소득 복지아파트로서, 아파트 지붕에는 독특한 광전지 설비와 온수난방 시스템이 설치되어 있다. 또한 광전지 지붕이 있는 복층 단독주택으로 이루어져 시각적으로 빼어난 지역도 있다. 이러한 광전지 지붕 시스템은 REMU가 건설비를 지불하면서 시설의 소유권·관리권도 유지하게 된다.

이처럼 태양열 설비를 갖춘 새 집이 높은 비율을 차지하는 신규 주택지구는 지구상에 거의 없을 것이다. 니우란트의 총 4,400가구 가운데 1,100

∴

20) 수동형 솔라(passive solar) 시스템은 태양열을 이용하되 특별한 기계 장치 없이 건물에서 태양열을 충분히 받아들여 빠져 나가지 않도록 설계하는 것이며, 능동형(active solar)은 반사경이나 태양전지판을 지붕 등에 설치하여 축열조에 태양열을 저장하는 방식 등으로 온수를 얻거나 냉방 시설을 가동하는 것이다.

네덜란드 아메르스포르트 니우란트 신성장지구에 있는 태양열 주택이다. 이 주택에는 광전지 지붕이 설치되어 있으며, 광역 전력회사인 REMU가 소유권 및 관리권을 가진다.

가구는 태양열(thermal solar) 설비를 갖추고 있고, 900가구는 광전지가 포함되어 있다. 니우란트의 최신 주택지구는 더 규모가 큰 능동형 솔라 설비를 갖추게 될 것이다. 스포츠 홀이나 커뮤니티 센터, 놀이방, 추가적인 주거용 건물(500개의 신규 단독주택에 광전지, 신규 아파트에 수직의 솔라 벽 설치), 그리고 학교를 포함하는 지역사회의 건축물에 광전지 시스템이 설치된다. 이 건물들이 1만 제곱미터의 광전지 패널을 포함하여 총 1MW의 전력을 생산할 것으로 예상된다. 이 혁신적인 프로젝트에서 태양에너지 장비의 설치는 네덜란드 에너지청(NOVEM)과 유럽연합 보조금(THERMIE)의 공동 지원으로 전체 비용의 절반을 충당하고 있다.

니우란트에 건설될 주요 학교 건물 3개 중 두 곳에 광전지 지붕 시스템이 설치됨으로써 지역사회의 전력 생산에 기여할 것으로 예상된다. 이미

아메르스포르트의 본데르봄 초등학교는 광전지 패널과 그린루프를 모두 구비하고 있다. 이러한 지속가능성 요소는 학교의 교육 과정에도 포함되어 있다.
사진: REMU 의뢰로 (아메르스포르트의 사진가인) Jan Van Yken이 촬영함.

건설이 완료된 본데르봄 초등학교는 그린루프와 함께 196개의 광전지 패널이 설치되어 있다(사진 참조). 이곳은 특별한 학교인데, 교정에 들어서자마자 뭔가 독특함을 느낄 수 있다. 첫째, 건물은 햇빛을 폭넓게 받아들이고 광선반으로 햇살을 반사시켜 각 교실로 보내고 있다.[21] 둘째, 전반적으로 에너지 소비를 줄이기 위해 건물에는 추가적인 단열재, 고효율 창유리,

∴
21) 광선반 또는 라이트 셀프(light shelf)는 건축용어로서, 채광창의 난간 밑에 윗면이 반사성 재료로 된 차양을 두어 햇빛을 반사시켜 방 깊숙한 곳까지 도달케 한다.

(일광 조건에 따라 빛의 진동을 완화하는 시스템 등) 에너지 보존 조명, 열회수 시스템 등 수많은 특성들이 포함되었다.

이 학교 건물 설계 중 가장 창조적인 요소는 그린루프의 경관을 교실로 투영하는 일련의 거울들일 것이다. 이쯤 되면 생태지붕의 조건과 상태가 교실에서 주의를 끄는 주제가 된다. 실제로 에너지 및 학교의 다른 특성들이 교육 과정에 통합되어 있다. 에너지 소비를 측정하며 광전지 시스템의 에너지 생산을 보여주는 일련의 계량기들이 학교 진입로 요지에 자리잡고 있으며, 이로써 학생들도 건물의 에너지 목표를 달성하는 과정에 참여한다.

린츠에서는 전적으로 새로운 솔라 시티가 거의 완공 단계에 있는데, 이 도시는 피흘링(Pichling) 남부지구에 위치한다. 이 사업의 계획은 1990년대 초반부터 진행되어왔는데, 이 사업의 계획가들은 첫 번째 입주자들이 2001년부터 이 솔라 지구에서 살게 될 것이라고 예측한다. 궁극적으로는 약 2만 5,000명의 주민으로 구성될 이 지구는 압축형의 남향 건물이 들어서고 복합 용도의 마을을 이룰 것이다. 이곳은 수동형 및 능동형 솔라 시스템뿐만 아니라 광범위한 보행로와 자전거 길, 그리고 (분구농장, 자연배수 지역, 복원하천 등을 포함하는) 녹지 공간도 들어설 계획이다. 에너지 기준이 연간 제곱미터당 40kWh 미만으로 설정되었고, 주택들은 자연 환기, 햇빛 채광, 열복원 시스템을 구비하게 될 것이다(Amesberger, 1998).

처음 지어진 750채의 주택들은 노먼 포스터 경(Sir Norman Foster), 리처드 로저스 경, 토마스 헤어초크(Thomas Herzog) 교수를 포함한 건축가팀에 의해서 설계되었고, 나머지 750가구는 오스트리아의 건축가인 마르틴 트레베르스부르크(Martin Trebersburg)가 설계하였다. 북부 오스트리아 지방정부 및 유럽연합(연구개발비)으로부터 재정을 지원받아 건설된 이 주택들은 태양열 건축설계의 본보기로 기능하도록 지어졌으며, 이 단지는 매우 높은 밀도를 보인다(첫 1,500세대가 34헥타르 면적에 건축되었다).

이 사업지구에서 눈에 띄는 특징은 에너지와 다른 생태 디자인 요소를 종합적으로 고려했다는 점이다. 단지의 배치는 보행자와 자전거에 우선권을 주며, 철도나 트램이 운행될 예정이다. 전력은 바이오가스와 식물성 기름과 같은 재생 에너지를 연료로 사용하는 열병합 발전을 통해 생산될 것이다. 그리고 폐쇄 고리형 시스템이 강조될 것인데, 유기 폐기물과 하수 오물을 이용해 바이오가스를 만들며 이는 다시 전력 생산에 쓰이게 될 것이다. 중수 재활용과 빗물 수집 시스템 또한 설계 과정에 포함되어 있다.

이보다도 더 야심 찬 태양에너지 프로젝트가 암스테르담 북서쪽 헤이르휘호바르트(Heerhugowaard)에서 계획 단계에 있다. 이곳에서는 2,500가구 규모의 "태양의 도시(De Stad Van de Zon)"라 불리는 태양에너지 기반의 지역사회가 계획되고 있는데, 이는 네덜란드의 대형 압축 성장지역 중 하나가 될 것이다. 가장 최근의 도시 설계에서는 남향의 사각형 배치가 고려되고 있는데, 이곳은 물을 배경으로 한 섬과 옛 간척지의 상당 부분을 다시 물로 채운 모습을 하고 있다. 이 계획은 이 신도시에서 이산화탄소 배출이 전혀 없고 지붕의 광전지 시스템을 이용해 5MW의 전력을 생산한다는 야심 찬 목표도 설정하였다. 동서 방향의 도로와 남향의 주택들이 이 섬 도시의 남부를 특징짓게 될 것이며(북쪽에는 시골의 요소와 기존 간척지의 해안선을 보전할 예정이다), 건물 설계에서 광범위한 수동형 솔라 시스템이 형성될 것이다. 광전지로 전력을 생산하고 수동형 솔라 설계를 사용하는 등의 노력에 더하여 이산화탄소 무배출의 목표를 달성하려면, 자동차 사용의 억제(보행과 자전거 통행 및 버스 이동에 우선권이 주어진다), 가정용 쓰레기에서의 에너지 추출, 이산화탄소 배출에 대한 대가로 숲 100헥타르 가꾸기 등의 다른 조치가 필요할 것이다(Gemeente Heerhugowaard, 1999).

흥미롭게도 네덜란드의 도시와 타운은 태양에너지 이용이라는 문제와 지속가능 건축 또는 더 일반적으로 지역사회 계획 과정에서 다른 도시와 경쟁하여 이기려 하고 있다. 헤이르휘호바르트의 혁신적인 태양에너지 도시 계획은 부분적으로는 중요한 경제발전 전략으로 설명되는데, 한 시청 공무원의 말에 의하면 태양에너지는 "헤이르휘호바르트가 지도에 표시될 정도로 유명하게 만드는" 수단으로 인식된다는 것이다. 따라서 이러한 프로젝트가 이 도시를 혁신적이고 미래 지향 도시로, 진보적인 기업이 입지하기에 바람직한 곳으로 알린다는 계획이다. 바로 이런 측면이 헤이르휘호바르트 같은 지역에 의미를 부여한다. 물론, 네덜란드 에너지청이 제공하는 보조금도 중요하고, 네덜란드의 많은 도시에서 진행 중인 창조적 태양에너지 사업 및 지속가능성 프로젝트에서 제시되는 모범 사례도 소중하다. 태양에너지를 지원하는 문화, 그리고 에너지 관련한 창조적 아이디어와 성취가 인정되고 보상받는 환경이 새롭게 중요성을 더해가고 있다. 예를 들어 전국 단위 광전지 경쟁에서 헤이르휘호바르트 계획은 특별상을 받았으며 그에 대하여 이 도시가 자부심을 가지는 건 당연하다. 이 같은 수상의 영향을 정확히 파악하는 것은 어렵지만 '태양의 도시' 사업 같은 프로젝트를 지원하고 자극하는 데 도움이 된다는 점을 간과할 수 없다.

'제로 에너지' 빌딩과 균형 에너지 주택

유럽은 저에너지 주택 개발 및 대규모 주택 사업의 에너지 관리와 재생 가능 에너지 자원의 통합 분야에서 선구적 위치를 차지해왔다. 이 책의 연구 대상 도시들은 그간 에너지 자치 또는 에너지 자족 주택의 개념을 발전시키기 위해 흥미롭고 혁신적인 시도를 많이 해왔다. 스위스의 "제니 하우스(Jenni House)"와 독일 프라운호퍼 태양에너지 시스템 연구소가 개발한 프라이부르크의 "자족(self-sufficient)" 태양에너지 주택(Solarhaus Freiburg)이 이것의 대표적인 예이다. 프라이부르크 주택은 스스로 모든 전력을 생산하여 충당하기 때문에 종래의 전력 공급망과는 단절되도록 설계되었다. 이 두 도시가 의도한 바는 "중부 유럽과 같은 기후 조건에서도 단독주택의 전체 에너지 수요를 지붕이나 벽을 통해 들어오는 태양에너지로 공급할 수 있다는 점을 보여주려는 것"이었다(BINE, 1994: 1). 독일에서는 태양에너지의 복사 강도가 제한적이고, 겨울에는 그나마 생산량이 매우 적어서 전력이나 가스 이용으로부터 독립이라는 목표의 달성은 쉽지 않다.

이 프라이부르크 주택은 2층으로 그 면적이 145제곱미터이며 수많은 기술적 진보의 산물이라고 할 수 있다. 가장 중요한 것은 수소/산소 연료전지 시스템인데, 이는 여름에 저장한 태양에너지를 장기 보관 할 수 있도록 해준다. 다른 중요한 특징으로는 남향, 높은 단열 수준, 투명 단열재 사용, 조그마한 북쪽 창문, 밀폐된 건물 외장, 열복원 환기장치 등이 있다. 감아 올리는 블라인드 시스템이 단열재와 창문을 덮음으로써 태양열 저장이 더 잘 이루어질 수 있다. 능동형 솔라 요소에는 (1,000리터 저장탱크에) 온수를 끓이는 태양전지판과 광전지 패널이 포함된다. 겨울철 외에는 이 주택의 자체적인 전력 생산으로 충분하다. 겨울에는 수소/산소 저장 시스템이 매우 중요해지는데, 이 장치는 다음과 같이 작동한다.

여름에는 광전지로 생산된 전력이 탱크에 저장된 물의 수소(H_2)와 산소(O_2)로의 전기분해를 위해 사용된다. 발화 시에 불꽃이 없는 수소 점화는 요리할 때 연료로 쓰이고 또 추운 날 환기장치를 통해 실내로 들어오는 공기를 가열하는 데도 사용된다. 만약 추가적인 전력이 필요하게 되면 연료전지에서 수소와 산소를 반응시켜 에너지를 얻는다. 이는 오직 복사열이 약한 시기에만 작동되며, 연료전지로부터의 열손실 중 40%(대략 70℃ 온도에서)가 열교환기를 통하여 물을 끓이는 데 사용된다(열/전력 보존)(BINE, 1994: 2).

이 주택의 건축 구조는 열을 저장하도록 설계되었다. 기포유리(glass foam) 단열재가 상층 천장에 사용되고, 삼중 유리창이 북향에 사용된다.[22] 환기 시스템이 (시간당 0.5의 공기 교환 비율로) 설치되어 밖으로 나가는 따뜻한 공기가 들어오는 신선한 공기를 데우도록 설계되었고, 겨울에는 수소 버너가 추가 예열을 제공한다.

이 주택은 지금까지 그런대로 성공적이었다. 1992년에 완공된 뒤, 한동안 가족 구성원이 적은 한 가정이 이곳에 (원래 의도한 용도로) 거주하였다. 첫 2년 동안, 이 주택은 겨울철에 에너지 자족을 이루지 못하여 전력망을 연결해야만 했다. 그 이후 건물의 용도가 주거에서 사무실로 바뀌었다. 또한 건물을 지은 프라운호퍼 연구소는 이 주택의 별칭을 "자족 태양에너지 주택"에서 "태양에너지 주택"으로 변경했다. 비록 이 주택이 성공적인 자족성을 보여줬는지는 분명하지 않지만(많은 사람들이 수소연료 전지의 안전성 여부에 대하여 걱정했지), 이 주택이 높은 열 효율성과 같은 태양열 및 에너지 관리에서 중요 요소의 실례를 보여주고 있다는 것에는 의심의 여지가 없다.

광역 전력회사인 REMU는 또한 니우란트에 2개의 에너지 균형 주택 건

---

22) 기포유리는 기포가 많고 경석(輕石)과 같은 모양의 유리로, 단열재로서 건축물의 벽과 천장 그리고 식기 등에도 사용되며, 폼유리, 거품유리 또는 다포(多泡)유리로도 불린다(네이버 백과사전).

설을 후원했다. 이 주택들은 전력 및 가스망에 연결되어 있으나, 에너지 효율화와 태양에너지의 특성을 결합함으로써 1년간 주택이 소비할 모든 에너지를 생산할 수 있도록 설계되었다. 이 주택의 주요 특징으로는 광범위한 옥상 광전지 패널, 지열원 열펌프, 고효율 벽 난방 시스템, 열회수 환기 시스템, 빗물 수집 장치를 포함하는 환경 요소가 있다.[23] 또한 각각의 구조는 2층 아트리움과 합쳐져 전력 생산이 가능한 동시에 투명한 광전지를 이용해 햇살이 집안으로 들어갈 수 있도록 하였다. 이 광전지 패널은 매년 7,500kWh의 전력을 생산할 것으로 기대되는데 이는 가정에 전력을 공급하고 전기 열펌프를 작동하는 데 충분한 양이다.

또 네덜란드 사람들이 "눌 에네르기보닝(nul-energiewoning)"이라 부르는 초기의 제로 에너지 주택은, 네덜란드의 해안도시 잔트보르트(Zandvoort)에서 찾을 수 있다. 이는 처음부터 단독주택에서 생산된 만큼의 에너지만을 사용하려는 의도로 설계되고 건설되었다. 이 집은 소유주이자 거주자인 페르 캄프(Peer Kamp)가 개인 취미 및 프로젝트 용도로 지은 것인데, 사실 그는 어떠한 에너지 기술이나 설계 관련 정규 교육을 받지 않은 채 거의 개인적 사명감으로 이를 수행했다. 1995년에 완성된 이 주택은 기존 전력망과 연결은 되었지만, 네덜란드 가정에 일반적으로 공급되는

---

23) 땅 밑 고온층에서 증기나 열수의 형태로 열을 받아들여 전기를 만드는 것이 지열 발전이다. 지표면의 얕은 곳에서부터 수km 밑 온천이나 마그마 등이 가진 에너지를 이용한다. 보통 지열은 지하 100미터가 깊어질수록 평균 3°~4°C가 높아진다(네이버 백과사전).
지열을 냉난방에 이용하는 시스템은 우리나라에서도 초기 단계이지만 시도되고 있다. 지하 450미터쯤에서 15°C의 지하수를 퍼올려 활용하거나, 지하수가 없더라도 순수하게 땅속의 열기를 이용한다. 예로, 농촌진흥청이 개발한 '수평형 지열난방 시스템'은 지하 3미터에 특수 파이프를 촘촘히 묻고 그 열기를 열펌프를 통하여 재가열해 쓰는 방식인데, 고유가 시대의 대안으로 농축산업에 이용된다(《중앙일보》 2012. 5. 23).

네덜란드 해안 휴양타운인 잔트보르트에 소재한 제로 에너지 주택은 전력망에 연결은 되어 있지만, 소비되는 전력량 만큼의 에너지를 자체 생산한다.

천연가스망에는 연결되지 않았다. 초기부터 캄프의 목표는 높은 에너지 효율성과 에너지 직접 생산을 통하여 생산된 에너지보다 덜 소비하는 (또 쓰다 남은 에너지는 에너지 회사로 돌려주는) 것이었다. 이 집에는 2개의 계량기(하나는 지붕의 광전지 장치로부터 외부로 나가는 전력의 용도로, 나머지 하나는 에너지 회사로부터 구매하는 전력의 용도이다)가 있다.

이 집의 기본 설계는 매우 단순한데, 캄프는 소박함을 그 설계의 핵심적인 배경으로 삼고 있다. 그는 2차 세계대전 당시 영국 수상이었던 윈스턴 처칠의 말을 인용하길 좋아하는데, 처칠이 어느 날 친구에게 이런 편지를 보냈다. "나는 자네에게 긴 편지를 쓰고 있는데, 그건 짧게 쓸 시간이 내게 없기 때문이네." 그의 생각으로는 더 단순할수록 더 좋다는 것인데, 이러한 단순성이 집 전체를 통해 대부분 표현되고 있다.

이 주택의 기본적 특징으로는 남향, 남향 지붕의 대부분을 차지하는 32제곱미터의 광전지 패널, 7제곱미터의 온수 패널, 상당한 에너지 효율성 요소, 광범위하게 추가된 단열재와 저방사 창문을 포함한다. 지붕에 통합된 64개의 광전지 패널은 (2개의 변환기를 사용하여) 최대 3.3kW의 전력을 생산할 수 있다. 또 다른 특성으로는 지열원 열펌프, 저에너지 조명과 주방 기구, 온수 세탁기, 온수 세척기 등이 있다.

가장 혁신적인 특징 중 하나는 이 삼층집의 상층부 난방 시스템이다. 캄프가 이를 구상하고 설계하였는데, 남향의 수직 창 5개를 통하여 받아들인 태양열을 이용해 난방 처리 하면서 따뜻한 공기를 주택 전체로 순환시킨다. 추가 난방이 필요 없는 여름에는 전동 차광장치를 쳐둔다.

이 집은 네덜란드 에너지청으로부터 많은 재정 지원을 받았다. 당시 광전지 패널의 가격은 8만 길더(4만 달러)였지만 캄프는 단 5,000길더에 이를 사들였다. 지금은 아마 패널 가격이 절반 정도로 내렸을 테지만, 이러한 태양에너지 특성으로 인해 집값이 훨씬 더 높아진다고 그는 믿고 있다.

또한 광범위한 단열재와 건물의 밀폐성은 환기장치에 대해 특별한 관심을 갖게 만들었다. 효과적이지만 평범한 환기장치는 2개의 모터로 전력이 공급되는데 여기에는 혁신적인 직교류 열회수 장치가 이용된다. 한 가지 흥미로운 특징은 세탁기가 위치한 옷 건조실에 공기가 순환하도록 하는 전략이다. 캄프 가족의 경우 기존의 건조기를 사용하는 것보다 세탁한 옷을 걸어서 말리는 데 드는 건조 시간이 적다.

이 집의 내부 공간, 특히 남향 거실은 밝고 햇살이 잘 든다. 내부 장식의 대부분은 밝은 색 나무와 경쾌한 색의 페인트 등으로 처리되었다. 광전지 패널이 차지한 남쪽 벽은 위층의 공간 배치도 세심하게 배려되어야 함을 의미했다. 캄프의 해결책은 화장실을 이 각진 공간에 배치하거나 창의적인 옷장과 창고로 사용하는 것이었다.[24] 45도 기울어진 지붕은 공간 효율과 에너지 효율이 타협된 결과이다.

에너지 관리라는 관점에서 볼 때, 이 주택은 대단히 성공적인 결과를 가져왔다. 연중 대부분의 기간에 이 집은 적어도 소비하는 만큼의 에너지를 생산한다. 1995년의 경우, 광전지에서 생산된 전력은 2,876kWh이었고, 소비량은 2,582kWh로 관찰되었다(NOVEM, 1996). 1997년에는 전력 생산이 소비를 초과하지 못했는데 이는 그해 겨울이 극심하게 추웠기 때문이다. 하지만 평균적으로 이 주택은 순에너지 목표에 도달할 것으로 캄프는 믿고 있다. 비록 광전지 패널이 이 주택의 가장 인상적인 특징이긴 하지만, 실제로 이 주택을 제로 에너지로 만드는 데 기여한 주된 공로는 단열재 및 다른 에너지 효율성 요소에 돌려진다. 즉 에너지 효율화 요인을 모든 신규 주택에 통합·적용하는 것이, 그리 급진적이지 않으면서도 이익을 발생시킨다는 것을 알 수 있다.

잔트보르트 주택을 둘러싼 미적 측면에 관한 논의는 흥미로우면서도 다소 논쟁의 여지가 있다. 네덜란드 에너지청의 보고서에 따르면, 지붕 통합 시스템은 "기술적·미적 관점 모두에서 완벽한 성공 사례이다." 하지만 기존의 주거지역에 사는 모든 주민들의 눈에 이것이 매력적으로 보일 것이라고 단정 지을 수는 없겠다. 흥미롭게도, 인상적인 남향의 건물은 주거 환경을 등지고 있으며 본래 자연보존지구에 둘러싸여 있다. 그래서 최소한 이 점에서는, 잔트보르트 주택의 광전지를 잠깐이라도 직접 보거나, 이 지역의

---

24) [원주] 사실 이렇게 하는 것은 화장실이나 샤워실에 창문을 두고 싶어 하는 주택 소유주들에게는 그리 반갑지 않은 해결책일 것이다.

다른 주택과 비교해 특별하다거나 다르다는 느낌을 가질 만한 사람이 거의 없다. 즉 태양열 지붕을 보기 위해서는 거의 무단 침입을 해야 할 지경인 것이다. 이는 한편으로는 괜찮은 일일지도 모르는데, 왜냐하면 캄프가 그의 집 잔디를 깎지 않고 관리도 제대로 하지 않음으로써 그들의 분노를 샀기 때문이다. 그 결과 덥수룩한 덤불, 꽃, 기분이 상한 이웃사람들만 남았다.

이산화탄소 감축 전략

사례 도시들이 관심을 가지는 환경 주제로는 지구의 기후변화와 이산화탄소 및 온실가스 배출 감소를 위한 지역 전략이 있다. 제1장에서 언급했듯이 유럽 도시들은 이산화탄소 배출을 줄이기 위한 전략의 개발을 장려하고 있다. 이러한 노력에는 자치단체국제환경협의회(ICLEI)가 지원하는 '기후 보호를 지지하는 도시모임(Cities for Climate Protection)' 프로그램과 독일에 기반을 둔 '기후 연맹(Climate Alliance)'도 포함된다(ICLEI, 1997 참조). 이런 움직임에 대한 참여도가 인상적인데, '기후 연맹'에는 400개 이상의 도시가 참여하고 있다.

대개 이러한 지역 단위 전략은 야심 찬 배출 감소 계획을 수립하고 이를 달성하고자 다양한 수단을 이용한다. 덴하흐 시는 2010년까지 (30만 톤의 감소에 해당하는) 현재 배출량의 50%를 줄인다는 목표를 세웠다. 덴하흐 시는 이 목표를 달성하기 위해 지역난방을 확대하고, 사무실 및 기존 건물에서 에너지 절약을 장려하며, (바터링언 VINEX 지구 등) 신규 건축지역의 에너지 사용이 더 효율적으로 이뤄지도록 하고, 더욱 공격적인 교통계획을 이행하도록 하는 등 일련의 다양한 정책 수단을 강구하고 있다. 그러나 이러한 목표는 달성하기 쉽지 않은데, 자치단체국제환경협의회의 예측에 따르면 지금의 추세대로라면 같은 기간 동안 이산화탄소가 34% 더 증가할 것으로 추정되기 때문이다. 헬싱키 광역의회는 광역 단위의 이산화탄소 감축 전략을 마련하여 2010년까지 (1994년 수준에서) 배출량의 17%를 줄이는 목표를 세웠다. 이러한 감축은 천연가스 사용 증대, (대중교통 확대 등) 다양한 교통정책, 그리고 (매립지의 가스 추출 등) 폐기물 관리대책 등과 같은 종합적인 수단을 통해서 이루어진다[Helsinki Metropolitan Area Council(YTV), undated].

볼로냐 시는 이산화탄소 배출량 감소 계획을 수립 중인 몇 안 되는 이탈리아 도시 가운데 하나로 '도시 이산화탄소 감소(Urban CO_2 Reduction)' 프로젝트에도 참가하고 있다. 시 의회는 1995년에 상세한 에너지 연구(Bologna Energy Study, BEST)에 앞서 이산화탄소 감축 전략을 승인했다(Municipality of Bologna, 1996). 이 전략은 이산화탄소 배출을 2005년까지 16% 줄이는 목표를 채택하고 있는데, 현재의 추세대로라면 이산화탄소 배출량이 도리어 약 15% 증가할 것으로 예상된다. 감소 대책은 에너지 사용과 배분의 효율성, 도시교통 시스템, 재활용, 식물(초목)의 증가, 재생 에너지 사용, 에너지 소비를 줄이기 위한 장려책 등 6가지 주요 부문별로 나뉜다. 이 목표치를 얼마나 달성하고 있는지는 분명치 않다. 하지만 볼로냐 에너지 및 지속가능 발전청(Bologna Agency for Energy and Sustainable Development)이 신규 설립되었고, 새롭고 적극적인 교통 및 운송 정책, 다양한 에너지 관리 프로젝트들이 수립되는 등 목표치 달성을 위한 가시적인 노력들이 행해지고 있다(예로, 신규 열병합 발전소 및 지역난방 확대, 바이오가스 발전소, 시의 공공 차량·쓰레기 수거차량·에너지 회사 차량 등의 천연가스 차량으로의 전환, 풍력 에너지 개발 등).

자르브뤼켄 에너지공사는 1991년에 자치단체국제환경협의회의 '도시 이산화탄소 감소' 프로젝트에 가입했고, 1993년까지 시 의회가 승인한 감축 프로그램을 가지고 있었다. 이 프로그램의 목표는 2005년까지 (1990년 기준으로) 이산화탄소 배출량의 25%를 줄이려는 것이었다. 자르브뤼켄은 목표 달성을 위해 노력하고 있으며 (1990년부터 1996년까지) 이산화탄소 배출량을 15% 줄였는데, 이러한 감축이 가능했던 이유가 두 가지 있다. 즉 이러한 감축은, 앞서 말한 에너지공사 자체의 다양한 에너지 프로그램과 지역 철강 주조 공장에서 이루어진 혁신적 개선책 덕분인 것이다(시에서는 에너지공사의 기여가 그리 대단한 것이 아니라고 말한다).

뮌스터 시 또한 이산화탄소 감축 정책을 개발해왔다. 주요 수단 중 하나는 도시 내에서 에너지 관리를 개선하는 것인데, 이것은 시유 재산과 민간 부문 양쪽에 모두 적용되었다. 에너지 효율화 방법 중 하나는 (자르브뤼켄이나 이미 소개된 기타 다른 도시의 경우처럼) 단열재를 설치하는 개인주택 소유주들에게 재정 지원을 하는 것이다. 시는 기존 건물의 에너지 감소 정도에 따라 절약되는 비용의 10~15%를 지원하는데, 감소량이 클수록 더 높은 비율의 혜택을 받는다. 주택 소유주들은 이 보조금을 받기 위해 '에너지 패스포트(energy passport)'를 마련해야 하며, 이는 시설 개선이 이루어질 경우 예상되는 에너지 절약분을 계산하는 근거가 된다.[25] 이 프로그램에 시는 1997년 한 해 동안 100만 마르크(약 54만 달러)를 배정했고 앞으로 점차 지원 자금을 늘려갈 계획이다.

린츠 시 또한 적극적인 이산화탄소 감소 프로그램을 갖고 있다. 린츠는

---

25) 에너지 패스포트는 주택의 에너지 효율성 정도를 알리는 인증 표시인데 마치 자동차에 연료 효율 등급을 표시하는 것과 같다. 독일의 경우 단열 정도, (환기, 수동형 솔라 시스템 등에 의한) 에너지 효율성, 그리고 이산화탄소 배출 등의 기준에 따라 A에서 I까지 등급을 매긴다.

'기후 연맹'의 가맹도시로 2010년까지 (1987년 수준에서) 이산화탄소 배출량의 40%를 줄이려는 목표를 설정하였다. 일단 1998년까지 20% 감소라는 중간목표를 정했다. 이 전략의 몇 가지 주요 정책 수단으로는 (1) 지역의 철강 생산에서 배출량 규제의 개선 (2) 지역난방과의 연결 및 가스난방으로의 전환을 통한 기름 사용 감축 (3) 태양에너지 이용 (4) 일련의 교통 및 운송수단 개선 등이 있다. 이 정책들이 합해지면 탄소 배출량은 상당량 감소될 것이다. 이 밖의 사례에서도 유럽 도시들은 이산화탄소 배출 감소 문제를 이해하고, 또 감축을 위해 신뢰성과 진정성이 있는 수단을 발전시키는 데 대단히 헌신적인 모습이다.

메시지: 지역 자립형 에너지 순환의 가능성

만일 미국이 교토의정서에 따라 2012년까지 이산화탄소 배출량의 7%를 감축한다는 목표(1990년 대비)를 실제로 달성하려 한다면, 국가나 도시, 지역사회 모두가 앞으로 몇 년 동안 재생 에너지를 더욱 중시해야 한다는 점에는 의문의 여지가 없다.[26] 아이러니하게도 과거 미국은 풍력 에너지

---

26) 미국은 교토의정서를 비준하지도 않았고, 당연히 배출 목표도 지키지 않았다. 공식 명칭으로 유엔 교토기후협약(Kyoto Protocol to the United Nations Framework Convention on Climate Change)은 1992년 6월, 리우 유엔환경회의에서 채택된 기후변화협약(UNFCCC)을 이행하기 위해 1997년에 만들어진 국가 간 이행 협약이다. 당시 일본 교토에서 열린 제3차 당사국 총회(COP3)에서 1990년 기준 주요 선진국의 이산화탄소 배출량을 차등 감축하기로 합의하였다(EU 국가는 8%, 미국은 7%, 일본 6% 등). 우리나라의 경우 2002년 11월 국회가 이 조약을 비준했지만, 일단 개발도상국으로 분류되어 있어 온실가스 감축 의무는 없으며, 대신 공통 의무사항인 온실가스 국가통계 작성 및 보고 의무를 진다. OECD 국가 중 한국과 멕시코만이 교토의정서에 따른 감축 의무를 부담하지 않는데, 2007년을 기준으로 우리

시장에서 선두 주자였으며, 미국의 풍력 에너지 생산량이 세계 시장의 상당 부분을 차지했고, 독일에 이어 생산량이 2위였다(1997년 세계 총생산량 7,763MW 중 미국이 1,805MW를 차지했다). 현재 미국의 연간 풍력 시설 설치는 매우 작은 규모이지만, 장래가 유망한 개발 사업이 눈에 띈다. 미국 풍력에너지협회(American Wind Energy Association)에 따르면, 다수의 대규모 풍력 프로젝트가 최근 완공되거나 곧 마무리될 예정이며 에너지 소비자에 대한 녹색 에너지 마케팅 또한 전력 회사 재구조화 계획 아래에서 상당한 효과를 거둘 것으로 예측된다(Gray, 1998).[27] 전통적인 석탄 화력발전에 의해 생산되는 전력의 값이 싸다는 점은 여전히 큰 장애물로 작동한다.

슈먼의 저서 『지역을 초점으로(*Going Local*)』(1998)에서는, 미국 사회가 분권적 에너지 생산을 위한 엄청난 잠재력을 갖고 있다고 결론짓는다. 그가 주장했듯이, 지역 내 생산의 구체적 형태나 구성 내용은 지역마다, 광역권마다 달리 나타날 것이다(Shuman, 1998: 66~67).

넓은 평야, 산비탈, 해안 지대에 있는 지역사회는 양수기 펌프용이든 전력 생산용이든 이용 가능한 풍력 자원을 갖고 있다. 미국 남부의 지역사회는 광전지와 태양열 발전 기술을 모두 이용하여 난방, 냉방, 전력 생산을 할 수

나라는 영국에 이어 온실가스 배출량이 OECD 가입 국가 중 9위로서 차후 교토 체제 이후의 국제협약에서는 감축 의무를 부담하게 될 가능성이 매우 높다.

27) [원주] 전력 회사의 재구조화로, 많은 사람들이 예측하듯이, 전력 요금이 많이 떨어지게 된다면, 재생 에너지원에 대하여 잠재적으로 나쁜 영향을 끼칠 수도 있다. 어떤 이들은 재생 에너지 포트폴리오 기준(Renewables Portfolio Standard, RPS)의 필요성을 주장하기도 하는데, 이는 모든 회사로 하여금 전력 생산 시 일정 비율의 재생 에너지원을 포함시키도록 의무화하는 것이다. 미국 풍력에너지협회는 최근 백서를 발간하여 미래를 위한 야심 찬 대안을 내놓았는데, 전략적 풍력에너지구상(Strategic Wind Energy Initiative)도 거기에 포함되었다.

있는 태양에너지가 풍부하고, 미국 서부는 지열 자원을 이용할 수 있다. 내륙 지방은 소규모 수력 댐을 이용하여 강에서 에너지를 뽑아낼 수 있다. 시골지역에서는 가연성 연료로 변환 또는 이용이 가능한 농업·임업·축산 폐기물이 풍부하며, 도시지역은 인구밀도가 높다는 점에서 중앙난방장치가 밀어내는 온수와 증기를 인근 주택이나 공장들에 공급하는 경제적인 지역난방 시스템을 건설할 수 있을 것이다. 최근 일련의 기술 발전에 힘입어 각 지역에 주어진 재생 에너지 자원을 경제적으로 이용할 수 있는 지역사회의 능력이 꾸준히 향상되고 있다.

미국 도시들은 재생 에너지 자원에 더 의존할 수 있고 또 그리해야 한다. 실제 미국의 많은 광역권과 대도시들은 더욱 지속가능하고 재생가능한 기법과 기술이라는 방향으로 그들의 에너지 지향성을 근본적으로 변화시킬 수 있다. 재생 에너지 자원에 관하여 미국의 지역과 마을을 재조직하려는 몇몇 제안들이 이미 마련되었으며 이것들은 논의할 만한 가치도 있다. 예를 들면, 칼렌바크(Callenbach, 1996)는 미국의 대평원 지대(Great Plains)가 재생 에너지 사회로의 전환에 적합하다고 주장한다. 특히 풍력에너지의 이용 가능성이 크고, 여기에 (포플러 나무와 건초 수수 등) 바이오매스 생산의 높은 잠재력이 결합된다면 이 지역은 모든 에너지 수요를 자체적인 재생 에너지로 공급할 수 있을 것으로 여겨진다(Callenbach, 1996). 미국의 각 지역과 생태권(bioregion)은 탐구될 수 있고 또 탐구되어야 할 독특한 재생 에너지의 가능성을 갖게 될 것이다(Berger, 1997 참조).

이 책에 소개된 유럽 사례는 도시와 지방정부 리더십의 중요성을 보여준다. 자르브뤼켄과 프라이부르크 같은 도시의 경우를 보면, 일정 부분의 재정 보증, 기술 지원과 교육 등을 통합된 노력과 열정으로 이끌고 간다면 재생 에너지 산업이(그리고 재생 에너지 문화도) 양성되고 성장할 수 있음을 보여준다. 물론 이는 도시 자체의 에너지 회사가 있다면 더 쉬워지지만 그렇지 않더라도 미국의 지방정부는 재생 에너지를 장려하기 위해 광역 에너지 회사와의 창조적 협력 또는 (특히 탈규제의 새로운 환경에서) 그들 스스로가 지닌 구매 결정권을 통해서도 상당한 영향력을 행사할 수 있을 것이다.

나아가 유럽 사례들은 미국 도시가 더 효율적이고 환경적으로 피해가 덜한 여러 에너지 기술의 잠재력을 활용할 수 있음을 보여준다. 열병합 발전과 지역난방 시스템은 미국 도시에 적용될 수 있는 중요한 기술이다. 특히 소규모 열병합 발전 시설은 산업 및 정부 시설(정부 복합청사 및 병원 등)에 적합하다. 의심의 여지 없이 주거지역과 산업 및 정부 네트워크를 이어주는 다양한 창조적인 기회도 존재한다. 미국의 상황에서는 도시 전역에서 지역난방 네트워크를 구축하는 것은 가능성과 실현성이 떨어진다. 하지만 소규모 네트워크에서라면 바이오매스나 다른 재생 에너지에 의한 연료 공급을 통해 미래의 에너지 수요를 상당 부분 충족시킬 수 있을 것이다. 유럽에서 증가 추세인 태양에너지/열병합 발전 통합 시스템은 미국에서도 그 적용 가능성이 매우 크다.

태양에너지는 도시가 의존하는 에너지 자원에서 더 핵심적인 비중을 차지해야 하며, 도시의 표면적 구조나 내용적 조화로움 속에 통합되어야 한다. 많은 유럽 사례를 살펴보면, 태양에너지를 활용하는 혁신적인 건축물 설계나 태양에너지의 부각 등 기술적으로도 우수하고 공공성을 띤 정책 방향을 제시하고 있다. 실제로 북유럽에서조차도 태양에너지가 강조되고 있다는 사실은 일조량이 큰 미국의 많은 지역에서는 높은 실현 가능성을 보여준다. 슈먼(Shuman, 1998)은 광전지의 경제성이 "급속도로 향상되고 있다"고 결론지으며, 새크라멘토 에너지특별구(Sacramento Municipal Utility District, SMUD)가 (kW당 17센트로) 광전지 전력을 생산하고 있음을 지적한다. 이는 미국 내 35개 도시들의 kW당 발전 비용보다 더 싼 것이다. 광전지의 전 세계 매출은 2030년까지 1,000억 달러라는 대단한 수준에 이를 것으로 예상된다.

그렇다고 해서 우리가 사회 전체를 태양에너지에 기반한 형태로 만들겠다는 것은 아니지만, 이를 공언하는 많은 계획들이 미국에서도 추진 중에 있다. 추정컨대, 태양에너지와 결합된 건축물이 미국에 이미 10만 개쯤 존재하는 것으로 보인다. 건축물에서 좀 더 긍정적인 광전지 통합 설계 사례가 나타나고 있으며 이는 미국인의 미적 감각과도 잘 부합한다[그 한 예가 메릴랜드 주 보위(Bowie) 타운하우스 사업이다]. 지금까지는 제로 에너지 주택의 설계나 이를 장려하는 데 큰 관심이 없었으나 이와 유사한 사례가 존재하는데, 토론토의 건강주택(Healthy-house)이나 외딴 지역의 "(전기 서비스가 연결되지 않은) 전력망 바깥"에 위치한 미국 주택이 그런 사례라고 할 수 있다. 그리고 전력선 확장 비용이 너무 비싼 경우에도 (전기 사용 도로표지판 등) 태양에너지의 이용이 증대되고 있다.

비록 전적으로 또는 진심으로 태양에너지를 포용한 미국의 도시는 거의 없지만, 긍정적인 사례가 발견되고 있다. 가장 인상 깊은 사례로 새크라멘토를 들 수 있는데, 이 지역은 SMUD의 태양 (그리고 다른 지속가능) 에너지 활용을 구상 중이다. SMUD는 태양에너지 사용을 확대하기 위해 몇 가지 주요 프로그램을 이행해왔다. 대표적인 사례로는 'PV 파이오니어 프로그램(PV Pioneers Program)'이 있는데, 이는 개인 주택에 400제곱피트의 옥상형 광전지 시스템을 설치하여 이를 소형 발전소로 전환하는 것이다. 고객들은 이 특별한 혜택을 받기 위해 따로 신청을 해야 하고 그러려면 그들의 지붕이 일정한 조건을 만족시켜야 한다.[28] 이 프로그램을 통하여 1.5MW의 전력이 SMUD 시스템으로 공급된다. SMUD가 향후 30년의 환경적 이익을 계산한 결과(탄소 배출의 엄청난 감소 등)에서 이 시스템의 잠재력을 알 수 있다.

SMUD는 또한 광전지를 시의 공공 프로젝트와도 전략적으로 통합하는 개념을 개척해왔는데, 이 구상은 이 책에 소개된 유럽 도시 사례와 매우 비슷하다. 이미 새크라멘토 공항의 주차장 위에는 130kW의 전력 생산이 가능한 시설이 설치되었고, 시 동물원의 신축 건물에도 광전지를 결합하는 제안이 마련되었다. 이 같은 노력은 미국 도시들이 전력 수요 중 최소한 일부라도 재생 자원으로부터 충당할 수 있음을 보여주는 창조적인 수단이 될 것이다.

태양 및 재생 에너지 자원 일반에 대한 유럽의 접근 방법 중 가장 인상적인 것은 유럽연합, 개별 국가, 주 및 시 정부 차원에서 상당한 수준의 재정적 지원이나 보조금을 투입하는 데 있다. 미국 사회가 화석연료에 덜 의존하려면 이와 비슷한 재정적 장려책이 필요하게 될 것이다.[29] 클린턴-고

---

28) [원주] 사업 대상 지붕은 다음 조건을 충족시켜야 한다.
- 지붕이 경사져야 하며 남, 남서, 또는 서향이어야 한다.
- 아스팔트 성분의 지붕판자가 좋은 상태로 만들어져 있어야 한다.
- 그늘이 400제곱피트는 족히 될 정도로 넓어야 한다.

사용자들은 매달 4달러를 추가로 지불하여야 하는데 이는 전기 요금 고지서에 포함된다. 10년 후에 주택 소유주는 시설 전체를 구입할 수 있다. 명확한 재정 인센티브가 없을 뿐만 아니라 실제로는 소유주의 경제적 부담이 증가함에도 불구하고, 이 프로그램은 성공이었다. 1993년에 시작된 이후 420명의 주택 소유주들과 20개 이상의 교회와 상업용 건물이 광전지 시스템을 설치하기로 동의하였다(Sacramento Municipal Utility District, undated).

29) 최근의 언론보도에도 나타났듯이 재생 에너지 개발을 촉진하려는 많은 시책이 미국에서 펼쳐지고 있으며, 오바마 행정부 집권 이후 그 경향이 더욱 뚜렷하다. 예컨대 현재 미국의 29개 주에서 전력 생산 시 비화석 · 재생 에너지를 일정 비율 이상 사용하도록 의무화하고 있

어 행정부가 제안한 태양에너지 시스템 설치 시의 세금 공제는 (100만 솔라 지붕 구상의 한 부분으로) 바람직한 대안이기는 하나, 이것은 시작에 불과하다. 국가적으로 에너지 산업의 탈규제와 함께 녹색 에너지 가격 차별화 프로그램의 수가 늘어나면서(재생 자원으로부터 에너지를 생산한 것이 확실할 경우 더 높은 요금을 소비자가 내도록 하는 옵션), 모든 유형의 재생 에너지에 대한 추가 재정 지원이 이루어지게 될 것이 분명해 보인다. 더 큰 규모의 지원과 보조금이 필요할 것이고, 도시별 자체 노력도 뒤따라야 할 것이다.

지역사회와 시의 모든 신규 건물은 지속가능한 에너지를 생산하면서 지역사회의 탄소발자국(carbon footprints)을 줄이고 또 화석연료 의존을 낮추기 위한 기회로 삼아야 한다.[30] 새로 건설되는 모든 학교에도 비슷한 원리가 적용될 수 있는데, 태양에너지 장비 설치를 다음 세대의 시민과 지도자에게 대체 에너지의 가능성을 가르치는 중요한 기회로 여겨야 한다. 이를 위해서는 주와 도시가 앞장서야 하며, 또한 모든 학교 건물은 지속가능한 녹색 지역사회의 가능성을 배우는 장이 되어야 한다. 태양에너지 사업의 가능성을 보여주는 예가 '콜로라도 학교지붕(Colorado's Rooftop for Schools)' 프로그램이다. 이 사업에서 주 정부는 2kW 시스템의 설치 비용 절반을 (최대 7,500달러까지) 학교에 보조금으로 지원했다. 보조금을 받기

는데, 아이오와 주의 경우 2011년 전력 생산 중 약 20%가 풍력 에너지에 의한 것이다. 지난 2년간 국유토지에만 태양열, 지열, 풍력 에너지 생산을 위한 약 30개의 대형 프로젝트가 진행 중이다. 아울러 군사전략상으로도 재생 에너지 사용을 대폭 늘리려는 노력이 이어져 2009년의 경우 440억 달러의 국방예산이 투입된 바 있다("Cleaner Energy"[editorial] — 《The New York Times》 2012. 5. 27).
30) 탄소발자국은 제1장에서 나온 '생태발자국(ecological footprints)'과 비슷한 맥락의 개념인데, 개인 또는 단체가 직접적으로 발생시키는 온실가스 즉 이산화탄소(CO_2)와 메탄가스(CH_4)의 총량을 의미한다. 일상생활에서 사용하는 연료, 전기, 용품 등이 모두 포함된다(위키피디아 참조).

위해서 학교는 태양에너지 관련 내용을 교육과정에 넣어야 한다. 주의 최대 에너지회사(Public Service Company of Colorado)가 이와 유사한 솔라 학교 지붕 프로그램을 자체 개발 했다. 미국의 (주와) 지역사회들은 이 같은 프로그램을 (에너지 의식이 있는 시민으로 성장시키는) 엄청난 교육적 가치와 기회로 인식해야 하는 것이다.

   올바른 리더십과 기술 및 인센티브의 창조적 적용이 이루어진다면 미국 도시에서 비재생 연료에 대한 의존도가 낮아지리라는 것은 틀림없다. 유럽의 녹색 도시 사례를 통해 알 수 있듯이, 미국 도시도 재생·태양에너지를 기반으로 하는 사회 및 경제로 전환하는 동시에 에너지 효율성도 근본적으로 높일 수 있을 것이다.

제10장
생태 건축: 자연을 품은 건축과 마을 디자인

생태 건축의 혁명

　세계의 에너지 소비 중 약 40%는 건축과 건물 운영으로 인해 생기며, 세계 경제에 투입되는 자원 중 높은 비율이 건물 혹은 구조물의 건설 및 유지에 사용된다. 그린 어바니즘 도시는 계속되는 건축, 개조, (주택·기업·공공 건축 등의) 구조물 관리 과정을 생태발자국 감축의 중요한 기회로 간주한다. 유럽의 도시와 국가들은 이런 영역에서 놀라운 진전이 있었고, 우리가 배워야 할 풍부한 사례와 프로그램의 아이디어를 제공한다.

　특히 네덜란드, 덴마크, 독일 등은 생태 또는 녹색 마을과 건축에 관한 다양한 경험을 가지고 있다. 이러한 상황은 실로 혁명이라 할 수 있는데, 유럽에서는 그런 사례를 쉽게 찾아볼 수 있고 특히 네덜란드 같은 나라에는 생태 건축이 보편적인 관행이 되었다. 나는 많은 주택단지를 방문했는데, 모두가 건축 및 마을의 디자인을 통하여 자원의 수요를 상당량 줄일 수 있는 잠재력을 명백히 보여주고 있었다. 유럽 국가들은 아주 오래전부터 환경적 소비를 줄이려면 신개발의 형태가 크게 변화해야 한다는 결론에 도달하였다. 개발 사업마다 속성과 디자인은 다양하지만, 주민들의 생태발자국 최소화를 강조하는 가운데, 높은 에너지 관리 기준, 물 사용 절약, 지속가능한 건축 자재 사용, 재활용과 물자 재이용, 태양전지판과 광전지를 통합한 형태로 태양에너지를 이용한다는 공통점이 있다. 이와 더불어 승용차에 대한 의존도를 낮추거나 전혀 사용하지 않는 것도 강조된다. 건물 대부분이 대중교통과 근접한 곳에 위치하며, 통행 대안으로 보행과 자전거를 강조하는 가운데 승용차에 주어지는 공간을 제한하는 일이 흔하다.

다양한 생태 건축물의 모범: 네덜란드의 선구적 사례

다양한 사례에서 이런 건축 전략이 주는 환경적·사회적 이익을 찾을 수 있다. 네덜란드에서는 지속가능 개발의 중요한 실험이 1990년대 초에 시작되었는데, 이러한 사업들은 네덜란드 정부로부터 어느 정도 재정 지원을 받았다. 세 가지가 초기 단계의 중요한 실험 사례로 자주 인용되는데, (알펀 안덴레인에 위치한) 에콜로니아, (드라흐턴의) 모라 파크, 그리고 (델프트의) 에코뒤스이다. 나는 지속가능 개발 사업의 초기 단계에서 나타난 3개 생태개발도시와 최근의 프로젝트 단지들을 방문하고 연구했는데, 이들 모두 우리에게 중요한 영감과 정보를 제공한다.

네덜란드 최초의 생태 시범 사업 중 하나가 에콜로니아 프로젝트이다. 이 주거단지 사업은 오늘날 네덜란드 전국에서 널리 사용되는 수많은 생태 아이디어와 기술이 적용된 중요한 시험장의 역할을 하였다. 구체적으로 이 단지는 101개의 가구로 구성되고 1개의 공동 보행자 구역과 1개의 호수를 중심으로 모여 있으며, 전체 기본 계획은 벨기에의 건축가인 루시앙 크롤(Lucien Kroll)의 작품이다. 네덜란드 에너지청의 후원으로 이 단지의 실제 설계는 9명의 건축가들에게 할당되었는데, 이들은 10~18개의 집을 하나의 단위로 묶어 디자인하였다. 건축가들은 각자의 개성을 살린 설계상의 아름다움을 창조하며, 스스로 합당하다고 여기는 어떤 생태 설계 요소도 구현할 수 있었다. 단지 이들은 건축물이 준수해야 할 다양한 환경 요소의 표준, 예컨대 제곱미터당 200메가줄(megajoule)[1]의 에너지 기준 같은 것만 지키면 되었다.

에콜로니아는 폭넓은 범위의 생태 건물 아이디어와 기법을 보여주었는데, 몇몇 가구에 설치된 그린루프와 (보강된 단열재 등) 여러 에너지 관리 요소, 재활용 건축자재 사용, 태양열 온수난방기, 빗물의 수집과 이 수집된 물의 변기 및 세차, 정원수로의 사용 등이 포함된다. 에콜로니아 사례에서 어떤 아이디어와 기술이 잘 통하였는지, 덜 성공적이었는지를 이해할 수 있게 되었다. 몇 가지 문제가 있었음에도 전반적으로 이 사업은 목표를 달성하였다. 에드워즈(Edwards, 1996: 195)는 다음과 같이 지적한다.

에콜로니아 프로젝트는 건축 재료와 시공 방법을 최적화함으로써 상당한 에너지 절약과 긍정적 환경 영향을 달성할 수 있음을 보여준다. 특별히 주의를 기울인 것은 건물의 방향(북향이 아니라 남향·동향·서향 주택), 다양한 창문 면적, 향상된 단열 수준 및 효율적인 보일러 시스템 등이다. 이로써 에콜로니아는 가정용 에너지 사용의 25% 감축이라는 국가환경정책계획(National Environmental Policy Plan)의 목표치를 달성하였다.

에콜로니아는 네덜란드의 생태 건물 촉진과 발전에서 중요하고도 주도적인 역할을 해왔다. 에너지청은 에콜로니아 사례에서 얻은 결론과 생태

---

[1] 메가줄은 열효율을 측정하는 단위로 1메가줄은 100만 줄로서 MJ로 줄여 쓰기도 한다.

네덜란드 최초의 생태 건물 프로젝트 중 하나인 에콜로니아의 사례는 수많은 생태 설계와 건축 방법을 보여주고 또 이를 시험하는 데 도움을 주었다.

건축물에 대한 통찰력을 이용하여 일련의 세부적 평가 연구를 시행해왔다. 예를 들면, 이 연구는 태양열 보일러와 난방기가 성공적이었으며 주류 건축에도 포함될 준비가 되었다는 결론을 내렸다(NOVEM, undated).[2] 여러

∴

2) [원주] 에콜로니아 평가 연구는 특정 자재와 기술과 관련된 문제를 찾아내도록 도와주었다. 에드워즈(Edwards, 1996)는 다음과 같은 문제점을 적시한다. 즉 압축 셀룰로오스 절연 시 습기나 부식에 따른 위험, 구조물의 적정한 환기를 보장하기 위해 특별한 주의가 필요하다는 것, 비싸고 신뢰할 수 없는 광전지의 특성, 신뢰할 수 없는 퇴비변기(compost toilet, 배설물의 퇴비화 장치가 설치된 화장실 변기, 배설물에 톱밥을 섞어서 발효 후 퇴비로 만든다) 등이다. 평가 연구에 나타난 다른 문제점도 있다. 그린루프에서 식물이 자라지 않았다거나, 지붕 모서리로 물이 넘쳐났던 일, 많은 주민이 지정된 지역에서 세차하지 않아 사용한 물이 호수로 흘러 들어가는 문제가 발생했으며(부분적으로는 설계 목표에 대하여 정보가 불충분했기 때문이다), 재활용 수납용기가 주택의 입구 근처에 설치됨으로써 불편 때문에 거의 사용되지 않았으며, 천연 페인트가 벗겨지고 변색되어 벽을 제대로 보호하지 못했고, 중앙 진공청소 시스템에서 발생하는 소음에 대한 불평불만이 제기되기도 했다.

달 동안 사업 현장에 방문객 센터가 있었는데(센터 자체가 재활용되어 지금은 암스테르담의 생태 주택단지인 니우란트의 방문자 센터가 되었다), 수백 명의 건축가들, 사업 시행자들 그리고 지역사회 관리들이 사업지를 돌아봤다. 기술 학습 관점에서의 이익과는 별개로, 에콜로니아는 이 나라의 생태 건물 건설에 촉매제 역할을 했던 것이다.

모라 파크는 네덜란드 프리슬란트(Friesland) 지역 드라흐턴 시의 남쪽에 125가구로 조성된 개발단지이다([그림 10.1] 참조). 이 단지는 수많은 지속가능성 요소로 이루어져 있는데 남향으로 지어진 집, 각 가구에 연결된 햇빛 유리방, 그리고 가구마다 설치된 태양전지판 등을 포함하고 있다(VROM, undated). 햇빛 유리방은 꼭대기에서 따뜻한 공기를 모은 다음 이를 연결된 주택 사이 벽 공간으로 보낸다. 물은 주요한 설계 요소이며, 이 단지는 폐쇄형 고리 수로 시스템을 채택하고 있는데 빗물을 모아 인공 습지를 통하여 순환·여과시킨다. 물은 풍력으로 작동하는 펌프에 의해서 수로를 따라 순환된다. 주차가 허용되는 특정 구역에는 물이 스며드는 침투성 타일이 깔려 있다. 이 사업지구에는 아스팔트로 포장된 지면이 거의 없다. 이 지구에서 나타나는 흥미로운 특징 중 하나는 주택단지가 직주(職住) 융합형으로 마련되어 있다는 것이다. 이 구조에서 바닥 면적의 30%는 거주자의 경제적 생계수단에 할애되어야 한다. 이곳에 위치한 홈 비즈니스 업종으로는 건축가, 회계사, 사진작가 등이 포함된다.

이 사업지구는 (대부분의 네덜란드 주거지와 마찬가지로) 여러 유형의 주거 형태와 다양한 소득수준의 가구들이 혼재한다. 모라 파크의 디자인은 인상적인 녹색 공간을 조성하였다. 기존 자연지역의 특성을 보존하기 위해 공을 들였다(예: 수로를 따라 조성된 수령이 오래된 나무들). 이에 따라 몇몇 나무 인도교, 오솔길, 자전거 도로도 설계에 포함되었다. 공동 텃밭과

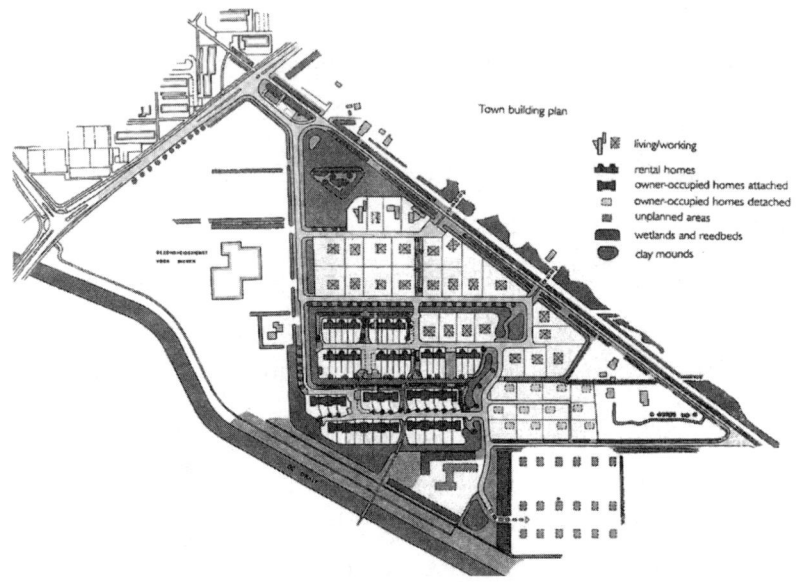

[그림 10.1] 모라 파크: 폐쇄 고리형(closed-loop) 수로 순환
네덜란드 드라흐턴에 있는 생태 주택단지인 모라 파크의 설계도이다. 주요 설계 요소로는 빗물을 모아서 자연적으로 처리하는 폐쇄 고리형 수로의 순환 시스템이 있다. 수로의 물은 이웃 농업지역의 물보다 훨씬 더 깨끗하여 주민들이 수영을 할 수 있을 정도이다.
출처: Municipality of Smallingerland, Drachten, the Netherlands.

퇴비화 지역도 만들어졌다. 더 지속가능한 자재들을 사용하여 건축하려는 노력도 이루어졌다. 예를 들면, 열대산 목재, 아연, 염화비닐수지(PVC) 등은 전혀 사용되지 않았다. 집들은 쓰레기 분리와 재활용을 촉진시키도록 설계되었다.

이 사업지구는 거의 완공 단계이며 전반적으로 성공이라고 할 수 있다. 사업지구의 계획가이자 이 주택단지의 한 주민의 말처럼 이곳은 거주지로서 매우 바람직한 장소로 여겨진다. 주택 설계는 에너지 소비를 크게 줄이

네덜란드 드라흐턴의 생태 주거단지인 모라 파크는 빗물을 모아서 순환시키고 정화하는 폐쇄형 고리 수로 시스템을 이용하고 있다.

는 결과를 낳았는데, 이 지구의 주택은 다른 드라흐턴의 재래식 주택에 비해 에너지 사용량이 40~50%가량 적은 것으로 추정된다.[3] 그러나 이 사업은 완벽하게 잘 끝났다고 할 수는 없는데, 왜냐하면 설계의 특정 요소가 제대로 작동하지 않았기 때문이다.[4] 몇몇 주민들은 여름에는 너무 뜨거웠

---

3) [원주] 이 사업지구에 대한 한 자료에 따르면, 이보다 훨씬 더 높은 에너지 효율성이 이루어지고 있다고 하는데, 구체적으로는 이 주택 단위가 해마다 1,200~1,800세제곱미터의 가스를 사용하는 평균적인 네덜란드 주택과 비교해서 250~300세제곱미터면 된다는 것이다(VROM, undated).
4) [원주] 이 사업에서 잘 되지 않은 또 다른 것으로는 수동형 솔라 디자인(햇빛 유리방이 여름에 너무 뜨겁고 겨울에는 너무 차가워서 사용하기 어렵다), 개발의 다른 요소 간의 사회적 상호 작용 결여(고립된 섬처럼 되는 경향), 자동차를 효과적으로 제한 또는 통제하는 능력

던 햇빛 유리방에 겨울에는 낭비에 까까운 난방을 했다.

또 하나의 1세대 지속가능 개발 사업으로 에코뒤스 프로젝트(Ecological building plan on the vander DUSsenweg, Ecodus)를 들 수 있다. 델프트에 위치한 이 사업지구는 약 250가구로 이루어져 있으며 지역주택협회, 시청, 그리고 한 민간 개발업자의 협력을 통해 조성되었다. 이 사업은 개인소유 주택과 임대주택의 결합형이다. 이 단지에서 구현된 지속가능 설계의 특징 으로는 남향 및 남동향의 건물 배치, 태양전지판(모든 가구가 온수용으로 구비), 현지 고유의 자연적 특성 보호 및 통합(수로와 포플러 나무), 높은 에너 지 효율성(단열성이 높은 유리와 결합되어 단열 효과가 높다) 등을 포함한다. 에코뒤스의 다른 특징으로는 아파트 단지 서쪽에 방음벽의 기능을 할 수 있도록 디자인한 것(욕실과 부엌은 거리와 마주하고 있으며, 조용한 쪽으로 거실 및 침실 배치), 특정 구역에 주차장을 집중 배치(1:1의 비교적 낮은 주차 비율), 델프트의 광대한 자전거 네트워크와의 쉬운 접근성, 좁은 도로, 포장 도로의 최소화, 수로에서의 빗물 수집과 자연습지를 이용한 (모라 파크와 같은) 정화 시스템, 거주자를 위한 넓은 정원과 이웃 과수원, 지속가능 자재의 사용(예: 유약 처리된 하수 파이프와 PVC 파이프 사용 자제, 열대 견목 사용의 제한, 수성 아크릴 페인트의 사용, 식물성 널말뚝·재활용 벽돌·오일 등의 사용), 재활용재가 20% 섞인 콘크리트의 사용, 유기 폐기물과 가정 화학물질(household chemicals) 등 가정 쓰레기 수거,[5] 무료 퇴비통, 정원 및 녹색

∵

부족(거의 모든 가구가 자동차를 소유하고 있으며 차고도 가지고 있다. 이 사업지구가 보행자/자전거 친화적임에도 불구하고 거주자들이 자주 자동차를 몰고 다닌다) 등이 있다. 건축재료에 대한 제한을 강화함에 따른 문제 또한 지적되어왔다.
5) 가정 화학물질은 일반 주택에서 사용되는 표백제, 염색제, 배수관 청소제, 세탁 제제 등을 말한다.

지역에 화학제품 사용 불허, 변기나 샤워기에 물 절약 장치 사용 등이 있다(Delft, 1996).[6]

1992년에 이 사업이 완료되었을 때, 시 당국은 "보통의" 개발(도시환경부의 한 직원이 말하듯이 "보통 사람을 위한 보통의 프로젝트")에서도 주어지는 예산 제약하에서 생태 원칙을 적용시키려 했다는 점에서 앞서 말한 프로젝트와는 다른 특성을 지닌다. 건축 측면에서 특별히 실험적인 시도는 보이지 않으며 에코뒤스의 사례는 대부분의 측면에서 전통적인 개발처럼 보인다. 시 당국은 에코뒤스를 이 도시에서 미래의 모든 개발이 어떻게 건설되어야 할 것인지를 보여주는 하나의 본보기로 생각해왔다.

이 사업의 평가에 따르면 몇 가지 특징은 매우 잘 작동되었고, 또 다른 것은 그렇지 못한 것으로 드러났다. 부엌과 거실의 내부 분리 문제가 한 가지 문제점으로 지적될 수 있는데, 이것은 에너지 효율성에 영향을 끼치는 요소이다. 많은 네덜란드 가족들은 트인 부엌을 선호하고 있어서 분리 벽을 헐어내고 있다(대개 네덜란드인들은 집을 꾸미고 수리하는 것을 중요시하는 경향이 있다). 주차장과 자동차 사용에서도 문제가 나타나는데, 왜냐하면 당초 예상치 또는 희망치보다 더 많은 거주민이 자동차를 소유하고 있기 때문이다(그 결과 주차하지 말아야 할 곳에 차를 대는 일이 생긴다). 자동차 없는 거리를 창조하려는 생각은, 쓰레기 수거트럭의 운행이 필요하다는 점 때문에 폐기되었다.

태양열과 에너지 효율성의 특성은 전반적으로 잘 작동해왔다. 어떤 주민들이 각자의 집에 몇 개 층을 더 추가하려는 욕심 때문에 다툼이 있었

---

6) [원주] 임대주택을 짓는 데 재정적 한계가 있었기 때문에 몇몇 옵션은 포함되지 않았다. 예컨대 일반적인 개인 소유 주택에 포함된 붙박이 쓰레기 수거 장치가 이 임대주택에는 설치되어 있지 않다.

다. 하지만 이 제안들은 시의 승인을 얻지 못했는데 그럴 경우 다른 가구의 태양에너지 이용을 방해할 것이기 때문이다. 몇몇 사람에게 이는 골치 아픈 이슈로서 주민들이 각기 다른 삶의 단계에서 그들이 감당할 만한 집을 어떻게 설계할 것인가의 문제이다. 더 큰 집을 원하는 사람에게 그리하려면 거주지를 다른 곳으로 옮겨야 한다고 하는 것은 지속가능성의 목표에 반하는 것으로 비치기도 한다.

가장 최근에 이루어진 시의 평가는 주민들이 어떻게 이 단지에서 삶을 즐기고 무엇에 가치를 두는가를 찾아내려는 노력을 기울였다. 이 연구의 결론은 거주민이 실제로 이곳에 사는 것을 행복하게 여기며 푸른 나무와 정원, 단지 전체에 뻗어 있는 소형 주택과 보행자 전용도로에 만족한다는 것이었다.

초기의 이런 시범 사업 이래로 최근에는 네덜란드 전역에 걸쳐 더 혁신적인 생태 개발 사업이 이루어졌다. 엔스헤더 근처 오이코스는 최근 네덜란드의 가장 인상적인 생태 주택 프로젝트 중 하나이다. 넓은 VINEX 개발지 내에 위치한 이 사업은 다수의 주요 생태 요소를 포괄하고 있다. 그 요소 가운데는 와디(wadies) 또는 자연배수로의 폭넓은 사용(제7장에서 상세히 다루었다), 경성 표면의 최소화, 주차장 내 투과성 벽돌 사용, 광범위한 태양에너지 지향(약 75%의 가구가 남향으로 지어졌다), 건물 사이사이에 폭넓게 배치된 자연 공간과 공공 정원의 어울림([그림 10.2] 참조) 등이 있다.

이 지구의 ("외곽 오이코스"라 불리는) 남쪽 지역은 개발 클러스터 형태로 새로 개발할 예정인데, 광범위한 자연 공간 즉 ("생태 식물원"으로 불리는) 자연 정원들이 개발지 사이 또는 주변에 들어설 것이다. 그뿐만 아니라 특정 장소가 마을의 꽃밭 및 텃밭으로 설정되었다. 그리고 어디서나 자연배수가 장려된다.

[그림 10.2] 오이코스 생태 개발의 계획도면

오이코스는 네덜란드 엔스헤더에 새로 조성된 생태 단지이다. 건축계획이 보여주듯이, 설계 요소로 주택과 어우러진 광범위한 녹지대를 포함한다. 이 녹지대는 다양한 형태로 나타나는데, 와디(wadies) 또는 자연배수로, (지도에 작은 격자 모양으로 그려진) 마을 정원을 포함한다.

출처: BMD Enschede and Bureau Zandvoort.

 다른 지속가능 건축 요소로는 지역의 중심부를 관통하는 버스 전용차선으로 운행하는 쾌속버스 서비스(엔스헤더 중심까지), 훌륭한 자전거 전용도로(엔스헤더에서는 자전거 이용률이 매우 높다), 목재 울타리 구축 제한(오직 자연 녹지대형 울타리만 허락된다), 그리고 지역사회 전체에 걸친 녹지 울타리망 구축 등이 포함된다. 건물에 열대산 목재는 허용되지 않을 것이며, 그 대신 지속가능형 목재와 수성 페인트가 사용될 것이다. 건물에 쓰인 목재의 상당 부분이 미국삼나무(western red cedar)인데 이는 별도의 약품 처리가 필요 없다. 하지만 이 목재는 캐나다로부터 수입되어 오기 때문에 환경문제 및 수송에 따른 에너지 비용 문제가 제기되고 있다.

오이코스에 설치될 커뮤니티 센터에는 건물 1층은 상점이 들어서고 그 위로는 아파트가 들어선다. 센터 중심부에는 위시본(wishbone) 모양의 작은 분수 공원이 조성된다.[7] 분수의 펌프는 광전지 패널로 전력이 공급되어 무지개가 계속 떠 있는 효과를 만들어낼 것이다.

오이코스의 물리적 설계는 주민 사이의 상호 작용을 촉진시키도록 의도된 것이다. 일련의 보행로가 있고 보행로마다 조그만 공동 공간이 구비되어 있으며 이 길을 따라가면 단지 중심과 연결된다. 네덜란드의 많은 프로젝트에서처럼, 설계자들은 자동차의 중요성을 의도적으로 깎아내린다. 버스 전용노선을 가진 직행 루트는 지역사회의 '현관(front door)'으로, 그리고 자동차가 다니는 출입구는 '뒷문(back door)'으로 여겨져왔다. 그럼에도 이 단지에는 상당수의 자동차가 존재할 것이며, 적지 않은 차량 통행이 발생할 것이다(가구당 1.3대의 주차 공간이 허용된다 하더라도).

오이코스에서는 새로운 입주민들에게 생태적 삶에 관하여 교육하는 것을 대단히 강조해왔다. 시 공무원들은 새 입주민들과 일련의 비공식 모임을 가지면서 단지의 생태적 특징에 대하여 가르쳤다. 이를 통해 그들에게 어떻게 집을 일관성 있게 유지할 것인지에 관하여 아이디어를 제공해온 것

∴

7) 위시본은 닭고기나 오리고기 등에서 목과 가슴 사이에 있는 V자형 뼈를 말한다. 서양에서 이 뼈의 양 끝을 두 사람이 잡고 서로 잡아당겨 긴 쪽을 갖게 된 사람이 소원을 빌면 이루어진다고 하여 이런 이름이 붙은 것으로 알려져 있다.

네덜란드 엔스헤더의 생태 개발단지인 오이코스의 건물에는 수동형 솔라 시스템이 중요한 설계 요소로 되어 있다. 단지 내 주택의 약 75%가 태양에너지를 직접 받기 위해 남향을 하고 있다.

이다. 예를 들면, 입주민들은 식물, 나무, 채소 등 자생종 식물의 목록을 받고, 어떻게 그들의 정원과 바깥 지역을 더 생태적으로 관리할 것인지에 대해 조언받는다.

에이뷔르흐 사업단지는 암스테르담에서 가장 큰 신개발 지역으로 많은 지속가능 요소를 포함한다. 비록 에이메이르(IJmeer)에 섬을 조성하는 문제가 (얕은 물 서식지의 상실이라는 결과를 낳아) 논란이기는 하지만, 이 개발은 생태발자국을 최소화하기 위한 수많은 기초적·혁신적 요소를 내포하고 있다. (전체 주민투표에서 승인이 이루어졌고 이제 시작하려는 단계에서) 사업 지지자들의 주장은 인접한 위치, 조밀하고 압축적인 설계, 훌륭한 대중교통 능력 덕분에 초기부터 이 도시의 주택 수요를 충족시키는 비교적 악영향이 적은 대안이 되도록 했다는 것이다. 단지의 밀도는 헥타르당 60가구쯤이지만 특정 지역에서는 110가구 정도로 높아질 것이다. 우선 이곳에는 고속 트램이 운행될 것이고 나중에는 지하철 노선이 확장되어 트램과 연결될 것이다. 이외에도 개발 예정인 섬의 몇몇 지역은 자동차 없는 구역으로 설계되며, 전체 단지에 허용된 주차 공간은 보통의 경우보다 더 낮게 유지될 것이다. 전국자동차클럽(ANWB)과 협력하여 시는 장래의 주택 소유자에게 제공할 일련의 통행 패키지 혹은 통행 선택옵션을 개발하고 있다(예: 대중교통 할인, 카셰어링 멤버십 제도 등의 결합). 지역난방 활용, 높은 기준의 단열 시스템, 특정 건축자재의 사용 제한, 능동형 또는 수동형 솔라 시스템 등과 같은 지속가능한 디자인과 건축 아이디어가 에이뷔르흐에서 사용될 것이다. 또 두 개의 병렬 수도라인 시스템의 적용도 고려 중인데, 하나는 음용수 선으로 하고 다른 하나는 따로 분리하여 (하수처리된 물처럼) 마시기 적합치 않은 물을 변기나 정원 용수 등에 이용토록 하려는 것이다. 에이뷔르흐는 네덜란드의 특별 녹색투자기금을 활용할 예정인데, 사업이 생태 목적에 부합하는 것으로 인증되면 주택 소유자들이 시장 대출금리보다 저렴하게 이용할 수 있다.

이 사업의 다른 환경 측면으로 단지 남쪽에 있는 화학폐기물 매립지를 복원하여 공원으로 바꾸는 것이 있다(이 사업은 오염 방지벽 구축과 복토 조성을 포함한다). 또한 환경단체들과 보상 패키지에 관해서도 협상해왔는데, 4,000만 길더(약 2,000만 달러)를 들여 암스테르담 북쪽 해안을 따라 얕은 서식지를 만들거나 복원하며, 에이뷔르흐 바로 동쪽에 새들이 살 수 있는 섬을 조성하게 될 것이다.

다른 생태적 혁신이 여타 네덜란드의 많은 사업에서 발견된다. 아메르스포르트의 니우란트에서 나타난 한 흥미로운 디자인 아이디어는 스쿨 하우스(school houses)의 개념이 적용된 것이다. 이에 따라 14개의 구조물이 계획되었는데 이들은 조그만 학교 건물로 나중에 지역사회가 성숙하면서 학령기 어린이들의 숫자가 줄어들 경우, 이 건물 각각을 분리시켜 2개의 단독주택으로 바꿀 수 있도록 설계되었다(이 집들은 또한 광전지 패널을 지붕 위에 장착하게 된다). 이러한 사례는 앞날을 내다보는 건축 및 지역사회 설계를 반영하고 있는데, 이는 내부 공간은 물론 시간의 경과에 따라 건물 용도를 유연하게 변경할 필요성을 인식한 것이다.

이러한 주제와 관련하여 생태 건축의 또 다른 특징은 처음부터 철거와 재사용을 고려하여 건물을 설계한다는 점이다. 그런 예가 네덜란드 도시 복스메이르(Boxmeer)에 새로 지어진 (이를테면) 철거 가능한 경찰서이다. 이는 "속성 건축물(fast-office) 혹은 쉽게 철거 가능하며 완전히 재사용될 수 있는 경량의 건물"이라는 개념을 발전시킨 결과로서 이 연구는 네덜란드 국립건설청(Dutch Naitonal Building Agency)이 의뢰한 것이다. 건설청이 설명하듯이 이러한 디자인은 중요한 융통성을 제공한다. "경찰 업무는 항상 변화하고 있으며, 지금부터 20년 후의 상황은 오늘날과 완전히 다를 것이다. 이 2층 건물은 다른 곳에서 다시 조립될 수 있으며, 어쩌면 전혀 다른 모습이 될 수도 있다(National Building Agency, 1997: 38)." 이 경찰서의 다른 주요 특징은 자연 통풍("전자적으로 제어되는 통풍 그릴"), 일광 통제 조명, 이중 슬라이딩 창문(온기가 새어 나갈 수 있는 이중창문에 대한 대안) 등을 강조하고 있다는 점이다.

이전 사업과는 다른 신세대형 생태 · 지속가능 건축 사업은 매우 많으며 거의 모든 사례 도시에서 독창적인 예가 있다. 네덜란드의 연구 도시에서 진행 중인 또 다른 인상적인 생태 프로젝트로는 흐로닝언의 'CiBoGa' 및 피카르드토플라스(Piccardthofplas) 프로젝트, 틸뷔르흐의 데베이크(DeWijk), 아메르스포르트의 니우란트, 아른험의 폴데르드리프트 프로젝트 등이 있다.

스칸디나비아 반도의 사례

다수의 모범적인 프로젝트와 디자인 유형이 스칸디나비아 반도에서 관찰되고 있다. 실제로 연구 대상인 코펜하겐, 스톡홀름, 헬싱키 등 스칸디나비아 도시의 신개발 지역에서는 지속가능 원칙에 따라 계획과 설계가 이루어진다(이 세 도시는 함께 일하고 정보를 공유하며 프로젝트의 특정 구상에 대한 자금 지원에도 서로 협력하기 시작했다). 그 예가 헬싱키의 비키, 코펜하겐의 외레브로(Ørebro), 스톡홀름의 하마비 쇼스타드이다.

헬싱키에서는 시 정부의 (비키) 신규 개발 사업이 계획되고 있는데, 이 곳은 장차 새 과학 공원이 들어서고 약 1,700명의 주민이 사는 생태 주거단지가 될 것이다(City of Helsinki, undated). 예비 설계를 보면 "생태 탁아소와 학교", (핀란드의 목재가 어떻게 건축에 사용될 수 있는지를 보여주는) 목재산업 활동센터, 주민들에게 환경에 관한 정보와 정원 가꾸기 정보를 제공하게 될 원예 및 정원 센터도 포함되어 있다. 신개발 단지의 남쪽과 동쪽으로 넓은 보전지역이 위치하는데, 보호받는 습지대의 많은 부분을 포함한다. 다른 땅은 분구농원 및 산책로의 용도로 이용되며 몇몇 지역은 농업 용도로 계속 사용될 것이다. 원예센터의 숨은 의도는 부분적으로 농원 일부를 주민들에게 할당하여 관련 정보를 제공하고 정원 도구를 빌려 주거나 임대하며 시범 정원을 계속 관리하려는 것이다(City of Helsinki, undated: 4).

생태 주거단지가 들어설 지역은 아직 건설되지는 않았으나 설계는 진행 중이다. 이 설계는 경쟁을 거쳐 이루어졌고 남향으로 건물을 짓는 것을 기본으로 하여 "안쪽 뜰을 따라 군집화된 주택들, 블록들 사이를 관통하는 막대형 녹색지역 등의 기본적 배치를 보여주고 있다. 이 녹색 막대지역은 빗물 활용, 퇴비화 작용, 분구농원 등을 장려하고 있다(City of Helsinki, undated: 2)."

이 지구에서 지속가능 건축에 대한 관심이 높아지면서 핀란드산 목재로 지어진 아파트 단지가 이미 건설되었다. 아이러니하게도 풍부한 산림자원을 가진 이 나라에서 목재로 된 건축물은 그동안 거의 지어지지 않았다. 왜냐하면 그런 집을 지을 경우 화재 위험이 높아진다는 인식 때문이다. 핀란드산 목재 자원 이용에 대한 새로운 관심은 이 시범 프로젝트를 시작하게 된 계기가 되었다.

코펜하겐 지역에는 다양한 생태 건축의 사례가 존재한다. 가장 유명한 것 중 하나가 발레루프(Ballerup) 지역의 저에너지 주택 사업지구인 스코테파르켄(Skotteparken)이다. 이 사업지는 100개의 주거 단위로 구성되어 있고, 새로운 에너지 기술을 시범적으로 적용하고 지원하는 유럽연합의 THERMIE 프로그램의 보조를 부분적으로 받고 있다. 이 프로젝트는 6개의 블록으로 구성되며 가운데 부분에 작은 호수와 레크리에이션 공간이 말굽 모양으로 조성되어 있다. 이 사업지구의 난방은 (인근 학교에 위치하며 천연가스로 연료를 공급하는) 소형 열병합 발전 설비와 건물 지붕에 장착된 태양열 집열기로 이루어진다(각 건물에 100제곱미터의 집열기를 구비). 태양열 난방이 불충분하여 보일러 온도가 정해진 수준 밑으로 내려가면 열병합 발전 설비가 펄스 기반으로 각 건물의 보일러에 에너지를 제공하게 될 것이다. 집열기는 1년 내도록 필요한 온수의 65%를 공급할 뿐만 아니라, 겨울철을 제외하고는 충분한 실내 난방을 제공할 것으로 기대된다(Building and Social Housing Foundation, 1996).

이 사업지구의 다른 에너지 요소는 추가적인 단열, 저방사 창문 유리 (U-value 0.95), 의무 환기장치에 따른 열회수(80% 회복), 저에너지 조명 및 가전제품 등이 포함된다.[8] 물 절약 수단으로는 부엌과 욕실의 절약형 수도꼭지, 작은 호수에 빗물 저장하기 등이 있다. 에너지 소비와 쓰레기 배출의 감축량은 상당하다(예상 감소량은 가스 60%, 물 30%, 전기 20%)(Building and Social Housing Foundation, 1996). 이 사업지구는 1993년 세계 해비타트상(The World Habitat Awards)을 수상하였다.[9]

생태 건물과 대규모 기관의 구조물

연구 대상 지역에는 지속가능성 원칙에 의해 설계되고 건설된 대규모 조직과 기관의 구조물 사례도 많이 존재한다. 그중에는 레스터의 퀸즈 빌딩(Queens Building), 암스테르담의 ING 본사 건물, 그리고 스톡홀름의 SAS 본사 건물도 포함된다. 녹색 원칙에 따라 설계된 주거/사무실 복합 용도의 건물도 있는데, 더블린의 템플바에 위치한 "그린 빌딩"이 그 예이다.

주요 사무실과 기관의 용도로 쓰이고 있는 새로운 도심지 개발 사업도

---

8) 저방사 창문은 제9장 참조.
9) 세계 해비타트상은 1985년 건축·공공복지주택재단(the Building and Social Housing Foundation)에 의해 제정되었으며, 전 세계를 대상으로 매년 2개의 우수 주거사업을 선정하여 각각 1만 파운드(약 1,850만 원)를 수여한다. 우리나라는 아직 수상 실적이 없으며, 2008년 수상 프로젝트는 Preventing Typhoon Damage to Housing(베트남)과 Community Land Trust Innovation(미국), 2007년은 Ecomaterials in Social Housing Projects(쿠바)와 ZukunftsWerkStadt Leinefelde(독일)였다.

지속가능 건물 프로젝트로 설계·계획되고 있다. 가장 두드러진 사례 중 하나를 베를린에서 찾아볼 수 있는데, 이는 연방정부 청사 단지뿐만 아니라 포츠다머 플라츠(Postdamer Platz)에서 진행 중인 거대한 신개발이다. 건물은 중앙 집중식으로 난방이 이루어지고 냉방 역시 중앙 통제될 것이다. 통행에서는 대중교통에 대한 의존도가 매우 높아질 것인데, 수송 분담은 대중교통과 자가용이 80:20으로 나뉘는 것을 목표로 한다. 이것은 이 지역에 지하철이 운행되기 때문에 가능한 것이며, 주요 교통수단의 교차지점에는 중앙 열차 터미널을 세울 계획이다.

특별히 다른 점은 실제 건설 과정에서 자연환경에 끼칠 악영향을 최소화하는 방식으로 계획되었다는 것이다. 전체 교통에 차질을 일으키는 트럭 교통량을 최소화하기 위하여 건설자재 수송은 주로 철로를 통해 이루어지고 있다. 인접한 그로서 티어가르텐(Grosser Tiergarten)의 지하수면이 낮아지지 않도록 특별한 관심을 기울이는 등 이 사업 과정에서 지하수에 대한 영향을 각별히 주의하고 있다. 그 결과 광범위한 지하수 모니터링과 관리 시스템이 발달하였다. 여러 대책 중 일부는 개발 과정에서 추출된 지하수를 대수층으로 되돌려 보내는 것도 있다. 또 다른 환경 대책으로는 바람의 영향을 줄이기 위한 건물 설계 및 구성과 (20헥타르의 새 공원 조성 등) 환경피해 경감조치의 이행도 포함된다.

암스테르담의 ING 건물(옛 NMB 은행)은 실제로 미국에서도 상당한 관심을 불러일으킨 유럽 생태 설계의 대표 사례이다. 이 대형 건물은 (바닥 면적 약 5만 제곱미터에 2,400명의 종업원을 수용하는데) 뚜렷한 S자형으로 10개의 경사진 타워형의 건물 모양이 강조되어 있다. 네덜란드의 건축가 톤 알베르츠(Ton Alberts)가 설계한 이 건물은 자연 색채와 형태를 가진 유기체적 외양을 띠는데, 그 자체가 지표면으로부터 자라나고 있는 것처럼 보인다. 하늘을 찌르는 초고층 건물과는 반대로 이 건물은 흔히 "땅을 껴안은 빌딩(groundhugger)"으로 불린다. 전체 건물은 주 회랑 혹은 "메인 스트리트" 주변으로 설계되어 있으며, 이 회랑을 따라 구내식당, 극장, 회의실 등의 주요 기능과 활동이 가능하도록 배치되어 있다.[10]

이 건물은 에너지 관리를 강조하는데, 이는 몇 가지 중요한 방식으로 이루어진다. 건물은 태양을 향하고 있으며 전체적으로 일광을 강조한다. 어떤 일터도 창문으로부터 23피트 이상 떨어져 있지 않으며, 어디서나 창문을 충분히 사용할 수 있다. 내부 공간은 주로 밝은 색으로 칠해져 있고 중앙홀 타워에는 "선 페인팅(sun paintings)", 즉 햇빛이 건물 안으로 더 튕겨지도록 돕는 금속 조각이 장착되어 있다. 메인 스트리트를 따라 이런저런 식물이 많이 심어져 있는데, 중앙홀의 위층에서부터 멋들어지게 아래로 매달린 것도 있다. 흐르는 물 같은 모양도 폭넓게 이용된다. 몇몇 난간들은 물이 졸졸 흐르는 개울처럼 꾸며져 있다. 여기 쓰이는 물은 빗물 수집장치로부터 나온 것이다. 다른 에너지 요소로는 이중 창문, 고효율 발전기, 에너지 회수장치, 기타 열회수 시스템 등이 있다. 거듭 밝히지만, 일광 조명을 특히 강조하며 아울러 작업 조명에도 크게 의존하고 있다.

자연을 어디서나 가까이 볼 수 있으며 인상적인 정원과 뜰이 건물 주변에 있다. 이 녹색 공간을 만들고자 노력을 많이 했는데, 건물 안뜰에 몇 그루의 큰 나무를 심기 위하여 헬기까지 동원한 적도 있었다(ING Bank,

∴

[10] 이 건물은 1987년 당시 네덜란드에서 네 번째로 큰 은행이던 NMB(Nederlandsche Middenstandsbank)에서 지었는데 중세 성 모양의 비스듬한 타워(조각탑)형 건물 10개가 이어졌고 고밀도의 주거, 소매상, 사무실 용도가 복합되어 있다. 네덜란드에서 의사당 다음으로 유명한 건물이며 유럽 전체에서 열효율이 가장 높은 건물 중 하나로 알려져 있다 (Hawken et al., 1999. 김명남 옮김: 191~193).

undated). 이 정원들과 건물 안뜰에 대해 유일한 부정적 측면은 (물리적 접근이 아니라) 주로 시각적 접근만을 제공한다는 점이며, 건물 내부 공간과 놀랍도록 훌륭한 외부 공간이 거의 연결되지 않은 듯 보인다는 점이다. 이 은행 본사의 위치 또한 지속가능성을 자극한다. 이 건물은 보행자 전용 광장과 쇼핑구역에 위치해 있으며, 불과 몇 피트 바깥에 자전거 전용도로가 있고 몇 블록만 벗어나면 주요 지하철 및 기차 역이 있다. 건물의 전면은 약 14그루의 고목으로 강한 인상을 주는데, 이 나무들은 원래 잘릴 운명이었으나 이곳으로 옮겨 심어졌다.

이러한 초기 설계의 결과는 놀랄 만하다. 에너지 소비가 (예전 건물의 10%에 불과할 정도로) 엄청나게 감소되었다. 투자비 회수기간은 매우 짧을 것으로 추정되었다.[11] 종업원의 결석률 또한 상당히 감소하였고, 종업원들은 이 건물에서 일하는 것을 확실히 즐기고 있다. 생산성 또한 증가하였는데, 그 이유는 사무실이 일하기에 즐겁고 인간적인 공간이며 또 은행과 종업원들이 건물에 자부심을 느낄 수 있기 때문이다.

레스터 소재 몽포르(De Montfort) 대학에 새로 지은 퀸즈 빌딩은 대형 유럽식 생태 건물의 또 다른 중요한 사례로 꼽힌다. 건축 회사 숏 포드(Short Ford)가 설계한 이 건물의 가장 중요한 설계 요소는 자연 통풍이 강조된다는 점이다. 더 구체적으로는 건물의 방향, 교차 통풍을 촉진하는 좁은 면, 굴뚝효과(stack effect)를 통해 건물을 시원하게 해주는 통풍 굴뚝의 사용 등으로 자연 통풍의 목표를 성취하고 있다.[12] 이는 결코 작은 성과가 아

⁞
11) [원주] 추가 설치된 에너지 절감시설 등에 약 70만 달러의 비용이 든 것으로 추정되는 반면, 연간 에너지 절약은 약 240만 달러였다.
12) 굴뚝효과는, 폭에 비해 높이가 긴 실내 공간에서 실내 공기의 온도가 바깥 기온보다 높을 경우 위쪽으로 공기가 유출하고 아래쪽으로 유입하는 현상을 말한다(『건축용어사전』, 2011,

닌데 건물 내의 많은 컴퓨터와 1,000명 이상의 학생 및 교수들이 상당한 열부하를 만들어내기 때문이다. 다른 환경 요소로는 열병합 발전소, CFC 없는 파이프 절연체 사용, 그리고 더 유연하고 적응력 있는 공간 창출 등이 있다(De Montfort University, 1993).[13] 이 건물은 또한 "지붕 채광 및 유리로 된 박공(博栱, gable)지붕"을 통하여 많은 햇빛을 받아들이는데, 재래식 건물에서라면 경험할 수 없었을 자연 조명을 실험실 쪽에 들게 만든다(Steele, 1997).[14] 스틸(Steele, 1997)은 이 건물을 "유럽 최대의 자연 통풍 건물"이며 미래 건축의 "중요한 선례"를 세웠다고 한다(68쪽). 주요 설계 요소로서 자연 굴뚝효과의 이용은 인상적이다.

냉각 작용은 팬이나 다른 기계적인 수단의 도움 없이 완전히 수동형 자연 굴뚝효과에 의해 이루어지는데, 이는 정지된 대기 상태에서도 작동되는 일종의 열사이펀(thermosyphon) 현상이며, 지붕 위로 지나가는 공기 흐름에 의해 더 촉진된다.[15] 이 건물은 공기 흐름의 경로가 상대적으로 알기 쉽게끔, 또

──────

성안당). 즉 건물의 내외부 온도 차이로 인해 공기가 움직이는 것이다.
13) CFC(Chloro Fluoro Carbon, 염화불화탄소)는 냉매, 발포제, 분사제, 세정제 등으로 산업계에 폭넓게 사용되어왔으며 일명 "프레온 가스"라고 일컫는다. 한때는 "꿈의 물질"이라고까지 불렸으나, 태양의 자외선에 의해 오존층을 뚫는 주범으로 밝혀짐에 따라 『몬트리올 의정서』에서 이의 사용을 규제하고 있다(출처: 매경 닷컴).
14) 보통 고전 건축에서 경사진 지붕의 양쪽 끝부분에 만들어진 지붕면과 벽이 이루고 있는 삼각형 모양의 공간으로, 보통 처마에서 지붕 끝까지 뻗어 있다. 여기서 양쪽으로 뾰족하게 경사진 지붕을 '박공지붕'이라고 하며, 이 지붕의 측면에 있는 삼각벽을 '박공벽'이라 하는데 박공이라는 용어는 이 두 가지 모두의 약칭으로도 사용된다(출처: 『세계미술용어사전』, 월간 미술).
15) 열사이펀 현상이란 자기 증발, 온도차 등의 불균형으로 인하여 생기는 사이펀 작용으로, 즉 자연적 열교환이 일어나는 현상을 뜻한다. 사이펀(syphon)은 대기의 압력을 이용하여 어떤 액체를 하나의 용기에서 다른 용기로 옮기는 데 쓰는 관을 말한다.

자체적으로 더 잘 제어되게끔 지어져 있다. 동시에 화재 관련 규정도 만족스러우며 청각적 프라이버시도 잘 유지된다(De Montfort University, 1993: 11).

이러한 방식으로 퀸즈 빌딩은 건물을 식히기 위해 자연의 원리를 이용하고 있으며, 그리함으로써 상당한 에너지 소비 감축과 함께 유쾌한 작업·학습 환경을 촉진시킨다.

생태적 도시 재생

몇 개의 연구 대상 도시에서 명백히 나타난 하나의 중요한 경향은 건물과 단지를 복원 또는 재개발할 경우 생태적·환경적 설계 요소를 통합한다는 것이다. 덴마크, 네덜란드, 독일, 그리고 기타 지역에서의 수많은 생태 재개발 사례를 들 수 있다(Danish Town Planning Institute, 1996 참조). 우니온플라츠(Unionplatz) 시범사업(Mega, 1996), 최근 유명해진 103 블록(Block 103) 프로젝트 등을 포함하여 수많은 생태적 개발이 베를린에서 이루어졌다(Berlin-Kreuzberg: European Academy of the Urban Environment, 1997). 이러한 프로젝트의 내용으로는, (녹색담장, 지붕정원, 나무 심기, 녹색 노면으로 대체 등) 전형적인 그린 이니셔티브, 빗물을 수직 생물학 필터로 처리한 뒤 화장실 등에 사용하는 빗물 수집 시스템(103 블록), 환경 친화적인 건축자재의 사용, 태양에너지 시스템(103 블록의 경우 180제곱미터에 태양광 사용) 등이 있다. 103 블록에는 사회적 차원의 프로그램도 들어 있는데, 즉 커뮤니티 키친에서 매주 주민들에게 유기농 식사를 제공하기도 한다(Kennedy and Kennedy, 1997 참조). 이 시범 사업의 결과는 매우 긍정적으로 나타났다.

콜링에 있는 프레덴스가데 도시 재생 사업은 몇 가지 이유 때문에 가장 주목할 만한 생태적 도시 재활 프로젝트 중의 하나로 여겨진다. 이 지역은 약 140개의 가구로 구성되는데, 4~5층 규모의 건물 블록이 수많은 생태적 특징을 아우르면서 창조적인 방식으로 복원·재개발되었다. 오래된 건물 2채를 허물고 새로 2개를 지었는데(그중 하나는 전적으로 재활용 건축자재로 만들어졌다) 1993년에 모든 건축이 완공되었다. 개발 과정에서 주차를 제한했는데, 대부분의 내부 안뜰 공간은 자동차의 출입을 금지시켰지만, 그래도 약 15개의 주차 공간을 마련해두었다. 녹색의 아름다운 안뜰과 놀이 공간도 만들어졌다.

지금까지 프레덴스가데 사업에서 가장 인상적인 요소는 유리 피라미드형 온실과 주택단지의 안뜰에 위치한 폐수처리 시설인 "바이오웍스(bioworks)"이다. 이 시설은 몇몇 거리의 입구에서 단지 안뜰로 들어가면 눈에 확 들어온다. 이 사업은 콜링 시와 복지주택회사(Byfornyelsesselskabet Denmark)가 협력하여 지었는데, 바이오웍스 프로젝트의 재정은 (다양한 환경 시범 프로젝트를 위한 자금을 제공하는) 덴마크 녹색기금에서 나온다[이러한 도시 '리빙 머신(living machine)'의 기능은 제8장에서 상세히 서술되었다].

또한 빗물은 지하 물탱크에 모이고 연못에서 정화된 뒤, 아파트에서 용변이나 세탁 용도로 사용된다. 몇몇 가구는 태양열 온수히터를 달았으며 많은 경우 수동형 태양열 설비인 겨울정원 및 유리방을 설치하였다. 추가적인 단열, 에너지 효율이 높은 유리, 물 절약 기구와 화장실, 광범위한 재활용 및 퇴비화 시설이 추가되었다. 재활용 벽돌과 다른 자재도 광범위하게 쓰인다. 지붕 꼭대기에 적어도 한쪽은 유리 솔라 테라스(solar terrace)로 전환되었다. 내부에 있는 일련의 광전지 패널은 바이오웍스의 펌프와 모터를 가동시킬 수 있는 전력의 대부분을 생산한다. 이 광전지판이 전기차 충전 장치에 전력을 공급한다.

역시 콜링에서 벌이는 '태양정원(Solgården)' 도시 재활 사업은 오래된 건물에 광전지와 태양열 에너지를 어떻게 효율적으로 장착할 수 있는가를 설명해준다. 완료된 지 얼마 되지 않은 이 사업에서 지붕 위와 발코니의 햇빛 유리방 외벽에 건축적으로 통합된 4개의 광전지 패널이 곡선 형태로 설치되었다(Municipality of Kolding, 1996). 1930년대 말에 지어진 이 아파트 건물을 재개발하는 이유는 아파트 거주자들이 소비하는 화석연료를 절반으로 줄이기 위해서다.[16] 전체적으로 이 건물에는 846개의 태양광 구성 요소가 있는데, 이로써 건물 전력 수요의 절반 이상을 공급한다. (엘리베이터 설치 등) 일반적인 개선과 함께, 많은 다른 환경적 혁신이 이 건물에 시도되었다(추가 단열, 물 절약형 욕실과 부엌 설비의 사용, 에너지 효율이 높은 가전제품 설치 등). 덴마크 주택부(Danish Ministry of Housing)가 이 건물의 광전지 설비에 크게 보조를 했는데, 이는 태양광 기술이 어떻게 도시 부흥과 재개발 사업에 적용될 수 있는가를 보여주려는 목적에서였다. 이 독창적인 통합 광전지로 인해, 그렇지 않았을 경우 낭비되었을 지붕 위 공간의 이용과 함께 시각적으로 눈에 띄는 건물이 창조되었는데, 이 특별한 주택지구의 거리 어디서나 이를 볼 수 있게 되었다.

독일에서 주목할 만한 생태 개발 프로젝트로는 베를린 우니온플라츠에 있는 167가구의 재개발이 있는데, 그 내용으로 새로운 녹색 환경, 퇴비화 시설, 태양열 온수가구 등을 들 수 있다(Forum for the Future, 1997b). 덴마크의 다른 생태 리노베이션 사업으로는 슬라겔세(Slagelse)의 8개 블록 사

---

16) [원주] 건물 전체의 전력 수요는 연간 17만 5,000킬로와트시(kWh/year)인 반면, 광전지의 전력 생산량은 연간 10만 6,000킬로와트시로 예상된다.

업이다(능동형 및 수동형 솔라 시스템의 통합, 폐기물 분리 시책, 교통 개선책 등을 포함한다)(Ministry of Environment and Energy, undated).

많은 유럽 도시에서 르 코르뷔지에(Le Corbusier)의 '빛나는 도시(radiant city)' 아이디어를 엿볼 수 있는데, 특히 넓고 푸른 개활지 가운데 1960년대에 지어진 고층 주거단지들이 그렇다.[17] 이러한 단지를 재설계하거나 변화시켜 이들의 생태적 특징을 통합하고 더 푸르게 만드려는 노력이 이어지고 있다. 이에 관한 사례로는 1960년대 중반으로 거슬러 올라가는 암스테르담의 베일메르메이르(Bijlmermeer) 지구가 있다. 이 아파트는 도시의 다른 지역에 있는 혼잡한 생활환경에 대한 바람직한 대안으로 여겨졌으며 대개는 이 지구 아파트의 평균 면적도 상당히 넓었다. 시간이 지나면서 이 지역이 바람직한 대안은 아니라는 인식이 퍼졌는데, 그것은 건물 규모 측면에서 위압감을 주었고 범죄와 안전에 대한 우려가 늘었으며 사회적으로 관리 및 통제할 수 없는 오픈 스페이스로 인식되었기 때문이다(흥미롭게도 베일메르메이르의 밀도는 헥타르당 주택 약 40여 채이며, 이 정도의 밀도는 좀 더 전통적인 도시의 거리 패턴이나 훨씬 더한 '인간 척도'에서도 쉽게 구현될 수 있었다). 이 도시는 현재 공간을 새로 조정하면서 호수와 작은 개울 같은 새로운 녹색 요소를 포함시키려 하고 있다.

대규모 주거단지를 녹색화하기 위한 동부 베를린에서의 노력은 생태 개발의 또 다른 사례이다. 베를린 시는 이 주택지역을 시각적으로 더 매력적이게 만들고 삶의 질을 향상시키기 위하여 다양한 시책을 펼쳐왔다. 여기

---

[17] 르 코르뷔지에(1887~1965)는 프랑스의 세계적 건축가, 작가로서 도시계획 분야에도 커다란 족적을 남겼다. 단순히 사람이 사는 집이 아니라 더 효율적인 공간에서 더 많은 사람이 함께 살 수 있는 집을 강조하면서, 현대 건축의 중요한 기반을 놓았다. 스위스 태생이며 그가 설계한 건물은 유럽은 물론 미국, 인도에까지 걸쳐 있다.

서 행해진 특별한 조치로는 아스팔트와 콘크리트를 제거하고 나무와 관목으로 대체하며, 어린이를 위한 녹색 놀이 공간 만들기, 광범위한 건물 도색 및 구조 개선 등이 있다. 흥미로운 것은 (암스테르담 같은) 대부분의 서유럽 도시에서는 고층 주택단지가 범죄, 마약, 저소득 거주자들의 장소로 비치면서 거부감이 많은 반면, 동유럽 국가의 경우 이를 바람직한 주택으로 여기면서 훨씬 더 선호한다는 점이다. 베를린에서는 이러한 주택지구의 매력을 증진시키는 일, 또 이 지구가 물리적·사회적으로 악화되는지를 사전에 점검하여 조치를 취하는 일이 이 지역 중산층의 탈출을 예방하는 데 결정적인 역할을 하는 것으로 본다. 이러한 전략은 베를린의 주택 문제에 대한 부분적 해결책으로 여겨진다. 즉 가장 효과적이고 지속가능한 전략은 거주민을 현재 사는 장소에 머물게 하고 그들이 계속 살기에 매력적인 장소로 만드는 것이다.

그린 빌딩 촉진 전략

생태 건물에 대한 유럽의 열정은 수많은 프로그램, 인센티브, 투자에 반영되고 있다. 아마도 네덜란드는 그린 빌딩 혹은 지속가능 건축·주택의 촉진에 가장 큰 기여를 한 나라이며, 특히 중앙정부가 지속가능 건축의 홍보와 장려에 높은 우선순위를 두어온 것은 칭찬받을 만하다. 네덜란드 정부가 마련한 '제2차 지속가능 건물 국가계획'은 국가적 목적과 목표치를 수립하고 보통 2년 이내의 기간을 두어 실제로 추진하게 될 세부 계획과 조치를 설정한다.[18] 네덜란드의 국가 지속가능 건축 전략에 나타난 요소들이 [글상자 10.1]에 요약되어 있다.

정부는 보조금을 제공하고 (에콜로니아와 같은) 국가 시범 프로젝트를 지원하며, 건축 산업계와 지속가능 건축의 목표치 설정에 합의하였다. 정부는 최근 (위트레흐트에) 지속가능 건축을 위한 국가 센터를 설립하였으며, 지속가능 건축을 구현하는 것이 이제 모든 신규 국가 주택단지에 일반적으로 적용되고 있다(VINEX 주택단지는 국가 계획의 제4차 회람에서 승인된 사업으로, 이를 통해 네덜란드 전체 주택 건설의 약 4분의 3이 진행되고 있다). 중앙정부와 지방정부 간의 협정을 통하여 개발이 이루어지는데, 이 협정에는 지속가능 건축을 다루는 관련 조항이 포함되어 있다. 또한 도시 정부의 60% 이상이 미래 사업의 한 분야로 지속가능 건축을 선택하였는데, 이는 추가 환경 재원을 확보하는 계획 아래에서 이루어졌다. 1991년과 1995년 사이, 네덜란드에서는 약 1만 4,000채의 주택이 지속가능 요소를 포함하여 지어진 것으로 추정된다(VROM, 1995).

[글상자 10.1] 네덜란드 지속가능 건축 전략의 요소

- 국가 지속가능 건축 행동계획
- 국가 지속가능 건축 자료집
- 지속가능 건축 정보센터(DuBo Centrum)
- 시범 프로젝트
- 저소득 복지주택조합(Social Housing Association)과의 협약
- 녹색기금과 그린 모기지(Green Mortgages)
- 도시 정부와 중앙 정부 간 VINEX 계약
- 정부 청사 건설청(지속가능 개념을 정부 청사와 시설에 적용함)

---

18) [원주] 제1차 실행계획은 1996~1997년, 제2차 실행계획은 1998~1999년에 적용되었고 주택·공간계획·환경부가 연 2회 실행계획에 관한 평가보고서를 국회에 제출하도록 되어 있다.

지속가능 건축이 이렇게 촉진될 수 있었던 것은 '국가 지속가능 건축 패키지(National Sustainable Building Package)'가 개발된 데 크게 기인한다. 기본적으로 이 패키지는 지속가능한 정책수단의 종합으로서 건축업자와 개발업자에 의해 활용된다. 비록 국가적 기준으로 공식화된 것은 아니지만 (에너지 절약 등 사실상의 국가적 최소 의무 기준은 있다), 건축 및 단지 개발의 최소 기준을 충족하는지 등에 관하여 중요한 길잡이가 되는 셈이다. 더 나아가 이 패키지는 특정한 의무화 사항으로도 이용된다. 예컨대, (약 75% 정도의) 많은 도시가 이 패키지에 의존하고 있으며 개발 사업이 이 국가 지침의 어느 정도 비율까지를 지키도록 밝혀두고 있다. 패키지 자체는 전국건설협회에 의해 저렴한 비용으로 배부되며, 구독자들은 갱신 또는 추가 사항을 받아볼 자격도 지닌다.

네덜란드 정부는 국가 행동계획이 나오기 이전에도 시범 프로젝트를 재정 지원하고 후원해온 역사가 길다. 예를 들면, (앞서 언급했지만) 영향력이 컸던 에콜로니아 프로젝트가 있는데, 이 사업은 다양한 지속가능 건축 자재·기법·기술 등을 시범으로 보이거나 설명하는 역할을 맡았다. 현재의 국가 계획은 주택, 사무실, 학교 및 그 밖의 유틸리티 건물을 포함한 약 34개의 건물 해체 사업에 대한 재정 지원도 포함한다.

또 하나 중요한 의미가 있는 것으로는 복지주택조합과 중앙정부가 협약을 맺기 시작했다는 점이다. 비록 네덜란드의 복지주택 혹은 정부보조 주택의 비율은 줄고 있지만, 여전히 새로 건설되는 주택의 약 30%가 이 유형에 속한다. 최근 중앙정부는 이 협약의 일부로서 지속가능 주택에 대한 주택조합의 부담을 최소화하도록 하는 내용을 규정화하고 있다. 주택·공간계획·환경부 산하의 정부 청사 건설청이 조정을 맡은 가운데 이제 이런 신규 정부 시설에서는 지속가능 건축의 인상적인 시범 사례를 다양한 모습으로 볼 수 있다. 하를럼(Haarlem)에 소재한 신규 공동작업장 건물이 한 예라고 할 수 있다(제12장에서 다룬다). 다른 사례로는 인상적인 일광 건물의 특징을 지닌 엔스헤더의 세무서, 덴하흐의 (정부기관이 단기간 임대할 수도 있는) 호텔 사무실, 국립 자연연구소(IBN)의 새 건물(자연 통풍 시스템을 적용하려고 한다), 뢰스던(Leusden)의 신축 파출소, 복스메이르에 있는 "철거가 쉬우며 재활용 가능한" 파출소 건물 등이 포함된다(Government Buldings Agency, 1997).

알려진 바처럼 유럽에서 국가 지속가능 건축센터(Dubo Centrum)와 같은 유형은 전에 없었으며, 이는 중앙정부의 지속가능 건축에 대한 신념을 엿볼 수 있는 사례이다. 비록 국가 지속가능 건축센터는 민간 주도의 정보기술 지원시설이지만, 운영 자금의 3분의 2를 중앙정부로부터 받고 있으며, 그 나머지는 민간 재원으로 채워진다. 센터는 건축업자, 개발자, 지속가능 건축에 관심을 지닌 사람들의 요구에 부응하면서, 실제로 무엇을 어떻게 해야 할지에 대한 실천 지침을 제공한다. 센터의 조언 제공 및 정보 교환 기능은, 아이디어를 실행하는 데 필요한 연구와 학습을 위해 내부 자원이 부족한 소규모 하청업자와 건축회사들에 특별히 도움이 된다. 센터의 조직은 중요하며, 그것은 일종의 산업 경영이기 때문에 상당한 신뢰성을 지닌 것으로 보인다. 조언 및 정보 교환의 기능 외에도 센터는 지속가능 건축과 프로젝트의 현장 방문이나 관련 투어를 후원하기도 한다. 또한 센터는 지속가능 건축에 관한 월간지를 적절한 시기에 발간하는데, 이는 네덜란드에서 널리 읽히는 잡지가 되었다. 아울러 이미 완공된 수많은 지속가능 건축 프로젝트에 관한 상세한 사례 보고서도 발간해왔다.

그린 모기지

독특한 녹색기금 시스템이 네덜란드에서 운영되고 있는데 이는 다양한 생태 프로젝트와 투자를 위한 민간 부문의 중요한 재원으로 사용된다. 이 기금은 민간은행에 의해 운영되지만, 관련 프로젝트는 중앙정부에 의해 인증과 승인이 이루어진다. 이 프로그램의 이면에 있는 주요 재정 인센티브는 여기에 투자하는 사람들이 거두는 이자 수입이 면세된다는 점이다. 보통 투자 수익은 약 6%가 정상적인 반면, 녹색기금 투자에서 2~3% 수익이 생긴다는 것은 세금 면제를 고려했을 때 매우 매력적이라고 할 수 있다. 이 프로그램 아래서 은행들은 최소한 이 기금의 70%를 인증된 그린 프로젝트에 투자해야 하는데, 각 프로젝트는 최소 5만 길더 즉 2만 5,000달러의 가치가 있어야 한다.

이 프로그램은 1995년에야 시작되었지만 이미 대단한 성공을 거두었다. 정부의 당초 목표치는 10년 이내에 10억 길더의 투자를 이끌어내는 것이었는데, 그린 프로젝트에 이미 30억 길더가 투자되었다. 현재는 6개의 펀드가 있으며(전에는 8개였지만, 한 은행이 3개의 기금을 하나의 단일 펀드로 통합시켰다), ING, Rabobank, ABN-Amro 등 네덜란드의 주요 은행이 모두 적극 동참하고 있다. 다양한 생태 프로젝트가 이 펀드를 통해 지원받고 있다. 대규모 자금이 지역난방 개발, 유기농업, 생태 조경, 자연복원 프로젝트, 풍차 건설, 그 밖의 지속가능 건축 사업을 지원하는 데 투입되었다.

네덜란드 녹색기금이 가장 창조적으로 적용된 사례 중 하나는 생태 건축 프로젝트 지원에서 찾아볼 수 있다. 생태 주택 및 건물들은 1997년 11월부터 인증되었다. 이미 약 3,000개의 주택이 이 프로그램의 그린 모기지(green mortgages) 승인을 받았다. 모기지 지원 자격을 갖추려면 주택은 두 종류의 생태 건축 기준을 충족시켜야 하는데, 즉 ("기본" 요구 사항으로도 알려진) 의무 사항 목록을 만족하고 또 다른 설계 요소 목록에서 최소 60점을 얻어야 한다. 주택은 네덜란드 에너지청에 의해서 인증이 이루어지는데, 인증 과정의 기준이 매우 엄격하다. 인증에 필요한 에너지 기준은 이미 높은 수준의 국가 기준보다도 훨씬 더 높은데, 한 가지 예로서 건물이 차후 노인 주거용으로 사용될 수 있을 정도로 융통성 있게 설계되어야 한다. 이 점수제 아래서는 태양광 발전을 포함하는 사업에 높은 점수가 부여된다.

일단 주택에 녹색 인증이 주어지면 주택 구매자는 이자율 이하로 모기지 대출이 가능하다. 매월 모기지 금액의 절감 액수는 사실 그리 대단치 않지만(평균 약 100길더 혹은 50달러), 건축업자 또는 개발업자들은 이렇게 함으로써 대외 이미지의 개선은 물론 주택의 매매 과정이 더 쉬워질 것으로 전망하고 있다.

녹색 주택번호

녹색 주택번호(Die Grüne Hausnummer)는 독일 자를란트 주 정부의 환경·에너지·교통부에 의하여 만들어진 독창적인 프로그램이다. 이는 지속가능 건축을 촉진하기 위한 또 하나의 창조적인 아이디어이다. 현재 환경부 장관인 빌리 레온하르트(Willy Leonhardt)의 이 아이디어는 건물 소유주들에게 심리적 인센티브를 주면서 녹색 요소가 깃든 주택을 개축하거나 개선하도록 장려하려는 것이다. 레온하르트는 스위스에서 이 아이디어를 얻었는데, 그곳에서는 저에너지 주택을 위한 이와 유사한 프로그램이 예전부터 개발되어왔다. 이를 위하여 고안된 포인트 시스템에서 참여자들은 그린루프, 태양열 에너지, 에너지 절감 요소 등 다양한 녹색 요소에 근거하여 적어도 100점을 쌓아야 한다. 일단 환경부 조사관이 점수를 매긴 뒤 인증을 하면, 건물 소유자는 액자에 든 자격증을 받게 된다. 이때 함께 주어지는 녹색 번호가 쓰인 주소 표지판은 주택 또는 건물 정면에 부착하는 용도로 이것이 건물의 명패가 되는 것이다. 이 번호는 크림색 바탕에 녹색으로 표기되어 '녹색 주택'이 되었음을 선포한다.

이 프로그램은 1996년 6월에 시작되었으며 그간 상당한 인기를 누려왔다. 현재 녹색 주택번호가 부여된 건물은 70개 이상이다. 그리고 점차 주택이 아닌 건물도 대상으로 하게 되었다. 최근 처음으로 한 호텔이 (제법 높은 120점을 얻으면서) 인증을 받았다. 또한 기존 건물을 리모델링한 경우에도 자격이 주어진다. 최근 1718년에 지어진 건물 하나가 퇴비화 시설, 변기용 빗물 수집 시스템, 현대적이고 에너지 효율이 높은 난방시스템 등 녹색 요소를 구현함으로써 인증을 받기도 했다.

환경부는 기본적으로 주택 구매자들로 하여금 돈을 조금 더 투자하되 그것이 가져다줄 것으로 예상되는 주택가치 향상이 이루어지도록 동기를 부여하고자 한다. 이들의 투자 중 일부가 녹색 투자에 사용되도록 장려하는 것이 좋지 않은가? 녹색 지출을 통해 자부심, 지위, 대중의 인정을 얻으면 좋지 않은가? 사람들로 하여금 이러한 충동을 '자극시켜' 생태적 요소와 개선으로 연결시키면 좋지 않은가? 자를란트 환경부 직원인 베른 둔츨라프(Bern Dunnzlaff)에 의하면, 이 프로그램이 대중적 인기가 높은 까닭은 개별 시민들이 환경을 개선하고 그들이 직접 뭔가를 하고 있다는 확신을 갖게 해주기 때문이다. 이 프로그램은 잘 작동되는 것처럼 보이며, 녹색 주택번호가 주택이나 건물의 경제적 가치를 증대시키는 것으로 보통 인식된다. 주소 명패는 아주 매력적인데, 어떤 측면에서는 역사적 상징물 혹은 기념비를 연상시키도 한다. 이를 부착한 건물의 이면에 숨겨진 스토리를 얘기하는 것이 합당한 것이 아닐까, 예컨대 보통의 집 또는 그저 예사로운 평범한 건물과는 확실히 구분되는 특별한 성격을 가졌으리라는 생각까지 하게 된다.

자를란트에서 받았던 엄청난 언론의 호평이, 이 시책이 제대로 실천된 중요한 요소가 된 것 같다. 녹색 주택번호를 수여하면서 많은 노력이 함께 이루어졌는데, 종종 환경부 장관이 직접 자격증과 표지판을 전달하기도 했다. 소도시나 마을에서 높은 점수를 받았을 때는 신문보도를 통해 그 자랑스러운 사실을 알리기도 했다는데 이것은 일종의 눈덩이 홍보 효과를 가져왔다. 이 시책은 또한 자를란트 외의 지역에서도 관심을 받아왔으며, 환경부는 심지어 주 경계를 벗어난 지역에서 녹색 주택번호를 부여해달라는 요청을 받기도 했다.

기타 주요 전략

생태 개발 또는 도시의 생태적 재활을 실제로 이룬다 해도 그것이 장기적으로 어떠한 결과를 가져오는지를 모두 다 이해하는 데는 한계가 있으며, 이는 잠재적으로 중요성을 갖는 장래의 연구 분야이다. 상당량의 에너지 절감과 다른 환경적 영향은 잘 기록되고 있다. 비록 문서화는 덜 되었지만, 정주 패턴이 시사하는 폭넓은 사회적 의미가 흥미롭다. 어떤 구역의 환경적 품질을 높이는 것은 사회적 안정성을 강화시키며 그 장소에 대한 헌신을 이끌어낸다. 예를 들면 앨버스룬에서 '의제 21'의 활동은 특정 주택지구에 초점을 맞추고 있는데, 이 지구에서 공공 복지주택 거주자의 이주 비율이 현저히 줄어드는 결과를 낳았다(도시 내 다른 주거지에 비하여 약 30%에서 15%까지 감소되었다).

지속가능 주택지구에서 거주함으로 인해 행위 패턴이 개인 및 가족 단위의 친환경적인 것으로 바뀌는 결과 또한 가능하다. 모라 파크의 계획가이면서 거주자인 어떤 이는 (각 주택 위의 태양전지판 등) 뚜렷한 주거 환경적 특징이 주민들로 하여금 환경문제를 더 많이 의식하게 만드는 효과가 있다고 한다. 개발의 공간적 구성 측면에서 군집형 주택 또는 공유하는 환경·커뮤니티 공간에 강조점을 둘 경우, 주민 사이에 더 높은 상호 작용이 촉진되는 경향이 있다.

네덜란드 위트레흐트의 헷 그루네 닥과 아른험의 폴데르드리프트 같은 생태 주택 프로젝트는 환경적 관심을 강조하고 있다. 현장 방문이나 거주민 인터뷰를 실시해보면 지역에 대한 유달리 강한 애착심과 공동체 의식을 확인할 수 있다.

어떻게 더 생태적으로 살 것인지, 새 집의 생태적 특징을 어떻게 적절하게 사용할 수 있는지에 관하여 새 주민을 교육시키는 일은 많은 방문 대상 사업지구의 공통적인 관심사이다. 예를 들면, 헷 그루네 닥에서는 환경 관련 소책자를 준비하여 새 입주민들에게 배부하였다. 이 책자는 환경적인 영향을 최소화하는 방식으로 주택을 꾸미는 방법 등을 다룬다(예: 목재, 카펫 그리고 집을 마감하기 위해 사용하는 재료의 종류, 구입해야 할 가전제품의 유형 등). 암스테르담 GWL 지구의 신규 거주자들은 카셰어링 서비스와 친환경 주택 관리 정보를 담은 광범위한 환경 안내책자를 받게 된다(Stichting Natuur en Millieu, 1994).

기업의 지원을 받아 생태 건축제품, 건축자재, 관련 서비스 등에 관한 전시회를 갖는 일은 또 다른 효과적 전략 중 하나이다. 네덜란드의

VIBA(Vereniging Integrate Bio-logische Architectuur, 바이오 건축협회)는 스헤르토헨보스(s-Hertogenbosch)라는 도시에서 지속가능 건축 자재와 기술을 선보이는 상설 전시회를 마련하였다.[19] 두 개의 대형 전시관에는 옥상 태양에너지 시스템에서부터 대체 단열재까지 상상 가능한 거의 모든 종류의 생태 건축 자재와 서비스 사례들이 기술 사항 및 연락처 정보와 함께 전시되었다(VIBA, 1996 참조). 생태 건축에 관심 있는 건축업자와 건축가는 (심지어 일반 관람객도) 무엇을 어떻게 해야 할지에 대하여 실제적인 정보와 안내를 받을 수 있으며 아울러 이러한 시스템과 재료가 어떤 모습으로, 어떻게 기능하는지에 관하여 직접 손으로 만져보고 시각적으로 체험하도록 해준다.

암스테르담 시는 "DuBo-kaart"라 불리는 지속가능 건축 프로젝트 지도를 개발하였는데 이는 건축업자, 도시계획가, 일반 대중을 교육하는 데 매우 유용한 도구가 될 것이다. 이 지도는 단독주택에서 대형 주택단지에 이르기까지 도시의 42개 프로젝트를 인상적으로 보여주고 있다(Berents, 1998).

메시지: 생태 주택의 가능성

앞서 살펴본 유럽의 사례와 비교했을 때 나타나는 가장 뚜렷한 사실은, 미국에서는 생태적 설계나 생태 건축을 적극적으로 촉진하려는 관심이 부

---

[19] 마치 철자를 잘못 쓴 듯한 이름의 스헤르토헨보스는 네덜란드 남부에 위치한 노르트 브라반트(Noord Brabant) 주의 주도로서 인구는 14만 명이며, 유럽 최대의 실내 가축시장과 내부 장식이 네덜란드에서 가장 아름답다고 하는 14세기 고딕풍 성당 건물 등으로 유명하다.

족하다는 점이다. 특히 북유럽의 경우 실질적이고 창조적인 재정 후원이나 다른 형태의 중요한 국가적 (또는 도시 단위의) 리더십을 통하여 생태 건축에 대한 거국적 관심을 기울였다. 북유럽 국가들이 생태 설계 및 건축에 우선순위를 부여하는 모습은 매우 인상적이며, 이는 미국이 나아가야 할 방향이기도 하다. 미국에서는 유럽식 접근 모두가 모범이 되는데, 생태 건축의 양과 규모(특히 네덜란드의 경우, 전체 건축에서 상당히 높은 비율을 차지한다), 이를 실행하기 위한 종합 정책과 실행계획, 재정 및 기타 인센티브, 정부의 시범 사업에 대한 재정 지원의 중요성, 매우 창조적인 설계 요소 등이 그러하다.

그러나 (대조적으로) 미국의 상황은, (매우 인상적인 것도 있지만) 생태 건축과 설계에 대한 헌신 대신 무계획적이고 파편화된 건물 및 사업으로 특징지어지며, 그나마 괜찮은 경우는 강력한 공공 정책에 의한 것이라기보다는 주로 지각 있는 몇몇 고객들과 특정 설계자들에 의한 것이었다. 그렇더라도 생태 설계 및 건물이 점차 늘어나고 있는 것은 사실이며, 미국건축가협회(American Institute of Architects)와 같은 설계 단체가 최근 몇 년간 이 문제에 대하여 관심을 가져왔다. 생태 주택과 생태 설계의 사례들이 조금씩 늘어나고는 있지만, 실제로 사업이 어떻게 진정으로 녹색 또는 지속가능의 모습으로 나타날 것인가에 대한 우려는 여전하다. 최근 미국의 한 사례로 이른바 "에코버브즈(ecoburbs)" 혹은 "생태 교외"라는 것이 포함되는데, 이것은 개발 사업이 교외 (또는 준교외) 지역에 위치하는 경향을 반영한다. 이러한 형태의 개발 사례는 프레리 크로싱(Prairie Crossings, 시카고 북쪽 40마일), 헤이마운트[Haymount, 버지니아 주 프레더릭스버그 근처의 래퍼해녹(Rappahannock) 강둑에 위치한다], 그리고 텍사스 주의 우드랜즈(The Woodlands) 등이 있다. (휴스턴 부근에) 이안 맥하그(Ian McHarg)[20]가 설계한 생태 뉴타운인 우드랜즈는 에이커당 약 2가구 정도의 저밀도 교외지역의 모습을 보인다(약 1만 에이커당 1만 8,000가구). 이 같은 프로젝트가 종종 오픈 스페이스를 보존하려는 항목을 포함하고는 있어도, 지역의 저밀도와 근본적인 자동차 의존성으로 인해 사회의 생태발자국을 줄인다는 관점에서는 그리 이상적이지 않다. 아울러 사우스 캐롤라이나 주 드위스 아일랜드(Dewees Island)와 같은 몇몇 지역은 지극히 민감한 환경지구에 자리하고 있다. 이러한 사업에서의 밀도 또한 의문을 불러일으킨다.

투손(Tucson)의 (널리 알려진) 신규 생태마을인 시바노(Civano)는 주민들의 생태발자국을 줄이기 위한 수많은 요소를 구현하고 있다. 이 신생 지역에는 긍정적인 요소가 많은데 에너지 효율이 아주 높은 주택, (공동 과수원을 포함하여) 널찍하게 보호되는 녹색 공간, '환경기술 비즈니스 센터(Environmental Technologies Business Center)' 등을 포함한다. 그러나 이곳 또한 밀도가 비교적 낮은 편이고(1,132에이커당 2,600가구) 도시 근교에 위치하며, 개발의 내용상 "환경적으로 민감한" 18홀 골프장을 포함하는 등 다소 혼란스런 특징을 띠고 있다. 그럼에도 시바노 같은 프로젝트는 미국 사회가 더 지속가능한 정주 형태로 나아가는 과정에서 좋은 출발점이 된다.

이와 대조적으로 이 책에 기록된 유럽의 생태 프로젝트 대부분은 (암스테르담의 GWL 지구 사례에서처럼) 재개발 용지나 도시지역에 훨씬 더 고밀도로 지어졌고, 기본적인 설계 요소로 대중교통과 도보·자전거를 중심에 두었다. 실제로 이 책에서 강조된 사업을 관찰하면 생태 설계와 건축이 기

∴

20) 이안 맥하그는 스코틀랜드 태생의 조경 건축가로서(1920~2001) 자연 시스템을 활용하는 지역계획 분야에서 큰 업적을 남겼다. 1969년에 출판된 그의 저술인 『자연과 함께 하는 설계』는 생태 계획 분야에서 개척자 역할을 했으며, 지금까지도 조경 건축계획의 주요 교재로 쓰이고 있다.

존의 도시구조를 강화하는 동시에 더 효율적인 토지 이용과 압축적인 지역 도시가 되도록 하는 데 도움이 됨을 알 수 있다. 미국의 생태 건축은 이 중요한 교훈을 배워야 하며, 지속가능한 입지가 건축자재나 구조물 자체에 체화된 에너지만큼이나 중요함을 보여주는 중요한 사례들을 따라야 한다. 지속가능한 삶이 되려면 이 모든 고려 사항에 대하여 관심을 기울여야 하는 것이다.

다양한 사례 가운데 더블린의 '그린 빌딩'과 덴마크 콜딩의 '태양정원' 재개발 사업은 인상적인 생태 디자인 요소가 도시환경에서도 바로 적용될 수 있음을 잘 보여준다. 미국 도시에서는 그런 사례가 거의 없는데, 소수의 우수 시범 프로젝트가 대단한 영향을 끼칠 수 있다. 한 독창적인 사례가 토론토에서 발견된다. 토론토의 건강주택(Healthy House)은 도심부에 위치한 생태 건축의 잠재력을 효과적으로 알려준다. 보행이 용이한 브로드뷰(Broadview)와 댄포스(Danforth) 지구의 공터 활용지에 자리한 이 건강주택은 주택의 생태발자국을 근본적으로 줄일 수 있는 다수의 이용 가능한 기술 및 건축 전략을 보여준다. 캐나다 모기지·주택 공사가 후원하는 이 주택은 침실이 각 3개인 집 두 채가 연결된 듀플렉스(duplex) 형태를 띤다. 건강주택은 보통의 도시 서비스와 분리되어 있고 폐수처리 시스템, 상수도 및 전력망과도 연결되어 있지 않다. 빗물 수집 시스템이 물을 주택으로 공급하며, 물 절약 설비 및 가전 장치를 통합함으로써 이 주택의 물 사용은 보통의 10분의 1 수준밖에 되지 않는 것으로 추정된다. 주택의 난방은 수동형 솔라 시스템을 통하여 이루어지며, 태양에너지가 불충분할 경우에는 복사열을 이용한 온수난방 시스템으로 보충한다(Canada Mortgage and Housing Corporation, undated 참조). 전력은 2.3kW 용량의 광전지 패널을 설치하여 제공하며 필요시 예비 발전기도 사용한다. 몇몇 기본 에너지 요소로는 저에너지 가전 설비, 추가 단열, 구조물의 4층 수직배향, 고효율 삼중 유리창 등을 포함한다. 생물학적 폐수처리 시스템이 지하에 마련되어 있으며, 이 집에서는 많은 물이 재활용된다. 저독성 물질을 사용하는 것도 역시 강조된다. 그리고 이 주택은 적정한 크기의 집이 갖는 잠재성을 보여준다. 이 집은 넓이가 1,700제곱피트이고 연간 총운영비는 200달러도 안 되는 것으로 평가되었다(Canada Mortgage and Housing Corporation, undated). 토론토의 건강주택은 추운 북쪽의 기후에서조차 녹색 도시형 주거 건물이 잠재력이 있음을 보여준다.

이 주택을 보면 건축 설계를 통하여 어떻게 생태발자국을 줄이고, 저렴한 주택 건축을 가능하게 하며, 더 건강한 생활환경을 창조할 수 있는지를 모두 알 수 있다. 미국에서도 연방저당권협회(패니 매 또는 패니 메이)가 주

토론토의 '건강주택'은 생태 설계 요소가 도시의 환경에서도 성공적으로 구현될 수 있음을 보여준다. 다양한 생태 요소 중에서도 전력망과 공공 상하수도와 연결되어 있지 않은 점이 특기할 만하다.

도하여 이와 비슷한 시범 주택을 후원하고 재정적 비용을 부담해야 할 것이며, 아마도 미국 전체의 기후대(climate zone)마다 하나씩 시범 주택을 시작할 수도 있을 것이다.[21]

중요한 정책 방향을 제시해주는 프로그램과 시책이 다소 있기는 하지만, 앞으로 훨씬 더 확대되어야 할 것이다. 수많은 미국식 접근법은 자유 시장 지향성을 띠고 있다. 즉 인센티브 형성을 강조하며 주택 구매자들로 하여금 새 주택의 에너지 소비 특성과 관련된 선택지를 더 많이 인식하도록 권장하고자 에코라벨(ecolabel) 부착 전략을 강조한다. 연방 수준에서는 미국환경청(Environmental Protection Agency, USEPA)과 에너지부(Department of Energy, USDOE)가 협력하여 '에너지 스타 홈(Energy Star Homes)' 프로그램을 시작했는데, 이는 국가 에너지 기준을 충족시키는 주택 건설을 장려하고 보상한다. 신규 주택이 이 프로그램의 인증을 받기 위해서는 (독립 인증기관이 결정하는) 예측 에너지 소비량이 국가 에너지 규정의 요구 수준보다 30% 낮으면 된다(USEPA, 1998). 만일 주택이 이 기준을 충족하면 건설업자와 개발업자가 집을 팔거나 매매하는 과정에 에너지 스타 로고를 사용하는 것이 허용된다. 이 프로그램이 주택 구매자에게 제공하는 명백한 이점 중 하나는, 이를 통해 에너지 효율 주택담보대출의 자격이 주어질 수 있으며 '에너지 스타 홈' 프로그램에 참여하는 수많은 모기지

⋮

21) 패니 매(Fannie Mae) 또는 패니 메이(Fannie May)는 미국의 연방저당권협회(Federal National Mortgage Association), 프레디 맥(Freddie Mac)은 연방주택금융 저당회사(Federal Home Loan Mortgage Corporation)의 통칭이다. 이는 미국인들이 이용하는 모기지 제도, 즉 일정액의 계약금을 걸고 주택담보대출을 받아 장기적으로 갚아 나갈 때 이용하는 주택 금융을 관장하는 회사로서, 패니 메이는 1938년, 프레디 맥은 1970년에 설립되었다. 2008년의 세계경제 위기 이후 미국 정부가 약 2,000억 달러의 공적자금으로 이 두 회사를 사들여 사실상 국유화하였다.

대출기관이 있다는 것이다. 구매자들의 월별 에너지 비용이 더 낮아질수록 모기지 회사는 대출고객에게 더 높은 금액의 대출과 기타 금융상의 혜택을 줄 수 있게 된다.[22] '에너지 스타 홈'의 전형적인 특징은 더 강력한 단열, 고성능 창문, 밀폐성 높은 건축, 고효율 냉난방 시스템 등이다.

미국의 환경청과 에너지부 등 '에너지 스타 홈'의 옹호자들은 이러한 에너지 투자에 따른 약간의 주택가격 증가는 차후에 발생하는 주택 관리상의 에너지 비용 감소로 충분히 상쇄되고도 남는다고 주장한다. 환경청에 따르면 '에너지 스타 홈'의 경우 에너지 비용이 연 평균 400달러 절감된다고 한다(USEPA, 1998). 에너지 기준이 높을수록 주택의 판매 가능성도 향상되는 것으로 여겨진다. 이 프로그램이 시작된 이후, 4,000채 이상의 '에너지 스타 홈'이 지어졌으며, 약 780명의 건축가와 개발자가 이 프로그램에 참여하였다. 환경청은 이 시책으로 인해 탄소가스 배출이 2010년까지 약 400만 톤 줄어들 것이라고 추정하였다.

미국에서도 점점 더 많은 수의 사무실, 상업용·산업용 건물들이 생태 디자인 원칙을 반영하고 있으며, 이런 유형의 건물에 더 높은 설계 기준을 책정하기 시작하였다. 최근 윌리엄 맥도너 건축회사(William McDonough & Partners)가 주도한 몇몇 프로젝트들은 미국에서도 생태 건축이 정착될 가능성이 있음을 보여주는 사례이다. 캘리포니아 샌 브루노의 갭(GAP) 본사 건물, 미시간 주 홀랜드(Holland)에 있는 허먼 밀러(Herman Miller) 공장이 가장 훌륭한 사례이다. 갭 건물은 파도 모양의 그린루프, 비독성 재료 사용, 지속가능한 방식으로 수확된 목재의 사용, 건물 전체에 광범위한 일광

---

22) [원주] 기타 금융 혜택은 사업 종결 시 캐시백(cash back), 높은 합격 비율, 확실한 감정가치, 무이자 보장, 할인이자율 등을 말한다(USEPA, undated).

이용, 캘리포니아 주에서 요구하는 기존의 강력한 규정보다도 더 높은 에너지 소비 절감 기준 등을 포함하고 있다(Interiors, 1990a).

허먼 밀러 가구공장은 다양한 생태 요소를 갖추고 있는데 빗물 수집 및 처리를 위한 습지 시스템 구축, 생산 공간과 사무실을 연결하는 (ING의 메인 스트리트를 연상케 하는) 순환거리, 건물 전체에 걸친 광범위한 일광 이용 등을 포함한다. (제12장에서 언급되는) 벨기에의 에코버 공장처럼, 이 건물의 생산구역은 각진 유리 지붕과 조명 모니터 시스템을 통하여 햇빛을 폭넓게 받아들인다(Interior Architect, 1999b). 맥도너와 미국의 다른 생태 건축가들은 신선한 공기, 일광, 그린과의 시각적 연결 같은 작업조건이 설계 요소에 따른 추가 비용에도 불구하고 그 이상으로 생산성을 증가시킬 수 있다는 주장을 설득력 있게 펴왔다.

아마 이 모든 것 가운데 가장 야심 찬 것은 오하이오 주 오벌린 대학(Oberlin College)에 새로 지어진 애덤 조셉 루이스 환경연구센터(Adam Joseph Lewis Center for Environmental Studies)일 것이다. 이 건물은 환경학 교수이면서 생태 교육에 관한 국가적 발의자인 데이비드 오어(David Orr)의 아이디어로서 (완성될 경우) 교육 및 다른 기관 건물의 새로운 환경 표준을 수립하는 데 도움을 줄 것이다. 이 건물에는 이른바 "리빙 머신"이 있어서 폐수를 자체 처리 하고 빗물을 수집·재활용하며, 무엇보다도 건물이 에너지 측면에서 독립된 점이 인상적이다. 전력망에 연결되지 않은 건물, 남향 배치, 옥상 태양광 발전, 지열 펌프, 각종 에너지 절감 대책 등의 결합 등을 통해 자체 전력을 생산한다. 건물의 에너지 소비는 오하이오 주 비슷한 규모의 건물에 비해 약 20% 수준의 전력만을 소비할 것으로 예상된다. 이 건물은 또한 '서비스 상품(product of service)'의 개념을 보여주는데, 예를 들어 카펫 (재료로 만든) 타일의 소유권은 제조업자(Interface)가 계속 가지고 그 사용 수명이 다하면 수거·재활용될 것이다(Interior Architecture, 1999c). 그래서 이 연구센터는 '나무처럼 기능하는 건물'이라는 은유에 가장 근접하는 미국의 건물이 될지 모른다. 오어 교수가 주로 강조하는 것은 인간의 건축이 문화로서의 인간을 형성하며, 인간의 디자인 및 건축에서의 선택에 따라 인간이 가치를 두고 중요하게 여기는 것이 무엇인지 나타난다는 것이다. 그는 "교육학으로서의 건축학"을 논의하곤 하는데, 이러한 미국의 본보기는 유럽 사례와 견주면서 교육 내용을 중요한 것으로 바꾸고 대체하기 시작하는 것이다(Orr, 1994).

유럽의 경험에서 얻을 수 있는 한 가지 중요한 교훈은 지속가능 건축에서 정부가 협력자 혹은 촉매자로서 강력한 잠재적 역할을 할 수 있다는 것이다. 이 책에서 논의된 많은 유럽 사례는 미국의 맥락에 쉽게 적용될 수 있다. 특히 적용 가능성이 높을 것으로 예상되는 것 중 하나가 그린 모기지 개념이다. 사실 이 개념은 (수많은 모기지 회사와 대출기관에서 이미 제공하고 있으며, 전형적으로는 환경청 에너지 스타 홈 프로그램에 참여함으로써 이루어지는) 기존의 에너지효율형 모기지(energy-efficient mortgages)의 개념과 (패니 매 회사가 실험해왔고 점차 늘어날 것으로 보이는) 입지효율형 모기지(location-efficient mortgages) 개념에 의해서도 효과적으로 실현될 수 있다. 그린 모기지는 자연스레 이어지는 다음 단계가 된다.[23]

∴

23) 에너지효율형 모기지(EEM)은 신규 주택에 에너지 효율성을 높이는 요소를 포함함으로써 전기, 가스 등 비용을 절감할 수 있도록 해주는 주택저당대출을 말한다. 미국에서 1980년 처음으로 시도되었으나 그 이용률은 아직 저조한 것으로 알려졌다. 이와 달리 입지효율형 모기지(LEM)는 주택저당대출 때, 해당 주택이 대중교통 접근성이 좋은 위치에 자리 잡는 등의 이유로 승용차 이용을 현저히 줄이는 효과가 있을 때 적용하는 시스템이다. 보통 TOD(transit-oriented development)형 개발을 장려하는 제도로서 의미가 있으며, 미국에서는 2006년 현재 시애틀, 시카고, 샌프란시스코, LA 등에서 시행되고 있다(위키피디아 참조).

그리고 네덜란드 국립건설청의 노력에서 알 수 있는 것처럼, 우리는 모든 새로운 공공 건축 사업을 새로운 생태적 건축 기술·아이디어·제품을 시범적으로 보여주고 촉진시키는 기회로 삼아야 한다. 비록 미국의 공공 건축 디자인과 건설에서 이러한 모습을 보이는 경우는 거의 없지만, 어느 단위의 정부든 유럽과 비슷한 기회를 맞고 있다. 한 가지 예외로, 최근 미국 우정국(U.S. Postal Service)의 노력에 힘입어 우체국 건물에 그린 건축 개념을 주도·촉진해온 것은 칭찬받을 만하다. 최초의 녹색 우체국이 텍사스 주 포트워스(Fort Worth)에서 1999년 1월에 개관하였다. 이 건물은 일련의 인상적인 녹색 디자인 요소를 지니는데, 빗물 수집 시스템, 광범위한 일광의 사용, 저휘발성 유기화합물(Volatile Organic Compounds, VOC) 재료, 지역 내 석재 및 [재활용 돌/콘크리트, 콘크리트에서 나오는 비산회(飛散灰), 창고와 장벽 범퍼에 쓰이는 재활용 타이어와 플라스틱 등] 재활용 자재의 대량 사용, 건물 전체에 지속가능형으로 인증된 목재의 사용, 천연식물 사용, 압축 천연가스 주유소 등이 그 예이다. (국가 차원의 대체연료 차량 변환 프로그램의 일환으로 우정국은 이미 댈러스와 포트워스 지역 약 1,500대의 차량을 압축 천연가스로 전환하고 있다.) 이 건물의 가장 흥미로운 설계 요소 중 하나는 건물의 외벽 패널 시스템에 (지역의 농업 폐기물인) 밀짚을 사용한다는 점이다(Environmental Building News, 1999, U.S. Postal Service, undated).

우정국이 이를 뭔가 변화를 이끌어낼 놀라운 기회로 보고 있는 점은 가히 칭찬할 만하다. 최근의 보도 자료에서 우정국은 이를 명확히 언급한다. "미국 우정국은 지속가능 원칙에 충실하려 합니다. 공공기관으로서 또 전국에서 가장 큰 건설기관 중 하나로서 환경 분야를 주도하는 리더십을 수행하는 능동적 역할의 필요성을 인식하고 있습니다. 우정국은 환경 보호에 도움을 주고 고객과 종업원에게 건강한 내부 환경을 제공하면서 다른 이들을 위한 표준을 세웁니다(U.S. Postal Service, undated: 1)." 아마도 다른 연방 (주 및 지역 단위의) 기관도 이렇게 중요한 선도적 사례를 따라 건물 신축과 기존 건물 개선 사업을 녹색 혁신 및 전반적인 생태발자국의 감축 기회라는 관점에서 보기 시작할 것이다. 실제 전국적으로 매년 약 500~700개의 새 우체국 건물이 건설되고 있다. 아울러 "준민간, 연방 기관"의 위상 때문에 우정국은 지역 단위의 건축 및 보건 규정에 구속되지 않으며, 따라서 새로운 생태 건축의 아이디어를 실험하고 증명하는 데 더 융통성을 가지게 된다. 포트워스 시설 이외에 다른 녹색 우체국 설계가 (노스캐롤라이나 주) 랄리(Raleigh)에서, 그리고 미국 북동부에서도 진행되고 있다.

몇몇 미국 도시 또한 생태 건축을 촉진하기 위하여 인상적인 조치를 취해왔는데, 이는 도시 및 지방 정부가 맡는 중요한 역할의 잠재성을 보여준다. 이 녹색 건축업자 아이디어는 텍사스 주 오스틴에서 출발하였다. 기본 아이디어는 오스틴 시가 건축업자와 소비자의 교육을 통하여, 일정한 녹색 기준을 충족하는 주택과 건물의 녹색 건축업자에게 '별(Star)'을 수여하는 인증 과정을 통하여, 더 지속가능한 생태 건축과 건설을 촉진하려는 것이다. 참여 건설사는 (최초의 기본 교육과 이어지는 세미나 등) 녹색 건축 교육에 참가해야 한다(오스틴 프로그램에 대한 더 자세한 논의는 Beatley and Manning, 1997 참조).

콜로라도 주 볼더는 또 다른 예로서, "그린 포인트(greenpoints)"라 불리는 독특한 의무적 점수제를 수립하였다. 이 시책 아래서 모든 신규 건설은 최소한의 녹색 건축 점수를 충족시켜야 한다. 이 도시는 건설업자에게 무엇을 포함시켜야 할지를 정확하게 알려주지는 않는다. 오히려 건설업자는 설계 요소와 기술 옵션 가운데 자기 스스로 선택하면서 건물의 바닥 면적 기준에 따른 최소한의 그린 포인트를 축적해야 한다([글상자 10.2] 참조).[24]

텍사스 오스틴의 녹색 건축업자 프로그램은 친환경 건물을 교육하고 촉진하기 위해 많은 일을 해왔다. 사진은 동부 오스틴에서 건설 중인 녹색 건축 인증 주택이다.

'그린 포인트 가이드라인'은 녹색 건축 기술과 각각의 경우에 이용 가능한 점수의 범위에 관하여 상세한 정보를 제공한다. 점수가 할당되는 주요 항목은 토지 이용(예: 강화된 태양에너지 접근성), 구조(예: 재활용 자재로 만든 지붕), 배관(예: 온수파이프 단열), 절연[예: 높은 R 값(R-value)을 가진 단열벽],[25]

⁝

24) [원주] 더 구체적으로 보면 신규 주택 건설의 승인이나 기존 주택 지구를 500제곱피트 이상 추가 건설하기 위해서는 다음과 같은 녹색 점수가 필요하다(City of Boulder, undated: 3).
- 바닥 면적 2,500제곱피트 이하의 신규 거주가구는 최소 25점을 얻어야 한다.
- 200제곱피트가 추가될 때마다, 또는 바닥 면적 2,500제곱피트 이상의 일정 비율이 늘어날 때마다 각각 1점을 추가 획득해야 하며, 최대 10점까지 획득한다.
- 추가적인 바닥 면적 500 이상, 1,001제곱피트 미만마다 10점을 얻어야 한다.
- 바닥면적 1,001제곱피트 이상의 경우 면적이 추가될 때마다 15점을 더 얻어야 한다.
- 신규 주택 응모자는 '지속가능 자재 기법'에서 최소 2점을 얻어야 하며(*로 표시), '실내 공기 질' 부문에서도 2점을 획득해야 한다(**로 표시).

HVAC(예: 고효율 보일러),[26] 솔라(예: 수동형 태양열 난방), 실내 대기의 질(예: 낮은 VOC 내장 페인트) 등을 포함한다. 태양열 이용의 유형 중 한 예로는 새 건물은 수동형 태양열을 통한 난방의 정도에 따라서 2~10점을 얻을 수 있다. 캘리포니아 로스앤젤레스 카운티(Los Angeles County)와 애리조나 주의 스카츠데일(Scottsdale) 등 다른 도시가 볼더의 선례를 따랐으며, 유사한 녹색 점수 프로그램을 수립했거나 수립하는 과정에 있다. 볼더의 녹색 점수 프로그램은 지방 관리들이 보기에 성공 사례라고 할 수 있다. 녹색 점수 요소의 결과로 나타나는 추가적 건축 비용은 1~3% 정도로 추정되는데(이는 미미한 것으로 보인다), 보통 이러한 비용이 (에너지 소비 감소 등) 장기적으로 나타나는 절감에서 오는 편익에 의해 상쇄된다. 의무적인 녹색 점수 이외에 볼더는 오스틴과 비슷한 방법으로 그린 빌딩의 실제에 관하여 건축업자 교육을 시도하고 있다. 교육은 무상으로 이루어지며 교육 이수 시 건축업자들에게는 인증서와 함께 "골드 레벨 건축업자(gold level builder)" 자격을 주는데, 이는 상당한 마케팅 효과를 가진다. 지금까지 약 22개의 건축업자들이 자격을 받았으며 볼더 시는 '녹색 점수 건축자재(greenpoint building supplies)'를 갖춘 공급업자와 소매상을 인증하고 자격을 주는 작업을 진행 중에 있다. 또한 자발적인 녹색 점수 리모델링 프로그램이 수립되었다. 녹색 리모델링 기술과 아이디어를 소개하는 소책자가 전기·상수도 등의 요금 청구서와 함께 보내져 광고되었는데, 그 결과 소책자를 달라는 요청이 약 2,500건에 이르렀다.

그렇더라도 미국인 주택 구매자로 하여금 에너지와 다른 지속가능 설계

25) R 값은 건축 재료 등의 단열 성능을 표시하는 수치이다.
26) HVAC는 실내 및 자동차 등의 내부 환경을 개선하는 기술로서 난방, 통풍, 에어컨 기능 (heating, ventilation, air conditioning)의 약어이다.

> [글상자 10.2] 수동형 태양열 공간 난방에 할당되는 점수(볼더 그린 포인트 프로그램)
>
> 2점: 20~39% 수동형 태양열 난방
> 6점: 40~59% 수동형 태양열 난방
> 10점: 60% 혹은 그 이상의 수동형 태양열 난방
>
> 출처: City of Boulder, undated: 18.

요소에 관심을 가지도록 하거나 흥미를 갖게 만드는 일은 힘든 과제일 것이다. 주택 구매자에 대한 최근의 설문조사에서 지속가능성 아닌 다른 주택 요소가 그들에게 훨씬 더 중요한 것으로 나타났다. 정말로 미국 도시에서 중요한 생태 건축을 성취하려면 중요한 대중적 인식과 태도 변화를 위한 캠페인이 필요하다. 현재는 주택 구입에 관한 대부분의 사회적 가치가 집의 외관상 매력, 방의 크기, 조리대의 유형, 그리고 주택 투자 또는 재판매 가치를 명확히 높일 수 있는 가시적 요소들에 중점을 두고 있다. 전미주택건설협회(National Home Builders Association, 물론 편견이 없는 단체가 아니다)가 실시한 최근의 표본 조사는 놀라울 정도로 다른 미국인의 모습을 그리며 모순적인 측면을 보여주고 있다. 이 설문의 결과는 미국인 대부분이 피상적으로는 환경보호를 지지하는 것과 달리, 실제로 집을 구입할 때는 이를 우선순위로 삼는 경우가 거의 없음을 분명히 보여준다. 전기, 수도요금 등의 비용을 연간 1,000달러 더 절약할 수 있을지라도 응답자의 3분의 1 정도만이 고효율 에너지 주택에 1,000달러를 추가 지출할 용의가 있다고 응답했다. 이러한 결정에서 분명히 더 중요한 것은 주택의 쾌적성이다. 전미주택건설협회 소속의 한 경제학자에 따르면, "그들은 친구와 친척들이 '와! 이 집에는 자쿠지(Jacuzzi, 거품안마 욕조)와 벽난로 2개에 엄청

큰 부엌도 있네!'라고 말해주길 원한다(Salant, 1997: E8)." 이러한 설문 결과를 통해 어떠한 어려움이 발생할지를 쉽게 예상할 수 있다. 아마도 주택을 주요한 재정투자로 보는 지배적인 관점 때문에, 큰 집의 큰 방에 대한 중요성이 점차 증가하고 있다. 정말로 필요한 것은 사람들이 주택 소유를 보는 관점의 변화이며, 그러한 중요 변화는 느리게 일어날 것임을 솔직히 인정해야 한다. 그럼에도 앞서 소개된 많은 유럽식 시책이 미국인의 태도 변화에 도움을 줄 것이다.

주택 소유에서 좀 다르고 더 넓은 개념을 갖는 것이 필요하다. 몇몇 미국의 사례, 즉 새로운 주택 소유자에게 장소(place)에 대한 심오한 감각과 자연환경과의 연결성을 교육하고 고취할 수 있는 노력이 인용될 수 있다. 두 가지 온건한 아이디어를 사우스캐롤라이나 주의 드위스 섬과 스프링 섬(Spring Island)에서 찾아볼 수 있는데, 이 두 곳은 최근에 지속가능성에 대하여 상당한 관심을 기울이면서, 새 주민들에 대하여 지역의 생태와 생물 다양성을 교육시키는 데 중점을 두어온 사실로 인해 많은 관심을 받아왔다. 두 경우 모두, 새 주택 소유자들은 (일종의 매뉴얼인) 방대한 재산 소유자 보고서를 받는데, 이 책자에는 그 섬에 관한 식물 및 동물에 대한 사항과 지질, 물, 그리고 여기에 적용되는 관리 프로그램 및 규제 사항들과 연관성을 가지는 다양한 내용이 포함되어 있다. 1년 내내 주민에게 제공되는 폭넓은 교육 프로그램도 있다. 이는 아마 지방정부뿐만 아니라 지역 기반의 생태 단체가 맡아야 할 최소한의 의무 사항이다.

건설업자와 주택 구매자에게 에너지 절감 및 환경 보전형 건축에 대한 대안적 건축 기법과 전략에 관한 추가적인 정보를 제공하는 것 이외에 입지에 관해 좀 더 생태적인 관점에서 의식적인 선택을 하도록 더 많은 노력을 기울일 수도 있다. 한 혁신적인 전략으로, 오스틴 지역에 있는 힐 컨트리 재단(Hill country Foundation)이 '생태위치 지도(Eco-Location Map)'를 발간하여 배포한 사례가 있다. 이 지도는 지역의 중요한 생태 요소들의 위치를 나타내주는데 지하수 함양지역, 민감한 야생서식지, 그리고 '100년의 범람원(the 100-year floodplain)' 등을 포함한다.[27] 지도에는 선호되는 성장 지역 또한 표시되어 있는데(대개 지역의 동쪽 부분) 건설업자들과 사업체 소유주들 그리고 주택 소비자들은 생태적으로 민감한 지역은 피하고 성장촉진 회랑지대 내에 사업지구를 입지시키거나 주택을 구입하도록 권장 된다(Greenbeat, 1996). 지도는 개당 3.50달러라는 비싸지 않은 가격에 판매되었고 식료품 가게, 여행 안내소, 서점 등 지역 여러 장소에서 배부되었다. 또한 힐 컨트리 재단은 어떻게 생태위치 지도를 효과적으로 사용하는가에 관하여 부동산 사무실, 비즈니스 집단 등에서 일련의 워크숍을 개최하였다. 이렇게 주택 및 개발 소비자들을 교육하면서 그들 각자의 선택이 낳을 생태적 효과에 대해 직접 책임지도록 요청하는 것을 결합하는 편이 아마도 미국의 개인주의에 더 적합한 전략일지 모른다.

　미국에서 대단히 커진 주택 규모 또한 미국의 독특한 지속가능 건축 문제와 대표적으로 관련된다. 이 책에 기록된 유럽의 주택 사업은 일반적으로 다양한 주택 형태를 포함하는데, 독립된 단독주택은 훨씬 덜 강조하

---

27) 범람원은 보통 하천이 범람하여 다양한 물질이 하천 양안에 퇴적됨으로써 형성된 평탄 지형을 뜻한다. 범람원은 크게 자연제방과 배후습지로 구성되는데, 전자는 모래 퇴적물로 구성되어 배수가 양호하고 수위가 높아져도 쉽게 침수되지 않기 때문에 도로나 주거지, 밭, 과수원 등으로 활용된다. 그러나 배후습지는 배수가 불량하고 홍수 때 쉽게 침수되기 때문에 여기는 제방을 쌓고 논 등으로 개간하여 이용한다. '100년의 범람원'은 100년 주기의 큰 홍수를 예상하여 쓰는 말로서 건물이나 시설이 이 지역을 벗어나도록 입지시키거나, 예상 최대 침수 높이보다 조금 더 높게 건설함으로써 안전을 기하려는 것이다. 일부러 범람원의 넓이를 크게 하여 장기적인 대비가 되도록 하는 사례도 많다(네이버 지식사전 등).

며 대부분의 거주 단위는 그 크기에서 상당히 작다. 로버트 프랭크(Robert Frank)는 그의 책 『사치 열풍(*Luxury Fever*)』에서 가구 규모가 줄어드는 추세에도 불구하고 주택의 규모는 오히려 커지는 최근의 상황을 묘사하고 있다. 실제로 (많은 미국인들이 향수로 회상하는 시절인) 1950년대에 지어진 주택의 크기는 평균 약 1,100제곱피트였는데, 1996년에는 이 규모가 거의 갑절로 되었다. 가장 큰 주택은 훨씬 더 커졌는데(시애틀에 있는 빌 게이츠의 4만 5,000제곱피트 주택은 말할 것도 없이, 6,000제곱피트의 집도 지금은 그리 귀하지 않다), 이런 대형 주택의 구성 비율이 늘고 있다(프랭크의 자료에 의하면 2,400제곱피트 이상 주택의 숫자는 1986년에 18%에 비해서 1996년에는 30%로 늘어났다고 한다; Frank, 1999: 21).

미국의 새로운 주택이 더 커지고, 쾌적해지고 있다는 것은 서민용 주택을 공급하는 능력이라는 측면에서 중요한 시사점을 제공한다. 예를 들면, 캘리포니아에서 주택 가격은 눈에 띄게 커지는 주택의 크기와 보조를 맞추며 상승해왔다. 캘리포니아에서 신규 주택의 평균 크기는 전국 평균보다 더 넓은데, 즉 기록적인 2,095제곱피트에 달한다(1982년엔 1,610제곱피트였다). 건설산업연구회(Construction Industry Research Board)의 연구에 따르면 캘리포니아에 지어진 신규 주택의 절반은 4개 이상의 침실을 가지고 있다. 캘리포니아에서 판매된 새 단독주택의 평균 가격은 26만 3,200달러나 된다. 놀랍게도 캘리포니아에서 15만 달러 이하에 팔리는 새 집의 숫자는 엄청나게 작은 24%뿐이다(Inman, 1999). 미국에서 주택의 풍요로움과 소비는 평균적인 미국인이 주택 구입을 과연 할 수 있는지에 대하여 현실적이고 진지한 함의를 내포하고 있다.

이를 위해서 소형 주택을 위한 창조적인 설계가 필수적인데, 이렇게 하면 압축형·충전형의 개발 기회도 촉진될 것이다. 예로 미니애폴리스에서는 다수의 건축가가 최근 도심부 근처 파우더혼 파크(Powderhorn Park) 지구에 있는 아주 좁은 공한지(34~38피트 너비)에 어울리는 주택설계 공모에 참여했다. (약 165명의 건축가가 제안서를 낸 가운데) 우승 작품은 실제로 건축될 예정이며, 최고의 설계안들이 책으로 출판되길 희망하고 있다. 공모전의 주최자는 "우리가 진정 희망하는 것은 도시의 밀도를 회복함으로써, 이 땅을 절반으로 잘라 써버리거나 보조 부지로 다 내어주지 않는 것입니다. …… 트윈 시티(Twin Cities)에는 수백 개의 작은 필지가 있는데, 만약 다른 지구에서도 이런 계획을 펴기 원한다면 환영할 것입니다"라고 말한다(Hawley, 1999: 2). 미국의 많은 다른 도시가 창조적인 충전형 개발을 위한 비슷한 기회를 가지고 있으며, 몇몇 녹색 건축에 대한 욕구는 현존 도시지구에 잘 어울리는 공간적 효율성, 고도의 일광, 소형 주택을 설계·건축하는 방향으로 유도되어야 할 것이다.

제5부
거버넌스와 경제

제11장
그린 어바니즘 도시의 생태 거버넌스

선도적 그린 어바니즘 도시들은 지방정부의 지속 불가능한 정책 사례를 분석하여 정부의 작동 방식을 개혁해야 함을 크게 인식하고 있다. 분명한 것은 도시 정부 및 (네덜란드의 도 정부, 스위스의 칸톤 등) 국가 하위정부가 지속 불가능한 공무원들의 관행, 정부 투자, 구매 실태, 대민 행정 서비스 등에 변화를 줌으로써 지속가능한 정책을 형성하는 데 직접 영향을 줄 수 있다는 점이다. 정도의 차이는 있으나 유럽의 도시들은 지역 차원에서 지속가능한 정책에 끼치는 영향력을 이해하고 증대하기 위해 노력한다. 면담을 통해서 알 수 있었듯이, 정부 내부에서 진정한 변화가 이루어지지 않으면 민간 부문에서 이루어지는 부적절하고 지속 불가능한 관행을 변화시키기 어려울 것이다.

이 책에서는 환경적 영향과 생태발자국을 줄이기 위해 수많은 단계별로 노력해온 유럽 도시 중에서 방문 연구가 이루어진 곳을 소개하고 있다. 유럽의 도시들은 지속가능성 지표처럼 사업의 지속가능성을 측정하기 위한 창조적 접근에서부터 생태 예산(ecological budget)과 같은 미래의 구조적 결정을 위한 기법, 환경에 끼치는 악영향을 줄이기 위한 구체적인 조치, 프로그램, 정책(예: 공공건물의 관리, 생태 조달사업, 공공 친환경 차량)에 이르기까지 매우 다양한 노력을 기울이고 있다.

이 모두를 종합해보면, 사례로 제시된 도시들에는 지방 및 도시 정부가 지속가능한 정책에 영향을 줄 수 있고 "그들이 설교하는 것을 실행"할 수 있는 수많은 수단이 존재함을 보여준다.

검사, 지표, 목표치

많은 유럽 도시가 그들의 지역사회에서 다양한 방식으로 환경 추세와 현황을 지속적으로 평가해왔으며 이를 지역 환경에 대한 연구 또는 보고서의 형식으로 제시해왔다. 이미 언급했듯이 상당수의 도시와 지방 정부들이 지속가능성 지표를 개발하였거나 개발 중이다. 대부분의 연구 대상 도시에서 이런저런 형태로 지표를 마련했으며, 이 기법들이 미국에서보다 훨씬 먼저 적용·확산되었다는 것이 일반적인 결론이다. 많은 지역별 지표와 목표치가 '지방의제 21(Local Agenda 21)'로부터 직접 도출되었다. 지방의제 21은 1992년에 열린 리우 환경회의에 기반을 둔 노력으로 지역사회의 지속가능성 계획을 장려·촉진하려는 의도로 제시되었으며, 많은 유럽 도시의 노력으로 지역사회 지속가능성 계획과 다양한 구체적 제도 및 행동이 뒤따랐다.

유럽연합 차원에서 지속가능성 지표가 마련되었고 12개의 도시가 유럽 지속가능성 지수(European Sustainability Index) 사업에 참여하였다(Stanners and Bourdeau, 1995 참조). 유럽연합으로부터 재정 지원을 받고, 국제도시환경연구소(International Institute for the Urban Environment)가 조직화한 12개 도시 즉 암스테르담, 덴하흐, 프라이부르크, 레스터 등은 26개의 상이한 지속가능성 지표의 데이터와 정보를 각기 수집하였다. 워크숍 개최를 통해 이 지표가 개선되고, 자료 수집의 난이도와 수집 방식의 이점 및 활용 방식에 관한 통찰력을 기를 수 있게 되었다. 이러한 활동은 지표 마련과 함께 지역 정책에 효과적인 지침으로 사용 가능하며, 미래에 대한 공적 담론을 형성하는 데 도움이 된다.

레스터는 영국에서 최초로 지속가능성 지표를 개발한 도시이다. 1995년 1월, 처음으로 14개의 지속가능성 지표에 대한 실제 측정치가 제시되었으나 긍정적인 결과를 보인 지표는 별로 없었는데, 대부분의 지표 즉 14개 중 10개가 실제로는 반대 방향으로 움직이고 있었기 때문이다. 이는 드러난 사실을 지나치게 부풀리거나 또는 숨기지 않으려 의식적으로 노력한 결과이기도 하다. 이것이 환경 분야에 기울이는 도시의 노력에 대한 의구심, 즉 "우리는 '환경 도시'여야 하는데 실제 측정치는 우리의 바람과 다른 결과를 보인다"는 생각만 늘어날 것이란 의견도 나왔다. 레스터 시는 앞으로 지표의 수를 늘리고, 측정치가 더욱 긍정적으로 나타나도록 하려고 계획 중이다. 예를 들어 부정적 결과를 바로잡을 수 있는 구체적·가시적 행동이 취해질 것이다. 어쨌든 이런 지표는 유용하다. 지표를 통해 다양한 분야에서 도시가 얼마나 잘하고 있는지 또 못하고 있는지를 측정할 수 있기 때문이다. 지표가 유용하게 쓰이는 또 다른 사례로 의회 등에 로비할 때 대기질과 같은 특정 문제에 대한 조치가 필요하다는 것을 지표로서 보여주기도 한다.

또 다른 사례 도시인 덴하흐는 오랜 기간에 걸쳐 "환경온도계(*Haagse Milieu Thermometer*, Environmental Thermometer)"라 불리는 장치를 마련했다([그림 11.1] 참조). 환경온도계는 목표 달성이 얼마나 남았고, 목표 달성을 위한 활동에서 얼마나 진전이나 퇴보가 이루어졌는지를 확인할 수 있게 해주는 흥미로운 장치이다. 이 온도계의 등장은 혁신적인데, 기본적인

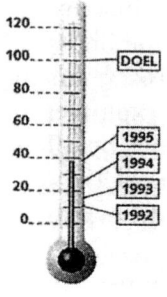

[그림 11.1] 덴하흐의 환경온도계

네덜란드의 덴하흐 시는 오랫동안 '환경온도계'를 매년 발표해왔는데, 이는 도시의 환경적 추세와 실적을 파악하고 측정하기 위한 것이다. 지표는 도시에서 손실된 자연지역을 보충하는 데 어느 정도 진전이 있었는지를 보여준다. 다른 지표와 마찬가지로 환경온도계는 목표와 실제 성취도를 매년 보여주는데, 측정된 지표는 사진이나 그림으로 제시되기도 한다.

아이디어는 도시가 중요한 환경 목표 달성 과정에서 얼마나 잘하고 있는지를 간단명료하게 보여주는 것이다. 지표를 통해 나타난 결과는 목표치 달성 과정에서 나타난 변화와 목표치 달성까지 남은 시간을 보여준다. 이 방식은 한 해의 결과를 더욱 쉽게 이해할 수 있도록 하며, 대중의 이해도 도울 수 있다. 덴하흐를 비롯한 일부 지역의 사례에서 얻을 수 있는 교훈은 지표를 설정할 때 해당 지역사회의 고유한 역사와 상황을 고려해야 한다는 것이다.

덴하흐의 지역적 상황이 고려된 독특한 지표 중 하나가 바로 둥지를 튼 황새의 숫자이다. 황새는 시의 공식 상징물로서 이곳 시민들에게 중요한 지표이다. 환경온도계의 또 다른 창조적 디자인은 온도계마다 테마를 정하여 사진 이미지를 부착해 두는 것이다. 이렇게 함으로써 대중과 정책 결정자들이 해마다 결과를 신속히 읽어내고 이해할 수 있게 된다.

덴마크 앨버스룬 시는 에너지와 자원 소비에 관한 광범한 데이터를 수집하여 매년 '녹색 기록(green accounts)' 시리즈를 발간한다.[1] 구체적으로 이 기록에는 전기, 난방 및 교통수단으로부터 생기는 이산화탄소 배출량, 물 소비량, 폐기물 처리량, 살충제 사용량과 같은 항목이 포함된다(Albertslund Kommune, 1995). 녹색 기록은 시 차원에서뿐 아니라 시 안의 개별 지구나 마을 단위로도 발표된다. 따라서 시 공무원과 주민이 자원 소비가 많은 지역을 지구 단위로 확인할 수 있게 되었다. 시 차원의 사용자 모임은 각 지구별 대표로 구성되었는데, 지역 사이에 비교가 이루어지면서 대표들 간에 경쟁의식을 불러일으켰고, 소비가 많은 지역은 스스로 감축을 위한 계획을 수립하도록 장려하게 된 것이다. 앨버스룬의 이 사례는 자원 소비량의 추적뿐만 아니라 자원 소비량을 제대로 줄이려는 노력에서도 주목할 만하다. 시는 (이산화탄소와 물 소비량을 우선적으로 계산하여) '환경 공간(environmental space)' 또는 자원 이용의 공평한 배분 정도를 산출한다. 시의 환경위원회 의장인 앨트 오베르(Hjalte Aaberg)가 말하듯이, "대략적인 목표는 2010년까지 자원과 에너지 소비량이 환경 공간의 한계 내에서 머물도록 하는 것이다(Aaberg, 1997)." 이 목표를 달성하기 위해 시는 일련의 중간 목표치를 설정하였는데, 이를테면 2000년까지 이산화탄소 배출을 (1986년 대비) 30% 감축하는 것이 그 사례이다(Danish Ministry of Foreign Affairs, 1996). 시의 녹색 기록 시스템이 이러한 목표를 달성하기 위한 평가 과정의 수단이 된다.

지방의제 21 활동의 산물로서 많은 도시 정부가 그 산하의 시청, 기관

---

1) 앨버스룬은 덴마크 수도인 코펜하겐 서쪽 15킬로미터 교외에 위치한 소도시로 인구는 3만 명이다. 이민 인구가 매우 많은 도시로 알려져 있다.

및 전기·수도 시설 등의 환경 기능의 개선 정도를 평가하고 있다. 이는 녹색 감사(green audits), 환경 감사(environmental audits) 또는 생태 감사(eco-audits) 등 다양한 이름으로 불리며, 지방정부의 행동과 정책이 환경에 끼치는 방식을 종합적으로 연구하고 측정한다. 이런 시도는 흔히 지역의 환경실태 보고서와 환경실행계획 등의 형태로 나타난다(ICLEI, 1992 참조).

유럽연합 내에서 도시 정부는 생태 관리 및 감사 제도(Eco-Management and Audit Scheme, EMAS)에 참여할 수 있게 되었는데, 이 시스템은 과거 민간 기업에만 공식 적용되었던 환경 회계 및 관리 시스템이다. 많은 지방 정부들이 현재 EMAS의 초기 단계에 있으나, 몇몇의 경우는 인증 절차까지 끝낸 상태이다. 이 과정을 완료한 최초의 지방정부 중 하나인 런던 시 서턴 구(Borough of Sutton)는 내가 이 연구를 위해 방문했던 곳으로 이 분야의 선도적 위치에 있다.

뮌스터 또한 시 정부 차원에서 수많은 기능에 생태 감사 아이디어를 적용하기 시작하였다. 시는 파트너십을 통해 점진적이고 실험적인 방식으로 이에 나서고 있는데, 학교와 유치원에서 이를 위한 초기 단계의 노력을 기울이고 있다. 이 프로그램은 에너지, 물, 폐수, 교통 영향 및 학교에서 사용되는 다른 물자의 소비를 확인하고 감축하는 것을 목적으로 한다. 자발적으로 시작되었지만 시의 환경 부서가 생태 감사 추진에 필요한 자금과 재정적 인센티브의 상당 부분을 제공하며, 외부 인사를 전담 감사관으로 고용하여 학교를 돕는다. 학교 측과의 협약에서 에너지 소비 감축으로 발생한 절감액의 절반은 학교가 자율적으로 사용할 수 있도록 남겨두었고, 나머지는 시의 재정 수입으로 환원하였다. 또한 시는 생태 감사의 비용뿐만 아니라 참여 학교들에 (새 온도계 등) 몇몇 물자도 공급하며 기술 지원도 해준다. 아울러 이 프로그램에 참여하려는 파트너를 위해 캠페인도 계속 펼치고 있다. 이 실험의 첫 단계에서 시 환경 부서는 그 자체로 주요 참여자가 되었다.

지속가능성 매트릭스와 평가

레스터 시는 창조적인 지속가능성 감정평가(Sustainability Appraisal, SA)를 마련하고 이를 지역계획의 평가에 적용해왔다. 선정된 20개 항목은 "정책이나 계획 속의 제안이 더 지속가능한 미래로 향하는지, 아니면 오히려 후퇴시키는지"를 판단하는 데 도움을 준다(Leicester City Council, undated: 1). 이 평가 요인은 매트릭스로 조직되고, '가점'과 '감점' 시스템 및 서술형 코멘트를 이용하여 각각의 주요 정책계획을 평가하는 데 사용된다([표 11.1] 참조). 이를 위해 사용되는 20개 항목은 (1) 삶과 지역 환경의 질(오픈 스페이스, 건강주택, 지역 경제, 중심부의 활력 등) (2) 자연 자원(경관, 폐기물, 물, 토지와 토양 등) (3) 세계적 단위의 지속가능성(생물 다양성과 활동 정도, 즉 통행 횟수와 이 과정에서 생성되는 이산화탄소 배출량 등)의 3개 영역으로 나뉜다. 평가에 사용된 방법론은 구체적으로 제안된 시의 개발 사업 지역에도 적용된다(그 사례로 [표 11.1] 참조).

환경 예산과 헌장

자치단체국제환경협의회(ICLEI)가 장려하고 있는 특별한 아이디어가 '지역 환경 예산(local environmental budgeting)'의 개념이다. 여기서 이 개념은

[표 11.1] 레스터 시 해밀턴 주택 개발[H1(a)] 제안에 대한 각종 영향 의견

지속가능성 영향 기준	영향	평가
삶과 지역 환경의 질		
1. 오픈 스페이스	+	개발과 함께 새로운 공공 오픈 스페이스를 제공할 기회
2. 건강	−	신규 교통으로 발생되는 배출
3. 안전과 보안		(다른 CLLP 정책에서 다루어짐)
4. 주택	++	시의 확인된 주택 수요를 충족함
5. 형평성	+	부속 지역사회 시설과 함께 다양한 복합 용도 주택
6. 접근성	+	도시 주변부는 대중교통이 부족한 상태이나 이곳은 교통 양호
7. 지역 경제		
8. 중심부의 활력	+	추가되는 주택이 해밀턴 지구 중심 시설을 지원할 것임
9. 건축 환경	+	높은 수준의 디자인이 개발의 외관에 기여할 것임
10. 문화적 유산		
자연 자원		
11. 경관	−	시골 개활지의 상실이 예상되나, 구조적인 나무 심기는 개발 이전 단계에 흔한 수단(그러므로 이를 권장함)
12. 무기질		
13. 폐기물		
14. 물	−	기존의 지하수/배수 등이 방해받을 가능성
15. 토지와 토양	−	농업용지의 상실
세계적 지속가능성		
16. 생물 다양성	−	자연 서식지(미개발지)의 상실, 그러나 신개발이 정원과 수변 공간을 창조할 것임.
17. 이동성	−	도시 외곽 개발로 자가용의 이용 증가
18. 교통수단	−	(위와 같음)
19. 에너지	?	상세한 배치에 따라 달라짐
20. 공기의 질	−	

요약: 평가에서 가장 부정적인 결과를 보인 제안서는 당연히 주요 미개발지에 대한 것이었다.
- H1(a) 해밀턴(Hamilton) 확장부지
- H1(b) 서카스턴 로드(Thurcaston Road) 동쪽 부지
- H2(a) 글렌프리스(Glenfrith) 병원

제안된 모든 사업이 농업용지를 대상으로 하는데, 이 사업은 개발과 함께 다양하게 자연환경에 영향을 미칠 것이다. 이는 시의 주택 수요, 그리고 개발지에 이미 제공 또는 설치가 예정된 기반시설의 양과 대비하여 균형을 이루어야 한다. 계획 내의 다른 정책이 어떤 역효과를 상쇄하도록 도움을 준다. 예를 들면 주거지역에 대한 더 나은 대중교통 서비스의 제공, 자전거/보행길 네트워크 등이 자동차 통행 시간이나 일반적인 통행의 필요성을 줄이는 데 도움이 된다.

도시 내 충전 개발만으로는 충분하지 않을뿐더러 신규 가구의 성장을 충족하려는 시도로서도 바람직하지 않다. 이에 따라 정부는 미개발지를 활용해야 할 필요성을 인식하고 있다. 균형 잡힌 계획 전략이 지속가능 개발의 목적을 이루기 위한 최선의 접근 방식일 듯하다. CLLP가 그런 전략을 펼치려 시도하고 있으며 이는 1993년에 지역계획을 조사했던 감사관도 승인한 바 있다.

각 도시가 연간 또는 반년의 재정 예산을 마련하듯이 (오염, 자원 이용 등) 환경 지출에 대한 명시적 회계로 해당 기간의 생태 예산을 마련하는 것으로, 이는 어떤 한계나 목표치의 범위 내에서 이루어져야 한다. 이론적으로는 한 지역사회의 지구적 또는 지역 외의 환경 영향도 고려 대상이 될 수 있다. '지역 환경 예산'은 지방정부와 의사 결정자들로 하여금 자연 자원을 인공 자원인 '화폐'처럼 경제적으로 관리하도록 하는 틀을 제공한다. 자원의 이용은 일종의 환경적 소비로서 예산의 한계 내에서 이루어져야 하며 그 한계를 초과할 때 낭비가 시작되는 것이다(Erdmenger et al., 1997: 8).

(하이델베르크를 비롯한) 독일의 3개 도시와 1개의 카운티에서 시범 사업이 진행 중이며 10개 도시로 확대될 예정이다. 독일 연방환경재단(Deutsche Bundesstiftung Umwelt)의 재정 지원을 받은 이 지역들은 환경 예산의 준비, 적용 및 집행의 절차를 거치고 있다(ICLEI, undated).

환경 예산은 다양한 유형의 생태 지출을 명시하면서 공무원들이 '예산' 범위 내에서 일하지 못할 때에 책임을 물을 수 있는 이점이 있다. 생태 지출에 더하여, (지표면 복원이나 나무 식재 등) 생태 수입(ecological income) 또한 이 예산에 통합될 수 있다. 지역사회의 생태 자산(ecological assets), 즉 생물 다양성, 숲, 지하수 등도 여기에 포함될 것이다.

생태 예산의 과정과 도구는 전통적인 재정 예산과 유사한 방식으로 작동한다. 지방정부가 차년도의 예상 재정 지출을 바탕으로 예산을 편성하는 것처럼, 환경 예산도 그렇게 마련될 수 있고 그리되어야 한다. 이 예산 과정은 지역사회가 단기와 장기의 목표치를 설정한 뒤 지출(과 수입)을 예산 범위 내에서 정하는 것이다. 한 사례로 지역 내 불침투성 또는 포장(복개) 도로면이 확장되는 것은 환경 '지출(spending)', 포장면을 녹색과 나무로 복원하는 것은 환경 '수입(revenue)'으로 볼 수 있다. 연말에 생태 예산이 균형을 이룬 정도를 알기 위해서는 순 생태 지출을 계산하고 예산 사이클의 초반에 설정된 범위 내에서 집행이 이루어졌는지를 판단하게 된다.

재정 예산과 비슷한 또 다른 점으로는 자산 요약이 준비된다는 것이다. 예산 과정에서 공용 차량, 건물, 사무가구 등 자산의 규모와 가치를 총괄하여 합산하는 일이 중요한 것처럼, (숲, 생물 다양성, 지하수의 질, 그 밖의 생태 자산) 등의 환경 자산이 시간의 흐름에 따라 어떻게 변하는지를 고려하는 것이 바람직하다.

자치단체국제환경협의회(ICLEI, undated)에 의하면 생태 예산 과정의 주요 목적은 다음과 같다.

- 지역사회의 오염량과 자원 소비량을 균형 있게 만든다.
- 예산 성립 기간을 통하여 환경재(environmental goods)의 소비를 계획하고 통제한다.[2]
- 정책 결정자들과 지방정부로 하여금 환경 정책의 우선순위를 설정하고 다른 정치적 영역에서 그들의 요구를 표현하게 한다.
- 대중이 이해할 수 있는 방법으로 환경 상황을 보여준다.
- 현재의 환경 상황을 목표치와 비교한다.

자치단체국제환경협의회는 1년 혹은 반년 단위의 예산 편성에서 이행해

---

[2] 환경재는 경제학적 의미의 공공재(public goods)보다 하위이자 구체적 개념으로 이해되는 것이 일반적이다. 공공재는 이른바 비배제성(non-exclusiveness)과 비경쟁성(non-competitiveness)을 함께 지니는데, 환경재도 비슷한 맥락에서 생각할 수 있다. 즉 대부분의 사람들이 서로 피해를 주지 않으면서 함께 즐기는 맑은 공기, 깨끗한 물, 공원, 아름다운 경치 등이 환경재의 사례이다.

야 할 몇 가지 단계를 밝히고 있다. 환경 예산의 마련, 예산 편성 및 의회 통과, 예산의 집행(사업, 프로그램 및 행동), 그리고 마지막으로 예산 순환의 최종 단계에서 균형표를 마련함으로써 예산이 목표대로 이루어졌는지 또는 얼마나 잘 되었는지를 알 수 있다.

생태 예산(ecological budgeting) 또는 에코 예산(ecobudgeting)은 무수히 많은 잠재적 이익을 지니고 있다. 생태 예산에서는 지역사회의 환경 변화를 이해하고 계획하는 종합적·체계적 틀을 적용하는 가운데, 많은 환경적 행동과 결정이 축적된 결과물을 보여준다. 그러나 아마도 가장 중요한 것은 생태 예산의 채택으로 말미암아 지역 정치인들이 예산의 범위를 지키게 되며, 또 이를 지키는 능력이나 실패에 대하여 (보통의 재정 예산에서도 그러하듯이) 정치적으로 심판받겠다고 약속하는 의미가 있다는 점이다(Otto-Zimmermann, 1998).

지방정부는 다른 방식으로도 환경 공약을 제시할 수 있다. 런던의 몇몇 구에서 환경 헌장을 채택하였는데 이는 모든 가능한 정책 영역에서 지속가능성을 추구하면서 정부 구매 및 다른 정책을 개혁하는 동력으로 삼겠다는 의도를 표현한다. 웨스트민스터 구의 경우, 이 헌장이 (일단 채택된 뒤) 시 정부의 모든 부서에 전파되었고, 시 공무원을 위한 후속 세미나 시리즈로 연결되었다(일반적 의식 세미나와 에너지, 폐기물, 물 등에 관한 더 구체적·기술적 세미나가 모두 제안되었다). 런던의 서튼 구 및 일링 구 등 내가 방문한 많은 지방정부에서는 어떤 형태든 공무원과 정부 사무실에 대해 내부 재활용 프로그램이 시행되어오고 있다.

오덴세 시는 1993년 처음 수립된 시 환경 계획이 가져오는 엄청난 편익을 인지하였다. 이 환경 계획은 4년마다 새로 마련되고 해마다 갱신되는 방식으로 다른 부서에서도 환경 이슈에 대한 관심과 가시성을 높였으며, 상이한 참여자와 기관 사이에 환경 시책을 조정하는 데도 유용했다. 이 계획은 수많은 지역에서 환경적 상위 목표와 세부 목표치를 찾아내고 계획 과정에서 집행 책임이 있는 기관을 확인하면서 필요한 자금의 충당 방식을 결정한다(Odense Kommune, 1997). 시 환경국장인 폴 로렌센(Poul Lorenzen)은 계획의 이면을 특히 중시하였는데, 이는 타 부서의 관련 인사와 지지자를 한데 묶는 네트워크를 구축하면서 시의 부서와 그 밖의 조직이 환경적 목표를 달성하는 데 어떠한 도움을 줄 수 있는지 창조적 아이디어를 생성해내는 과정인 것이다.

취리히는 수많은 환경 이슈에 대응하여 1995년 10월 시의회가 제정한 종합 "환경 정책"을 따르고 있다(City of Zürich, 1995). 이 정책은 다수의 환경 의제를 찾아 논의하며 각각에 대한 장래 행동 지침을 제시한다. 더 구체적으로는 다음과 같은 영역을 다룬다. 즉 에너지, 도시계획, 교통, 대기 오염 통제, 소음 감소, 폐기물 및 폐수, 자연, 공유 건물, 공공 구매, 시 정부의 교통유발량, 정보·조언·교육, 경제적 조치, 관리와 협력·중재, 대외정책 등이다. 이 정책 패키지는 (시청 건물 관리 및 물품 구매 등) 시가 직접적으로 통제하는 다양한 관행과 의사 결정을 어떻게 개혁할 수 있는지를 이해하기 시작했음을 보여준다. 이 정책은 공공건물이 에너지 효율형으로 또 환경적으로 유익한 모습으로 변화하기를 요구한다(시 소유 건물의 대지 면적은 약 180만 제곱미터에 이른다). 공공 구매 결정에서도 생태 기준 사용에 대하여 더 큰 관심이 주어져야 한다.

이 정책은 2만 2,000명의 공무원이 있는 시청이 이 도시의 가장 큰 고용주임을 보여줌과 동시에 (예: 주차 공간을 줄이고 주차 요금을 인상하는 등) 가급적 공무원들의 승용차 출근을 지양하고 (자전거 보관대 확충, 대중교통 요금보조 조치 재개 등) 다른 교통수단을 장려하는 일련의 조치를 취하도록 제안한다. 경제적 조치와 관련하여 (시의 보험기금을 통하여) '녹색 투자(green investments)'를 고려하도록 권장하기도 한다. 시의 환경 정책 요소 중 점차 보편화된 것들에 대해서는 차후에 더 논의할 것이다.

프라이부르크는 시정 및 시의 재산 관리 방식에 환경적 지속가능성을 통합시키려는 노력을 많이 해왔다. 프라이부르크는 독일 최초로 (1986년) 환경보호청을 창설하였고, 설립 이후에 지역의 다양한 기능을 다루는 환경국(Environmental Department)으로 (1990년 환경보호, 정원 및 삼림, 자동차 관련 기능을 통합하여) 재조직하였다(Deutsche Umwelthilfe, 1992 참조).

볼로냐는 도시 내 거의 모든 개발 사업과 제안에 대하여 환경영향평가 시행을 의무화한 이탈리아 도시 중 하나이다. 사실 이 조치는 법적 요건이 아니라 건설·개발업자들과 시 사이에 맺어진 협약의 결과이다. 업자들은 환경 영향 설명서를 마련하는 것에 동의했으며 그 대가로 시는 개발 승인 과정을 신속히 처리해주었다. 시의 환경평가 부서 책임자는 이 프로그램이 긍정적인 영향을 발휘해왔고 사업의 설계는 물론 건설업자와 개발업자들의 전체적인 태도 변화에도 영향을 끼쳤다고 주장한다. 이러한 시책은 환경영향평가와 그 시행 과정을 투명하게 만들고 있다.

조달과 투자 정책

지방정부를 좀 더 지속가능한 방식으로 운영하기 위해서 채택하는 다양하고 구체적인 전략이 많다. 한 가지 중요한 전략은 구매 및 조달과 관련된 것이다. 예컨대 프라이부르크에서는 1992년 이래 시의 모든 구매에 환경영향평가를 의무화하였다. 앨버스룬 시는 시에 물자를 공급하는 모든 회사에 설문조사를 실시하여 해당 회사가 환경 관리 시스템(environmental management system, EMS)을 이용했는지, 또 그리했을 경우 어떤 기준을 채택했는지 표시하도록 의무화한다. 런던 서턴 구는 지방정부의 지속가능 관행을 촉진해온 선도적인 지역이다. 유럽연합의 생태 관리 및 감사 제도는 보통 민간 기업에 적용되어온 방식이나 서튼 구는 지방정부로는 처음으로 이 인증을 받았다. 이미 서턴 구의 조달 정책은 강력한 지속가능성 기준을 적용하고 있는데, 이는 점차 더 엄격하게 변화하고 있다. 이 지역은 얼마 동안 (열대 견목의 구입이나 특정 살충제 사용 금지 등) 녹색 구매 정책을 시행해왔다. 서턴 구의 구매 부서는 인가된 계약기업이 계속해서 유자격 업체로 남기를 원할 경우, 1999년까지 (EMAS 등의) 인증된 환경 관리 시스템을 정착시키도록 하였다. 시는 지역의 기업을 위한 워크숍 개최와 같은 노력을 보인 결과, 이미 전체 지역 기업의 3분의 1가량인 350개 업체가 그에 걸맞은 환경 정책을 실행하고 있다.

뮌스터 시도 이와 유사한 방식으로 환경 파괴적인 자재의 구매를 억제하는 폭넓은 조달 정책 묶음을 발전시켜왔다. 특히 열대산 목재와 CFC(프레온 가스)를 함유한 제품의 구입을 금하고 있다. 슈먼(Shuman, 1994)은 네덜란드의 열대 수목 보호 캠페인 덕분에 독일 전체 도시의 3분의 2에서 열대 수목을 건축자재로 사용하지 않겠다는 다짐을 받았다고 말한다.

더 윤리적이고 덜 환경 파괴적인 소비 패턴의 형성 과정에서 도시 정부는 상당한 영향력을 행사할 수 있다. 슈먼(Shuman, 1994)의 보고에 의하면 네덜란드의 300여 도시 정부가 이른바 '연대 커피(solidarity coffee)'를 구입하고 있는데, 이는 공정한 수익을 분배받으며 특정 환경 생산 기준을 충족하는 소규모 생산자로부터 구입한 제품이다(제12장 참조). "이 네덜란드 캠페인의 결과로 저소득 커피 생산자들이 해마다 800만 길더(400만 달러)의 추가 소득을 올리고 있다. 300여 도시에서 공무원 및 관리들이 연대 커피를 마시고 있으며, 구매 정책에 관한 공적 토론으로 남반구 원료제품의 생산자들이 겪는 불평등에 대한 인식이 높아지게 되었다(31쪽)." 지방정부들은 또 '제3세계 상점(wereldwinkels)'을 지지하는데, 여기서는 생산자가 공정 수익을 거둘 수 있도록 보장하는 산물과 공예품을 판매하고 있다(이런 지지는 상점 건물 및 보조금을 제공하거나 주민들이 그곳에서 쇼핑을 하도록 장려하는 등의 모습으로 나타난다).

취리히도 1987년에 채택한 종합 생태 구매 프로그램을 발전시켜왔다. 사무실에서 최소 60%의 재활용 종이가 사용되도록 강제적으로 할당했고 새 사무실 집기는 최소 에너지 사용과 재활용의 잠재력을 강조하며 청소 및 유지 관리에서는 유해 물질의 사용을 줄이는 결과로 나타났다(City of Zürich, 1995).

도시가 자원을 어떻게 어디에 투자하는가는 개혁의 또 다른 영역이다. 런던의 서턴 구는 연금 재원을 사용하여 투자 가능 대상을 제한하는 정책을 펴고 있다. 서턴 구 재정담당 공무원들은 오직 환경적·사회적으로 수용 가능한 투자에만 기금을 사용할 수 있도록 구체적 지침을 받는다(예: 기업들은 각자의 환경 정책과 관행을 설명하도록 요구받으며, 어떤 기업이나 투자의 경우 블랙리스트에 올라 있다).[3] 영국의 다른 도시에서도 비슷한 조치를 취해

---

3) [원주] 1982년, 서턴 구는 남아프리카공화국에 대한 투자를 금하는 정책을 채택했다(지금은 폐지되었다). 1990년에는 기금 관리자들이 "좋은 고용 관행을 가지고 있으면서 환경 이슈에 민감함을 보여주는" 기업에 선별적으로 투자하고 이러한 관행 기준에 맞지 않는 기업을 피하라는 지침을 발표했다. 나아가 관리자들에게 구의 환경 정책을 담은 문서를 복사하여 모든 투자회사에 보내고 "그들과 함께 환경 또는 윤리적 관심사를 고양하라"고 요청하기도 한다(UNED-UM, 1997: 26). 이러한 투자에 대한 정보와 의견은 구의 연례 보고서에 실리기도 한다.

왔는데, 사회적으로 책임성 있는 투자 관행이 지역 단위에서도 증가하는 추세이다(UNEDUK, 1997).

근로자 통근 전략

생태 거버넌스의 또 다른 전략으로는 시 정부의 관리에서 승용차 의존을 줄이고 더 지속가능한 형태의 교통수단을 사용하도록 하는 것이다. 이 분야에서도 수많은 혁신적 지역 프로그램을 찾아볼 수 있다.

예컨대 레스터 시는 자전거 이용에 인센티브를 부여하는데 업무용으로 자전거를 이용하는 공무원에게 자동차를 이용하는 경우와 똑같은 비율로 마일리지를 지급하며, 자전거를 구입할 때 대출도 해준다. 또한 시는 청사 아래층에 샤워장과 자전거 보관대를 새로이 설치했다. 많은 단체나 회사가 필요시에 직원들이 사용할 수 있는 자전거를 구입해왔다. 레스터의 엔비론은 직원들에게 연간 50파운드(80달러)의 자전거 유지 비용을 지급하고 있다.

영국 브리스톨에서는 시청의 각 사무실마다 적어도 하나의 자전거를 공급하는 시책을 펴고 있다. 공무원에 대한 자전거 교육과 함께 자전거 주차공간과 샤워 시설도 설치될 것이며, 마일당 10페니(약 16센트)의 출장수당이 자전거로 출퇴근하는 의원에게 지급된다(Bristol United Press, 1997). 이 새로운 계획이 의도하는 바는 지방정부가 "모범을 보임으로써 자전거 이용을 촉진하는" 것이다.

많은 연구 대상 도시가 공무원을 위한 지속가능 통행 계획을 발전시켜왔다. 덴하흐도 계획을 통하여 자전거와 대중교통의 사용을 장려하고자 노력

중이다. 이에 따라 시에서 유지하던 승용차 통근수당을 없애는 대신 공무원에게 자전거 2,000대를 보급하였고, 대중교통 정기권을 제공한다.

정부 공무원이나 기관에 의해 실시되는 지속가능한 시책은 지도층이 설정하는 모범 사례와 상당 부분 연결되어 있다. 덴마크 환경부의 최근 조사에 의하면 자전거 통근율은 40%로 비교적 높은 편이다(Bjornskov, 1995). 이는 부분적으로 환경부 장관이 자발적으로 자전거 통근을 하는 등의 긍정적 모범을 보인 덕분인 것으로 보도되고 있다. 뮌스터에서도 유사한 모범 사례가 있는데, 시장과 법원장 모두 자전거로 출근한다.

공공 청사와 재산의 관리

지방정부는 시 소유 재산인 건물, 공원 및 개활지를 관리하면서 실질적인 통제권을 행사하는데, 이러한 공공자산의 장기적 환경 영향을 줄이고 그 밖의 지속가능 목표를 달성하려는 창조적 관리 방식에 대한 사례가 많다. 예를 들어 몇몇 도시는 공유(公有) 토지에서 살충제 사용을 금지하고 있는데 프라이부르크와 오덴세, 앨버스룬도 살충제 관련 정책을 보유하고 있다.

스톡홀름 시는 도시 내부의 '개활 녹지' 관리 과정에 더 새롭고 생태적인 접근 방식을 채택하였다. 이는 「유럽 지속가능도시」 보고서에 다음과 같이 상세히 서술되고 있다.

새 시스템 아래서는 긴 잔디, 식물과 곤충의 다양성을 추구하는데, 잔디는 매년 여름마다 한 번씩만 깎고 잘린 잔디는 치운다. 잘라낸 잔디를 치움으로써 땅에 영양분이 더 가는 것을 줄여 특정 식물이 두드러지게 자라지 않도록 하고 야생화가 자라도록 돕는다. 주민들은 잡초 뽑기, 잔디 깎기, 연못 관리 등의 활동을 통하여 오픈 스페이스 관리에 능동적인 역할을 맡도록 권장된다. 사용자와의 협력으로 시의 '부동산·가로·교통국(Real Estate, Streets and Traffic Department)'은 각 지역이 잘 관리되도록 사용자 계약을 작성하면서 유지 관리 계획을 마련한다. 이 부서에서는 또한 시 소유의 녹지에서 나오는 유기 폐기물을 상시로 퇴비화하며, 어떤 공원에서는 주민이 이용할 수 있도록 퇴비화 시설을 제공한다(European Commission, 1996: 164).

이 새로운 접근의 결론은 이 방식이 "생태적으로 유익할 뿐 아니라, 과거에 비해 값싸고 에너지 효율도 높다"는 것이다(164쪽).

프라이부르크 시는 특별한 노력을 기울여 녹지 공간을 더 생태적으로 지속가능한 방식으로 관리한다. 공원의 상당한 부분을 '긴 잔디(long grass)' 지역으로 남겨두는 것이 현재 시의 정책이다. 이 구역에서 잔디를 깎는 횟수는 연간 2회로 제한되었는데, 이는 보통의 경우 15차례까지 깎던 것과 대조적이다. 하천과 배수로를 윤번제로 청소하는 방식도 정착되었다. 시는 이제 대부분의 덤불 및 거기서 나오는 절단부 묶음을 퇴비화하고 있다. (6,000헥타르에 이르는) 어느 녹지에서도 살충제를 사용하고 있지 않으며, 분구농원에서도 살충제 사용이 금지된다. 또한 시의 조경 부서에서는 일련의 생태 관리 지침을 마련하였는데, 이는 시의 모든 부서와 관리 활동을 맡는 인력들에게 배부되었다. 시 공무원을 위한 일련의 정보 교육 또한 이루어진다.

프라이부르크는 (코펜하겐의 분구농원과 아주 유사한) 마을 정원 시스템을 인상적으로 관리하고 있다. 이 소농원들(kleingärtens)은 제2차 세계대전 이후 시민의 주요 식량 재배지로 이용되었는데 대개 그 면적이 200제곱미터 정도이다. 현재 이런 농원이 약 4,000개쯤 존재하며 매년 그 숫자가 늘어나고 있다(그중 3,000개는 정원 클럽에서 토지 임대를 관리한다). 이들은 (점차 식량 생산과 함께 고요한 사색의 용도로도) 매우 바람직하게 운영되고 있으며, 이를 원하는 사람이 많아 시에서 대기자 명단을 만들 정도이다. 시가 토지에 대한 소유권을 가지며 겨우 15마르크의 월세를 받는다. 각 임대자는 농원에 정자를 짓는 일이 의무화되어 있는데, 이는 계약 기간이 끝나면 되팔 수 있다. 시의 목표는 농원의 이용을 원하는 누구에게나 농원 부지를 제공하는 것이다. 대략 300~400개의 농원을 시가 시민에게 공급하는 것으로 추정된다. 또 다른 목표는 이 지역을 사람들이 주거지와 되도록 가깝게 만드는 것이다. 생태 정원의 관리 방식 또한 적극적으로 교육과 홍보가 이루어진다. 앞서 말한 것처럼, 이 농원에서는 살충제 사용이 금지되어 있다.

    수많은 지방정부가 화학 성분을 사용하지 않는 정원 관리 방식을 교육하고 장려하고자 노력하고 있다(예: 스웨덴의 예테보리, 덴마크의 스토르트룀스 등; Juffermans, 1995 참조). 덴마크의 헤르닝(Herning)의 글로보라마 자연과학교육센터(Globorama nature and science education center)에서는 더 유기적이며 자연적 방식의 농원과 정원 가꾸기에 대한 야외 전시를 진행한다.

    빈과 취리히 등 수많은 유럽 도시가 숲과 넓은 오픈 스페이스를 소유하고 관리한다. 이 광대한 녹색 공간 시스템은 지역별로 다양한 기능을 수행하며 흔히 생태적으로 지속가능한 방식에 따라 관리된다.[4] 베를린에도 그린벨트의 한 부분으로 광대한 삼림지대가 있으며 이를 지속가능한 방식으

---

4) [원주] 「취리히의 삼림보존」(Hough, 1995e)에 나오는 논의 참조. 생태 정책으로 주목받는 또 하나의 지역인 (독일) 에를랑겐(Erlangen)은 400헥타르에 이르는 시유림을 보유하고 있다(Deutsche Umwelthilfe, 1991).

로 관리하려는 목표를 세워두고 있다(City of Berlin, 1996). 또한 유럽에서는 도시 정부가 한 개 또는 그 이상의 시 농장을 소유하는 것이 일반적인데, 흔히 이것은 교육·여가 용도로 운영된다. 해마다 8만여 명이 레스터의 시 농장을 방문하는 것으로 알려져 있다.

도시가 학교와 공공시설을 운영하는 방식 또한 지속가능성 촉진의 기회를 제공한다. 앨버스룬은 8개의 학교와 40개의 탁아 시설에서 생태적 방식으로 재배한 음식물만을 제공하는 것을 의무화하고 있다. 2명의 환경 상담사가 학교에 배치되어 근무한다. 지속가능성 촉진을 위한 또 다른 방안으로는 학교의 녹색화도 꼽을 수 있다. (앞선 장에서 논의된 대로) 학교 건물 주변의 포장노면 해체나 자연 서식지 복원도 그 사례이다.

시 청사의 설계 및 운영은 자원 소비를 줄이고 지역사회에서 긍정적인 본보기를 제공하는 또 하나의 기회가 될 수 있다. 많은 도시에서 특별한 노력으로 시 건물이나 시설의 에너지 사용을 현저히 줄이려 하고 있다. 레스터 시의 경우 3만여 채의 건물을 소유하고 있는데[대부분은 시립 임대주택(council housing)이다],[5] 건물 단열재, 이중창, 저방사 유리(low-emissivity glass) 설치 등 효율성 개선 작업을 거쳤다. 많은 도시들이 에너지 소모가 적은 백열전구와 조명 방식을 채택하고 있다. 시 청사 건물은 또한 다양한 지속가능 기술을 시범 보일 기회를 제공하기도 한다. 예컨대 레스터 시는 주요 청사 건물 지붕에 태양열 온수 시스템을 설치하는 중이며 그라츠 시

---

5) 시립 임대주택이라는 용어는 영국이나 아일랜드에서 주로 쓰인다. 미국 등에서와 달리 'council'은 지방의회만을 뜻하는 것이 아니라 의회의 위원회 식으로 구성된 시 정부 자체를 뜻하는 경우가 많다. 이 시립 임대주택은 시가 그 건설과 운영을 맡는데, 서민들을 위한 저렴한 임대료와 안정적인 거주 기간을 보장한다. 이는 주로 19세기 말 지어지기 시작하여 20세기 중반에 가장 많이 건설된 것으로 알려져 있다.

는 최근 트램 차량기지에 그린루프를 설치하였다.

새 정부 청사 또는 공공 건물을 지속가능성 원칙에 따라 설계하고 건설하는 일은 매우 바람직한 모범이 될 수 있는데 네덜란드의 델프트 시가 좋은 사례이다. 공공건설·환경통제국(Beheer en Milieu)의 새 건물은 에너지를 절감하는 열회수 시스템, 바깥의 자연광 정도에 따라 내부 조명이 자동으로 조절되는 시스템, 온수난방용 태양전지판 등으로 환경 영향을 최소화하고자 했다. 델프트의 다른 공공건물도 이와 비슷하게 설계되고 있는데 생태형으로 새로 설계된 학교(Hugo de Groot School)가 그 예이다. 시는 지속가능형 설계와 건설을 모든 건물에 대하여 적극 촉진한다. 지역의 복지주택 건설회사와 계약을 맺음으로써 회사가 지속가능 설계 요소를 적용하는 것에 합의하기도 했다. 건설회사가 그런 요소를 적어도 몇 개 이상을 포함하는 데 동의할 경우, 점수가 부여되는 시스템이 이용된다. 민간 사업에 대한 영향력은 시 청사에 비해 덜 하겠지만, 시는 상업적 개발업자에 대해서도 이러한 요소를 포함시키도록 장려하고 있다. 델프트 시 공무원들은 시의 청사부터 높은 환경 기준에 맞추어 짓는 일이 민간 건설 과정에서 업자를 설득하는 데 필수적인 전략임을 인지하고 있는 것이다. 델프트 시는 도로와 다른 기반 시설 프로젝트의 환경 영향을 줄이는 방법도 강구해 왔는데, 예컨대 구내식당과 직원용 음식 케이터링 서비스 또한 친환경 방식을 채택함으로써 폐기물과 포장재료를 최소화하고 있다.

콜링 시도 시의 모든 건물과 사무실을 되도록 지속가능하게 만드는 종합 전략을 추구하고 있다. 시의 영향력이 미치는 복지주택 건설회사 및 그 밖의 다른 기관들로 하여금 새롭게 제정된 녹색 매뉴얼에 따라 설계와 건설을 하도록 요구한다. 이 도시에서 화제가 된 최근의 사례는 기술 부서가 사용하는 신 청사로서 이 건물의 외부는 재활용 알루미늄으로 되어 있고 수많은 에너지 절감 및 환경 요소가 건물에 포함되어 있다. 또 다른 사례는 새로 짓는 시립학교인데, 24시간 이용될 수 있도록 설계되었고 그리 운영될 것이다. 이는 "다기능 주택"이라 불리고 있다. 콜링 시의 환경부장인 미셸 담(Michael Damm)은 지속가능 의제가 앞으로 정치인들에게 이러한 유형의 공적 투자를 보여주는 새 방식이 있음을 시사한다. 전통적인 단기 예산기법이 이용될 경우, 많은 요소들이 선출직 공직자들에게는 경제적 측면에서 호응 가치가 크지 않을 것이다. 그러나 콜링의 사례처럼 장기 예산으로 계산된다면 이러한 지속가능형 건물 투자는 변별력이 있으며 그 필요성까지도 엿볼 수 있을 것이다.

도시가 에너지 절감을 직접적으로 촉진하는 또 다른 방법은 (전기·가스·수도 등의) 유틸리티(utility) 소비자들에게 부과하는 요금 구조를 통해서이다. 프라이부르크의 유틸리티 회사는 부분적으로 시가 소유하고 있으므로 어느 정도 통제권을 가진다. 시는 1992년 1월, '선형 시간대별 전력 요금제(linear time-variable electricity charge)'를 채택하였다. 에너지 회사가 유틸리티 계량기를 조정하여 사용량을 3개의 시간대별로 측정함으로써 소비자가 각각의 시간대별로 요금을 달리 내도록 하는 것이다. 오코 연구소(Oko Institut)가 이런 아이디어를 제시했으며 1년간의 시책 실험으로 처음 시도되었다. 1993년에 이미 6%의 에너지가 절약된 것으로 계산되었는데(Heller, undated), 소비자가 부담한 요금은 최저 시간대에서 kWh당 12페니히(pfennings)로부터 최고 시간대에 45페니히에까지 이르는 것으로 나타났다. "지금까지 경험으로는 선형 시간대별 요금으로 인해 수요가 낮은 시간대로 소비가 현저하게 옮아간 것으로 나타났다. 좀 더 이해하기 쉬운 요금 구조가 전력 절약에 대한 재정적 인센티브와 맞물려 더 바람직한 전기 사용을 이끌어내기 때문에 전체적인 전력 소비는 줄어든 것으로 나타난다

(Heller, forthcoming: 11)." 자르브뤼켄과 같은 다른 도시도 에너지 요금 구조를 이런 방식으로 개혁해왔다(Results Center, undated 참조).

녹색 에너지

도시 정부가 그린 어바니즘 도시의 성과물을 촉진하는 다른 방법은 녹색 전력의 선택이다. 네덜란드의 많은 지방정부가 광역 전력회사로부터 (재생 자원에서 나오는) 녹색 전력을 구입하기로 했다. 네덜란드어로 "에코스트롬(ecostroom)"이라 불리는 녹색 에너지(green energy)는 1996년 이래로 네덜란드의 소비자들이 이용해오고 있다. 레이던 시는 최근 특정 비율의 녹색 전력을 구매하는 정책을 채택하였는데, 이것은 현재 시 수요량의 10%(학교를 포함한 시 전체의 연간 에너지 소비량 1,300만kWh 가운데 130만 kWh)를 차지하며 2000년까지 20%로 확대한다는 공식 목표를 설정하였다. 이러한 시의 결정으로 현재 연간 4만 길더(2만 달러)의 추가비용이 들어가고 있지만, 네덜란드에서 녹색 에너지는 에너지 국세를 면제받기 때문에 매력적이라고 할 수 있다. 즉 결과적으로 녹색 에너지와 재래식 에너지의 가격차가 그리 크지 않게 된 것이다.

네덜란드의 다른 많은 도시 정부와 도 정부가 녹색 전력을 구매하고 있는데 장기 계약을 맺는 사례도 있다. 수많은 지역에서 이러한 결정은 시 또는 도 청사에서 사용하는 에너지의 100%가 재생 자원에서 생성되도록 보장하기 위해 이루어졌다.

네덜란드의 빔브릿세라딜(Wymbritseradiel) 시의 경우 녹색 전력을 10년간 구입하는 것에 그치지 않고, 시 청사 옥상에 광전지 패널을 설치하였으며 시민들에게 녹색 에너지 사용에 대해 교육하고 그 사용을 촉진하는 발판으로써 이 건물을 활용하고 있다.

친환경 차량

또 다른 중요한 요소로는 시 소유의 많은 공용 차량(예: 버스, 승용차, 쓰레기 수거트럭 등) 운영과 관련된다. 이 연구에 나오는 많은 도시 정부가 에너지 효율이 높고, 오염이 낮으며, 재생 연료로 구동되는 차량을 구입하여 공용 차량을 좀 더 지속가능하게 만들려 하고 있다. 이렇게 함으로써 지방정부가 직접적인 환경 영향을 줄이면서 대안형 차량 기술의 적극 개발과 함께 경제적 이윤도 향상시킬 수 있을 것이다.

스톡홀름처럼 친환경 차량을 장려해온 도시는 거의 없다. 스톡홀름은 현재 1,500대에 이르는 공용 차량의 상당수를 바이오가스, 에탄올 및 전기 운행 차량으로 전환시키는 친환경 차량 프로그램을 운영하고 있다. 수많은 바이오가스 차량이 이미 사용 중이며, 시에서 친환경 차량의 사용을 촉진하고 장려하기 위한 다양한 사업이 시작되었다(예: 쾌속 충전소 설치, 폐기물 처리 트럭의 바이오가스 차량 전환, 300여 재래식 공용 차량의 바이오가스 차량 전환 등; THERMIE, 1996b 참조). 또한 도심부에는 에탄올 사용 버스만 운행할 수 있도록 허가한다. 유럽연합이 재정을 지원하는 프로그램(Zero and low Emission vehicles in Urban Society, ZEUS)의 부분적 결과로 스톡홀름 시는 170대의 바이오가스 차량과 70대의 전기 차량을 활용하고 있다 (Stockholm Energi, 1997). 이 프로그램의 한 요소는 하이브리드 버스 사업으로 (스톡홀름 교통공사가 운영하며) 이 사업으로 인해 버스 연료를 가솔린에서 에탄올로 바꾸게 될 것이다. 여기서 시의 명확한 목표 중 하나는 이런 친환경 차량의 장점과 시장 점유에 긍정적으로 영향을 끼치도록 하는 것이다. 프로젝트 관리자가 얘기하듯이, 시는 공용 차량의 영향에 책임 있게 대응할 뿐 아니라 친환경 차량의 개발 및 시장에도 영향을 끼치려 시도하고 있다. 이런 행동과 제안은 자동차 제조사에 이 분야도 매우 높은 수익성이 보장될 것임을 보여준다. 추가적인 사례로 스톡홀름 에너지 회사는 전기 차량을 시내에서 빌릴 수 있게끔 렌터카 회사인 허츠(Hertz)와 협력해 오고 있다. 또한 시는 전기 차량의 경우 주차 요금을 인하해주고 시 공용 주차장에서 무료로 충전도 해준다.

제우스(ZEUS) 프로그램에 참여하면서 나름대로 친환경 차량 사업을 발전시키고 있는 다른 유럽 도시로는 아테네, 베를린, 코펜하겐, 헬싱키, 런던, 룩셈부르크, 팔레르모가 있다. 스톡홀름 시에서도 이 프로그램을 운영하고 있는데 시내 운송수단 전체를 녹색화하는 데 대단한 관심을 보이고 있다. 많은 유럽 도시에서 이미 천연가스 버스 또는 더 친환경적인 다른 유형의 버스로 이미 전환되고 있다. 1996년 현재, 스톡홀름 교통공사는 130대의 에탄올 버스와 6대의 하이브리드 버스를 운영한다(Storkholm Environment and Health Protection Administration, 1996). 레이던은 휘발유-전기 혼용 버스를 최근에 소개한 바 있다.

생태 자매결연(ecological twinning), 도시 경계를 넘어서

개발도상국의 도시에서 지속가능 정책이 시작되도록 유럽 도시가 돕거나 장려하는 프로그램이 다양한 점도 인상적이다. 이 책에서 연구된 가장 진보적이고 생태 마인드가 확고한 도시들의 경우, 각자의 도시 경계를 벗어나 지구 전체의 다른 지역사회에 대해서도 기술적 조언과 도덕적 지원을 함께 나누어야 한다는 의무감을 인식하고 있다.

이 프로그램의 형태는 다양하고 내용과 구조 측면에서 상당히 창조적이다. 슈먼(Shuman, 1994)은 유럽의 지방정부와 사정이 어려운 남반구 도시 사이에 수많은 흥미로운 자매결연 및 연계가 이뤄지고 있다고 설명한다. 특히 그런 프로그램이 많은 곳은 독일, 프랑스, 네덜란드, 영국이며, 진행되는 사업 및 관계 발전의 유형은 다양하다. 교육 분야의 교환, 협력과 상호 방문, 환경 및 기타 지역 사업에서의 기술 지원, 남-북 대화, 교육 사업 지원 등을 포괄한다. 대개 남반구 지역의 환경 및 개발에 관하여 학교 및 지역사회 단위의 교육을 촉진하는 것에 높은 우선순위가 부여된다. 많은 교육 프로그램이 환경 분야에 특화되어 있는데, 예컨대 벨기에 도시들은 (벨기에는 물론) 아이티에 나무 심기 프로그램을 수행해왔다. 네덜란드의 브레다(Breda) 시는 지구의 기후변화에 대응하기 위한 나름의 프로그램을 개발하면서 이러한 연계 관계를 포함시켰다. "브레다 시는 폴란드의 자매도시에 숲을 만들고, 보츠와나의 삼림협회에 대한 재정 지원을 하며 이산화탄소 배출을 보상하기 위해 이 지역의 고속도로 근처에 숲을 조성하고 있다(Shuman, 1994: 75. 유럽의 자매결연 사업을 개관하려면 Juffermans, 1995 참조)."

이 책에서 연구된 많은 녹색 도시가 어떤 형태로든 자매결연 활동에 관여해왔으며[미국에서는 보통 "자매도시(sister cities)"라 불린다] 생태 및 지속가능성 차원에서 강력한 잠재력을 안고 있다.[6] 예컨대 프라이부르크는 이

---

6) [원주] 몇몇 유럽 국가의 지역사회가 다양한 측면에서 사정이 딱한 남반구 지역과 협력하여 적극적인 구상을 발전시켜왔는가에 대한 질문은 매우 흥미롭다. 슈먼(Shuman, 1994)은 네덜란드의 참여를 설명하는 특별한 이유를 아래와 같이 추측하고 있다. "네덜란드 지역

분야에서 오랜 역사를 자랑하는데, 최근 사례로 우크라이나 공화국의 리비프(L´viv) 시[7]와 자매결연을 맺은 바 있다. 프라이부르크 시가 에너지 고효율 주택과 지역난방 분야에서 기술적 지원을 제공하기로 했다. 레스터에서 수행된 최근의 한 정책은 초종파 정원관리캠프(Interfaith Gardening Work Camp)이다. 비영리 환경단체인 엔비론과 '범공동체 이해증진을 위한 엘하난 엘크협회(Elchanan Elks Association for Intercommunity Understanding)'가 주도한 이 프로그램은 전 세계의 학생들을 레스터로 불러 모아 시의 교회 정원에서 일하며 배우도록 하였다. 학생들은 그림 그리기, 항아리 만들기, 풀 베기 등을 경험하기도 했으며, 시의 (환경 교육에서 중심인) 생태 주택(eco-house)에 습지를 조성하는 일에도 참여했다. 프로그램의 목표는 두 가지로, "생태 기술을 전수하고 사람들로 하여금 다른 종교에 대해 더 배우는 기회를 주는 것"이었다(Haynes, 1998: 21). 모로코, 슬로베니아, 폴란드, 기타 여러 나라의 참여자들이 이 "환경 도시"에 대하여 배웠

∴ 사회가 다른 곳에서 발생하고 있는 국제 문제에 스스로 참여하는 이유는 많은 문제가 지구적인 공통 속성을 가지고 있다는 것, 문제를 치유하려면 지구적 행동이 필요하다는 것, 이 나라 지방정부가 지니고 있는 특별한 기능, 지방정부와 시민이 아주 가깝다는 것 등이 있다. 그러나 네덜란드에 있는 독특한 지역기반 개발구상(community-based development initiatives, CDI)에는 약간의 동기부여가 제시된다. 네덜란드는 강국들에 둘러싸인 소국으로서 역사적으로 적응과 (평화) 중재를 잘하는 나라였다. 조선과 무역에 의존한 네덜란드는 국제주의자이자 '중상주의자'의 모습을 유지해왔다. 네덜란드에서 학교를 졸업한 전형적인 10대라면 3~4개의 언어를 구사할 수 있다. 아울러 칼뱅주의는 동료 인류에 대한 폭넓은 의무감을 키워준다(114쪽).

7) 리비프는 우크라이나 서부에 위치한 인구 76만 명의 도시로서, 2006년에 설립 750주년을 맞았다. 우크라이나의 문화적 중심지 중 하나로 여겨지며, 제2차 세계대전 전까지는 주로 폴란드계와 유대계 주민들이 주류를 이루었다. 구소련 체제하에서는 산업 시설, 리비프 대학 등 최고 수준의 고등교육기관, 그리고 오페라/발레 등으로도 유명했으며, 도심부는 유네스코 세계문화유산으로 지정되어 있다.

으며 앞으로 이곳에서 배운 "메시지를 전 세계에 전파할 것"으로 기대된다 (Leicester Mercury, 1998: 12).

대중 교육 및 참여: 지방의제 21과 지역사회 기반의 활동

이 책에서 제시된 도시들은 지역의 지속가능성이라는 비전에 대하여 대중을 끌어들여 교육하고 참여시키는 사례를 제공한다. 이는 몇몇 다른 수준에서 또 서로 다른 수단으로 사용될 수 있다. 지역의 지속가능성 이슈를 중심으로 볼 때, 최근 몇 년간 가장 중요한 참여 방식은 지방의제 21을 통한 노력으로, 많은 프로그램이 비슷한 과정과 구조를 따라왔다. 전형적으로는 시 단위 추진위원회가 있어서 (정부, 산업체, NGO 등) 지역사회의 주요 이익을 대표하고 있다. (영국에서는 이런 구조가 흔히 "환경 포럼"으로 불린다.) 아울러 좀 더 세부적인 과제 집단이나 실무그룹이 구체적 이슈나 정책 영역을 중심으로 조직되는 것도 흔한 일이다. 레스터에서는 강력한 파트너십으로 다양한 사업이 '전문가 실무그룹'을 통하여 이루어졌다. 덴하흐에서도 비슷한 작업 집단이 형성되어 국제적 노력, 에너지, 폐기물, 교통 및 수송, 자연과 경관, 건축과 삶, 소통, 마을별 자체 활동 등의 여덟 가지 이슈를 다루었다. 핀란드 라티(Lahti)의 과정도 이와 유사하여 일곱 개의 '교차 영역별 실무그룹'이 만들어졌다. 지방의제는 보통 1회 이상의 공적 모임과 회의를 가지며, 어떤 도시들은 공동체의 비전 만들기 과정을 거치기도 한다. 이 과정에서 수행되는 공통의 사업 및 활동으로는 지역 지속가능성 지표 개발과 지속가능성 행동계획 마련이 포함된다.

영국의 환경 도시인 미들즈브러(Middlesbrough)에서는 지방의제 21 과정에 일련의 전문가 실무그룹 회합이 포함되어왔는데, 이는 특정 영역이나 정책 분야를 분석하거나 비전 및 행동계획을 개발하는 데 초점을 맞추고 있다. 레스터에서처럼 명시적인 파트너십형 접근 방식을 추구하는 가운데, 각 실무그룹에서 만든 비전 선언문이 지역 신문에 발표되었다는 것이 특징이다. 또한 시의 26개 지역회의 네트워크를 통해서 지역사회의 참여를 요청하는 등 다양한 제안이 지역사회 비전 회의와 '지역 실행계획(Action Plan for the Community)'의 발간 등으로 이어졌다(Forum for the Future, 1998). 상시 운영될 지역 환경 포럼의 창립 또한 계획되고 있다. 한 사례로서 다음의 간결한 비전 선언이 환경 품질을 위한 특별 실무그룹에 의하여 마련되어 지역 신문에 게재되었다.

기업이 (개별 부품보다는) 제품 전체를 생산할 때, 과거보다 더욱 지역을 기반으로 하여 조직화된다. 게다가 기업들은 청정기술의 혜택을 누리는 가운데 예전이라면 강과 대기로 마구 버려졌을 화학물질을 제거하거나 재사용하고 있다(Forum for the Future, 1998).

헬싱키 시는 지방의제 내부 프로세스의 한 부분으로 4만 명의 공무원들을 참여시키는 자문 과정을 실시하였고, 시 정부 (30개 전체 부서 중) 19개가 이 과정에 참여하였다. 각 부서별로 담당자가 지정되어 폭넓은 부서 내 모임을 통하여 공무원들은 어떻게 지속가능성이 각 부서의 일상 업무에 통합될 수 있는지를 숙고하도록 요청받았다. 이 과정으로 인해 대략 1,000여 개의 제안이 제시되었고, 그중 300개는 즉시 시행되었다(Association of Finnish Local Authorities, 1996). 이 제안들은 폐기물 재활용, 에너지 절감, 더 친환경적인 작업 수단, 환경적 구매 정책의 필요성 등의 이슈에 대한 것이었다. 이 내부 활동은 대체로 성공한 것으로 보인다. "담당자 네트워크는 다른 사업에서도 똑같이 능동적으로 작동하는 것으로 드러났다(Association of Finnish Local Authorities, 1996: 24)." 흥미롭게도 미들즈버러에서는 지방정부 내에 마련된 '환경적 지속가능 전략'이 '환경적 지속가능성 관리자 그룹(Environmental Sustainability Officer Group)'의 부서 간 조정을 거쳐 진행되었다.

지방의제의 활동은 지역사회의 참여에 커다란 중요성을 부여해왔으며, 지방정부마다 매우 다양한 과정, 참여, 비전화 도구를 함께 활용해왔다. 영국 글로스터셔(Gloucestershire)에서는 "타임머신"이라 불리는 창조적인 비전화 과정을 사용했다. 이는 "유도된 명상(guided meditation)"으로 불리는데, 훈련된 보조자가 8~10명의 그룹을 맡아 지역사회의 미래를 구상하는 과정을 거친다. "두려움을 모르는 이 시간여행자들은 눈을 감고 2030년의 유토피아 글로스터셔에 와 있는 자신들을 상상하도록 요청받는다. 그 후 이들은 (건강, 정치체제, 조경 등) 미래 삶의 여러 측면을 그려보게 된다. 현재 시점으로 돌아와서는, 참가자들 각자가 자신의 경험을 되돌아보면서 그룹의 비전에 무엇이 담길 것인지를 논의한다(Forum for the Future, 1998)."

미래와 확장된 도덕 공동체에 대한 윤리적 약속이 여러 방식으로 이러한 많은 지역 구상으로부터 생성된다. 우리는 이 같은 약속의 표현이 큰 힘을 지니고 있다는 것, 또 그것이 인지와 행태를 형성하는 장기적 힘이 있다는 것을 과소평가해서는 안 된다. 작지만 강력한 잠재력이 있는 한 사례는 공공성을 띤 나무 심기와 관련 있다. 영국에서는 밀레니엄 활동의 일환으로 '시간과 공간의 나무'라는 프로그램을 실시하였다. 이 공익 캠페인에서 시민들은 그들 삶에서 중요성을 띤 나무 하나를 선택하여 그 나무의 씨를 모으고 묘목으로 키워 미래에 대한 일종의 유산을 남긴다는 표현으로서 나무를 심도록 요청받는다. "새로운 밀레니엄이 올 때, 그들은 모두 일어나 공원, 버려진 도시지역, 학교나 병원 주변, 술집(pub) 뒤, 커뮤니티 센터 옆, 개인 정원 등에 각자의 나무를 심게 될 것이다(Baines, 1998: 2)." 핀란드 라티에서는 지방의제 참여자들이 보다 지속가능하게 살겠다고 계획하는 선언문을 작성하고, 이 선언문을 시청의 나무에 걸도록 권고받았다. 그리하여 이것은 더 지속가능한 미래에 대한 누적적·가시적 헌신을 보여주는 선언문이 되는 것이다.

몇몇 나라들이 특히 높은 참여율을 보여왔다. 스웨덴에서는 거의 모든 지방정부가 지방의제의 어떤 과정에 위치하고 있다. 영국의 경우 약 73%의 지방자치단체가 참여하고 있는 가운데, 특별히 이 사업만을 담당하는 직원을 고용하기도 했다(Selman, 1998). 핀란드에서는 나라 전체의 453개 지방자치단체 가운데 약 3분의 1이 관련 계획을 개발 중에 있다.

지방의제 프로세스의 결과가 어떠한가는 의견이 엇갈리지만, 전체적으로 지속가능성에 대하여 또 그것이 그들의 동네와 지역사회에 무엇을 의미하는가를 심각하게 생각하도록 시민을 끌어들이는 데 상당한 노력을 기울였다(Morris, 1998 참조). 수천 명의 시민이 참여하여 긍정적인 측면에서 각자의 관점과 아이디어를 말할 기회를 가졌다. 이러한 지역 내 과정에서 생성된 업무와 결과물도 주목할 만하다. 각 도시는 그 과정에 수많은 사람을 참여시켰고, 이것은 이따금 매우 생산적인 파생 효과를 낳았다. 덴하흐의 지방의제를 예로 들면, 연구모임의 과정이 진행되면서 교통 이슈에 관심을 지닌 시민 집단을 자극하여 비교적 정교한 지속가능도시 교통 비전이 개발되었다. 이렇게 만들어진 '선언문'은 정치인, 지역 교통회사, 전체 지역사회에 배포되었는데, 이는 적어도 시의 통행 문제를 해결하기 위한 새 아이디어와 대화의 진전이라는 측면에서 의미가 있다.

이러한 프로그램의 성과는 대단했지만 몇 가지 문제점과 한계도 함께 지적되어야 한다. 지역 프로그램 대부분은 극히 적은 자금으로 운영되었는데 그 때문에 실제 뭔가를 성취하는 데는 어려움이 많았다. 둘째, 어떤 도시에서는 시민들이 큰 방향이나 최종 목적에 대하여 명확한 방향성 없이 막연히 다양한 영역에 관여만 한 경우도 있었다. 그 결과로 별로 성취한 것도 없이 회의만 자주 하거나, 몇몇 참여자들에게 좌절감을 안겨주기도 했다. 또한 이 과정은 지역 단위에서는 눈에 보이는 성과나 변화가 거의 없다는 비판도 받는다. 그러나 방문 도시 대부분에서 지방의제의 과정은 여전히 비교적 초기 단계이다. 대중이 내는 아이디어와 창조적 의견이 지역 정책을 어떻게 변화시킬 것인지는 더 두고 보아야 할 것이다.

이러한 프로그램은 도시 정부가 약간의 자금 및 인력을 투자함으로써 풀뿌리 지속가능성을 키우는 데 도움이 될 수 있음을 설득력 있게 보여준다. 흔히 도시들은 마을별 또는 지역사회 집단별로 자금을 제공함으로써 다양한 구상을 실현하는 데 도움을 준다. 투자 자금의 총량은 그리 대단치 않지만, 그렇더라도 이것은 이따금 중요한 종자돈을 집단에 내주는 셈이며 실제로 많은 장소에서 긍정적 효과를 보이는 것으로 나타난다. 예를 들어서 스톡홀름 시는 녹색기금을 운영하고 있는데 이 기금에서 지역사회 집단별로 소액의 보조금이 지급된다. 운영 첫해에는 약 60개의 상이한 프로젝트가 재정 지원을 받았다. 최근의 "나비 식당(butterfly restaurants)" 사례는 도심부의 공원 또는 개활지를 따로 확보하여 나비 서식에 필요한 식량원 즉 식물을 복원했다.

지역사회 집단과 풀뿌리 환경 구상의 지원은 또 다른 형태를 띨 수도 있는데, 레스터 시의 경우 "녹색 계정"이라는 흥미로운 프로그램을 운영해왔다. 지역 단체가 재활용 물자를 모아 오면 현금으로 바꿀 수 있는 크레딧(monetary credit)을 제공받는데, 이는 4개월마다 지급된다. 현재 시에는 약 450개의 녹색 계정이 있는데, 지급 액수가 상당히 증가하여 1995~96년 동안에 1만 1,000파운드가 지급되었다(Environ, 1996). 이 프로그램으로 시의 재활용 사업이 더욱 촉진되었을 뿐 아니라 시민 조직과 지역 자선단체에 꼭 필요한 자금이 돌아간 것이다.

대중 홍보 캠페인

홍보 캠페인은 기업과 시민들에게 더 지속가능한 행태와 관행을 촉진하기 위해 많은 도시에서 사용되는 중요한 전략이다. 레스터의 '대세의 전환(Turning the Tide)' 구상이 하나의 예이다. 엔비론이 주도한 이 구상은 (에너지, 재활용, 교통 등) 분야별 일련의 구체적 캠페인으로 이루어져 있으며, 개인 행동을 교육하고 북돋는 데 목적이 있다. 이 캠페인은 지역사회의 전략의제 전시회, 라디오 방송, 지역신문 등 몇몇 수단을 통하여 메시지를 전파한다. 캠페인을 주도하는 추진위원회는 신문 및 라디오 회사 대표들과 긴밀히 연계하는데, 이 언론 연합이 중요한 교훈을 준다. 즉 레스터에서 가장 중요한 파트너십은 지역 언론과의 관계 구축을 통해 이루어지며, 대중을 교육하거나 도시 전체에서 더 지속가능한 라이프 스타일을 이끌어내는 데 상당한 영향력을 발휘한다. 레스터의 주요 신문인 《머큐리(Mercury)》지가 특히 중요한 역할을 맡았다. 이 신문은 환경 소식을 자주 다루며 '대세의 전환' 캠페인에서 효과적이었다. 캠페인 기간 동안은 거의 매일 관련 기사가 실렸고 1년에 몇 번은 주요 토픽의 환경 섹션을 별도로 발간한다. 매일 이러한 이슈에 대하여 뉴스를 내며, 수요일마다 '그린 라이프(Greenlife)' 지면에서 환경과 관련한 시사 주제를 다루면서 독자가 할 수 있는 일과 행동에 대하여 알기 쉬운 정보를 제공한다.

엔비론은 또한 에코 하우스(Eco-house)를 운영하는데, 이 건물은 재래식 주택에 적용될 수 있는 환경보호의 아이디어와 기술을 전시하도록 주거용 건물을 개조한 것이다. 연간 약 1만 5,000명이 이 집을 다녀갔다. 이 집은 에너지 절감이라는 주제를 강조하며 일반 주택에 적용할 수 있는 비교적 값싼 다양한 방법을 보여준다. 이 또한 창조적 파트너십의 한 사례로 본래 이 건물은 시 소유의 폐가였는데 (약간의 민간 기금과 전기위원회로부터의 자금 지원과 함께) 주로 시가 주택 보수 비용을 부담했으며, 현재는 엔비론이 운영한다.

아울러 파트너십 또한 레스터 시의 성공에 중요한 영향을 끼쳤는데, 몇몇 파트너들이 이 프로그램을 수행하는 데 특히 영향력을 발휘하였다. 파트너십 단체로는 언론, 몽포르 대학, 환경단체인 엔비론 등이 있다. 레스터 식의 접근 방식은 지역사회 기반 또는 풀뿌리 프로그램으로 특징지어지는데, 왜냐하면 다양한 방법으로 주민들에게 지속가능성을 일상적으로 권장하고 있기 때문이다. 예컨대 엔비론의 대중 홍보 캠페인은 지역사회의 동료 및 파트너 네트워크를 최대한 활용한다(선술집, 도서관, 학교 등 지역의 수많은 장소에서 관련 자료가 전시된다).

지역 봉사와 교육은 정부가 맡아야 할 중요한 역할로 이를 이루는 방법에 대하여 다양한 창의적 아이디어가 연구 대상 도시에서 나타난다. 몇몇 도시는 이 목적을 위해 지역 환경 센터를 지원하고 있다. 레스터는 "방주(the Ark)"로 알려진 커뮤니티 센터를 운영하는데, 여기에는 환경 상점, 게시판, 유기농 및 채식 음식을 제공하는 카페, 인터넷 사용이 가능한 컴퓨

영국 레스터의 에코 하우스는 주택 소유자들이 에너지 소비 감축과 환경보호를 위해 할 수 있는 비교적 덜 비싼 수단을 시민에게 시범 보이고 교육하는 용도로 사용된다. 약 1만 5,000명의 주민이 매년 이 집을 방문한다.

터 등을 완비하고 있다. 건물 자체가 생태주의 원칙을 따르고 있는바, 예컨대 자연 채광과 재활용품을 폭넓게 활용하며 도심 한가운데 있으면서도 덜 활용되는 건물에 센터가 위치한다. 또한 '방주'는 흥미로운 지역 단위의 협력을 대표한다. 이 교육 센터는 엔비론이 운영하고 있으며, 건물은 시 소유이지만 상당한 보조금에 의해 감액된 임대료로 빌려주고 있다(Environ, 1996).

다른 도시도 비슷한 교육 및 홍보 캠페인을 벌여왔다. 에너지와 기후변화 이슈의 인지도를 높이기 위한 하이델베르크 시의 ["하이델베르크 기후 보호(Klimaschutz Heidelberg)"라 불리는] 전략은 유용하면서도 실제 적용될

영국 레스터 시는 비영리 환경단체인 엔비론과의 파트너십을 통하여 "방주"라 불리는 지역 환경 센터를 만들었다. 방주는 도심부에 자리하며 인터넷 사용이 가능하고, 환경 상점, 게시판, 생태 카페를 두고 있다.

수 있는 가시적 행동으로 시민과 소통한다. 시는 분권형 접근 방식을 취해왔는데, 시 공무원들은 그것이 결국에는 훨씬 더 효과적으로 시민과 지역별 활동가로 하여금 메시지를 전파하게 하는 방법이라고 믿고 있다. 캠페인의 예를 들면, (보조금 덕분에 낮춰진 가격으로) 에너지 절감형 전구가 유통 시스템을 거쳐 공급되며, 이를 통해 지역의 철물상 주인들이 박식한 캠페인의 후원자가 되는 것이다. 시는 이 전구에 대하여 상인 교육 워크숍을 개최해왔다. 시는 가장 효과적인 접근은 지역사회 또는 동네를 기반으로 하는 소통 형태라고 믿는다. 시의 에너지 패스포트(energy-passport) 프로그램[8]은 주택 소유주로 하여금 주택의 에너지 효율을 개선하도록 권장하는 것으로, 앞서 살펴본 캠페인과 유사한 접근 방식이다. 시는 지역 내 공예 및 무역 단체와도 협력해왔으며, 기본적으로 건축업자 및 하청업자를 통하여 프로그램을 시행해왔다.

어떤 형태로든 대중에 대한 환경 교육을 시작한 유럽 도시는 많다. 콜링 시에는 하천 복원과 청소 작업에 학교 어린이들을 참여시키는 프로그램이 있다. 덴마크의 새 법률은 학교 교육과정에 학생들이 직접 체험할 수 있는 교육을 더 많이 포함하도록 의무화하였다. 콜링의 학교들은 도시 하천의 한 부분을 각자 담당하여 하천의 생태와 생태 조건을 공부하는 가운데, 나무 심기나 돌 쌓기 등으로 이를 복원·개선시키는 조치에 동참한다. 필요할 경우 시가 기술 지원을 제공하기도 하며 이미 2.5킬로미터의 하천이 복원되었다. 콜링 시 환경국장인 미셸 담은 이 프로그램 덕분에 어린이와 부모가 환경을 보는 방식이 실제로 바뀌었다고 주장한다(Damm, 1998). 널리 알려진 사례가 환경에 해로운 농법을 계속해왔던 한 농부의 이야기이다. 농부의 아들이 그런 관행으로 피해를 입은 하천의 한 부분을 돌보는 데 참여한 이후 그의 농법이 개선되었다는 내용이다.

취리히 시에서도 환경 교육은 장려되는데, 3개의 삼림학교와 자연학교가 알멘트 부루나우(Allmend Brunau)에 있다. "이런 학교의 목표는 젊은이들에게 자연과 아주 가까운 환경에서 교육받을 기회를 주는 것이다(City of Zürich, 1995: 19)." 헬싱키 시는 하이라켄(Hairaken) 섬에서 자연학교를 운영하는 데 여기서 학생들은 지역의 생태에 대하여 배운다. 지역 내의 학교 또한 보존지역을 선정하고 거기서 학생들은 시의 12개 상이한 생태지역을

---

8) 에너지 패스포트 프로그램은 주택의 에너지 효율을 높이려는 인증 프로그램으로, 상세 내용은 제9장 본문 및 역주 참조.

모니터링하고 관리하는 역할을 맡는다.

지역사회 홍보 및 환경 교육에 대한 또 하나의 접근 방식은 지역에 존재하는 (건물, 정원, 생태 상점 등의) 많은 환경 시범 사업을 강조하는 것이다. 예컨대 코펜하겐 시, 구체적으로 덴마크 도시계획연구원에서는 인상적이고 쉽게 사용 가능한 『도시 생태 가이드북(*Urban Ecology Guide*)』을 만들었다. 이 책자는 코펜하겐 광역권 약 45개의 상이한 도시 생태 프로젝트와 대상지를 소개하면서 상세 지도와 대중교통 노선의 구체적 정보까지 안내한다(Danish Town Planning Institute, 1996). 유럽도시환경 아카데미도 이와 비슷하게 베를린 시의 생태 주택과 에너지 시범 사업에 관한 안내서를 발간했다. 이 책자는 베를린의 생태 보행투어를 소개하며 도시 생태와 에너지 혁신 사례를 강조하고 있다(European Academy of the Urban Environment, 1995). 덴하흐 지방의제 21 과정을 통해서도 지역사회의 서비스, 생산품, 조직에 관한 종합 그린 가이드북(*Haagse Groene Gids*)이 발간되었다(Gemeente Den Haag, 1996). 미국에서 시작한 '녹색 지도(green maps)' 개념 또한 수많은 유럽 도시에서 적용되었는데, 예를 들어 덴마크의 코펜하겐과 네덜란드의 하우다 등지에서 녹색 지도가 마련된 바 있다.

NGO 부문의 역할

비정부조직(non-governmental organizations, NGO)은 대중을 교육하고 또 대중과 함께 일하는 과정에서 중요한 역할을 맡아왔으며, 성공적인 결과를 가져온 NGO의 사례가 매우 많이 거론될 수 있다. 예를 들어, 레스터에서 면담한 사람들의 경우 지역 환경단체인 엔비론이 어떤 일을 성취하는

데 신뢰성과 능력을 함께 지니고 있다고 믿는데, 이 단체가 아니었으면 지방정부로서는 성과를 내는 게 불가능했거나 매우 어려웠을 것이다. 비영리 조직이라는 위상 때문에 지속가능성 구상에 대하여 지역 언론과 기업집단의 협조를 얻는 데 더 큰 도움이 되었을지 모른다.

지역사회의 정보 네트워크를 수립하는 일은 잠재적으로 효과적인 또 하나의 전략이다. 엔비론은 약 30개의 지역별 스탠드 및 현장 네트워크를 발전시키면서 프로그램 정보를 전시하고 알려왔다. 이 현장은 다양한 장소에 위치하는데 도서관, 선술집, 식당, '방주' 커뮤니티 센터 등이다. 엔비론 조직과 그들의 목표에 우호적인 지역사회의 동료 네트워크가 어떤 모습인가를 잘 보여주는 것이다.

창조적 지역사회 기반 조직의 또 하나 흥미로운 사례는 덴하흐의 에코스타트(EcoStad)로서 이는 '네덜란드 글로벌 행동계획(the Netherlands Global Action Plan)' 구상에서 뻗어 나온 조직이다. 도심의 커뮤니티 센터에 자리한 이 단체의 주요 기능은 지속가능성을 지지하는 창조적 지역기업을 중개·장려하는 것이다. 이 단체는 개인, 동네, 시 단위까지 운영되면서 덴하흐의 에코팀을 위해 교육 훈련을 맡고 있다.[9] '에코스타트'가 관여하는 지역사회 프로젝트는 대부분 초기 개발 단계에 머물러 있지만 그 숫자는 매우 많다. 예를 들면, 카셰어링 회사인 그린휠스를 위해 주차 공간 확보에 도움을 주었고 잠재고객 확보도 지원했다. 지역 에너지 회사가 태양열 온수난방 시스템을 판매하는 과정에 협력하기도 했는데, 추가적인 에너지 절감에 관심 있는 지역 상인들과 에너지 회사 사이에서 중개 역할을 한다.

---

9) [원주] 에코스타트 덴하흐에 대한 재정 지원은 중앙정부, (최근 가장 많은 지원을 한) 지역 에너지 회사, 도시 정부 등 다양한 곳으로부터 나온다.

이 단체는 또한 카셰어링 회사, 대중교통기관, 자전거 보안업체와 협력하여 단일 통행카드를 개발하였는데, 이는 수많은 상이한 교통수단에 이용될 수 있다. 즉 트램, 택시, 렌터카, 자전거 대여 등 개인의 특정한 교통 수요에 따라 다양하게 이용되는 것이다.

비록 이 많은 아이디어가 여전히 초기 단계이긴 하지만, 에코스타트 덴하흐의 책임자는 정부가 할 수 없는 방법으로 조직을 움직일 수 있다고 믿는다. 이 조직의 장점은 (행정적·정치적으로) 유연성이 더 높아서 잠재적인 프로젝트에 더 빨리 대응할 수 있다는 점과 지역사회 내에서 중립성이 폭넓게 받아들여진다는 점이다. 게다가 상이한 공공 부서 및 기관 사이에 흔히 발생할 수 있는 내부 갈등을 피하는 이점도 함께 지니고 있을지 모른다. 에코스타트 책임자의 말대로, "우리는 규모가 너무 작아서 누구에게도 해가 될 수 없다." 그러면서도 이 단체는 마을과 주민, 외부 회사와 도시 및 중앙 정부 사이의 비영리 중재자로서 기능하고 있다. 이러한 접근 방식의 핵심은 네트워킹 즉 관심 있는 시민과 단체를 한데 묶었다는 점으로, 후술할 마을별 에코팀의 기반에서부터 시작하여 교회, 마을 조직, 비즈니스, 기타 집단으로 확대되었다. 소식지의 제작을 시작하였고, 유기농 음식으로 만든 생태 점심(ecological lunches)도 후원해오고 있다. 에코스타트의 메시지에서의 강조점은 개인과 마을이 지속가능성을 촉진하기 위하여 구체적 행동을 어떻게 취할 것인지이며, 그 초점은 더 지속가능한 라이프 스타일과 지역사회에 대한 홍보를 위해 비교적 쉬운 일을 찾아내는 것이었다.

지속가능성을 마을 단위까지 끌어내리는 것이 중요한데, 위트레흐트 시에서는 각 마을마다 환경 담당자를 전담 배치 하기 위해 노력 중이다. 현재는 단지 2명의 "마을 환경담당"이 있을 뿐이지만 그 숫자가 곧 늘어날 예정이다. 지금까지 이 직원들은 다양한 마을별 활동에 관여해왔는데 친환경 정원 교육, 지속가능 건축 관행에 대한 조언, 강 유역 주민의 공통 관심사에 대한 지역사회 단위의 토론 등이었다.

소비자와의 만남: 에코팀과 녹색 코드

소비자의 라이프 스타일 변화를 촉진하려는 가장 인상적이고 창조적인 접근 방식 중 하나는 NGO '글로벌 행동계획'이 처음 제시한 '에코팀(eco-teams)' 아이디어로, 이는 네덜란드와 그 밖의 유럽 국가에서 강력한 존재감을 드러내고 있다. 사례 연구 대상인 많은 도시에서 다수의 활동적인 에코팀 프로그램이 진행 중이다. 기본 아이디어는 매우 단순한데, 환경적 소비 패턴을 이해하고 개선하려 함께 애쓰는 가정들로 팀을 꾸리는 것이다. 어느 면담 대상자는 자기 팀을 "환경 타파웨어당(environmental tupperware parties)"으로 유머러스하게 불렀다.[10]

과정과 실행 계획은 팀마다 비슷하다. 에코팀은 보통 7개 가정으로 이루어지는데, 흔히 같은 동네나 블록에 사는 이들이다. 그들은 프로그램이 진행되는 동안 총 여덟 번 또는 매달 한 번의 모임을 갖기로 하고 집집마다 매월의 폐기물과 (수도, 전기, 가정용 쓰레기, 승용차 통행 등의) 소비량을

---

10) 타파웨어는 1938년 미국인 얼 타파(Earl S. Tupper)가 설립한 회사(Tupperware Plastics Company)에서 만드는 가볍고 유연한 주방용기로 밀봉 및 잠금 효과가 뛰어나 음식의 신선도 유지에 유용하다. 초기에 소매상을 통한 제품 판매가 부진하자 1948년 이후 고객의 가정에서 파티를 열면서 주부들에게 직접 제품을 홍보하는 전략으로 엄청난 실적을 올리기 시작했으며, 이를 '타파웨어 파티(tupperware party)'라 부른다. 친구와 이웃을 초청하여 가정집, 학교 등에서 개최하는 이 파티의 호스트에겐 공짜로 제품을 지급하는 등의 보상이 주어진다. 지금도 이 회사는 약 190만 명의 컨설턴트들이 개별 판매를 하고 있다(위키피디아 참조).

측정하여 기록하며, 대개는 팀 단위로 쓰레기와 소비의 감축 목표치를 설정한다. '글로벌 행동계획'의 담당자는 모임을 조직하고 준비하면서, 기술적 조언과 함께 매월 주택 소유주를 위하여 측정치를 정리하고 실제 측정치와 목표 달성도를 비교하는 요약 보고서를 마련한다.

에코팀은 네덜란드 전국에서 약 1만 가구가 참여하는 등 대단히 활동적으로 운영된다. 연구에 의하면 프로그램 참여 가구들은 에코팀에 참가하기 전부터 평균적인 네덜란드 가구에 비해 이미 낮은 수준의 쓰레기 배출과 소비수준을 보였음에도 상당한 추가 감축이 이루어졌다고 한다. 연구 결과를 보면 이 참여자들의 생태 수요에서 매우 큰 총량 감축이 나타났다(Staats and Harland, 1995). 네덜란드의 에코팀 참여자들은 평균적으로 쓰레기 26%, 전기 16%, 물 12%, 통행거리(km) 14%를 줄였다. 이 에코팀 프로그램의 결과, 1997년 1월 1일을 기준으로 네덜란드에서 1,670톤의 이산화탄소 배출이 감소된 것으로 추정된다(GAP Netherlands, 1997. 3. 14). 일반적인 네덜란드 시민이 3.5헥타르의 생태발자국을 기록하는 반면, 에코팀 회원의 경우 단지 2.45헥타르 수준에 그쳤다.[11]

이러한 행태 변화가 (프로그램이 끝난 뒤에도) 오랜 기간 계속되는지, 또 그러한 변화가 다른 형태의 환경적 행태 변화로 이어지는지를 알기 위하여 일련의 연구가 시도되기도 했다. 두 질문 모두에서 긍정적인 답이 나왔는데, 즉 에코팀 프로그램이 공식적으로 종료된 지 6~9개월 후에도 개선된 환경 행태가 대부분 유지되었고 다른 친환경 행태와 활동이 직장의 에너지 절약, 재활용, 환경단체 가입 등 집 밖으로 확대된 것이다(Staats and Harland, 1995).

네덜란드 '글로벌 행동계획'의 책임자는 에코팀 아이디어가 지닌 긍정적

---

11) 생태발자국에 대하여는 제1장 참조.

이고 희망적인 철학의 지향성을 강조한다. 그는 이런 방향성이 오늘날의 환경문제에서 종종 제기되는 도덕 지향적이거나 비난 위주의 접근 방식과 긴요한 대조를 이룬다고 믿는다. 오히려 이 과정을 통해 강조되어야 할 점은, 각 가정에 쌓이게 되는 경제 절약과 함께 이러한 라이프 스타일의 변화에 대한 흥미 유발이라는 것이다. 그러나 더 많은 숫자의 가정을 참여시키는 일은 여전한 과제이며, 이 프로그램이 대다수 소비자에게 제대로 전달될지도 확신할 수 없다(네덜란드 글로벌 행동계획은 참여율이 15% 정도라면 아주 만족할 것이다). 이 같은 한계를 극복할 수 있는 한 방안은 지역사회 내에서 프로그램에 대한 존재감을 더욱 이끌어내는 것인데, 이에 따라 덴하흐를 포함하여 전국적으로 일곱 개의 커뮤니티 에코팀 센터가 새로 개설되었다.

개인적 소비나 행태의 중요한 변화가 실현되려면 상당한 정도의 의식 형성과 공공 캠페인이 필요하다. 미국에서는 이런 것이 비정부기구의 손에 맡겨져 있는 반면, 유럽의 경우 그 기능을 공공 부문이 수행하는 경우가 많다. 영국에서는 '고잉 포 그린(Going for Green)'으로 불리는 전국 단위의 대형 공공 홍보 캠페인이 1996년 2월 환경부의 주도와 민간 부문의 후원에 힘입어 시작되었다. 아직 이러한 캠페인이 낯설긴 하지만, 다양한 범위에서 시민과 소비자가 삶 속에서 가능한 변화가 어떤 것인지를 제시하면서 특정한 교육 및 그 밖의 행동으로 표현된다. 캠페인의 중심에는 그린 코드(Green Code)가 자리 잡고 있는데, 이는 녹색 삶으로 가는 다섯 가지 요점으로서 "만일 모든 이가 그리할 경우 환경에 엄청난 차이를 만들 수 있는 그런 작은 일을 사람들이 실행에 옮기도록 자극한다." 그 다섯 개 요소란, "폐기물 줄이기, 에너지와 자연 자원 절약, 분별 있는 통행, 오염 방지, 지역환경 돌보기"이다(Going for Green, 1998, website). 이 캠페인의 실적과 과정에 대한 1998년 보고서에는 참으로 인상적인 활동 내역이 나타나 있다. 지역신문의 환경 특별판 발간, 버스 정류장에 포스터 부착, 전단 및 친환경 행동 꾸러미 배포, '고잉 포 그린' 상담전화, (지역 농부를 위한 유기농 회의 등) 다양한 지역 이벤트 후원, 실험적인 TV 광고 캠페인, 수많은 지속가능 지역사회를 위한 시범 구상 등이 그 내용에 포함된다. 이 캠페인은 정부, 재계, 교회에 이르기까지 다양한 대상을 상대로 펼쳐지는데, 현재 진행 중인 '에코 회합(Eco-Congregation)' 캠페인이 한 사례이다.

놀랍게도 '고잉 포 그린'의 목표 중 하나는 개인과 가정의 소비에 관한 사회적 규범을 다시 만들고 그 흐름의 방향을 바꾸는 것이다.

환경적으로 책임 있는 어떤 행동이 '규범'이라고 인식될 때, 또 그린 코드 활동이 다수의 사람들에 의해서 지켜지고 있다고 여길 때, 사람들은 이를 훨씬 더 잘 받아들일 것이다. 모든 유관 언론을 포괄하는 주도적인 공공 홍보 캠페인이 매우 중요한데, 정부와 그 밖의 광고인들이 맡아야 할 핵심 역할도 있다.
'고잉 포 그린'이 권고하는 바는, 지속가능 발전 교육 패널(Panel on Sustainable Development Education)의 작업 중 한 부분으로서 어떤 구상을 연구·발전시켜 환경적 행동의 브랜드 이미지를 새롭게 함으로써, 대중의 마음속에서 '그린'이라는 용어가 더 이상 부자들만이 누리는 특권이나 괴상한 사람들이 추구하는 것으로 여겨지지 않도록 하자는 것이다. 이를 위해 적절한 언어와 이미지를 찾아내는 것이 동반되어야 하는데, 지속가능 발전이 모두에게 바람직한 무엇, 또 모든 이가 찾아내어 부분적으로 이를 성취하는 데 기여하고픈 목표가 되도록 하기 위해서이다(Going for Green, 1998, website).

캠페인의 주요 요소는 학교 내에서 녹색 프로그램을 개발하는 것이다. 지금 영국의 900여 개 학교가 에코 스쿨 프로그램에 참여하고 있다. 이 학교들은 학생들로 하여금 물 소비와 이산화탄소 배출 등을 측정하게 하고 이 둘을 줄일 수 있는 프로그램을 개발하는 데 참여시킨다. 게다가 지역의 환경 프로젝트와 환경 체험교육에도 동참하고 있다.

아마 지금까지 가장 혁신적인 구상은 개인의 라이프 스타일 선택이 가져오는 영향 정도를 측정해주는 컴퓨터 소프트웨어의 개발이라고 할 수 있다. 사용자 편의성이 높은 이 시스템은 개인 각자의 생활 방식 및 소비 패턴에 관한 일련의 질문을 제시한다. 사용자가 모든 질문에 답을 하고 나면 그 사람의 '생태 칼로리(ecological calories, EcoCal)' 점수가 계산되어 나온다. 생태 칼로리 점수가 높을수록 개인이 생태에 끼치는 악영향이 더 크다. 이 프로그램은 또한 사용자로 하여금 본인이 획득한 점수를 평균적인 가정의 수치와 비교하도록 해준다. 사용자의 점수를 눈금판에 표시하여 타인과 비교하여 더 좋은지(녹색), 더 나쁜지(적색), 또는 비슷한지(황색) 보여준다. 이 같이 사용하기 쉬운 프로그램은 개인의 책임감 고취에 대한 방해 요소를 극복하는 데 필수 요소이다. 즉 어떻게 행동, 행태, 소비가 환경적 산물이나 결과로 이어지는지에 대한 인식을 더 넓힐 수 있다.

생태 칼로리 시스템이 1997년 가을부터 시작된 이래로 이 프로그램에 대한 관심과 실제 이용이 대폭 증가하였다. 수천 개의 프로그램 복사본이 배부되었고 지방정부는 이를 진행 중인 지방의제 21의 활동에 연계시켜왔다(Going for Green, 1998). 생태 칼로리 모임들이 일렉트로룩스(Electrolux) 같은 회사 내에서 결성되었고 종업원들이 생태 영향을 이해하고 줄이는 데 도움을 주었다. '고잉 포 그린'은 미래에 생태 칼로리 프로그램이 에코 팀 개념과 비슷한 방식으로 이용될 수 있을 것으로 예상하며, 많은 가정을 대상으로 이 생태 칼로리 모니터링 사업을 제안하였다. "분기마다 가정별로 생태 칼로리 점수가 계산될 것이며, 환경적 대응에 대한 피드백과 대응과정에서 직면하는 어려움도 제시될 것이다. 아울러 (지역 또는 국가 단위의) 생태 칼로리 점수 변화가 중요 지표로 보고될 수 있을 터인데, 이는 대중의 참여도를 측정함과 동시에 가정의 환경 영향이 어떻게 변화하는지를 보여주게 된다(Going for Green, 1998, website)."

스웨덴의 칼-헨리크 로베르트(Karl-Henrik Robert)가 마련한 소책자『내추럴 스텝(Natural Step)』도 이와 유사한 노력의 일환으로, 지속가능성 의제에 대한 교육과 대중적 이해를 넓히려 한다. 이 책자는 스웨덴의 400만 가정 모두와 학교에 우편으로 발송되었다. 브래드버리(Bradbury, 1996)는 이 37쪽짜리 책자를 아래와 같이 묘사한다.

이 책자는 진화가 무엇인지를 개관하는 것으로 시작하여 식물, 동물, 인간의 세포 발전을 설명한다. 자연환경의 순환적 성격과 함께 핵 동력과 같은 비순환 에너지원의 환경적 위험을 논의한다. 저자는 지금 당장 행동해야 한다고 외치면서 종의 멸종, 오존층 파괴, 열대우림의 황폐화 등도 경고한다. 에너지 절약과 재활용의 필요성을 언급하며, 무염소 종이와 무수은 전지의 사용 등 일상생활 속에서 행해야 할 것을 제시한다. 책자는 촘촘하게 씌어진 1쪽짜리 결론으로 끝맺으면서 앞서 말한 현상이 어떠한 영향을 끼치는지를 설명한다. 이 자료는 일반 대중을 대상으로 하고 있기 때문에 사용자 편의성이 높아 보인다. 대부분의 이야기가 삽화와 함께 전개되기 때문에 스웨덴어를 모르는 사람들도 쉽게 이해할 수 있다. 뒷장의 표지에는 책을 만든 과학자들의 이름과 단체(Naturaliga Steget/Natural Step)의 주소가 쓰여 있다(19쪽).

많은 유럽 도시와 국가는 지속가능성과 관련하여 일반 가정과 소비자를 직접 상대하려는 의지를 보이는 점이 특징이다. 바로 이것이 생태 거버넌스의 핵심이다.

생태 공동체에 대한 지원과 격려

정확히 이해하고 설명하는 것이 쉽지 않지만, 많은 유럽 도시가 지구적 속성을 지닌 문제를 (또는 그들의 몫이라도) 해결하려는 의무감을 키워왔다. 이산화탄소 감축 전략을 발전시킨 사례가 많으며 지구 기후변화에도 심각하게 대응해왔다는 사실이 그 증거이다. 나아가 이러한 최고의 도시에서는 더 장기적인 틀이 작동하고 있는데, 이는 오늘의 행동과 정책이 미래와 미래 세대에 실제 영향을 끼칠 것임을 스스로 인정한다는 것이다. 예를 들어, 자르브뤼켄의 에너지 구상을 분석해보면 이 점이 분명히 드러난다. "진보적인 정부의 지원과 높은 환경 인식으로 인해 자르브뤼켄의 계획은 수백 년을 내다보고 있으며, 태양에너지 자원에 대한 투자는 미래에 대한 헌신을 강조한다. 자르브뤼켄은 '생각은 지구적으로, 행동은 지역적으로' 하는 공동체의 놀라운 사례를 제공한다(Results Center, undated: 18)."

이러한 모범 도시의 등장을 설명하는 영향과 요인은 많다. 유럽의 그린 어바니즘 프로그램과 생태적으로 지속가능한 지역별 구상은 부분적으로 수많은 조직을 통하여 장려·개발되고 있다. 독일환경연합은 1980년대 중반 이래로 모범 사례의 순위를 매기고 이를 널리 알림으로써 독일의 지방정부 사이에 선의의 경쟁을 촉진해왔다. 1990년 이후, 독일환경연합은 환경 일반 및 환경 보전 활동의 수준과 엄중함에 따라 계량적인 근거를 바탕으로 독일 도시의 순위를 발표해왔다. 우승 도시는 특정 연도 "자연·환경 보호의 연방수도"로 선포된다(Deutsche Umwelthilfe, undated). 지난 우승 도시로는 에를랑겐, 프라이부르크, 하이델베르크가 있다. 실제로 지방 공무원들은 매년 발표되는 순위에 주의를 기울이며, 다른 도시와 비교하여 그들이 환경 측면에서 얼마나 뛰어난지를 의식한다. 이러한 순위화 작업이 적극적·혁신적 환경 프로그램을 촉진하고 지원하는 것으로 보이며, 우승자들의 경우 긍정적인 시민 평가라는 보상이 뒤따른다. 무엇보다도 독일환경연합은 우수 도시의 관련 구상과 혁신 사례를 소개하고 기록한 팸플릿이나 브로슈어를 만들어 널리 배포하고 있다. 이와 유사한 형태로 덴마크의 환경단체인 덴마크자연보호협회(Danmarks Naturfredningsforening)도 국가 전체에서 녹색 프로그램이 가장 우수한 도시를 선정하여 해마다 순위를 매기는데, 이 역시 긍정적인 결과를 보인다(Danmarks Naturfredningsforening, 1997 참조).

유럽 대륙 단위로는 유로시티, 자치단체국제환경협의회, 차 없는 도시 등 수많은 지원 네트워크가 존재한다. 이러한 네트워크는 정보·기술·지식을 공유하고 정치적·도덕적 지지를 제공하는 수단이 된다. 유럽연합 이사회(Directorate General XI)가 후원하는 지속가능도시 캠페인(Sustainable Cities and Towns Campaign)은 특별히 눈여겨볼 가치가 있다. 이는 도시 환경에 관한 유럽연합 대외협력위원회의 산물로서 이 도시들의 첫 모임이 1994년 덴마크 올보르에서 열렸다. 지속가능성 헌장이 첫 회의의 장소를 기록하고 있는바, 전체 참여 도시가 헌장에 서명함으로써 유럽 전체에 걸쳐 약 400개 도시로 구성된 네트워크의 일원이 되도록 요청받았다. 매년 이 캠페인에서는 한 개 이상의 도시를 대상으로 '유럽 지속가능도시 상'을 상장과 함께 수여한다. 이 상은 모두가 탐내는 영예가 되었는데, 유럽 전역에서 이를 위한 건강한 경쟁이 벌어지고 있다(이 캠페인과 그 밖의 지원 네트워크에 관한 상세 논의는 제2장 참조).

메시지: 녹색 내일을 향한 생태 거버넌스

유럽 도시로부터 얻을 수 있는 주된 교훈은 지방정부의 임무와 기능이 재정의되어야 할 정도로 대단한 잠재력이 존재한다는 것이며, 그리함으로써 환경 영향을 줄이고 환경의 질을 향상시키는 데 분명하고 즉각적인 효과가 있으리라는 점이다. 도시 및 지방 정부는 그들의 자원, 공공서비스 결정, 투자, 구매력을 전환시킴으로써 생태적으로 더 지속가능한 결과를 촉진하는 데 큰 영향력을 행사할 수 있다. 우리의 지구를 어떻게 관리하는가에 대한 중요한 생태적 의무감은 유럽의 많은 도시 정부가 공통으로 받아들이고 있지만, 미국의 지역사회에서는 거의 고려되지 않고 있다.

그러나 미국의 어떤 곳에서는 일부 긍정적인 모습이 나타나는데, 이는 모범 사례일 뿐 아니라 이를 바탕으로 얼마간 발전이 가능해보이기도 한다. 상당한 움직임이 일어나고 있는 한 영역은 지속가능성 지표, 벤치마크(benchmark) 기준, 목표치 등의 개발과 사용이다. 지방의제 21 과정 대신 비영리 지역단체인 '지속가능 시애틀(Sustainable Seattle)' 같은 조직이 종합적인 지속가능성 지표를 마련하여 배포해왔다(Beatley and Manning, 1997). 다른 유명한 사례로 샌타모니카(Santa Monica, CA), 잭슨빌(Jacksonville, FL), 포틀랜드 등이 대표적이다.

그러나 종합적인 지역 지속가능성 프로그램이나 구상을 발전시킨 미국 도시는 거의 없으며, 현재 미국에서 이 분야의 선도자는 텍사스의 오스틴

시이다. 오스틴은 '지역 지속가능 구상(Community Sustainability Initiative)'을 야심차게 시작하였는데, 여기에는 도시를 더 지속가능하게 만들려는 수많은 활동과 사업이 포함되어 있다.[12] 이 계획의 핵심 요소 중 몇 개는 이미 시행 중이고 다른 것은 장래 계획으로 되어 있는데, 그 가운데 기반시설 개선사업 평가를 위한 지속가능성 매트릭스가 제안되어 있다(이는 이미 1998년 11월, 시 공채모집 대상으로 제안된 사업의 평가를 위해 사용되었다). 또 다른 요소로 광역 지속가능성 지표 사업, (계획 중인) 연례 지속가능성 보고서, 전통적인 근린지구 조례, 혁신적인 지역 스마트성장 조례 전략(대부분 채택되었다), 로버트 뮐러 공항의 재개발을 위한 신규 지속가능 종합계획(이 계획하에 신설 공항으로 대체되고 있으며, 기존 공항지역은 "시범 지속가능 사업의 모델로 전환"될 예정으로 진행 중인 사항이다), 시 정부 내 모든 부서의 '지속가능성 평가와 지속가능 운용 교육' 수행 과정(5년 이내, 공공건설교통국의 시범 사업), 시의 지속가능 구매지침 채택 등이 있다(City of Austin, undated-b; 아울러 City of Austin, 1998a 참조). 시는 또한 '지속가능 지역사회 담당관'을 임명하여 계획을 맡기면서 이 과제를 더 가시화하도록 주도하였다.

특히 오스틴의 기반시설 개선사업(Capital Improvements Program, CIP)에 대한 지속가능성 매트릭스는 지속가능성 이슈를 부서의 우선순위 맨 위에 배치한다는 점에서 잠재 효과가 높다(City of Austin, undated-a). 이 시스템에서 각 부서는 각각이 제안한 프로젝트를 9개 주요 기준에 근거하여 계량적으로 평가하도록 요청받는다. 그 기준은 공공보건/안전, 유지 관리, 사

---

12) [원주] 이하 본문의 내용은 1998년 11월 오스틴에서 실시했던 수차례 면담의 결과이다. 면담 대상자로는 시의 지속가능 담당관인 로렌스 덕슬리(Lawrence Doxley)와 녹색 건축 프로그램의 담당자들이다.

회경제적 영향, 마을별 영향, 사회 정의, 자원 조달의 대안, 다른 프로젝트와의 조정, 토지 이용, 환경이다. 환경 항목에서는 (대기, 물, 에너지, 생물군, 기타 환경 기준 등) 5개 척도에 따라 점수가 배정된다. 이런 방법은 지속가능성을 실재하는 무엇으로 만들고 또 관련 개념을 체계적으로 적용하기에 유용하다.

미국의 많은 주에서 전력시장의 대규모 구조조정이 진행 중인 가운데, 지속가능 마인드가 있는 지방정부는 재생 에너지를 촉진하고 장려할 특별한 기회를 갖게 될 것이다. 따라서 시 정부 소유의 전력회사가 줄어든 반면, 규제 완화로 인해 지방정부가 인상적인 수준으로 전력원에 대한 통제권을 가지게 될지 모른다. 샌타모니카 시의 경우 시의 지속가능도시 프로그램의 일부로서 1999년 세계 최초로 시의 에너지 100%를 (시 소유 건물과 시설 가동에 필요한 에너지, 공항에서부터 가로등까지) 재생 에너지원으로부터 생산하도록 의무화했다고 한다. 제안요청서(RFP) 발표 후 14개의 상이한 에너지 공급사가 제출한 내용을 검토한 뒤, 시는 커먼웰스 에너지 회사(Commonwealth Energy Corporation)와 (5,000~6,000가구의 전력 필요량인) 5MW의 필요전력을 공급받는 계약을 체결하였다. 전력은 지열 에너지로부터 공급될 예정인데, 시는 재래식 전기요율보다 5%의 프리미엄을 얹어 비용을 지불하게 되어 추가 비용이 약 14만 달러로 추정된다(Green Power Network, 1999). 시의회는 이런 녹색 전력으로의 전환을 만장일치로 의결함으로써, 미국의 타 지역사회가 따라 해도 좋을 (또 따라야 할) 모범적인 리더십을 과시하였다. 샌타모니카 시 의원인 마이클 파인스타인(Michael Feinstein)에 의하면, "시는 녹색 전력을 사는 것이 환경적으로 옳은 일이라는 것을 사람들에게 몸소 보여주고 있다(Green Power Network, 1998: 1)." 시는 또한 시민들이 전력 선택 문제에 대하여 이해하고 결정하도록 독려하면서 재생 에너지원으로 전환하도록 촉진하는 교육 캠페인을 계획하고 있다.

미국에서 채터누가만큼 '환경 도시'가 되고자 열망하는 도시는 없을 것이다. 채터누가는 전국에서 가장 오염이 심각했던 도시 중 하나였으나 스스로의 이미지를 지속가능도시 또는 환경 분야의 지도적 도시로 재정의했으며, 이 비전에 실제적 의미를 부여하는 수많은 계획과 프로그램을 채택하였다. 여기에는 전기 버스 구상, 도심·수변 재개발 계획, 광역 그린웨이 구상(metropolitan greenways initiative), 새로 제안된 생태 산업공원과 환경교환센터 등이 포함된다. 다만 이 책에 소개된 많은 유럽의 녹색 도시와 비교할 경우, (비록 급진적이진 않지만 상당한 정도로 도시를 재정의했음에도 불구하고) 채터누가의 지속가능성 노력은 여전히 정도가 매우 미약한 것으로 보인다. 전기 버스 구상은 가장 명확한 성공 사례 중 하나로 광역권 교통공사가 현재 연간 약 40만 명이 이용하는 15대의 전기 차량을 운행하고 있으며, 도심 셔틀 시스템도 운영한다. 지역의 전기 버스 생산업자는 전 세계에 전기 버스를 수출하고 있다(Chattanooga News Bureau, 1997). 전기 버스 연구소(Electric Transit Vehicle Institute)가 시에 소재하는데 공공 부문의 후원이 상당하다. 확실히 채터누가에는 파트너십과 협력의 정신이 존재하며, 환경 이슈와 환경의 질에 대한 감각이 이 도시를 구성하는 중요한 주제가 되고 있다.

캘리포니아의 아르카타(Arcata)는 (인구 1만 7,000명의) 비교적 소규모 도시이지만, 다양한 모범적 정책과 행동을 펼쳐온 또 하나의 긍정적인 사례이다. 이 도시는 전형적인 미국의 지역사회와는 달리 사회적 책임투자 정책을 채택하고, 맥도날드식 프랜차이즈형 패스트푸드 식당을 금지하는 등의 노력을 기울인다[이 정책에서는 이를 "판에 박힌 식당(formula restaurants)"

이라 부른다]. 또한 2000년까지 폐기물 재활용률을 50% 수준으로 달성하려는 목표, 시가 운영하는 야구장을 "미국에서 유일하게 화학비료나 살충제를 전혀 사용하지 않고 관리하는" 경기장으로 만들려는 계획, 지역 하천에서 멸종위기에 빠진 어종을 다시 들여오려는 프로그램, 지역 숲의 지속가능한 관리 및 수확, 자전거로 다니는 지역경찰 프로그램 등도 있다(Jordan, 1998; Painter, 1998).[13]

이러한 노력이 가능할 수 있었던 것은 이 도시에 미국 최초로 녹색당이 다수당인 의회가 있다는 사실이다. 아마도 아르카타 시는 점차 강력해지는 녹색당의 지역정치 의제를 미리 보여주는 것인지 모른다. 이 도시의 일부 사람들은 녹색당의 정책을 급진적이라고 여기기도 하지만, 이곳의 경험에 의하면 그린 어바니즘 의제를 중심으로 잠재적 정치연합을 엿볼 수 있다. 예컨대 도심 상인들은 이른바 창고형 대형 소매상(big gox retail)의 입점을 중지하려는 움직임에 대하여 찬성하는 입장이다.[14] 도심의 한 소매상인에 의하면, "지난해 우리의 매상은 30~40% 올랐다. 매장 내부에는 상점 앞을 판자로 막아둔 채 장사를 그만둔 곳이 없다. 의회에서 대형 매장을 허용하지 않고 있는데, 바로 그 때문에 우리 지역의 경제가 활력을 띤다. 그저 아무나 원하는 대로 짓도록 의회가 놓아두지 않는다(Curtius, 1998b: A3)."

∴

13) [원주] 이 소도시에는 다른 흥미로운 모습도 있다. 도심 광장에 게양된 성조기와 함께 지구깃발(Earthflags)이 나부끼고 있으며, 해마다 펼쳐지는 가장행렬에서는 지구의 모든 생물종을 망라한 "연어, 점박이 부엉이, 기타 동물들로 분장한 마을 사람들"이 행진한다(Curitus, 1998b: A3).
14) 창고형 대형 소매상은 미국의 맥락에서 흔히 교외 지역의 널찍한 부지에 자리 잡아 대형 주차 공간과 함께 설치·운영되는 상업시설을 말한다. 대부분 체인점의 형태를 띠고 있는데 월마트(Wallmart), 타겟(Target) 같은 일반 소매상과 베스트 바이(Best Buy, 전자제품), 반스 앤 노블(Barnes and Noble, 서점) 등의 전문매장의 두 유형으로 나눌 수 있다.

지역 단위에서 녹색 정치의 가능성과 잠재적 힘이 과소평가되지 말아야 한다. 독일과 북유럽 국가에서는 환경 이슈에 대한 대중의 지지가 비교적 높고, 정치적으로 강력한 녹색당이 존재하며, 지역 단위에서 사회민주당과 연합한 덕분에 프라이부르크와 뮌스터 등 많은 유럽 도시에서 환경적 성취가 이루어질 수 있었다는 것에는 의문의 여지가 없다.[15] 이 밖에도 빈 시의회의 녹색당 의원들은 차 없는 주택단지와 생태 주택 사업을 추진하기도 했다(European Foundation for the Improvement of Living and Working Conditions, 1996 참조). 녹색당의 지지와 리더십은 이 책에 기록된 다수 도시의 지속가능성 프로그램을 설명하는 데 도움이 된다.

우선 무엇보다도 모든 미국의 지역사회가 장기적 지속가능성을 위한 행동과 투자의 자세를 보여야 할 것인데, 이는 현재의 규범 수준을 넘는 것이어야 한다. 이 프로그램은 최소한 다음 사항을 포함할 수 있을 것이다.

- 각 지역사회는 지역의 지속가능성에 관한 종합 지표를 마련하되 지역 나름의 독특한 이슈와 상황을 적절히 고려한다.
- 각 지역사회는 연간 또는 반년 간의 생태 예산을 준비하며, 지방정부는 이 예산에서 흑자를 내도록 의무화한다.
- 각 지역사회는 지속가능 담당관을 임명하되, 그 임무는 모든 부서의 정책 형성과 지역사회 의사 결정에 장기 지속가능성 요소를 반영하도

⁝

15) [원주] 퍼셔(Pucher, 1997)는 이들 도시에서 인상적인 자전거 관련 시책이 시행된 이유를 이러한 녹색 지향의 도시 정치로 돌린다. "뮌스터, 프라이부르크, 브레멘에서 녹색당은 사회민주당과 함께 지배적인 집단 중 하나이다. 마찬가지로 녹색당은 주 단위 및 국가 단위에서도 점차 중요성을 더해가고 있다. 독일의 모든 정당과 대부분의 국민은 환경의식이 높은데, 특히 대학생 집단에서 가장 높게 나타난다(35쪽)."

록 하는 것이다.
- 각 지역사회는 지역 단위의 지속가능성 매트릭스를 마련하여 주요한 결정을 내리는 과정에 방향을 제공한다.
- 각 지역사회는 투자, 조달 및 다른 결정이 장기 지속가능성에 끼치는 영향을 근본적으로 평가하여야 한다. 또한 생태발자국을 최소화시키거나 줄이는 방향으로 조정될 수 있는 수단을 찾아내는 결정이 이루어지도록 한다. '내추럴 스텝(Natural Step)'의 4대 시스템 조건은 바람직한 출발점으로서 지역의 활동 및 기능의 범위를 평가하고 개혁의 길을 찾는 데 강력한 잠재적 기준이 된다.[16]

지역 단위의 종합적 지속가능성 및 전략 개발을 돕고 촉진하려는 노력 가운데 주목할 만한 계획이 미국 전역에 걸쳐 많다. 이 계획들은 미국의 거버넌스 체제에서 주는 종합적 지역 지속가능 프로그램의 개발을 장려·촉진하는 데 중요한 위치를 차지한다. 플로리다는 다양한 측면에서 창조적인 지속가능 지역사회 시범 사업으로 이를 선도하고 있다. 1996년 설립된 '지속가능 남부 플로리다를 위한 주지사 위원회'의 산물인 이 사업은 지속가능 커뮤니티를 장려하는 독특한 주-지방 파트너십 프로그램이다. 주정부 지역사회국(Department of Community Affairs, DCA)이 주도하는 이 프로그램에는 플로리다 주 내의 관심 있는 지역이 응모하도록 요청받았다. (상당한 관심이 모인 가운데) 28개 지역이 이 프로그램에 응모하였는데 그중 5개 지역이 선정되었다. 시범 지역에서는 각자가 추구하는 특정 프로그램 또는 계획을 두고 주와 협약을 맺어야 한다. 일단 합의에 도달하게 되면,

---

16) '내추럴 스텝'의 내용 및 4대 시스템 조건에 관한 상세한 사항은 제8장 참조.

해당 지역은 (광역적 영향이 예상되는 종합계획의 수정이나 개발 사업 등의 경우, 일반적인 광역 단위 및 주 단위의 심사를 거치지 않아도 되는 등) 규제적 재량권이 주어진다. 6개의 지속가능성 원칙이 이 합의에서 제시된다(Department of Community Affairs, 1997).

- 핵심 생태 시스템을 복원한다.
- 고품질의 지역사회와 일자리를 창출한다.
- 더 깨끗하고, 더 건강한 환경을 이룩한다.
- 도시 스프롤을 억제한다.
- 야생동물 지역 및 자연 지역을 보호한다.
- 토지와 여타 자원의 효율적인 이용을 촉진한다.

선정된 5개 지역은 보카러턴(Boca Raton), 마틴 카운티(Martin County), 오칼라(Ocala), 올랜도(Orlando), 탬파/힐즈버러 카운티(Tampa/Hillsborough County)이다. 각 지역은 지역별 특색 있는 이슈를 추구하는데 도시설계, 성장 봉쇄, 경제개발 환경 용지의 보호, 서민주택 공급과 같은 다양한 차원의 지속가능성 의제가 여기에 포함된다.

'플로리다 지속가능 지역네트워크(Florida Sustainable Communities Network, FSCN)'에는 초기에 응모한 많은 지역을 중심으로 그러한 관심을 지지하려는 의도로 결성되었다. 이 네트워크가 표명한 목적은 "주 내의 지역사회에서 교육, 정보, 기술 지원, 동료 간 정보 공유를 통해 각자의 지속가능 개발 목적이 성취되도록 돕는" 것이었다(Department of Community Affairs, 1997). 이 목적을 위하여 지역사회국은 정보와 자원의 공유를 위한 인터넷 사이트를 개설하였다. 참여 지역은 더 지속가능하게 만들겠다는 의지를 담은 결의안을 채택하기만 하면 되었다(예시로 제안된 결의안의 내용은 웹사이트에서 볼 수 있다). 이 프로그램의 첫해 평가는 대개 긍정적이다. 그러나 평가 보고서에는 시범지역에 대하여 주어지는 허가 재량권에 관해서 또 인구가 적은 소도시나 카운티가 최초 5개 선정지역에 포함되지 않았다는 사실에 대하여 약간의 우려도 담고 있다(지역사회국은 바로 그런 곳을 포함시키기 위하여 대상지역을 3개 더 늘릴 의향을 표시하였다).

유럽의 사례를 본보기 삼아, 지속가능성 프로그램과 아울러 그린 어바니즘 도시 구상을 장려 및 지원하는 많은 일을 할 수 있다. 전국 단위의 후원으로서 미국 지속가능도시 캠페인 같은 것을 연례 수상 프로그램과 함께 시행하면 유용할 것이다. 앞서 말한 덴마크자연보호협회나 독일환경연합 등과 비슷한 역할을 미국에서는 환경단체가 하면서 지속가능성 프로그램 및 성과 측면에서 최고의 도시와 카운티를 평가하고 알릴 수 있을 것이다(Deutsche Umwelthilfe, 1996). 여러 정황상, 주류 환경단체들이 도시 개발의 중요성을 더 인식하고 관심을 넓혀가는 것 같다. 시에라 클럽(Sierra Club)의 반(反)스프롤 캠페인은 한 사례이다.[17] 이 같은 단체가 그린 어바니즘 도시 또는 지속가능도시 의제를 향하여 더욱 공격적으로 행보를 넓혀가는 것은, 유럽 도시들이 그리해온 것처럼 자연스러운 일이다.

연방정부 단위에서 기반이 될 만한 계획으로는 대통령소속 지속가능위원회(President's Council on Sustainable Development, PCSD)의 작업과 연방 환경청 지속가능 개발을 위한 도전장려금(EPA Sustainable Development

⁝
17) 시에라 클럽은 미국에서 금광 개발로 인해 서부 산림지대가 훼손되자 이를 지키기 위해 1892년에 출범한 비영리 환경단체이다. 그랜드캐니언 댐 건설 저지로 유명해졌고, 1972년 이래로 북미뿐 아니라 전 세계의 환경을 보전하기 위해 공공정책, 입법, 행정, 사법 등의 영역에서 영향력을 발휘하고 있다(네이버 백과사전).

Challenge Grants) 제도가 있다. 장려금이 주어진 지 이제 3년이 되었는데, 이는 지역 단위의 다양한 구상을 밀어붙이고 지원하는 데 확실히 도움이 되었다. 그간 긍정적 결과가 있기는 했으나 장려금 수상자들을 비판적으로 평가해보면, 수혜 프로그램의 경우 분명히 도움이 되기는 했지만 보통은 어떤 한계를 넘어서지 못하고 있으며, 이 책에 기록된 (프라이부르크, 레스터, 그라츠, 앨버스룬 등) 유럽 도시에서와 같은 종합적 지속가능 전략으로 발전하지는 못할 것 같다. 물론 이러한 특정 사업에 주어지는 보조금의 액수도 그리 크지 않다. 연방 재난관리청(FEMA)이 시행한 '프로젝트 임팩트(Project Impact)'가 대안적인 연방 보조금의 모델일지 모른다. 이 프로그램 하에서 지역사회는 좀 더 규모가 큰 (100만 달러의) 보조금을 받으면서 장래의 자연재해에 대비하여 근본적인 대책을 강구하는 방향으로 종합계획을 수립할 것을 요구받는다. 종합계획과 장기 프로그램의 수립에 대한 헌신을 촉구하는 것이 필수적이며, 비슷한 접근 방식이 미국의 그린 어바니즘 지역사회를 발전시키는 데 이용될 수 있다. 이들이 종합적인 그린 어바니즘 프로그램을 개발하고 집행하도록 돕기 위해서는 장기적 (더 큰 규모의) 재정 지원과 함께 시범 지속가능 지역의 숫자를 제한하여 선정해야 할 것이다.

미국 지역사회의 소비자 중심형 성장기계(growth machine) 이슈가 아마도 가장 심각한 환경적·사회적 도전 가운데 하나일 텐데, 유럽의 사례가 이 문제에 대처하는 초기 단계의 방식에 대한 시사점을 제공할 것이다.[18] 프랭

∴

[18] '성장기계'라는 용어는 1976년 캘리포니아 주립대학 교수인 하비 몰로치(Harvey Molotch)가 「성장기계로서의 도시(The City as a Growth Machine: Toward a Political Economy of Place)」라는 논문에서 처음 사용하였는데, 이는 도시의 심화된 토지 이용을 중심으로 물리적 성장을 선호하는 각종 엘리트 집단의 이익추구 경향을 나타낸다. 이 집단에는 토지 소유주, 개발업자는 물론 지역 프랜차이즈 스포츠 구단도 포함된다고 한다.

크(Frank, 1999)가 설득력 있게 보여주듯이 미국은 지나친 소비 패턴의 결과로 치러야 할 대가가 매우 큰데, 개인 부채 확대(파산율도 놀랄 만큼 높아졌다), 저축률 저하와 함께 가족을 위한 시간이 줄어들고 (도로 보수, 도서관 건립, 청정 대기와 수질 관리 등) 공공재 투자비용에 충당할 자원도 적어지게 된다. 앞서 말한 것처럼 이러한 과소비형 라이프 스타일은 지구 환경에도 심각한 문제가 된다. 과소비 문화의 결과로 사람들이 더 행복한 삶을 누린다는 조짐은 거의 없다. 이 책에 소개된 많은 유럽 도시들이 이 같은 해로운 소비를 줄이기 위한 방법과 전략을 교육하고 시범을 보이며 대중을 토론에 참여시키기 위해 애써왔다. 그리고 많은 지역사회가 덜 소비적인 라이프 스타일을 촉진하기 위해 특별히 노력해왔는데 승용차 이용의 대안을 찾거나, 더 압축적·자원 효율적 주택 및 주거 환경을 만들거나, 상점에서 식재료를 사는 대신 정원에서 키운 채소를 이용하는 등의 노력을 기울였다.

영국 같은 나라에서처럼 그리고 이 책에 기록된 수많은 도시에서처럼, 미국에서도 직접 구체적으로 소비를 겨냥한 국가적 토론 또는 대중 캠페인이 이루어져야 할 때가 되었다. 많은 사람들이 지나친 충동 소비를 줄이려면 경제 체제가 함께 조정되어야 한다고 믿는다. 여기서 중요한 것은 유럽의 경우 부가가치세, 이산화탄소 세금, 기타 녹색 세금, 높은 휘발유 값 및 에너지 가격에 크게 의존하고 있으며, 그럼으로써 더 지속가능한 경제적 신호가 어우러져 작동한다는 점이다.[19]

네덜란드 및 다른 나라의 에코팀, 또는 영국의 생태 칼로리 프로그램과 같은 메커니즘을 통하여 가정의 녹색주의 의사 결정을 촉진하려는 노력이

---

19) [원주] 프랭크(Frank, 1999)는 '누진적 소비세(progressive consumption tax)'를 설득력 있게 주장하면서, 부가가치세의 어려움과 한계를 지적한다(특히 211~226쪽 참조).

의미하는 바는, 환경 영향을 현저히 (그리고 흔히 자발적으로) 줄이는 것이 가정에서도 가능하다는 점이다. 세계에서 가장 소비량이 많고 소비문화가 만연한 나라인 미국에서, 최소한 부분적으로라도 소비를 줄이고 소비 패턴을 바꾸려 노력하기 위해서는 이런 계획이 절실하다. 영국의 '고잉 포 그린' 캠페인 같은 노력이 시사하는 바는 국가 및 지역 차원에서 실질적이고 긴밀한 협력에 의한 대중 홍보 캠페인이 필요하다는 것이다. 미국에서 국가적 소비 패턴을 변화시키기 위한 이러한 캠페인은 적절하며 또 긴요하다. 이는 특히 대부분의 미국 사람들에 대한 이미지를 생각할 때 정작 지향해야 하는 것과는 반대 방향으로 미국이 가고 있음을 인식한다는 뜻이기도 하다. 즉 미국인들은 무제한의 소비, 그리고 이 때문에 파생되는 사회적·환경적 비용에 대한 인식이 거의 없다. 그러므로 향후 5년 이내에 미국은 소비 감축 및 친환경 라이프 스타일로의 변화를 위한 국가적 홍보와 토론을 시작하고 발전시켜야 할 것이다. 아마도 이를 "녹색 내일을 향한 미국 (Americans for a Green Tomorrow)"이라고 (또는 기억하기 쉬운 약자로 바꿀 수 있도록) 이름 붙일 수 있다. 최소한 그런 캠페인은 (모든 수준에서) 대표성 있는 정부라면, 개인과 가정 단위의 행동으로 받아들여질 만한 행태가 무엇인지 그 규범을 만드는 데 중요한 역할을 맡아야 할 것이다.

제12장
지속가능한 경제: 재생형 비즈니스 혁신

지속가능한 지역 경제 조성

지역 경제의 유형과 구성은 도시의 생태발자국과 생태 효과에 엄청난 영향을 줄 수 있다. 그러나 너무나 많은 도시에서 환경은 경제개발 정책에서 (설령 고려된다고 해도) 부차적인 사항일 뿐이다. 이 책에 소개된 그린 어바니즘 도시 및 지속가능성의 목표를 뒷받침하게끔 지역 및 도시 경제의 발전 정책과 전략을 재구상할 수 있는 대단히 중요한 방법이 있다.

많은 유럽 도시의 상업과 경제 발전 과정에서 뭔가 다르고 좀 더 생태적인 접근 방식을 엿볼 수 있다. 이 접근 방식에 따르면 환경에 대한 영향은 부차적이 아니라 우선적으로 고려되어야 하며, 도시 및 중앙 정부가 경제 발전 과정에서 맡는 역할은 더 생태적으로 건전한 비즈니스의 장려·촉진과 관련된 것으로 여겨진다. 특히 수많은 사례 연구 도시에서 지방정부와 산업 간 협력이 나타나고 있으며, 지속가능한 재생형 지역 경제가 이루어지도록 촉진·장려하려는 인상적인 노력을 볼 수 있다.

이 장에서는 유럽에서 주목되는 지역 단위 구상과 프로그램을 소개한다. 이것이 지속가능한 지역 경제발전 정책에 관한 총괄적인 조사는 아니라는 점을 강조해두어야겠지만, 앞으로 서술할 내용은 지속가능 경제의

새로운 비전 중에서도 가장 중요하고 강력한 몇 가지 요소를 보여줄 것이다.[1]

지속가능한 지역 비즈니스 지원

유럽에서는 민간 기업의 오염 방지와 효율적 자원 이용을 촉진하려는 지역 차원의 노력이 다양하게 행해지고 있다. 이러한 측면에서 가장 성공을 거둔 도시 중 하나가 오스트리아의 그라츠이다. 그라츠는 1991년 이래로 "에코프라핏 그라츠(ECOPROFIT Graz)"라 불리는 혁신적인 프로그램을 운영해왔는데, 이는 폐기물과 자원의 소비를 줄이기 위해 지역 기업을 교육하고 생산 과정의 변화를 이룰 수 있도록 돕기 위한 의도로 만들어진 것이다. 아울러 이 자발적 참여 프로그램은 시 환경보호국과 그라츠 기술대학(Graz University of Technology)의 협력으로 운영된다. 프로그램 참여에 따른 인센티브로서, 해당 과정을 수료하는 기업은 에코프라핏 로고를 수여받음으로써 자신을 '환경시장의 리더'로 알리는 데 활용할 수 있다([그림 12.1] 참조).

그라츠는 역사적으로 산업 중심지였으며, 그로 인해 만성적인 대기오염 문제로 (특히 겨울에) 고통을 받아왔다. 에코프라핏 프로그램은 이러한 공

---

[1] 이 장의 주제는 지속가능한 경제로서 어디까지나 지역 공간 내의 산업이나 상업 또는 비즈니스 측면에 초점을 두어 경제적 이익과 환경적 가치를 동시에 추구하는 사례를 소개하고 있다. 좀 더 일반적인 의미의 '녹색 경영' 또는 '그린 비즈니스'에 대한 문헌도 최근 국내외에서 많이 등장하고 있다. 그 사례로는 옮긴이 참고문헌의 Nora(2009), 딜로이트 녹색경영센터(2010) 등을 참조.

[그림 12.1] 에코프라핏 로고

그라츠의 에코프라핏 프로그램에서 위의 로고는 오염과 폐기물 감축에 최소한의 기준을 충족하고, 폐쇄형 생산 촉진에 계속 진전을 보인 기업들만 사용할 수 있다. 이 회사들은 환경시장의 리더로 알려지고 있으며 이 로고를 부여받은 데 대해 자랑스럽게 여긴다.

출처: City of Graz.

해 문제에 대처하고자, 환경 규제로 의무화된 기준을 넘어 오염 감축을 촉진하는 중요한 전략으로 여겨져왔다. 그라츠는 제1회 유럽 지속가능도시상을 받은 5개 도시 중 하나로 에코프라핏 프로그램이 수상에 크게 이바지하였다. 프로그램의 핵심 아이디어는 산업, 상업, 지역 대학, 지방정부 사이의 파트너십을 구축하여 기업이 오염 방지를 위한 대책을 마련하도록 돕는 것이다. 프로그램은 폐쇄 고리형 생산(closed-loop production) 철학을 분명하게 장려하고 있다.

   프로그램 참여는 몇 단계를 거치게 된다. 처음에는 워크숍을 열어 폐쇄 고리형 생산 기업의 종업원을 교육하고, 각 회사별로 (에너지와 물자의 흐름을 기록하면서 투입-산출에 관한 분석 등) 각종 데이터와 정보를 수집한다. 다양한 분야별 프로젝트팀이 각 회사 안에 구성되며, 효율성을 높이는 가운데 폐기물을 줄일 수 있는 아이디어를 찾는다. 폐기물과 오염 감축이 상당한 정도로 성취되었을 때 에코프라핏 로고가 수여되며, 회사가 로고를 계속 사용하려면 시행 첫해 이후에도 계속적인 진전을 보여주어야 한다.

로고를 수여하는 데는 특정한 기준이 마련되어 있다. (당초 유럽연합의 생태 관리 및 감사 제도 프로그램에 기초를 두되 중소기업을 위해 일부 조정된) 몇몇 계량적 기준이 설정되어 있는데 고체 폐기물 30% 감축, 유해 폐기물 및 대기 방출 50% 감축 등을 포함한다. 로고는 1년 단위로 부여되며, 인증을 유지하기 위해 기업은 프로그램에 계속 활동적으로 참여해야 하며 오염 감축도 추가적으로 이루어야 한다. 흥미롭게도 프로그램의 초기 단계를 통과한 기업들은 이후 새로운 기업의 참여를 이끌고 교육하는 동료 집단이 된다.

이 시책은 다양한 회사가 참여하면서 대단한 성공을 거두었다. 처음에는 몇몇 인쇄소, 정비소, 커피 로스팅 도매업소, 대형 연쇄점 등이 참여했는데(ICLEI, 1994 참조), 많은 회사가 환경 개선을 크게 이루었다. 예컨대 참여사들은 대체로 유해 폐기물 및 고체 폐기물을 절반 가까이 줄였다. 가시적인 변화를 보인 사례로는 지나친 스프레이 방출을 막는 페인트 분무기술을 채택한 정비소, 수성 페인트 사용으로 전환한 인쇄소들, 잉크 대량 구매로 용기 폐기물을 감축한 경우 등이 있다. 나는 그라츠에 있는 포드 자동차 회사의 미니밴 조립공장을 방문하였는데, 이 공장은 (예를 들면, 사용한 페인트를 수거하여 재활용하는 착색 공정을 포함하여) 생산 과정에서 다양한 변화를 몇 년간 추진해왔다.

획기적인 개선이라 할 중대한 개별 사례가 인용될 수 있다(ICLEI, 1994: 5).

시설 관리의 향상, 다른 물자 선택, 신기술 및 공정 변화 등을 포함하여 더 나은 환경 관리를 통해 구체적인 개선이 이루어졌다. 예컨대, 차량 정비소에서는 대용량/저압력 스프레이 기술로 인해 오버스프레이를 25% 줄인다. 인쇄업체는 그라비어(요판, 凹版) 인쇄 과정에서 잉크를 혼합함으로써 유해 폐기물을 감축했다. 재공정 과정에서 화학물질 투입이 많게는 70%까지 줄어들었다. 물자 선택의 변화 또한 효과적이었다. 유독성 할로겐화 기름제거제를 (찬물을 용제로 사용하는) 수성 기름제거제로 교체함으로써 솔벤트(solvent) 배출이 줄어들었다.[2] 인쇄업체에서는 가능한 한 언제나 수성 페인트를 사용하였으며 이로 인해 80~90%의 솔벤트 배출이 감소되었다. 유성 옵셋 세제를 저휘발 식물성 기름 세제로 교체하였고, 잉크의 벌크 구입으로 인해 빈 용기가 50% 정도 줄어들었다.

이런 유형의 오염 저감 기법과 기술이 자리 잡으면서, 기업은 커다란 비용 절약을 경험하였고, 환경적으로 지속가능한 생산 공정이 경제적으로도 수지를 맞출 수 있음을 효과적으로 보여주었다.

여기서 한 가지 중요한 교훈은 이 과정에서 도시 정부가 중대한 촉매 구실을 할 수 있다는 점이다. 그라츠 시는 이 분야에 정통한 대학의 전문성에 기대는 가운데, 교육 및 의식 개발을 위한 과정을 구축하였고, 기술지원 등을 제공하는 가운데 (에코프라핏 로고의 사용과 같이) 변화를 위한 긍정적 인센티브를 창조함으로써 산업을 더 친환경 생산 쪽으로 이끄는 데 선도적 역할을 하였다. 이 프로그램의 담당자인 시 공무원이 분명히 말한 것처럼 개별 기업이나 사업에서도 각자의 구체적인 수단을 찾아 시행하고 오염 절감을 위해 헌신해야 할 것이다.

기업은 이 프로그램에 자발적으로 참여하게 되므로 인센티브가 중요하다. 강조점은 오염을 줄일 뿐 아니라 효율성과 이윤을 늘리는 저비용의 개선책을 찾아내는 데 있으며, 이는 명백한 재정적 인센티브가 된다. 홍보

---

2) 솔벤트는 용제(溶劑), 즉 물질을 용해하는 데 쓰는 액체를 말하며 보통 알코올, 가솔린 등이 있다.

측면에서도 중대한 이점이 있다. 프로그램이 제시하는 기준을 계속 충족시켰다는 의미의 에코프라핏 로고는 효과적인 마케팅 및 홍보 수단이 된다.

'에코프라핏 그라츠' 시책은 지방정부가 대학과 연계하여 지역사회 내의 기업을 돕고 협력하는 데 중요한 역할을 할 수 있음을 보여준다. 이는 전형적인 규제 설정이나 조언 제공에 그치는 미국의 정부와는 매우 다른 모습이다. 참여 기업 스스로가 이 프로그램에 커다란 이점이 있음을 발견했다. 그들은 "재무적 절약, 생산성 향상, 도시 정부와의 관계 개선, 대중적 이미지 개선 등"의 효과가 있었다고 말한다(5쪽). 이와 함께 많은 공해 예방 기법이나 기술의 기술적·재무적 장점을 지역에서 시범적으로 보여주는 결과도 가져온 셈이었다. 이 프로그램을 7~8년쯤 운영하면 오염 예방 및 폐쇄 고리형 생산에서 충분한 가시적·실질적 성과를 보이게 된다. 에코프라핏 프로그램의 사례를 기록하고 정리한 연례 보고서가 발간되는데, 이로 인해 훨씬 더 폭넓은 반향이 유발되고 다른 곳에서도 반복될 가능성이 높아지면서 그 실행 가능성과 이점을 더 다양한 비즈니스 공동체에 알릴 수 있게 된다.

훈련 프로그램과 기업체 직원들의 계속되는 참여 덕분에 신뢰에 대한 문제가 극복되고 있는 것으로 보인다. 에코프라핏 아이디어를 미국의 지역사회에 적용할 수 있을지를 생각해보면, 정부와 기업 사이에 존재하는 적대감을 극복하는 것이 필요하다. 기업 측 사람들이 교육 및 아이디어 형성 과정에 적극 참여하는 협력 메커니즘을 창조해내는 것이 필수적이며, 이는 그라츠 구상에서 얻을 수 있는 주요 교훈 중 하나이다.

다른 유럽 도시도 환경적 효율성과 지역 기업의 성과를 자극하기 위해 에코프라핏과 비슷한 프로그램을 시도하는 중이다. 예컨대, 몇몇 다른 도시와 함께 콜링 시에서도 기업 측의 환경과 자원 효율성을 장려하기 위해 그라츠를 본딴 전략을 발전시켜왔다. 이는 "그린 네트워크(Green Network)"라 불리며, 기업의 환경적 영향을 점검하면서 더 야심 찬 환경 목표를 달성하고자 노력하는 데 동의한 기업들이 제휴한 형태이다. 도시 정부는 이에 대한 보답으로 '그린 네트워크' 인증서와 깃발을 수여하여 기업 측의 노력을 인정해준다. 이 프로그램은 인기가 많아서 콜링의 160개가 넘는 기업이 참여하고 있으며, 사실상 지역의 대기업 대부분이 네트워크에 포함되었다. 콜링 시 환경국장은 이 프로그램이 기업의 자존심이라는 측면을 이용하고 있으며 이 네트워크에 끼지 못한 많은 기업이 부끄러워할 정도라고 주장한다.

수많은 유럽 도시가 환경문제에 기업을 참여시키는 공식 메커니즘 또는 과정을 수립해왔다. 앨버스룬은 통상 및 비즈니스를 위한 환경 포럼을 설립하였는데 이는 기업이 환경 영향에 대하여 예방적 접근을 강구하도록 돕고 지역 기업의 청정 기술 및 환경 관리·평가를 촉진하고자 설계된 것이다.

런던의 일링 구와 같은 지역은 그린 비즈니스 지침을 마련하였으며, "중심 가로 녹색화(Greening the High Street)"로 이름 붙여진 시범 사업에서 지역 기업과 시 사이의 혁신적 협력을 추구한다. 각 기업체는 자신의 환경 영향을 주의 깊게 살피게 되는데, 이 사업의 첫 단계에서는 폐기물의 흐름을 꼼꼼히 살핀다. 그리고 나서 기업들은 그런 영향을 줄이는 수단(폐기물이 어느 지점에서 감축될 수 있는지)을 확인하도록 도움을 얻는다.

레스터 시는 지역 기업에 혜택을 주는 일정 범위의 프로그램과 구상을 시행해오고 있다. 기업 부문의 네트워크를 기반으로 세미나 개최, 환경 상담 전화 서비스 구축, 환경 평가 준비 기업에 대한 서비스 제공 등을 추진한다. 지역 환경단체인 엔비론이 사업 평가를 수행하는데 여기에는 "회사의 생태발자국에 대한 종합 분석"이 포함된다(Environ, 1996). 보통 이 분석은 1~2주 동안 시행되며 내용 가운데 환경적 성과를 높이기 위한 가시적 권고와 경제적 이윤 향상을 위한 제안도 함께 포함된다.

몇몇 프로그램은 녹색주의를 강조하는 소기업을 지원하고 독려하는 데 초점을 두기도 한다. 에코스타트 덴하흐는 (항공기 마일리지와 비슷한 개념에 바탕을 둔) 에코패스(eco-pass)의 개발을 위해 노력해왔는데, (대중교통, 유기농 식품, 자전거 등) 친환경 제품을 구입하면 구매자에게 점수가 주어지며 이 점수로 다른 상품이나 (친환경 여가 활동 등) 서비스를 이용할 수 있게 하는 것이다. 에코스타트 소식지 또한 마을의 생태 기업이 광고와 할인쿠폰을 미리 내보내는 수단으로 기능하고 있다. 이는 에코패스 개념이 "시장에 정착하도록 미리 덥히는" 수단으로 보인다.

또한 도시마다 전략적 재정 및 기술 지원을 통하여 새로운 생태 기업과 기술 개발을 지원하고 있다. 특히 베를린은 지속가능 산업과 기술 발전을 위하여 적극적인 역할을 하면서 오랜 기간 동안 보조금을 지원해왔다. 구체적으로 베를린 시는 환경 개선 프로그램(Environmental Improvement Program)으로 신 환경 기술 및 장비에 투자되는 비용의 50%까지 지원한다. (이러한 기술은 새롭거나 뭔가 달라야 하며, 현행 법령의 의무사항을 능가하는 수준이라야 한다.)

산업 공생과 생태 산업단지

유럽 도시에는 새롭게 떠오르는 산업 공생의 사례가 매우 많은데, 이는 어떤 제조업체나 산업에서 나온 폐기물이 다른 기업의 생산적인 투입물로 이용되는 체제이다. 세계적으로 부분적인 산업 공생의 사례는 많으나, 이것이 완전하게 발전된 형태의 모델은 거의 없다. 제9장에서 논의되었던

(덴마크) 칼룬보르(Kalundborg) 단지는 세계에서 가장 널리 연구되고 자주 인용되는 사례이며, 이는 미국의 도시에도 영감을 주는 본보기가 될 수 있을 것이다.

이 단지 내 아스네스 전력회사는 공생단지의 중심을 차지하며 몇 년 동안 업체 간의 상호 관계를 조직하고 확장시키는 데 많은 일을 해왔다. 이곳의 발전소는 석탄과 석유로 가동되며 칼룬보르 시에 여분의 열을 지역난방 시스템에 사용되는 온수의 형태로 판매한다. 또한 발전소의 남아도는 증기는 근처의 정유공장(Statoil)에 난방용으로 판매되며 인접 양어장을 덥히는 데도 쓰이고 있다.

또한 이 전력회사는 다른 부산물과 폐기물을 판매하는데, 이산화황 집진기에서 나오는 석고를 지역의 석고보드 제조업자에게, (또 다른 부산물인) 비산회를 지역 건설회사에 판매한다. 정유공장의 경우, 발전소에서 나오는 여분의 증기를 받아가는 반면, (보통은 태워 없애버리는) 플레어 가스(flaregas)를 아스네스 발전소에 되팔아 전력과 열을 생산하는 데 이용되도록 한다.[3] 또한 비산회는 석고보드 제조사로, 냉각수는 발전소로, (탈황 과정에서 생기는) 황은 지역의 황산 제조사로 보내진다. 지역의 제약회사인 노보 노르디스크(Novo Nordisk)도 산업 공생에 참여하는 기업 중 하나로 시에서는 지역난방을, 발전소에서는 증기를 얻고, 자체 생성하는 유기 폐기물은 지역 농가의 비료로 쓰도록 내보낸다. 인슐린 생산 과정에서

⁝

3) 플레어 가스는 혼합석유가스(associated petroleum gas, APG)로도 불리는데 일종의 천연가스로서 석유를 추출·처리하는 과정에서 생긴다. 원유를 추출하는 지역이 바다 또는 내륙 오지로서 보통 먼 거리에 위치하고 있어서 이런 유형의 가스는 대개 불태워 없애 버린다. 그러나 적정한 처리를 거치면 공사 현장의 전력으로 활용 또는 정유 공정으로 투입되어 정제될 수도 있다.

생기는 여분의 효모는 동물의 식량이 된다(Kalundborg Center for Industrial Symbiosis, 1996).

이러한 산업 공생 관계의 결과는 인상적인데, 공해 절감, 더 효율적인 자원 사용, 최소 비용으로 환경 규제 달성, (회사 간 합동 교육 등) 참여사들의 관계 향상 등을 들 수 있다. 환경 이익으로는 특정 원자재 수요가 급격히 줄어들었으며, 이산화탄소와 이산화황 배출도 거의 60% 가까이 감축되었다(Gertler and Ehrenfeld, 1994).

칼룬보르에서는 또한 새 공생의 모습이 오염토양 복원 회사를 중심으로 발전되고 있다. 땅에서 추출된 중금속은 지역 내 다른 기업에 판매되어 재사용되고 있으며, 일부 깨끗한 흙은 건설 및 건축 사업에 이용된다. 또 다른 사례는 덴마크의 유류 재활용 회사인데, 칼룬보르 항구를 이용하는 선박들에서 나오는 폐유를 추출하여 재사용하려 계획 중이다. 정유 과정을 거치면 폐유는 기유(基油, base oil)가 되어 재사용이 가능하며, 전력회사가 그 일부를 기름 연소 버너용으로 다시 쓸 수 있다.

최근의 공생 아이디어가 모두 다 잘 풀린 것은 아니다. 얼마 전에는 전력회사로 하여금 냉각수를 신설 맥주공장에 먼저 공급하고 순서대로 노보 노르디스크 제약회사, 정유공장, 그리고 다시 전력회사로 순환되도록 하는 계획이 있었는데 각 단계마다 물이 약간씩 덜 차가워야 한다는 조건이었다. 그러나 결국 이 아이디어는 조그만 문제들이 복합적으로 작용함으로써 무산되었고(예컨대 노보 제약회사는 이 계획의 실현 가능성과 비용을 빨리 알아내야 했다) 결국 맥주회사는 시설을 확대할 적절한 시기가 아니라고 판단하였다. 이 사례를 보면 그런 결정을 함께 이끌어내는 위험성과 어려움, 타이밍의 문제를 알 수 있다.

칼룬보르 산업단지 사례는 실제로 지속가능한 노력인가? 이 모델에서 몇 가지 역설과 중요한 이슈가 있다. 첫째, 단지에서 가장 중심적인 존재가 발전소인데, 발전소는 석탄과 석유가 함께 연료로 사용되며 둘 다 세계 곳곳에서 대량으로 수입되고 있다(실제로 이 단지는 덴마크 최대의 전력 시설이다.) 둘째, 공생으로 이어진 상호 관계는 대부분 산업 분야에 제한되어 있으며 이를 주택 및 다른 부문, 나아가 도시와 광역권의 폭넓은 활동과 기능에까지 확대하려는 노력은 거의 없었다. 마지막으로, 회사들 간 (즉 '환경' 클럽 내의) 환경 관련 행동을 조정하기 위해 설립된 위원회는 공생의 개념을 더 넓은 지역으로 확대하는 중이다. 위원장인 발데마르 크리스텐손(Valdemar Christenson)은 이를 어떻게 확대할지에 대한 예비적인 아이디어를 전체 모임에 내놓은 바 있다.

최근 미국이 생태 산업단지와 무공해 지역(zero-emission zones)을 창조하려고 상당한 노력을 기울이고 있기는 하나, 여전히 유럽은 실제로 작동될 수 있는 유일한 모델이 무엇인지를 보여준다. 당연하게도 칼룬보르 프로그램에 대하여 엄청난 관심이 모아졌으며, 명백하게도 다수의 관련자에게는 이 모델을 세계의 다른 지역으로 수출하는 일이 한 가지 중요한 임무가 되었다. 이를 위하여 (2명의 상근 직원과 함께) 공생연구단(Symbiosis Institute)이 구성되었다. 유럽과 세계의 다른 지역과 최근 미국 미시시피 대표단을 포함하여 여러 그룹이 이 도시를 방문하였다.

수많은 다른 창조적인 공생 관계를 찾아낼 수 있으나 칼룬보르처럼 상호 관계가 다양하게 연결된 곳은 거의 없다. 한 사례는 로테르담 근처의 발전소(RoCa3)인데, 이 발전소는 250헥타르 넓이의 온실에 (열병합 발전을 통하여) 온수와 (폐기물인) 이산화탄소를 공급한다. 물론 이 온실은 스스로 이산화탄소를 생성하지만 이 공생 관계를 통하여 발전소에서 나오는 폐기 배출물의 일부가 온실에서 요긴하게 사용되는 것이다(제8장 참조;

Electriciteitsbedrijf Zuid-Holand, undated).

　대형 열병합 발전소가 여분의 열을 (온수 또는 증기의 형태로) 주변의 산업체나 지역사회에 공급하는 사례는 매우 많다. 이 책이 산업 공생을 종합적으로 논의하는 것은 아니지만 다른 연구에서 유럽의 수많은 사례가 확인되는데, 예컨대 스웨덴, 오스트리아, 아일랜드, 프랑스 등의 프로젝트가 그러하다(Cote, 1997 참조). 많은 사례에서 운영 비용을 줄이고 산업 경쟁력을 키우면서도 동시에 생산으로 인한 환경 영향을 크게 줄이는 산업 공생 개념의 잠재적인 힘을 보여준다. 산업 공생은 무공해 폐쇄 고리형 경제의 잠재력을 제시하고 있는데, 유럽 도시가 그 잠재력의 정점에 확실히 도달한 것은 아니지만 미국 도시보다는 많은 측면에서 훨씬 더 앞섰다고 할 수 있다.

　다른 유럽 도시도 생태 산업단지를 개발하는 데 초점을 맞추면서 생태 친화 산업을 끌어들이려 노력하고 있는데, 물론 산업 생태와 공생의 원칙을 적용시킬 수 있는 다른 산업의 경우도 마찬가지이다. 특히 덴마크 도시가 이에 적극적인데, 거듭 말하지만 칼룬보르 생태 산업단지의 경우 최고 또는 아마도 유일하게 모든 게 제대로 작동하는 산업 공생 현장으로 기능하고 있다. 이 전략의 또 다른 사례를 덴마크 헤르닝에서 볼 수 있는데, 여기서 조성 중인 비즈니스 공원에 입주하려는 신규 업체는 광범위한 환경 헌장(국제상공회의소의 환경 헌장 16개 항목)에 동의해야 한다. 이 헌장은 물자의 재활용, 재사용, 환경기술의 사용을 요청하고 있다. 다른 연구 대상 도시들도 비슷한 생태 산업단지 또는 생태 비즈니스 공원을 개발하고 있다.

　이러한 산업단지 또는 생태 산업단지가 더 지속가능하게 된 것은 부분적으로는 에너지와 열의 공급 방식 덕분이기도 한데, 이는 광범위한 산업 공생이 존재하지 않는 다른 지역에서도 마찬가지이다. 자르브뤼켄에

생태 비즈니스와 산업은 관련 활동의 지원에 필요한 전력이 어떻게 생산되는가에 의해서 부분적으로 정의될 수 있다. 사진은 광전지 패널과 열병합 발전소가 합동으로 전력을 제공하는 혁신적인 자르브뤼켄 산업단지이다. 겨울에는 열병합 발전소의 지역난방 및 광전지 패널을 함께 이용하고, 난방 수요가 없는 여름에는 단지 내 모든 전력이 이 전지판을 통해서 생산된다.

있는 혁신기술센터(Innovation and Technology Center)가 한 사례로, 여기서는 매우 흥미로운 냉난방 전략이 개발되어왔다. 중앙집중화 열병합 발전 시설이 겨울 동안 운영되어 단지 내 회사에 전기와 (집중형) 지역난방을 공급하는데, 태양전지판을 보조로 사용한다. 그러나 (난방 수요가 낮은) 여름에는 1,000개의 광전지 패널이 최대 50kW까지 모든 회사의 필요 전력량을 제공하는 것이다(European Academy of the Urban Environment, 1996).

유럽의 정부마다 이런 유형의 지속가능 기술 개발에 상당한 보조금을 제공하고 있다. 네덜란드의 VAMIL 프로그램에서 기업체는 지속가능 기술에 대한 투자액을 (가중 방식으로) 감가상각 처리 할 수 있다. 주택·공간계획·환경부(VROM)에서는 1991년부터 수용 가능한 장비와 기술 투자를 나열한 '환경 목록(environmental list)'을 작성하고 매년 갱신한다. 기술에 대한 투자는 현재 시장에서 일반적으로 널리 통용되지 않는 (시장점유율 30% 이하) 경우에만 여기에 포함된다. 더 구체적으로, 자격이 되는 장비는 "⋯⋯ 네덜란드에서 통용되지 않으며, 에너지 및 원료 사용 등 인간의 행위로 인한 환경 영향에 대하여 상당한 정도로 예방·제한·회복할 수 있는 장비만으로" 한정하여 정의된다(VROM, 1994: 5). 주택·공간계획·환경부는 점수제를 적용하여 제안된 사례의 상대적 우선순위를 평가한다. 점수 배정 기준은 감축된 오염물질의 속성(즉 더 해로울수록 더 많은 점수가 주어진다), 기술의 본질(배출 감축과 에너지 절약을 함께 이루어 내는가?), 투자비용이 회수되기까지 걸리는 기간(더 짧을수록 높은 점수가 주어진다) 등이 있다. 목록의 갱신은 관련 부처 네트워크에 대한 문의 및 특정 산업 부문에 대한 설문을 거쳐 이루어지는데, 후자는 전국환경정책계획에 담겨 있는 목표 집단을 대상으로 한다. 개별 기업과 단체는 이 목록에 자신들이 원하는 추가 항목을 더해 달라고 제안할 수 있으며 실제로 그리하고 있다. 산업체의 설문에 따르면 이 프로그램은 강력한 지지를 받고 있으며 재정 인센티브가 투자 결정에 영향을 끼친다는 증거가 발견된다(VROM, 1994 참조). 기업은 특히 (예상대로) 비용과 품질이 대략 같을 경우 환경 목록에 들어 있는 기술과 장비를 선호한다.

지속가능한 공장 상상하기

또 하나 눈에 띄는 유럽의 지속가능 비즈니스 사례는 벨기에 앤트워프 근처 오스트말레(Oostmalle)에 위치한 기업인 에코버(Ecover)이다. 이 회사는 환경 영향을 최소화하도록 설계된 세탁 및 청소 제품을 생산하는데, 기업 철학이 지속가능 원칙에 기초하고 있으며 1987년부터 그 규모와 시장 점유를 꾸준히 늘려왔다. 현재 미국에서 생태형 세탁 제품 시장에서 1위를 차지하고 있는 업체로 매출이 해마다 엄청난 비율로 성장하고 있다.

흥미로운 것은 이 회사의 환경 철학이 제조 공장에까지 확장·적용되었다는 점이며, 이는 생태형 공장(ecological factory)으로 불린다. 제품의 포장에는 그린루프를 설치한 회사의 공장 사진이 실려 있기도 하며, 수많은 특성 요소가 이 공장을 개성 있게 만들고 있다. 공장은 크게 두 부분으로 구성되는데 오래된 재래식 직사각형의 평면지붕 건물과 1992년에 건설된 유기 건축(organic architecture) 원칙을 바탕으로 건설된 대형 부속건물이 있다.[4] 신축 건물은 태양 빛을 받는 남향으로 지어져 채광이 뛰어나며, 가장 눈에 띄는 환경 요소일 6,000제곱미터의 그린루프를 갖고 있는데, 회사는 그 지붕이 "산업체 건물에 놓인 최대의 옥상정원"이라고 자랑한다(Ecover, 1992: 6). 공장의 많은 부분(약 60~70%)이 재활용할 수 있는 자재로 지어졌다. 핵심 트러스(truss)는 북유럽 전나무로 되어 있는데, 대

---

4) 유기 건축은 미국의 현대건축가 프랭크 라이트(Frank L. Wright, 1867~1959)가 주창한 건축 이념으로서 프랑스의 르코르뷔지에 등의 기능주의 건축, 즉 주택은 거주를 위한 기계일 뿐이라는 입장과 대립된다. 즉 건축물은 외부 자연과의 조화를 도모함으로써 인간의 유기적인 생활을 반영하는 질적 건축이 되어야 한다는 것이다. 라이트의 대표적 저서인 『유기적 건축물』(1939)은 현대건축에 큰 영향을 끼쳤다(네이버 백과사전, 위키피디아 참조).

개 강철 지붕을 얹은 보통의 산업체 건물과 대조적으로 여기서는 강철이 거의 사용되지 않았다.[5] 건물 전체적으로 철의 사용이 의식적으로 최소화 되고 있는 것이다.

기존 건물을 보존하는 것 또한 의도된 환경적 결정으로 분명한 이익이 있다. 그뿐만 아니라 신규 증축 건물의 거의 모든 측면이 환경을 염두에 두고 설계되었다. 공장에서 사용되는 건축 자재는 TU 에인트호번의 연구자들이 개발한 ("BIM"이라 불리는) 시스템에 따라 평가되고 등급이 매겨진다. 건축자재는 1에서 10까지 등급화되는데(10이 최고 환경품질 등급이다) 가능한 한 환경에 끼치는 영향이 가장 적은 자재가 선택되었다. 합성물질의 사용은 되도록 피하고 천연 리놀륨(linoleum), 토기 타일, 종이 단열재, 천연 페인트가 사용되었다.[6]

공장 부속건물의 벽은 톱밥, 진흙, 석탄가루를 혼합하여 만든 독특한 벽돌로 지어져 일정한 환경적 가치를 지닌다. 톱밥이 들어 있다는 것은 벽돌을 구울 때 기본적으로 안에서 바깥으로 구워진다는 뜻으로, 이에 따라 벽돌을 굽는 과정에서 에너지를 덜 쓰게 되는데, 굽는 일수가 적거나 더 낮은 온도에서 구워지기 때문이다. 또한 벽돌은 재활용 석탄가루를 쓴다는 점에서 더 환경적이며, 벽돌의 미세한 다공질은 단열 능력도 향상시킨다.

매우 극적인 요소와 함께 에코버의 그린루프는 매우 긍정적인 반응을 끌어낸다. 내가 1998년 6월 에코버를 방문했을 때, 지붕에는 풀이 무성했고 클로버, 이끼, 잔디 등이 여기저기서 자라고 있었다. 이 지붕은 여름철 동안 건물을 시원하게 만들고, 겨울에는 열을 보존하는 데 매우 성공적이

---

5) 트러스는 여러 개의 직선 부재를 하나 혹은 그 이상의 삼각형 모습으로 배열하여 각 부재를 절점에서 연결해 구성한 뼈대 구조이다(네이버 백과사전).
6) 리놀륨은 건물의 바닥재로 쓰이는 물질로서 탄력성이 좋고 내수성·내구성이 뛰어나다.

었다. 보고된 바에 따르면 안과 밖의 온도 차이가 매우 인상적이다(겨울에 내부는 12°C이고 외부는 4°C, 여름에는 내부 26°C에 외부는 33°C이다). 깨끗하고 둥근 유리지붕이 지붕마루를 덮으면서 많은 양의 햇빛을 통과시키므로 인공조명이 거의 필요 없을 정도이다. 같은 규모의 재래식 공장에 연간 3만KWh의 전력이 필요한 것과 견주어, 이 일광 시설로 절감되는 에너지량은 상당한 것으로, 에코버의 총전력 소요량은 약 5,000KWh면 족한 것으로 계산된다(Ecover, 1992: 70).[7]

에코버의 기획담당인 피터 말레즈(Peter Malaise)는 지붕을 지을 때 많은 실험 단계를 거치면서 몇 가지 문제점에 직면했다고 설명한다. 만일 그들이 이 사업을 다시 시행한다면, 말레즈는 식물 생물학자와 일찍부터 협력하여 지붕에 식재할 비오톱의 유형을 좀 더 주의 깊게 계획하겠다는 것이다.[8] 한 가지 문제는 여름 동안 나무가 많이 죽는다는 점인데, 이는 말레즈에 따르면 부적절한 수종이 선택되었기 때문이다. 큰 문제는 아니었지만 물이 좀 새는 일도 있었다. 지붕은 1년에 한 번만 잔디를 깎아준다.

또한 이 공장은 폐수를 완전히 재활용하기 위하여 폐수처리 시스템을 설치하였다. 생산 과정에서 (헹굼용 물을 희석제로 다시 쓰는 등) 물을 재활용한다는 점은 이 공장에서 폐기물로 내버리는 양이 처음부터 훨씬 적다는 것을 의미한다. 결과적으로 폐수는 얕은 연못에서의 일련의 처리 과정과 갈대밭 정화 시스템 등 몇 단계를 거치게 된다. 당초의 계획은 정화된 폐수를 그린루프, 변기, 기타 생산의 목적으로 공장에서 다시 사용하고자 재순환시키는 것이었는데, 지역의 보건 규제로 인해 그렇게 하지는 못하였

---

7) [원주] 인공조명은 겨울철 동안 오전 8시에서 10시 사이, 그리고 오후 5시에서 6시까지만 사용된다.
8) 비오톱은 제7장 첫 부분 및 참조.

벨기에 오스트말레에 있는 에코버 생태형 공장은 태양광의 광범위한 사용 등을 포함하여 다수의 지속가능성 요소를 적용하고 있다.

다. 게다가 도로 확장으로 기존의 갈대밭이 많이 잠식되었고 그곳의 여과장치도 임시적으로 사용이 중단되었지만, 장래에 이 시스템을 재설계하고 개선시키려는 계획이다.

 이 공장은 에코버 회사에서 지속가능성의 가치를 대표하는 상징이다. 말레즈에 따르면 오늘날 이 공장을 짓는다면 추가 비용이 5~10%에 불과할 테지만, 이는 재래식 건물의 건설 비용보다 약 40% 더 비싼 것이다.

 아울러 종업원들도 좀 더 지속가능하게 살도록 권고받는다. 예를 들면, 회사는 킬로미터당 통행수당을 제공하는데, 승용차보다 자전거를 이용할 때 3배쯤 높은 수당을 받는다. 또 사원들이 연료 마일리지가 좋은 차를 사용하면 통행료 보전비용도 더 많이 받는다(Ecover, 1992). 게다가 공장에서는 가장 긍정적인 작업환경 조성을 목표로 세웠는데, 여기에는 매일 작업량 수정과 "부드러운 교대 시스템(gentle shift system)"이 포함된다.[9] 공장 그 자체가 환경적 진보를 성취하는 현장으로서, 이를 더욱 지속가능하게 만들고자 한다. 전력/열 생산을 위하여 일종의 폐열발전을 활용하려는 계획도 있다. 여러 차례 되풀이했듯이, 시설 내 갈대밭 여과 시스템을 거쳐 정화된 폐수를 그린루프 및 공장 내 다른 용도로 사용하자는 아이디어도 논의되었다. (현행 규제에 의하면, 양이 많이 줄어든 정화수가 여전히 시 하수처리 시설로 방류되도록 되어 있다.) 그리고 아마도 더 많은 광전지 패널이 공장 지붕 위에 설치될 수 있을 텐데, 현재는 건물 정문 위 지붕에 제한된 숫자의 실험용 패널이 배열되어 있으며, 이 패널로 폐수를 지붕으로 올리는 데 필요한 펌프의 전력을 공급할 수 있을 것이다.

에코버 시설은 공장이 진정한 산업 엔진으로서, 오염원으로만 비치기보다는 그 이상의 뭔가를 할 수 있다는 가능성을 보여주며, 공장이 처음부터 우아하고 살아 있는 유기체로서 인식될 수도 있다는 것을 보여준다. 에코버가 인정하듯이 모든 세탁 및 청소 제품은 어느 정도 환경에 피해를 주고 있다. 따라서 에코버는 그 피해를 가능한 한 줄이는 제품을 설계하고자 노력해온 것이다. 이 회사의 모든 제품은 '에코버 기준(Ecover code)'을 충족시켜야 한다. 일반적으로 에코버 제품은 석유화학물질을 되도록 사용하지 않는 것으로 알려져 있는데, 그 대신 쉽고 빨리 분해되는 자연물질을 포함한다. 이 회사는 석유화학성 계면활성제 대신 비누와 설탕으로 만들어진 계면활성제를 사용한다. 이와 같이 책임 있고 지속가능한 제품 설계에 바탕을 둔 인상적인 품질 기준이, 제품을 생산하는 장소 즉 건축과 입

---

9) [원주] 부드러운 교대 시스템에서 "종업원들은 사람의 바이오리듬을 저해하는 야간 근무가 없이 오전 6시에서 오후 2시까지 또는 오후 2시에서 오후 10시까지 유연 근무시간제로 일하며, 휴대용 컴퓨터 덕분에 재택근무까지 할 수 있다"고 한다(Ecover, 1992: 13).

지에도 적용되는 것이다. 이는 다른 산업에도 적용될 수 있고 또 적용되어야 하는 모범 사례이다.

지속가능한 산업단지

프랑스 북쪽 해안 도시인 됭케르크(Dunkerque)는 중공업과 자연 그리고 삶의 환경을 조화시키는 창조적인 수단을 개발해왔는데, '산업환경계획(Industrial Environment Scheme, IES)'을 개발한 것이 그 사례이다.[10] 시는 1993년에 채택된 이 계획에 힘입어 제1회 유럽 지속가능도시 상의 수상 도시 중 하나가 되었다. 실제로 됭케르크 전략이 발전하기 시작한 것은 1980년대로 철강 위기 때문에 지역에서 6,000여 개의 일자리가 사라졌고 곧이어 시의 조선소가 문을 닫으면서 3,000여 명의 추가 실직자가 발생했다. 이에 따라 됭케르크가 산업도시로서 희망이 있는지에 대하여 심각한 논의가 이어졌다. 대다수 시민은 도시의 장래가 여전히 희망적일 것으로 예상했고 많은 유형의 산업 성장에 적합할 것이라고 믿었다. 이 지역은 대규모 항구가 주요 자산이었고, 3,000헥타르에 이르는 대형 산업용지가 이용 가능한 상태였다. 그러나 많은 됭케르크 시민들은 산업이 과거 방식으로 운영될 수는 없고, 그렇게 운영되어서도 안 되며, 지역의 어떤 산업이든 더 환경적으로 민감해져야 하며 시민의 건강이 존중되어야 한다고 생각했다.

---

10) 됭케르크는 프랑스 북부 노르파드칼레(Nord-Pas-de-Calais) 주의 도시로 인구는 7만여 명이다. 10세기 이래로 군사적 요지가 되었으며, 철도와 운하 등 교통 중심지이기도 하다. 제2차 세계대전이 한창이던 1940년에 영국군의 철수작전이 있었던 곳으로 유명하며, 전쟁 중 80% 이상의 가옥이 파괴되었다.

이러한 환경 목표를 염두에 두고 새로운 유형의 산업 개발 전략을 설계하는 과정이 시작되었다. 연속적인 연구가 이루어졌으며 다른 유럽 도시를 방문하여 유사한 산업 분야에서는 어떤 노력들이 이루어지고 있는지 둘러보기도 했다. 이때 설립된 추진위원회는 상공회의소, 항만국(Port Authority), (18개 커뮤니티를 포함하는 광역) 도시 정부, 환경보호단체 등으로 구성되었다.

이 과정의 결과로 법률이나 새로운 규제 묶음이 생겨난 것이 아니라, (기업을 포함하여 신규 산업단지의 입지와 설계에 관여한) 다양한 집단의 행동과 결정을 유도하려는 비전과 조언을 담은 계획이 만들어졌다. 여기에는 몇 가지 중요한 요소가 포함되었는데, 첫째로 환경 헌장이 마련됨으로써 장래의 모든 결정에서 환경 보호와 보전에 대단한 중요성이 부여될 것이라는 데 합의하였다. 신규 기업에 대하여 헌장이 부과하는 구체적 의무 요건은 기업이 환경 관련 법률과 조약을 존중해야 하고, 청정 기술과 당대에 이용 가능한 최고의 오염 통제 기술을 사용해야 하며, 지역의 환경 목표를 인식하고 존중한다는 것이다.

둘째, 이 계획은 신규 기업에 관한 의사 결정의 새 과정을 제안한다. 프랑스에서 산업 입지와 관리에 관한 결정은 역사적으로 하향적·행정적으로 이루어졌으며 시민, 지역사회, 환경단체 등의 의견 수렴은 거의 없었다. 과거에 기업은 심지어 중앙정부로부터 운영 허가를 받기도 전에 건물을 짓는 일이 쉽게 허용되었다. 됭케르크의 계획에서 제시된 새로운 과정은 이보다 훨씬 이른 단계에서 지역사회의 자문과 대중적 검토를 요청하고 있다.

계획의 또 다른 핵심 요소는 경계지구(zones of vigilance)를 종합적으로 묘사한 내용이었다. 이 지구는 기존의 도시 및 인구 중심지와 근접해 있으며, 중공업 활동이 장래에는 더 이상 허용되지 않을 것이다. 구체적으로 이

지구 내에서는 주변 인구 및 지역사회에 명백하고 심각한 위험을 줄 것으로 여겨지는 산업이 허용되지 않는다. 이 조치의 이행은 상이한 산업의 위험 분류에 기초하는 데 프랑스 산업부(Ministry of Industry)가 이를 관리한다. 게다가 병원, 학교, 슈퍼마켓과 같은 모든 주요 공공시설과 용도가 도면화되었고 잠재적 위험성을 지닌 산업 활동은 시설로부터 800미터 안에서는 불허된다.

산업환경계획 아래 특정 민감자연지역은 보호되고 따로 확보되어야 한다. 구체적으로 이런 지역에는 모래언덕 보호지구, 옛 산업시설지구(the reserve de salines)가 포함되는데, 후자는 중요한 자연지역으로 재탄생되었다. 그리고 약 700헥타르의 자연 모래언덕과 12킬로미터의 모래해변이 보호되고 있다. 이른바 '초승달형 녹지대(green crescent)'를 이루는 자연지역은 여가 활동과 자연에 모두 중요한 곳으로서 산업시설로부터 보호되며 멀리 떨어져서 형성되어야 한다. 도시 지역사회는 그린웨이 종합계획을 발전시켜왔는데, 이는 광역 단위로 연결된 자연 및 여가 생활 지역을 포함하고 있다. 또한 광역권 내 서로 다른 지역 간 보행자와 자전거 연계망을 제공하게 될 것이다.

산업환경계획은 또한 신규 산업체를 위한 일련의 상세 경관 원칙을 통합하고 있다. 지역 전체에 걸쳐 유해물질의 안전한 수송은 계획에서 고려되는 또 다른 요소이다. 산업용 트럭의 통행이 허용되는 도로와 분기점 등이 자세히 설명되는데, 일반적으로 이는 기존의 도시와 개발지에서 멀리 떨어지도록 한다.

지역의 산업체 간 공생 관계에 대하여 이 계획이 명시적으로 초점을 맞추지는 않았지만, 수많은 공생 관계와 상호 연결이 비공식적으로 발전되어왔다. 한 가지 공생의 실제 사례로 대형 철강 공장에서 생산되는 여분의 에너지 활용이 있다(이 공장은 프랑스 철강 생산의 30%를 맡고 있다). 이 공장의 용광로에서 나오는 온수가 지역난방 네트워크로 공급되는데 그 규모가 약 1만 6,000가구에 난방을 공급할 정도로 충분하다. 공장이 공급할 수 있는 여분의 열이 더 많기 때문에 이 시스템을 확장하려는 계획도 있다.

이러한 접근 방식은 결코 산업을 새로 편성할 정도로 급진적인 것은 아니며, 오히려 산업이 환경에 주는 피해와 산업-환경의 양립 불가능이라는 문제점을 줄이는 필수적인 방편이다. 진정 논란이 될 만한 것은 설령 됭케르크의 배출 기준이 더 높고 오염 통제 수준도 더 강력하지만 그럼에도 시정부가 오염물질의 생산이나 (화학물질, 살충제 등) 수많은 상품과 물질의 생산이 불가피함을 인정한다는 점인데, 이는 지속가능성 의제와 기본적으로 상충된다. 그렇다 하더라도 됭케르크의 전략은 다른 지역의 산업단지를 녹색화하는 모범 사례로 사용될 수 있으며, 세계의 대다수 산업단지를 계획·관리하는 방식으로서 매우 환경적으로 진보한 모델임에는 틀림없을 것이다.

흥미롭게도, 다수의 됭케르크 관련 아이디어는 이 지역에서 쉽게 볼 수 있는 압축 개발 촉진형의 토지 이용 전략이 아니었다면 가능하지 않았을 것이다. 됭케르크 지역사회는 압축 성장 접근을 추구하고 있는데, 대부분의 미래 개발이 기존의 주거지 바로 근처에서 일어나는 것으로 가정한다. 지정된 성장허용지역 바깥의 주거 용도 개발은 기본적으로 불허된다. 이렇게 함으로써 중공업과 도시 인구 사이의 비친화성을 최소화하는 일이 용이해졌는데, 예컨대 유해물질의 수송 노선을 만들고 보호하는 동시에 감시지구 내에서 위험도가 높은 산업을 금지할 수 있는 것이다.

산업 분야에서 계획의 많은 부분을 자율에 맡기고는 있지만 이는 매우 잘 작동해왔으며, 됭케르크에 있는 산업 대부분은 환경 헌장에 충실하다고 한다. 지역 공무원들도 이것이 부분적으로는 경제적으로 타산이 맞는 동시에 환경 이미지를 높이는 일이라고 믿는다. 아울러 장래에 산업 활동과 비산업 활동 사이의 갈등이라는 불확실성을 줄이는 데도 이 계획의 가치를 평가하고 있다.

경제적·생태적 재생: 경관 재사용을 통한 경제개발

과거 산업용지의 재사용 및 재개발, 그리고 그런 곳에서 새로운 경제 활동과 기능을 시작하는 것은 생태적 경제개발의 또 다른 주요 전략이다. 산업용 건물과 공장의 용도를 바꾸어 재사용할 수 있다면 이는 에너지, 건축자재, 토지 등의 절약을 뜻하며 그 자체로 생태형 경제의 주요 요소가 될 것이다. 유럽 도시에는 이러한 형태의 산업용지 재개발(brownfield redevelopment) 사례가 많다. 옛 산업용지를 생태적으로 재구조화한 가장 큰 사례 중 하나가 엠셔 파크 국제건축물전시장(Emscher Park International Building Exhibition, IBA)이다. 이는 전형적 의미의 건축 전시장이 아니라, 독일 북서부 루르 계곡의 대형 중공업 지대에 초점을 맞추어 이루어진 혁신적 재개발 사업과 구상의 산물이다. 이 지역은 제강 공장, 석탄 광산, 화학 공장 등의 역사가 이어진 곳으로 모두 오랜 기간 쇠퇴를 경험했고 그 결과로 남겨진 것은 대부분 버려진 산업지대였으며 심한 오염도 뒤따랐다.

1989년 5월, 독일의 노르트라인베스트팔렌 주 정부가 한 가지 구상을 주도적으로 내놓았는데, 그 아이디어는 뒤스부르크(Duisburg)에서 도르트문트(Dordmund)까지 40킬로미터 길이에 800제곱킬로미터 넓이의 회랑을 재개발·재사용하는 창조적 프로젝트의 닻을 올리는 내용이었다. 전시 구역은 17개 도시와 약 200만의 인구를 포괄하는데, (주 정부, 중앙정부, 유럽연합 및 개인 투자자로부터의 자금 등) 공공 및 민간 부문의 투자가 합해져 100개 이상의 사업이 시행되었다. 이 사업을 조정하고 마케팅하기 위한 목적으로 특수회사(IBA GmbH)가 설립되었으며, 추진위원회와 이사회가 또한 사업 전반을 관할하고 있다(European Commision DGXI, 1996a). 사업 아이디어는 설계 공모, 심포지엄, 워크숍, 전문가 패널 등의 여러 과정을 거쳐 생성되었다.[11] 회랑 내 17개 도시 정부 각각이 엠셔 파크 IBA 설립에 처음부터 관여하였는데, 이 전시 사업은 지방정부, 산업체, 환경단체, 기타 다른 주체들 사이의 협력적 파트너십을 창조하는 접근 방식을 취한다.

수많은 인상적인 프로젝트가 이미 완료되었다. 엠셔 파크의 주요 테마는 옛 산업용 건물 및 부지의 창조적인 재사용인데, 예컨대 현재 에센(Essen)에 있는 옛 석탄 광산은 그래픽 디자인 센터, 박물관, 예술가 스튜디오를 수용하는 시설로 전환되어왔다. 오버하우젠(Oberhausen)의 가스저장소는 극장과 전시홀로 바뀌었다(USEPA, undated). 상당수의 주택이 지어지거나 복원되었다. 수많은 단독주택의 수리를 포함하여 독립된 주택단지가 26개쯤 건설되었는데, 다수가 산업용지를 재사용한 것이었다.

위의 구상에서 주요 생태 요소는 엠셔 경관공원(Emscher Landscape Park)인데, 이는 전반적인 환경 및 경관의 틀로서 많은 용도의 신축 및 재건축 건물이 자리 잡고 있다. 이 공원은 일련의 프로젝트 묶음으로 구상되었는데, 거의 버려지다시피 한 산업도로와 철로를 활용하여 지역의 전체 도시를 연결하는 오픈 스페이스, 자전거 길 및 산책로 체계를 만들려는 것

---

11) [원주] 추진위원회는 전시 구역에 어떤 사업을 받아들일 것인지 결정하며, 이사회는 "다양한 영역에서 IBA를 장려하고 그 구상을 지지하는 대표자들을 끌어모으는" 역할을 맡는다 (European Commission DGXI, 1996a: 2).

이다. 이 '광역 오픈 스페이스 · 레크리에이션 네트워크'의 핵심은 과거 뒤스부르크-노르트 제철소(Duisburg-Nord Ironworks) 부지였던 곳에 조성된 200헥타르 넓이의 공원이다(USEPA, undated: 6). 이 경관공원 개념은 사실 7개의 '광역 녹색 회랑'을 위한 1920년대 계획에서 유래한 것이다(옛 계획이 실제 시행된 적은 없다). 이러한 초기 아이디어를 선택함으로써, 각각의 남북 회랑은 완벽한 신규의 동서 회랑으로 확장 · 연결되어 완전한 공원 시스템을 형성한다(IBA Emscher Park, undated: 13). 즉 "고립된 오픈 스페이스를 연결하고, 경관을 복원하며, 황폐한 경관의 생태적 · 미적 품질을 높임으로써 삶과 일에서 환경의 지속적 개선을 성취하는 것이 그 취지이다(MacDonald, undated: 4)."

또 다른 생태적 핵심은 엠셔 강 수역의 수질 회복과 복원이었다. 이 강은 개방하수를 통하여 강으로 직접 쏟아지는 대량의 산업 쓰레기로 인해 심하게 오염되어 있었는데, 이를 복원하려는 노력의 일환으로 (개방하수를 대체하는 등) 하수처리 시스템의 개선, 몇몇 하천의 노천화 복원, 일정 수역의 복개 구간 철거, 그리고 강물의 흐름을 더욱 자연스러운 형태로 되돌리기 위한 여러 가지 조치가 취해져왔다. 궁극적으로는 강물 체계의 '생태적 재구조화(ecological restructuring)'를 목표로 한다(IBA Emscher Park, undated).

이러한 재사용과 재개발에서 강조된 것은 신기술, 생태 산업 및 기업을 중요시하는 경제적 활동과 노력이었다. [화학물질의 비율이 낮은 섬유를 제조하는 에코 텍스틸(Eco-Textil) 회사 등] 생태적 측면을 강조하는 일련의 기술센터들이 지역에 설립되었다.

생태형 건축 및 설계는 또 하나의 중요한 주제이며, 엠셔 파크 부지에 건설된 많은 신규 건물이 특별히 의미 있는 생태 설계 수단을 포함한다.

겔젠키르헨(Gelsenkirchen)에 있는 라인엘베 과학단지(Rheinelbe Science Park)는 옛 제철소 부지에 건설된 것인데 다수의 광전지 패널을 지붕에 설치하였다(MacDonald, undated). 생태 설계를 강조하는 이런 흐름은 지역 전체에 걸쳐 도시와 마을로까지 확대되어왔다. 예로, 에센에 있는 (RWE 주식회사의 본사인) 30층짜리 새 오피스 건물은 각 층마다 (이중 외피 단열 유리창 시스템을 통하여) 자연통풍이 이루어지도록 설계되었다.

엠셔 파크의 또 하나 독특한 테마는 많은 산업용 건물과 구조물을 역사의 유물로서 평가·기억되도록 보전하고 재사용한다는 것이다. 이러한 '산업 기념물'은 천연가스 저장탱크부터 재생된 석탄 광산의 잔해, 탄광 엘리베이터의 엔진실에 이르기까지 모든 것을 포함한다. 이 모두가 다른 기능을 하도록 바뀌어 재사용된 것이다. 이러한 잔여 산업용 건물과 경관이 문화적·역사적 자원으로 보존되면서 생산적인 재활의 경관 구조로 통합되는 것으로 여겨져왔다. 지금은 음악회와 연극이 이 옛 제철소에서 열리고 있으며, 과거의 가스 저장탱크는 역사적 유물을 전시하는 공간이 되었다.

IBA는 기발한 재사용 전략을 마련하여 산업의 과거를 담은 박물관의 가치로 이 엄청난 유물을 보전하면서 문화 활동의 중심으로 장려하고 있다. '산업 기념물'이라는 용어에서 엠셔 경관공원의 핵심을 살펴볼 수 있는데, 여기서 옛 철강 공장의 골조를 배경으로 하여 음악회가 열리고 복원된 석탄광의 말뚝들로 생겨난 언덕을 사람들이 마치 등산하듯이 오른다. 오버하우젠에 있는 12층짜리 가스 저장소는 더 이상 천연가스를 보관하는 곳이 아니라, 음악회, 파티, 연극, 회의, 모임 등 많은 독특한 이벤트를 여는 곳이 되었다. 에센의 에어파룽스펠트 졸페라인(Erfahrungsfeld Zollverein)에는 한때 광산의 엘리베이터 엔진실이었던 곳이 어린이와 어른을 위한 인터페이스형 체험전시관이 되었다. 옛날에 지표면 수백 피트 아래로 광부들을 실어 날랐던 터빈은, 원래의 용도 대신 다른 기계 도구들과 함께 고객들이 경험할 수 있는 창조적 전시물로 통합되었다(USEPA, undated).

대부분의 평가에 의하면, 그리고 당초 계획상의 10년 임무가 끝나가는 시점에서 볼 때 엠셔 파크는 많은 것을 성취했다고 할 수 있다. 이 사업은 몇 안 되는 지역 폐산업부지 재개발의 사례를 대표하는 수많은 재사용 및 쇄신 프로젝트의 출발점이 되었으며, 에너지 문제와 함께 상업·산업 구조물 신축에 따르는 악영향을 예방하는 가운데 많은 건물과 구조물의 적응적 재사용 가능성을 효과적으로 보여주는 동시에, 산업의 역사를 보존하고 새로이 예고하는 창조적 접근을 취했다. 엠셔 경관공원의 상당 부분은 이미 실제로 운영되고 있으며 여기에는 뒤스부르크에서 베르크카멘(Bergkamen)까지 연장된 270킬로미터의 자전거 길도 포함되어 있다. 이 사업은 이미 독일에서 삶의 환경 품질을 향상시키고 복원시키는 데 많은 역할을 해왔다(IBA Emscher Park, undated).

덧붙여 경제적 관점에서 볼 때도 이러한 산업 재사용 전략은 매우 긍정적으로 보인다. 주 정부의 한 관리는 예전 뒤스부르크 산업단지의 구조물을 철거하고 처분하는 데 드는 비용이 재개발 및 재사용의 경우에 비해 두 배 이상 들 것으로 추정한다(Le Pierres, udndated). 따라서 산업시설 재사용을 통한 경제개발은 가장 지속가능할 뿐 아니라 가장 경제적인 선택일지도 모른다.

엠셔 파크가 가장 인상적인 규모의 사업일지 모르나, 유럽에는 산업시설 리노베이션이나 재사용의 모범 사례가 많이 있다. 여러 사례 가운데 암스테르담의 베스테르가스파브릭(Westergasfabriek; USEPA, undated 참조)과 오덴세의 글라스바이(Glasvej) 지구가 눈에 띈다(다른 산업 재개발 사업의 설명에 대하여는 Europe in Pacte Project, 1997 참조).

그린 오피스: 생태적 방식으로 일하기

사무실과 상업용지가 구성되는 방식, 그 안에서 사람들이 일하고 기능하는 방식, 그리고 이들의 생태적 설계 요소 모두가 상업적 활력을 더 회복시키는 중요한 요인이 된다. 유럽의 도시는 수많은 창조적 디자인과 직장 배치의 시범 사례를 제공하고 있으며, 그중 몇 가지 혁신적 사례를 여기에 소개한다.

네덜란드 하를럼에 있는 정부 청사는 흥미로운 환경 요소를 많이 포함하고 있다. 몇몇 예로 에너지 효율화 조명 시스템, 여름에 햇빛을 막아주는 이른바 "눈썹(eyebrows)"과 (냉방기 없이) 완전히 열리는 창문을 포함하는 외벽 설계, 넉넉한 일광(이 건물은 일련의 지그재그식 아트리움을 중심으로 설계되어 있다), 부엌 온수용 태양열 전지판, 건물 내 화장실 변기에 필요한 모든 물을 공급하는 빗물 수집 시스템(물은 인접한 기차역 지붕에서도 수집된다), 소형의 그린루프 등이 있다. 청사 북쪽으로 회의실들이 배치되었고, 사무실 공간은 태양열의 이용과 온기를 극대화하기 위해 남쪽으로 배치되었다.

또한 하를럼 중앙역 근처에 위치한 이 청사에는 중요한 환경 요소가 있는데, (비록 공용 주차장이 멀지 않지만) 청사 설계 시에 자동차 주차장을 없앴으며, 직원 대부분이 대중교통 또는 자전거로 출퇴근한다는 점이다(직원들은 정부 조달 가격인 1,500길더 또는 약 750달러에 자전거를 살 수 있다).

그러나 이 건물에서 실천되는 가장 흥미로운 혁신은 공유 업무 공간의 개념이다. 어떤 날이든 재래식 사무실 공간 중 약 50%가 (출장, 병환, 휴가, 임신 등의 이유로) 사용되지 않는 것으로 추정되는데, 바로 하를럼 청사의 설계는 이런 전제에서 시작하며 업무 공간의 공유를 통하여 필요 공간을 25%까지 줄이는 것을 목표로 한다. 이 건물에 있는 청사관리소 직원의 반쯤이 이렇게 공유되는 업무 공간에서 일하고 있다. 각자에게 배정된 영구적 사무실을 갖는 대신에 직원들은 매일 아침 출근하여 (각자의 개인 물품, 서류 더미, 노트북 컴퓨터가 들어 있는) 이동 카트를 찾아서 그냥 하루 동안 일할 공용 사무실을 고른다. 하루 일과가 끝날 때쯤 개인 물품을 모아서 카트에 담고 잠근 다음 보관대에 다시 밀어두고는 퇴근하는 것이다. 이들이 아침에 일을 시작할 때, 개인별 이동식 전화기도 찾아가는데 이를 각자 허리춤에 차고 어딜 가든지 몸에 지니고 다닌다. 노트북은 개별 책상에 다 부착하며, 책상과 사무가구는 모두 조절이 가능하다.

직원들은 처음에 공유 업무 공간 프로그램에 참여할지를 선택할 수 있었다. 만일 고정 책상을 원하는 사람들에겐 그것이 주어졌지만, 약 절반의 직원들이 이 새로운 업무 방식을 선택했다. 아울러 1년 후 평가가 실시되며 원할 경우 공유 업무 공간 방식에서 빠져 나갈 수 있다고 통보되었다. 청사관리소 지부장인 페터 판 엑설(Peter van Exel)에 따르면 공유 공간을 선택한 사람들이 대체로 만족한다고 한다. 즉 모두가 (가족사진 전시 등으로 개인화할 수 있는) 자기만의 공간을 꼭 가져야 한다는 생각이 항상 옳은 것은 아니라고 생각한다는 것이다. (이 제도 시행 초기에 직원들은 책상을 깨끗이 정리하는 방법을 교육받았다는 점이 재미있다.) 이들에게 약속되었던 평가는 아직 이루어지지 않았는데, 그것은 건물에 관련된 몇 가지 문제점을 해결하기 위한 작업이 더 필요했기 때문이다. 심각한 문제점 중 하나는 지나

하를럼에 있는 정부 청사에서는 공유 업무 공간과 관련한 실험이 진행되고 있다. 직원들은 고정 사무실 대신에 (사진에 보이는) 이동 카트를 가지고 어디든지 끌고 가서 당일 그 공유 사무실에서 일할 수 있다.

친 소음이었는데, (건물을 시원하게 유지하는 등 여러 목적으로 설계된) 세라믹 분리벽이 소음 흡수에는 별로 도움이 되지 못했기 때문이다.

판 엑설에게 중요한 교훈 하나는 직원들에게 일과 휴식을 할 수 있는 훌륭한 시설이 주어져야 한다는 것이다. 예컨대 청사관리소에는 "파빌리온(Pavilion)"이라 불리는 넓은 방이 있는데 거기에는 잡지, 라운지 의자, 기타 오락시설이 구비되어 있어서 비공식 모임을 가지거나 편안히 쉬기에 적합한 장소가 된다.

사무실은 여러 측면에서 자신의 생태발자국을 근본적으로 줄일 수 있으며, 유럽의 도시가 이 점에서 풍부한 사례를 제공한다. 네덜란드의 최근 사례가 뷔닉(Bunnik)에 있는 '생태 사무실(Eco-kantoor)'이다. 바닥 면적 1,609제곱미터에 건물의 총가격이 400만 길더(약 200만 달러)에 달하는 이 건물은 처음부터, 건물 입주자의 자원 사용을 줄이는 데 초점을 둔 수많은 생태 요소로 지어졌다. 여름의 (냉방기 없는) 자연 환기, 야간 환기, 조절 가능하고 끝까지 열리는 창문, 대규모의 태양열 활용, 열회수 시스템, 광범위한 단열재 사용 등이 그러하다. 건물은 법률의 규정 수준보다 45% 이상이나 더 에너지 효율적이다. 지붕에는 10제곱미터 넓이로 광전지 패널이 설치되어 있다. 또한 건물에는 절수 변기와 수도꼭지가 설비되어 있으며 빗물 수집 시스템에서 (지하의 물탱크와 함께) 변기 물을 공급하고 있다. 식료품 저장실은 쓰레기 분리수거에 맞도록 꾸며져 있으며, 대개는 자연성·비독성 물질 사용을 강조해왔다. 다른 흥미로운 생태 요소로는 전반적으로 재사용 가능한 물자 사용을 일관되게 강조하고, 주차장 바닥에 (자동차에서 새는 기름을 흡수하는) 지하 용암 물질을 사용하며, 섬유소(셀룰로오스)와 자연성 단열재를 사용하는 것 등이 있다.

더 흥미로운 사실 중 하나는 건물 내 아트리움의 설계로, 이곳은 (빗물 수집 탱크에서) 물이 흘러나와 천정을 따라 흐르며 습도가 너무 낮을 경우 센서가 이를 감지하여 자동적으로 물 흐름을 조절하도록 되어 있다. 건물 안에 심어진 초목과 실내 연못도 쾌적한 근무 환경을 조성하는 데 이바지한다.

내부 업무 환경의 설계에서도 중요한 교훈을 얻을 수 있다. 일광 이용을 극대화하기 위하여 모든 업무 공간은 건물 외부와 가까이 위치해 있으며, 화장실과 차고 및 기타 시설물이 건물의 중심에 배치되어 있다. 각각의 업무 공간에는 자체 조절 가능한 조명과 환기장치가 있다. 내부 공간의 크기는 유동적으로 변화가 가능한데, 1개부터 6개 회사까지 수용할 수 있도록 조정할 수 있다.

이러한 에너지 및 생태 요소들은 건물 가격을 10%가량 더 비싸게 만드

[표 12.1] 생태 사무실과 재래식 사무 공간의 비교

(단위: 길더/㎡)	네덜란드 표준	
	보통의 사무실	생태 사무실(Ecokantoor)
기본적인 임대료	225	246
에너지와 물 사용	39	18
총 임대료와 서비스 비용	264	264

출처: Comfort(1996).

는 것으로 추정된다. 그러나 에너지와 물 비용의 절감을 유도하는 건축적 구성 요소를 통해 추가 비용을 비교적 신속히 회수할 수 있다. [표 12.1]은 예상되는 환경적 비용 절감을 고려할 때, 생태 건물의 제곱미터당 운영 비용은 표준적인 네덜란드 사무실 건물과 같음을 보여준다.

생태 건물의 전반적인 결과는 인상적인데, 이런 건물 설계 방식 덕분에 전력 소비가 55%, 가스 사용이 45%, 물 사용은 50%까지 줄어들었으며 (Comfort, 1996), 더불어 매우 쾌적한 업무 환경이 조성되었다.

생태 비즈니스와 녹색 소비문화

유럽의 많은 진보적인 기업과 비즈니스 사례를 살펴보면 이들이 환경적으로 더 지속가능하도록 스스로를 변화시켜왔음을 알 수 있다. 이 기업들로 하여금 그러한 변화를 이끌어낸 요인이 무엇인지는 확실하지 않지만(고객과의 관계 때문인지 순수한 환경의식 때문인지, 아니면 그 둘의 혼합인지), 이들은 기업이 생태발자국을 상당히 줄일 수 있음을 보여주는 긍정적 사례가 된다. 세계에서 가장 친환경적으로 운영되는 기업이 서부·북부 유럽에

서 등장하였는데 스웨덴, 덴마크, 독일, 네덜란드 등이 특히 그렇다. 그중에서도 일렉트로룩스, 스칸딕 호텔(Scandic Hotels), 이케아 가구(IKEA), 맥도날드(McDonald's), 노보텍스(Novotex), BMW 등은 중요한 모범 사례이다.

위에서 말한 기업 대부분이 뚜렷한 환경 정책을 채택하여 연례 환경보고서를 마련해왔고, 유럽연합 자체의 '생태 관리 및 감사 제도(EMAS)'를 비롯한 하나 이상의 환경관리 시스템을 운영해왔다.[12] 게다가 이런 기업들 가운데 다수는 스웨덴의 암 연구자 칼-헨리크 로베르트(Karl-Henrick Robert)가 수립한 일련의 야심 찬 지속가능성 목표인 '내추럴 스텝(natural step)' 원칙을 지지해왔다. 즉 내추럴 스텝의 훈련 과정을 거치면서 거기서 제시된 '시스템 조건'을 충족시키기 위하여 많은 기업이 제품의 디자인과 경영 방식을 수정해왔던 것이다.[13]

칼-헨리크 로베르트는 지속가능성의 의미에 관한 혼동과 의견 불일치에 실망한 스웨덴의 주요 과학자들에게서 어떤 공감을 얻어내고자 노력했다. 그는 반복된 상담 과정을 거쳐(그의 보고서에 기초하여 약 22개의 수정안들이 회람되었다) 일종의 합의를 이끌어냈다. 이 합의의 중심에는 네 가지 핵심 조건이 있는데, 즉 (1) 지구의 표면에서 생성되는 물질이 생태권(ecosphere)에서 체계적으로 증가하도록 허용해서는 안 된다. (2) 사회가 생산하는 물질이 생태권에서 체계적으로 증가하도록 허용해서는 안 된다. (3) 생산력의 물리적 기초와 자연의 다양성이 체계적으로 감소되도록 놓아두어서는 안 된다. (4) 인간의 필요를 충족시키는 과정에서 자원을 공정하고 효율적으로 사용해야 한다(The Natural Step, 1996). (이런 원칙이 실제에서

---

12) 생태 관리 및 감사 제도에 대한 설명은 제11장 참조.
13) 내추럴 스텝은 앞서 제8장에서도 일부 다루었는데, 스톡홀름 시 정부에서 녹색당 출신의 부시장이 프로그램을 도입하기 위하여 노력하는 내용이었다.

무엇을 뜻하는지를 [글상자 12.1]에서 추가로 설명한다.) 칼-헨리크 로베르트의 최종 합의보고서는 스웨덴 국왕의 지지를 받았으며, 스웨덴의 각 학교는 물론 스웨덴의 400만 가구 모두에 배달되었다. 게다가 60여 기업이 내추럴 스텝을 지지하였고, 50여 개의 스웨덴 도시 또한 이를 이용하고 있다 (Malcolm, 1998; Bradbury, 1996).

스웨덴에 본사를 둔 스칸딕 호텔 기업 또한 내추럴 스텝을 받아들여 호텔 산업의 부정적 영향을 줄이기 위한 몇 가지 인상적 조치를 취해왔다. 내추럴 스텝 원칙을 통합하는 과제가 산하 호텔에 주어졌고 관련 계획을 발전시키는 일을 전담하는 직원도 따로 두었으며 내추럴 스텝 훈련에 6,500명의 직원을 투입했다. 구체적으로 '재활용 객실(Recyclable Hotel Room)' 개념을 소개했는데, 특히 자연 친화형 자재를 택하고 플라스틱으로 된 제품을 피하는 방식으로 만들어졌다. 카펫과 플라스틱으로 된 바닥을, 스칸디나비아의 숲에서 지속가능한 방식으로 벌채해 와서 특수 세공한 바닥재로 교체하였다. 크롬과 기타 금속의 사용을 최소화하며, 물 절약 시설물과 수많은 에너지 절약형 도구를 설치했다. 호텔 측에서는 리넨(홑이불과 베갯잇)을 매일 세탁하지 않기로 결정했으며, 일회용 낱개 비누 대신 여러 번 사용할 수 있는 비누를 구비했다. 새로이 정비된 객실의 97%가 재활용이 가능한 방으로 알려져 있으며, 호텔 측은 해마다 2,000여 개의 방을 이런 식으로 개조하고 있다.

오슬로의 숄리스트(Sjölyst) 호텔은 객실의 에너지 소비를 줄이는 혁신적 접근을 포함하여 이러한 설계 원칙을 따르고 있다. "자명종 시계와 메시지 시스템이 들어 있는 호텔 텔레비전을 통하여 실내 온도가 호텔의 중앙 컴퓨터로 전달되며 매 4분마다 온도 변화가 그림으로 나타난다. 이를 바탕으로 온도 변화를 추적하여 조절할 수 있다(Financial Times, 1997)."

[글상자 12.1] 내추럴 스텝의 4대 시스템 조건

1. 지구의 표면에서 생성되는 물질이 생태권에서 체계적으로 증가하도록 허용해서는 안 된다.

의미: 화석연료, 금속, 그 밖의 광물이 지표면 안으로 천천히 다시 쌓여 구축되는 속도보다 더 빨리 추출되어서는 안된다.

이유: 그렇게 통제하지 않으면, 생태계에서 물질의 집중이 증가하며 언젠가는 (흔히 알려지지 않은) 한계에 도달하게 될 것이다. 그리고 그 한계를 넘으면 다시 되돌릴 수 없는 변화가 일어난다.

질문: 귀하의 조직/단체는 지하 광물, 연료, 기타 광물에 대한 경제적 의존을 체계적으로 줄이고 있습니까?

2. 인간 사회가 생산하는 물질이 생물권에서 체계적으로 증가하도록 허용해서는 안 된다.

의미: 인간이 생산하는 물질이 분해되어 자연의 순환 체계에 통합되거나 지표면 안으로 쌓일 수 있는 속도보다 더 빨리 그런 물질을 생산해서는 안 된다.

이유: 그렇게 통제하지 않으면, 생태계에서 물질의 집중이 증가하며 언젠가는 (흔히 알려지지 않은) 한계에 도달하게 될 것이다. 그리고 그 한계를 넘으면 다시 되돌릴 수 없는 변화가 일어난다.

질문: 귀하의 조직/단체는 끊임없이 비자연(인공) 물질에 대한 경제적 의존을 체계적으로 줄이고 있습니까?

3. 생산력의 물리적 기초와 자연의 다양성이 체계적으로 감소되도록 놓아두어서는 안 된다.

의미: 우리가 생산 능력과 다양성을 체계적으로 감소시키는 방식으로 생태 체계에서 수확을 거두어들이거나 이를 조작할 수는 없다.

이유: 우리들의 건강과 번영은 자연이 폐기물을 새 자원으로 모아서 재구조화하는 능력에 의존하고 있기 때문이다.

질문: 귀하의 조직/단체는 자연의 생산 부문에 대한 침해, 즉 어종 남획과 같은 행위에 대한 경제적 의존을 체계적으로 줄이고 있습니까?

4. 인간의 필요를 충족시키는 것과 관련하여 자원을 공정하고 효율적으로 사용해야 한다.

의미: 인간의 기초적인 필요는 가능한 한 가장 자원 효율적인 방법으로 충족되어야 하며, 기본적 수요 충족에 사치품의 공급보다 우선권이 주어져야 한다.

이유: 인류는 시스템 조건 1에서 3까지를 만족하는 자원의 신진대사를 가진 채 번영해야 한다. 적정한 시간에 변화를 성취하려면 사회적 안정과 협력이 필요한데 이를 위하여 자원이 필요한 것이다.

질문: 귀하의 조직/단체는 인간의 가치를 증대함과 관련하여 불필요하게 대량의 자원을 사용하는 데 대한 경제적 의존을 체계적으로 줄이고 있습니까?

출처: *The Natural Step News*, No. 1(Winter 1996).

스칸딕 호텔은 과거에 적자를 기록했으나 앞서 소개한 조치의 성과는 단순히 환경을 위해 옳은 일을 한다는 차원을 넘어 호텔의 영업이익에도 도움을 준 것으로 나타났다. 이런 방식으로 스스로를 재정의함으로써 "종업원들의 열의와 사기가 높아졌으며, 언론의 관심과 별도의 광고 캠페인으로 호텔의 이미지가 향상되었다." "객실 사용률이 65%에서 85%로 훌쩍 뛰어올랐으며, 회사가 이익을 내기 시작했다(Malcolm, 1998)." 더불어 환경적 영향이 상당한 것으로 추정된다. 1997년 한 해 동안 객실 리모델링을 통해 플라스틱 사용이 90톤쯤 감소하였고, 금속 사용량이 15톤가량 줄었다 (Scandic website).

스웨덴의 맥도날드도 환경에 미치는 악영향을 줄이고자 수많은 조치를 취해왔는데, 이 역시도 내추럴 스텝과 관련 있다. 맥도날드는 플라스틱과 폴리스티렌을 사용하는 대신 종이 포장을 사용하고, 재생 에너지원도 강조하면서 몇몇 매장에서는 지붕에 풍차를 설치한 것으로 보고된다(Slavin, 1998).

덴마크에 본사를 둔 노보텍스 사는 '그린 코튼(green cotton)' 생산의 선구자로, 이는 "섬유를 마무리할 때 포름알데히드나 다른 화학물질의 사용을 피하기 위하여 특별한 옷감짜기 기술"을 사용하는 것이다 ("Environmental Aspects of Natural fibres", undated). 이케아 사는 수많은 저오염, 재활용 가구를 판매하며(예: 재활용된 금속 판자를 이용하여 만드는 천장 선풍기), 물에 녹는 접착제와 유기농 목화 등 가능한 한 자연물질을 이용한다.

일렉트로룩스-스웨덴 사는 에너지를 덜 사용하면서 환경 영향을 줄이는 다양한 상품을 개발해왔는데 세계 최초로 카드뮴 없는 전지로 작동하는 휴대용 진공청소기, 절수형 세탁기, PVC 없는 냉장고, 광전지 패널 작동형 잔디 깎기 등이 대표적인 개발 제품들이다(Electrolux, 1997). 이 회사는 또한 '환경 선언(environmental declarations)' 시스템을 발전시켜왔는데, 이는 한 상품이 탄생한 뒤 소멸하기까지 전 기간 동안 자연 환경에 끼치는 영향에 관해 기록한 내용으로 인터넷을 통해 볼 수 있다(Electrolux, 1997: 9).

이렇게 수많은 기업이 상품의 반환과 재활용을 허용하는 제품 라인을 개발해왔는데, 이것은 유럽에서 나타나는 일반적인 추세로서, 가까운 미래 어떤 시점에 유럽연합 전체에서 의무화될 것이라고 믿는 사람들도 있다. 독일의 자동차회사 BMW가 분해 및 자재의 재사용이 가능한 자동차를 설계·생산하는 분야에서 특별한 진전을 보이고 있다. 이 회사는 최초의 실험적인 분해 공장을 1990년에 설립했고 공인 분해업자 네트워크를 설립한 데 이어 재활용을 쉽고 빠르게 하기 위해 플라스틱 인식 시스템을 개발하려 노력해왔으며, 지금은 재활용 업체를 위한 분해 교본을 발간하고 있다. BMW는 생산된 자동차 부품의 재활용 비율을 85%로 하는 것을 목표치로 세우고, 처음부터 분해를 염두에 두고 설계한다. 아울러 (1997년에는) 차의 수명이 다했을 때 모든 부품의 회수를 보장한다고 선언했다(BMW, undated).

내추럴 스텝에 대한 의문이 여전한 가운데 많은 모범 사례들조차 4단계의 시스템 조건에 이르기에는 갈 길이 멀다고 믿는 사람이 많지만, 더 지속가능한 경제의 방향으로 가는 능동적 흐름은 부인할 수 없어 보인다(Vidal and McIvor, 1995; Financial Times, 1998). 더 나아가 이 기업들은 내추럴 스텝의 방식을 따름으로써 생산비용이 감축되고 이윤이 향상되는 동시에 생태적 영향이 극적으로 줄어들 수 있다고 믿는다.

생태 비즈니스와 생태 소비문화를 장려·촉진하기 위해서 수많은 국가 단위의 에코라벨(eco-label) 프로그램이 유럽에서 수립되어왔다. 1977년 시작된 독일의 '블루 엔젤(Blue Angel)'이 첫 사례였고 그 밖에 '노르딕 스완(Nordic Swan)' 사례에 더하여, 유럽연합 자체의 에코라벨 프로그램도 1983년에 시행되었다.[14] 이는 자발적 프로그램으로 각기 다른 생산조직의 생태 기준을 마련하여 운영하는 것으로, "되도록 환경에 끼치는 영향이 적은 제품"에 에코 라벨 또는 로고를 붙일 수 있도록 심사하는 의도에서 비롯된 것이다(European Union, undated).[15]

생태 기준이 세탁기, 식기세척기, 세탁용 세제, 복사지, 냉장고 등 12개 상품군별로 수립되었다. 총 216개 상품이 청색-녹색 꽃 모양의 EU 에코 로고를 부착하도록 인증받았다. 아직 이러한 에코라벨 시스템이 초기 단계에 머물러 있기는 하지만, 소비자에게는 더 많은 생태적 선택을 할 수 있도록 해주고 기업으로 하여금 더 책임 있는 상품을 개발·판매할 수 있도록 하는 엄청난 잠재력을 지니고 있다.[16]

∵

14) 노르딕 스완은 이름 그대로 노르웨이, 스웨덴, 핀란드, 덴마크 등 북구 스칸디나비아 국가들이 공동 사용하는 에코 마크 기준으로 1989년에 제정되었으며 현재 3,000개가 넘는 제품이 인증을 받았다. 이러한 에코 인증은 이웃 일본에서 특히 활발한데 1만 3,000여 개의 에코 인증품이 있는 것으로 알려져 있다. 우리나라에서도 저탄소 인증, 친환경 산업용제품 인증, 친환경 농산물 인증 등의 마크를 부여한다.
15) [원주] 유럽연합에 따르면, "생태 기준은 단일 변수에 근거하지 않으며 상품의 전체 수명(entire life-cycle)을 통하여, 즉 생산 이전에 원료로 추출되었을 때부터 생산, 유통, 사용 및 처분에 이르기까지 전 기간에 걸쳐 제품이 환경에 미치는 영향을 분석·연구한 결과에 근거하여 마련된다(EU, undated, http://europa.eu.int/comm/dg11/ecolabel/program.html)."
16) [원주] 유럽연합(EU)은 지금까지의 성공에 대하여 다음과 같이 말한다. "소비자의 반응, 사용자의 인식과 반응을 평가하기에는 확실히 너무 이르다. 그러나 최근 몇 달간 생산자의 고무적인 반응만 봐도 자유시장의 수요-공급 역동성이 EU 에코라벨에 응모하는 기업에 이익으로 작용함을 보여준다. 이 프로그램에 응모하는 제조업체의 숫자가 꾸준히 늘어나는 추세는 업체와 소비자가 이 조그만 꽃 로고와 그에 따르는 혜택을 깨닫게 됨에 따라 앞으로도 계속될 것이다. …… EU 위원인 리트 비에레고르(Ritt Bjerregaard)에 따르면 개정된 에코라벨 제도가 …… 'EU 환경 정책에서 중요한 시장 지향의 도구가 될 것'이며, 이는 …… 제품의 긍정적 환경 영향을 명백히 표시함으로써 3억 7,300만 EU 소비자로 하여금 '그린' 제

생태 산업 및 관련 기업 분야에서 유럽 국가가 떠오르게 된 까닭은 그런 제품에 대한 소비자의 요구가 훨씬 더 강력하고, 중앙정부의 법률 및 가격 정책이 더 생태적인 제품을 의무화하거나 강하게 장려하고 있기 때문일 것이다. 독일의 자동차 회수 법률, 자동차 수명이 다 되었을 때 부품 해체와 재활용을 지원하는 네덜란드의 신차 세금, 제품 포장에 관한 독일의 그린 포인트 프로그램 등이 그 사례이다. 더 나아가 스웨덴과 네덜란드 같은 나라에서는, 합의 기반의 의사 결정이라는 전통과 기업-정부 간의 나쁜 감정이 덜하다는 전통이 강하다. 북유럽의 시장과 문화적 조건이 생태 산업의 등장에 더 적합하기는 하지만, 그린 비즈니스가 미국에서도 등장했으며 내추럴 스텝과 같은 강력한 아이디어의 채용을 촉진·장려하기 위해 뭔가 더 많은 일을 할 수도 있을 것이다. 카펫 제조사인 인터페이스(Interface) 같은 미국 기업이 '시스템 조건'을 채택하였는데 미국 회사들도 이윤을 내면서 기본부터 더 지속가능한 방식으로 경영할 수 있음을 효과적으로 보여주고 있다.

아울러 스웨덴과 그 밖의 유럽의 진보적인 녹색 기업에서 나오는 직접적인 파급효과도 존재한다. 미국의 맥도날드 지점 중 한 곳은 부분적이나마 재생 에너지 전환 노력의 일환으로 태양열 온수 히터를 설치한 것으로 알려졌다(Slavin, 1998). 지역 경제발전에 관여하고 있는 지역 공무원들은 언제, 어디서든 기회가 생길 때마다 내추럴 스텝 원칙을 촉진(아니면 아예 의무화 또는 강하게 제안)할 수 있을 터인데, 이를 위한 방안으로 생태 기

품을 선택하기가 더 쉽도록 만들 것이다. 소비자들은 또한 에코라벨이 붙어 있지 않은 제품을 외면함으로써, 이 라벨 인증에 응모하고 환경 영향 감축의 기준에 맞도록 생산 패턴을 바꾸라는 압력을 가하고 있는 셈이다(EU, undated, http://europa.eu.int/comm/dg11/eroabel/program.html)."

업 세미나와 교육 프로그램을 지원하거나 기업체에 배분되는 관련 정보에 생태 정보 자료를 포함시킬 수 있다.

지역에서 생산된 제품과 서비스를 장려하는 것은 또 하나의 중요한 전략이 되며 이와 관련된 유럽 사례가 많이 존재한다. 한 예로 런던의 서턴 구에서 지역 농산물과 제품을 촉진하는 수많은 프로그램이 시행되는데, 생물지역 개발 그룹(Bioregional Development Group)을 통하여 지역에서 생산되는 숯과 종이도 포함된다(Sustainable London Trust, undated). 지역 농업을 후원하려는 노력도 여기에 넣을 수 있는데, 대다수 유럽 도시에서 역사적으로 유명한 농산물 시장의 (문화적) 역할이 이 과정에 큰 도움을 준다(예: 레이던 같은 네덜란드 도시에서는 주 2회 열리는 시장이 일종의 커다란 행사장으로 여겨지며 모든 상품이 지역에서 생산되는 것은 아니지만 농산물의 경우 지역에서 재배된 것이 훨씬 더 많다). 바이오매스를 열병합 발전소의 연료로 사용하는 지역 차원의 노력이 (그리고 제9장에서 논의된 수많은 재생 에너지 전략도) 지속가능한 지역 경제발전의 사례를 대표하는 것도 주목할 만하다. 즉 지역 내에서 전력을 생산함으로써 다른 데서 만들어져 지역사회로 수입되는 에너지를 대체한다는 의미에서 중요성을 갖는다(더 많은 사례를 보려면 Juffermans, 1995 참조). 나아가 지역사회 후원 농업은 독일과 스위스에서도 행해지고 있으며, 이것은 지역 경제를 뒷받침하는 강력한 수단으로 여겨진다. 더스와이트(Douthwaite, 1996)는 영국의 소형 양조장 확장부터 에너지 생산을 증대시키는 구상에 이르기까지, 유럽 및 다른 지역의 수많은 지역 기반 경제개발 아이디어를 상세히 묘사하고 있다는 점에서 한번 읽어볼 만한 책으로 추천할 수 있다.

도시 정부 또한 시민들이 좀 더 생태적인 방식의 물건을 구입하기 쉽도록 만들 수 있는데, 예컨대 콜링과 헤르닝에서는 '그린 숍(Green Shop)' 프로그램을 시작하였다. 아직 이 프로그램은 초기 단계에 머물러 있으나 상점과 기업이 '그린 숍' 지정을 받는 대가로 가장 새롭고 최고의 녹색 제품을 진열하기로 동의하며([그림 12.2] 참조) 가게 정면에 그 표지판을 내세운다는 것이다. 이론적으로 상점에서 신발을 판매할 경우, 가장 환경적으로 건전하고 녹색 이념에 맞는 제품을 입고시키기로 동의하게 된다. 이 프로그램에 대한 초기의 관심은 호의적인 수준으로, 콜링 시의 경우 2개 상점 즉 잡화상과 건축자재 센터가 이미 그린 숍 지정을 받았다. 이 프로그램은 가게 주인의 성실한 노력에 전적으로 의존해야 하는데 그것은 최고의 녹색 제품이 실제로 상점에 진열되는지를 시가 효과적으로 관리할 수단이 별로 없기 때문이다.

녹색 소비문화의 추진 동력은 다양한 곳에서 얻을 수 있었다. (제11장에서 논의된 것처럼) 도시 정부 스스로 자신의 구매력을 통하여 관련 상품시장을 자극할 수 있으며 환경단체도 이 과정에 이바지할 수 있다. 예컨대 스웨덴자연보전협회는 '친환경 쇼핑(Environment Friendly Shopping)'을 성공적으로 주도했는데, 그 결과 환경적으로 해로운 상품의 구매가 현저히 줄어들었고 몇몇 회사로 하여금 그들의 생산품에 변화를 이끌어내도록 독려하기도 했다. (레스터 사례 등) 이 책에 소개된 다른 도시처럼 스웨덴의 도시 정부도 각자의 친환경 구매 캠페인을 이끌며 발전시켜왔다.

유럽 나라들은 제3세계 국가들과 긍정적인 경제 관계를 유지해온 역사가 길며, 이 점이 녹색 소비문화의 또 다른 중요한 요소가 된다. 제3세계 가게(third world shops), 즉 보통 자원봉사자들이 운영하는 가게로서 제3세계 국가의 생산품을 취급하며 제3세계 생산자에게 공정한 가격을 보장하는 상점에 대하여 유럽의 구매자들이 폭넓은 후원을 보내고 있다. 이런 유형의 가게는 1960년대 후반에 처음 등장하였는데, 스웨덴이 최초 사례였

[그림 12.2] 그린 숍(grøn butik) 로고
이 로고는 덴마크 녹색 도시 프로그램의 한 방식으로서 우수한 환경 제품을 들여와 판매하기로 한 상점에 부착하게 된다.
출처: Green City Denmark.

다. 초기 몇 년간의 임무는 정치적 집회나 행사에 참여하며 현실적 활동성을 높이면서 대중에게 관련 정보를 제공한다는 측면이 강조되었다. 해가 지나면서 이 가게 자체가 제3세계의 생산자들에게 공정한 수익을 제공하는 기반 위에서 상품을 판매한다는 점이 주로 강조되었다. 네덜란드에는 이런 가게가 거의 400개에 이르는데 이는 "세계상점(wereldwinkels, world shops)"이라 불리며, 위트레흐트에 본부를 둔 전국세계상점협회의 후원을 받는다. 이들 중 절반쯤은 고정된 매장을 두고 매일 영업한다. 나머지 절반은 보통 제한된 방식으로 운영되는데, 예컨대 주마다 열리는 시장이나 특별 행사 때 부스로 개장하는 것이 전형적이다. 네덜란드에서 이런 상점은 규모와 영업 면에서 계속 성장해왔는데, 1997년 세계상점의 총매출액이 3,500만 길더(약 1,700만 달러)에 이르렀지만 아직도 네덜란드의 전체 소비시장에서 차지하는 비중은 매우 낮다.

이런 가게에서 취급하는 제품은 항아리, 목재 조각, 커피와 차, 재활용 음료수 캔으로 만든 장난감까지 다양하다. 상품은 개별 상점이 구입하지만 세계상점은 정부기관이 인증한 특정 기준을 충족시키는 공급업자와 수입업자에게서만 제품을 들여와야 한다. 네덜란드에는 현재 약 25개의 공급업체가 있는데[그중 '페어 셰어(Fair Share)'는 가장 큰 단체이다], 인증서 수여 전에 국가기관이 공급 및 수출업자에 대하여 상당한 연구 조사를 실시한다. 인증의 주요 요건은 제3세계 국가의 생산자들이 그들의 노동과 생산품에 대하여 공정한 가격을 보장받아야 한다는 것이다. 가게에는 전체의 15%까지 "가장자리 품목(border assortment)"으로 불리는 상품 즉 '세계상점' 철학과 부합하는 (그린피스 등) 다른 공급자에게서 들여온 물건을 진열할 수 있다.

세계상점은 이들이 입지하는 지역으로부터 다양한 지원을 받는다. 45개 세계상점을 대상으로 한 최근 조사에 따르면, 이들 가게 중 약 절반이 지방정부로부터 보조금 또는 지원을 받은 것으로 나타났으며, 어떤 경우는 가게 건물을 시 정부가 소유하기도 한다. 비록 어떤 도시의 가게에서는 중앙정부의 취업 프로그램에 따라 정식 일자리를 제공하기도 하지만, 대부분의 가게에서 종업원들은 무료 자원봉사자들로 구성되어 있다. 이 가게는 이익 창출을 목적으로 하는 것이 아니고 보통 자원봉사자들로 종업원을 충원하기 때문에, 제품 매출액의 상당 부분이 제3세계 생산자들에게로 돌아간다. 일부 가게들이 이윤을 남기기도 하지만, 그 돈도 보통은 가게를 개선하거나 제3세계 국가들의 관련 사업을 지원하는 데 쓰인다. 또한 레이던에 있는 세계상점은 기존의 상점과 연합하여 운영되고 있다.

이런 가게들은 성공적으로 운영되고 있는가? 그리고 그들이 실제로 어떤 차이를 만들어내고 있는가? 네덜란드의 전국 단위 세계상점 단체의 이리카 스필(Erika Spil)은 이에 대해 긍정적으로 답한다. 네덜란드의 거의 모든 도시와 마을에 이런 가게가 있으며, 국민들 사이에서 이러한 가게에 대한 인식이 높다(최근 조사에 따르면 응답자의 80%가 이러한 가게를 알고 있다고 한다). 세계상점은 제3세계, 또는 북반구와 남반구 사이의 평등한 무역이 필요하다는 의식을 높이는 데 긍정적 기능을 해왔다. 공급업자와 수입업자가 지켜야 하는 기준에 환경 부문이 포함되어 있기는 하지만, 판매되는 상품이 환경보호에 가장 도움이 되는 제품인지가 항상 명확하지는 않다. 세계상점 측 내부에서도 환경 이슈를 지금보다 더 완전하고 직접적으로 대처해야 할 필요성이 있다는 논의가 진행 중에 있다. 그럼에도 세계상점 지지자들은 (적어도 유럽에서는) 소비자가 양보다는 고품질의 제품을 원하는 쪽으로 옮겨가는 추세에 비추어 이런 가게가 시대 변화와도 잘 부합된다고 생각한다. 그리고 가게가 자리를 잡아가고 운영이 더욱 전문화되면서, 매출도 상당히 늘어나고 있다. 현재 유럽 세계상점 네트워크가 존재하며, 여러 상황을 고려해보았을 때 이렇게 책임 있는 형태의 소비문화는 더욱 발전하고 있다.

세계상점에서 판매하는 주요 제품 중 하나로 막스 하벨라르(Max Havelaar) 커피가 있다. 이는 1980년대 후반에 설립된 공정무역 인증 커피이다. 막스 하벨라르 라벨은 이 커피가 공정한 가격을 보장받고 정해진 생산 기준을 충족하는 소규모 커피콩 재배자에 의해 생산되었다는 것을 나타낸다. 일련의 공정무역 조건([글상자 12.2] 참조)이 인증서 발행 전에 충족되어야 하는데, 그 조건으로 생산자에게 (세계 시장의 정상적인 가격에 더하여) '추가요금(surcharge)'을 지불하는 것이 포함되며, 그럼으로써 소규모

사진 속 레이던의 가게처럼 '세계상점'은 개발도상국의 장인과 기능인에게 공정한 수익을 보장하는 상품을 판매한다. 네덜란드에만 400여 개의 '세계상점'이 운영 중이다.

재배자들에게 일반적인 수준보다 더 높은 가격을 보장할 수 있는 것이다(유기농 재배 라벨을 붙이려면 여기에 또 추가비용이 든다). 당초 커피에만 적용되었던 인증 작업이 이제는 꿀, 코코아(초콜릿 바), 바나나 등 다른 제품으로 확대되었다. 막스 하벨라르 인증 프로그램은 아주 성공적이었으며, 그 결과 (세계 시장가격보다 더 높은) 4,000만 길더(약 2,000만 달러)로 추정되는 추가이익을 소규모 생산자들에게 안겨주었던 것이다(Max Havelaar Foundation, undated). 네덜란드에서는 인증을 거친 제품의 판매가 매우 성공적으로 이루어졌으며, 이제는 다른 유럽 국가에까지 확산되고 있다. 네덜란드에서는 약 90%의 동네 상점들이 인증 커피를 취급한다. 이러한 공정무역, 생산품 인증 프로그램은 책임 있고 생태적인 소비 패턴을 유도하는 데 대단한 잠재력을 지니고 있다.

> [글상자 12.2] 막스 하벨라르 공정무역의 조건
>
> 1. 직접 구입(direct purchase). 제품은 소규모 농민조직이나 농장으로부터 직접 구입한다. 이 단체들은 '국제 공정무역라벨링 협회(Fairtrade Labeling Organizations International)' 생산자단에 등록된다.
> 2. 추가요금(surcharge). 지불되는 가격은 세계 시장가격에서 직접 산출되는데, 원칙적으로 시장가격보다 조금 높게 책정된다. 그 이유는 농부들이 우호무역지위(favorable trading position)에 이르기까지 따라잡아야 할 간격이 여전하기 때문이다.
> 3. 최저가격의 보장(guaranteed minimum price). 생산자들에게 최소한의 사회보장을 제공하기 위하여 최저가격제가 마련되었다.
> 4. 신용 선지불(credit allowances). 만일 생산자 조합에서 요청할 경우, 수확의 일부분에 대하여 사전에 자금 지원이 이루어질 수도 있다.
> 5. 장기적 관계(long-term relationships). 생산자와 수입업자는 생산품 공급과 구매에서 상호 안정성을 보장해야 할 것이다. 그것이 장기적인 거래관계를 목표로 하는 이유이다.
> 6. 농장의 생산기준(production criteria for plantations). 전술한 거래 조건에 더하여, 노동조건과 환경문제에 대한 생산기준이 개발되어왔는데, 바나나와 차의 경우가 특히 그렇다.
>
> 출처: Max Havelaar Foundation, undated.

지속가능한 비즈니스와 기술의 마케팅

경제개발 전략으로 녹색 도시 기술과 혁신을 효과적으로 마케팅해온 좋은 사례도 있다. 이와 관련한 대표적 마케팅 단체로 1993년에 수립되어 헤르닝에 본부를 둔 '녹색 도시 덴마크(Green City Denmark A/S)'가 있다. 이 단체는 덴마크가 세계 대부분의 국가보다 앞선 분야인 생태적 지역사회 건설 아이디어와 기술을 판매하는 데 초점을 둔다. 이 유한책임회사는 처음에는 덴마크 상공업부, 에너지·환경부, 4개의 덴마크 도시(헤르닝, 비델베크, 아카스트, 실케보르)에 의하여 설립되었으나 이제는 다른 도시, 기업, 그리고 이 회사의 주식을 살 수 있는 단체도 참여할 수 있게 되어 현재 220개의 주주들이 있다. '녹색 도시 덴마크'가 지향하는 목표는 "에너지와 환경 영역에서 덴마크의 전문성을 과시하는 무대를 마련하며……" 또한 "환경적으로 건전한 생산, 폐기물 처리, 물 공급, 에너지 공급/재생 에너지원/에너지 절약, 도시 생태 등에서 지속가능한 해결책" 등을 마케팅하는 것이다(Green City Denmark A/S, undated: 4). 이 조직은 전시회 및 무역박람회의 참여와 주관, 외국의 방문대표단 초청 등 다양한 마케팅 활동을 통하여 앞서 말한 목적을 달성하며(지금까지 30개국 160개 대표단이 다녀갔다), 지역 단위의 환경 교육훈련 프로그램에 참여하기도 한다(GreenCity Denmark, 1997).[17]

이 마케팅 네트워크는 덴마크의 환경 비즈니스와 기술을 알리고 홍보하는 데 성공을 거두었다. 한 국가 보고서는 "도시 정부의 환경 당국과 지역 기업들 사이의 협력 네트워크 덕분에 종종 기업에 대해서 더 강력한 환경 기준을 만들어내면서도 기업의 이윤이 더 증대되는 결과를 낳는다. 기업과 도시 정부가 함께 제공할 수 있는 통합된 전문성이 굳건한 기초가 되어 시

---

17) '녹색 도시 덴마크'는 유한회사 형태로 운영되고 있다. 지금은 약 260개 조직이 가입한 것으로 알려져 있다. 물, 에너지, 폐기물, 청정 기술, 농업 기술, 교통 및 관광 등 덴마크의 생태 기술을 보여주기 위해 해마다 세계 각국에서 50여 대표단을 초청하며, 잘될 경우 바로 계약으로 이어지기도 한다(www.greencity.dk).

스템, 그에 수반되는 운영 경험, 고객에 대한 훈련 기회를 제공한다"고 말한다(The Ecological City, Denmark, 1995: 33). 덴마크 사례를 본보기 삼아 (연구 대상인 라티 시를 포함한) 비슷한 네트워크가 핀란드에서도 형성되었다. "그린 트라이앵글 핀란드(Green Triangle Finland)"라 불리는 이 네트워크는 생태 제품, 서비스, 핀란드 기업과 지역사회의 혁신 사례를 마케팅하고 있다.

메시지: 생태 비즈니스를 위한 지역사회의 역할

이러한 유럽 도시에서 얻을 수 있는 핵심 교훈 중 하나는 더 환경 복원형의 상업과 비즈니스를 촉진하는 과정에서 지방정부가 사전 주도와 예방 역할을 맡고 있다는 점이다. 이 장에서 언급된 것처럼 지방정부가 그런 역할을 할 수 있는 다양한 기회가 존재하는데, 미국의 지역사회들도 유럽과 비슷하게 이를 추진할 수 있고 또 그리해야 한다. 그라츠 같은 도시에서처럼 도시 정부가 지역 기업과 협력적으로 작업해온 경우는 별로 없지만, 그런 게 가능함을 보여주는 사례는 있다. 아마도 미국에서 가장 인상적인 사례로는 포틀랜드의 BEST(Businesses for a Sustainable Tomorrow) 프로그램일 것이다. 그라츠와 비슷한 전략으로, 포틀랜드의 에너지 부서는 지역 기업이 에너지 및 자원 효율성 측면에서 더 향상되고 환경오염을 적게 유발하도록 격려하고 지원해왔다. 해마다 이 프로그램은 BEST 비즈니스 상을 수여하는데, 이는 지역사회의 환경 선도자를 찾아 알린다는 점에서 에코프라핏과 비슷하다(Portland BEST, undated). 볼더의 PACE(Partners for a Clean Environment) 프로그램 또한 비슷한 기능을 하고 있다. 여기서 시는 재계에 정보처리 센터 및 연구 서비스와의 '연결(connection)', 그리고 자발적인 환경 '인증(certificate)'이라는 두 프로그램을 제공한다(Partners for a Clean Environment, undated 참조). 이러한 시책은 기업과 정부 사이의 관계가 좀 더 규제적이며 '서먹서먹하다'는 미국적 맥락에서도 지방정부가 사전 예방적인 환경 기능을 맡는 등 그 역할이 중요함을 보여준다.

녹색형 경제개발을 위하여 시도된 그 밖의 다양한 혁신적 아이디어도 똑같이 의미 있는 것이다. 예컨대, 산업 공생은 미국 도시에 엄청난 기회를 제공한다. 제8장에서 이미 말했듯이, 칼룬보르의 교훈은 많은 미국의 산업단지와 바로 연관되며 즉각 도입이 가능하다. 실제로 미국 전역에서 생태 산업단지의 계획과 개발에 관한 활동이 급증하는 것에도 주목해야 하는데, 연방 환경청과 주 및 지방 정부는 이러한 구상을 계속 지지해야 할 것이다. 비록 지금까지 진전은 제한적이지만, 칼룬보르는 여전히 강력하게 존재하는 모델로서 실질적인 조언과 영감의 원천이 된다. 지역 경제발전 부서와 프로그램은 그런 공생을 촉진하기 위하여 그들의 임무와 운영 형태를 다시 고려할 필요가 있다. 첫 단계는 현재의 자원 투입 및 지역 경제 산출을 더 공식적·종합적으로 연구하는 것이다(예: 생성된 폐기물, 생산을 위한 물자와 에너지 수요 등). 아마도 이러한 연구는 현재와 미래의 연계 관계 또는 공생을 찾는 데 도움이 될 것이다.

게다가 과거 산업부지를 새로운 산업과 경제 활동의 기반으로 활용할 수 있는 창조적인 기회가 흔하다. 한 가지 고무적인 최근의 사례는 마야 린(Maya Lin)의 브롱크스 종이회사(Bronx Community Paper Company) 설계에서 볼 수 있다. 이 재활용 센터는 매년 약 30만 톤의 종이를 재활용하고 400개의 새 일자리를 제공할 예정인데, 할렘 강 철도조차창(Harlem River Rail Yards)의 옛 산업단지에 위치한다(Muschamp, 1998). 미국의 지역사회는 재사용과 재개발과 연관된 많은 기회를 가지고 있으며, 더 압축적인 도시 형태를 촉진하는 토지 이용의 명확한 이익도 함께 수반된다.

또한 벨기에의 에코버 공장 사례에서 알 수 있는 것처럼, 지속가능한 설계·건축과 함께 지속가능한 산업과 경제를 통합할 기회가 많이 생길 것이다. (최근의) 한 선도적 미국 사례는 미니애폴리스의 그린 인스티튜트(Green Institute)에서 찾아볼 수 있다. 이곳에서는 최근 혁신적인 생태기업센터가 필립스 지구에 문을 열었다. 그린 인스티튜트는 (쓰레기 중간 기착지로 사용될 지역을 정리하여 만든) 도시 재개발지구에 세워졌으며, 6만 4,000 제곱피트 규모의 시설에 옛 건물에서 나온 강철 빔의 재사용, 100% 일광 이용, 풍력 및 태양에너지 이용, 옥상정원 등 다수의 인상적인 생태 설계 요소를 통합하고 있다. 이 건물들은 70%가량의 에너지 절약을 끌어내는 것으로 추정되는데, 건물에서 소비되는 양보다 더 많은 에너지를 생산할 수 있을 것으로 기대된다(Green Institute, undated; Roundtable Minutes, 1998). 게다가 이 시설은 경제적으로 허덕이는 지역에 일자리와 소득을 창출한다. 이런 맥락 즉 생태적으로 복원성 있고 자양분이 넘치는 구조에서, 환경적으로 더 민감한 제품과 서비스를 생산하지 못할 이유가 없다.

재래식 사무실과 작업환경을 환경보전에 더 맞게 또 생태적으로 덜 해가 되도록 만드는 것도 미국 도시에서 상당히 가능성 있다. 수많은 미국의 기업이 이미 비슷한 유형의 신규 공유 업무 공간 실험에 성공하고 있으며, 아마도 앞으로 그 사례가 더 많이 나타날 것으로 여겨진다. 최근의 한 건설적인 사례가 뉴저지 주 모리스타운(Morristown)에 있는 AT&T의 새 공유 사무실이다. 225명의 직원들이 공유하는 이 사무실은 전통적인 사무실 배치와 비교하였을 때 공간 사용 규모가 훨씬 적다. 어느 시간대든 약 60%의 판매부서와 기술부서 직원이 자리를 비우는 것으로 추정되었다. 건물은 네덜란드의 하를렘 빌딩과 유사한 방식으로 운영되는데, 종업원들은 노트북을 이용해 자리를 예약하고, 이동식 파일 캐비닛을 꺼내 사용하며, 전화도 그들이 잡은 자리로 돌려진다. AT&T가 설치한 특별한 요소로는 카페, 전화실, '개인 쉼터(personal harbors)', 팀 회의 공간이다(Apgar, 1998). 이 사무실의 재정적·공간적 절약은 매우 인상적이다. 매년 46만 달러 또는 각 종업원당 약 2,000달러가 절약되었으며, 건축 공간은 4만 5,000제곱피트에서 2만 7,000제곱피트로 감소되었다. AT&T 사무실은 하를렘 건물과 마찬가지로 환경적 시사점 또한 크며 여기에는 가시적인 이익으로 "더 친밀해진 팀워크, 개선된 고객 서비스, 직원들의 더 큰 만족"이 포함된다(Apgar, 1998).

이런 종류의 공유 사무실 배치는 '대안 일터(alternative workplace)'의 한 형태일 뿐이다. 미국에서 점점 더 대중화되고 있는 다른 모습으로 (부동산의 필요성을 현저하게 줄일 것으로 보이는) 위성 사무실(satellite offices), 원격근무(telecommuting), 홈 오피스 등이 있다. 아직은 이를 위한 장벽이 많음을 부인할 수 없지만, 이런 대안적 근무 개념을 지원하는 프로그램이 중요하다는 점이 교훈이다. 예컨대, 사무실 집기 마련을 위해 재정적 보조를 제공하는 일부터 교육과 기술지원, 관리자와 현장 직원을 바로 연결하는 메커니즘의 창조 등을 생각할 수 있다. 현재 원격근무자 또는 집에서 일하는 회사원들의 숫자는 3,000만에서 4,000만 명에 이를 것으로 추정된다 (Apgar, 1998). 이런 유형의 대안적 업무 현장은 점차 중요성을 더할 것이며 지속가능성 측면에서 중대한 시사점을 제공한다.

유럽의 경험은 녹색 소비문화가 시장에도 엄청난 차이를 만들어낼 수 있음을 보여준다. 미국 소비자들은 유럽의 경우와 비교할 때 유럽 수준의 관심과 헌신에 이르기에는 아직 갈 길이 멀지만 녹색 제품을 선택하는 데서는 도움과 격려가 필요하다. 유럽의 녹색 소비자와 에코 라벨링 프로그램은 소비자를 인도하고 녹색 상품에 대한 시장의 지지를 강화하는 데 분명히 도움이 될 것이다. 미국에서도 몇몇 비정부조직이 주도한 그린 실(Green Seal) 등 에코 라벨링 시스템이 운영되고는 있지만, 이제 이 나라에서도 에코 인증에 대한 정부 차원의 시스템이 (또는 적어도 재정 지원이) 이루어져야 할 때가 되었다. 프란켈은 다른 지역의 에코 라벨링 프로그램을 개관하면서 결론짓기를, "이러한 프로그램은 미국 외의 모든 나라에서 정부가 지원한다. …… 실제적 목적의 에코 라벨링이 미국에선 아직 시작되지 못했다"고 말한다(Frankel, 1998: 161; 에코 라벨링 시스템을 시행하는 문제점과 복잡성 논의는 이 책을 참조하라). 국가 단위의 에코 라벨링에 대한 의지가 책임 있는 소비자 행동을 촉진하는 데 큰 역할을 할 것이다.

    미국의 도시와 지역사회는 각각의 관할 구역 내에서 그린 비즈니스와 녹색 소비자에 대한 기회를 지원하는 과정에 훨씬 더 적극적으로 관여할 수 있다. 그 활동 영역은 어떻게 어디서 녹색 제품을 살 것인지에 대한 안내책자와 정보를 배부하는 일부터 시작해서 덴마크 및 다른 지역에서 사용되는 특정 형태의 녹색 가게 인증 시스템에 이르기까지 다양하다. 지방정부는 건물과 공간을 재활용하여, 예컨대 임대료를 무료 또는 보조금으로 지급함으로써 '세계상점' 같은 친생태 가게를 지원할 수 있을 것이다. 거듭 말하지만, 미국의 지역사회도 많은 유럽 도시가 그러했던 것처럼 각자의 직접적인 구매 결정이 신출내기 생태 비즈니스 사업과 서비스에 커다란 도움이 될 수 있음을 배워야 한다.

제6부
유럽 도시에서 배우기

제13장
그린 어바니즘의 약속

그린 어바니즘의 도전

종종 이 책의 유럽 도시에 대한 소개 내용이 지나치게 낙관적으로 보일지 모르겠으나, 확실히 이들은 지속가능성에서 인상적인 진전을 이루고 있다. 그러나 이들 가운데 가장 통합적이고 미래 지향적인 도시일지라도, 그린 어바니즘의 아이디어를 온전히 실행하는 데는 심각한 도전과 딜레마가 뒤따른다. 대단한 성취에도 불구하고 이 도시들은 지속가능의 측면에서 완전한 본보기는 아니며 오히려 복잡한 갈등과 상충 관계(trade-offs)로 힘겨워하고 있다. 따라서 사례 연구에서 나타난 다수의 딜레마가 지속가능성을 추구하는 다른 도시에 유익한 교훈을 제공해주는 것이다.

몇몇 딜레마는 고밀도의 압축 개발 패턴이라는 목표에서 비롯한다. 이 책의 사례 도시 대부분이 널찍한 공원과 오픈 스페이스를 잘 보호해오고 있지만, 이따금 압축 개발 정책은 도시 안의 빈 녹지 공간을 점차 사라지게 하는 결과를 낳기도 한다.

암스테르담과 같은 도시에서는 압축 개발 정책으로 인해 실제 녹지 공간이 다소 줄어드는 결과가 나타났다. 암스테르담 도시계획국은 녹지 공간에 대한 부정적 영향에 관해 아래와 같이 말한다(City of Amsterdam, 1994: 156).

지난 몇 년 동안 암스테르담의 압축도시 전략은 더 심화된 토지 이용으로 이어졌고, 도시의 확장과 압축은 도시 내 오픈 스페이스에서 주로 일어났다. 예를 들어, 괴젠벨트(Geuzenveld)에서는 스포츠 공간 구역이 주거 목적으로 용도 변경 되었으며 공원과 정원도 그리 사용됨으로써, 과거 일반확장 계획(General Extension Plan) 시대부터 유지되어온 작은 부지만 남은 경우도 있었다. 도시계획부의 도시 설계가들과 물적 계획가들은 이 정책 흐름의 엄청난 파급효과를 되돌릴 수 없었다. 전체적 측면에서 도시 녹지 공간의 가치가 무시되었다.

그리고 암스테르담 같은 도시에서 1인당 이용 가능한 녹지 공간의 면적은 평균 14제곱미터로 상당하지만, 이 공간은 시 전체적으로 불균등하게 배분되어 있다. 암스테르담의 많은 옛 도시 지역에서 녹지 공간과 자연은 중요 요소가 아니며, 이 지역의 많은 부분이 인공 구조물로 이루어져 있다.

이러한 압축성과 도시 녹지 사이의 갈등 사례가 연구 대상 도시마다 많이 발견된다. 한 예로, 암스테르담의 에이뷔르흐 프로젝트는 환경 공동체에 속한 많은 이들이 수중생물 서식지를 상실한 대표적 사례로 꼽고 있다 (다만, 그 지역의 환경적 가치는 논쟁의 여지가 있어 보이며, 암스테르담 시 관리들은 도심 가까이 새 주거지를 수용하기 위해 필요한 조치였다고 주장한다). 이 책에서 연구된 다른 도시도 비슷한 상충 관계에 직면하고 있다.

더 높은 수준의 고밀도·고효율 토지 이용 패턴으로 개발하려는 욕구에서 생기는 또 다른 도전은 사업 결과인 주택의 미관 및 삶의 질 측면과 관련되어 있다. (프라이부르크의 리젤펠트와 암스테르담의 GWL 지구 등) 내가 방문한 수많은 대형 프로젝트는 넓고 큰 규모지만 건축학적으로는 큰 감흥을 주지 못하는 주거단지를 포함한다. 인정하건대, 비록 주관적이지만 (또

많은 사업들이 아직 완료되지 않았다는 점에서 판단하기 이르지만) 이 지역의 건축과 건물은 다소 차갑고 거친 느낌을 준다. 이런 점으로 인해 인간 척도를 따르고 유쾌한 삶터인 고밀도의 집과 주거환경을 설계하는 데 강력한 도전이 뒤따르게 된다. 즉 에너지와 환경을 절감하는 만큼 미적인 요소도 고려해야 하는 것이다.

신개발 지역에서 설계되는 다수의 공공 공간에 대해서도 마찬가지일 것이다. 그런 공간의 경우 대부분이 광장, 옥외 공간, 옛 도시의 공적 공간(civic spaces)으로서 시민의 기대에 제대로 부응하지 못하는 사례가 많다. 이와 관련해서 (네덜란드의 알메르나 하우턴처럼) 유럽의 옛 도시에서 느껴지는 인간적 특성을 모두 지닌 새 정주 공간을 창조하는 것이 진정 가능한지에 대한 의문이 남는다. 많은 유럽 도시에서 가장 인상적 특성 중 하나는 개발의 유기체적 본질(organic nature)이다. 오랜 기간 조금씩 자라고 발전하고 변화해온 현재의 환경은 바로 이처럼 유기체적 성장이 축적된 결과물인 것이다. 도시를 만드는 이런 방식이 상당수 대형 신주거지 및 지역사회를 만드는 데도 이용되고 있는데, 비록 경제성 또는 지속가능성 측면의 이점(예: 대중교통 서비스를 확대하는 능력 등)에도, 그 결과가 표면적·사회적으로 늘 이상적이지는 않다. 정책 영향이 명확하지는 않지만, 도시의 충전 개발 또는 속채우기형 개발, 민감도 재개발, 적응적 재사용의 장려를 위한 노력이 계속 지지받고 있는데, 이 모든 전략이 연구 대상 도시에서 다양한 수준으로 실천되고 있다. 아울러 장래의 모든 개발 사업에서 녹색 요소를 포함시키는 일이 중요하다는 것도 강조된다.

압축형 개발에서 말미암은 딜레마와 도전에도, 많은 도시가 공공 목표를 창조적으로 균형화하는 모습을 보여주었다. 관찰 결과, 많은 연구와 방문의 대상이었던 유럽 도시는 저마다 놀라울 만큼 녹색 지향성이 지배적이며 또 어떻게 해서든 그리되도록 노력해왔음을 알 수 있다. 특히 스칸디나비아 반도 여러 도시의 녹색 지수가 매우 높으며, 동시에 밀도도 높다. 다른 인상적인 녹색 및 고밀도 도시로는 베를린과 프라이부르크를 들 수 있다. 이러한 '녹색성(greeness)'은 몇 가지 요인과 함수 관계에 있다. 즉 나무, 식물, 빈 녹지, 넓고 보호되는 자연경관이나 주변의 (호수나 바다 등) 자연 지형 요소와 도시와의 근접성 등이다. 이 많은 도시가 압축적으로 성장하면서도 생태적 자산을 보호하기 위해 노력해왔던 것이다.

도시 내 녹지 공간의 점진적인 상실에 대한 중요한 대응 방식은, 미래의 어떤 시점에서 아예 손댈 수 없는 것으로 여겨지도록 특정 녹지 구조를 보호하는 일 그리고 기존의 건조환경을 적극적으로 '녹색화'하는 일이다. 나무 심기, 그린루프, 녹색담장, 불투과성 노면을 들어내는 일 등 이미 수많은 연구 대상 도시에서 시행되고 있는 다양한 녹색 전략이 그 사례이다. 이들은 필수적인 디자인 및 계획 요소로서 압축형 토지 개발 정책과 동반하게 된다.

몇몇 환경 목표의 경우 더 압축적인 개발 방식과 충돌할 수도 있다. 예컨대 '압축성'을 고집한다면 뭔가 안 좋은 지역에 주거지를 건설해야 할지도 모르는데, (소음이 심한) 고속도로나 (공공 안전의 문제를 야기할 수 있는 토지 이용인) 공항 가까이, 또는 (토양오염 등의 환경적 위험에 노출될 우려가 있는) 옛 산업부지 근처가 압축 개발의 대상이 될 수 있다는 것이다. 도시는 외형적 성장, 아니면 더 지속가능한 도시 형태를 지지하지만 환경적 · 사회적 위험 요소가 우려되는 성장의 상충 관계에서 선택해야 할 때가 있다.

이러한 딜레마를 해결하는 몇 가지 창조적인 수단을 연구 대상 도시 가운데서 볼 수 있다. 네덜란드는 '도시와 환경(stad en milieu)' 프로그램에서 유연 환경 기준(flexible environmental standards) 시스템을 실험하고 있다. 이 프로그램 아래 전국에서 선정된 여러 도시는, 지정된 지역에서 국가적 기준을 엄격히 적용했더라면 불가능했을 개발 사업에 대하여 강력한 완화 장치를 동반하여 (소음 등의) 특정 환경 규제를 유연하게 대체할 수 있도록 허용하는 것이다. 예를 들어, 흐로닝언의 옛 산업부지 개발 사업(CiBoGa 프로젝트)에서는 비용이 덜 드는 토양 회복 계획을 계속 진행하도록 허가했다(3분의 1의 흙이 제거되며, 나머지는 오염도가 높지만 그대로 남게 된다). 내가 인터뷰한 대부분의 도시계획가와 공무원들은 이 같은 새로운 유연성이 정말 필요하며, 그렇게 한다고 해서 시민을 심각한 위험에 빠뜨리지는 않을 것이라고 생각한다.

한 지역의 환경은 물론 전반적인 삶의 질을 향상시키면서도 도시의 밀도를 높이기 위한 기회가 분명히 존재한다. 암스테르담은 몇몇 지역에서 이를 시도하고 있다. 어떤 지역에서는 주택 밀도를 높이는 동시에 (비자연적인) 직선형 운하를 구불구불하고 더 녹색형의 생태적 물길로 바꾸고 있다. 베일메르메이르 지역에서는 시내 빈 곳을 채워가며 상당수의 주택을 공급하는 동시에, 녹색 회랑을 만들고 나무를 심으면서 해당 지역을 '녹색화'하려는 계획이 마련되었다. 베를린도 비슷한 전략에 따라 자연환경과 생활환경의 질을 향상시키는 방법으로 대형 주거지역의 녹색화를 추진하고 있다.

예컨대 암스테르담 또한 환경 매트릭스(environmental matrix)를 창조적으로 이용해왔는데, 이는 지구별로 특정한 상충 관계를 가려내어 정리하는 데 도움을 준다(Groot, 1997; Groot and Vermeulen, 1997 참조). 강력한 묶음의 경감 기준(mitigation standards)을 유지하는 것은 이 주제에 대한 또 다른 중요 대처 방안으로 보인다. 베를린이 경관보호 프로그램에 이런 시스템을 갖추고 있는데, 녹지가 상실될 경우 광범위한 보완 조치를 요구하는 가운데 폭넓은 지역에 대한 식재 요건을 마련한 것이 그 사례이다.

아울러 이 책에 소개된 가장 진보적이고 생태 마인드가 잘 갖추어진 도시에서조차 도시 지속가능성에 대한 정말 중대한 도전과제가 있음을 인식하는 것이 중요하다. 유럽이 미국에 비해서는 근본적으로 더 집중된 형태이긴 하지만, 성장의 분산화는 여전히 심각한 경향이라고 할 수 있다. 그뿐 아니라 승용차 이용과 의존성이 증대하는 것도 또 다른 골칫거리이다. 이에 대한 예로서 영국에서 승용차 소유가 1980년 이래로 40%가량의 증가를 보였고, 앞서 말했듯이 네덜란드도 (1986년에서 2010년까지) 승용차 대수가 70% 늘어날 것으로 예측된다. 이러한 수치가 지속가능성과 어울리는 추세라고 할 수는 없을 것이다.

압축적, 보행 편의적 도시 형태를 상당한 정도로 창조하고 유지·강화해온 도시에서도 지속가능성과는 반대 방향으로 작동하는 강력한 정치적 세력이 존재한다. 예로, 흐로닝언의 최근 한 논쟁은 도심으로의 자동차 진입을 막겠다던 시의 약속에 의문을 던졌다. 네덜란드의 대형 백화점 V&D(Vroom and Dreesmann)은 흐로터 마르크트(Grote Markt) 북쪽 끝으로 판매장을 옮기려고 계획 중인데, 이는 황폐화되는 건물을 대폭 개조함으로써 이 지역 내 민간투자를 이끌어내는 촉매 구실을 할 것으로 기대된다. 그러나 V&D는 그에 대한 조건으로 시가 흐로터 마르크트 아래에 주차장 시설을 지어주길 원하고 있다. 이러한 대응에 대하여 상당한 반대가 있었으나, 결국에는 시가 V&D가 제시한 것과 비슷한 조건에 동의하면서 당초 목표했던 수보다 더 많은 차량이 도심부에 들어오도록 허용할 것으로 예상된다. 에든버러는 영국에서 승용차 보유자 수가 가장 빠르게 늘어나고 있는 곳인데, 1981년에서 1991년 사이에 57%라는 놀라운 증가를 기록했다(Johnstone, 1998). 이 도시가 차 없는 주택단지 건설 등 많은 긍정적 노력을 보이고는 하지만 지속가능한 통행과는 어울리지 않는 힘도 많이 작용하는 셈이다.

많은 유럽 도시가 압축 성장 정책을 추구해왔고 지금도 그러하지만, 네덜란드 같은 나라는 국가 수준에서 압축도시 정책을 채택해왔는데, 이러한 압축형 개발의 장점과 가치에 대하여 유럽 전역에서 활발한 논쟁이 이어지고 있다. 브레히니(Breheny, 1997)는 앞으로 영국에서 상당한 규모의 성장이 버려진 산업부지 또는 도시 공한지에서 일어나도록 하려는 계획을 검토하면서, 그 실현 가능성과 사회적 수용성에 대하여 몇 가지 의문을 던진다. 먼저 실현 가능성의 측면에서는 오히려 그 반대 방향으로 작동하는 현행 인구 분포와 시장의 힘을 인용하고 있다.[1] 그는 또한 (미국인들처럼) 주택 소비자 대부분이 정원과 자기만의 공간을 갖춘 단독주택을 찾고 있음을 보여주는 조사 자료를 인용한다. "일반적으로 주택 건설 업체가 수행한 시장조사에 의하면 정원이 있는 집, 가능한 한 넓은 공간을 소비자가 강력히 선호한다(213쪽)."

또한 브레히니(Breheny, 1997)는 '도시' 거주자에 비해 시골지역 거주자가 더 높은 '만족도'를 보이고 있으며, 밀도와 만족도 사이에 상반된 관계가 있음을 시사하는 데이터를 인용한다(단, 도시의 중심부에 대한 만족도는 특별히 낮지 않았다). "압축성 논리에 따르면 저밀도 주택에서 고밀도

∴

1) [원주] 브레히니가 관찰한 바로는, "많은 논객이 지난 20여 년 동안 경제활동의 분화된 힘을 경제지리상의 심각한 전환으로 받아들이고 있으며, 많은 서구 국가에서 관찰되는 현상으로 본다. 만일 이것이 사실이라면, 산업계로 하여금 그들 스스로 포기했거나 무시했던 바로 그 장소로 돌아가라는 대조적인 논리를 강요하는 것이 불가능하지는 않겠으나 매우 어려운 일이 될 것이다(Breheny, 1997; 211)."

주택, 특히 아파트로 옮아가야 함을 넌지시 보여주지만, 실제 태도 조사의 결과로는 단독주택에 대한 선호가 압도적으로 높다(214쪽)." 그의 결론은 압축도시의 지지자들이 적어도 영국에서는 심각한 장애물에 직면할지 모르는데 이런 상황은 미국도 크게 다르지 않다. "고밀도 도시 생활의 가치를 촉진하려는 헌신적 압축론자들이 있는가 하면, 그 반대 방식에 계속 찬성하면서 분산된 넓은 공간에서 살고 싶어 하는 소비자 사이에 직접적인 갈등이 있는 것 같다(215쪽; Janks, Williams, and Burton, 1996 참조)."

네덜란드 같은 나라에서조차 도시가 주민의 희망과 요구에 맞게 대응하기 위해서는 미래의 개발과 관련된 결정을 조정해야 하며, 그렇지 않으면 그런 주거환경이 있는 다른 곳으로 주민이 계속 유출되리라는 인식이 커지고 있다. 이러한 사고 변화는 최근의 몇몇 개발 프로젝트에서도 확실히 볼 수 있는데, 즉 주택의 유형과 밀도가 시장 상황을 반영하기 위해 조정되고 있는 것이다.[2] 유럽 사람이 보통은 더 고밀도, 더 압축형의 동네에서 살 용의가 있기는 하지만, 많은 도시가 여전히 압축성과 더 넓은 공간을 원하는 주택 소비자의 상반되는 욕구를 조화시켜야 하는 과제에 직면해 있는 셈이다.

또 하나의 중대한 딜레마는 유럽 도시민의 전반적인 소비 패턴과 관련되어 있는데, 이런 소비 경향이 도시 정부의 인상적인 진전을 상당 부분

---

[2] [원주] 예컨대, 흐로닝언의 피카르드토플라스(Piccardthofplas) 단지는 대부분 분리형 단독주택으로 구성되어 있으며, 단지의 한 부분은 별장형 주택이다. 또한 이 도시 중심으로부터 북쪽은 아파트가 매우 많고 소수계 인종 및 저소득 주민이 집중된 문제 지역이었는데, 장래에 아파트의 상당수를 철거하는 것에 목표를 두고 있다. 어떤 아파트는 정원과 그 밖의 어메니티를 가진 단독연립주택으로 대체될 예정이다(여전히 비교적 높은 밀도이나 주민들이 원하는 생활편의 요소가 새 주택에서 가깝다).

상쇄해버릴지 모른다는 사실이다. 유럽 국가는 [표 13.1]에서 보듯이 세계 자원의 공정한 배분량보다 훨씬 많은 양을 사용하고 있다(그래도 미국보다는 상당히 적다). 예컨대, 비록 지속가능한 건축과 설계를 촉진하는 데 커다란 진전이 이루어지고 있고 더 공격적인 에너지 및 폐기물 감축 정책이 채택되고는 있지만, 유럽 소비자들이 그저 더 많이 소비하며 사용하는 것은 명백하다. 환경에 대한 우려와 인식이 비교적 높은 유럽의 국가나 도시에서조차 소비가 과도하게 이루어지는 것이다. 따라서 이에 대한 조치가 더 수반되어야 하며, 도시 내 소비자와 생산자에게 소비와 폐기물을 더 줄이도록 도전의식을 북돋우면서 동기부여를 해주어야 한다.

런던 같은 도시에서는 엄청난 생태적 영향을 국가적·국제적으로 경감시킬 것인지, 그러려면 무엇을 어떻게 해야 할 것인지에 관해 특별한 딜레마가 존재한다. 런던은 엄청난 경제 엔진을 대표하는 도시로서, 시가 이런 활동의 생태발자국에 대하여 어떤 책임을 질 것인지는 심각한 과제이다. '지속가능 런던 트러스트'는 이 과제의 방대함을 아래에 보듯이 인식하고 있다. 두 가지 구체적인 초점은 국제적 금융 중심지로서 이 도시의 역할과 히드로 공항의 늘어가는 항공교통에 필요한 자원 수요이다.

그렇다면 시의 무역 및 재정 활동은 어떤가? 이런 활동이 어떻게 다른 사람 또는 세계적 생태계의 건강에 영향을 끼칠 것인가? 예를 들면, 은행가가 외국 기업에 빚을 낼 때 그의 결정은 폭넓은 부분에 영향을 끼친다. 런던이 지속가능도시가 되기 위해서는 이러한 영향을 관찰해야 한다. 어떻게 토지 소유주들과 그들의 관련 제도가 이 세계에서 삶을 파괴하지 않고 삶을 향상시키는 역할을 할 수 있는가?(Sustainable London Trust, 1997: 5)

[표 13. 1] 유럽공동체의 환경 공간, 실제 소비량 및 2010년 목표치

자원	현재 사용량	환경 공간	변화 [% 감축]	2010 목표치 [감축량]	2010 목표치 [% 감축]
이산화탄소 배출[1]	7.3t	1.7t	77	5.4t	26
1차 에너지 사용	123GJ	60GJ	50	98GJ	21
화석연료	100GJ	25GJ	75	78GJ	22
핵연료	16GJ	0GJ	100	0GJ	100
재생 에너지	7GJ	35GJ	+400	20GJ	+74
비재생 에너지 물질[2]					
시멘트	536kg	80kg	85	423kg	21
무쇠	273kg	36kg	87	213kg	22
알루미늄	12kg	1.2kg	90	9.2kg	23
염소	23kg	0kg	100	17.2kg	25
토지 이용(EU12)	0.726ha			0.64ha	12
경작 가능지	0.237ha	0.10ha	58	0.15a	37
목초지	0.167a	0.09ha	47	0.113ha	32
신규 농지 전환	0.037ha	0.00ha	100	0.0185ha	50
"미사용" 농지	0ha			0.047ha	
미보호 삼림	0.164ha	0.138ha	16	0.138ha	16
보호지역	0.003ha	0.061ha	+1933	0.064ha	+2000
도시지역	0.053ha	0.0513	3.2	0.0513	3.2
숲[3]	0.66m^3	0.56m^3	15	0.56m^3	15
물[4]	768m^3	n/a	n/a	n/a	n/a

[1] 현재 사용량은 유럽-NIS, 환경 공간 및 목표는 유럽 전체를 표시.
[2] 현재 사용량은 EU 12개국, 환경 공간 및 목표는 유럽 전체를 표시.
[3] EU+ETA+CEE.
[4] 물의 환경 공간은 유럽 수준에서 계산될 수 없음.
* GJ은 에너지 측정단위이다.

런던 에너지 연구(London Energy Study)는 런던의 에너지 소비 중 15%는 도시를 넘나드는 항공교통에서 발생하고 있다고 파악했다. 항공교통의 연료 소비는 최근 몇 년 동안 증가해왔는데, (1965년에서 1991년 사이에) 95만 톤에서 300만 톤으로 늘었다. 이 소비에 대하여 항공사 또는 비행기 승

객 등 누가 도덕적 책임을 떠맡아야 하는지는 명확치 않지만 런던 자체에도 책임이 있다고 할 수 있는데, 항공 에너지 소비가 지역경제의 핵심 요소 중 하나로 지역 차원의 의사 결정과 정책에 의해 강력하게 영향을 받기 때문이다(예를 들어, 히드로 공항에 신규 터미널을 지을 것인가의 문제가 현재 논쟁 중이다).

시민의 생태발자국 또는 시민이 사용하는 환경 공간을 계산하는 방법론이 크게 발전한 까닭에, 높은 소비와 자원 이용의 딜레마가 더욱 복잡하게 되었다. 이런 우수한 계산법이 효과적으로 보여주듯이 높은 소비와 연계된 '숨겨진' 비용이 많은데, 이는 환경 영향과 자원 소모의 영향은 멀리 떨어진 곳에서도 느낄 수 있다는 점에서 그러하다. 폴케 외(Folke et al, 1997: 171)는 "만일 도시가 의존하는 생태 자원의 기반이 분석과 정책에서 제외된다면, 아무도 지속가능한 도시에 대해 말할 수 없다"라고 주장한다. 따라서 자원의 수요와 폐기물 배출의 감축이 꼭 필요한 대응책이며, 그럼으로써 국경을 넘나드는 연결 관계와 영향을 '드러나게' 만들 가능성도 높아진다. 유럽 도시들은 이제부터 그들의 자원 수요를 제공하는 데 사용되는 방법과 관행에 대하여 더 강력한 통제와 관심을 부여할 수 있을 것이다. 예컨대, 런던은 대략 120만 톤의 목재를 수입하는데, 이 수입품이 지속가능한 방식으로 벌채한 숲에서 공급될 수 있도록 장려하거나 의무화할 수 있는 것이다(Sustainable London Trust, 1997).

이렇게 심각한 도전과 딜레마에도 불구하고, 이 그린 어바니즘형 또는 지속가능 유럽 도시가 지닌 가치는 부인할 수 없으며 오히려 인상적이라고 할 수 있다. 현대 도시계획과 환경 분야에서 상세히 설명된 이상적 모습에 근접한 사례를 (상상하거나) 찾기는 어렵다. 가장 모범적인 도시들조차 진정으로 또는 전적으로 (이 책 초반에 그려진 녹색 도시의 조건을 충족하지 못하거나) 지속가능하지 않을지 모른다고 해서 그런 경험의 가치가 퇴색되어서는 안 된다. 이들은 진지하고 실질적으로 자신들의 생태발자국을 줄여왔으며, 의심의 여지 없이 도시가 환경적 어려움의 원인으로서뿐 아니라 그 해결에서도 똑같이 중요한 역할을 맡아야 함을 보여주었다. 이 과정에서 직면하는 장애물에도 불구하고, 이들 도시는 엄청난 통찰력과 영감을 제공하고 있다. 레스터, 앨버스룬, 프라이부르크 같은 도시가 보여주는 것은, 종합적·미래 지향적 정책과 투자를 통하여 아주 살기 좋은 지역, 지역사회가 강화되는 공동체, 토지와 자원을 절약하여 사용하는 도시, 사업·정책·행동의 장기 이익이 단기 비용보다 더 큰 장소를 창조할 수 있다는 점이다. 아마도 가장 중요한 것으로, 도시가 자연의 터전으로서 자연과 직간접 형태로 연결되어 있으며 환경이 그저 덧붙인 것 이상의 무엇인가로 어우러지도록 도시를 재개념화할 능력과 잠재력이 있음을 이들 도시가 보여준다. 오히려 자연환경이 도시 구성의 중심적인 주제가 되는 것이다.

지속가능한 녹색 도시 창조하기: 유럽의 교훈

이렇게 가장 모범적인 유럽 도시에서 성취되었던 일이 미국에서도 일어날 수 있을지 궁금해할는지 모른다. 의문의 여지 없이 경제적·정치적·지리적 상황이 이 책에 서술된 많은 프로그램과 구상을 미국보다는 유럽에서 더 실현 가능하게 만들었다. 미국과 유럽은 배경과 맥락이 여러 가지 면에서 확실히 다르다. 예를 들면, 네덜란드 같은 나라는 인구밀도와 토지의 희소성으로 인해 압축도시 정책을 훨씬 더 필수적인 요소로 만들고 있다. 대부분 역사적으로 높은 세금 정책의 결과로 휘발유값이 훨씬 더 높은 까닭에 유럽에서는 이용에 많은 돈이 드는 승용차보다 대중교통이 더 매력적인 수단으로 여겨진다. 그리고 정부의 구조와 더 광범위한 역할, 훨씬 강력한 토지 이용 계획의 기능 또한 지금까지 소개한 많은 목표가 성취되도록 돕는다. 그럼에도 이러한 유럽 도시에서 얻을 수 있는 교훈과 주제가 다양한데, 미국의 도시계획가와 공무원들도 이를 적극 고려 해야 할 것이다.

- 더 지속가능한 도시 개발의 모델이 가능하다: 생태적 삶의 환경을 기약
  아마도 유럽의 도시 정책에서 얻을 수 있는 가장 확실한 교훈은 성장과 발전의 대안적 패턴이 존재한다는 것이며, 압축형의 걷기, 바람직한 녹색 지역사회, 아주 매력적인 요소를 지닌 장소를 창조하는 방식으로 공간과 공공투자를 구성하는 일이 가능하다는 것이다. 올바른 상황에서 적절한 장기 공공정책이 수반되면 대중교통, 보행, 자전거 이용 등이 승용차 의존을 대체하면서 실행 가능한 대안이 될 수 있다. 시민들은 훨씬 더 적은 에너지와 자원을 소비하면서도 개인적 선택과 통행성을 확대시킬 수 있다. 요약하면 이 유럽 도시들이 비록 완전하지도 않고 그들 나름의 수많은 문제에 직면하고 있지만, 뭔가 다르고 더 지속가능한 장래의 길이 있음을 보여준다. 게다가 많은 사례를 한데 묶어서 보면 더 지속가능한 경로를 추구하는 과정에서 사용할 수 있는 도구, 기법, 방법 및 전략에 관하여 실질적 지침을 발견할 수 있다.
  이 도시들은 압축형 도시 형태와 그 밖의 지속가능 설계의 수단이 높은 삶의 질과 충돌할 필요가 없음을 분명히 보여준다. 실제로는 그 반대가 맞다. 압축형의 고밀도 보행 친화형 지역사회는 대단한 사회적·환경적 어메니티를 제공하며, 생태적 복원뿐 아니라 삶 자체를

향상시키기도 한다. 주요 교훈으로는 여러 가지 목적이 함께 성취된 다는 점과 그린 어바니즘 도시의 의제를 강화한다는 점이다.

이 연구는 생태 도시를 창조함으로써 얻는 많은 실제 이익과 약속을 보여주었는데, 그것은 환경적으로 지속가능한 동시에 높은 삶의 질 및 주민에게 높은 수준의 매력 요소를 가진 삶의 환경을 창조하는 것이다. 비교적 고밀도에 걷기 좋은 이런 환경에서는 대중교통 접근성과 중요한 녹색 요소를 포용하며, 생태발자국 전반을 대폭 줄일 수 있는 생태 요소를 포함한다. 유럽의 다양한 지역에서 이러한 설계와 건축은 실험의 영역에서 주류적 관행으로 옮겨왔다. 이 같은 개발 방식의 환경적·경제적·인간적 이익은 매우 크며, 이 모델을 미국의 지역사회 계획 및 건축에도 (최소한 그 중요 요소라도) 성공적으로 도입·적용시킬 수 있을 것이다.

이 책에서 연구된 많은 도시는 생태형 주택과 개발을 실험하고 촉진하기 위하여 놀라운 진전을 이루어왔다. 단독주택이나 독립 건물에서부터 신규 주거단지 전체와 도시지구에 이르기까지, 이러한 경험은 새로운 도시개발을 통해 도시의 생태발자국을 근본적으로 줄일 수 있음을 보여준다. 나아가 매우 중요한 점은 이처럼 새로운 생태 단지나 개발이 도시의 맥락 아래 일어날 수 있고, 진정 더 폭넓은 의미로 지속가능한 도시 형태를 만드는 데 기여할 수 있다는 것으로, 이는 미국에서도 배워야 할 교훈이다. 미국의 맥락에서는 생태적 실험을 시골이나 준교외 지역에서 시도하려는 경향이 있는데, 이는 흔히 도시 스프롤의 문제를 더 악화시키게 된다. 이 책에서 논의된 유럽의 본보기를 보면 그 반대로 녹색과 도시가 효과적으로 융합할 수 있다는 것을 보여준다.

- 지속가능한 통행

    유럽의 많은 도시가 분산화 및 승용차 사용 증가와 같은 미국적 경향에 맞서 해결책을 찾으려고 고심하고 있으며, 그에 따라 특별한 통찰과 사례를 제공하고 있다. 이러한 경향에 대하여 프라이부르크, 취리히, 암스테르담 같은 도시는 뭔가 다른, 더 지속가능한 통행 및 수송 수단에 대한 헌신과 투자를 해왔다. 이들 유럽 도시는 미국의 도시가 교통 문제를 어떻게 해결할 수 있는지 중요한 모형을 제시한다. 이에 따라 제시된 해결책은 쉽지 않으며 만병통치약도 아닌 일련의 구상으로서, 통합된 대중교통 시스템에 대한 헌신과 투자, 토지 이용과 교통 투자 결정의 전환, 자전거 이용자와 보행자에 대한 기회 증대, 자동차 통행 및 그 의존을 최소화 또는 감축하는 창조적 수단에 대한 모색을 제안한다. 몇몇 모형은 여전히 실험적이지만, 이 유럽 도시들은 장래의 통행 수요에 대처하는 중요한 아이디어를 제공한다. 예로, 카셰어링, 통합 통행 패키지, 차 없는 개발 및 주거단지, (교통혼잡세 등) 자동차 사용을 줄이는 재정 인센티브 등이 그 사례이다.

- 통합 전략과 해결책

    많은 도시의 성공적인 노력에서 돋보이는 특징은 통합되고 전체론적인 접근을 취하였다는 점이다. 특히 이는 교통 분야에서 분명히 나타나는데, 대부분의 인상적인 도시가 다양한 방식으로 교통 분야에서 보강 정책과 수단을 채택하여 시행했다. 그 사례로 대중교통에 대한 투자와 확장, 자전거 네트워크 관련 시설의 확대, 보행자 공간화와 교통 정온화, 강력한 주차 규제, 대중교통·보행·자전거 망과 가까운 곳에 주요 신개발지 조성 등이 포함된다.

그러나 이상적으로는 그러한 통합이 개별 부문을 넘어 확대된다. 예를 들어, 더 지속가능한 통행성을 성취하는 능력이란 도시의 녹색 구조를 개선하고 공공 공간의 매력을 증대함으로써 도시환경을 매력적으로 만드는 것을 의미한다. 차 없는 또는 승용차 사용을 최소화하는 개발에 관한 새로운 아이디어는 창의적이고 유망하긴 하지만 그것만으로는 부족하며, 인간의 행태에 대한 고려가 앞선 뒤에 수정되어야 할 것이다. 예컨대 사람들은 주차 공간이 모자라도 그냥 딴 곳을 찾아 차를 세울 것이고 자동차 의존적인 라이프 스타일을 버리지 않아도 될 것임을 경험상 안다. 그린 어바니즘에서는 통합된 접근이 필수적이다.

- 도시의 신진대사: 유기체로서의 도시

  유럽 사례는 도시를 하나의 유기체로 보는 것이 중요함을 말해준다. 도시 신진대사, 생태발자국, 생태 사이클의 균형 등 어느 관점에서 보든 그렇다. 도시는 (물, 에너지, 식량 등) 상당한 양의 환경적 투입을 필요로 하며 쓰레기 등 많은 최종 산물을 생성해낸다. 전통적인 관점에서는 이 과정이 기본적으로 선형(linear)이라고 여겼는데, 즉 뭔가 입력이 되면 산출이 나오는 모습이다. 그러나 많은 도시가 (비록 초기 단계인 경우이지만) 자원을 더 효율적으로 사용하고 경제적 비용을 줄이는 등 장기적인 생태 영향을 감축시킨다는 공약을 투입-산출에 연결하는 시도를 하고 있다. 균형적인 생태 사이클 방식으로 접근하려는 스톡홀름의 노력이 대표적이다.

  그리고 유럽의 사례에서 알 수 있듯이 도시를 하나의 살아 있는 환경으로 바라보며 기본적으로는 숲, 습지 또는 평원처럼 여긴다는 것이다. 이러한 관점은 유럽에서 점점 더 중요시되어왔다. 유럽연합의 「도시환경녹서」와 차후 발간된 주요 보고서인 「유럽 지속가능도시」는 둘 다 도시의 생태 시스템을 매우 강조하고 있다. 이 책에 기록된 도시들은 이런 도시관을 받아들이고 실현시키기 위한 매우 효과적인 아이디어와 실제 사례를 다양하게 제공한다. 즉 야생의 자연을 도심 한가운데로 가져오는 (헬싱키 등) 스칸디나비아 도시의 인상적인 도시 생태 구조에서부터, 대부분 도시형으로 개발된 공간에 조류 서식지와 자연을 창조해내면서 그린루프를 긴요하게 활용하는 독일 및 네덜란드 사례에 이르기까지 아주 다양하다. 아마도 미국 도시의 경우 (도시의 경계를 넘어 뭔가 찾기 어려운 자연을 계속 추구하는 가운데) 수평으로 확장할 수 있다는 선택지가 늘 있었기 때문에, 도시를 자연화 또는 생태화하는 과제를 아직까지는 적극적으로 추구하지 못했다. 유럽도 이를 전적으로 또는 완전하게 시행해오지는 못했으나, 그럼에도 그들은 더 나은 길을 밟아왔다.

- 재생 에너지 도시로의 전환

  비록 아직도 갈 길이 멀지만 재생가능 에너지로 전환을 적극 촉진해온 도시 및 국가의 긍정적 사례가 많다. 특히 태양에너지에 대한 지지에서 배울 점이 많은데, (유럽위원회도 그렇지만) 독일과 네덜란드 정부가 이에 관한 중대한 재정 지원을 하고 있다. 아메르스포르트에 있는 니우란트 개발 사업의 경우, 매우 많은 수의 주택에서 능동형과 수동형이 결합된 태양에너지 요소를 채택하고 있는데, 이런 점부터 본받아야 할 것이다. 에너지 절감과 함께 재생 에너지 이용을 혼합함으로써 도시와 정주지는 전반적인 생태발자국을 크게 줄일 수 있으며 지구의 기후변화에 대응하는 데서도 의미 있는 기여를 할 수 있다.

많은 유럽 도시에서 태양에너지 활용과 지지, 그리고 지역의 연료 의존성으로부터 근본적으로 벗어나야 할 필요성을 인식하는 점이 매우 인상적이다. 니우란트뿐 아니라 린츠의 신규 솔라 시티에서도 주거단지 전체를 태양에너지 중심으로 구성하면서 미래 지향적 사고방식을 드러내고 있다. 이 유럽 도시들은 기회가 있을 때마다 차츰 모든 시청사 및 학교 건물에 대하여 새로운 태양에너지와 저에너지 설계 전략을 채택하는 것으로 보인다. 미국 도시들은 재생 에너지와 관련된 의제를 진지하게 포용할 대단한 기회를 놓치고 있다. 예로, 미국 남서부 도시들이라면 지역 경제 및 기반 시설을 기본적으로 태양에너지를 통해 작동시킬 수 있음에도 불구하고 (세계 어디서나 흔한) 재생에너지원에 대한 관심이 거의 없다.

- 각 단위별 행동 강화의 중요성, 또 연결과 연계의 중요성

  이 책의 많은 사례를 보면, 상이한 관할권 및 지리적 단위별로 행동과 정책을 강화하는 것이 중요함을 알 수 있다. 건물과 프로젝트에 생태 설계 요소가 있으면 전반적인 에너지와 자원의 수요를 (단열 처리 및 수동형 솔라 시스템 등으로) 상당히 줄일 수 있다. 그러나 광역 및 초광역 단위에서는 (볼로냐의 풍력 에너지 같은) [대규모] 재생 에너지원을 개발하려는 노력이 필요하다. 더 지속가능한 형태의 교통 및 통행은 (보행자 및 자전거 친화형 설계, 승용차 억제 등) 사업·지구와 (대중 교통 투자 및 개선 등) 도시권·광역권 양쪽 모두의 행동에 달려 있다. 각 수준마다 창조적인 관심이 지속가능한 장소를 만들어내는 데 필수적이다.

거의 모든 도시가 연계와 연결의 전략을 통해 통행성을 향상시키려 노력하고 있는데, 이에 대한 몇 가지 유형이 있다. 우선 도시 내 상이한 구역과 지구 사이의 공간적 연결이 중요하다. 이 책에서 다룬 대부분의 자전거 친화형 도시에서, 도시의 자전거 네트워크가 여가시설 루트와 연결되어 탁 트인 땅과 자연에 더 쉽게 접근할 수 있다. 연결성을 강조함으로써 이들 도시에 엄청난 이득을 안겨주고 있다.[3]

상세하고 구체적인 내용에 주의를 기울이는 것도 중요하다. 예를 들어, 더 지속가능한 교통 시스템이 이루어진 이유를 설명하는 것에는 커다란 입지 결정, 토지 이용과 인프라 정책 등으로 많지만, 각각의 도시계획 수준에서 구체성에 얼마나 주의를 기울이는지, 또 이런 것으로 생기는 축적 효과가 얼마나 중요한지를 보면 놀라울 정도이다. 프라이부르크 같은 도시의 트램 시스템이 보여주는 것처럼, 사람들로 하여금 대중교통 이용이 늘도록 하는 것은, 대개 대중교통을 사용하기 쉽고 유쾌하게 만드는 수많은 세부 조치가 쌓여서 일어난 결과이다. 긍정적인 세부 설계 요소의 사례로 편안한 좌석 배열, 티켓 구입·사용의 용이함, 다음 트램이 언제 오는지에 대한 실시간 알림, 짐을 싣고 내리기 쉬운 낮은 객차 등이 포함된다.

자전거 사용을 촉진하는 것도 비슷한 경우인데, 자동차와 자전거의 물리적 분리, 자전거를 위한 별도의 교통신호, (하이델베르크에서 적

---

3) 이러한 공간의 연결과 함께 사람의 연결, 가치의 연결이 똑같이 중요할 것이다. 즉 공간과 사람의 지속가능한 소통이 전제이며 또 목표가 된다. 북유럽 특히 스웨덴에서는 '교통'의 영어 표현으로 'communication'을 사용하는데, 단순히 공간적 이동을 넘어서는 소통을 뜻한다는 점에서 의미가 있을 것이다(스웨덴 국민들이 그 의미로 쓴다는 것을, 현지 체류 경험이 있는 경북대 최희경 교수, 캘거리대 클라크 포스터 군도 확인해주었다).

색 자전거 차선 등) 특별히 도색된 노면, 자동차 교통을 늦추고 길들이는 각종 조치 등 자전거 이용자를 안전하게 만드는 수많은 개별 설계상의 배려가 결국 큰 차이를 만드는 것이다. 신호체계 또한 매우 중요하며 세부 사항에 주의를 기울여야 하는 또 다른 이유가 된다. 신호체계 개선에는 주요 목적지에 이르는 최적, 최단 경로에 대하여 운전자를 효과적으로 교육하는 것도 포함된다. 도심, 도서관, 직장으로 가는 데 지도를 읽어가며 찾아야 하는 복잡한 연습 과정을 거칠 것 없이 어떠한 경로로 가는지 안다면, 이는 추가적인 유인책이 된다. 통행의 속도를 향상시키는 것 또한 세부 사항의 문제이다. 뮌스터 같은 도시들은 자전거 통근을 매력적으로 만들 수 있었는데, 그것은 자전거를 통한 이동이 빠르기 때문이었다. 예컨대 뮌스터 시는 자동차가 갈 수 없는 지름길을 자전거에 허용함으로써 자전거 이용 촉진에 적극적으로 대응해왔다. 이렇게 많은 도시에서 다양한 방식으로 세부 설계 사항에 대하여 주의를 기울인 것이 결실을 맺었다.

- 파트너십을 통한 지속가능성 향상

  일반적으로 유럽형 접근 방식에는 상공업 부문과 정부 사이의 협력 정신이 반영되고 있다. 이 집단 사이에는 적대감이나 분열의식이 덜한 반면, 그들의 목적과 의제에는 일종의 상호 의존 의식이 있어 보인다. 이는 확실히 얼마간 문화적 현상이긴 하지만(네덜란드의 사례와 이 사회의 합의 기반형 특징을 고려해보라), 지방정부가 지속가능성을 추구하는 데 기업을 포함시키고 협력하도록 할 수 있는 것이다.

  레스터 같은 도시는 시, 지역 사회단체, 언론 사이의 파트너십을 성공적으로 수립해왔다. 실제로 레스터의 '대세의 전환' 캠페인은 "파트너십 이사회(Partnership Board)"라 불리는 모임이 주도하고 있다. 언론의 밀착 참여가 지속가능한 라이프 스타일과 실천 사항에 대한 내용을 전달하는 데 중요한 역할을 하였다. 레스터 시 버스회사 경영층과의 협력도 또 다른 본보기가 된다. 대학 역시 중요한 파트너들로서, 레스터에 있는 몽포르 대학의 에너지·지속가능 개발 연구소의 적극적 역할이 눈에 띈다. 많은 사례 도시에서 이와 유사한 긍정적 사례를 제공하고 있으며, 성공적 파트너십은 지속가능도시가 되는 명확한 척도가 된다.

기본적으로 네덜란드에서 국가환경정책계획(NEPP)은 정부, 산업, 사회의 여러 구성 요소 사이의 공동 작업, 협력, 파트너십에 바탕을 둔다. 국가환경정책계획은 보통 대화와 협상에 참여하는 특정 대상 집단을 위해 제시되며, 결과적으로 각 집단이 성취하기로 동의하는 가시적 목표치가 결정된다. 예컨대, 중앙정부와 건설업계는 업계가 자발적으로 달성할 계량적 목표치와 일련의 수단을 개발하는 데 밀접하게 협력하며 작업해왔다. 이 목표는 상당한 양의 비재생 원료물자 사용을 감축하고, 건설 자재 및 철거 폐기물을 재사용하며, 지속가능하게 수확된 숲에서 벌채한 열대목만을 이용하도록 요구한다는 점에서 매우 야심 차다(VROM, 1994 참조). 이와 유사한 협약이 네덜란드의 다른 부문에서도 이루어졌다.

- 대상 집단의 참여, 협력과 다학문적 접근

이 책의 사례 연구를 보면 더 지속가능한 사회를 향한 움직임에는 산업, 정부, 소비자 등 다양한 사회집단의 공동 노력과 행동이 요청됨을 알 수 있다. 서로 다른 이 목표 집단을 포용하고 참여시키려면 상이한 구상과 창조적 접근이 필요할 것이다. 한 사례로, 그라츠의 에코프라핏 같은 프로그램은 산업계와 비즈니스 부문 참여의 중요성을 인식하고 있다. '지구행동계획'의 주도로 수많은 도시에서 개척되고 촉진된 개념인 에코팀(eco-teams)의 활용으로 인해 개인 및 가구 단위의 소비 변화가 일어나도록 하고 있다. 더 지속가능한 미래를 만들기 위해서는 사회의 상이한 집단이 함께 참여하는 것이 긴요하다.

나아가 이 연구에 기록된 성공적 도시 지속가능성 중 많은 경우가 지역사회 내 상이한 역할을 하는 개인과 집단 간 공동 협력의 결과이며, 서로 다른 직종과 분야에서 참여하고 협력한 결과이기도 하다. 네덜란드, 덴마크 및 그 밖의 국가에서 건설되는 지속가능 주택 사업은 대부분 엔지니어, 개발업자 및 주택협회뿐 아니라 환경 계획가와 지역 환경 부서를 설계 과정의 초기 단계부터 적극 참여시키기 때문에 가능한 것이다. 이런 다학문적 과정의 결과로 창의성이 넘쳐나며 다양한 요인에 주의를 기울이게 된다.

실제로, 많은 유럽 도시에서 진행 중인 '지방의제 21'의 폭넓은 구상은 협력적 철학을 보여준다. 이에 따르면 과정 자체가 매우 중요하며 지역 비즈니스, 개별 마을, 온갖 유형의 공공 및 민간 단체에 다가가 소통하려는 노력이 행해진다. 보통 정책 개발 업무의 많은 부분을 부문별 실무 작업팀이 담당했는데, 이는 처음부터 공동으로 이루어지도록 설계된다.

대부분의 도시에서 생태 사이클의 균형을 촉진하는 일에는 시의 상이한 기관과 부서의 행정적·직능적 경계를 넘어서려는 노력이 요청된다. 상수도 회사는 시의 에너지 회사와 논의하고 함께 일해야 하고, 에너지 회사는 폐기물 관리 기관 또는 회사와 기꺼이 협력해야 한다. 물론 이것은 쉽지 않겠지만, 도시에서 지속가능한 물자와 에너지 흐름을 효과적으로 발전시키려면 이러한 장애물을 극복해야 할 것이다.

스톡홀름의 하마비 쇼스타드에서는 스톡홀름 에너지 회사의 관여가 이 신규 지구의 효율적이고 지속가능한 에너지 전략을 설계하는 데 필수적이다. 폐기물 회사가 참여하여 바이오 연료를 추출하고 에너지 생산에 이용하게 되는데, 이 또한 꼭 필요하다. 이런 방식으로 이 회사들과 에너지 기업은 에너지, 물 등을 제공하는 전통적으로 소극적인 역할을 넘어서는 사고를 하도록 독려받는 것이다. 그들의 역할은 특정 상품이나 제품보다는 바람직한 서비스를 제공하는 것으로 재정의된다.

- **도시환경 전반에 걸쳐 '상품에서 서비스로' 전환하기**

  많은 혁신적 도시 프로그램이 제공하는 교훈 중 하나로 중요한 것은, 제품이나 재화를 직접 공급하는 것이 아니라 거기서 발생하는 서비스 또는 편익의 제공이 중요하다는 생각으로 바뀌는 것이다. 이는 미국의 환경론자들 사이에서 자주 이야기되는 것으로, 미국의 경우 유럽과 달리 도시 단위에서는 거의 찾아보기 힘들다. 특정의 제품보다는 바람직한 서비스나 혜택에 초점을 맞출 경우 그 결과는 확실히 환경에 덜 해가 되고 비용 효율성이 더 커지게 된다. 그 사례로 자동차 교통량을 수용하기보다는 '통행성(mobility)'의 공급과 어떤 형태든 구체적인 교통 서비스에 초점을 맞추는 접근 방식이 포함된다. 암스테르담의 에이뷔르흐 사업단지 같은 프로젝트는 통행성 패키지를 통하여 자동차 사용을 최소화하면서도 주민의 이동 수요를 충족시키는 잠재력을 지니고 있다. 유럽의 많은 도시에서 발전된 카셰어링 서비스도 비슷한 예이다. 사람들이 소망하거나 필요로 하는 것은 구체적으로는 자동차가 아니라 차가 제공하는 통행 서비스라는 주장이 나올 수 있다. 카셰어링 회사는 자동차의 소유권 자체와는 무관하게 서비스를 제공한다. 또 다른 사례는 코펜하겐, 암스테르담과 그 밖의 도시들에서 시행되었던 혁신적인 공공 자전거 프로그램이 있다.

유럽은 또한 경제 부문에서도 선도적인 위치에 있는데 제품과 물자의 재활용과 재사용이 활발하며, 제품 사이클의 마지막 단계에서 생산 기업이 그 제품을 거두어가도록 기대하는 것이 점점 당연시되는 경제를 만들고 있다. (스톡홀름에서처럼) 재활용 가능한 지하철 차량이든 (스칸딕 호텔의 경우에서 보듯이) 재활용 객실이나 (엠셔 파크의 예 같이) 재활용 산업경관이든, 재사용과 재활용을 많이 강조하는 곳에서 여러 모습이 목격된다. 이것이 지속가능 사회를 위한 주요 교훈이다.

- **지속가능성으로부터 이윤 창출하기**

  지속가능도시 구상이 주는 많은 혜택을 강조할 때마다 중요한 동기로 언급되는 것은, 아마도 도시가 이러한 구상을 펼칠 때 경제적으로 항상 이익이 되지는 않겠지만 장기적으로 또는 단기적으로 최소한의 비용을 충당할 정도로는 가능하리라는 생각이다. 그런 프로그램의 사례로 하이델베르크 시청사에서 에너지 감축을 위해 외부 계약을 맺었던 창조적 접근이 포함된다. (런던의 몇몇 자치구에서처럼) 통행성 전담 공무원을 고용했을 때, 이 담당자의 봉급이 교통 비용의 절감분에서 나온다는 아이디어가 또 하나의 사례가 된다.

다른 방식으로는, 자원 소비를 줄이는 사용자에 대하여 긍정적 인센티브를 지급하는 것이다. 하이델베르크와 뮌스터를 포함한 몇몇 도시는 학교 에너지 절감 프로그램에서 학교 관계자들이 에너지 소비와 쓰레기 감축 방법을 찾아내면 그 절약분의 일정액을 학교가 되가져 가도록 하는 인센티브제를 채택하였다. 즉 뮌스터에서는 학교가 이 절약액의 50%를 책이나 컴퓨터 구입에 사용하거나 기타 학교의 필요에 따라 쓸 수 있도록 한다. 이런 경험이 미국에서 어떻게 유사한 그린 어바니즘 구상을 만들 것인가에 대하여 중요한 통찰력을 제공하는 것이다.

이 밖에 다른 방식으로도 지속가능성이 경제적으로 이득인 발전 방향임을 많은 도시가 보여주었다. 덴마크도 (중앙 및 지방 정부 수준에서) 생태 기술 및 서비스 분야에서 스스로 중요한 경제적 틈새(niche) 영역이 있음을 인식해왔다. 이 나라에서 주요 에너지원을 풍력 에너지로 전환하는 것은 환경 및 에너지 안보 차원에서 타당할 뿐 아니라, 현재 덴마크가 세계적으로 선도하고 있는 기술 영역을 더 강화하고 발전시키기도 한다. '녹색 도시 덴마크'는 지속가능 발전 분야에서 이 나라의 리더십과 혁신 역량을 경제적 자산화하려는 노력의 놀라운 사례이다. 수많은 그린 어바니즘의 경제 부문에서 유럽인들은 지속가능성이 경제성장, 경쟁력, 수익성을 다 함께 향상시킬 수 있음을 인식하고 있다.

- **생태 거버넌스**
  이 책에 묘사된 도시 사례가 효과적으로 보여주고 있는 것은 도시 정부가 자원 사용을 크게 줄이며 지속가능성을 촉진하기 위해 스스로를 개혁할 수 있다는 점인데, 그 수단으로는 구매, 건축, 공무원 관리, 기타 정책 등이 있다. 창조적이며 미래를 고려한 수많은 내부 개혁이 사례 도시에서 나타나고 있음이 이 책에서도 그간 논의되었다. 개혁의 첫 단계에서는 보통 지방정부의 정책과 결정이 환경에 끼치는 영향에 대하여 폭넓은 조사를 시행하고 지역 단위의 환경 현황에 대한 연구보고서를 마련한다.

이 연구에서 관찰된 사례 도시는 지역의 지속가능성 지표와 목표치에 관한 광범위한 시스템을 개발해왔으며 이를 이용하고 있다. 이런 여러 기법이 덴하흐에서 런던, 앨버스룬에 이르기까지 도시의 지속가능성을 가시적으로 만드는 데 대단히 중요한 역할을 하는 것으로 나타났고, 이로 인해 환경적·경제적·사회적 이슈가 연결되었으며, 미래를 위한 목표가 명확해졌다.

많은 면담 대상자들이 되풀이하여 지적한 교훈은 지방정부가 지역 단위에서 긍정적 본보기를 설정하는 것이 중요하다는 점이었다. 이와 함께 시민, 기업, 민간 조직에 무언가를 강요하며 이들을 '개종'시키려 하기 전에, 지방정부가 먼저 솔선하여 지속가능성을 촉진하려는 진지한 조치를 취하는 것이 필요하다고 보았다. 그런 행동이 공평성의 문제뿐만 아니라 도시 정부의 신뢰를 확보하는 필수 요소로 보인다.

이와 더불어 특히 인상적인 것은 3개의 대표적인 녹색 도시에 의해 가장 잘 수행되고 있는 사전 예방적인 태도이다. 예컨대, 자르브뤼켄은 태양에너지 산업을 육성·지원하기 위해 중요한 사전적 조치를 취해왔다. 스톡홀름의 친환경 차량 구상은 대부분 그런 차량에 대한 지역 시장을 자극하고 강화하려는 취지이다. 그라츠는 지역의 산업체가 더 에너지 효율적이고 오염 배출을 덜 하도록 돕기 위해 예방적으로 일하면서 모범적인 진전을 보여왔다. 이런 도시들은 다양한 방식으로 창조적이고 사전적인 정책의 가치를 보여준다. 이들 도시 정부는 본질상 자유방임적 존재나 단순한 관리인의 역할만 하는 것이 아니라, 중요한 사전적 리더십을 행사하는 존재이다. 즉 지방정부는 선두에서 모범을 보이는 존재이지, 단순한 추종자나 방관자가 아닌 것이다.

- **그린 어바니즘형 삶에 대한 경제적 신호와 인센티브의 중요성**

  이 책에 기록된 그린 어바니즘 도시는 경제적 신호와 인센티브가 맡는 중요한 역할을 잘 보여주며, 공공투자의 방향과 유형도 마찬가지이다. 높은 휘발유 가격, 자동차의 소유와 사용과 관련된 높은 비용, 유럽에서 점차 증가하는 녹색 세금의 사용 등 모두가 이들 도시에서 토지와 자원의 이용을 더 지속가능한 패턴으로 변화시키는 데 도움을 준다. 이들 도시와 국가가 대중교통에 의미 있게 투자하려는 의향이 있다는 것은 또 다른 주요 사례인데, 그런 투자가 개인, 가족, 기업의 결정을 근본적으로 결정짓는다.

  미국을 위한 교훈은 아마도 정치적으로 수용되기 어렵겠지만 (예를 들면, 적어도 대중교통과 고속열차를 충분히 재정적으로 지원할 수 있도록) 경제적 인센티브와 신호를 늘리고 전환하는 것이 필요함을 시사한다. 이러한 행동은 가격이 개인의 선택과 행동에 수반되는 비용을 좀 더 정확히 반영하며 더 지속가능한 라이프 스타일을 위한 긍정적 유인을 창조하도록 사회의 의식적인 의사 결정을 대표하는 것이다.

- **시범과 실험의 역할**

  이 책에서 연구된 도시마다 새로운 아이디어, 도구, 전략을 창조적으로 실험해왔다는 점은 공통적이다. 모든 것이 어우러져 그린 어바니즘 도시는 실험 정신이 얼마나 강력할 수 있는지, 또 이런 실험이 도시의 새 방향을 설정하는 데 얼마나 중요한지를 보여준다. 이 연구는 중앙 및 지방 정부가 후원하는 수많은 시범 사업을 소개하였다. 이런 시범 사업은 전체적으로 어떤 행동과 정책이 가능하고 현실적인지를 인식하는 데 매우 중요한 역할을 해온 것으로 보인다. 사업 사례로 (네덜란드의 혁신적인 주거단지 프로젝트인) 에콜로니아, 스톡홀름의 환경 차량 프로그램, 하이델베르크의 최소 에너지 주택 사업 등이 있다. 그런 노력은 특정 지속가능성 아이디어의 기술적 실현 가능성을 효과적으로 보여줄 뿐 아니라, 새로운 아이디어의 방향을 따라 민간 기업과 시장을 건설적으로 만드는 데 도움이 된다. 시범 사업은 하나의 사례이면서 시장의 촉매제이기도 한 것이다.

실험은 어떤 정책이나 기술을 일거에 (가끔은 미성숙한 상태로) 채택하는 것에 대한 대안으로 흔히 이용된다. 즉 모의실험을 해보고 우려가 있으면 미리 챙겨 보는 가운데, 새 아이디어가 등장하도록 지원할 수 있는 기회를 제공하기도 한다. 이 책에 기록된 가장 혁신적인 프로그램과 관행 몇 가지는 제한된 실험을 거쳐 모험적 시도로 시작하였다. 이 도시들은 조사와 평가에 대한 연구가 얼마나 중요한지를 보여주었다. 종종 이러한 연구가 지속가능성 시책에 대한 불공평한 회의론을 피해가는 데도 도움이 되었고, 기존의 프로그램이 어떻게, 무슨 수단으로 수정되어야 하는지에서도 안내자 역할을 했다.

- 기술과 사람

유럽 도시가 지속가능성과 녹색 도시 의제를 붙잡고 고심해온 경험에 의하면, 이 도전은 기술과 사람 양쪽에 관련되어 있다. 유럽의 많은 시책 사례가 보여주듯이 둘 모두에 대한 관심이 필요할 것이고, 둘 중 하나에만 초점을 맞춘 해결책은 다른 것 없이는 성공하지 못할 것이다. 우리가 살펴본 바와 같이 유럽의 도시는 지속가능성 기술에 많은 투자를 하고, 이를 활용하며 실험한다. 그 기술은 태양광 전기, 풍력 에너지, 지속가능 건축 기술, 공공 자전거 시스템(자전거 데포 등) 같은 것이다. 이러한 혁신적인 기법, 상품, 기술은 인간의 삶을 더 쉽고 더 즐겁게 만드는 동시에 환경 영향을 근본적으로 줄일 수 있는 강력한 잠재력을 지니고 있다. 유럽인들은 이러한 기술 혁신을 발전시키고 응용하는 데서 보증과 지원이 얼마나 중요한지를 설득력 있게 보여준다.

동시에 사람들의 마음을 움직이고 행동을 변화시키는 것도 필요하다는 점을 분명히 인식하고 있다. 이 책에 소개된 창조적 환경 교육과 소비 감축 제안들, 즉 갭 에코팀과 영국의 '고잉 포 그린' 구상 등은 사회와 인간적 요소가 가장 중요함을 반영한다. 그리고 많은 지역사회에서 진행 중인 폭넓은 지방의제 21 사업이 지역사회의 동참, 풀뿌리 참여, 사람과 커뮤니티에 대한 강조가 얼마나 중요한지를 여실히 보여준다. 이들은 유럽의 그린 어바니즘 도시에서 중요한 주제로서, 기술과 사람 모두를 강조한다는 점에서 대단히 의미 있는 것이다.

유럽 도시의 많은 경험은 기술이 효과적이기 위해서는 이용자인 사람에 대한 관심이 요구됨을 보여주고 있으며, 이에 따라 혁신적인 지속가능 건축 기술 등 수많은 사례가 등장했다. 에콜로니아에서 세차를 위한 특별 구역을 만들어 해로운 폐수를 마을 호수로 흘러가는 물과 분리한 경우처럼, 책에서 사례로 들기에는 좋은 아이디어로 들리지만 주민들이 이 장치의 목적이나 필요성을 이해하지 못한다면 아마도 제대로 사용되지 않을 것이다(실제로 그리되어 실패하였다). 다른 연구 사례로서 네덜란드의 모라 파크 생태 주택단지 주민들은 햇빛 유리방의 목적을 이해하지 못했던 결과로, 많은 주민이 이 공간을 난방 처리 하고 이를 연중 사용하는 거실로 사용하려 했다. 아마도 이 수동적 설계 전략은 부분적으로는 설계상 결함 탓이기도 했지만 어쨌든 사람이 직접 사용하는 현실에서는 실패한 것이다. 실제로 신규 생태 주택 사업에서 주민 교육을 강조하는 것은 기술과 디자인 혁신의 이면에서 환경 목표가 성취되려면 인간의 이용과 행태가 필수 요소라는 것을 잘 이해하고 있기 때문이다.

- **도시 네트워크와 동료 인정**

유럽 도시들은 지역의 지속가능성 이슈를 다루는 수많은 후원 네트워크와 지역사회 및 도시 기구로부터 도움을 많이 받는다. 예로 자치단체국제환경협의회(유럽 사무국이 프라이부르크에 소재한다), '유로시티', '차 없는 도시' 등이 있다. 이 단체들은 로비 활동, 기술 지원, 출간 활동, 지역사회의 상이한 활동 전파 등 유용한 기능을 많이 맡고 있다. 정보 배분 및 도시 간 협력, 시범 사업의 개발 등 유럽연합이 재정적으로 지원하는 프로그램도 매우 많다.

궁극적으로 지속가능한 시책의 채택과 성공적 집행은 정치적 (그리고 대중적) 지지의 문제이며, 유럽의 맥락에서도 다르지 않다. 그런 점에서 한 도시의 성취를 알아주는 것 또는 장래에 그리 인정될 것이라는 전망 등이 유럽의 사례 도시에서 또한 중요한 영향을 준 것으로 판명되었다. 이는 대외적으로도 최근 인정되었는데, 독일, 덴마크, 영국 같은 국가에서는 환경 관리 분야에서 특별한 성과를 올린 데 대하여 상을 수여하는 프로그램을 운영해왔다. 독일에서는 존경받는 환경단체(독일환경연합)가 매년 한 도시를 선정하여 '생태 도시'로 지정한다. 사실상 최고의 도시가 선정될 뿐 아니라, 도시들 간의 상세한 환경 순위도 매겨진다(Deutsche Umwelthilfe, undated 참조). 비슷한 순위 제도가 덴마크에서도 (덴마크자연보호협회에 의하여) 발표된다. 영국에서는 5개 도시가 '환경 도시'로 지정되었는데, 1990년에는 레스터가 처음으로 그 영광을 누렸다. 영국에서 이러한 환경 도시가 매년 지정되는 것은 아니지만, 환경 도시에 대한 인정 수준은 매우 비슷하다. 이 프로그램은 왕립자연보존협회, 야생신탁협회, 레스터 생태 트러스트가 후원한다.

좀 더 최근에는 유럽 전체 차원에서 '유럽 지속가능도시 캠페인'에 의하여 지속가능도시 상이 제정되어 매년 시상이 이루어진다. 물론 이 상들의 가치는 논쟁의 여지가 있지만, 내가 면담한 사람들은 이 상에 대하여 자주 언급하였고, 정치적으로나 다른 측면에서도 가치가 있음을 보여주는 증거가 상당하다고 한다. 이런 상들은 지속가능성을 지역에서 촉진하는 측의 입장을 강화해주며, 또 지속가능성 정책 수단의 채택과 집행을 훨씬 쉽게 만들어주는 것으로 보인다. 도시들은 분명히 이런 상을 잘 이용하고 있으며 수상을 자랑스럽게 여기고 있다. '지속가능도시 상'의 경우 상의 로고를 시의 공식문서에 사용하고 그 밖의 홍보 목적으로도 이용할 수 있게 함으로써 수상의 매력을 더해준다.

- 국가적 프로그램, 리더십 및 조정의 역할

  관찰 대상 도시들의 창의적이고 대담한 시책을 설명하도록 돕는 중요한 요인 가운데 하나는 더 높은 수준에서 정부기관이 밀고 당기는 것이었는데, 특히 강력한 중앙정부 차원의 구상이 존재할 경우 더욱 그렇다. 이와 관련된 사례는 (교통, 에너지, 폐기물 관리 등) 매우 많은데 거의 모든 분야에서 나타난다. 재정 지원, 기타 장려 조치는 실질적이라고 할 수 있으며 과소평가 하지 말아야 한다. 유럽, 특히 북유럽 국가들은 지속가능하지 않은 개발의 문제를 해결하기 위해 정부가 적극 앞장서 국가적 목표·계획·프로그램을 개발하고 이를 지원해왔다.

  국가 단위의 지속가능성이 지방의 프로그램을 자극하거나 촉진한 사례는 많다. 대부분의 나라가 '의제 21'하에서 국가적 지속가능성 계획을 수립하여 지방의 행동에 대한 기초를 제시하였다. 예컨대 네덜란드 정부는 전국 단위의 전략과 실행계획을 가지고 있는데, 이는 상당한 재정 지원을 받으며 수많은 지속가능 관행과 기술을 촉진한다. 앞서 말한 것처럼 지속가능 건물을 전국적으로 장려하려는 야심찬 전략도 있으며, 자전거 사용을 촉진하려는 프로그램도 존재한다(Welleman, undated). 덴마크에서는 풍력발전이나 기타 미래의 재생에너지 기술을 촉진하고 투자하는 데서 거국적 리더십이 목격된다. 국가 차원의 핵심적 리더십 사례는 다양하게 제시될 수 있다.

  흔히 중요한 재정적 인센티브는 국가 단위에서 제공된다. 네덜란드를 예로 들면, 조세 규정의 힘을 창조적으로 활용하여 녹색 프로젝트 투자자에게 면세 지위를 부여하고, 지속가능 건축 및 다른 시책을 지원하기 위하여 상당한 규모의 신규 재원을 마련했다. 유럽 각국의 정부는 탄소세를 비롯한 생태 세금을 도입하여 토지와 물을 좀 더 지속 가능하게 사용하도록 하면서 도시와 가정의 생태 사이클 균형을 맞추고 있다.

강력한 국가적 규정과 표준을 채택하는 것이 이미 성취된 바람직한 결과의 원인이기도 하다. 예를 들어 덴마크, 독일, 네덜란드 같은 나라는 신규 주택에 강력한 에너지 규정을 적용해왔다.

공간계획 분야에서 지역 단위의 시책은 많은 나라에서 국가 발전 전략 또는 계획에 크게 도움을 받았다. 네덜란드에서는 국가 압축도시 전략이 효과적으로 제시됨으로써 도 및 지역 단위 계획이 성립하는 폭넓은 구조를 제공했다. 수많은 중요한 입지 결정이 이 정책에 의해 강화되었고, 이미 설명한 A-B-C 교통/토지 이용 전략도 중요한 도움을 주었다. 그리고 상징적 측면에서 중요한 것이 네덜란드의 주택 · 공간계획 · 환경부(VROM) 본부를 덴하흐의 'A' 부지 중앙 열차 터미널에 바로 인접한 새 건물에 통합 입주시킨 결정이었다.[4]

신규 고속철도 또는 신규 법원 청사의 경우에서처럼, 국가 공간계획이 점차 전국 단위에서 더 논리적이고 조정된 투자 결정의 기초로 작동하고 있다.[5] 이 책에 소개된 사례는 다양한 방식을 통해 그린 어바

---

4) 네덜란드의 A-B-C 정책에 대하여는 제4장의 '대중교통과 토지 이용의 조화' 참조.
5) [원주] 물론 국가 정책이나 입법이 지역의 지속가능성과 반대 방향으로 작동할 수도 있고 실제로 그런 예도 있다. 영국과 같은 광범위한 민영화 과정을 거친 국가에서 내가 면담한 사람들은 민영화가 지속가능성의 기반을 약화시켰다는 강력한 의견을 냈다. 예컨대 그들은 민영 버스가 제공하는 서비스 수준에 대하여 비판적이었다. 여기서 민영화의 분위기는 지속가능성에 영향을 끼치는 많은 부문에 대하여 공공의 통제와 영향력을 감소시켰다고 여겨진다. 예로, 대부분의 주차장을 민간이 운영하고 있는데, (레스터 같은) 도시는 주차 요금을 올리고 싶어 하지만 요금을 정하는 데 통제권이 없다. 또한 영국의 도시 정부는 독일이나 다른 나라와 달리 에너지 회사를 소유하지 않는다. 국가 차원의 에너지 정책 또한 주차

니즘 도시에서 관련 프로그램을 가능하게 만드는 기본적인 조건과 지원 환경을 수립하는 국가적 리더십이 얼마나 강력하고 영향력이 있는지를 보여준다.

마무리: 올보르(Ålborg)에서 오스틴(Austin)까지

지금까지 논의된 유럽의 사례 가운데 완벽하고 종합적인 지속가능도시 또는 그린 어바니즘 도시라 할 수 있는 곳은 거의 없을 테지만, 미국의 도시계획가, 선출직 공무원, 시민을 교육하고 영감을 불러일으킬 중요한 아이디어와 구상은 매우 많다. 아마 이 책에서 가장 명백한 것은 경험과 생각을 계속적으로 교환하는 일이 매우 유용하다는 점이다. 특히 놀라웠던 사실은 유럽의 경험이 미국의 도시계획 및 건축 관련 대학에서는 거의 논의되거나 수용되지 않고 있다는 점이며, 미국의 전문가들조차 이 분야의 관련 시책에 대하여 일반인에 비해 (설령 얼마간 안다고 해도) 별로 더 익숙하지 않다는 것이다. 물론 이 책의 강조점은 유럽의 사례에서 배우는 것이었지만, 그 반대 방향으로도 명백히 중요한 교훈과 경험이 있을 수 있다.

분명한 것은 미국-유럽 간 도시 지속가능성의 연계를 더 공고히 하고 발전시킬 필요성이 있다는 점이다. 이런 연계는 다양한 형태로 나타날 수 있는데, 미국 및 유럽의 도시계획 관련 대학에서 유사 과목을 상호 개설하

∴ 와 마찬가지로 비슷한 결과를 낳는 것으로 보인다. 영국에서 많은 사람들이 믿는 바로는, 가스동력 발전시설 건설, 이른바 '가스로의 돌진(dash for the gas)'을 장려하는 국가적 노력이 (에너지 절감, 재생 에너지원의 개발 촉진 등) 더 장기적으로 지속가능한 에너지 해결책을 방해한다고 한다.

거나, 이미 일부 시행되고 있는 대로 교수와 학생을 교환할 수 있으며, 녹색 도시 학습투어도 가능할 것이다. 내 관점에서 볼 때, 열정 있는 미국의 도시계획가를 양성하는 교육에서는 누구나 조금씩은 이 유럽 도시의 경험을 습득해보아야 한다.

  결론적으로 미국과 유럽의 경험에서 공통된 교훈을 인식하는 것이 중요하며 세계화 시대에는 이 중요성이 더욱 커지는데, 도시야말로 지속가능성의 방향으로 사회를 움직이는 데 필요한 최고의 희망이며 가장 설득력 있는 기회를 제공할 것이기 때문이다. 많은 이들이 해결책보다는 문제점에 더 주목하지만, 이 책의 많은 긍정적 사례를 보면 도시가 혁신과 영감의 원천이며 진정 지속가능한 삶과 문화의 필수적 기초를 제공할 수 있음이 확실하다. 지속가능한 지구의 어떠한 미래 비전이라도 필연적으로, 또 부인할 수 없이 그린 어바니즘의 비전을 따라야 한다. 그 핵심은 진정으로 생태적이고, 복원성이 있으며, 희망을 주는 도시이다.

| 부록 |

유럽 도시 헌장: 지속가능성을 향하여
Charter of European Cities and Towns: Towards Sustainability

개관

「올보르 헌장(Åalborg Charter)」은 1994년 5월 24일부터 27일까지 덴마크 올보르에서, 자치단체국제환경협의회(International Council for Local Environmental Initiatives, ICLEI)가 주관하고 유럽위원회(European Commission) 및 올보르 시의 후원으로 개최된 '유럽 지속가능도시 회의(the European Conference on Sustainable Cities and Towns)' 참가자들에 의하여 승인되었다. ICLEI 주도로 헌장의 초안을 마련했으며, 실무 작업에 독일 노르트라인베스트팔렌 주 정부의 도시개발교통부가 함께 참여했다. 이 헌장에는 많은 이들이 기여한 아이디어와 문장 표현이 반영되어 있다.

「올보르 헌장」은 처음에는 80개 유럽 지방정부와 253명의 국제기구·각국 정부·과학단체·컨설팅업체 대표 및 개인이 서명하였다. 유럽의 도시와 지방정부가 헌장에 서명함으로써 '지방의제 21' 과정에 참여하고 지속가능성을 위한 장기적인 실행계획을 마련하기로 약속하여 '유럽 지속가능도시 캠페인'을 시작한 것이다.

헌장 초안을 두고 올보르 회의에서 열린 36회의 워크숍에서 600명 이상의 참가자가 토론하였는데 이 과정에서 많은 의견과 제안이 최종 문안에 포함되었다. 그러나 헌장 편집위원회(Charter Editorial Group)의 생각은 기본적이면서도 실질적인 수많은 수정 제안에 대하여 보다 신중한 고려와 토론 없이 단순히 편집상의 문제로 모든 내용을 헌장 안에 포함해서는 아니 된다는 것이었다. 그리하여 제시된 수정 내용을 캠페인 조정위원회(Campaign Coordination)가 재검토하도록 하였으며, 여기서 검토한 최종안을 발전시켜 1996년 9월 포르투갈 리스본에서 열린 제2차 유럽 지속가능도시 회의에 제출하게 된 것이다.

제1부 합의 선언: 지속가능성을 지향하는 유럽 도시들

1.1. 유럽 도시의 역할

우리, 이 헌장에 서명한 유럽의 도시와 타운들은 역사의 흐름 가운데서 우리의 도시가 제국, 민족국가, 정치체제의 내부 각각에서 존재했고 그들보다 더 오래 유지되었으며, 사회적 삶의 중심이자 경제의 매개체로 또 문화·유산·전통의 수호자로 살아남았음을 선언한다. 도시는 가족, 마을과 더불어 우리 사회와 국가의 기본 요소였다. 도시는 산업, 기술, 무역, 교육 및 정부의 중심이었다.

우리는 현재의 도시형 라이프 스타일, 특히 노동과 기능의 분화, 토지 이용, 교통, 산업 생산, 농업, 소비 및 여가 활동의 패턴, 우리의 생활수준으로 인해 인류가 직면한 많은 환경문제에 우리 스스로가 책임을 져야 한다고 본다. 유럽 인구의 80%가 도시 지역에 살고 있다는 것은 특별히 의미가 있다.

산업화된 나라에서 현재의 자원 소비수준은 미래 세대는 고사하고 현

인류에게조차 계속되지 못할 정도이며 이는 필연적으로 자연 자본(natural capital)의 파괴를 동반할 것임을 알게 되었다.

이 지구상에서 지속가능한 지역사회 없이는 지속가능한 인간의 삶이 성취될 수 없음을 우리는 안다. 지방정부는 환경문제가 인지되는 곳에 가까이 위치하고 주민과는 가장 가까우며 인류와 자연의 안녕을 위하여 다른 모든 수준의 정부와 책임을 공유한다. 그러므로 도시와 타운들은 라이프 스타일, 생산, 소비, 공간 패턴의 변화 과정에서 핵심적 주체가 된다.

1.2. 지속가능성의 개념과 원칙

우리, 도시와 타운들은 지속가능 개발의 아이디어가 우리 삶의 기준을 자연의 수용 능력(carrying capacity)에 기초하도록 맞추는 데 도움이 됨을 이해한다. 우리는 사회적 정의, 지속가능한 경제, 환경적 지속가능성의 성취를 추구한다. 사회정의는 필연적으로 경제적 지속가능성과 평등에 바탕을 두어야 하는데, 그러기 위해서는 환경적 지속가능성이 요청된다.

환경적 지속가능성은 자연 자본의 유지를 뜻한다. 즉 재생가능한 물자, 물, 에너지 자원을 소비하는 속도가, 자연 시스템이 이들을 보충하는 속도를 초과하지 않도록 우리에게 요구하며, 비재생 자원을 소비하는 속도가 지속가능한 재생 에너지의 대체 속도를 넘어서도 아니 되는 것이다. 또한 환경적 지속가능성은 배출되는 오염원의 비율이 공기, 물, 토양이 이를 흡수하고 처리할 수 있는 용량을 초과하지 않는다는 것을 뜻한다.

나아가 환경적 지속가능성이 포괄하는 것은 생물 다양성, 인류의 건강, 동식물과 인간의 삶 및 복지를 영구히 유지하기에 충분한 수준에서 공기·물·토양의 질이 유지 및 관리되어야 한다는 것이다.

1.3. 지속가능성을 향한 지역 전략

우리, 도시와 타운들은 건축·사회·경제·정치·자연 자원에 관한 다양한 문제와 오늘날 전 세계에 피해를 끼치는 환경적 불균형 문제를 해결할 수 있는 최대 단위인 동시에, 이 문제를 통합적·전체론적으로 또 지속가능한 형태로 의미 있게 해결할 수 있는 최소 단위임을 확신한다. 우리는 각각의 도시의 특성이 다르므로 지속가능성을 향한 개별적 방법을 찾아야 한다. 우리들은 모든 정책에서 지속가능성의 원칙을 구현할 것이며 도시와 타운 각각의 장점을 바탕으로 하여 지역적으로 적합한 전략을 세우게 될 것이다.

1.4. 창조적·지역적이며 균형을 찾아가는 과정으로서의 지속가능성

우리, 도시와 타운들은 지속가능성이 그저 비전이거나 변함없는 상태가 아니며, 창조적·지역적이며 균형을 찾아가는 과정으로서 지역 내 의사 결정의 모든 영역으로 확장되는 것임을 인식한다. 도시와 타운에서의 다양한 활동이 도시 생태 시스템을 균형으로 인도하고 또 균형에서 멀어지게도 하는데, 지속가능성 주제가 그 관리 과정에서 계속되는 피드백을 제공한다. 그런 과정을 거쳐 수집되는 정보를 중심으로 도시를 관리해가는 가운데, 도시는 전체로서 어떤 유기물처럼 작동하는 것으로 이해되며 모든 중대한 행동의 효과가 분명히 드러나게 된다. 이 과정에서 도시와 시민은 정보에 입각한 선택을 할 수 있다. 지속가능성에 뿌리를 둔 관리 과정을 통하여, 의사 결정은 현재 이해 당사자의 이익뿐 아니라 미래 세대의 이해관계도 대표하도록 한다.

1.5. 외부 환경과의 협상에 의한 문제 해결

우리, 도시와 타운들은 한 도시가 스스로의 문제를 단순히 상위의 국가 조직이나 더 큰 환경 또는 미래로만 떠넘길 수 없음을 안다. 그러므로 도시 내의 어떤 문제나 불균형은 각자 수준에서 균형이 이루어지거나 광역권 및 전국 단위의 더 넓은 개체로 흡수된다. 바로 이것이 외부 환경과의 협상에 의한 문제 해결의 원칙이다. 이 원칙을 실행하면 각 도시나 타운은 아주 자유롭게 도시 활동의 본질을 나름대로 정의할 수 있을 것이다.

1.6. 지속가능성을 향한 도시 경제

우리, 도시와 타운들은 대기, 토양, 물, 숲 등의 자연 자본이 도시 경제 발전의 제약 요소가 되었음을 이해한다. 그러므로 이러한 자연 자본에 투자해야 하는데, 그 투자 우선순위는 아래와 같다.

1. 잔존 자연 자본 즉 지하수 비축분, 토양, 희귀 생물의 서식지 등을 보존하기 위한 투자
2. 비재생 에너지의 경우처럼 현재의 자원 소비수준을 줄임으로써 자연 자본의 성장을 촉진하는 일
3. (숲에 대한 부담을 경감하는 동시에 도심 휴식 공간으로서도 기능하는 도시 공원의 예처럼) 자연 자본의 배양을 확대함으로써 자연 자본의 부담을 경감시키는 투자
4. 에너지 효율이 높은 건물 또는 친환경 도시 교통수단과 같이 생산품의 최종 용도의 효율성을 증대시키는 일

1.7. 도시 지속가능성의 사회적 형평성

우리, 도시와 타운들은 (차량 소음, 대기오염, 어메니티 부족, 유해 주택, 오픈 스페이스 부족 등의) 환경문제에서 가난한 사람들의 피해가 가장 크다는 것을 인식하고 있으며, 이를 해결할 능력도 이들에게 가장 부족하다는 것을 안다. 불균등한 부의 배분은 지속가능하지 못한 행동을 유발하며 이를 개선하기 더 어렵게 만든다. 우리는 환경을 보호하는 가운데 보건·고용·주택 프로그램과 함께 사람들의 기본적인 사회적 수요를 통합하려 한다. 우리는 지속가능한 라이프 스타일의 초기 경험으로부터 배우려 하며, 그럼으로써 단순히 소비를 극대화하기보다는 시민 라이프 스타일의 질을 향상시키기 위해 노력할 수 있다.

우리는 지역사회의 지속가능성에 기여하며 실업자를 줄이는 일자리를 만들고자 노력할 것이다. 일자리를 유치하고 창출하려 할 때, 우리는 지속가능성의 관점에서, 지속가능성의 원리에 충실하도록, 장기적 일자리와 내구성 있는 생산품의 제조를 촉진하기 위해 어떤 비즈니스 기회든 그 효과를 평가할 것이다.

1.8. 지속가능한 토지 이용 패턴

우리, 도시와 타운들은 지방정부의 모든 계획에서 전략적 환경 평가를 구현하는 효과적 토지 이용과 개발 정책이 중요함을 인식한다. '인간 척도(human scale)'의 개발 패턴을 유지하는 가운데, 도시의 고밀도가 제공하는 효율적 대중교통 및 에너지 공급 방식을 활용해야 한다.[1] 도시 중심부의 도시 재생 프로그램을 수행하며 새 교외지역 건설을 계획하는 가운데, 우

---

1) '인간 척도'는 제3장 참조.

리는 통행의 필요성을 줄이기 위해 복합 기능을 추구한다. 형평성 있는 광역 상호 의존성(equitable regional interdependency)이 도시와 시골 사이의 교류를 균형 있게 만들고 도시가 단지 주변지역의 자원을 부당하게 이용하지 못하도록 막을 수 있다.

1.9. 지속가능한 도시 통행 패턴

우리, 도시와 타운들은 되도록 적은 교통으로 접근성을 향상시키고 사회적 복지와 도시의 라이프 스타일을 지속시키고자 노력할 것이다. 지속가능도시에서는 어쩔 수 없이 강요되는 통행이나 빈번한 정지를 줄이면서 아울러 불필요한 자동차 사용에 대한 장려와 지지를 중단하는 것이 중요함을 이해한다. 우리는 생태적으로 건전한 교통수단(특히 보행, 자전거, 대중교통 등)에 우선순위를 둘 것이며, 이러한 수단 간의 조화를 우리 계획의 중심에 둘 것이다. 도시 교통에서 개별적인 동력 사용 차량은 지역적 서비스의 접근을 촉진하고 도시의 경제활동을 유지하는 데 보조적 수단이 되어야 한다.

1.10. 글로벌 기후변화에 대한 책임

우리, 도시와 타운들은 지구온난화가 자연 및 건조환경(built environment) 그리고 인류의 미래 세대에 끼치는 심각한 위험에 대응하기 위해서는 가능한 한 조속히 대기권으로 배출되는 온실가스가 더 이상 증가되지 않도록 해야 하며, 나아가 이를 감축하는 것이 필요함을 이해한다. 또한 지구의 탄소 순환(carbon cycle)에서 필수 불가결 한 역할을 맡는 숲과 식물성 플랑크톤 등의 지구적 바이오매스(biomass) 자원을 보호하는 것도 똑같이 중요하다. 화석연료 배출을 줄이기 위해서는 에너지 시스템으로서의 도시환경 및 에너지 대안에 관한 철저한 이해를 바탕으로 하는 정책과 구상이 필요할 것이다. 유일한 지속가능 대안은 재생 에너지 자원이다.

1.11. 생태 시스템 독성화의 예방(Prevention of Ecosystem Toxification)

우리, 도시와 타운들은 많은 양의 해로운 독성 물질이 공기, 물, 토양, 식량 등으로 유입되고 있으며 이로 인해 인간과 생태 시스템의 건강에 대한 위협이 증대되고 있음을 알고 있다. 우리는 더 이상의 오염을 중단하고 근원적으로 예방할 수 있도록 모든 노력을 다할 것이다.

1.12. 전제 조건으로서의 지역 자율형 거버넌스

우리, 도시와 타운들은 지속가능한 삶의 방식을 발전시키고 도시를 지속가능하게 설계하고 관리하는 데 필요한 힘, 지식, 창조적 잠재력을 우리 스스로 지니고 있다고 자신한다. 우리는 해당 지역사회에서 민주적으로 선출된 대표자들로서, 지속가능성을 위해 우리의 도시와 타운을 재구성할 책임을 감당할 준비가 되어 있다. 도시와 타운이 이러한 과제를 수행할 능력이 어느 정도인가는, '보충성의 원칙(the principle of subsidiarity)'에 따라 이들에게 지역 단위의 자율 거버넌스가 주어진 수준에 달려 있다.[2] 충분한 권능이 지역 수준에 넘겨지는 것, 그리고 견고한 재정적 기초가 지방정부에 주어지는 것이 필수적이다.

1.13. 핵심 주체로서의 시민과 지역사회의 참여

우리, 도시와 타운들은 리우데자네이루 지구환경정상회의에서 승인된

---
2) '보충성의 원칙'은 제1장 참조.

핵심 안건인 '의제 21'의 의무 사항을 충족시키고, 지역사회의 모든 주체들, 즉 시민, 기업, 이해관계 집단과 협력하여 우리 스스로의 '지방의제 21' 계획을 발전시킬 것을 다짐한다. 우리는 유럽연합의 제5차 환경실행계획(EU's Fifth Environmental Action Programme)인 「지속가능성을 향하여」에서 제시된 행동의 실천 책임이 지역사회의 모든 주체들 간에 공유되어야 함을 인지한다. 그러므로 우리가 취하는 조치를 모든 관련 주체들 사이의 협력에 바탕을 두도록 해야 할 것이다. 전체 시민과 이해관계 집단들이 관련 정보를 접할 수 있도록 하고 또 지역 단위의 의사 결정 과정에 참여할 수 있도록 보장할 것이다. 단지 일반 시민만이 아니라 선출된 대표자들과 지방정부 공무원들에 대해서도 지속가능성에 관한 교육과 훈련의 기회를 마련할 것이다.

1.14. 지속가능성을 향한 도시 관리의 수단과 도구

우리, 도시와 타운들은 도시 관리에 대한 생태 시스템적 접근을 위해 가능한 정치적·기술적 수단과 도구를 다 사용할 것임을 다짐한다. 환경 데이터를 수집하고 처리하는 데 필요한 수단, 환경 계획, 지침·세금·사용료 등의 규제적·경제적 또는 의사소통 수단, 공공 참여를 포함하여 지속가능성의 인지도 증대를 위한 각종 메커니즘 등 다양한 종류의 수단을 최대한 활용하게 될 것이다. 새로운 환경 예산 시스템을 수립함으로써 우리의 자연 자원 관리가 마치 인공 자원인 '돈'처럼 경제적으로 이루어지도록 노력할 것이다.

우리는 정책 형성과 통제 노력, 특히 환경 모니터링, 감사, 영향 평가, 회계, 균형화 및 보고 시스템의 기초를 다양한 유형의 지표들에 두어야 함을 알고 있는데, 이 지표들은 도시환경의 품질, 도시의 흐름, 도시 형태,

그리고 가장 중요한 것으로 도시 시스템 지속가능성 지표 등이다.

우리, 도시와 타운들은 긍정적인 생태적 결과를 낳는 다양한 영역의 정책과 행동이 유럽 전역에 걸쳐 많은 도시에서 이미 성공적으로 실천되었음을 인식한다. 그러나 이러한 정책 수단들이 지속불가능성(unsustainability)의 속도와 압력을 줄이는 소중한 도구이기는 하지만 그 자체만으로 사회의 지속불가능성의 성향을 변화시키지는 못한다. 그럼에도 이미 존재하는 강력한 생태 기반 위에서 이 성공 도시들은 종합적인 지속가능성 프로세스를 통하여 그들의 정책과 행동을 도시 경제 관리의 거버넌스 과정으로 통합시키는 데서 중요한 문턱을 넘어서고 있다. 이 과정에서 우리 스스로의 전략을 발전시키고, 실제로 이를 실행해보면서 우리의 경험을 공유하도록 요청받고 있다.

제2부 유럽 지속가능도시 캠페인

이 헌장에 서명한 우리, 유럽의 도시와 타운들은 경험과 성공적인 지역 사례로부터 배우는 과정을 거치면서 지속가능성을 향하여 함께 나아가게 될 것이다. 우리는 서로를 격려하면서 장기적인 지역 행동계획(Local Agendas 21 등)을 수립하며, 그 가운데 기관 간의 협력을 강화하고 이 과정을 도시환경 분야에서 유럽연합 차원의 행동과 연계시키게 될 것이다.

우리는 이제 '유럽 지속가능도시 캠페인'을 시작함으로써 지속가능성을 향해 나아가는 도시와 타운을 독려하고 지원한다. 이 캠페인의 초기 단계는 2년이며, 그 후 1996년에 제2차 유럽 지속가능도시 회의에서 이를 평가하게 된다.

우리는 도시든 타운이든 카운티든 모든 지방정부 또는 유럽 단위의 지방정부 네트워크가 이 헌장에 서명함으로써 캠페인에 동참하도록 요청한다.

우리는 유럽의 주요 지방정부 네트워크가 이 캠페인의 조정 역할을 맡아줄 것을 당부한다. 이 네트워크들의 대표자들로 캠페인 추진위원회가 결성될 것이다. 어떤 네트워크에도 속하지 않은 지방정부의 경우에는 별도로 적정한 조치가 취해질 수 있을 것이다.

우리는 이 캠페인의 주요 활동이 다음과 같으리라고 생각한다.

- 지속가능성을 향한 정책의 설계, 발전 및 실행에서 유럽의 도시와 타운의 상호 지원을 촉진한다.
- 지역 단위의 훌륭한 사례에 대한 정보를 수집하고 배포한다.
- 다른 지방정부들이 지속가능성의 원칙을 촉진하도록 한다.
- 헌장에 서명하는 참여 도시가 더 늘어나도록 한다.
- 해마다 '지속가능도시 상'을 제정 운영한다.
- 유럽위원회에 제출할 정책 권고 사항을 작성한다.
- '도시환경 전문가 그룹'의 「지속가능도시 보고서」에 의견을 낸다.
- 유럽연합으로부터 나온 적정한 권고 사항과 입법의 실행에서 지역의 정책 입안가들을 지원한다.
- 캠페인 소식지를 편집한다.

이러한 일을 하기 위해서 캠페인 사무국(Campaign Coordination)의 설립이 필요할 것이다. 우리는 다른 조직들이 이 캠페인을 적극적으로 지지해 줄 것을 요청할 것이다.

제3부 지방의제 21 참여: 지속가능성을 향한 지역 행동계획

이 헌장에 서명한 우리, 유럽의 도시와 타운들은 '유럽 지속가능도시 캠페인'에 동참함으로써, 1996년 말까지 우리 각자의 지역사회 내에서 합의를 이끌어낼 것을 다짐한다. 이로써 1992년 6월 리우 지구환경정상회의에서 합의된 '의제 21'의 제28장(Chapter 28 of Agenda 21)에 설정된 의무 사항을 충족하게 되는 것이다. 지역 차원의 실행계획이라는 수단을 통하여 유럽연합의 제5차 환경실행계획인 「지속가능성을 향하여」의 실행에 기여하는 것이다. '지방의제 21'의 과정은 이 헌장의 제1부에 기초하여 발전될 것이다.

우리는 지역의 실행계획을 마련하는 과정에 다음과 같은 단계가 포함되도록 제안한다.

- 기존의 계획 및 재정적 틀과 함께 다른 계획 및 프로그램을 같이 인지한다.
- 광범위한 공적 협의 과정을 거쳐 문제와 원인을 체계적으로 인식한다.
- 인식된 문제점에 대응할 과제들을 우선순위에 따라 배열한다.
- 지역사회의 모든 주체들을 포함시키는 참여 과정을 통하여 지속가능한 지역사회의 비전을 창조한다.
- 대안으로서의 전략적인 선택 사항을 고려하고 평가한다.
- 계량 가능한 목표치를 포함하여 지속가능성을 향한 장기적인 지역 실행계획을 수립한다.
- 세부 일정표와 참여 주체들 사이의 책임 배분에 관한 약속 등 계획의 실행을 위한 세부 조치를 마련한다.
- 계획의 실행에 대한 모니터링 및 보고의 체계와 절차를 수립한다.

우리는 지방정부의 내부적 조치가, 지속가능성을 향한 장기적 행동계획을 포함하여 '지방의제 21' 과정의 발전에 적절하고 충분한지를 재검토할 필요가 있다고 여긴다. 조직의 전반적 능력을 향상시키려는 노력이 필요할 터인데, 여기에는 정치적 제도, 행정적 절차, 기업 및 다양한 분야를 아우르는 작업, 동원 가능한 인적자원, 그리고 (민간 단체와 다양한 네트워크 등) 조직 간의 협력에 관한 내용이 포함될 것이다.

| 참고문헌 |

Aaberg, Hjalte. 1997. "Agenda for Environmental Sustainability—The Case of Albertslund." Paper presented to Sustainable Cities Conference, Stockholm, June.

Albertslund Kommune. 1995. *Grout Reguskab 1995*. Albertslund: Albertslund Kommune.

Alterman, Rachelle. 1997. "The Challenge of Farmland Preservation: Lessons from a Six-Nation Comparison." *Journal of the American Planning Association*, Spring, Vol. 63, No. 2, 220~243쪽.

Amesberger, Gunter. 1998. "Austria's new solar city takes shape." *Renewable Energy*, July, 54~56쪽.

Apgar, Mahlon IV. 1998. "The Alternative Workplace: Changing Where and How People Work." *Harvard Business Review*, May~June, Vol. 76, 121쪽.

Arhus Kommune. 1997. "Cykelbus'ters I Arhus." September.

Arhus Kommune. 1998. "Ta'cyclen i Arhus." January.

Arlidge, John. 1997. "Green Homes for People without Cars." *The Guardian Weekly*, April 27, 30쪽.

Associated Press. 1999. "Norway: New Malls Banned." *The Gazette*(Montreal), January 9, A16쪽.

Association of Finnish Local Authorities. 1996. *Learning New Skills: Finnish Municipalities Towards Sustainability*. Helsinki: Association of Finnish Local Authorities.

Association of Finnish Local Authorities. 1996. *Making Future Now: Good Practices in Finland*. Helsinki: Association of Finnish Local Authorities.

Aubrey, Chrispen. 1994. "Letting the Grass Grow Over Their Heads." *The Daily Telegraph*, June 18, 3쪽.

Baines, Chris. 1998. "Trees of Time and Place." *Urban Wildlife News*, Vol. 15, No. 1, February, 2~3쪽.

Bakker, Marien. 1996. "The State of Car-Sharing 'Call-a-Car' in the Netherlands." Paper presented to ACT '96 Conference, Denver.

Baltimore Urban Resources Initiative. 1997. "Baltimore City Government and the Management of Vacant Lots and Open Space." Draft report, September.

Beatley, Timothy, David J. Brower, and William Lucy. 1994. "Representation in Comprehensive Planning: An Analysis of the Austinplan Process." *Journal of the American Planning Association*, Spring, Vol. 60, 185~196쪽.

Beatley, Timothy, and Kristy Manning, 1997. *The Ecology of Place: Planning for Environment, Economy and Community*. Washington, D.C.: Island Press.

Beckman, Stephanie, Sev Jones, Kevin Liburdy, and Connie Peters. 1997. "Greening Our Cities: An Analysis of the Benefits and Barriers Associated with Green Roofs." Portland, OR: Portland State University, Planning Workshop.

Benjamin, Mark. 1997. "Natuurlijk." *De Dordtenaar*, December 5.

Ben-Joseph, Evan. 1995. "Changing the Residential Street Scene: Adapting the Shared Street (Woonerf) Concept to the Suburban Environment." *Journal of the American Planning Association*, Vol. 61, No. 4, Autumn, 504~515쪽.

Bentley, I., A. Alcock, P. Murrain, S. McGlynn, and G. Smith. 1995. *Responsive Environments*. London: Architectural Press.

Berents, Roy. 1998. "Duurzaam Bouwen." *Plan Amsterdam*, No. 4, dienst

Ruimtelijke Ordening, Gemeente Amsterdam.

Berger, John J. 1997. *Charging Ahead: The Business of Renewable Energy and What It Means for America*. New York: Henry Holt.

Berger, Paul, and Alex Borer. 1994. "The 'Nature Around the Schoolhouse' Project." *Anthos*, February, 72~75쪽.

Berggrund, Lars. 1996. "Göteburg, Sweden: Ecocycles in the Urban System." In *LA 21 Planning Guide*. Freiburg, Germany: ICLEI.

Berlin Senate. 1996. "Berlin Hellersdorf District: A Sustainable Strategy for Industrially Pre-fabricated Housing Developments." March.

Bernick, Michael, and Robert Cervero. 1997. *Transit Villages in the 21st Century*. New York: McGraw-Hill.

Bigness, Jon. 1998. "CTA Making Fare Cards Smarter." *Chicago Tribune*, March 5, Business section, 1쪽.

BINE. 1994. "The Freiburg Self Sufficient Solar House." Freiburg: BINE.

Bjornskov, Leo. 1995. "The Challenge of the Urban Environment." In *The European City-Sustaining Urban Quality*. Copenhagen: Conference proceedings. Danish Ministry of the Environment and Energy.

Blake, Laurie. 1998. "Lessons from a Toll-lane Flop: Official Looks Back on Missteps in Plan to Ease I-394 Congestion." *Star Tribune*(Minneapolis), May 28, 2B쪽.

BMW. Undated. *Environmental Report*.

Boplats. 1996. *Urban Development in an Ecocycles Adapted Industrial Society*. Stockholm: Swedish Council for Building Research.

Boverket. 1995. *The Ecological City*. The Swedish Report to OECD, National Board of Housing, Building, and Planning Karlskrona, Sweden.

Bowlin, Mike R. 1999. "Clean Energy: Preparing Today for Tomorrow's Challenges." Remarks presented at Cambridge Energy Research Associates (CER) 18th Annual Executive Conference: Globality & Energy: Strategies for the New Millennium, February 9, Houston.

Boyes, Roger. 1997. "Green Cities Drive Our Plague of Cars." *The*

Times(London), June 25.

Brabants Dagblad. 1996. "Natuurmonumenten wil wildriaduct Loan op Zand," *Brabants Dagblad*, March 2, 1 · 17쪽.

Bradbury, Hilary. 1996. "The Swedish Natural Step: A Model for Sustainable Transformation." learning.mit.edu.

Bradshaw, Martin. 1996. "Vitality and Variety." In D. Chapman ed., *Creating Neighborhoods and Places in the Built Environment*, New York: Routledge.

Breheny, Michael. 1997. "Urban Compaction: Feasible and Acceptable?" *Cities*, Vol. 14, No. 4, 209~217쪽.

Bristol United Press. 1997. "Pedal Power for Council Workers." *British Evening Post*, November 24, 14쪽.

Brooke, James. 1998. "Denver Stands Out in Trend Toward Living Downtown." *The New York Times*, December 29.

Brouwers, Joost, Eric Harms, Jan Juffermans, Willem Koetsenruijter, and Harie Perebooms. 1998. *De Duurzame Stad*. Best, Netherlands: Aeneas.

Brown, Patricia Leigh. 1998. "It Takes a Pioneer to Save a Prairie." *New York Times*, September 10, D1쪽.

Brussaard, Wim. 1991. "Protecting Agricultural Resources in Europe: A Report from the Netherlands." *Indiana Law Review*, Vol. 24, 1,525~1,542쪽.

Building and Social Housing Foundation. 1996. *World Habitat Awards 1990-1994*, Leicestershire, U.K.: Building and Social Housing Foundation.

Building Design. 1998. "Green Roofs Come of Age." *Building Design*, February 27, 24쪽.

BUND. 1995. "Freiburg, Germany: Measures in All Areas of Transport Policy Form Effective, Ecologically-Oriented City-Wide Concept." Technical report, Freiburg, Germany.

Bunde, Jorgen. 1997. "The BikeBus'ters from Arhus, Denmark: We'll Park Our Cars for 200 years……" In Rodney Tolley, ed., *The Greening of*

Urban Transport: Planning for Walking and Cycling in Western Cities. New York: John Wiley and Sons.

Burke, Maria. 1997. "Environmental Taxes Gaining Grand in Europe." *Environmental Science and Technology News*, Vol. 31, No. 2, 84~88쪽.

Bynes, Susan. 1997. "A Choice in How Seattle Grows." *The Seattle Times*. November 2.

CADDET. 1997. "Solar Panels Supplement District Heating in Denmark." Oxfordshire, UK: CADDET Centre for Renewable Energy.

Callenbach, Ernest. 1996. *Bring Back the Buffalo! A Sustainable Future for America's Great Plains*. Washington, D.C.: Island Press.

Canada Mortgage and Housing Corporation. Undated. "CMHC's Healthy House in Toronto." Ottawa, ON.

Car Free Cities Coordination Office. Undated. "About Car Free Cities." www.edc.eu.int/cfc/cfcset.html.

Car Sharing Portland, Inc. Undated. "Car Sharing Is the New Way to Drive in Portland." www.carsharing-pdx.com.

Cervero, Robert. 1994. "Transit Villages: From Idea to Implementation." *Access*, No. 5, Fall, 8~14쪽.

Cervero, Robert. 1995. "Sustainable New Towns: Stockholm's Rail-Served Satellites." *Cities*, Vol. 12, No. 1, 41~51쪽.

Chattanooga Institute. Undated. "SMART Park Eco-Industrial Initiative." www.csc2.org.

Chattanooga News Bureau. 1997. "Chattanooga's Electric Bus Initiative." www.csc2.org.

Chattanooga News Bureau. 1997. "Vice President Gore Praises Chattanooga 'Smart Growth' Initiatives." www.csc2.org.

City of Amsterdam. 1994. *A City in Progress: Physical Planning in Amsterdam*. Amsterdam, The Netherlands: dienst Ruimtelijke Ordening.

City of Austin. Undated-a. "CIP Sustainability Matrix." *Information and Guidelines*.

City of Austin. Undated-b. "Short and Long Range Activities of the Sustainable Communities Initiative."

City of Austin. 1998a. "Current Sustainable City News." *Sustainable Communities*, Vol. 1, No. 2, Spring.

City of Austin. 1998b. "Current Sustainable City News." *Sustainable Communities*, Vol. 1, No. 3, Fall.

City of Berlin. 1996. "Environmental Strategies for Berlin." Berlin: Ministry of Urban Development, Environmental Protection and Technology.

City of Boulder. Undated. *Greenpoints Program: Guidelines for Resource Conservation Ordinance*. Boulder, CO: Office of Environmental Affairs.

City of Copenhagen. 1996. "Copenhagen Traffic: Plans and Visions." City Engineering Directorate.

City of Davis. Undated. "Parking lot shading guidelines and master parking lot tree list guidelines."

City of Göteburg. Undated. "The Farms and Farmlands in and around the City."

City of Groningen. 1997. "CiBoGa Site Groningen: A Breakthrough in Environmental Quality in the Densely-Populated City." Groningen Local Authority and Buro Nieuwe Gracht, March.

City of Helsinki. 1995. "Biodiversity, Strategy for Urban Nature in Helsinki." Helsinki Environment Department.

City of Helsinki. 1996. "Sustainable Development Principles for City Planning in Helsinki." Helsinki City Planning Department.

City of Helsinki. Undated. "Viikki Ecological Neighborhood." Helsinki City Planning Department.

City of Palm Springs. 1998. "News Release." Department of Transportation, May 6.

City of Portland. 1999. "Peer Review Analysis of the Traffic Circle Program." Office of Transportation.

City of Stockholm. Undated-a. "Hammarby Sjöstad: Leading the World in

Ecological, Environmentally—Adapted Construction and Housing."

City of Stockholm. Undated—b. "An Environmental Program for Hammarby Sjöstad."

City of Stockholm. 1996. *Stodens Utveckling*, Stadsbyggnads Kontoret.

City of Stockholm. 1997. "Summary of the Impact Assessments from Best Practices—The City of Stockholm." Agenda 21 Program.

City of the Hague. 1996. "The Hague New Centre: From the Planning to the Project Stage." July.

City of Vienna. 1992. "The Environment in Vienna." Vienna Press and Information Agency.

City of Vienna. 1993. "Vienna: Launching into a New Era." June.

City of West Palm Beach, Florida. 1996. "City Transportation Language Policy." Memo to department directors and division heads, from Michael Wright, city manager, November 14.

City of Zürich. 1995. "Environmental Policy of the City of Zürich: Local Agenda 21." City of Zürich Department of Health and Environment, October.

Collier, Ute, and Ragner E. Löfstedt. 1997. "Think Globally, Act Locally? Local Climate Change and Energy Policies in Sweden and the U.K." *Global Environmental Changes*, Vol. 7, No. 1, 25~40쪽.

Comfort. 1996. "Hoe kom je zonder gas de winter door?" *Comfort*, magazine of Cooperative energie Cominatie U.A., February, 12~13쪽.

Commission of the European Communities. 1990. *Green Paper on the Urban Environment*. Brussels.

Conservation Engineering Limited, in collaboration with Dublin Corporation, Temple Bar Properties Limited. Undated. "Combined Heat and Power: Clean, Economic Energy for Dublin Corporation Civic Offices and Neighboring Buildings."

Cote, Ray. 1997. "Industrial Ecosystems: Evolving and Maturing." *Journal of Industrial Ecology*, Summer, 9~12쪽.

Curtius, Mary. 1998a. "Town Goes with the Low-tech Flow." *L.A. Times*, November 30, A3쪽.

Curtius, Mary. 1998b. "How the Greens Got the Blues." *L.A. Times*, October 9, A3쪽.

Daimler-Benz, A. G. 1998. "Stockholm's Green Metro." *Environmental Magazine*.

Damm, Michael. 1998. "Tools for Implementing Local Agenda 21—How Does One Involve the Public?" Municipality of Kolding.

Danish Energy Agency. 1998. "Combined Heat and Power in Denmark." Copenhagen, May.

Danish Ministry of Environment and Energy. 1995. *The European City—Sustaining Urban Quality*. Working conference, Copenhagen, April, Spatial Planning Department.

Danish Ministry of Foreign Affairs. 1996. *The Danish National Report to Habitat* II. Also co-issued by Danish Ministry of Housing and Building, and Environment and Energy, March.

Danish Town Planning Institute. 1996. *Urban Ecology Guide—Greater Copenhagen*. Danish Town Planning Institute, Copenhagen.

Danmarks Naturfredningsforening. 1997. *Grone Realiteter: 1 kommunerne 1996~1998*. Kobenhavn: Danmarks Naturfredningsforening.

Davies, H. W. E. 1989. "Development Control in the Netherlands." *The Planner*, April, 23쪽.

De Dordtenaar. 1997. "Raadsmeerderheid trekt met tegenin geld uit voor City Fruitful." *De Dordtenaar*, October 3.

Delft, Department of Public Works and Environmental Control, 1996. "Ecodus, Environmentally-aware Building within a Fixed Scheme or Framework: Evaluation." January.

De Montfort University. 1993. "Queens Building, School of Engineering and Manufacture," opened by Her Majesty the Queen, 9 December 1993.

Den Haag Nieuw Centrum. 1995. "Het Haagsche Hof aan de Parkstraat."

Department of Community Affairs(Florida). 1997. "Sustainable Communities Demonstration Project: 1997 Report to the Legislature."

Deutsche Umwelthilfe. 1991. "Erlangen: Federal Capital for Conservation and the Environment 1990." Radolfzell, Germany.

Deutsche Umwelthilfe. 1992. "Freiburg: Federal Capital for Nature Conservation and Environment 1992." Radolfzell, Germany.

Deutsche Umwelthilfe. 1996. "Kommunal-Wettbewerb." Radolfzell, Germany.

Deutsche Umwelthilfe. Undated. "Projects and Campaigns." Radolfzell, Germany.

Dienst Ruimtelijke Ordening. 1998. *Nieuw Sloten: Van Tuin tot Stad*. Amsterdam: dRO.

Douthwaite, Richard. 1996. *Short Circuit: Strengthening Local Economies in an Unstable World*. White River Junction, VT: Chelsea Green.

Dublin Corporation. 1997. "A Strategic Cycle Network Plan." Environmental Traffic Planning Division, March.

Durning, Allan Thein, and Yoram Bauman. 1998. *Tax Shift: How to help the Economy, Improve the Environment, and Get the Tax Man Off Your Back*. Seattle; Northwest Environment Watch, Report No. 7, April.

Economist, The. 1991. "When Virtue Pays a Premium." *The Economist*, April 18, 57~58쪽.

Economist, The. 1997. "Living with the Car: No Room, No Room." *The Economist*, December 6, 21~23쪽.

Economist, The. 1998. "California Dreamin." *The Economist*, September 5, survey section, 516쪽.

Ecover. 1992. *The Ecological Factory-Manual*. 2nd ed. Oostmalle, Belgium: Ecover International.

Edwards, Brian. 1996. *Towards Sustainable Architecture: European Directives and Building Design*. London: Butterworth Architecture.

Electriciteitsbedrijf Zuid-Holland(EZH). Undated. "RoCa 3: Innovation for the B Triangle." Rotterdam.

Electrolux. 1997. *Environmental Report 1998*. AB Electrolux, Group Environmental Affairs, Stockholm.

Elsennar, Peter M. W., and Jerven A. Fanoy. 1993. "Urban Transport and Sustainable Development in the Netherlands." *ITE Journal*, August.

Elson, Martin J. 1993. *The Effectiveness of Green Belts*. London: Her Majesty's Stationary Office.

Elson, Martin J. 1986. *Greenbelts: Conflict Mediation in the Urban Fringe*. London: William Heinemann Ltd.

Engelund, Claus. 1997. "Marine Windmills to Replace Coal-fired Power Stations." *Danish Environment*, Edition 8, November, 16~17쪽.

Environ. 1996. *Local Sustainability: Turning Sustainable Development into Practical Action in Our Communities*. Leicester, U.K.: Environ.

"Environmental Aspects of Natural Fibres." Undated. www.redesign.org/reports/textiles/nattext.hml.

Environmental Building News. 1999. "Fort Worth Post Office Tests Green Design." *Environmental Building News*, April.

Erdmenger, Christoph, Birgit Dette, and Konrad Otto-Zimmermann. 1997. "Local Environmental Budgeting: The Controlling Instrument for the Sustainable Development of Local Authorities." ICLEI, Freiburg, Germany, January.

Euronet. 1996. "Toll Ring, Oslo, Norway: Road Pricing in an Urban Area." European Good Practice Information Service, October.

European Academy of the Urban Environment(EAUE). 1995. "Urban Ecology Excursions in Berlin." Berlin.

European Academy of the Urban Environment(EAUE). 1996. "Saarbrücken: Solar and Wind Energy in the Saarbrücken Energy Concept." Good practice database.

European Academy of the Urban Environment(EAUE). 1997. "Berlin: Model Project of Ecological Urban Renewal in Berlin-Kreuzberg." Good

practice case description.
European Commission. 1994. *European Sustainable Cities*. Part One, Brussels: Expert Group on the Urban Environment.
European Commission DGXI. 1996a. "Emscher Park, Germany: Ecological and Urban Renewal of Urban Areas." European Good Practice Information Service, October.
European Commission DGXI. 1996b. "Helsinki Metropolitan Area, Finland: Separate Collection of Biowaste: Closing the Nutrient Circle." European Good Practice Information Service.
European Commission. 1996. *European Sustainable Cities*. Directorate General XI, Brussels, March.
European Commission. 1997. *Agenda 21, The First Five Years*, European Community Progress on the Implementation of Agenda 21, 1992~97. Brussels: European Commission.
European Environment Agency. 1996. *Environmental Taxes: Implementation and Environmental Effectiveness*. Copenhagen: European Environment Agency.
European Environment Agency. 1997. "Towards Sustainable Development for Local Authorities." Copenhagen, February, prepared by Malina Mehra, IMSA Amsterdam.
European Environment Agency. 1997. *Europe's Environment: The Second Assessment*. Copenhagen: European Environment Agency.
European Federation of City Farms. Undated. "A Network of City Farms." http://digitaalbrussel.vgc.be.
European Foundation for the Improvement of Living and Working Conditions. 1993. *Innovations for the Improvement of the Urban Environment*. Dublin: European Foundation for the Improvement of Living and Working Conditions.
European Union. Undated. "An Overview of the EU Eco-Label Programme." http://europa.eu.int/comm/dg11/ecolabel/program.ht.

Farmers Weekly. 1998. "Inner City Enterprise Can Only Help Farming Cause." *Farmers Weekly*, March 13, 1쪽.

Federal Highway Administration. 1998. "Congestion Pricing Notes." No. 4, Spring.

Feldstein, Dan. 1997. "Pedaling Past the Rest." *The Houston Chronicle*, October 12.

Financial Times. 1997. "Rooms with a view to recycling." *Financial Times*(USA Edition) Business and the Environment section, 23쪽.

Financial Times. 1998. "Natural Step to Sustainability: Scientists Disagree on the Feasibility of Ecological Cost-benefit Analysis." Financial Times (London), January 7, Business and the Environment section, 20쪽.

Folke, Carl, Asa Jansson, Jonas Larsson, and Robert Costanza. 1997. "Ecosystem Appropriation by Cities." Ambio, Vol. 26, No. 3, May, 167~172쪽.

Forum for the Future. 1997a "Case Studies: Living over the Shop, in York." Prepared by Oliver Savage, Environ, Leicester.

Forum for the Future. 1997b. "Case Studies: Ecological Urban Improvements in Unionplatz and Teirgarden, Berlin." Prepared by Oliver Savage, Environ, Leicester.

Forum for the Future. 1997c. "Case Studies: Vision 21: Gloucestershire's Local Agenda 21." Prepared by Les Newby, Environ, Leicester.

Forum for the Future. 1998. "Case Studies: Action 2020—Middleborough's Local Agenda 21." Prepared by Duncan Bell, Environ, Leicester.

Frank, Robert H. 1999. *Luxury Fever: Why Money Fails to Satisfy in an Era of Excess*. New York: Free Press.

Frankel, Carl. 1998. *In Earth's Company: Business, Environment and the Challenge of Sustainability*. Gabriola Island, BC: New Society Publishers.

Friends of the Earth. 1998. "Poll Finds U.S. Voters Favor Green Taxes." News release, June 17, Washington, D.C..

Friends of the Earth. 1999. "Southern California Voters Curb Sprawl." www.

foe.org.
Friends of the Earth Europe. 1995. *Towards Sustainable Europe*. Summary FDE Europe. Brussels, January.
Gehl, Jan. 1995. "Livable Cities for All—The Danish Experience." In *The European City-Sustaining Urban Quality*, Danish Ministry of Environment and Energy, conference proceedings, Copenhagen.
Gehl, Jan, and Lars Gemzøe. 1996. *Public Spaces—Public Life*. Copenhagen: The Danish Architectural Press.
Gemeente Den Haag. 1996. "Haagse Groene Gids." Lokale Agenda 21.
Gemeente Heerhugowaard. 1999. "Stad Van De Zon." Heerhugowaard information bureau.
Gemeente Leiden. 1998a. "Duurzame Stedebouw in Roomburg." Afdeling Stedebouw, Junio.
Gemeente Leiden, 1998b. *Ideeen: Stad and Milieu Leiden*. September.
Gemeente Utrecht. 1992. Leidsche Rijn Masterplan, Utrecht, Netherlands.
Gemeente Utrecht. Undated. "Leidsche Rijn."
Geografie. 1996. "Spatial Planning in the Netherlands." *Geografie*, Vol. 1996, 1~26쪽.
Gertler, Nicolas and John Ehrenfeld. 1994. "Industrial Symbiosis in Kalundborg: Development and Implications." Program on Technology, Business, and Environment, Massachusetts Institute of Technology, working paper, August.
Ghent, Randy. 1998. "Car-free France." *Earth First!*, February-March, 13쪽.
Gill, Allan. 1998. "It Takes a Tenner to Force Cars off the Road." *The Evening Standard*, July 20, 8쪽.
Girardet, Herbert. 1994. "Keeping Up with Capital Growth." *Geographical Magazine*, June, Vol. 66, No. 6, 12~16쪽.
Girardet, Herbert. Undated. "Getting London in Shape for 2000: How London Can Compete in the Race for Resource Efficiency." Draft, prepared for London First.

Girling, Cynthia L., and Kenneth I. Helphand. 1994. *Yard, Street, Park: The Design of Suburban Open Space*. New York: John Wiley and Sons.

Glendening, Gov. Parris N. 1999. "'3 Great Challenges':Education, Environment, Equality." Inaugural address published in *The Washington Post*, January 21, A12쪽.

Going for Green, 1998. www.gfg.iclnet.co.uk.

Goodchild, Barry. 1998. "Learning the Lessons of Housing over Shops Initiatives." *Journal of Urban Design*, Vol. 3, No. 1, 73~92쪽.

Goode, David A. 1989. "Urban Nature Conservation in Britain." *Journal of Applied Ecology*, Vol. 26, 859~873쪽.

Government Buildings Agency(The Netherlands). 1997. "Government Housing and the Environment: Sustainable Decisions." Den Haag, The Netherlands, 2nd ed., February.

Grant, Malcolm M. 1992. "Planning Law and the British Land Use Planning System." *Town Planning Review*, Vol. 63, No. 1, 3~11쪽.

Gray, Tom. 1998. "Wind Gets Competitive in the U.S." *Solar Today*, March/April, 18~21쪽.

Green City Denmark A/S. Undated. "Waste Water." Herning.

Green City Denmark A/S. 1997. "Project Reference." Herning.

Green City Denmark A/S. 1997. "European Green Cities Inspiration Guide: A View Into Low Energy Home Building in Europe."

Green Institute. Undated. www.greeninstitute.org.

Green Power Network. 1998. "Santa Monica Unanimously Approves REP Process to Switch all City Facilities to Green Power." Press release, October 14. www.eren.doe.gov.

Green Power Network. 1999. "Santa Monica First City in the World to be Powered by 100% Green Power." Press release, June 1. www.eren.doe.gov.

Green, Victoria Jane. 1995. "Sustainable Energy Policies—Problems with Implementation: An Examination of the Implementation of Sustainable

Energy Policies in Leicester, Middlesborough, Petersborough and Leeds." M.A. thesis in environmental planning, The University of Nottingham.

Greenbeat. 1996. "Eco-location: Charting Sustainability." January, Texas Environmental Center. www.tec.org.

Gregory, Ted. 1996. "City Gets a Handle on Helping Bicycles." *Chicago Tribune*. September 11.

Groningen Gemeente. 1993. "Hand on Heart: A New City Centre for Groningen." Groningen, The Netherlands.

Groningen Gemeente. 1996. "City for a New Century: Groningen in 2005." Structure Plan, Dienst Ruimtelijke Ordening en Economische Zaken.

Groot, M. M. 1997. "The Environmental Matrix Enhances Planning Processes." Amsterdam Planning Department.

Groot, M. M., and J. W. Vermeulen, 1997. "The Environmental Matrix Enhances Planning Process: An Indicator Based Approach to Urban Planning and Development in Amsterdam." Advisory team, Environment and Urban Ecology, City of Amsterdam, Planning Department, January.

Haberman, Douglas. 1997. "Experimental Riders Go for in Electric Bike Program." The Desert Sun, September 3, B3쪽.

Hahn, Ekhart, and Michael LaFond. 1997. "Local Agenda 21 and Ecological Urban Restructuring: A European Model Project in Leipzig." Science Center, Berlin.

Hall, Peter. 1995a. "The European City: Past and Future." In Danish Ministry of the Environment and Energy, *The European City—Sustaining Urban Quality*. Conference proceedings, Copenhagen.

Hall, Peter. 1995b. "A European Perspective on the Spatial Links between Land Use, Development and Transport." In David Banister, ed., *Transport and Urban Development*. London: ESFN Span.

Hall, Peter, Brian Sands, and Walter Streeter. 1993. "Managing the Suburban Commute: A Cross National Comparison of Three Metropolitan Areas." University of California, Berkeley: Institute for Urban and Regional

Development, Working Paper #595, August.

Hallett, Graham, ed. 1989. *Land and Housing Policies in Europe and the U.S.* London: Routledge.

Hammon, M. Jeff. 1999. "Tax Reform: State by State." *E/Environmental Magazine*, March—April.

Harper, Keith. 1998. "Norway and Singapore Point the Way with Electronic Charging That Raises Millions and Cuts Traffic Levels." *The Guardian*(London), December 9, 130쪽.

Hawley, David. 1999. "Downsizing Domiciles." *Pioneer Planet*. www.pioneerplanet.com

Hayes, Mathew. 1997. "Central European Approach to On—Farm Composting." *Bio-Cycle*, June, 34~35쪽.

Haynes, Owen. 1998. "Eco City's a Global Village for Visitors." *Leicester Mercury*, July 18, 21쪽.

Heller, Dr. Peter W. 1997. "Urban Development and a Local Environmental Action Plan Exemplified by A Medium—sized City: Freiburg in Breisgau, Germany."

Heller, Dr. Peter W. Undated. "Freiburg—Germany's Green City."

Helsinki Energy, Undated. "Helsinki—The Energy Efficient City: Combined Heat and Electricity Production and District Heating System of Helsinki Energy, Finland."

Helsinki Metropolitan Area Council(YTV). 1993. "Eat What You Can—Recycle the Rest: Separate Collection of Biowaste." Waste Management Departments.

Helsinki Metropolitan Area Council(YTV). Undated. "The Climate Change, Helsinki Regional CO2 Reduction Strategy."

Herning Kommunale Vaerker. Undated. "Biogas from Source—separated Household Waste." Herning, Denmark.

Hildebrandt, Andreas. 1995. Notes on the Freiburg transit program.

Hough, Michael. 1995. *Cities and Natural Process*. London: Routledge.

Howe, Deborah. 1998. "Metropolitan Portlands's Greenspaces Program." In "Creating Sustainable Places" symposium proceedings, January 30~31, Arizona State University, Tempe, AZ.

HSB Stockholm. Undated. "The Story of Understenshojden." Stockholm: HSB Stockholm.

Hufbauer, Rudiger. Undated. "Notes on the Freiburg Transport System." Freiburg, Traffic Planning Division.

Husberger, Lars. 1996. "Development Patterns in the Swedish Spatial Vision, Sweden 2009." In Boplats, *Urban Development in an Ecocycles Adapted Industrial Society*. Stockholm: Swedish Council for Building Research.

IBA Emscher Park. Undated. "The Emscher Park International Building Exhibition: An Institution of the State of North-Rhine Westphalia."

ICLEI. 1992. "Environmental Auditing: Lancashire Country, UK," Case Study #6, Toronto.

ICLEI. 1996. "Bologna, Italy: Restriction of Automobile Traffic in the Historic Center City." European Good Practice Information Service, Toronto.

ICLEI. 1997. "STATTAUTO—Germany's largest car-sharing company." Toronto.

ICLEI. Undated. "Local Environmental Budgeting." www.iclei.org/ecobudget/envbudpe.htm.

ING Bank. Undated. "Building with a Difference: ING Bank Head Office." Amsterdam.

Inman, Bradley. 1999. "Houses Are Getting Bigger, and Pricier." *San Francisco Examiner*, February 21, E11쪽.

Interiors Magazine. 1999a. "Miller/SQA Facility." *Interiors*, January, 102~103쪽.

Interiors Magazine. 1999b. "901 Cherry: San Bruno, California." *Interiors*, January, 104~107쪽.

Interiors Magazine. 1999c. "Adam Joseph Lewis Center for Environmental Studies, Oberlin College." *Interiors*, January, 110~111쪽.

International Council of Local Environmental Initiatives(ICLEI). 1994.

"Profiting From Pollution: Graz, Austria." Case Study #24, Freiburg: ICLEI.

International Council of Local Environmental Initiatives(ICLEI). 1996. *The Local Agenda 21 Planning Guide: An Introduction to Sustainable Development Planning*. Toronto: ICLEI.

International Institute for the Urban Environment. 1994. "The European Sustainability Index Project." Delft.

Jacobs, Alan. 1994. *Great Streets*. Cambridge, MA: MIT Press.

Jenks, Mike, Katie Williams, and Elizabeth Burton. 1996. "A Sustainable Future through the Compact City? Urban Intensification in the United Kingdom." *Environments by Design*, Vol. 1, No. 1, January, 5~20쪽.

Jenks, Mike, Elizabeth Burton, and Katie Williams, eds. 1996. *The Compact City: A Sustainable Urban Form?* London: E&FN Span.

Jensen, Mari N. 1998. "Ecologists Go to Town: Investigations in Baltimore and Phoenix Forge a New Ecology of Cities." *Science News*, Vol. 153, April 4, 219~221쪽.

Johnston, Jacklyn, and John Newton. 1997. *Building Green: A Guide to Using Plants on Roofs, Walls and Pavements*, London: London Ecology Unit.

Johnstone, Anne. 1998. "The New Economy Drive." *The Herald*(Glasgow), December 9, 15쪽.

Jongman, Rob H. G. 1995. "Nature Conservation Planning in Europe: Developing Ecological Networks." *Landscape and Urban Planning*, Vol. 32, 169~183쪽.

Joos, Ernst. 1992. "Three Messages from Zürich Concerning the New Transport Policy." Zürich Transity Authority.

Jordan, Thea. 1998. "Big Mac Hits Trouble in a Town That Turned Green." *The Scotsman*. July 2, 11쪽.

Juffermans, Jan. 1995. *Sustainable Lifestyles: Guide to Good Practice*. DenHaag: Towns and Development.

Kalundborg Center for Industrial Symbiosis. 1996. "Individual Symbiosis: Exchange of Resources," September.

Kennedy, Margrit, and Declan Kennedy, eds. 1997. *Designing Ecological Settlements: Ecological Planning and Building: Experiences in New Housing and in the Renewal of Existing Housing Quarters in European Countries*. Berlin: European Academy of the Urban Environment.

Kenworthy, Jeff, Felix Laube, Peter Newman, and Paul Barter. 1996. "Indicators of Transport Efficiency in 37 Global Cities." Report prepared for the World Bank, October.

Kolding Kommune. 1995. "Ecological Urban Renewal in Kolding." With Danish Ministry of Housing, August.

Kraay, Joop H. 1996. "Dutch Approaches to Surviving with Traffic and Transport." *Transport Reviews*, Vol. 16, No. 4, 323~343쪽.

Kreiger, Alex. 1998. "Whose Urbanism?" *Architecture Magazine*, November, 73~76쪽.

Kretschmer, Dr. Rolf-Michael. 1995. "Report of Dr. Rolf-Michael Kretschmer—Technical Director of Freiburger Verkehrs AG, Germany—at Light Rail 95 Conference." Fairfield Halls, Croyden.

Kuiper Compagnons. Undated. "City Fruitful: Stedenbouwkundig Ontwerp." Bureau voor Ruimtelijke Ordening en Architectuur BV. www.kuiper.nl/p3.htm.

Kunz, Pamela Murphy. 1999. "Solar Energy in Europe." *Solar Today*, January/February, 28~31쪽.

Lafferty, William M., and Katarina Eckerberg, eds. 1998. *From Earth Summit to Local Agenda 21: Working Towards Sustainable Development*. London, Earthscan. Landeshauptstadt Saarbrücken. 1997. "Regenwasser ist zu kostbar für den Kanal!" Saarbrücken, Dezernat für Recht, Umwelt und Gesundheit, Amt fün Energie und Umwelt.

Leicester City Council. 1989. "Leicester Ecology Strategy." Part one.

Leicester City Council. 1994. "Land Use Plan."

Leicester City Council. Undated-a. "Cycling."

Leicester City Council. Undated-b. "Pedestrians" and "Traffic Calming."

Leicester City Council. Undated-c. "Sustainability Appraisal." City of Leicester Local Plan.

Leicester Mercury. 1998. "Students Sign Up for Green Crusade." *Leicester Mercury*, July 25, 12쪽.

Leinsberger, Christopher. 1996. "Metropolitan Development Trends of the Later 1990s: Social and Environmental Implications." In *Land Use in America*, Henry L. Diamond and Patrick F. Noonan, eds. Washington, D.C.: Island Press.

Lennard, Suzanne H. C., and Henry L. Lennard, *Livable Cities Observed: A Source of Images and Ideas for City Officials, Community Leaders, Architects, Planners and All Others Committed to Making Cities Livable*. Carmel, CA: Gondolier Press.

Le Pierres, Laurent. Undated. "Industrial Belt Manufacturing Green Solutions." www.herald.ns.ca/archives/laurent/story4.htmp.

Letts, Lois. 1998. "Gardening in the Sky." *The Times*(London), February, Features sections, February 18.

Liebman, George W. 1996. "Three Good Community-building Ideas from Abroad." *American Enterprise*, November/December, 72~73, 98쪽.

Lightfoot, Graham. 1996. "Car-sharing Studies: An Investigation." Bremen: European Car-Sharing.

Lisbon Action Plan. 1996. "The Lisbon Action Plan: From Charter to Action." www.iclei.org/LA 21/euroLA 21.html.

Loa, Jeff, and Robert Wolcott. 1994. "Innovation in Community Design: The Davis Experience." Paper prepared for the Making Cities Livable Conference, February 22~26, San Francisco, CA.

London First. 1997. "Capital Punishment: The Effect of Under-Investment on London's Underground." London, March 17.

Louisse, Anneke F. 1998. "Rural Towns and Villages of the Netherlands'

Green Heart: Is a Healthy Survival Possible?" *Journal of Architectural and Planning Research*, Vol. 15, No. 1, Spring, 73~84쪽.

Lucas, John. 1994. "Outdoors: Nature Makes a Comeback in London's Docklands." *The Daily Telegraph*, October 15, 3쪽.

MacDonald, Rob. Undated. "IBA Emscher Park." http://rudi.herts.ac.uk/ns-search/ej/udq/56/inter.html.

Malcolm, Teresa. 1998. "Program Seeks to Nurture the Planet, Profits." *National Catholic Reporter*, No. 29, Vol. 34, May 22, 5쪽.

Mann, Gunter. 1996. "Faunistische Untersuchung von drei Dachbegriinungen in Linz" OKO-L Vol. 18, No. 2, 3~14쪽.

Masser, Ian. 1992. "Learning from Europe." *Journal of the American Planning Association*, Vol. 58, No. 1, Winter, 3~8쪽.

Massie, Allan. 1998. "Driving Taxes That Take a Huge Toll on the Economy." *Daily Mail*(London), July 20, 8쪽.

Max Havelaar Foundation. Undated. "Max Havelaar: A Fair Trade Label." www.maxhavelaar.nl.

McCamant, Kathryn, and Charles Durrett. 1998. *CoHousing: A Contemporary Approach to Housing Ourselves*. Berkely, CA: Habitat Press/Ten Speed Press.

Mckibben, Bill. 1998. "A Special Moment in History." *The Atlantic Monthly*. May, 55~78쪽.

Mega, Voula. 1996. *Utopias and Realities of Urban Sustainable Development*. Dublin: European Foundation for the Improvement of Living and Working Conditions.

Mega, Voula. 1997. *Perceiving, Conceiving, Achieving: The Sustainable City: A Synthesis Report*. Dublin: European Foundation for the Improvement of Living and Working Conditions.

Middleton, D. Scott. 1997. "The Woodlands." *Urban Land*, June, 26~30쪽.

Ministry of Housing, Spatial Planning and the Environment(VROM). 1994. "Accelerated Depreciation on Environmental Investment in the

Netherlands." Evaluation report, Den Haag, November.

Ministry of Housing, Spatial Planning and the Environment(VROM). 1995. Stad and Milieu: Rapportage Deelprojecct, Den Haag: VROM.

Ministry of Housing, Spatial Planning and the Environment(VROM). 1996a. "Best Practices: Sustainable Living in the Netherlands." Den Haag.

Ministry of Housing, Spatial Planning and the Environment. 1996b. "Spatial Planning in the Netherlands: Bodies and Instruments." Den Haag: Spatial Planning Directorate.

Ministry of Transport, Public Works and Water Management. 1995. *Cities Make Room for Cyclists: Examples from Towns in the Netherlands, Denmark, Germany, and Switzerland*. Den Haag.

Ministry of Transport, Public Works and Water Management. Undated. "The New HSL Plan in Board Lines: Dutch Section of the High Speed Rail Connection, Amsterdam-Brussels-Paris/London." Traffic and Transport Structure Plan, Den Haag.

Morris, Jane. 1998. "Coming In from the Cold." *Town and Country Planning*, January/February, 18쪽.

Mudd, Lyssa. 1998. "Commons on Wheels." *Whole Earth*, Fall, 52쪽.

Municipality of Bologna. 1996. *Energy in Bologna: Innovative Projects for Reducing Energy Consumption and Pollution*. February.

Municipality of Delft. 1984. "Fietsen in Delft: Planning for the Urban Cyclist." Traffic Department, September.

Municipality of Dordrecht. 1994. "Ecological Strategies for Cities." Proceedings of a conference and workshop held in October and November, 1993.

Municipality of Kolding. 1996. "Urban Renewal of Solgarden/Kolding A." Technical Administration, December.

Murphy, Dean E. 1996. "In Copenhagen One-third of All Commuters Reach Their Jobs by Bicycle." *L.A. Times*, July 15, A20쪽.

Muschamp, Herbert. 1998. "Greening a South Bronx Brownfield." *The New*

York Times, January 23.
National Bicycling and Walking Study. 1994. "Traffic Calming, Auto-restricted Zones and Other Traffic Management Techniques—Their Effects on Bicycling and Pedestrians." FWWA case study #19, January.
Natural Step, The. 1996. "The Four System Conditions from the Natural Step." *The Natural Step News*, No. 1, Winter.
Neild, Nigel. 1998. "Introducing the Concept of Sustainable Development into the Treaties of the European Union." In O'Riordan and Voisey, eds., *The Transition to Sustainability: The Politics of Agenda 21 in Europe*. London: Earthscan.
Netzer, Dick. 1998. "The Relevance and Feasibility of Land Value Taxation in the Rich Countries." In Netzer *Land Value Taxation: Can It and Will It Work Today?* Cambridge, MA: Lincoln Institute of Land Policy.
Newman, Peter, and Jeff Kenworthy. 1991. "Transport and Urban Form in Thirty-two of the World Principal Cities." *Transport Reviews*, Vol. 11, No. 3, 249~272쪽.
Newman, Peter, and Jeff R. Kenworthy. 1989. *Cities and Automobile Dependence: A Sourcebook*. Hants, England: Gower Technical.
Newman, Peter, and Jeff Kenworthy, with Les Robinson. 1992. *Winning Back the Cities*. Leichhardt, Australia: Pluto Press.
Newman, Peter, and Andy Thornley. 1996. *Urban Planning in Europe: International Competition, National Systems and Planning Projects*. London: Routledge.
Nield, Chloe. 1998. "Environment at the Heart of Europe." *Landscape Design*, Vol. 276, December, 52~55쪽.
Nijkamp, Peter, and Adriaan Perrels. 1994. *Sustainable Cities in Europe: A Comparative Analysis of Urban Energy—Environment Policies*. London: Earthscan.
Nivola, Pietro. 1999. "Fit for Fat City: A 'Lite' Menu of European Policies to Improve Our Urban Form." Policy Brief #44, Brookings Institution,

January.

Norwood, Ken, and Kathleen Smith. 1995. *Rebuilding Community in America: Housing for Ecological Living, Personal Empowerment, and the New Extended Family.* Berkeley, CA: Shared Living Resource Center.

NOVEM. Undated. *Op weg naar Ecolonia: Evaluatie en bewonersonderzoek.* Sittard, Netherlands: NOVEM.

NOVEM. 1996. "Nul-energiewoning met PV in Zandvoort." Number 5, February.

NOVEM. 1999. "Vergisting van GFT-afval en Opwerking van Biogas." Sittard: NOVEM.

Odense Kommune. 1997. Mijoplan 1997~2000, Odense, Denmark.

O'Meara, Molly. 1998. "How Medium-Sized Cities Can Avoid Strangulation." *Worldwatch Magazine*, September/October, 9~15쪽.

O'Riordan, Tim, and Heather Voisey, eds. 1998. *The Transition to Sustainability: The Politics of Agenda 21 in Europe.* London: Earthscan.

Orr, David. 1994. *Earth in Mind.* Washington, D.C.: Island Press.

Oskam, A. W. 1995. "A Tale of Two Cities—Amsterdam." In Danish Ministry of Environment and Energy. In *The European City-Sustaining Urban Quality*, conference proceedings, Copenhagen.

Ott, Ruedi. 1996. "Conurbation Transport Policy in Zürich: A Swiss Contribution to the Best Practices Initiative." Genchen, Switzerland: Federal Office of Housing.

Otto-Zimmerman, Konrad. 1998. "New Public Management of Natural Resources: Environmental Budgeting by Municipalities. www.iclei.org/ecobudget/konrad.htm.

Overholser, Geneva. 1999. "Charleton Heston, Meet Joe Camel." *The Washington Post*, May 4, pg. A23.

PACTE Project. 1997. "Environmental Effects of Structural Changes in Old Industrial Cities." Action Program for Local and Regional Authorities in Europe, Tampere, Finland.

Painter, Sue. 1998. "Greetings from Green City USA." *The Gloucester Citizen*, June 29, 6쪽.

Partners for a Clean Environment(PACE). Undated. "Partners for a Clean Environment." Boulder, CO.

Pearce, B. J. 1992. "The Effectiveness of the British Land Use Planning System." *Town Planning Review*, Vol. 63, No. 1, 13~28쪽.

Petherick, Ann. 1998. "Room for Reuse." *Town and Country Planning*, January/February, 35~36쪽.

Pfeifer, Sharon, and Faith Balch. 1999. "Planning for Nature in the Face of Urban Growth: The Metro Greenways Program, Twin Cities Region." Paper presented to Challenge to Urban Sustainability conference, Stanford University, February.

Phillips, Adrian. 1996. "The Challenge of Restoring Europe's Nature and Landscapes." *International Planning Studies*, Vol. 1, No. 1, 73~93쪽.

Pierce, Neal R. 1998. "Atlanta's Bullet Train." *The Washington Post*, June 21.

Pivo, Gary. 1996. "Toward Sustainable Urbanization on Mainstreet Cascadia." *Cities*, Vol. 13, No. 5, 339~354쪽.

Porter, Douglas R. 1996. *Profiles in Growth Management: An Assessment of Current Programs and Guidelines for Effective Management*. Washington, D.C.: Urban Land Institute.

Portland BEST. Undated. "Businesses for an Environmentally Sustainable Tomorrow." Portland Energy Office. www.ci.portland.or.us/energy/bestmain.html.

Post, Michael. Undated. "The Green Roof." Photocopied paper obtained from the author.

Public Technology, Inc. Undated. "West Palm Beach, FL: Change on the Ground." Traffic calming case studies. http://pti.nw.dc.us.

Pucher, John. 1997. "Bicycling Boom in Germany: A Revival Engineered by Public Policy." *Transportation Quarterly*, Vol. 51, No. 4, Fall, 31~46쪽.

Pucher, John, and Christian Lefevre. 1996. *The Urban Transport Crisis in*

Europe and North America. London: MacMillan Press Ltd.

Purves, Libby. 1998. "More Over Motorists: Home Zones Would Reclaim Our Streets for the Old, the Young and the Poor." *The Times*(London), January 27.

Quinn, Feargal. 1998. "Radical thinking required to case traffic." *The Irish Times*, November 19, News features section, 18쪽.

Quinn, Sue. 1999. "Home Zones Reclaim the Streets." *The Guardian*, August 5, 10쪽.

Rabobank. 1995. "Een sociale ontmoetingsplaats zonder autos." *Rabo Vastgoed Magazine*, No. 2, Jaargong 4, July, 6~8쪽.

Rackstraw, Kevein. 1998. "Wind Around the World." *Solar Today*, March/April, 22~25쪽.

Rand, Harry. 1993. *Hundertwasser*. Koln: Benedikt Taschen.

RECITE. Undated. "The Temple Bar Development Program." RECITE Bulletin #11, Urban Pilot projects, European Commission, Brussels.

Reich, K., G. Kleiss, A. Goetzberger, and T. Nordman. 1998. "Photovoltaic Noise Barriers: An Innovation on its way to Market." *The Sustainable Energy Industry Journal*, Vol. 3, No. 2, 66~67쪽.

Reid, Alice. 1998. "Fare-ATM Cards Set for Test by Metro." *The Washington Post*, September 18, B1쪽.

Results Center. Undated. "Saarbrücken, Germany: Comprehensive Municipal Energy Efficiency." Profile #78, Denver, CO.

Rigter, Door Gerard. 1997. "Ook met wildviaducten lijkt Veluwse natuur reddeloos." Algemeen Dagblad, July 19, 5쪽.

Rimer, Sara. 1997. "An Aging Nation Ill-equipped for Hanging Up the Car Keys." The *New York Times*, December 15, A1, A20쪽.

Ringli, Hellmut. 1989. "Spatial Planning in Switzerland." In International Society of City and Regional Planners, *Planning in the Host Country*, Basel, Bulletin 1989/2.

Ringli, Hellmut. 1995. "Strategies for Sustainable Urban Development in the

Zürich Area." In Lars Orrskog, ed., *Adjusting Cities to the Demands of Sustainability—How and by Whom?* Stockholm: Swedish Royal Institute of Technology.

Ringli, Hellmut. 1996. "The Swiss Urban Development Strategy—A Polycentric Urban Network." In International Society of City and Regional Planners, *Migration and the Global Economy: Planning Responses to Disintegrating Patterns and Frontiers*, working paper book, Jerusalem, October 13~16.

Rogers, Sir Richard. 1997. *Cities for a Small Plane*. London: Faber and Faber.

Roundtable Minutes. 1998. "Eco-Industrial Development Program Meeting Minutes." October 27~28, Cape Charles, VA.

Royal Dutch Touring Club. 1978. "Woonerf: Residential Princinct." *Ekistics*, Vol. 273, November/December, 417~423쪽.

Safdie, Moshe. 1997. *The City After the Automobile: An Architect's Vision*. Toronto: Stoddart Publishing.

Salant, Katherine. 1997. "Earning a Star for Improved Energy Efficiency." *The Washington Post*, September 13, E1, E10쪽.

Scandic Hotels. Undated. "The Environmental Room." www.scandic-hotels.com/br/30/30rummet.html.

Scotsman Publications Ltd. 1998. "Tories Call for City to Reject Road Pricing." *Evening News*, October 5, 9쪽.

Selman, Paul. 1998. "A Real Local Agenda for the 21st Century." *Town and Country Planning*, January/February, 15~17쪽.

Sep, Rund. 1998. "Roomburg Wordt Leidse Milieuwijk." Gemeente Leiden.

Shuman, Michael. 1994. *Towards a Global Village: International Community Development Initiatives*. London: Pluto Press.

Shuman, Michael H. 1998. *Going Local: Creating Self-Reliant Communities in a Global Age*. New York: The Free Press.

Slavin, Terry. 1998. "Sustainable Argument Takes a Step Forward." *The

Observer, March 22, Business section, 7쪽.

Sofia Statement. 1998. "Towards Local Sustainability in Central and Eastern Europe: The Sofia Statement." www.iclei.org/europe/sofiafin.html.

South Carolina Sea Grant Consortium. 1998. "113 Calhoun Street Community Sustainability Center." www.csc.noaa.gov/scSeaGrant/text/113calhoun.html.

Southworth, Michael, and Evan Ben-Joseph. 1997. *Streets and the Shaping of Towns and Cities*. New York: McGraw-Hill.

Southworth, Michael, and Balaji Parthasarathy. 1997. "The Suburban Realm Ⅱ: Eurourbanism, New Urbanism and the Implications for Urban Design in the American Metropolis." *Journal of Urban Design*, Vol. 2, No. 1, 9~33쪽.

Staats, H. J., and P. Harland. 1995. "The Ecoteam Program in the Netherlands." Leiden: Center for Energy and Environmental Research, Leiden University.

Stanners, David, and Phillippe Bourdeau, eds. 1995. *Europe's Environment: The Dobris Assessment*. Copenhagen: European Environment Agency.

Steele, James. 1997. *Sustainable Architecture: Principles, Praradigms, and Case Studies*. New York: McGraw-Hill.

Stichting Natuuren Milieu. 1994. *Milieusparend Huishouden*. Amsterdam: Stichting Natuur en Milieu.

Stockholm Energi. 1997. *Environmental Report 96*. Stockholm: Stockholm Energi.

Stockholm Environment and Health Protection Administration. 1996. "Environmental Vehicles in Stockholm."

Stuchlik, Gerda, and Klaus Heidler. 1998. "The Freiburg Solar Region—A Model of Sustainable Planning for the Millenium." *The Sustainable Energy Industry Journal*, Vol. 3, No. 2, 30~31쪽.

Sukopp, H. 1980. "Urban Ecology and Its Application in Europe." In Sukopp and Hejny, eds., *Urban Ecology*. SPB Academic Publishing.

Sustainable London Trust. 1997. *Creating a Sustainable London*. London: Sustainable London Trust.

Sustainable London Trust. Undated. "Creating a Sustainable London—Implementation." www.greenchannel.com.

Sustainable Minnesota. 1998. "Tax Polluters, Not Families and Businesses," February. www.me3.org.

Swedish Environmental Protection Agency. 1997. "Evaluation of Green Taxes in Sweden: Large Environmental Impact at Small Cost." March 13 press release.

Temple Bar Properties. Undated. "The Green Building, Temple Bar." Dublin.

Templin, Neal. 1998. "Windows That Open Are the Latest Office Amenity," *Wall Street Journal Europe*, August 28~29, 8쪽.

Ten Grotenhuis, Dirk H. 1979. "The Woonerf in City and Traffic Planning." Municipality of Delf, March.

THERMIE. 1996. "ZEUS: Zero and Low Emission Vehicles in Urban Society." March.

Thomas, David, John Minett, Steve Hopkins, Steve Hammertt, Andreas Faludi, and David Banell. 1983. *Flexibility and Commitment in Planning: A Comparative Study of Local Planning and Development in the Netherlands and England*. The Hague: Martinus Nijhoff.

Thompson, J. William. 1998. "Grass-roofs Movement." *Landscape Architecture*, May, 47~51쪽.

Titheridge, Helena, G. Boyle, and Paul Fleming. 1996. "Development and Validation of a Computer Model for Assessing Energy Demand and Supply Patterns in the Urban Environment." *Energy and Environment*, Vol. 7, No. 1, 29~40쪽.

Torrie, Ralph. 1993. "Findings and Policy Implications from the Urban Co2 Reduction Project." International Council for Local Environmental Initiatives, January.

Tri-State Transportation Campaign, 1998. "Guiliani Announces Major Traffic Calming Step." *Mobilizing the Region*, Issue 169, April 10.

TROS. 1998. "Meer Tuinplezier." Videotape, August 8. Hilversum: TROS.

U.K. Department of the Environment. 1996. "Leading the Way—CHP for Whitehall." www.energy.rochester.edu/uk.

U.K. Department of the Environment. Undated. "A UK Strategy for Combined Heat and Power." www.energy.rochester.edu/uk/chpstrategy.

UNED-UK, 1997. "Green and Ethical Pensions: A Report for Local Authorities." London: United National Environment and Development U.K. Committee, January.

United Nations. 1992. *Agenda 21: The United Nations Programme of Action From Rio*. New York: United Nations.

United Nations Development Program. 1996. *Urban Agriculture: Food, Jobs and Sustainable Cities*. New York: United Nations Department Program.

U.S. Department of Transportation. 1994. *The National Bicycling and Walking Study*. Executive Summary, Washington, D.C.

USEPA. 1998. "The Energy Star Homes Program." www.yosemite.epa.gov.

USEPA. Undated-a. "The International Building Exhibition(IBA): Preserving Open Space and Our Industrial Heritage through Regional Brownfields Redevelopment." An international brownfields case study. www.epa.gov/swerosps/bf/html-doc/emscher.htm.

USEPA. Undated-b. "Westergasfabriek: Collaboration of Local Government and Community." An international brownfields case study, USEPA and ICMA, Washington, D.C.

U.S. Postal Service. Undated. "The First Green Post Office." www.usps.gov.

Van den Brink, Adri. 1994. "Rural Planning in the Netherlands: The Interrelations between Policy Levels and the Role of Land Development." Paper presented to seminar on Provincial Planning, Milan, November 17.

Van den Brink, Adri. 1997. "Urbanization and Land Use Planning: Dutch

Policy Perspectives and Experiences." Unpublished paper.
Van der Valk, Arnold. 1997. "Randstad-Green Heart Metropolis: Invention, Reception and Impact of a National Principle of Spatial Organization." *Built Environment*, Vol. 17, No. 1, 23~33쪽.
Van der Vegt, Henri, Henkter Heide, Sybrand Tjallingii, and Dick van Alphen, eds. 1994. *Sustainable Urban Development: Research and Experiments*. Delft: Delft University Press.
Van Zadelhoff, Erik, and Wim Lammers. 1995. "The Dutch Ecological Network." Landschap, Vol. 95~3, 77~88쪽.
Vermeend, Willem, and Jacob van der Vaart. 1998. *Greening Taxes: The Dutch Model*. Deventer, Netherlands: Kluwer.
Vermont Fair Tax Coalition. 1999. "Vermont Tax Coalition Releases Report on Advantages of Tax Shifting." News release, March 31.
VIBA. "Guide to the Permanent Exhibition." S-Hertogenbosch, The Netherlands.
Vidal, John, and Greg McIvor. 1995. "Environment: Is This Man a Natural?" *The Guardian*(London), October 18. Features section, 4쪽.
Villiger, Jorg. 1989. "The City of Zürich's Streams Concept." *Authos*, Vol. 2, 6~10쪽.
Von Ungern-Sternberg, Dr. Sven. 1996a. "Reisefeld-Establishing a New Urban District Applying User-Friendly Principles." February.
Von Ungern-Sternberg, Dr. Sven. 1996b. "The City of Freiburg Integral Traffic Plan." Erster Burgermeister, Bau- und Ordnun-gsdezernent, Stadt Freiburg im Breigau, February.
Vossestein, Jacob. 1998. *Dealing with the Dutch*. Amsterdam: Royal Tropical Institute.
VROM. 1994. "Working with the Construction Sector." *Environmental Policy in Action*, No. 2.
VROM. 1995. *Sustainable Building: Investing in the Future*. Den Haag: Ministry of Housing, Spatial Planning and the Environment.

VROM. 1998. "Cycling for the Climate." *Environmental News from the Netherlands*, June, #3.

VROM. Undated. "Milieu als ambitie: Milieubewust bouwen, wonen en werken in het Morra Park in Drachten." Vierde Nota.

Wagner, Conrad, and Richard Katzev. 1996. "Car Sharing Takes Off in Europe." *Urban Ecologist*, No. 3, 13쪽.

Wahrman, Tirza S. 1998. "Breaking the Logjam: The Peak Pricing of Congested Urban Roadways Under the Clean Air Act to Improve Air Quality and Reduce Vehicle Miles Travelled." *Duke Environmental Law and Policy Forum*, Vol. 8, Spring, 181쪽.

Warren, Roxanne. 1998. *The Urban Oasis: Guideways and Greenways in the Human Environment*. New York: McGraw-Hill.

Welleman, Ton. 1996. "Bikes Behind the Dikes." *Geographie*, Vol. 1996, 12~15쪽.

Welleman, Ton. Undated. "The Autumn of the Bicycle Master Plan." Den Haag, Dutch Ministry of Transport, Public Works and Water Management.

White, Ben. 1999. "Amtrack Announces Partnership Plans." *The Washington Post*, January 21, A23쪽.

WHO Regional Office for Europe. 1998. "WHO Healthy Cities Network." www.who.dk/healthy-cities/hcu.htm.

Wickham, Daniel. 1999. "Sewage Forests: Cleaning Water and Cooling the Planet." *Earth Island Journal*, Winter/Spring, 32~33쪽.

Williams, David. 1998. "Low-tech Start for the Brave New World of Road-pricing." *The Evening Standard*(London), November 25, 20쪽.

Williams, R. H. 1996. *European Union Spatial Policy and Planning*. London: Paul Chapman Publishing.

"World's Largest Solar-powered Sports Stadium." 1998. *The Sustainable Energy Industry Journal*, Vol. 3, No. 2, 67쪽.

World Media Foundation. 1999. "Living on Earth." Transcript of interview with Jasper Simonsen, Deputy Minister for the Environment, Norway, January 15.

Yardham, Ian, Michael Waite, Andrew Simpson, and Niall Machin. 1994. *Nature Conservation in Lambeth*. London: London Ecology Unit.

옮긴이 참고문헌

강남훈, 2012, 「생태기본소득으로 핵발전소 폐기하자」, 《르몽드 디플로마티크》, 2012년 4월호, 27쪽.

김윤상, 2005, 「지공주의를 옹호한다—자유주의자의 비판에 대한 반비판」, 《역사비평》 72, 2005년 가을호(통권 제72호), 역사비평사, 140~169쪽.

김흥순, 2006, 「뉴 어바니즘, 근대적 접근인가 탈근대적 접근인가」, 《도시행정학보》 19(2), 한국도시행정학회, 47~72쪽.

딜로이트 녹색경영센터, 2010, 『지속발전을 위한 패러다임—녹색경영』, (주)영진닷컴(강동호 · 김상열 · 박대종 · 양우석 · 이윤례 · 이종익 집필, 김승도 감수).

원제무, 2010, 『녹색으로 읽는 도시계획』, 조경.

하성규 · 김재익 · 전명진 · 문태훈, 2003, 『지속가능한 도시론』, 보성각.

George, Henry, 1879, *Progress and Poverty*. 김윤상 옮김, 1996, 『진보와 빈곤』, 비봉출판사.

Glaeser, Edward, 2011, *Triumph of the City: How Our Greatest Invention Makes Us Richer, Smarter, Greener, Healthier, and Happier*. 이진원 옮김, 2011, 『도시의 승리: 도시는 어떻게 인간을 더 풍요롭고 더 행복하게 만들었나?』, 해냄.

Hawken, Paul G., Amory B. Lovins, and L. Hunter Lovins, 1999, *Natural Capitalism: Creating the Next Industrial Revolution*, Back Bay Books. 김명남 옮김, 2011, 『자연자본주의: 지속가능한 발전을 창조하는 신 산업 혁명의 패러다임』, 공존.

Jacobs, Jane, 2000, *The Nature of Economies*, Random House. 송인성·송호준 옮김, 2008, 『자연과 경제의 대화』, 전남대학교출판부.

Lovelock, James, 2006, *The Revenge of Gaia: Why the Earth is Fighting Back-and How we Can Still Save Humanity*, Basic Books.

Molotch, Harvey, 1976, "The City as a Growth Machine: Toward a Political Economy of Place," *American Journal of Sociology* 82(2), 309~332쪽.

Nora, Dominique, 2009, *Les Pionniers De L'or Vert*[Green Business], Paris: Grasset & Fasqwuelle. 문신원 옮김, 2010, 『그린 비즈니스의 미래 지도: 세계적 기업가들은 녹색 황금시장에서 어떻게 부를 창출하고 성공의 기회를 얻었는가?』, 김영사.

Rifkin, Jeremy, 2004, *The European Dream: How Europe's Vision of the Future Is Quietly Eclipsing the American Dream*. 이원기 옮김, 2005, 『유러피언 드림: 아메리칸 드림의 몰락과 세계의 미래』, 민음사.

Rifkin, Jeremy, 2011, *The Third Industrial Revolution*, Palgrave MacMillan. 안진환 옮김, 2012, 『3차 산업혁명: 수평적 권력은 에너지, 경제, 그리고 세계를 어떻게 바꾸는가』, 민음사.

Rogers, Sir Richard, 1997, *Cities for a Small Planet*, London: Faber and Faber. 이병연 옮김, 2005, 『도시 르네상스』, 이후.

| 옮긴이 해제 |

그린 어바니즘, 유럽발 지속가능도시의 경험과 메시지

이 책 『그린 어바니즘』은 지속가능한 도시 발전이라는 목표 아래 유럽 도시가 성취한 경험을 순수한 학술적 주장보다는 설득력 있는 일상의 언어로 적고 있다. 저자는 이 책을 통해 미국의 학자 및 시민들에게 이러한 유럽의 사례를 미국 도시에 어떻게 적용할지 알려주고자 했던 것이다. 아래에서는 책의 주제와 저자를 간단히 소개하는 가운데, 한국의 맥락에서 도시 정책의 주요 결정 참여자와 뜻있는 시민들이 읽어내야 할 메시지, 한 발 더 나아가 우리가 직접 교훈 삼을 만한 아이디어와 사례를 다루려고 한다. 마무리는 옮긴이의 넋두리이자 소망이다.

유럽의 경험을 바탕으로 현대 도시의 바람직한 발전 방향을 제시하고자 미국인 저자는 짧지 않은 시간을 네덜란드 현지에 살면서 풍부한 사례를 보고 겪었으며, 아울러 덴마크, 독일, 스웨덴, 스위스, 핀란드 등의 도시를 직접 다니며 수많은 학자와 실무자를 만났다. 비중이 조금 덜하지만 영국과 프랑스 도시의 사례도 포함되어 있다. 분야별로 도시의 토지 이용은 물론 주택, 교통, 환경, 도시 생태, 재생 에너지, 녹색 거버넌스 등을 포괄하면서 특정 분야의 이론이나 관행에 치우치지 않고 폭넓게 구체적 경험을 소개한다. 그러면서도 놀라우리만큼 '녹색(green)'과 도시의 '지속가능성(sustainability)'이라는 일관된 논리를 견지한다.

도시를 정의하는 방법은 다양하다. 예컨대 한자어 도시(都市)는 글자 그대로 임금 또는 최고 권력의 터(king's place), 저자[市場] 또는 상업활동의 중심(market place)으로서 정치와 경제가 집중된 곳이다. 현대 도시계획의 의미로는 밀도(density), 집적(agglomeration), 규모의 경제(economy of scale) 등이 어우러져 나타나는 장소이다. 이렇게 제한된 의미 부여를 훌쩍 뛰어넘어, 도시는 그 안에 우주를 담을 수도 있을 만큼 인류의 예지와 역사가 축적되어 형성된 공간인 것이다. 땅, 환경, 자연 자원 등은 우리가 조상으로부터 물려받은 것이 아니라 우리 후손들에게 잠시 빌려 쓰는 것이라고들 한다. 그러니 당연히 잘 보듬어 사용하다가 온전히 돌려주어야 하는 것이리라. 이 책에 나오는 유럽 도시들은 도시를 그렇게 지속가능하도록 꾸려가는 혜안을 나름대로 터득한 것 같다.

유럽에서 '녹색'이 화두가 된 것은 이미 오래되었다. '녹색'은 세계적으로도 기후변화와 함께 학계뿐 아니라 일상의 생활에서 자주 등장하는 주제이다. 이는 미국도 마찬가지여서, 특히 오바마 대통령 취임 이후 기후변화, 에너지, 자동차 산업 등 많은 분야에서 '녹색'은 중심 주제가 되었으며, 《뉴욕타임스》의 저명 칼럼니스트인 토머스 프리드먼(Thomas Friedman)은 이를 『코드 그린(Code Green)』이라 이름 붙인 바 있다.

1.

이 책의 제목에서 '그린 어바니즘(Green Urbanism)'을 '녹색 도시주의' 또는 '녹색 도시계획'으로 쉽게 옮기는 것은 무리가 따른다. 우리가 아는 의미의 녹색이나 도시계획으로 한정 짓기에는 '그린 어바니즘'이라는 그릇의 폭과 깊이가 서로간에 워낙 다르기 때문이다. 그래서 번역본의 제목도 그냥 '그린 어바니즘'으로 놓아둔 것이다.

　여기서 '녹색'은 표면적 의미를 넘어서는 폭넓은 스펙트럼을 과시하면서도 중심을 잃지 않는다. 우선 이 책은 가장 기본인 토지 이용에서 압축 개발을 강조하며 시작한다. 함께 사는 공간에 세워지는 다양하고 지속가능한 주택 형태의 사례가 이어진다. 대중교통을 더 이용함으로써 효율성과 형평성을 높이고, 또 승용차를 덜 타게 됨으로써 경제 및 건강의 이익까지 덤으로 얻는다.

　도시 환경 및 생태는 녹색의 겉모습이 가장 적나라하게 드러나는 분야이다. 아울러 도시 삶의 거의 모든 영역에서 생동감을 강조하며 폐쇄 고리형의 균형 사이클을 부활시키려 한다. 도시의 동력을 태양에 기대어 얻고 그 밖의 재생 에너지로 보강하고자 한다. 생태 거버넌스와 함께, 산업 공생(industrial symbiosis) 등 지속가능 경제의 영역에까지 이르게 되면 정말로 넓디넓은 지속가능성의 세계를 풍성하게 경험하는 셈이다.

2.
　저자인 티머시 비틀리(Timothy Beatley)는 미국 버지니아 대학교 도시환경계획학과의 석좌교수(the Teresa Heinz Professor of Sustainable Communities)로서, 보통의 미국 학자와는 사뭇 다른 태도와 관점으로 도시를 연구해왔다. 이 책이 처음 출판된 지 11년 뒤인 2011년 중국에서도 중국어판이 번역·출간된 뜻을 짐작할 만하지 않은가. 최근에 저자는 이른바 '친생명 도시' 또는 '바이오필릭 시티'(www.biophiliccities.org)에 관심을 두면서 그 네트워크 구상을 구체화하고 있다.

　비틀리 교수는 학술논문 외에도 이 분야 저서를 15권 넘게 냈는데, 그중

『윤리적 토지 이용(*Ethical Land Use*)』(1994)은 미국 도시계획학회의 '도시계획 필독서 100권(100 Essential Books in Planning)'에 꼽힌 바 있다. 가장 최근의 저서인 『바이오필릭 시티: 자연과 도시계획·설계의 통합(*Biophilic Cities: Integrating Nature into Urban Design and Planning*)』(2010)은 미국 조경협회의 최우수 5대 발간물 중 하나로 선정되기도 했다(이 다섯 권 중 4개의 타이틀에서 green, sustainable, ecology, global warming 등의 용어가 직접 사용되고 있는 점은 특기할 만하다).

이 번역서에도, 특히 제7~10장은 자연의 요소를 도시 이곳저곳에 구현하거나 화학적으로 통합하려는 노력을 자연스레 보여주고 있는데, 예컨대 숲·녹지는 물론 에너지·건축 등 분야에서도 자연을 도시 모듬살이의 한가운데에서 버무리려는 의도가 엿보인다. 도시의 비오톱(biotopes), 나무 세입자(tree tenants), 그린루프(green roofs), 에코브릿지(eco-bridge), 도시 신진대사(metabolism), 제로 에너지 건물(zero-energy building) 등은 수많은 개념과 사례 중 일부일 뿐이다. 미국 태생의 캐나다인으로 작가이자 현대 도시계획가인 제인 제이콥스에 의하면 "인간은 모든 측면에서 완전히 자연 속에 존재한다"라고 한다(Jacobs, 2000). 인류의 경제활동 특히 모든 도시의 삶과 공간이 자연 질서 속에서 어우러지는 것이 순리에 맞다는 뜻으로, 그린 어바니즘이나 바이오필릭 시티는 이 연장선에 있다고 볼 수 있다.

3.

이 책은 13년 전에 나왔지만, 지금도 여전히 유효하며 이 땅의 우리에게 던지는 메시지는 오히려 더 강할 수 있다. 어떤 것은 우리나라에서도 이미 적용되고 실천되는 반면 여전히 낯설거나 아예 시작도 되지 않은 사례가 많은 것을 보면 더욱 그렇다. 이제 대한민국은 세계 10대 경제대국, IT 강국으로 자리매김했으며 K-pop, 한류 등 문화적으로도 급상승하고 있다. 그러나 우리 공동체 삶의 내면은 어떤지, 실제 도시 공간의 기능과 미관은 바람직한지, 미래 세대를 헤아리는 지속가능성은 보장되는지 등 의문은 여전하다.

1992년 리우 지구환경정상회의 후 꼭 20년이 지난 2012년 6월, 같은 장소에서 속칭 "Rio+20"이라 부르는 유엔 지속가능회의가 열렸다. 이를 두고 반기문 유엔 사무총장은 세 가지 점을 크게 강조하였다. 첫째는 경제성장, 식량, 에너지, 자연 자원에 대한 더 새로운 사고이며, 둘째는 사람들의 일상을 향상시키는 실제적 개선 조치 등 사람에 대하여 관심을 쏟아야 한다는 것이며, 셋째로 물, 공기, 숲 등 자연 자원을 보호하고, 도시가 자연과 어울려 더 살기 좋도록 구체적 행동을 요청하였다. 이 책에서 살펴보았듯이, 유럽은 이 셋 모두를 중앙정부는 물론 도시 차원에서도 자발적으로 실천해왔다. 대한민국, 또 이 땅의 도시들은 어떠한가?

우리나라에서도 2008년 이후 저탄소 녹색성장을 주창하며 국가의 주요 정책 방향으로, 또 각종 국책 사업에서도 이 브랜드가 강조된 바 있다. 저탄소 녹색성장기본법이 제정되었고, 녹색성장위원회가 중앙 및 지방 단위로 설치되었으며, 각종 녹색 뉴딜 사업이 본격 점화 되어 매년 GDP의 2% 이상을 녹색 분야에 투자하려는 의욕도 있었다. 녹색기술센터(GTC), 글로벌녹색성장연구소(GGGI)에 더하여 특히 2012년 10월 대형 국제기구인 녹색기후기금(GCF)을 송도에 유치하는 등 이른바 '그린 트라이앵글'의 희망 섞인 그림도 드러났다. 2013년 새 정부 들어 표면상 '녹색'이 흐려지거나 이름이 바뀌는 경향이지만, 거의 모든 제도와 정책의 내면에 깊이 자리매김한 '지속가능한 발전'은 결코 약해지거나 되돌릴 수 있는 성격이 아닐 것이다. 다만, 녹색성장이든 지속가능 정책이든, 이 땅에서는 대부분이 중앙, 정부, 서울 중심의 하향식으로 추진되는 까닭에 지방, 민간, 지역 도시 차원의 동력은 여전히 미약하다고 볼 수 있다. 또한 우리의 도시 계획이나 정책이 미국형 접근 방식에 너무 익숙해진 것이 아닌가 싶을 때가 많다. 미국에서 학위를 받고 미국에서 일해본 학자와 공무원이 많아서일까? 태평양 건너 그 너른 땅의 사례가 우리에게 항상 적합하지는 않다는 것을 다들 잘 알면서도 그렇다. 이를테면 1970년대 미국에서 태동한 도시성장 관리(urban growth management), 1990년대 이후의 스마트 성장(smart growth) 또한 결국 그들의 토양에서 태동한 것이 아닌가.

이 책의 중요한 메시지는 우리에게 그리도 익숙한 미국식 가치 체계와 사고방식을 극복하는 대안적 사고가 존재하며 그것이 어디선가 제대로 실천되고 있다는 점이다. 『유러피언 드림(The European Dream)』(제러미 리프킨, 2004)에서도 나타나듯이, 공동체 의식, 문화적 다양성, 삶의 질, 지속가능 발전, 자연 존중 등 유럽식 사고와 가치는 여전히 이 땅의 우리에게 많은 시사점을 준다. 이 책(『그린 어바니즘』) 각 장의 말미에 실린 "메시지"는 실제 '미국 도시에 대한 교훈'으로 원저에서 의도되었지만, 내용상 우리나라 현실에 적용해도 손색이 없는 경우가 많기에 그런 뜻을 담아 소제목을 바꾸기도 했다.

대한민국은 기후변화 또는 환경 분야의 국제적 의무 측면에서 오랜 세월 개발도상국 지위를 인정받으면서 국력에 비해 얼마간 무임승차 해온 것을 부인할 수 없다. 이제는 당연히 지구적 책임을 다해야 하며 실제로 탄소 배출 등의 구체적 영역에서 국가 단위의 실질적 의무가 커져가고 있다. 도시나 지역 단위로는 더욱 갈 길이 멀어 보인다. 한때 전국에서 붐처럼 일었던 '지방의제 21' 등의 활동도 뭔가 뜸해졌다. 중앙정부 차원에서 '세게' 밀어붙이거나 각종 제도적 압력을 넣으면 지방에서도 규정과 기구를 새로 만드는 등 겉으로 호응하는 것 같다가도, 정부가 의지를 희석시키는 듯한 눈치면 그만 알아서들 힘을 잃어버리고 만다. 지역의 역량, 도시마다의 자발성, 시민적 동력이 여전히 부족한 탓이라 여겨진다.

도시를 바꾸고 삶을 좋게 만드는 것이 시스템과 정책인지, 아니면 사람인지 확실치 않을 때가 많다. 유럽에서 성공했다 해서 우리나라나 미국 땅에서도 잘될 것이라는 생각은 너무 단순하다. 먼저 기본적인 체제나 정책으로 틀을 잡고 사람의 마음을 바꾸려는 노력을 해야 할 것이다.

4.

『그린 어바니즘』에 소개되고 제안된 유럽의 수많은 아이디어와 시책 사례가 그저 놀라울 뿐이다. 그 가운데 이 땅의 상황에 맞을, 또는 장·단기로 교훈 삼을 몇몇 특정 사례를 살펴보는 일은 의미 있을 것이다. 이 책이 2000년에 처음 발간된 만큼 우리나라에서도 이미 자리 잡은 사례들이 적지 않다. 민족의 DNA 특성인지 체제의 능력인지 한국인은 뭔가 좋은 것을 매우 빠르게 배우고 익힌다는 것이 여기서도 거듭 확인된다. 서구의 인문철학, 과학기술, 민주적 제도 등이 겨우 반세기 만에 이식된 것처럼, 저자가 소개하는 아이디어 특히 물리적 변화를 동반하는 시책은 상당수가 이미 우리나라에서 모방, 실험 단계에 있거나 공식 시행 되고 있다. 지역난방, 녹색기금, 그린루프 등 익숙한 내용부터, 태양에너지, 공용 자전거, 카셰어링 등 비교적 최근 사례까지 다양하지 않은가. 기초 아이디어를 더욱 구체화할 만한 사례도 적지 않다.

[그린 마인드, 지속가능성의 교육과 홍보] 물리적 시설이나 공식 제도 이전에, 시민과 공무원 등의 의식 변화와 이를 위한 교육은 아무리 강조해도 지나치지 않다. 네덜란드 운전자들이 차에서 내리기 직전 운전석 차문을 열 때 오른손을 사용하도록 어릴 때부터 교육받음으로써 후방에서 자전거가 오는지 저절로 돌아보게 된다는 것은 단지 한 사례일 뿐이다. 어린 시절 가정과 제도권의 교육이 모든 것의 근본일 터이다. 정부와 학교뿐 아니라 기업 부문이 지속가능성 교육에 나서는 모습도 특히 유의할 만하다. 예컨대, 제8장과 12장에서 소개된 스웨덴의 '내추럴 스텝(Natural Step)'은 정부는 물론 호텔 등 민간 부문에서도 적극 참여 하는 교육 프로그램이 되었다. 제11장 레스터의 '대세의 전환' 캠페인을 보면 실제 기획 단계부터 언론, 대학, 시민사회가 함께하는 홍보 전략을 구사하고 있다.

[일상의 편리부터 강조] 비싸고 혼잡한 도시의 모둠살이에서 약간의 편리함이라도 쉽게 보장된다면 이는 채택되고 확산될 가능성이 높을 것이다. 제5장의 카셰어링은 아직 초기 단계지만 우리나라에서도 가능성이 엿보이는데, 최근 서울, 수원, 제주 등에서 확산되고 있는 한국형 카셰어링 서비스가 그 선도 사례이다(《한겨레》 2013년 6월 16일). 제6장 암스테르담의 '흰색 자전거(white bike)' 역시 마찬가지이다. 창원, 대전 등 전국에서 또 대학 캠퍼스에서도 시민과 대학생이 쉽사리 이용할 수 있는 공용 자전거가 늘어나고 있는데, 여전히 관리 및 비용 등의 숙제가 남아 있긴 하다. 편리하면, 자리 잡게 마련이다. 도시 정부가 약간의 도움을 준다면 더 빨리 더 쉽게 촉진될 수 있다.

[한국의 전통과 문화에 접목] 유럽의 맥락에 더 어울려 보이는 좋은 시책

이나 아이디어를 우리의 토양에 접붙이는 노력이 중요해 보인다. 예로, 전통 한옥의 멋과 디자인을 유지하면서도 냉난방 비용을 극단적으로 낮춘 이른바 '제로 에너지' 한옥의 설계 사례가 보도되고 있다(《매일신문》 2012년 7월 12일). 제10장 에콜로니아의 생태 건물 사례, 헬싱키나 코펜하겐의 생태 건축단지를 직접 모방하기 어렵다면 우리의 여건에서 먹혀들 수 있는 규모와 내용으로 바꾸면 된다. 제11장에서 보듯이, 독일과 네덜란드의 도시들은 지역 단위로 후진국 도시와 생태 자매결연(ecological twinning)을 맺어 녹색 기술과 경험을 나누고 있는데, 우리의 경우 우선 국내 지역 간 협력에 초점을 둘 수 있을 것이다. 도농 농산물 직거래 활동은 이미 활발한데, 이를 넘어 녹색과 생태의 관점에서 공단, 농촌, 도시 각각의 역량과 경험을 현장에서 공유하면 좋겠다.

[경제적 신호와 인센티브를 활용] '녹색'의 그림이 아무리 좋아도 현실 경제와 동떨어지면 그 자체로 지속가능하지 않게 된다. 제12장 칼룬보르의 아스네스 발전소가 정유공장, 석고보드 업체, 황산제조 업체, 지역난방 시스템과 연계하여 기업 간 공생을 실천하는 모습이 인상적이다. 지구환경의 지속가능성이라는 거창한 명제 이전에 경제적 이익에 바탕을 두는 것이 얼마나 중요한가를 보여주는 실례이다. 벨기에의 청소제품 업체인 에코버 사례 역시 비슷한 맥락으로, 우리의 기업, 공단, 조력자인 정부 부문이 함께 참고해야 할 내용이다. 제13장에 요약되듯이, 하이델베르크와 뮌스터의 학교 에너지 절감 프로그램은 에너지와 쓰레기 절감액의 50%를 인센티브로 학교에 되돌려준다.

[녹색 거버넌스의 중요성] 우리나라에서도 다양한 측면으로 지역 거버넌

스가 강조되고 있는데, 여전히 성숙 단계에는 이르지 못한 느낌이다. 제11장 '생태 거버넌스'에 제시된 목표와 수단 각각은 우리네 시민사회와 민간 영역의 활력을 제대로 발휘할 좋은 기회가 된다. 유럽에서도 EU 차원의 거대 프로젝트가 있고 개별 국가 단위의 사업도 많지만, 무엇보다 중요한 것은 크든 작든 각각의 도시별 활동이다. 각 도시에서 종적·횡적 네트워크가 함께 힘을 발휘함으로써 NGO 활동, 시민의 자원봉사가 실질화되도록 해야 한다. 우리나라의 '녹색성장'은 자칫하면 2013년 새 정부 출범과 함께 이름뿐 아니라 내용과 기억마저 사라져버릴지 모르는데, 그간 지나치게 정부 주도, 서울 주도로 하향식 계획·집행만 했던 탓이 아닌가 싶다.

[여전히 새로운 도전] 제11장 사례인 '지역 환경 예산(local environmental budget)'은 우리의 지역 단위로도 제대로 시도해볼 만한 아이디어일 것이다. 이것이 각종 환경 관련, 예컨대 수질 개선, 폐수처리 등의 사업에 들어가는 일반적인 예산을 의미하는 것은 물론 아니다. 환경 예산에서는 지역의 환경 또는 공간 자체를 크기가 정해진 덩어리 또는 돈주머니로 여기는 가운데, 포장도로나 복개면이 늘어나면 환경 지출로 계산하고, 침투성 보도가 만들어지거나 도시 공원의 나무를 더 심으면 환경 수입의 확대로 본다. 이 책에서는 논의되지 않았지만, 비슷한 맥락에서 도시 단위의 '건강예산' 또한 전혀 새롭게 개념화할 수 있을지 모른다.

일부 환경 측면의 우려에도 불구하고 청계천 복원에 대하여 긍정적 평가가 많은데, 제7장의 수많은 유럽 도시 사례에서 보듯이 복개하천 복원과 자연배수는 이미 커다란 흐름이다. 취리히는 약 40킬로미터의 하천을 복원했으며, 베를린과 자르브뤼켄에서는 도시의 포장노면을 뜯어내면서 빗물 관리를 강조한다. 이러한 생태 지향의 정책과 의지가 여전히 도로와 시멘트에 익숙한 우리 도시에도 새로운 흐름으로 지속되어야 한다.

제5장에서는 철거와 재사용을 염두에 둔 네덜란드 아메르스포르트의 스쿨 하우스가 소개되는데, 이는 장래 학령 어린이 수의 감소를 미리 예측하고 건물 각각을 분리시켜 차후 단독주택으로 바꿀 수 있게 한 것이다. 복스메이르의 경찰서 건물 또한 20년 뒤 치안 서비스 수요의 변화를 감안하여 철거가 쉽고 완전 재사용이 가능한 경량 자재, 일광 조명, 자연 통풍 등을 강조하였다. 이런 모형이 쉽사리 우리 땅에 이식될지는 모르겠지만 필요한 실험인 만큼 공공 부문이 앞장서볼 만하겠다.

5.

번역이 얼마나 힘들고 귀찮은 일인지 해본 사람은 다 안다. 원문 500여 쪽, 작은 글씨를 일일이 옮기다 보면 눈이 아프고 손까지 저려오는 경우가 많다. 번역은 학계에서는 연구 성과로 그리 대단하게 봐주지 않고 심지어 경제적으로도 학술지 논문을 쓰는 것보다 열매가 덜하다. 그럼에도 이 책은 옮긴이의 개인적 관심이 워낙 컸고 강의 시간에도 학생들과 의미 있는 토론을 해본 연유로 겁 모르고 번역을 시작한 것이다. 책을 읽고 옮기면서 배운 것이 물론 적지 않았다. 천학비재의 인물이 공부를 하는 가장 좋은 방법은 선현의 글, 선행의 우수 연구를 많이 접하는 것이리라. 유럽의 수많은 도시, 여러 학자와 실무자에게 간접경험을 얻는 것은 그 자체로 큰 기쁨이었다.

그 과정에서 여러 사람의 도움을 받았다. 한국연구재단의 명저번역 심사에서 세심한 지적과 좋은 코멘트를 주신 익명의 세 분 심사위원께 우선 감사드린다. 경북대학교 행정학부의 교수 및 학생들의 토론·교정·색인 작성 협조도 매우 유용했다. 평소의 귀한 가르침에 더하여 이 책에 대하여도 좋은 권면의 말씀을 주신 김윤상 교수님, 유럽 현지 체류 경험을 바탕으로 전반적인 맥락, 생소한 개념, 일부 용어 표기까지 도와주신 노병찬 대전광역시 부시장님(네덜란드), 오덕성 충남대 부총장님(독일), 임도빈 서울대 교수님(프랑스), 최희경 경북대 교수님, 클라크 포스터 학생(스웨덴)께도 감사드린다. 또한 지난 몇 달은 아카넷 출판사의 편집 역량을 몸소 체험하는 기회가 되었다. 읽는 이들께서도 이 모두를 직접 확인할 수 있기를, 그리고 번역 과정의 실수가 있다면 다만 역자를 질책해주시기를 소망한다.

2013. 9.
경북대학교 복현 캠퍼스에서
이시철

| 찾아보기 |

ㄱ

가로 디자인 156~158
가상의 일방통행 285
갈대밭 정화 341, 398, 593
건강도시 프로그램 53
건강주택(Healthy House) 457, 499~501
건설 자재 479
걷기 먼저(Feet First) 구상 232
경전철 164, 182, 206, 213, 215, 217, 271
경제적 지속가능성 707
계약농업(subscription farming) 37, 408
고속주행차선 269~270
고속철도 205~212, 219~220
고잉 포 그린(Going for Green) 539, 562
공간계획 95~104
공공 자전거 291~298
공유 업무 공간 608~609, 631
공유 택시 208
공진화(coevolution) 39
과소비 라이프 스타일 575
과속방지턱 229, 235, 266
광역계획(streekplan) 95~98
광역지하철(Tunnelbana) 92~93
광장(플라자) 94, 122, 152, 156, 162
교외화(도시 스프롤 참조) 21, 38, 61, 67, 100, 112, 129

교통 및 수송에 관한 제2차 구조계획(네덜란드) 110
구름다리(overpass) 306
국가환경정책계획 463, 592, 657
그라츠(Graz) 32
그린 네트워크 585
그린루프(Greenroofs) 56, 240, 326, 330~337
그린 모기지(green mortages) 491~492, 505
그린벨트 회랑 법률 74
그린 숍(Green Shops) 프로그램 621~622
그린 어바니즘의 속성 26~30
그린(녹색) 인프라 82, 360
그린 코드(Green Code) 560~561
그린 트라이앵글 핀란드 628
그린 포인트(Greenpoints) 프로그램 507~509, 619
그린 핑거(Green Finger) 72, 321, 365
그린 하트(Green Heart) 70, 71, 82
그린휠스(Greenwheels) 249~252, 555
글로벌 행동계획(Global Action Plan) 555, 559
글로스터셔(Gloucestershire) 546
기반시설 개선 프로그램(Capital Improvement Program) 567

731

기업촉진지역 38
기후변화 23, 52, 450, 454
기후변화 방지를 위한 도시연합 53
기후 연맹(Climate Alliance) 450

ㄴ

나무 세입자(tree tenants) 327, 722
나무 심기 328, 358, 483, 524, 546, 553, 638
나일랜드(Nyland) 코하우징 170
내추럴 스텝(Natural Step) 375~377, 562~571, 612~620
네덜란드 교통 및 수송에 관한 제2차 구조계획 110
네덜란드 수질관리청(Rijkswaterstaat) 342
네덜란드의 대중교통 A-B-C 정책 185~186, 231
네덜란드의 보차공유거리 38, 229
네덜란드의 생태 회랑인 운하 321
네덜란드의 압축도시 개발 66~71
네덜란드의 자전거 시스템 69, 79~88, 275~281
네덜란드의 차 없는 개발 238~245
네덜란드의 카셰어링 246~252
노보텍스(Novotex) 612, 616
녹색 건축업자 프로그램 507
녹색 계정(green accounts) 387, 549
녹색 담장(Greenwalls) 338~339, 638
녹색당(Green Party) 375, 378, 569~570, 612
녹색 도시 덴마크 A/S 627~628, 659
녹색 방사축(Green Radial) 34, 353~354
녹색 세금(green taxes) 108, 401~402
녹색중정(Green Courtyards) 339
녹지 공간 27, 70, 96, 317~329
농지 보전 38, 104~105
눌 에네르기보닝(nul-energiewon-ing) 446

뉴 어바니즘(New Urbanism) 25, 115~117
니우란트(Nieuwland) 135, 280, 438~446
니우 센트룸(Nieuw Centrum) 84
니우 슬로턴 지구(Nieuw Sloten district) 134~136, 185, 280

ㄷ

다중 통합 교통시스템 187~191
대기 질(이산화탄소 배출 참조) 188, 508, 519
대세의 전환(Turning the Tide) 캠페인 549~550, 654
대중교통 179~223
대중교통과 노인인구 203
대중교통과 토지 이용의 조화 185~186
대중을 위한 바퀴(Spokes for Folks) 309~311
더블린(Dublin) 32~33, 48, 85, 151, 290
데이비스(Davis, CA) 119, 145, 170, 302, 366
덴마크의 코하우징 38, 144~145
덴마크의 풍력 에너지 428~430
덴버(Denver, CO) 65, 172
덴하흐(Den Haag) 32, 53, 83~84, 144, 450, 519~520
델프트(Delft) 158, 234~235, 274, 275~276
도로세 221
도로의 복원 346~349
도로통행료 부과 40, 256~264, 269~271
도시 네트워크 44, 664
도시농장(city farms) 343~345, 535~536
도시 르네상스 371
도시봉쇄운동(Urban Containment Movement) 38, 128
도시 스프롤(urban sprawl) 61, 67, 112
도시 오아시스(urban oases) 174
도시와 배후지의 연결 380~387

도시와 환경(Stad en Milieu) 프로그램 77, 638
도시 재구조화(urban restructuring) 352~354
도시 재생 483~487
도시 주변의 숲 317~320
도시환경녹서 42, 63, 651
도시환경 전문가 그룹 43
도심 67~88, 172
독일환경연합(Deutsche Umwelthilfe) 50, 564, 573
동네(neighborhoods) 29, 121, 135~137
됭케르크(Dunkerque) 32, 184, 189, 339, 598~601
드라흐턴(Drachten) 400~401, 462~468

ㄹ

라이프치히(Leipzig) 34, 352~354
라티(Lahti) 32, 545
런던 에너지 연구 644
런던의 생태발자국 373~374, 381
런던 자전거 캠페인 289, 300
레기오카르테 티켓(Regiokarte ticket) 200
레스터(Leicester) 32, 50, 85, 165~168, 232, 259, 290, 351, 357, 386~387
레스터 생태 트러스트 50
레이던(Leiden) 32, 71, 75, 136, 150~151, 163
레이드스허 레인(Leidsche Rijn) 79~81
렐리스타트(Lelystad) 89
로열 생태공원(Royal Ecopark) 321
로테르담(Roterdam) 391~393, 589~592
리스본 실행계획(Lisbon Action Plan) 45~46
리즈(Leeds) 50
린츠(Linz) 32, 182, 184, 335~336, 441, 453

ㅁ

마리아힐프스트라세(Mariahilfstrasse) 156, 167~168
마스트리흐트 조약(Treaty of Maastricht) 42
마을 택시(community taxis) 208
마케팅 251, 509, 627~628
맥도날드(McDonald's) 616, 620
맥스(MAX) 경전철 시스템 217, 271
메릴랜드(Maryland) 115, 360, 457
모기지(mortgage) 491~492
모페드(mopeds) 164, 234
물(빗물 보전 참조) 81, 146~151, 320, 346
뮌스터(Münster) 32, 83
뮌스터의 자전거 시스템 281~287, 570
미국연방 에너지부(U.S. Department of Energy) 502
미국연방 우정국(U.S. Postal Service) 505~506
미국연방 재난관리기구(U.S. FEMA) 574~575
미국연방 환경청(U.S. EPA) 502
미국의 공간계획 111~129
미국의 도로통행료 부과 270
미국의 보행자 공간 173~176
미국의 생태마을 498
미국의 압축도시 계획, 충전 개발 111~130
미국의 전기 차량 568
미국의 철도 시스템 219~223
미국의 코하우징 38, 146, 170~171
미네소타 경제효율 및 오염감축법 409
미들즈브러(Middlesbrough) 50, 545
민영화 265, 667

ㅂ

바르셀로나 156, 231
바켄 코하우징(Bakken cohousing) 단지 145
방주(The Ark) 551~552

범죄 141~142, 172, 486
베스트 비즈니스 상 628
벨링뷔(Vällingby) 92, 94
보너르프(woonerf) 38, 233~235, 264
보스턴(Boston, MA) 62, 180, 219
보차공유거리(living street) 229, 233
복개 도로와 하천 복원 346~349
복지주택(social housing) 102, 132, 137, 140, 426, 489~490
복합 용도 83, 115, 120, 126, 136~137
볼더(Boulder, CO) 119, 173~174, 218, 302, 304, 309, 409, 507~508
볼로냐(Bologna) 32, 83, 85, 98, 157, 183, 189~190, 236, 319
볼티모어(Baltimore, MD) 370, 405
부속주택 137~139
분무파종(hydroplanting) 337
분산형 에너지 생산 416~420
브롱크스(Bronx) 629
브리스톨(Bristol) 344, 533
비보르(Viborg) 지역난방 416
비정부기구(nongovernmental organizations) 555~557, 559
비즈니스 부문의 폐기물 줄이기 580~583
비키(Viikki) 도시정원 355, 368, 476
빈(Vienna) 167~169, 226, 273, 318, 326, 341
빈 숲 64, 319
빌리지 홈스(Village Homes) 개발 365~366
빗물 보전 146, 240, 333, 340, 346~349, 362, 396, 399, 485

ㅅ

『사치 열풍(Luxury Fever)』 512
사회적 형평성 710
사회적으로 책임 있는 투자 532
산업공원의 생태 사이클 균형 404, 586~592
산업단지 598~602
산업폐수 처리 595~597
산업환경계획(Industrial Environmental Scheme) 598~602
살충제 지침 521, 534~535
삶의 질 29, 131
상점 위에 살기(Living Over the Shop) 85~86, 139~141
상품 수송 26, 208~212
새크라멘토(Sacramento, CA) 215~217, 457~458
샌디에이고의 도로통행료 부과 269~270
샌타모니카의 재생 에너지 정책 566~568
생물 다양성 23, 322, 356~358, 511, 523~526
생태공원 321, 343~345
생태 네트워크 321~326, 359~360, 408
생태마을(eco-village) 142, 146~151
생태발자국(Ecological footprint) 21~22, 26, 47, 474
생태 사이클 균형 34, 371~387
생태 사이클 균형과 폐기물 372~373, 377~380
생태세 123, 401~404, 409~410, 666
생태 예산(Ecological budgeting) 517, 525~530
생태 재생(ecological restoration) 351~352, 483, 487
생태 칼로리(EcoCal) 561~562, 576
생태형 시설의 재장착 483~487
생태 회랑 70, 325
생활·직장환경개선 유럽재단(European Foundation for the Improvement of Living and Working Conditions) 48
서식지 보전 322, 356~358, 407~408
서턴(Sutton) 522, 528, 530~532

성장 봉쇄　76
세계보건기구(World Health Organization)　53
세계상점(World Shops)　623~625, 632
속도 제한구역　230, 283
속성 건축물(fast-office)　475~476
솔라 시티　430~437, 438
쇼핑몰　101, 133, 181
숄리스트(Sjölyst) 호텔　616
수력 발전　427, 455
슈타트반(Stadtbahn, city line)　191
스마트 공원(SMART Park)　405
스마트카드(대중교통 참조)　260, 296
스웨덴자연보전협회　621
스웨덴의 도시농장　343~344
스칸딕 호텔(Scandic Hotels)　612, 616, 658
스쾨르드(Skörde)　344
스톡홀름 교통공사(SL)　187, 542
스톡홀름의 녹지 공간　321, 534, 549
스톡홀름의 대중교통　179, 183, 187, 196~197, 207~209
스톡홀름의 보행자 공간　168
스톡홀름의 생태 사이클 균형　372~380, 393~395
스트뢰에(Strøget)　78, 158
스페인　27, 46, 211
스헤르토헨보스('s-Hertogenbosch)　496
습지　407~408
승용차 맞춤이용　252~256
승용차 버리기(car busters)　227
승용차 없는 도시　225~229
승용차 이후의 도시(City After the Automobile)　247
시바노 생태마을　498
시스타(Kista)　92, 133
시에라 클럽(Sierra Club)　574
시카고　180, 205, 304, 369

신호등　184, 192, 199, 229, 277, 283
싱가포르　40

ㅇ

아르카타 (Arcata)　406~407, 569
아른험(Arnhem)　342, 401, 476, 495
아메르스포르트(Amersfoort)　32, 135
아스네스(Asnæs) 발전시설　387, 390, 587
아트란츠(Adtranz C2O) 열차　207
안뜰　143~144, 148, 326, 340~342, 396, 481
안전한 동네 만들기　229~237
알메르(Almere)　32, 89~90, 206
알트슈타트(Alstad, 구도심)　153, 162, 203~204
암스테르담의 압축도시 계획　70, 79, 83~87
암스테르담의 자전거 시스템　291~298
압축도시　66~79
압축 성장 지구　79~82
애덤 조셉 루이스 센터(Adam Joseph Lewis Center)　503
애리조나(Arizona)　62, 508
앨버스룬(Albertslund)　32, 94, 521
야바 에일란트(Java-eiland)　86
야생생물 서식지 보전　76, 295, 342, 356~358, 369, 406
야생신탁협회(Wildlife Trust Partnership)　50, 665
양을 이용한 교통 통제　230
어반 빌리지　68, 77, 82~88, 120~122, 133~137
에너지 균형 주택　446
에너지 스타 홈(Energy Star Homes) 프로그램　502, 504
에든버러(Edinburgh)　225, 242, 249, 258~259
에센(Essen)　603, 605

에스반(S-bahn) 183
에슬뢰브(Eslöv) 380
에이뷔르흐(Ijburg) 473~475, 636, 657
에코뉴스(Ecodus) 462, 468~470
에코 라벨 로고 618, 632
에코버 공장(Ecover factory) 503, 593~598, 630
에코버브(ecoburbs, 생태교외) 498
에코 브릿지(eco-bridge) 342~343
에코스타트(ecostad) 555~557, 586
에코 정기권(eco-tickets) 200
에코 텍스틸(Eco-Textil) 회사 604
에코팀 555~559, 576, 656, 663
에코프라핏(ECOPROFIT) 프로그램 578~584, 628, 655
에코하스(Ekogras) 334
에콜로니아 334, 340, 462~465, 662~663, 727
에탄올 207, 405, 541
엔비론(Environ) 54, 168, 290, 533, 544, 549~552, 555, 585
엔스헤더(Enschede) 생태 프로젝트 355, 470~471
엠셔 공원(Emscher Park IBA) 602~607
역사적 건물 보전 152~155, 605~606
연합도시기구(United Towns Organization) 46
열병합 발전(CHP, 지역난방 참조) 374~375, 391~393, 412~415, 442, 452, 589~591, 620
영국의 도로통행료 부과 257~259
영국의 분산형 에너지 생산 418~419
영국의 홈존(Home Zones) 교통통제 235
예테보리(Göteburg) 343, 379, 535
오덴세(Odense) 32, 69, 83, 88, 166, 230, 278, 329, 422, 528, 534
오르후스(Århus) 278~279, 298, 415

오벌린 대학(Oberlin College)의 그린 빌딩 503
오스트리아 32, 62, 291, 301, 326, 335, 383, 580
오스틴(Austin, TX) 124~127, 506~508, 566~567, 668
오슬로(Oslo) 256~257, 616
오염물질 362, 371, 382, 592, 601
오이코스(엔스헤더 참조) 348~349, 355, 368, 470~473
오픈 스페이스 63, 70~72, 88, 119, 146, 150, 318~321, 346, 352, 379, 400, 604
오픈 스페이스 매입용 소비세(볼더) 360
올보르 헌장(Åalborg Charter) 44, 52, 669
왕립 자연보존협회(Royal Society for Nature Conservation) 50, 665
외레브로(Ørebro) 476
우드랜즈 생태마을(Woodlands ecovillage) 366, 498
우반(U-bahn) 183
운데르스텐회덴(UnderstenshÖjden) 생태마을 146~147
운하 71, 80, 87, 134, 151, 164, 321, 346, 352, 379, 639
워싱턴 광역권 자전거협회 307
워싱턴 D.C.의 자전거 시스템 303~307
워싱턴 주 성장관리법(Growth Management Act) 122
원형 교차로(traffic circles) 229~230, 267
위스타드(Ystad) 379
위트레흐트(Utrecht)의 녹색 중정(green courtyards) 340~341
위트레흐트의 녹지 공간, 에코브릿지 329, 343
위트레흐트의 도심, 압축 성장 79~82
위트레흐트의 자전거 시스템 275, 278
위트레흐트의 카셰어링 249

윌리엄 맥도너 건축회사 361
유기 폐기물 퇴비 377, 380, 383
유럽도시 기후동맹(The Climate Alliance of European Cities) 52
유럽도시환경아카데미(European Academy of Urban Environment) 48
유럽 생태 네트워크(ECONET) 322
유럽연합 제5차 환경실행계획 42
유럽의 환경 공간, 에너지 통계와 목표치 644
유럽 지속가능도시 상 32, 565
유로시티(Eurocities) 46, 565, 666
유틸리티 차량(utility car, u-car) 246
이산화탄소 배출 53~54, 64, 215, 300, 330, 372, 385, 391~393, 421~424, 450~453
이산화황 373, 388, 413, 587
인공 습지 400, 407~408, 465
일리노이(Illinois) 368

ㅈ

자르브뤼켄(Saarbrücken) 32, 184, 188~191, 331, 346~351, 416~425, 427, 431~435, 563, 590
자매도시 프로그램 542~544
자연정책 계획 322~323
자전거 데포(depot) 296~298
자전거 우선도로 279, 282~283
자전거 친화도시 275~290
자족성 28, 445
자치단체국제환경협의회(ICLEI) 46, 48, 53, 450, 525~527
작은 행성을 위한 도시 371
잔트포르트(Zandvoort) 446~450
장기 생태연구(Long Term Ecological Research) 네트워크 370
장애인 대책 133, 165, 187, 202~203

재산세 123~124, 409
재생 에너지 427~430, 453~460
전기 자전거 312~314
전기 차량 207, 541, 568
제니 하우스(Jenni house) 444
제로 에너지 건물 444~450
제베나르(Zevenaar) 333
제4차 공간계획 별전(VINEX 참조) 66, 71, 185, 488
제3세계 상점(Third-world shops) 531, 622~624
조달과 투자 530~532
졸라하우스 헬레오트로페(Solarhaus Heleotrope) 431
주요 도시의 자동차 사용과 인구밀도 62~63
주차장 나무심기 328~329, 349
중수(greywater) 242, 341, 348, 401, 442
즈베인드레흐트(Zwijndrecht) 244
지구의 벗(Friends of Earth) 54
지구정상회의(Earth Summit) 23, 716
지방의제 21(LA 21) 24, 48, 52, 354, 518, 544, 656, 705, 713, 716~717, 722
지속가능도시의 전체론적(holistic) 속성 31
지속가능 런던 트러스트(Sustainable London Trust) 53, 372, 381, 643~647
지속가능성 매트릭스와 평가 523~525, 566~567
지속가능성의 원칙 43~45, 570~572
지속가능성 평가 소프트웨어 561
지속가능 시애틀(Sustainable Seattle) 120~121, 566
지속가능한 공장 593~598, 630~631
지속가능한 비즈니스 627~632
지속가능한 유럽 도시 캠페인 43
지역 기후 349~351
지역난방 28, 80~81, 380, 391, 402, 412~

423
지하수 보호 126, 320
질소산화물 배출 188, 373, 412
즈볼러(Zwolle) 32, 65

ㅊ

차 없는 도시 네트워크 226~227, 565, 666
차 없는 도시를 향하여(Towards Car-Free Cities) 회의 227
차 없는 주택단지의 주차 238~239, 244~246
창문권(window right) 327
채터누가(Chattanooga) 122, 220, 405, 568~569
철도 시스템 187~191, 201, 205
충전 개발(Infill development) 73, 77, 116, 127
취리히(Zürich) 32, 156, 180, 187, 319, 345, 528, 536
취리히의 그린 스쿨 345~346
취리히의 대중교통 시스템 184, 191~194
취리히의 도심 개발 87
취리히의 하천 복원 351~352

ㅋ

카셰어링 247~253, 659
카셰어링과 주차 229, 246~252
칸톤 87, 97, 517
칼룬보르(Kalundborg) 32, 387, 587
캐나다 67, 271, 373, 472, 500
커먼웰스 에너지 회사(Commonwealth Energy Corporation) 567
컬디색(cul-de-sac) 연결 119
케쿠스퓌스토 공원(Keskuspuisto Park) 70, 74~75
코펜하겐 32, 53, 62, 70, 78~79, 96, 145, 180, 355, 415, 476, 554

코펜하겐 선언(Copenhagen Declaration) 226
코펜하겐의 보행자 공간 158~162
코펜하겐의 자전거 통행 274, 291~293, 310
코하우징(cohousing) 38, 142~151, 170~171, 243
콜로라도(Colorado) 39, 119, 170, 304, 309, 409, 459, 507
콜링(Kolding) 32, 484~485, 499, 538, 553, 584~585
콜링의 갈대밭 정화, 바이오웍스 396~400, 484
콜링의 폐수처리 시설 396~400
쿠리치바(Curitiba) 40
퀸즈 빌딩(Queens Building) 479~483

ㅌ

타임머신 비전화 과정 546
탁아 138, 239, 248, 344, 536
탄소세 108, 402, 428, 666
태양의 도시(De Stad Van de Zon, Heerhugwaard) 442
태양정원(Solgården) 재개발 사업 499
택시 163, 165, 205, 208
테제베(TGV) 191, 213
템플바(Temple Bar, 더블린 참조) 85, 151, 419, 479
토론토 건강주택 457, 499~501
통합육상교통효율화법(ISTEA) 267~269, 303
퇴비화 147, 149, 353, 383~384, 466, 477, 485, 493, 534~535
트란스페리움(Transferiums) 206
트램(tram, 노면전차) 시스템 72, 197~205
트럭 162, 208~211, 234, 271, 470, 479, 540, 600

트론헤임(Trondheim) 256~257
틸뷔르흐(Tilburg) 277, 279, 476

ㅍ

파리(Paris) 206~207, 211, 395
파크 앤 라이드(park-and-ride) 190, 202
파트너십을 통한 지속가능성 654~655
팜스프링스(Palm Springs) 자전거 공유 프로그램 313
폐기물에 대한 녹색 세금 402~403
폐쇄 고리형 관계(생태 사이클 균형 참조) 388, 393, 400, 406, 442, 465, 584
포장지 폐기물 최소화 법령 403~404
포츠다머 플라츠(Postdamer Platz) 사업 479
포틀랜드(Portland, OR) 118, 142, 171, 174, 265~266, 271, 362
포틀랜드의 경전철 시스템 217
포틀랜드의 도시성장 정책 118, 268, 359, 361, 363~364, 628
포틀랜드의 자전거 시스템 303, 309
풍력 에너지 151, 425, 427~430, 453~455, 630, 659, 663
프라운호퍼 솔라 에너지 시스템 연구소 432, 437, 444~445
프라이부르크(Freiburg) 32, 49, 72, 198, 203, 535~536
프라이부르크 개발계획(Flächennutzungs-plan) 72, 79, 102~103
프라이부르크 솔라 구상 431, 433
프라이부르크 원도심 153~154, 162~163
프라이부르크의 버스 198
프라이부르크의 보행자 공간 49, 162~163
프라이부르크의 트램 혁신 197~200
프레덴스가데 바이오웍스(Fredengade bioworks) 396~401
프레이리 크로싱 에코빌리지(Prairie Crossing ecovillage) 368, 498
플래닛 웍스(Planet Works) 386
플로리다(Florida) 119, 267, 572~573
플리틴(Vleuten) 80
피닉스(Phoenix) 62, 370
핀란드 32, 49, 68, 321, 386, 476~477, 547, 628
핑거 플랜(finger plan) 96~98

ㅎ

하를렘(Haarlem) 334~336, 490, 607~610, 631
하마비 쇼스타드(Hammarby Sjöstad) 지구 68, 77, 79, 191, 393~401, 476, 656
하수 숲(sewage forest) 407
하수 슬러지 372, 373
하수 시스템 149
하우다(Gouda) 418, 436
하우턴(Houten) 90~91, 93, 280
하이델베르크(Heidelberg) 32, 53, 134, 156, 162, 230, 232, 317, 319, 350, 358, 422, 435, 525
하천 복원 27, 346~349, 553, 604, 728
학교 지붕 프로그램(Rooftop for Schools) 459
해양 풍력발전 429
허먼 밀러 공장(Herman Miller Factory) 503
허피여(Hofjes) 142~144
헤르닝(Herning) 32, 385, 535, 590, 621, 627
헤이르휘호바르트(Heerhugowaard) 443
헤이마운트 에코빌리지(Haymount eco-village) 498
헬싱키 32, 70, 74~75, 79, 98, 112, 134, 180, 207, 318, 368, 384, 413, 476
헷 그루네 닥(Het Groene Dak) 147~148,

150, 244, 340, 496
홈존(Home Zones) 교통통제   235
환경 개선 프로그램   586
환경 공간(Environmental space)   54~55, 300, 644~645
환경과 개발에 관한 리우회의   23, 52, 713
환경 기준(Environmental criteria)   638
환경 도시   667
환경세(Environmental taxes)   401~404, 409
환경 예산(environmental budgeting)   525~527
환경온도계(Environmental Thermometer)   519~521
환경 헌장   527~529, 590
훈데르트바서 하우스(Hundertwasser Haus)   326~328
휘발유세   108, 221
휴스턴(Houston)   62, 180, 268~269, 303~304, 366
흐로닝언(Groningen)   32, 321, 476, 639
흐로닝언의 도심   82~83, 155, 168, 206, 227, 640
흐로닝언의 압축도시 계획   69~71, 88, 157
흐로닝언의 자전거 정책   275
흑림(Black Forest)   72, 153, 201, 350
흰색 자동차(Witkar) 카셰어링 시스템   248
흰색 자전거(white bike) 프로그램   247, 291, 295, 297, 309
히드로 공항   643, 645
힐 컨트리 재단(Hill Country Foundation)   511

A
A-B-C 대중교통정책   185
ANWB(네덜란드 자동차협회)   253, 255, 474

ARGE 솔라   434

C
CiBoGa 프로젝트   476, 639

G
GWL 지구   138, 238~242, 328, 333~334, 355, 368, 426, 496, 499

I
IBA GmbH   602~603
IKEA   612, 616

K
KLM 항공   253

L
LIFE 프로그램   352~353
LOTS(상점 위의 삶 캠페인 참조)   85, 139~140

M
MAX   217, 271

N
NOVEM   334, 440, 443

O
OECD   46, 454
ORBITALE 시스템   206~207

P
PACE(Partners for a Clean Environment)   626

R
REMU 전력회사   438~440, 446

RoCa3 발전소 391~393, 589
RWE 주식회사 본부 건물 605

S
SAS 본부 건물 479
SdC(Stadsdistributie Centrum) 208~210

T
THERMIE 프로그램 46, 419, 440, 477

U
UN 환경상 413

V
V&D 백화점(Vroom and Dreesmann) 640
VIBA 496

Z
ZEUS 46, 541

지은이

∷ 티머시 비틀리 Timothy Beatley

미국 버지니아 대학교의 저명한 도시환경계획학과 석좌교수로, 학문과 현실 세계를 넘나들며 연구를 이어왔다. 오레곤대와 노스캐롤라이나대에서 도시계획을 공부한 후, '생태발자국'을 줄이면서 살기 좋고 지속가능한 도시를 만드는 연구에 집중해왔다. 이 책 『그린 어바니즘』에서는 미국의 보편적 생활양식을 겸손히 포기 또는 비판하며 유럽의 경륜을 수용하고 있다. 최근에는 친생명 도시 또는 '바이오필릭 시티(Biophilic Cities)' 프로젝트를 통하여 도시계획에 자연의 요소를 최대한 통합시키려는 노력과 함께 세계 전역을 무대로 바이오필릭 시티 네트워크를 구체화 중인데, 이는 일면 『그린 어바니즘』의 연장선이기도 하다.

비틀리 교수는 지금까지 도시계획 분야의 책을 15권 넘게 펴냈다. 그중에서도 『윤리적 토지 이용(*Ethnical Land Use*)』(1994)은 미국 도시계획학회의 '도시계획 필독서 100권'에 꼽힌 바 있으며, 『바이오필릭 시티: 자연과 도시계획·설계의 통합(*Biophilic Cities: Integrating Nature into Urban Design and Planning*)』(2010)은 미국 조경협회의 최우수 5대 발간물 중 하나로 선정되기도 했다.

옮긴이

∷ 이시철

도시, 그린, 사람에 천착하려 애쓰는 공무원 출신 교수이다. 경북대와 서울대에서 행정학을 공부했고, 미국 워싱턴 대학교(Univ. of Washington)에서 도시계획학 박사학위를 받았다. 대전광역시 교통국장을 끝으로 2003년 대학으로 자리를 옮긴 후 한국지방자치학회보 편집위원장, 경북대 행정대학원장·기획처장·교무처장을 역임했다. 2009~10년 매사추세츠 주립대학교(Univ. of Massachusetts)에서 3학기를 강의했고 2017~18년 예일대학교(Yale School of Forestry & Environmental Studies) 풀브라이트 연구교수이기도 하다

한국연구재단총서 학술명저번역 서양편 545

그린 어바니즘
유럽의 도시에서 배운다

1판 1쇄 펴냄 | 2013년 9월 27일
1판 2쇄 펴냄 | 2017년 5월 29일

지은이 | 티머시 비틀리
옮긴이 | 이시철
펴낸이 | 김정호
펴낸곳 | 아카넷

출판등록 2000년 1월 24일(제406-2000-000012호)
10881 경기도 파주시 회동길 445-3
전화 | 031-955-9511(편집)·031-955-9514(주문)
팩스 | 031-955-9519
책임편집 | 박수용
www.acanet.co.kr

ⓒ 한국연구재단, 2013

Printed in Seoul, Korea.

ISBN 978-89-5733-302-0 94350
ISBN 978-89-5733-214-6 (세트)

이 도서의 국립중앙도서관 출판시도서목록(CIP)은
서지정보유통지원시스템 홈페이지(http://seoji.nl.go.kr)와
국가자료공동목록시스템(http://www.nl.go.kr/kolisnet)에서 이용하실 수 있습니다.
(CIP제어번호: CIP2013018269)